耕地污染监测与防治关键技术研究

朱锦旗　廖启林　郝社锋　许伟伟 等　著

科学出版社

北　京

内 容 简 介

本书是对江苏省生态地球化学调查研究领域最近十余年来开展耕地污染修复治理实践所取得的相关成果资料的专门总结与凝练。全书共分7章，分别从江苏省地矿系统开展耕地污染治理的研究背景与起源、江苏省境内土壤地球化学基准值与耕地污染分布、典型地区重金属污染溯源方法与效果、水土地质环境监测及耕地污染监测网构建、Cd污染耕地生态修复技术研发与工程示范、地面沉降对有关水土地质环境演变的影响、耕地污染防治与生态安全利用对策7个层面探讨了当前有关耕地污染监测与防治关键技术研究中所面对的现实问题，提出了土地整治与污染防治有机融合、风险诊断与污染治理通盘考虑、运用地球关键带理论指导开展耕地污染立体监测等具体的对策建议。

本书可作为国家及地方耕地资源保护、土壤污染治理与地质环境管理部门的重要参考资料，也可作为农田土壤污染监测与防治（包含污染修复）领域有关科研人员、研究生及工程技术人员的参考书，还可以作为资源与环境领域有关研究生教学的辅助教材。

审图号：苏S（2018）035号

图书在版编目（CIP）数据

耕地污染监测与防治关键技术研究 / 朱锦旗等著. —北京：科学出版社，2018.11

ISBN 978-7-03-059917-9

Ⅰ.①耕…　Ⅱ.①朱…　Ⅲ.①耕地–土壤污染控制–研究　Ⅳ.①X53

中国版本图书馆CIP数据核字（2018）第268723号

责任编辑：惠　雪　沈　旭　赵　晶 / 责任校对：杨聪敏

责任印制：张克忠 / 封面设计：许　瑞

科学出版社 出版

北京东黄城根北街16号

邮政编码：100717

http：//www.sciencep.com

北京市密东印刷有限公司 印刷

科学出版社发行　各地新华书店经销

*

2018年11月第　一　版　开本：720 × 1000　1/16

2018年11月第一次印刷　印张：22 1/4

字数：449 000

定价：199.00元

（如有印装质量问题，我社负责调换）

《耕地污染监测与防治关键技术研究》著者名单

主要著者 朱锦旗　廖启林　郝社锋　许伟伟

著者成员（按姓氏笔画排序）

朱伯万　朱锦旗　任静华　华　明
江　冶　许伟伟　李　明　李文博
汪媛媛　张　琦　陈　杰　武健强
范　健　金　洋　郝社锋　常　青
崔晓丹　廖启林

前　言

耕地污染治理是一个颇具挑战性的课题，富有鲜明的时代气息。作为全世界最大的发展中国家，我国的可持续发展将长期面临资源与环境的约束，耕地资源保护任务异常艰巨，其中一个很重要的方面就是提升耕地质量、治理耕地污染。国务院于 2016 年 5 月 28 日颁布了《土壤污染防治行动计划》，提出了主要考核指标“到 2020 年，受污染耕地安全利用率达到 90%左右，污染地块安全利用率达到 90%以上。到 2030 年，受污染耕地安全利用率达到 95%以上，污染地块安全利用率达到 95%以上”。随着《土壤污染防治行动计划》的正式出台，相关省市也纷纷制订了各自的土壤污染治理实施方案、“十三五”国土资源保护与利用规划等，无不牵涉到耕地污染治理问题。来自一些相关行业或部门的多年调查研究结果显示，在我国诸多地区存在不同程度的耕地污染且局部地区呈加剧趋势，但如何有效治理耕地污染尚有许多科学技术问题亟待解决。例如，耕地污染监测技术、耕地污染修复技术、耕地污染生态风险评价技术、修复技术推广运用等，都是当前耕地污染治理急需解决而未有效解决的问题。对已有的研究成果资料进行系统梳理、总结、提炼，为耕地污染治理提供相关技术支撑或参考借鉴，无疑是从事耕地污染修复治理的相关科技人员的分内职责，符合生态文明发展的大方向和国土资源科学管护的时代主流。

江苏省作为全国平原区土地面积占比最高的省份，其率先结束全部陆域土地区域生态地球化学调查已经十年多，从事耕地质量提高与生态保护探索的起步较早，开展包括耕地污染在内的水土地质环境监测与防治研究也有悠久的历史。江苏省地质调查研究院是全国地矿系统内较早介入耕地污染治理研究的单位，其所属的生态地球化学团队自 21 世纪以来一直在从事耕地环境质量调查评价与污染防治研究，先后承担了江苏省人民政府与国土资源部合作项目“江苏省生态环境地质调查与监测”、国家自然科学基金资助面上项目（No. 40873081）、国土资源部公益性行业科研专项研究经费项目（No. 201111021）、江苏省科技项目“土壤污染控制及生态修复新技术探索与应用研究”（No. BS2006066）、江苏省科技支撑计划项目（No. BE2013720）、江苏省科技项目社会发展科技示范工程（No. BE2015708）、江苏省人民政府重点项目“江苏省国土（耕地）生态地质环境监测”、江苏省土地开发整理财政专项“江苏耕地质量提高与污染防治研究——典型地区耕地污染修复与防治示范”等十多个矿地融合类研究项目，积累了土壤环境地球化学调查、耕地质量生态地球化学评价、耕地污染监测、典型重金属污染耕地生态修复试点与示范、重金属污染溯源、天然富硒耕地开发利用示范等方面丰富的研究数据或资料，收获了与耕地污染治理，即土地资源生态安全利用有关的技术研发心得。以这些数据资料为支撑，受国家自然科学基金资助面上项目（No.40873081）、国土资源部公益性行业科研专项研究经费项目（No.201111021）、江苏省科技支撑计划项目（No. BE2013720）等资助，江苏省地质调查研究院生态地球化学团队编写了《耕地污染监测与防治关键技术研究》，期望能为从事耕地污染监测与治理研究的相关人士提供部分借鉴与参考。

本书作为江苏省地质调查研究院生态地球化学团队十余年来进行耕地污染修复治理研究所获取相关成果资料的专门总结与凝练，主要浓缩了研究团队在开展耕地污染监测、修复治理及其相关技术研发上的主要认识与最新研究进展，缘于表生地球化学而又不局限于地球化学，研究成果侧重服务于国土资源管护而又不仅仅局限于服务国土资源管护，主要研究对象侧重于耕地土壤环境而又不完全局限在耕地土壤环境。全书分为 7 章：第 1 章主要论述了开展耕地污染修复治理关键技术研发的时代背景，选择苏锡常这一典型地区进行解剖研究的缘由及其当地生态地质环境概况，以及江苏省开展生态地球化学调查评价的主要经历等；第 2 章侧重探讨了江苏省境内土壤地球化学基准值、重金属等元素的分布空间差异性，以及江苏省耕地污染大致分布概况；第 3 章主要介绍了典型耕地重金属污染溯源研究方面的相关成果资料，包括典型工业污染源案例解剖、河流传承重金属污染分析、人类活动对耕地污染形成的一般影响等，以及有关耕地污染溯源的可行方法；第 4 章重点介绍了有关土壤污染监测、土壤水即土壤溶液重金属等微量元素监测、大气降尘监测等相关方法及其不同时间段的监测数据对比分析结果，以及构建江苏省耕地污染监测网的相关思路、开发应用耕地污染监测数据的初步尝试等；第 5 章介绍了土壤重金属污染修复技术和前人常用的方法原理、植物修复技术研发最新认识、钝化修复技术研发与应用情况、Cd 污染耕地生态修复工程示范等，重点剖析了研究团队所取得的相关耕地 Cd 污染修复试验研究最新成果资料；第 6 章探讨了地面沉降对有关水土地质环境演变的影响，依据苏锡常典型区域内耕地环境质量变化与元素分布特点，分析了地面沉降与水土环境中元素分布分配、迁移聚散等之间的关系，总结了地面沉降影响地表水土环境变化的一般规律；第 7 章重点围绕我国当前耕地环境质量提升，即相关土地资源生态安全利用等急缺的行业技术支撑，初步探讨了天然富硒土地资源开发利用、土地整治与污染治理有机融合、农田土壤污染防治技术筛选及其延伸研究、耕地污染生态安全风险评价及其准则等，回答了耕地污染防治与相关土地资源生态安全利用等急需解决的部分关键问题。

全书由江苏省地质调查研究院生态地球化学团队骨干成员编著，具体编写成员包括朱锦旗、廖启林、郝社锋、许伟伟、陈杰、金洋、任静华、华明、朱伯万、范健、常青、李明、汪媛媛、武健强、崔晓丹、李文博、张琦、江冶等。书中插图由金洋、李文博等制作，廖启林承担了基本素材组织与统稿工作。全书最后由朱锦旗、廖启林终审定稿。

江苏省国土资源厅教授级高工刘聪副厅长对相关研究工作的开展及本书的出版给予了悉心指导与极大帮助，谨致以衷心的感谢与诚挚的敬意。

因作者水平有限，书中难免存在疏漏之处，敬请各位同仁及读者批评指正！

作　者

2018 年 3 月于南京

目　录

第1章 研究背景及典型研究区筛选

21世纪是生态文明理念植根于全社会并逐步改变人们生活质量的时代。值此新时代，保障国土生态安全、提升耕地质量正作为国土资源管护的基本内容，相关部门或行业势必会采取实际行动推进生态文明建设，防治耕地污染就同生态文明建设休戚相关。对于我们这样一个耕地资源极其珍贵的人口大国而言，防治耕地污染将是一项长期而艰巨的任务。防治耕地污染需要相应的技术，当前我国实用的土壤污染治理技术储备并不丰富。长江三角洲苏锡常地区是我国东部沿海先发展的区域，也是江苏省境内耕地污染相对更严重的区域，其耕地污染治理经验或相关科研探索对于其他相关地区应有一定借鉴意义。本章将侧重论述开展耕地污染修复治理关键技术研发（包括监测技术、修复技术、技术应用示范等）的时代背景、选择苏锡常这一典型地区进行解剖研究的缘由及其当地生态地质环境概况，以及江苏省开展生态地球化学调查评价的主要经历、编写本书的基本资料（或数据）来源等。

1.1 研究背景

土地质量通常指土地能维持生物的生产力、促进动植物及人类健康、保持或改善大气和水环境质量的能力，不同土地具有不同等级的质量，这是与自然作用和人为活动引起的动态变化有关的一种固有的土地属性。人类对土地质量的认识多始于耕地，对耕地环境质量的认知与保护也是不断与时俱进的。耕地是不可再生的珍贵自然资源，对耕地环境的保护会伴随生态文明建设的高涨而在经济社会发展中占据越发重要的地位。耕地环境质量与食品安全息息相关，其是评判社会和谐、人民生活质量及人类文明程度的重要因素。随着可持续发展的理念逐渐深入人心，资源与环境在我国可持续发展中的地位愈加突出，我国各级政府对耕地资源保护及耕地环境质量的关注也与日俱增，对耕地重金属污染防治的研究更是包括土地管理、环境地球化学、土壤学等多学科在内的诸多前沿环境科学的热点（宋文恩等，2014；庞荣丽等，2016；Li et al.，2014；Yuanan et al.，2016；赵科理等，2016）。探索水-土污染防治技术更引起了众多专家的浓厚兴趣，发达国家很久之前就率先开始了研究，如建立平原地区低密度水-土环境监测网，加拿大、美国、欧盟相关国家都曾有先例，瑞士更是至今连续监测土壤环境变化最久的国家，持续监测时间超过了 140 年。

进入 21 世纪以来，我国围绕耕地质量保护、土壤环境治理等逐步加大管控力度，出台了一系列相关的政策法规，于 2001 年颁布了《农用地分等定级规程》，提出了耕地保护要分质量等级因地制宜的概念；随后颁布了《国家中长期科学和技术发展规划纲要（2006-2020 年）》，提出了“农林生态安全与现代农业”重大攻关课题；2007 年颁布了《农用地产能核算技术规范》，提出了有关耕地质量保护的新要求；2011 年国务院批准了《重金属污染综合防治“十二五”规划》；2013 年国务院办公厅发布了《近期土壤环境保护和综合治理工作安排》的通知，多次强调了耕地环境质量保护的极端重要性；2016 年国务院颁布了《土壤污染防治行动计划》，明确提出“到 2020 年，受污染耕地安全利用率达到 90%左右，污染地块安全利用率达到 90%以上”，“到 2030 年，受污染耕地安全利用率达到 95%以上，污染地块安全利用率达到 95%以上”等总工作目标，表明治理耕地污染已经成为新时期国家推行绿色发展、和谐发展战略的重要组成部分，各级政府都将承担土壤环境保护及其修复治理任务。

江苏省作为我国东部沿海相对先发展的地区，也是全国人均耕地占有量偏低及土壤污染程度偏重的地区，其保护耕地环境质量的紧迫性相对更加突出。基于多种主客观有利因素的综合作用结果，江苏省也是开展耕地污染治理探索研究较早的省区，如 2001 年 4 月着手开展农用地资源分等定级与评价工作（周生路等，2004），2005 年开展了“江苏省土壤污染状况调查及污染防治”工作，2009 年结束的全省国土生态地球化学调查评价工作中涉及了农用地污染修复试验，2014 年启动了全省国土（耕地）生态地质环境监测，2015 年以后陆续实施了一批耕地污染修复治理方面的科技示范项目。关于江苏省农田土壤污染，特别是重金属污染方面的认识与研究也在不断深化，最近十多年来前人报道的相关的研究信息也十分丰富（万红友等，2005；邵学新等，2006；王学松和秦勇，2006；胡宁静等，2007；王晓瑞等，2011）。从有关土壤污染防治研究的前人的探索实践来看，以下共性问题引起了普遍关注。

（1）耕地污染防治难度大，研究耕地污染监测与修复技术已成为耕地保护的当务之急。我国人均耕地资源量不足世界人均水平的 50%，且耕地污染形势相当严峻。2014 年 4 月 17 日环境保护部和国土资源部联合发布的《全国土壤污染状况调查公报》显示，全国耕地土壤重金属与有机毒物的点位超标率高达 19.4%，长江三角洲地区的耕地污染排在全国前列。因为各种自然与人为因素的相互作用或影响，特别是一些地区国土资源开发程度越来越高、所承载的环境负荷越来越重，耕地质量正在不断发生改变，耕地土壤所聚集或残留的有毒有害物质的种类、浓度急剧增加，对耕地质量保护，特别是耕地污染治理提出了新的挑战，导致防治耕地污染的难度、成本都空前加大。在前人所报道的耕地污染中，重金属污染是农业环境研究与保护的重点和难点。近年来，农委系统报道的监测资料显示，中国24个省市城郊、污灌区、工矿等经济发展较快地区的320个重点污染区中，大宗农产品中污染物超标的农作物种植面积为60.6万hm^2，占监测调查总面积的20%，其中重金属含量超标的农产品产量与面积占污染物超标农产品总量与总面积的80%以上，尤其是Pb、Cd、Hg、Cu及其复合污染最为突出（孙波等，2003；王纪华等，2008）。面对各地复杂的耕地污染形势及艰巨的耕地污染防治任务，迫切需要过硬的技术手段，不论是污染监测，还是污染修复，都急需实用的技术，期望能培育或研发一批成熟的技术手段为耕地污染防治提供关键支撑。

（2）基于土壤地球化学调查的污染防治技术研究应顺势而为。人类活动与地球表层生态系统之间的相互作用对人类自身的可持续发展具有越来越重要的影响，保障资源接续、控制环境恶化关系着全人类的命运。地球表层生态系统的物理运动、化学运动、生物运动等对人类未来的影响，资源的可持续利用与环境的可持续发展，始终是环境地球化学、土壤学等诸多学科长期关注的热点（赵振华，1997；陈怀满，2002；邵学新等，2006），包括耕地在内的土壤污染作为地表物理运动、化学运动、生物运动等综合作用的结果，是土壤地球化学长期探讨的基本内容。土壤地球化学作为土壤学和地球化学相结合而产生的边缘学科，以发生学的观点，应用土壤学和地球化学的理论和技术方法，研究土壤中元素（或化合物）迁移转化、分散富集及其与成土因素的相互关系，借以揭示土壤发生演变的规律（方如康，2003）。土壤地球化学调查最近十多年在国内得到空前发展，其以多目标区域地球化学填图为标志，积累了各地海量的土壤重金属污染等基础性资料（奚小环，2008；廖启林等，2009）。当代的土壤地球化学调查不只是在发现耕地重金属等污染线索上发挥了突出作用，其作为环境地球化学的应用及相关的工程手段，在防治土壤污染方面也有不可替代的独特优势。像国内外采用的地球化学障原理及其方法控制重金属等在地表土壤的迁移，就是基于地球化学手段防治土壤污染的具体案例。随着土壤污染防治与诸多边缘学科的联系日趋紧密，地球化学等传统地学领域应顺势承担更多土壤污染防治研究之重任的呼声也越来越高。

（3）耕地污染防治与监测密切相关，二者不可偏废。土壤污染的形成受多重因素控制，包括耕地在内的土壤污染场地确定是一项相对复杂的基础性工作，而确定耕地污染场地又离不开污染监测，准确的土壤污染监测评价是防治土壤污染的基础。水土环境是一个整体，水土之间的物质循环与元素迁移等必然对耕地环境质量及其保护利用产生深刻影响，治理耕地污染的过程也是一个与耕地利用有关的水土环境综合整治过程。治理水土污染的前提是要掌握每个场地水土污染的现状与变化，实施水土污染监测自然成了治理水土污染的先决条件。耕地污染防治也不能例外，防治耕地污染的先决条件也要建立在对耕地污染发生演化进行系统扎实的监测基础之上。耕地生态环境质量监测的实质就是对耕地环境中的生态安全要素进行监测，是专门为保障耕地的生态安全而进行的综合监测，是从地质环境调查与监测角度探求耕地环境质量变化的重要实践，是传统地质调查向国土生态安全调查的延伸（毕晓丽和洪伟，2001；刘立才等，2002；陈谊等，2016）。随着环境地球化学、生态环境地质等地学领域相关学科对土壤污染关注程度的日益增加，国土资源管护对耕地污染治理的重视程度越来越高，耕地污染监测与防治作为提升耕地质量的两个现实抓手，也在业内相关人士中形成了普遍共识。防治耕地污染必须准确监测耕地污染，准确监测耕地污染需要先进的监测技术作支撑。

（4）耕地污染修复与防治有其特殊性，不能等同于一般的土壤污染防治。2010年之前开展的土壤污染修复与防治研究甚少是专门针对耕地的，但事实上耕地污染修复治理与一般的场地污染治理还是有较大不同的。其特殊性主要表现在 4 个方面：其一是耕地污染修复治理要尽可能不改变原来的土地资源利用方式，包括原先在污染耕地上已经配套的相关基本农田建设设施等，不能因为要修复治理污染耕地而对原来的耕地布局、配套设施等来个大搬家；其二是耕地污染修复治理要考虑农民的切身利益，不能因为要修复治理耕地污染而让农民承受不必要的损失，在具体治理过程中还要赢得耕地使用方的全力配合；其三是耕地污染修复治理必须要兼顾水土污染同时根治，仅仅治理土壤污染而忽视水环境的治理是不够的，只有水土环境中的污染危害都被彻底消除了，耕地污染修复治理的问题才算圆满解决了；其四是耕地污染修复治理要充分考虑田块之间的差异，要考虑有关土壤地球化学背景的差异，土壤污染成因的复杂性及耕地使用过程的诸多不可控性，都注定了耕地污染修复治理要充分考虑个体之间的差异。总之，耕地污染修复治理有一定特殊性，其修复治理过程中必须要确保耕地土壤正常物质组分、结构与理化性状的稳定性，保证耕地土壤的生物多样性及其活性不受损坏，还要控制耕地土壤中重金属等污染物随地表或地下水径流扩散到水环境产生新的水体污染。修复耕地污染的技术需要更有效的复合技术与系统化方法。

包括耕地在内的土壤污染防治与修复研究，尽管之前曾有过大量试验探索先例，但仍然有不少关键的相关科学技术问题亟待攻克。到目前为止，常被提及的有影响的专门针对耕地污染的修复技术研究的成功实例就是日本痛痛病发源地的 Cd 污染稻米产地的有效修复等，其主要采用客土交换的方法，耗时数十年，耗资上百亿元，其间也使用了众多复合修复技术。相对于场地土壤污染修复技术研究而言，耕地污染的修复技术研究多处于起步阶段，从室内模拟、修复材料研发、防污机理探索、植物修复到农作物品种改良等都有报道，甚少涉及特定的行业需求，技术实用性尚有待验证。至于耕地污染监测，更需要长期的资料积累，这方面的研究也甚少涉及耕地质量保护等具体需求。耕地土壤污染监控与修复技术研究是最具有挑战性的，从国内相关行业的实际需求来看，尚存在以下问题亟待解决。

（1）对形成耕地污染的过程监管不够，实地监测耕地污染的方法技术急需提升。之前的相关研究对包括重金属在内的耕地污染成因认识不是很精准，许多污染现场都没有锁定污染源头，对耕地污染过程缺少持续的监测数据，在曾经开展的土壤污染监测中存在监测站点分布不合理、监测频次低、监测技术落后等问题，大部分监测都不是在现场获取数据，对土壤与水环境之间的联动监测需要突破。完善或研发针对耕地污染防治的实用监测技术不仅是治理耕地污染必不可少的环节，而且已经或即将成为制约耕地污染防治成败的重要瓶颈。

（2）耕地污染风险评价及其实用治理技术急需提升。以往土壤污染调查普遍存在“重调查评价，轻机理研究，水土分离”的现象，导致了溯源不到位、成因机制不明、影响范围不确定的状况。对与耕地污染修复密切相关的河泥污染问题重视不够，而在一些河泥污染严重的地区，治理好了河泥污染对于保护耕地质量可能比修复污染耕地自身效果更明显。耕地污染使得有毒有害物质在土壤中不断累积，带来农产品安全和人体健康隐患。由于缺乏定量化技术手段，尚无法准确评估、及时预报耕地污染所造成的环境风险，制定可行的应对之策。修复技术的集成整合程度偏低，单一技术应用范围受限。

（3）耕地污染甚有必要针对特定的行业需求。耕地污染防治需要政府主管部门担责，在我国目前的行政体制下，土壤环境牵涉到环境保护、国土资源、农村工作委员会、水利等多个政府部门。耕地污染防治是土壤环境保护的一项主要内容，又是耕地质量保护的重要内容，还牵涉到耕地的具体利用、耕种等，是一项与农业、环境保护、国土资源等政府职能部门都有联系的民生工作。之前开展的土壤污染防治（耕地是其主要方面）多突出学术性、研究性，与政府主管部门的具体需求结合得不是太紧密。自生态文明理念逐步为世人所接受或认同后，政府一些职能部门在耕地污染防治中的主动作为意识日益凸显。为了配合政府主管部门做好耕地污染防治，必须转变以往实验室模式下的研究思路，要将耕地污染防治研究与政府的管理功能、用户的具体需求密切联系起来。例如，研发一项具体修复技术，一定要考虑到它能在哪个行业被尽快推广应用，是在土地整治复垦中被应用，还是在河湖流域生态环境治理中被应用等。修复技术只有被成功推广应用，才能体现其真正的价值。

（4）耕地污染防治急需实用的土壤修复技术及其工程示范。耕地污染范围一般不是仅仅局限在某个点，像我国湘江流域、珠江三角洲、长江三角洲等地所报道的耕地重金属污染都是成千上万亩甚至更大。据环境保护部与国土资源部2014

年4月公布的《全国土壤污染状况调查公报》，全国中重度污染耕地面积约为5220万亩[①]，说明用客土交换的物理方法治理全国的耕地污染不是根本之策。之前国内进行土壤污染修复技术研发，主要针对城市工业污染场地，专门针对耕地污染的不多。经验表明，之前的工业场地土壤污染修复技术不太适用于耕地污染修复，这类技术要么成本高、周期长、操作繁杂，要么就是大规模的客土交换，且缺少在农用地污染防治领域的工程示范。从目前国内采用的土壤污染修复技术及相关治理污染的经验来看，若要在类似于长江三角洲这样耕地破碎化程度高、人口密集的水网平原地区开展批量的耕地污染防治，必须扎扎实实从实用的修复技术研发与验证做起，从所优选的技术应用的工程示范做起。

万物土中生，食以土为本。对于用全球十分之一耕地养活全球五分之一人口的我国来说，对耕地资源的极端珍视和高效利用一直是当代中国带给全世界的重要奇迹之一。人口-资源-环境始终是我们这样一个全球最大发展中国家的永续发展所不得不面临的重大现实问题，充分保护好、利用好有限的耕地资源，必将是我国可持续发展要解决好的关键科技问题之一。生态文明的理念为我国的永续发展指明了战略方向，破解耕地污染防治这一当代资源环境领域的普遍性问题为各相关领域的科技人员献身生态文明建设这一伟大创新事业提供了平台。保护耕地资源、不断提升耕地环境质量的绿色发展需求，我国存在大片农用地土壤污染的客观现实，追求人-地和谐等生态文明建设的行业引领对策，构成了耕地污染防治及其深入研究的时代背景。

1.2 典型研究区选择及其概况

1.2.1 典型研究区选取

国土资源部中国地质调查局从1999年开始多目标地球化学填图试点以来，江苏省地质调查研究院就开始了土壤污染调查方面的资料积累及团队培育，并最早将研究重点部署在苏南地区。以此为起点，团队从土壤环境地球化学调查入手，逐步深入到耕地污染监测与防治领域的具体研究，并在苏锡常地区率先取得了相关资料积累，自然也就将苏锡常及其附近相关地区选择为本次开展“耕地污染监测与防治关键技术研究”的主要攻关区域。该区域作为我国著名的江南水乡，既存在地面沉降，又存在水土污染，是全国耕地污染比较集中的区域之一。

苏锡常地区包括江苏省境内的苏州市、无锡市、常州市三市，是我国改革开

① 1亩≈666.7m^2。

放之初乡镇企业发展的源头之一，也是我国当今经济社会发展最具活力的地区之一。该地区位于长江三角洲江苏省域的南部，东与上海市交界，南与浙江省、安徽省接壤，西临南京市和镇江市，北至长江，地理坐标为 119°08′E～121°18′E，30°46′N～32°05′N（图 1-1），其行政区包括苏州市、无锡市、常州市 3 个地级市，所辖常熟市、张家港市、昆山市、太仓市、江阴市、宜兴市、溧阳市、金坛市等县级市，以及各市所辖的城区。全区现有土地面积 17660km^2，包括太湖湖泊面积约 2300km^2，另有少量基岩出露的低山区、森林覆盖区等，扣除主要水域，可实施地表水土地质环境调查与土壤污染防治的工作区面积约 14400km^2。全区拥有常住人口 2000 多万人，面积占江苏省土地面积的 17.2%、人口占江苏省总人口的 25.9%（据《江苏统计年鉴—2010》）。该区也是江苏省乃至全国经济发展速度最快、人口密度最大、城镇化水平高、土地资源特珍贵、生态地质环境问题暴露较多的地区之一。

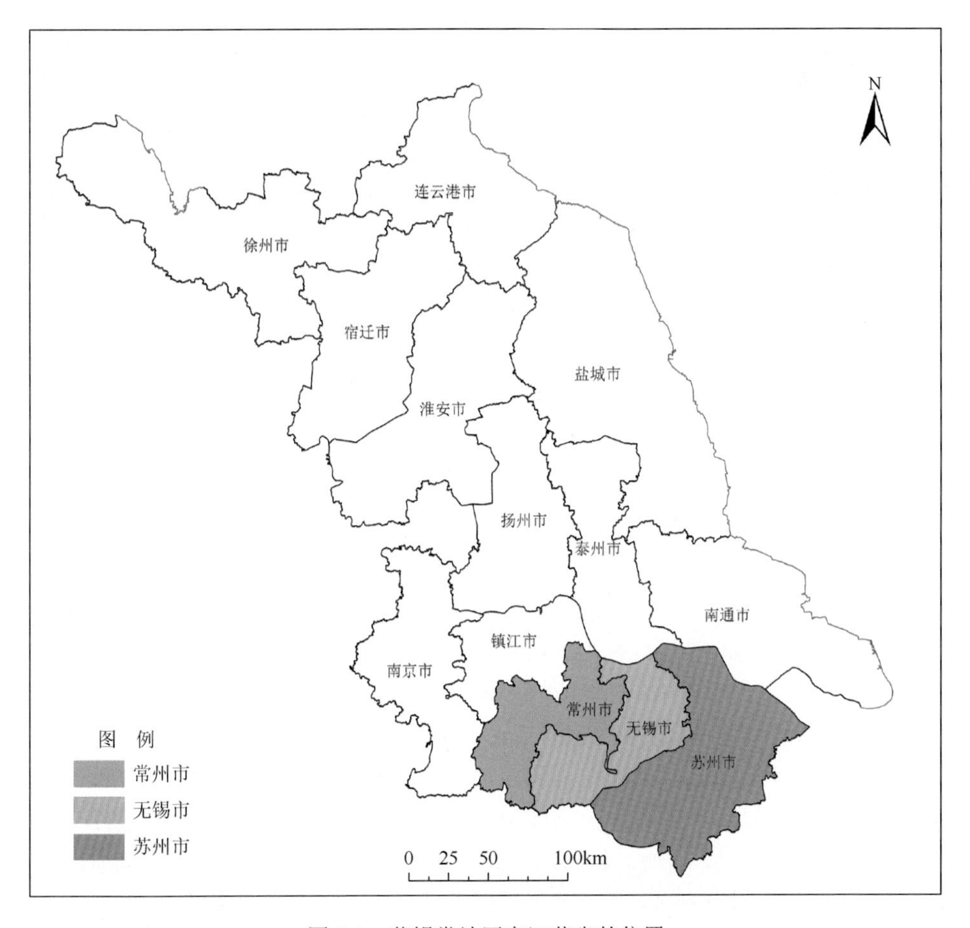

图 1-1　苏锡常地区在江苏省的位置

1.2.2 苏锡常地区生态地质环境概况

该区属亚热带海洋性气候，受季风环流控制，气候温和湿润，冬季寒冷干燥，夏季高温多雨，四季分明。区内地表水系发育，江、河、湖、荡密布，彼此连通，水网化程度高。该区主要湖泊有太湖、阳澄湖、滆湖、澄湖、昆承湖等，小型湖泊、荡等据初步统计有 25 个，水域面积达 4896.53km^2，占全区总面积的 28%。其中，太湖水域面积 2338.1km^2，多年平均水位 3.1m，平均水深 1.89m，历史最高水位 4.81m，最低水位 1.91m，湖蓄容量 44.19 亿 m^3，主要承受上游苕溪水系和南溪水系的来水，汇水面积约 1.8 万 km^2。该区主要河流包括长江、大运河、盐铁塘、白茆塘、望虞河等。其中，长江在境内全长 167km，河床宽度 4～12km，水深一般在 10～30m，在江阴市西山附近最大水深达 60m。

作为扬子陆块北缘（或扬子古陆江南地块褶皱带）的一部分，苏锡常地区总体呈西南、西北高，中间、东南低的空间展布特征，是长江三角洲地区第四纪地质作用最具特色的区域。区内褶皱和断裂作用强烈，岩浆活动频繁，主要经历了印支—燕山—喜马拉雅运动的作用。印支运动使该区褶皱成陆，而燕山运动因强烈的岩浆活动和新褶皱构造的形成，使基底抬升；距今 2500 万年的喜马拉雅运动，以差异性升降运动为主，在老构造的基础上，又加强了东西向褶皱和断裂，湖苏断裂向西以线性活动为主，向东则以太湖为中心形成拗陷盆地，加大了拗陷与隆起的差距，使拗陷区域原有的构造形迹被深厚的第四系覆盖。西南部基岩广泛裸露，主要分布有古生代沉积岩、岩浆岩等。区内第四纪地层广为分布，受下伏基岩起伏与构造的控制，厚度变化较大。西部及中部低山丘陵区，基岩裸露，缺失第四纪松散层。平原区第四纪地层沉积厚度自西向东、自南向北逐渐增厚 80～300m，下更新统至全新统发育较为齐全。

在长期的地壳持续性上升、下降，以及江河湖海的共同作用下，该区形成了以平原为主，以低山、残丘为辅的地形地貌特征，地势总体呈西南、西北高，中间、东南低的形态展布，如图 1-2 所示。西南部基岩广泛裸露，崇山峻岭与冲沟谷地相依分布，宜兴市、溧阳市境内山体均做东西向延伸，绝对高度在 500m 以上，最高峰为茗岭黄塔顶，海拔 611.5m，为全区群峰之冠；其他低山丘陵零星散布，一般高 100～300m，分布在苏州市西部山区、太湖周边及江阴市北部，山丘总体上呈北东、北东东走向，其高度由西南往东北逐级下降。除此之外的广大地区均为地势低平的沉积平原，海拔 2～8m，局部为负地形。苏州市东部、阳澄湖、澄湖一带出现成片连接的洼地，地面高程仅 2～3m。沿江的江阴市、张家港市、常熟市等地，地面高程在 4～7m。根据区内第四纪地层的沉积分布特征、地形高差及微地貌特征，可将区内的地貌划分为构造侵蚀低山残丘、高亢平原、低洼湖荡水网平原及沿江新三角洲平原4种地貌类型。

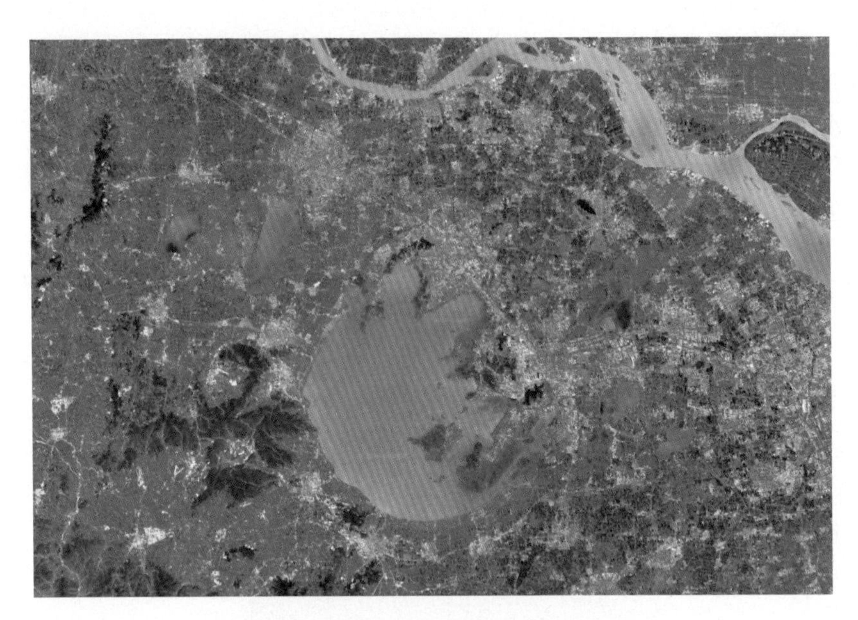

图1-2　苏锡常地区地形地貌卫片示意图

构造侵蚀低山残丘：分布于环太湖地带及宜溧山区，裸露山体主要由一套泥盆系砂岩和石英砂岩所组成，山体呈浑圆状及零星状分布和突出于平原之上，构成了区内独特的地貌特征，山体标高一般在100m以上。

高亢平原：分布于太湖的西北地区，地面标高4～8m，地势由西向东呈微倾斜状，地表主要沉积有晚更新世堆积的灰黄色亚黏土，在局部低洼地段和沿湖岸地带堆积有灰色、灰黄色淤泥质亚黏土。

低洼湖荡水网平原：分布于太湖东部的阳澄湖地区，区内地势低洼，河流湖荡密布，其水域面积可占该平原区总面积的30%以上。地表沉积物主要为一套第四纪全新世湖沼相堆积，岩性由灰色、灰黑色淤泥质亚黏土组成，局部见有泥炭层分布。

沿江新三角洲平原：主要分布于张家港市-常熟市-太仓市一带的盐铁塘以北地区，地势由北向南呈微倾，地面标高在3～7m，地表第四纪松散层堆积为一套近代冲积相灰黄色亚黏土、亚砂土。该区土壤类型主要有黏壤质与黏质黄泥土、乌栅土、青泥土和白土等，土壤肥力较高。该区种植的农作物主要有水稻、小麦、油菜等，流行一年两熟制。

苏锡常地区总体处于太湖平原丘岗区，其西侧与宁镇低山丘陵区相接、北与长江下游三角洲平原紧邻（图 1-3），是江苏省土壤种类最丰富和地形相对最复杂的地区。江苏省共分为八大地貌单元，从北向南分别是徐连丘岗平原区、黄河冲积平原区、沿海平原区、泗洪-盱眙丘岗区、里下河水网区、长江三角洲平原区、宁镇低山丘陵区、太湖平原丘岗区。太湖平原丘岗区位于上述八大地貌单元的最南端，集平原与低山丘陵于一体，分布有世界上著名的湿地资源即太湖水网平原，其也是我国地质环境调查历史最悠久的地区之一；此外，该区还是我国河流与乡镇企业最密集的地区之一，历史上的京杭大运河长江以南段贯通全区。

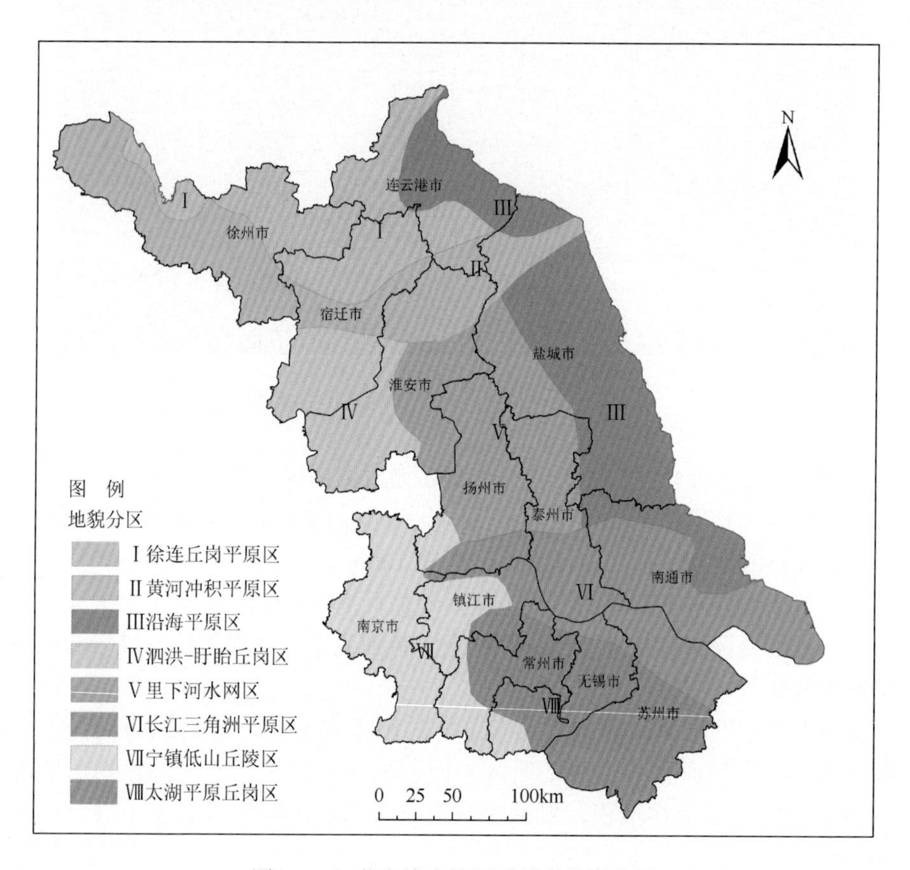

图 1-3　江苏省浅表第四系地貌分区略图

按照以表层 0～30cm 深度土壤属性为准的土壤命名原则，江苏省分布有 16 个土类、44 个亚类、90 多个土属和 210 多个土种，16 个土类分别是红壤、黄棕壤、黄褐土、棕壤、褐土、红黏土、冲积土、石灰土、火山灰土、紫色土、粗骨土、砂姜黑土、潮土、沼泽土、滨海盐土、水稻土。在苏锡常地区几乎能找到上述所有土类及其亚类，太湖平原丘岗区还是全省水稻土种类发育最齐全的地段，除水稻土外，当地主要土壤类型还包括黏壤质与黏质黄泥土、乌栅土、青泥土和白土等，土壤肥力总体较高，以偏酸性土壤质地为主。

在传统的农业土地利用分区上，苏锡常地区被划为太湖平原农业区，又可进一步细分为阳澄淀泖圩田区、太湖平田区、洮滆平田区、洮滆圩田区、太滆平田区、两吴南部荡田区和太湖及滨湖丘陵区。该区在历史上是我国著名的“鱼米之乡”，也是近代有名的水稻高产田分布区。当前种植的农作物主要有水稻、小麦、油菜等，流行一年两熟制。因为人口密集、城镇化高速发展及自然历史地理等，当地耕地资源分布相对破碎化程度极高，最小的耕地田块面积不足 0.5 亩。城中有地，湖（岛）上有田，田边有厂，类似景观在当地十分普遍。

苏锡常地区还是全国范围内国土资源开发程度偏高的典型区域，曾长期集中开采深层承压地下水，导致承压地下水水位下降，形成了较大面积的地下水水位降落漏斗，引发了严重的地面沉降、地裂缝等问题。同时，该区经济高速发展、人类活动等的影响，导致水土地质环境发生改变，引发了水土污染等问题。以往水土地质环境调查资料显示，至 1995 年当地第Ⅱ承压地下水水位埋深大于 70m 的等值线所围面积达 480km^2，苏锡常三市漏斗中心的最低水位埋深分别为 68.7m、82.0m、81.0m，大部分开采井的出水能力普遍减少 30%～50%。常州市、无锡市部分地区第Ⅱ承压地下水水位低于含水层顶板，进入疏干开采状态。为了控制地面沉降，1996 年起，江苏省政府出台了一系列措施，在研究区进行地下水的限采和禁采工作，取得了一定成效，1995 年地下水开采量为 4.5 亿 m^3，2000 年减少为 2.88 亿 m^3，2004 年减少到 0.4 亿 m^3，地下水水位有了一定程度的回升。开采与禁采地下水，一方面形成了地面沉降及其次生地质灾害，另一方面改变了水土之间原有的元素迁移、循环路径，也导致了部分耕地生态环境的改变（包含耕地污染等）。

该区第四系松散层地质结构差异明显、下伏基底起伏变化比较大，以及地下水的开采强度不同，导致在平面上形成的地面沉降差异性也较大，在土层结构软弱和地下水开采强度较大的地区，地面沉降进一步发展，形成地面沉降洼地。20 世纪 80 年代末期，苏锡常地区开始出现地裂缝，随着地下水开采强度的不断扩大，地面沉降也越来越严重，地裂缝发生频率不断加快、规模也不断扩大。另外，随着国土资源开发利用程度的不断加大，人为活动因素对地表水土环境的影响日益加剧，以土壤酸化、农产品重金属超标、河道污染为标志的水土环境恶化在部分地区有进一步加重的趋势。受先天自然环境与后天人类活动的双重影响，苏锡常地区存在地面沉降、水土污染等各种地质环境问题，这些既为开展耕地污染监测防治提供了有利场所，又对相关研究提出了新的巨大挑战。

1.2.3　选取苏锡常地区作为典型研究区的缘由

如前所述，苏锡常地区具有形成水土污染的特定地质背景及其相关的第四纪演化历史，以往积累的水土污染等地质环境调查资料十分丰富，为开展耕地污染监测与防治深入研究提供了有利条件。选择该区作为耕地污染防治的典型解剖研究区域，还缘于以下几方面的因素。

（1）当地人均耕地资源占有量很低，保护耕地环境质量的需求特别强烈。江苏省人均耕地资源远低于全国平均水平，而苏锡常地区（包含苏州市、无锡市、常州市三市）的人均耕地资源又远低于江苏省的平均水平。表 1-1 是依据《江苏统计年鉴—2013》提供的资料，得出了全省 13 市的人均耕地资源等统计结果，可以看出，苏锡常地区的人均耕地资源占有量仅仅比南京市略高，在全省 13 市中排序倒数 2～4 位。同时，苏锡常地区还是耕地污染占比较高的地区，以往的调查资料都显示苏锡常地区土壤重金属污染占比明显高于苏中、苏北地区，这种形势必然决定了当地政府对耕地的保护有特别的对策或特别的需求，要确保其基本的耕地资源数量红线，必须要想法补充必要的耕地资源数量；要确保当地经济社会正常发展，必然要加大对污染耕地的治理力度。这些客观因素都决定了在苏锡常地区开展耕地污染防治研究会更容易得到当地政府的支持，也有利于促进所研发的实用修复技术在同等条件下有可能被更广泛的推广应用。

表 1-1　江苏省 13 市耕地（基本农田）资源分布数量及其有关统计结果对比

地区	总人口/万人	土地面积/km^2	耕地面积/hm^2	总产值GDP/亿元	粮食总产/万 t	粮食单产/(t/hm^2)	人口密度/(人/km^2)	人均耕地资源/(亩/人)	地均 GDP/(万元/km^2)	耕地占比/%
全省	7919.98	102869	3592600	55758.14	3542.20	9.86	770	0.68	542.03	34.92
南京市	816.10	6582	74739	7201.57	49.30	6.59	1240	0.14	1094.13	11.36
苏州市	1054.91	8488	140140	12011.65	106.80	7.62	1243	0.20	1415.13	16.51
无锡市	646.55	4788	80400	7568.15	66.20	8.23	1350	0.19	1580.65	16.79
常州市	468.68	4375	129638	3969.87	111.50	8.60	1071	0.41	907.40	29.63
镇江市	315.48	3847	103360	2630.42	105.70	10.22	820	0.49	683.76	26.87
扬州市	446.72	6634	228498	2933.2	298.90	13.08	673	0.77	442.15	34.44
泰州市	462.98	5797	260026	2701.67	309.30	11.89	799	0.84	466.05	44.86
南通市	729.73	8001	397679	4558.67	319.00	8.02	912	0.82	569.76	49.70
盐城市	721.63	16972	587167	3120.00	567.00	9.66	425	1.22	183.83	34.60
连云港市	440.69	7500	323658	1603.42	337.20	10.42	588	1.10	213.79	43.15

续表

地区	总人口/万人	土地面积/km^2	耕地面积/hm^2	总产值GDP/亿元	粮食总产/万 t	粮食单产/(t/hm^2)	人口密度/(人/km^2)	人均耕地资源/(亩/人)	地均 GDP/(万元/km^2)	耕地占比/%
淮安市	480.3	10072	357438	1920.91	405.30	11.34	477	1.12	190.72	35.49
宿迁市	479.8	8555	385046	1522.03	385.90	10.02	561	1.20	177.91	45.01
徐州市	856.41	11258	524811	4016.58	480.10	9.15	761	0.92	356.78	46.62

注：表中基本数据来自《江苏统计年鉴—2013》。表中的耕地面积实际相当于基本农田，且统计数据与实际情况有一定出入（部分耕地未被统计进去），耕地占比指耕地占当地土地面积的比例。

（2）苏锡常地区是同时具备地面沉降和耕地污染的典型区域。苏锡常地区的地面沉降和水土污染都有一定代表性，之前开展的地面沉降防治研究、土壤污染防治研究多处于平行关系，甚少将地面沉降和耕地等土壤污染防治作为一个整体来探讨。事实上，地面沉降和耕地污染也并非绝对孤立的两种现象，若能统筹考虑这两方面的地质环境问题，也许将会收到意想不到的成效。苏锡常地区正好为同时研究地面沉降与耕地污染防治提供了场所，当地的国土资源生态安全保护等生态文明建设又很需要开展这方面的研究，选择其作为典型解剖研究区域也就再正常不过了。

（3）苏锡常地区的生态地球化学调查研究起步早，积累的水土污染监测数据相对更齐全。近期在国内蓬勃兴起的土壤污染防治研究，多与国土资源部 21 世纪初期推进的全国各 1∶250000 多目标区域地球化学调查有关。大量的土壤环境地球化学调查为认识各地土壤重金属等污染状况提供了基础资料，也为寻找耕地污染治理对象提供了重要线索。苏锡常地区是江苏省境内水土污染监测积累资料最丰富的地段，自 2001 年江苏省开始多目标区域地球化学调查试点以来，江苏省地质调查研究院等地勘单位就一直在当地进行相关的水土污染调查研究。截至 2015 年底，苏锡常地区已经积累了不同时期的土壤污染监测数据，其是当代环境地球化学工作者关注程度非常高的区域。表 1-2 是对苏锡常地区最近几十年所完成的相关地质环境调查工作的初步统计，这些环境地质调查研究项目都多少涉及有关水土污染方面的内容。在该类区域开展深入解剖研究，可以避免或尽量少走一些弯路。

表 1-2　2016 年前苏锡常地区完成的主要地质环境调查项目或相关成果统计

序号	项目（或成果资料）名称	工作单位	完成时间
1	1∶5 万社渚、张渚、丁蜀幅地质调查报告	江苏地质局区域测量队	1973 年
2	1∶20 万常州幅水文地质普查报告	江苏省水文队	1979 年
3	《江苏省及上海市区域地质志》	江苏省区域地质调查大队	1984 年

续表

序号	项目（或成果资料）名称	工作单位	完成时间
4	1∶5 万宜溧地区区域地质调查报告（矿产、化探、物探）	江苏省区域地质调查大队	1988 年
5	1∶5 万宜溧地区区域地质调查报告	江苏省区域地质调查大队	1988 年
6	《江苏土壤》	江苏省土壤普查办公室	1960 年
7	《江苏农业资源与综合区划》	江苏科学技术出版社	1989 年
8	1∶25 万沿江地区区域地质调查片区总结	江苏省地质调查研究院	1998 年
9	1∶25 万常州幅区域地质调查	江苏省地质调查研究院	2001 年
10	江苏省区域环境地质调查	江苏省地质调查研究院	2001 年
11	江苏省生态环境遥感调查与综合评价	江苏省地质调查研究院	2000 年
12	宜兴市地质灾害调查、评价、区划及防治规划	江苏省地质调查研究院	2004 年
13	苏锡常地区地面沉降及地质结构三维可视化模型研究	江苏省地质调查研究院	2005 年
14	江苏省南部地下水动态年鉴	江苏省地质调查研究院	1983～2010 年
15	江苏省国土区域生态地球化学调查（1∶25 万多目标）	江苏省地质调查研究院	2006 年
16	苏州市统计年鉴	苏州市统计局	2000～2010 年
17	无锡市统计年鉴	无锡市统计局	2000～2010 年
18	常州市统计年鉴	常州市统计局	2000～2010 年
19	《土壤污染控制及生态修复新技术探索与应用研究报告》	江苏省地质调查研究院	2008 年
20	《宜兴市丁蜀镇土地质量地球化学等级评价报告》	江苏省地质调查研究院	2008 年
21	江苏地区地下水污染调查评价（长江三角洲）	江苏省地质调查研究院	2010 年
22	无锡市耕地质量生态地球化学调查与等级评价	江苏省地质调查研究院	2012 年
23	太湖周边优质农业地质资源调查及其开发应用示范	江苏省地质调查研究院	2016 年

（4）该区城镇化发展迅猛，在我国整个东部沿海地区具有极强代表性。苏锡常地区紧邻上海市这颗“东方明珠”，是全国农村最先富裕起来的地方，也是当今城镇化发展十分迅猛的区域。其耕地环境质量保护和污染治理经验可以为我国其他后发展地区提供借鉴。城镇化是一个趋势，但城镇化不是简单的农民离开土地将耕地变成厂房的过程。在城镇化过程中如何做好人-地协调，如何运用生态文明的理念保护好珍贵的耕地资源都值得深入探究。有效防治耕地污染是城镇化必须要破解的一道命题，在类似的先有城镇化经历的乡村开展试点研究具有重大的时代意义。

1.3　江苏省生态地球化学调查评价简史

地球化学是专门研究地球的化学组成、化学作用和化学演化的科学，强调应用是地球化学的一大特色，以调查与评价为基本形式的应用地球化学贯穿了地球化学发展的始终。应用地球化学已经历了勘查地球化学、环境地球化学、生态地球化学等不同发展阶段。作为伴随工业革命而兴起的一门实践性很强的学科，应用地球化学早期是针对工业文明初期急需大量资源而形成的勘查地球化学。到了工业文明中期，为了治愈大量资源开发与加工而产生的工业污染，又建立了环境地球化学科学体系。随着人类文明已经到了从工业文明逐步向生态文明过渡的今天，相应地，在地球化学领域就产生了生态地球化学。生态地球化学是在多目标区域地球化学调查基础上产生的研究地球表层系统元素循环过程、规律及其生态效应的科学。生态地球化学调查与评价的理论基础是地球表层的物质循环规律及化学元素分布的不均匀性，是现代环境地球化学及其应用的深入发展。江苏省是全国最先开展生态地球化学调查研究的省区，以 1999 年开始的“南京地区区域环境地球化学调查方法研究”项目为标志，将江苏省的勘查地球化学或应用地球化学带入了一个全新的发展时期，也由此开启了江苏省地学人积极探索土壤污染防治等生态文明建设实践的序幕。

1.3.1　经历的主要发展阶段

自 1999 年开展试点研究以来，江苏省的生态地球化学调查研究主要经历了以下 5 个阶段。

（1）多目标地球化学调查起步阶段（2002 年以前）：以 1999 年开始实施的“南京地区区域环境地球化学调查方法研究”项目为标志，开始了专门针对地表土壤的环境地球化学调查评价研究，表明江苏省的地球化学调查评价工作已经从传统的以基岩出露区为主要调查对象、以找矿为基本目的的区域化探转向了以第四系覆盖区为主攻对象、以服务农业和资源环境及人类健康等为突破口的多目标地球化学调查，生态地球化学的理念正式引入江苏省的勘查地球化学中。南京市及周边地区多目标区域地球化学调查工作的展开，预示着江苏省开展区域生态地球化学调查的基本条件已经成熟，为全省大规模区域生态地球化学调查的全面推进奠定了方法技术基础、准备了基本人才队伍。

（2）区域生态地球化学调查兴盛阶段（2003～2005 年）：以中国地质调查局与江苏省人民政府合作项目“江苏省生态环境地质调查与监测”的正式实施为标志，在南京市及周边地区多目标区域地球化学调查的基础上，全面推进了江苏省剩余陆地国土的 1∶250000 多目标区域地球化学调查工作，不仅将江苏省传统的区域地球化学调查从丘陵山区扩展到平原，还将江苏省现代地球化学调查的范围延伸到湖泊、浅海、城市等特殊生态环境领域。这一时期投入地球化学调查方面的资金、人力、工作量等都是江苏省地球化学调查发展史上规模最大的，堪称江苏省区域生态地球化学评价的鼎盛时期。

（3）生态地球化学评价实施阶段（2006～2008 年）：随着江苏省大规模 1∶250000 多目标区域地球化学调查数据的不断到位，如何转化应用这些丰富的区域生态地球化学调查资料，使现代地球化学调查评价工作能够在国土资源管理中发挥出应有的技术支撑作用，自然摆在了江苏省当代地球化学工作者的面前。随着中国地质调查局开始在多目标地球化学调查的基础上推进区域生态地球化学评价与局部生态地球化学评价工作，江苏省也顺应时代发展要求开展了生态地球化学评价研究，以前期区域生态地球化学调查所获取的异常信息及有关成果线索为基础，部署了一系列中大比例尺的生态地球化学评价工作，其研究对象、投入的方法技术手段、服务目标等比区域生态地球化学调查又前进了一步，一个明显的标志就是开展了典型地区第四系沉积物的有机污染物（POPs）研究、收集了部分农产品的元素含量分布资料等。从生态地球化学调查进入到生态地球化学评价，不仅仅是一个工作过程的递进和工作比例尺的增大，更不只是一个采样密度的增加，这中间涉及观念的转变、方法技术的创新、认识论的升华等一些本质的变化。开展生态地球化学评价的过程，也是生态地球化学理论、方法技术不断完善与突破的过程，这一时期也称得上是江苏省生态地球化学调查向更高层次挺进的自我完善阶段，中间虽然也进行过生态地球化学调查项目，但主要的工作任务是生态地球化学评价。

（4）土地质量地球化学评估阶段（2009～2013 年）：以开始实施中国地质调查局部署的“江苏省典型市县级土地质量地球化学评估”项目为标志，江苏省新时期的生态地球化学调查评价工作又迈进了一个新的攻关阶段，即在区域生态地球化学调查、生态地球化学评价的基础上，要向土地质量地球化学调查研究领域发展，要将生态地球化学调查评价数据与土地资源规划利用对策挂钩。基于生态地球化学调查的土地质量评价、土地（尤其是耕地）资源优化利用对策或方案研究将构成这一时期生态地球化学工作的主旋律。土地质量地球化学评估，也有的称为土地质量地球化学评价，最终目的是在地质环境管理与土地资源管理之间搭建一座技术桥梁，真正促进国土资源系统内部地政管理与矿政管理的逐步融合，推进土地管理由数量管理向质量-生态效益型管护发展。包括江苏省在内的全国土地质量地球化学评估工作刚刚起步，大多处于探索阶段，这里面包括成果应用的相关问题探索，也包括评价土地质量本身有关技术方法的探索，还牵涉到生态地球化学发展的有关理念的与时俱进。

（5）土壤污染防治探索起步阶段（2014 年至今）：以启动江苏省耕地污染监

测为标志，将原先侧重于基础性环境地球化学调查的工作过渡到以满足耕地环境质量保护需求为主要目的的服务性工程地球化学实践，淡化了纯地球化学调查的专业界限，突出了多学科融合的国土生态安全管护新理念。在具体工作部署中，强调了对耕地等土壤污染的治理，包括源头阻断、过程监管、末端治理等全方位的环境地球化学调查介入等，以及典型污染耕地的修复试验及其技术研发。国务院出台的《土壤污染防治行动计划》将江苏省已经开展的生态地球化学致力于耕地等土壤污染防治的探索研究推向了一个新的高度，地勘行业投身土壤污染防治的积极性空前高涨，江苏省财政对耕地污染防治的投入力度也明显加大。

1.3.2　生态地球化学调查评价的特色

以区域地球化学调查为基本手段，运用生态地球化学理念，针对土地资源保护与利用问题，开展了大量生态地球化学调查评价工作，构成了江苏省最近十多年来地球化学调查研究工作的主旋律。生态地球化学调查评价与传统的区域地球化学调查既有联系也有很大区别。传统的区域地球化学调查以地质找矿为主要目标，大多部署在山区，以基岩出露区为基本调查范围，采用的最基本手段为水系沉积物地球化学调查，采样时尽量避免人类活动的影响，2000 年之前我国所进行的大规模化探工作主要属于传统区域地球化学调查的范畴。江苏省大部分地区是第四系覆盖区，历史上进行传统的区域地球化学调查的工作力度明显弱于中、西部矿业大省，这也为之后能在生态地球化学调查评价领域占据全国领先地位提供了难得的机遇。

生态地球化学调查评价和传统的区域地球化学调查都研究地质体的元素含量分布等特征与规律，用地球化学的理论为解决资源环境领域的现实生产需要服务，都属于基础地质的基本内容。生态地球化学调查评价在沿用传统的网格化采样、组合样分析、高精度的多元素分析技术、统一的样品分析测试监控方法等基本做法的基础上，充分吸收了现代环境地球化学、表生地球化学研究的最新成果，十分看重人类活动对表生地质过程的影响，其服务对象已经从传统的以地质找矿为主转向农业、土地利用、生态环境建设、人体健康和资源开发等多个领域，调查范围已经从侧重于基岩地区转向侧重于第四系等厚层覆盖区。综合对比而言，生态地球化学调查评价主要有以下特色。

（1）分析测试指标更加全面。基本分析指标达到 54 项，比历史上区域化探的 39 项指标增加了 15 项，还增加了有机污染物含量、元素形态分析等新的指标。

（2）服务领域与国民经济发展的需求联系更加紧密。早已超越了单一的地质工作范畴，服务对象几乎覆盖了资源环境方面所有的应用部门，农业、土地、环境保护是最大的受益者，地矿反而不是主要的资料使用方了。

（3）增添了重要元素的生态效应研究这一新的内容。强调元素等化学物质在地球表层的循环与迁移转化，强调地表化学作用过程对生态系统的影响，重要元素异常要查明生态效应。

（4）实现了自然环境与人为活动环境的同步调查。同时采集代表自然环境（第一环境）和人为活动环境（第二环境）的样品进行统一标准的分析测试，考察人类活动对地表生态环境的影响，而不是像以往只专注自然环境的元素地球化学特征调查而有意回避人为活动环境。

（5）赋予了地球化学工程手段新的活力。将传统的地球化学障等工程手段应用于耕地污染的防治实践，借助新型环境修复材料，探索了治理土壤重金属污染的新路径，并引进了土壤重金属快速分析技术用于现场污染调查，拓宽了运用地球化学工程手段解决土地整治、耕地环境质量提升等迫切需要解决的问题的通道。

1.3.3 完成的标志性工作

（1）江苏省国土 1∶250000 多目标区域地球化学调查：按照全国统一的技术规范，表层土壤（相当于耕作层）采样深度 0～20cm，以 1km^2 为 1 个采样单元，每个采样单元至少采集 1 个样品，每 4km^2 分析测试一个组合样，共分析测试表层土壤样品 24186 个，主要用于揭示人为环境土壤地球化学特性；深层土壤（相当于母质层）采样深度 150～200cm，以 4km^2 为 1 个采样单元，每个采样单元采集 1 个样品，每 16km^2 分析测试一个组合样，共分析测试深层土壤样品 6127 个，主要用于研究自然环境土壤地球化学特征。每个土壤样品统一测试 pH、总有机碳（TOC）及 Si、Al、Mg、Ca、Fe、K、Na、C、N、P、S、Se、B、Mn、Ti、V、Co、Cr、Ni、Cu、Pb、Zn、Cd、As、Sb、Bi、Hg、Mo、W、Sn、Ag、Au、Sr、Ba、La、Ce、Y、Sc、Zr、Th、U、Ga、Ge、Tl、Li、Be、Rb、Nb、F、Cl、Br、I，计 54 项指标。这项工作还覆盖了江苏省主要湖泊、沿海滩涂及近岸海域的大部分地区，以其所采集的样品为基础建成的“江苏省国土生态地球化学调查”副样库，共保存约 13 万个样本，该样品库是我国多目标地球化学调查最具代表性的实物成果之一。

（2）典型地区土地质量生态地球化学评估：按照中国地质调查局颁布的《土地质量地球化学评估技术要求（试行）》，针对典型地区的耕地环境质量进行了加密采样调查，分为 1∶50000、1∶10000 两个尺度。前者主要针对县级，已经完成江苏省多个县域国土的 1∶50000 生态地球化学调查，累计约 15000km^2；后者主要针对乡镇及其以下级，已经完成约 5 个典型乡镇的 1∶10000 生态地球化学调查，累计约 300km^2。以土地利用图斑或田块为基本评价单元，基于加密调查的土壤元素含量等数据划分了相关耕地的环境质量地球化学等级，为当地耕地保护利用提供了建设性方案。该项工作只针对耕作层土壤，每个样品分析测试指标由 54 项精简到 20 多项。

（3）耕地污染等生态地质环境监测：先从苏锡常地区开始试点，按照监测点逐次放稀、主要污染范围准确快速圈定的思路，从最初成千上万个调查点逐步优化到100多个长期监测点，构建了江苏省乃至全国最早的水土污染监测网，部署了常规耕层土壤-潜水同步监测点150对、大气降尘监测点30个，并不定期对大宗农产品进行随机抽查，证实用不到200个有效的监测点能控制土地污染的基本范围与强度。在苏锡常地区连续多年成功监测的基础上，2014年起开始了全省耕地污染监测，布设基本监测点约2600个，并建立向省政府提交监测年报的制度。

（4）土壤重金属污染溯源及其生态风险评价：针对典型地区土壤中存在的Cd、Hg、Pb、Zn等重金属污染，借助现代仪器分析，同位素、元素形态分析等地球化学示踪方法，采用地球化学剖面测量、综合分析等形式，通过对岩石、土壤、大气降尘、河泥、土壤水及大宗农产品等环境介质的环境地球化学综合调查，系统收集典型重金属元素在水-土-气-生（农作物等）等环境介质中的分布分配资料，追踪污染来源。以新获得的评价数据为基础，鉴定污染物对农产品的影响（主要是污染物对粮食等大宗农产品品质的影响），总结热电厂、电池厂、陶瓷品加工、交通运输、冶炼等工业生产对周围土壤环境的影响特点，建立适宜江苏省行业特点的土壤重金属污染生态风险评价技术准则。

（5）典型耕地重金属污染生态修复技术研发及工程示范：针对苏锡常地区新确定的Cd等重金属污染耕地，借助前人广泛报道过的化学钝化（或固化）、植物修复等技术手段，选取数块重金属Cd等污染耕地开展了连续多年的大田修复试验，研制了施加改性凹凸棒石、改性沸石、改性蒙脱土及生物碳等环境修复材料治理耕地Cd污染的实用钝化技术；通过柳树、籽粒苋、东南景天等植物田间修复试验，筛选出适用于江苏省耕地Cd污染的最佳植物修复技术，栽种柳树等大生物量植物可有效清除土壤中的残留Cd，累计修复Cd污染耕地上百亩，新建了全省耕地Cd污染生态修复示范工程。

（6）优质农业地质资源开发应用示范：借助省地勘基金项目的资助，以开发利用天然富硒土地资源为首要目标，2013年开始用3年多时间对太湖西侧约1000km^{2}的Se地球化学高背景区进行了重点解剖，借助生态地质环境调查、岩石-土壤等地球化学测量、遥感、钻探、实验测试等手段，累计采集土壤、岩石、稻米、茶叶等地球化学样品2000余件，分析测试上述各类样品2300多个，系统收集了天然富硒土地等优质农业地质资源分布及开发利用潜力评估的环境地球化学资料，研究了富硒土壤的成因与物质来源，认识到土壤富硒是形成天然富硒稻米、茶叶等高附加值农产品的先决条件，岩石富硒＋特殊表生地质作用是当地形成大片天然富硒土壤资源的基础。通过揭示地表岩石-土壤-水-农作物之间的元素迁移分布规律，考证富硒岩石-土壤-稻米（或茶叶）等内在联系及其他优质农业地质资源的利用潜力，新圈定清洁富硒土地资源10000hm^{2}以上，建成江苏省首例天然富硒稻米生产示范基地，为富硒土地等优质农业地质资源开发利用提供了示范经验和关键技术支撑。

1.4 主要资料来源

江苏省的耕地污染监测与防治研究相比我国一般地区而言是起步较早的省区，但相比全球水土污染监测与防治研究起步更早的发达国家而言，则属于后起之秀。

1.4.1 前人开展土壤污染监测与防治研究的大致进程

耕地污染监测与防治同之前开展的水土污染监测与防治有雷同之处。水土污染监测与防治，特别是农用地土壤污染调查与治理（包含修复技术研发等），始终是近、现代生态环境保护的一个重点，也是资源环境领域应用科学技术研究的又一大热点，包括地学、农学、土壤学、环境科学、材料科学、林学、工程管理等诸多学科及一些边缘学科、交叉学科都在土壤污染修复技术研发方面开展了大量的探索，世界各国在最近几十年内都投入了可观的人力、物力、财力，以支持水土污染监测与防治技术研究，一些发达国家都纷纷制定了土壤修复计划。据不完全统计，现在全世界取得的水土污染监测与防治或修复技术专利累计已经超过数千项。我国作为世界上最有影响力的发展中国家，也是局部地区水土污染比较严重的国家，在水土污染监测与防治研究方面也进行了长达数十年的探索研究，积累了大量可以借鉴的资料。为了满足国家粮食安全战略、生态文明建设等时代需求，我国资源与环境领域的科技人员还就土地环境质量、土地利用的生态安全与环境保护等进行了宏观性总结，并从自然、经济、社会、生态等影响因素的角度提出了对各地区土地质量进行综合评价的指标体系，归纳出土地质量综合评价指标体系包括土壤、地形、水资源、气候、土地利用等 16 个方面的因素（表 1-3），这反映了我国已经步入将水土地质环境作为一个整体研究以促进土地资源合理保护利用的新阶段，也符合水土地质环境必须作为一个整体进行监测评价的新潮流。

表 1-3 我国当代有关土地质量综合评价指标体系包含的基本要素

目标	分层指标	因子	指标
土地质量综合评价	土地生态环境质量	土壤质量	速效养分、有机全碳、活性有机碳、颗粒大小、植物有效性水含量、土壤结构及形态、土壤强度、最大根深、pH 和电导率等
		地形	海拔、坡度、微地貌等
		土地环境状况	土地荒漠化比例、水土流失比例、土壤盐渍化比例、中低产田比例、草场退化比例、防护林退化比例、土壤污染、农田林网化率、大气污染、水污染等

续表

目标	分层指标	因子	指标
土地质量综合评价	土地生态环境质量	植被覆盖水平	森林覆盖率或植被覆盖率、耕作植被、生态林占有林地面积比例变化等
		水资源	水资源满足程度、灌溉体系完善程度、生态需水量等
		气候条件	年光照时数、降水量及其分布、无霜期、≥10℃积温等
	土地经济质量	单位产值	农作物单位面积产量、农作物价格
		生产潜力实现水平	土地生产潜力与实际生产潜力比值
		投入产出水平	人地比率、单位面积土地投入产出比
		产出能力	耕地基础地力指数
		区位状况	城市规模、城市等级、城市距离、农贸市场影响、路网密度、铁路、航道、桥梁、港口、交通状况等
		社会经济效益	GDP 增长率、人均 GDP 增长率、人均收入增长率、基础地价增长率等
	土地管理质量	土地管理措施	土地管理措施实施情况、不同层次对土地政策的满意程度、农业内部结构调整幅度、主要农作物播种面积比例变化幅度等
		土地利用	适宜土地利用率
		土地保护	耕地保护水平、耕地警度判定系数、基本农田保护率、粮食自给率、人均耕地变化、防灾害能力、自然灾害处理率等
		科技进步	农业科技进步贡献率、良种使用普及推广率、人口素质、农业机械化率等

将水土污染监测评价与现代农业发展规划结合起来，依据地表水土污染发展演化确定基本农田保护的基本对策，代表了开发应用水土地质环境监测成果的另一个发展方向。其实质涉及如何充分有效开发利用水土污染等地质环境监测数据并尽快为国土资源管护服务。针对水土地质环境调查与监测资料的开发应用，近年来中国地质调查局、各省市国土资源管理部门都开展了一系列试点研究工作，在传统水土地质环境监测的基础上逐步转向耕地污染监测，并逐步将监测数据纳入规范化管理，用最新监测资料作为评价耕地环境质量演变的主要依据。

1.4.2　支撑研究的数据基础

江苏省地质调查研究院自 1999 年开始承担生态地球化学调查研究相关工作以来，就一直坚持在水土污染监测与防治领域进行不懈的探索研究，并逐步培育了有一定独立研发能力的科技攻关团队。团队通过十多年的努力，承担了来自不同资助渠道的大量科研项目（其中与耕地污染监测防治有密切联系的15个项目列于表1-4），这些项目累计工作经费超过7000万元，每个项目都获取了不同时期的土壤污染等调查数据，积累了江苏省典型地区耕地污染监测与修复试验方面的第一手资料，为总结提炼江苏省耕地污染监测与防治关键技术研发上的主要成果、编写本书即《耕地污染监测与防治关键技术研究》提供了基本的数据支持。

表1-4　江苏省地质调查研究院生态地球化学团队完成的有关耕地污染监测与防治研究项目

序号	项目名称	项目编码	项目来源	结题时间	项目负责
1	江苏省1∶250000多目标区域地球化学调查	200312300008	省、部合作	2007年	廖启林、吴新民（副）
2	土壤污染控制及生态修复新技术探索与应用研究	BS2006066	省科技厅	2008年	廖启林
3	宜兴市丁蜀镇土地质量地球化学等级评价	无	地方资助	2008年	何国强、廖启林
4	江苏省生态环境调查与监测-江苏省国土区域生态地球化学评价	200312300009-03	省、部合作	2009年	廖启林、吴新民（副）
5	江苏省生态环境调查与监测-江苏省局部生态地球化学评价	1212010540803-03	省、部合作	2009年	廖启林、吴新民（副）
6	连云港示范区水土地质环境监测预警	无	中国地调局	2011年	徐慧珍、廖启林
7	长江下游冲积土镉富集地球化学机制研究	40873081	面上自然科学基金	2012年	廖启林
8	无锡市耕地质量生态地球化学调查与等级评价	无	地方资助	2012年	廖启林
9	重金属污染土地生态修复技术研究	无	国土资源厅	2013年	廖启林
10	苏锡常地区水土地质环境监测成果资料集成与评价	无	省地勘基金	2014年	廖启林
11	长江三角洲典型地面沉降区水土污染监测与防治技术研发与示范	201111021	公益性行业科研专项	2015年	廖启林、徐慧珍
12	江苏省国土（耕地）生态地质环境监测	无	省地勘基金重点专项	2015年	廖启林
13	太湖周边优质农业地质资源调查及其开发应用示范	无	省地勘基金	2016年	廖启林
14	区域重金属污染的健康风险监测与评估技术研究——以江苏省典型地区为例	BE2013720	省科技支撑计划	2016年	廖启林
15	江苏土壤环境保护和综合治理对策研究	无	省政府决策咨询研究	2016年	朱锦旗

除了上述江苏省地质调查研究院生态地球化学团队历年来所完成的相关耕地污染监测与防治研究项目外，团队还秉承开放共赢、协同攻关的理念，坚持与多

家有实力的单位开展了长期合作研究，以对外合作研究专题的形式联合科研单位参与到团队所承担的相关研究项目中，各协作单位在相应的研究周期内提交了各自的专题研究成果。表 1-5 列出了团队所掌握的由各合作单位完成的有关耕地环境保护方面的研究专题名录，这些专题研究成果在一定程度上为本次编写《耕地污染监测与防治关键技术研究》这本书提供了重要的资料补充。

表 1-5　委托合作单位完成的有关耕地环境保护方面的研究专题名录

序号	专题名称	专题承担单位	备注
1	苏南地区典型农用地土壤环境质量时空变化及预测预警	中国科学院南京土壤研究所	内部资料
2	江苏省生态建设示范区生态环境质量综合评价研究	江苏省环境监测中心	内部资料
3	江苏省典型水-土污染区的污染机理及其修复试验研究	南京大学	内部资料
4	江苏省特殊生态地球化学背景与人体健康关系的初步研究	江苏省疾病预防控制中心	内部资料
5	江苏省典型市（县）发展无公害农业的土壤环境综合评价研究	南京农业大学	内部资料
6	江苏省土壤-农作物系统元素迁移转化与富 Se 农产品开发研究	南京农业大学	内部资料
7	江苏省特色农业远景区综合评价研究与区域规划	江苏省农林厅	内部资料
8	江苏省土壤资源特征及时空演变规律研究	中国科学院南京土壤研究所	内部资料
9	影响江苏省生态地质环境的社会因素及其对策分析	东南大学	内部资料
10	江都市生态地质环境综合评价	江都市国土资源局	内部资料
11	江都市河网-底积物环境地球化学调查与评价	江都市国土资源局	内部资料
12	南通市国土生态地球化学调查与评价	南通市国土资源局	内部资料
13	典型公路土壤环境元素地球化学特征研究	南京大学	内部资料
14	无锡市耕地资源科学保护与利用对策	南京大学	内部资料
15	水土污染监测技术标准研制及数据应用示范	中国地质环境监测院	内部资料

注：表中专题完成时间全部截至 2015 年 12 月前。

第 2 章　有关地区土壤元素基准值及江苏省耕地污染特征

土壤污染是相对于污染物浓度的背景值或基准值而定的，土壤元素基准值研究是土壤污染防治不可缺少的一项基础性工作，耕地污染监测与防治自然也不例外。利用历次土壤元素地球化学调查所积累的相关数据，可以通过严格的数理统计分析得到不同地区的土壤元素地球化学背景值与基准值，为评价、鉴定耕地污染等提供基本依据。本章侧重于探讨土壤地球化学基准值与背景值，研究区土壤重金属等微量元素分布特征统计分析，以及江苏省耕地污染基本概况。

2.1　土壤地球化学基准值与背景值

地球化学诞生以后的一项重要工作就是建立元素地壳丰度，地球化学基准值、背景值从广义的角度而言也属于元素丰度的内容。自从 20 世纪泰勒（Taylor，1964）公开发布了比较系统的元素地壳丰度以来，我国的地球化学家在研究各类地质体的元素丰度方面也进行了卓有成效的工作，并发表了各自的研究成果（Lee and Yao，1970；黎彤，1994；鄢明才等，1996；黎彤等，1999；倪守斌等，1999）。国内以往发表的相关地球化学文献中，提及元素丰度多限于岩石圈。随着人类社会从工业文明向生态文明转进，元素的表生地球化学行为越来越被关注，研究包括土壤在内的地表有关介质元素丰度的工作也引起了国内外地球化学界的关注，并提出了地球化学基准值、背景值等概念。元素地球化学基准值（或背景值）通常表示地质体中元素正常含量分布的统计值。对于土壤中所分布元素的正常含量，以前的文献有人称为（环境）背景值或基准（基线，baseline）值（杨学义，1982；国家环境保护局和中国环境监测总站，1990；赵振华，1997；陈怀满，2002；汪庆华等，2007），也有人直接称为土壤地球化学基准值（汪庆华等，2007）。我国严格将土壤元素地球化学背景值与基准值分开，是实施大规模多目标区域地球化学调查以后的事情。中国地质调查局颁布的《多目标区域地球化学调查规范（1∶250000）》（编号 DD2005-01）中提出了“土壤地球化学基准值”与“土壤地球化学背景值”的具体定义，认为“土壤地球化学基准值”是反映第四纪地层地球化学本底的量值，由多目标区域地球化学调查深层采样分析统计取得；“土壤地球化学背景值”是反映第四纪地层地球化学背景的量值，由多目标区域地球化学调查表层采样分析统计取得。

以前在定义土壤元素含量背景值或基准值时，虽然强调了是自然土壤（未受人类活动影响）元素分布正常含量的统计结果，但在如何区分土壤环境中的元素含量是否受到人类活动的影响上未做明确规定，也没有考虑到同时出现自然土壤环境与人为活动土壤环境的元素含量统计值时该如何区分，因此所报道的土壤元素含量背景值或基准值基本上也未做专门区分，都是指某一元素在某一范围土壤中的正常含量（一般以平均值表示）。

综上所述，土壤元素地球化学基准值（或背景值）应该包括以下几层含义。

（1）其是自然成土过程中元素地球化学行为的记录，代表自然环境土壤的元素含量分布特征；

（2）其是自然形成土壤的元素正常含量，代表了土壤的一种固有的地球化学属性；

（3）背景含量通常都有一定的变化范围，通过实地调查所获得的某个元素的土壤地球化学基准值（或背景值）只是一个统计数据；

（4）土壤元素地球化学基准值（或背景值）在空间上会受一定范围限制，不同地区、不同类型、不同流域的土壤可能存在不同的背景含量。

从土壤元素地球化学基准值（或背景值）是代表一定区域内自然状态下未受人为污染影响的土壤中各元素的正常含量这一基本定义出发，可以确定土壤元素含量背景值（或地球化学基准值、背景值，余同）代表了在未受或很少受人类活动影响和不受或很少受现代工业污染与破坏的情况下，土壤原来固有的化学组成和一般元素含量分布特征。由于人类活动与现代工业发展的影响已经遍布全球，事实上很难找到绝对不受人类活动与污染影响的土壤，土壤环境是否已经受到人类活动影响、是否受到污染只是相对的。不同自然条件下发育的不同土类，同一土类发育于不同的母质母岩，其土壤的化学组成都存在客观差异。具体采样方法（样品对象的选择等）与分析手段的差异也可导致同一范围土壤元素含量的差异。这些都说明自然界土壤本身的结构与化学组成是非常不均匀的，土壤元素含量背景值是统计性的。按照统计学的要求，根据统计范围内元素含量分析结果，经频数分布类型检验，确定其分布类型后，以其特征统计值（一般是服从对数正态分布的，取用其几何平均值，服从正态分布的取用其算术平均值）表达该元素背景值的集中分布趋势，以一定的置信度表示该元素背景值的适用范围。因此，严格地讲，土壤环境元素含量背景值（或地球化学背景值）是一个范围更符合实际，在时空上都是相对而言的。

中国地质调查局基于全国各地土壤元素含量分布的差异性，分别提出了“土壤地球化学基准值”和“土壤地球化学背景值”的概念，规定“土壤地球化学基准值是指未受人为污染的反映土壤原有沉积环境的元素含量分布。在地球化学元素满足正态分布的情况下，统计单元的土壤地球化学基准值可以用本单元的均值表示”，并经过大量方法试验后，把多目标区域地球化学调查的深层土壤样品（第一环境即母质层、限定深度 150～200cm）作为未受或基本未受人为污染的土壤，认为该土壤环境下的绝大多数元素含量均值可以作为所对应统计单元的元素地球化学基准值。同样地，将来自表层土壤样品（第二环境即耕作层土壤、限定深度 0～20cm）相关单元的元素均量作为其地球化学背景值。上述规定充分考虑了人为干扰与自然环境土壤中的元素分布差异性，对其正常含量分布的表述给予区别对待是符合客观实际的。

从江苏省的实际情况来看，表层土壤（代表人为活动即第二环境）与深层土壤（代表自然即第一环境）的 Cd、Hg、Pb、Zn 等元素含量的确存在显著差异，通常是同一个地区人为活动环境下的重金属元素含量要高于自然环境，人为活动强度越大，这种差异相对越明显。图 2-1 展示了来自江苏省部分地区土壤沉积柱的 Cd、Zn、Pb、Hg 等分布特征对比，可以看出其 20cm 以上深度的重金属含量的确要高于 150cm 以下深度的土壤，而且在苏南地区（苏州、宜兴等地）这种差异更明显。

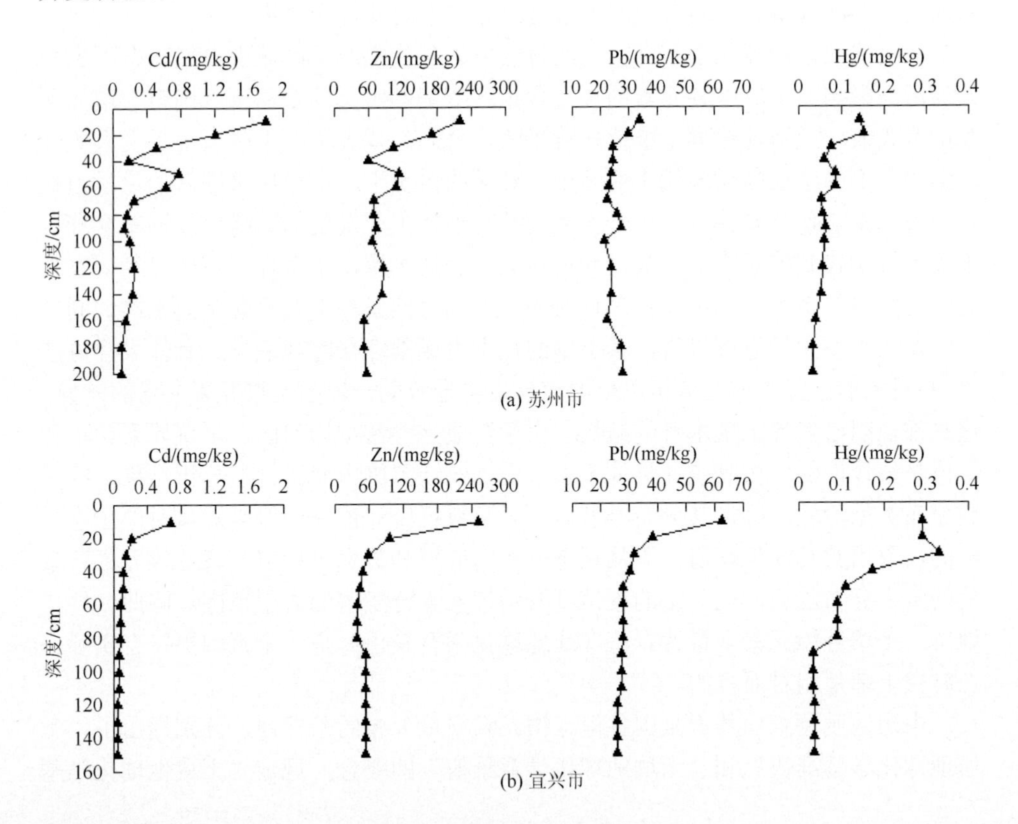

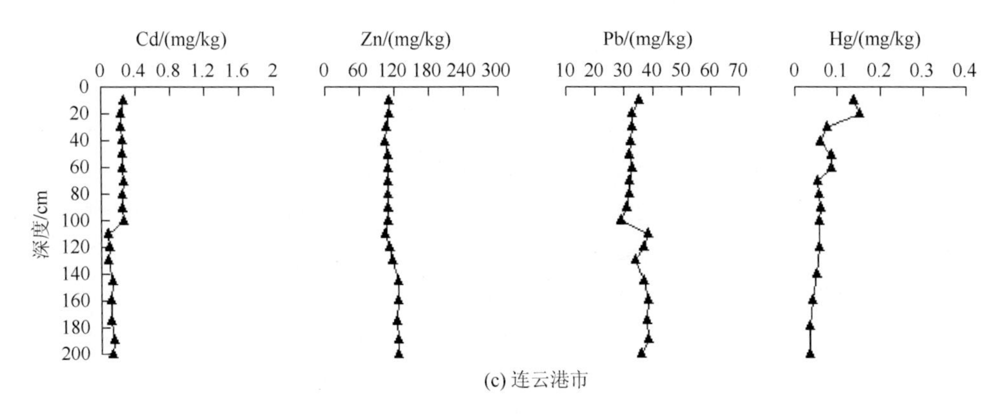

(c) 连云港市

图 2-1 江苏省不同地区典型土壤沉积柱 Cd、Zn、Pb、Hg 含量变化图

参照上述定义，本次研究基于对江苏省多目标地球化学调查数据的统计分析，给出了江苏省土壤重金属等元素地球化学基准值统计结果（表 2-1），为后人了解、研究江苏省土壤元素背景含量提供了基本参考；同时还提供了全省深层土壤与表层土壤（分别代表自然环境、人为活动环境）53 个元素有关平均含量的统计结果对比（表 2-2），为外界了解江苏省自然环境、人为活动环境的土壤重金属等元素分布基本特征提供了重要线索。

表 2-1 江苏省土壤元素地球化学基准值（推荐）

元素	江苏省深层土壤不同统计单元算术平均含量范围						
	13 市之间	7 地貌单元间	成土母质间	苏南 5 市之间	苏中 3 市之间	苏北 5 市之间	全省推荐值
As	4.9～12.7	5.6～11.2	3.8～13.9	8.1～11.3	4.9～10.1	8.9～12.7	9.4
Cd	0.062～0.098	0.067～0.086	0.063～0.106	0.07～0.083	0.062～0.075	0.076～0.098	0.085
Hg	0.013～0.049	0.013～0.039	0.013～0.051	0.02～0.049	0.024～0.031	0.013～0.021	0.02
Pb	16.5～29.1	17～27.2	14.5～29.8	21.9～24.1	16.5～22.9	17～29.1	22.6
Cu	16～29	19～29	14～34	28～29	16～27	17～29	24
Zn	53～80	55～70	52～90	65～75	62～67	53～80	66
Cr	60～88	60～87	60～120	81～88	69～80	60～85	76
Ni	24.3～45	23.8～37.3	24.1～66.4	36.3～38.2	26.3～35.6	24.3～45	33.7
Co	10.2～19.6	10.2～16.5	10.5～26.8	14.4～15.3	11.8～13.8	10.2～19.6	14.2
V	65～108	64～104	64～115	99～105	72～90	65～108	88
Ti	3859～5357	3839～5316	3829～7540	5148～5357	4404～4852	3859～4376	4590
Mn	495～987	490～850	492～1568	597～737	604～641	495～987	703
Fe	2.6～4.41	1.82～2.82	1.82～3.31	3.83～4.05	3～3.88	2.6～4.41	3.55
Se	0.06～0.14	0.07～0.12	0.05～0.16	0.07～0.14	0.06～0.08	0.08～0.12	0.09

续表

元素	江苏省深层土壤不同统计单元算术平均含量范围						
	13 市之间	7 地貌单元间	成土母质间	苏南 5 市之间	苏中 3 市之间	苏北 5 市之间	全省推荐值
B	42～64	38～59	20～60	59～64	55～57	42～52	51
N	318～642	313～578	278～816	373～642	373～428	318～470	442
P	409～634	322～641	262～636	409～522	525～627	441～634	522
K	1.63～2.65	1.4～1.64	1.28～1.97	1.63～1.86	1.74～1.81	1.74～2.65	1.86
S	42～134	56～123	58～235	42～105	72～75	69～134	98
Li	29～46	28～43	27～57	41～46	32～41	29～45	38
Be	1.82～2.59	1.82～2.55	1.81～2.75	2.48～2.58	1.91～2.4	1.82～2.59	2.24
Nb	14～19.1	14～19.1	13.9～23.7	17.5～19.1	15.4～17.4	14～16	16.3
Rb	84～121	85～115	81～136	113～117	89～116	84～121	103
W	1.48～2.31	1.56～2.22	1.23～2.29	2.09～2.31	1.48～1.98	1.6～2.1	1.85
Sn	2.73～3.55	2.73～3.51	2.71～3.54	3.27～3.55	2.87～3.24	2.73～3.01	3.16
Mo	0.33～0.69	0.34～0.57	0.32～0.76	0.37～0.49	0.33～0.37	0.47～0.69	0.51
Au	0.8～1.7	1～1.6	0.8～2	1.5～1.7	0.8～1.5	1～1.7	1.4
Ag	0.07～0.09	0.07～0.08	0.07～0.09	0.07～0.09	0.07～0.08	0.07～0.08	0.08
Sb	0.35～1.01	0.37～0.97	0.39～1.15	0.63～1.01	0.35～0.73	0.75～0.98	0.79
Bi	0.18～0.38	0.2～0.33	0.16～0.46	0.32～0.34	0.18～0.33	0.24～0.38	0.28
F	488～641	496～566	435～758	514～591	492～549	488～641	548
Cl	43～98	43～132	44～149	43～67	55～84	55～98	70
Br	1.27～2.86	1.54～3.06	1.41～4.16	1.27～1.96	1.5～1.93	1.56～2.86	1.85
I	1.03～2.69	1.04～2.28	1.14～4.29	1.39～2.69	1.03～2.61	1.3～2.18	2.46
Ga	13.9～19.6	13.9～18.5	12.8～20.8	17.2～18.1	13.9～17.3	13.9～19.6	16.2
Tl	0.5～0.72	0.51～0.67	0.49～0.8	0.66～0.67	0.5～0.61	0.56～0.72	0.62
Sr	98～200	102～199	90～199	98～114	131～159	154～200	150
Ba	420～563	420～659	417～795	503～552	420～521	421～563	520
La	34～46	34～46	34～46	45～46	37～42	34～43	40
Ce	64～86	64～86	64～93	83～86	69～77	64～83	78
Y	23～31	22～31	22～31	29～31	23～28	23～29	26
Sc	9.7～14.7	9.6～14.2	9.3～16.6	13.6～14.5	10.1～13.6	9.7～14.7	12.3
Zr	221～289	244～283	200～300	257～289	249～256	221～264	258
U	2～2.81	2.04～2.7	1.9～2.82	2.22～2.81	2～2.2	2.23～2.44	2.33
Al	5.72～8.09	3.03～4.22	2.98～4.41	7.84～8.09	6.02～7.72	5.72～7.93	7.02
Si	27.68～31.38	13.74～14.5	12.53～14.91	30.56～31.38	30.37～30.95	27.68～29.87	29.84

续表

元素	江苏省深层土壤不同统计单元算术平均含量范围						
	13 市之间	7 地貌单元间	成土母质间	苏南 5 市之间	苏中 3 市之间	苏北 5 市之间	全省推荐值
Na	0.8～1.29	0.61～0.91	0.51～0.96	0.8～0.93	1.0～1.18	0.81～1.29	1.03
Ca	0.51～4.4	0.38～3.13	0.3～3.43	0.51～0.66	0.74～2.89	0.78～4.4	2.35
Mg	0.72～1.27	0.49～0.77	0.41～0.89	0.72～0.99	0.98～1.26	1.11～1.27	1.12
C	0.19～1.27	0.27～1.26	0.29～1.4	0.19～0.66	0.53～0.82	0.47～1.27	0.86
TOC	0.15～0.35	0.16～0.29	0.12～0.56	0.21～0.35	0.2～0.22	0.15～0.32	0.22

注：Si、Al、Ca、Mg、K、Na、Fe、C、TOC 含量单位为%（10^{-2}），Au 含量单位为 μg/kg（10^{-9}），其余元素含量单位为 mg/kg，余同；全部取各统计单元土壤元素含量分布数据中剔除异常点后的算术平均值，全省土壤参与统计样品数 6127 个；表中所列各元素平均含量范围指各单元之间最高背景含量与最低背景含量的限定范围，“成土母质间”指江苏省境内 10 类主要成土母质，苏南 5 市指苏州、无锡、常州、镇江、南京 5 地土壤，苏中 3 市指扬州、泰州、南通 3 地土壤，苏北 5 市指徐州、连云港、宿迁、淮安、盐城 5 地土壤，全省推荐值取全省范围 6127 个深层土壤样品各元素含量剔除其算术平均值±2 倍标准离差后的最终算术平均含量（统计值）。

表 2-2　江苏省耕作层与母质层土壤重金属元素等含量分布参数统计

元素	表层（或耕作层）土壤（0～20cm 深度）						深层（或母质层）土壤（150～200cm 深度）					
	min	max	中值	几何均值	算术均值	变异系数	min	max	中值	几何均值	算术均值	变异系数
As	2.15	245	9.1	8.9	9.4	0.41	1.51	319	9.7	9.1	9.9	0.58
Cd	0.033	22.8	0.13	0.137	0.151	1.20	0.018	0.9	0.081	0.085	0.092	0.48
Hg	0.005	8.09	0.045	0.052	0.082	1.68	0.003	6.85	0.023	0.024	0.032	3.58
Pb	11.4	1932	25.5	25.5	26.8	0.81	2.9	693	22	21.7	22.6	0.50
Cu	5.89	756	25	25	26	0.43	4.47	253	24	23	24	0.34
Zn	18.3	1021	69	70	73	0.36	21.2	1040	64	64	66	0.30
Cr	16.6	508	74.8	75	76	0.20	14.5	351	76	75	76	0.19
Ni	1.6	238	31.4	31.5	32.9	0.35	8.2	162	32.8	32.4	33.7	0.31
Co	2.41	91.8	13	13.2	13.7	0.29	2.24	131	14	14.2	15.2	0.51
V	12	269	86	86	88	0.21	17.9	321	88	86	88	0.23
Ti	13.7	17438	4544	4510	4568	0.17	1232	15340	4577	4538	4590	0.16
Mn	113	5640	570	600	629	0.36	78.9	8689	664	694	773	0.71
Fe	1.12	9.44	3.27	3.28	3.35	0.22	0.84	12	3.54	3.47	3.55	0.22
Se	0.048	6.18	0.19	0.2	0.21	0.56	0.014	1.55	0.09	0.09	0.1	0.55
B	5.4	132	55	54	56	0.24	4.8	82	51	50	51	0.19
N	140	3264	1226	1199	1252	0.29	24.5	2388	440	426	460	0.40
P	150	4366	788	756	791	0.30	126	8850	580	501	529	0.37
K	0.95	3.68	1.81	1.80	1.82	0.16	0.43	4.01	1.81	1.84	1.86	0.16
S	73.7	27804	278	300	343	1.26	6.79	4436	107	112	140	1.07

续表

元素	表层（或耕作层）土壤（0～20cm 深度）						深层（或母质层）土壤（150～200cm 深度）					
	min	max	中值	几何均值	算术均值	变异系数	min	max	中值	几何均值	算术均值	变异系数
Li	10.1	398	35.4	36	37	0.25	12.2	123	38	37	38	0.25
Be	0.25	7.63	2.13	2.14	2.16	0.15	0.94	4.86	2.26	2.21	2.24	0.17
Nb	6.52	46.7	16	16	16.1	0.14	5.39	35.5	16.3	16.2	16.3	0.14
Rb	38.5	205	98	99	100	0.16	20.9	185	102	101	103	0.18
W	0.28	39	1.86	1.85	1.89	0.28	0.3	6.29	1.85	1.81	1.85	0.19
Sn	1	2835	3.7	4.33	5.32	4.55	0.86	24	3.1	3.09	3.16	0.27
Mo	0.16	16	0.51	0.52	0.55	0.51	0.11	13	0.5	0.49	0.53	0.60
Au	0.1	109	1.7	1.8	2.2	1.27	0.1	210	1.4	1.4	1.6	1.82
Ag	0.01	5.3	0.084	0.09	0.09	0.87	0.01	0.48	0.08	0.08	0.08	0.25
Sb	0.26	190	0.9	0.88	0.96	2.03	0.14	15.39	0.82	0.75	0.82	0.46
Bi	0.072	22.2	0.32	0.33	0.35	0.67	0.053	3.07	0.29	0.27	0.29	0.36
F	158	3647	537	533	546	0.22	208	2261	538	538	548	0.20
Cl	27.1	23415	85.8	99	209	4.41	25.9	16825	71	87	217	4.23
Br	0.7	148	3.91	4.37	5.15	0.94	0.05	83.7	2	2.08	2.71	1.46
I	0.16	23.6	1.78	1.88	2.11	0.61	0.097	17.5	2.04	2.02	2.46	0.71
Ga	7.01	28.5	15.5	15.6	15.7	0.15	9	27.7	16.3	16	16.2	0.17
Tl	0.18	11	0.6	0.6	0.61	0.19	0.28	8.75	0.62	0.61	0.62	0.24
Sr	17.1	738	141	141	146	0.26	24.9	526	150	145	150	0.26
Ba	266	2547	485	492	498	0.18	206	2208	486	509	520	0.25
La	13.8	74.9	40.1	40	40	0.13	12.4	137	40	40	40	0.14
Ce	26.1	176	75.7	75	76	0.14	27.3	323	77	77	78	0.24
Y	8.75	68.1	27.5	27	27	0.11	8.5	44.3	26	26	26	0.13
Sc	3.73	23.8	11.64	11.6	11.8	0.19	2.3	33.5	12.4	12.1	12.3	0.20
Zr	116	624	261	260	267	0.22	94.8	949	258	254	258	0.19
U	0.85	5.77	2.31	2.31	2.34	0.15	0.33	4.78	2.3	2.3	2.33	0.15
Al	3.77	10.55	6.71	6.69	6.73	0.11	4.72	11.48	7.1	6.95	7.02	0.14
Si	0.59	38.6	30.54	30.18	30.29	0.08	21.2	37.09	30.07	29.77	29.84	0.06
Na	0.09	5.36	0.94	0.93	0.97	0.29	0.05	2.6	1.02	0.99	1.03	0.24
Ca	0.07	9.4	1.33	1.5	2.13	0.79	0.07	12.79	2.03	1.71	2.35	0.70
Mg	0.22	3.35	1.04	0.95	1.02	0.35	0.19	3.94	1.16	1.08	1.12	0.26
C	0.2	7.23	1.51	1.48	1.56	0.32	0.11	2.69	0.79	0.76	0.86	0.47
TOC	0.13	5.31	1.03	1.03	1.09	0.35	0.01	2.45	0.25	0.26	0.3	0.66
pH	4.22	9.92	7.76	7.27	7.33	0.13	4.3	9.3	8.29	8.01	8.04	0.09

注：参与统计的耕作层土壤样品 24186 个、母质层土壤样品 6127 个；Si、Al、Ca、Mg、K、Na、Fe、C、TOC 含量单位为%（10^{-2}），Au 含量单位为 μg/kg（10^{-9}），其余元素含量单位为 mg/kg，pH 无量纲，min 为最小值，max 为最大值。

对比江苏省表层土壤（代表人为活动环境，余同）与深层土壤（代表自然环境，余同）中重金属等元素含量分布参数统计结果（表 2-2），可以得出以下基本认识。

（1）全省两个环境土壤元素含量分布存在明显差异，部分元素地表人为活动环境相对富集效应明显。人为活动环境土壤相比于自然环境土壤而言，N、P、S、Hg、Cd、Se、C（尤其是 TOC）、Sn 等元素出现了十分清晰的地表相对富集，Fe、Mn、K、I、Mg、Ca 等元素在大部分地区土壤中呈现了不太显著的地表相对贫化，反映了人为活动对江苏省表层土壤环境的改造与影响是显著的。

（2）区域地质背景，尤其是成土母质来源对全省土壤元素含量存在重要影响。苏北沿黄河故道一带，其土壤普遍相对富 Ca、Mg、C，苏南中酸性火山岩分布区土壤普遍相对富 Si、B，沿海地区土壤因受海洋地质作用影响，普遍相对富 Cl、Br、Na、Mg，基性火山岩分布区土壤普遍相对富 Cr、Ni、Co、Fe、Mn、Ti 等铁族元素，局部含煤系地层土壤相对富 Se，等等。这些均说明地质作用过程，尤其是表生区域地质背景对江苏省土壤圈基本化学组成有明显影响。

（3）自然环境土壤中局部毒害重金属高含量该如何解释？全省深层土壤（自然环境）中 As 最高含量达 319mg/kg、Cd 最高含量达 0.9mg/kg、Hg 最高含量达 6.85mg/kg、Pb 最高含量达 693mg/kg、Zn 最高含量达 1040mg/kg，这些都远远超出了正常情况下自然环境土壤的元素含量范围，达到了重污染土壤的相关元素含量标准，而全省深层土壤 pH 最低仅为 4.22，这也不是正常土壤的酸碱度范围，对这些特殊的土壤地球化学现象应该进一步做深入研究。

（4）全省土壤中大部分元素空间分布不均匀，这是全省土壤元素分布的最基本特点之一。表层土壤重金属相对富集的地段，也是土壤酸化比较明显的地区。

（5）全省不同地区、不同土壤类型、不同地貌单元的土壤元素含量分布均存在一定差别。

（6）全省土壤化学组成变化幅度大，加之所处的地理位置也比较特殊（兼有南、北过渡的特点），有必要建立各地的土壤元素基准值，尤其是重金属元素（如 Cd、Hg、Pb、Zn、As 等）。

2.2　研究区土壤重金属等微量元素分布特征统计分析

表 2-3～表 2-15 分别列出了南京市、镇江市、常州市、无锡市、苏州市、南通市、泰州市、扬州市、淮安市、盐城市、连云港市、宿迁市、徐州市江苏省境内 13 个省辖市的双层土壤（分别为耕作层代表人为活动环境、母质层代表自然环境，余同）中 As、Cd、Hg、Pb、Zn 等重金属及其相关元素的含量分布参数统计结果，包括每个元素在各地土壤环境的最低含量（最小值）、最高含量（最大值）、

平均含量（几何均值、算术均值等）及变异系数等，为了解全省各地土壤元素地球化学背景值、基准值等提供了基本信息，也为评价各地土壤重金属污染等提供了相关依据。

表 2-3　南京市耕作层与母质层土壤重金属元素等含量分布参数统计

元素	耕作层土壤（0～20cm 深度）						母质层土壤（150～200cm 深度）					
	min	max	中值	几何均值	算术均值	变异系数	min	max	中值	几何均值	算术均值	变异系数
As	4	151	9.8	10	10.5	0.49	2.29	319	11.1	10.6	11.9	1.336
Cd	0.04	4.79	0.13	0.144	0.174	1.028	0.018	0.47	0.084	0.093	0.114	0.706
Hg	0.016	8.09	0.073	0.079	0.111	2.236	0.009	0.24	0.022	0.026	0.032	0.842
Pb	11.7	236	28.2	29.5	30.9	0.446	2.9	693	23.3	23.6	25.6	1.324
Cu	9.6	290	28.8	30.7	32.9	0.537	9.3	208	29	28.7	29.9	0.403
Zn	34.6	823	69.4	73.4	78.4	0.506	38.3	1040	69.2	69.1	72.9	0.705
Cr	29.1	277	75	76.4	77.6	0.192	37.5	219	81.7	81.6	82.8	0.185
Ni	10.3	200	31.5	32.1	33.4	0.338	12.1	159	37.2	36.6	37.9	0.315
Co	4.85	54.4	14.2	14.42	14.69	0.213	5.17	66.5	15.2	15.78	16.56	0.372
V	36	231	89	91	92.1	0.167	62	161	99.8	99	100.1	0.149
Ti	2730	12960	5130	5179.9	5202.3	0.103	3757	10887	5190	5216.9	5238.6	0.099
Mn	113	3340	534	537.4	553.8	0.285	136.3	6243.6	621	612.3	673.7	0.612
Fe	1.427	9.442	3.483	3.56	3.613	0.182	1.965	10.218	4.05	3.999	4.065	0.192
Se	0.12	5.39	0.22	0.242	0.26	0.659	0.018	0.55	0.084	0.097	0.12	0.71
B	17	107	64	62.4	63.5	0.179	5.7	78.2	51.4	49.9	50.9	0.181
N	452	2491	1206	1219.4	1252.8	0.235	185	2388	421	442.4	477.4	0.478
P	206	3330	608	633.5	674.9	0.411	129	8850	394	398.3	466.3	1.054
K	1.038	3.437	1.644	1.638	1.661	0.168	0.432	3.711	1.76	1.745	1.766	0.153
S	99	991	271	280.6	299.4	0.399	23.1	836	53.3	65.1	89.4	1.133
Li	16.4	70.8	34.5	35.4	36	0.191	19.3	70.4	40.8	39.9	40.5	0.167
Be	0.99	3.41	2.22	2.22	2.24	0.129	1.05	4.86	2.5	2.46	2.48	0.137
Nb	6.7	35.5	17.8	17.6	17.7	0.105	8.3	34.1	17.5	17.46	17.55	0.101
Rb	43.9	163	100	100.6	101.8	0.151	20.9	185	112	108.4	109.8	0.148
W	0.97	6	2.17	2.16	2.18	0.151	0.81	3.78	2.16	2.13	2.15	0.128
Sn	1.6	46	3.8	4.2	4.7	0.693	1.2	13	3.3	3.3	3.4	0.267
Mo	0.27	8.66	0.58	0.62	0.67	0.627	0.25	13	0.52	0.55	0.61	1.114
Au	0.1	109	2.2	2.4	3.11	1.529	0.1	210	1.5	1.52	2.16	4.858
Ag	0.01	3.8	0.094	0.098	0.112	1.252	0.01	0.32	0.077	0.078	0.082	0.353
Sb	0.35	9.62	0.96	0.991	1.033	0.426	0.25	15.39	1	0.969	1.037	0.753

续表

元素	耕作层土壤（0～20cm 深度）						母质层土壤（150～200cm 深度）					
	min	max	中值	几何均值	算术均值	变异系数	min	max	中值	几何均值	算术均值	变异系数
Bi	0.14	5.93	0.35	0.376	0.403	0.619	0.056	0.75	0.33	0.32	0.334	0.269
F	231	1156	487	506.8	519.3	0.236	311	1870	549	551.3	565.5	0.255
Cl	33.9	833	62	66.4	71.1	0.507	26.6	187	46.1	48.7	50.7	0.315
Br	0.97	11.4	3.2	3.15	3.3	0.317	0.05	6.9	1.5	1.38	1.71	0.637
I	0.16	9.5	1.57	1.58	1.77	0.499	0.18	10.9	1.84	1.69	2.15	0.682
Ga	8.2	25.9	15.7	15.8	16	0.149	10.7	26.5	17.5	17.2	17.3	0.142
Tl	0.18	3.21	0.59	0.6	0.61	0.2	0.43	8.75	0.66	0.66	0.68	0.607
Sr	36	594	107	107.6	110.7	0.279	46.4	301	102	102.8	106.7	0.301
Ba	297	2360	477	480.2	486.2	0.18	268	789	508	506.2	510.2	0.125
La	19.9	54.6	42.8	42.4	42.5	0.065	27	137	44.2	43.7	44	0.146
Ce	42.1	108	81.8	81.3	81.5	0.073	55.8	219	83.1	83.2	83.8	0.147
Y	15.8	36	30.3	29.8	29.9	0.079	18.4	44.1	28.9	28.4	28.6	0.108
Sc	5.16	23.2	12.4	12.37	12.51	0.15	8.53	20.9	14.4	14.02	14.15	0.131
Zr	161	461	317	308.4	312.6	0.159	151	606	281	283.4	287.5	0.172
U	0.85	5.77	2.15	2.16	2.18	0.153	0.32	3.51	2.25	2.25	2.27	0.146
Al	4.451	9.681	6.791	6.788	6.843	0.126	5.071	10.57	7.876	7.71	7.769	0.121
Si	21.99	38	32.55	32.25	32.31	0.059	21.2	36.18	30.65	30.55	30.6	0.053
Na	0.22	2.77	0.82	0.8	0.82	0.23	0.09	1.91	0.79	0.73	0.77	0.299
Ca	0.071	5.439	0.572	0.631	0.756	0.773	0.064	3.874	0.536	0.606	0.774	0.902
Mg	0.241	3.335	0.754	0.77	0.828	0.417	0.392	3.564	0.905	0.905	0.964	0.386
C	0.45	5.42	1.14	1.18	1.23	0.33	0.11	2.19	0.41	0.46	0.55	0.685
TOC	0.47	4.4	1.09	1.11	1.14	0.268	0.06	2.13	0.25	0.27	0.32	0.758
pH	4.38	8.29	6.31	6.41	6.46	0.129	4.58	8.77	6.99	6.97	7	0.102

注：参与统计的耕作层土壤样品1650个、母质层土壤样品398个；Si、Al、Ca、Mg、K、Na、Fe、C、TOC含量单位为%（10^{-2}），Au含量单位为μg/kg（10^{-9}），其余元素含量单位为mg/kg，pH无量纲，min为最小值，max为最大值。

表2-4　镇江市耕作层与母质层土壤重金属元素等含量分布参数统计

元素	耕作层土壤（0～20cm 深度）						母质层土壤（150～200cm 深度）					
	min	max	中值	几何均值	算术均值	变异系数	min	max	中值	几何均值	算术均值	变异系数
As	3.9	245	8.7	8.7	9.3	0.9	1.51	17.6	10.8	9.5	10.1	0.297
Cd	0.06	1.72	0.14	0.161	0.185	0.715	0.031	0.39	0.094	0.101	0.118	0.611
Hg	0.023	1.87	0.1	0.099	0.121	0.929	0.009	0.15	0.025	0.03	0.036	0.675
Pb	11.4	1040	28.2	29.2	31.5	1.345	11	57.4	22	21.9	22.4	0.22

续表

元素	耕作层土壤（0～20cm 深度）						母质层土壤（150～200cm 深度）					
	min	max	中值	几何均值	算术均值	变异系数	min	max	中值	几何均值	算术均值	变异系数
Cu	16.8	221	27.1	29.6	31.4	0.463	9.1	62.4	28.4	27	28	0.266
Zn	43.6	604	68.3	75.3	80.1	0.486	39.9	139	70.3	69	70.3	0.204
Cr	51	173	73	74.7	75.5	0.156	54	112	81.1	79.7	80.3	0.117
Ni	19.2	96.2	30.2	31.3	32	0.224	19	53.5	36.8	35.1	35.7	0.17
Co	6.2	32.5	13.2	13.04	13.29	0.195	5.89	30.7	14.4	13.89	14.27	0.229
V	54	142	85	86.6	87.6	0.157	58.6	150	99.9	95.5	96.7	0.151
Ti	4250	9760	5130	5164.2	5178.4	0.078	3892	7004	5139	5117.4	5139.7	0.093
Mn	279	1240	522	518.5	531.5	0.226	80.3	1549.9	594.9	562.7	593.1	0.302
Fe	2.091	6.742	3.252	3.344	3.389	0.171	2.014	5.567	3.945	3.769	3.82	0.156
Se	0.12	2.22	0.25	0.263	0.281	0.522	0.014	0.59	0.076	0.085	0.104	0.718
B	31	107	67	66.6	67.5	0.163	33.2	73.8	53.9	53	53.6	0.147
N	602	2772	1296	1308.9	1351.1	0.259	129	1243	395	400	427.1	0.386
P	239	1760	681	676.3	707.7	0.308	129	1600	494	459.4	498.9	0.405
K	1.029	2.582	1.569	1.616	1.63	0.138	1.079	2.391	1.785	1.757	1.768	0.111
S	103	977	281	298.7	326.6	0.468	24.1	535	54.2	67.4	91.1	1.023
Li	23.7	59.9	33.9	34.5	34.9	0.151	22	58.2	39.9	38.7	39.3	0.161
Be	0.25	3.11	2.08	2.1	2.11	0.108	1.69	3.14	2.5	2.41	2.43	0.12
Nb	13.6	29.2	17.5	17.48	17.52	0.073	12.3	20.3	17.3	17	17.1	0.085
Rb	38.5	151	97.2	99	99.9	0.132	66.8	145	111	105.8	106.8	0.134
W	1.14	8.91	2.15	2.14	2.17	0.194	1.25	3.14	2.21	2.09	2.12	0.145
Sn	1	25	5.6	5.7	6.2	0.459	1.6	8.4	3.2	3.16	3.24	0.236
Mo	0.22	16	0.58	0.61	0.7	0.998	0.13	1.55	0.44	0.44	0.49	0.419
Au	0.58	52	2.5	2.56	3.01	1.004	0.18	3.9	1.5	1.43	1.55	0.353
Ag	0.026	1.52	0.11	0.113	0.124	0.62	0.053	0.27	0.089	0.091	0.095	0.31
Sb	0.38	5.48	0.93	0.957	0.992	0.33	0.24	1.53	0.96	0.846	0.896	0.286
Bi	0.12	2.71	0.34	0.366	0.381	0.399	0.067	0.95	0.32	0.295	0.313	0.313
F	268	943	486	514.1	525.6	0.223	344	908	562	559.2	566.6	0.163
Cl	27.1	374	67.1	69.4	73.6	0.418	25.9	353	50.6	52.6	55.8	0.481
Br	1.3	9.2	3.4	3.44	3.56	0.274	0.4	4.88	1.5	1.41	1.7	0.582
I	0.44	8.11	1.56	1.61	1.78	0.487	0.12	8.42	1.65	1.56	1.96	0.667
Ga	10.4	23.7	15.2	15.4	15.6	0.141	10.3	22.2	17.1	16.6	16.8	0.131
Tl	0.43	11	0.6	0.61	0.62	0.561	0.44	0.92	0.67	0.648	0.653	0.124
Sr	64.9	386	108	111.4	113.5	0.208	49.9	225	105	110.6	113.9	0.248
Ba	305	1090	466	472.8	476.1	0.126	282	629	509	486.8	490.4	0.116

续表

元素	耕作层土壤（0～20cm 深度）						母质层土壤（150～200cm 深度）					
	min	max	中值	几何均值	算术均值	变异系数	min	max	中值	几何均值	算术均值	变异系数
La	34.6	54.1	42.7	42.3	42.4	0.056	30.9	54.6	45.3	44.1	44.4	0.101
Ce	61.8	97.9	82.7	82.1	82.3	0.062	59.8	103.6	82.4	81.6	82	0.09
Y	22	68.1	30.5	30.07	30.15	0.076	17.4	35.1	28.9	28.3	28.4	0.105
Sc	8.36	18.6	11.71	11.94	12.05	0.136	9.11	18.2	14.3	13.73	13.87	0.133
Zr	206	438	329	317.3	321.5	0.156	207	522	289	292.2	295.1	0.147
U	1.35	3.31	2.18	2.17	2.19	0.118	1.28	3.43	2.18	2.15	2.18	0.157
Al	3.769	9.76	6.68	6.759	6.798	0.108	5.129	9.75	7.86	7.512	7.57	0.119
Si	25.1	36.45	33.05	32.54	32.6	0.057	26.52	34.12	30.54	30.53	30.56	0.043
Na	0.21	1.39	0.85	0.84	0.86	0.198	0.07	1.45	0.82	0.81	0.85	0.285
Ca	0.179	5.51	0.622	0.74	0.9	0.735	0.179	3.574	0.579	0.764	1.049	0.896
Mg	0.356	2.273	0.742	0.825	0.886	0.424	0.332	2.014	0.995	1.007	1.057	0.318
C	0.51	4.06	1.28	1.31	1.37	0.334	0.15	1.91	0.45	0.52	0.62	0.657
TOC	0.49	3.69	1.18	1.18	1.22	0.269	0.08	1.44	0.25	0.27	0.31	0.623
pH	4.83	8.23	6.66	6.68	6.73	0.122	4.94	8.55	6.95	7.04	7.08	0.115

注：参与统计的耕作层土壤样品 943 个、母质层土壤样品 237 个；Si、Al、Ca、Mg、K、Na、Fe、C、TOC 含量单位为%（10^{-2}），Au 含量单位为 μg/kg（10^{-9}），其余元素含量单位为 mg/kg，pH 无量纲，min 为最小值，max 为最大值。

表 2-5　常州市耕作层与母质层土壤重金属元素等含量分布参数统计

元素	耕作层土壤（0～20cm 深度）						母质层土壤（150～200cm 深度）					
	min	max	中值	几何均值	算术均值	变异系数	min	max	中值	几何均值	算术均值	变异系数
As	3.33	58.2	8.01	7.9	8.2	0.321	2.65	34.5	9.56	9	9.4	0.302
Cd	0.033	2.5	0.16	0.16	0.177	0.783	0.033	0.21	0.072	0.07	0.073	0.333
Hg	0.015	1.44	0.11	0.113	0.138	0.807	0.011	0.35	0.033	0.034	0.04	0.898
Pb	19.2	1932	28.3	29.8	33.6	2.023	13.3	35.7	23.6	23	23.2	0.127
Cu	9.32	119	26	26.2	27.3	0.332	12.2	37.1	27.4	26.1	26.5	0.168
Zn	37.4	233	67.1	67.2	69.9	0.314	35.5	87.9	64.6	62.2	62.9	0.144
Cr	22.2	172	77.7	76.8	77.6	0.14	34.5	95.5	80.7	77.9	78.4	0.116
Ni	6.02	109	29.2	27.9	29	0.27	13.7	44.5	34.4	32.6	33.1	0.162
Co	5.62	32.8	12.7	12.83	13.01	0.185	6.07	38.9	14.8	14.74	14.97	0.189
V	34.9	150	88.1	87.9	88.7	0.129	55.7	165	98.4	94.3	95.5	0.153
Ti	2117	8125	5289	5285.6	5300.9	0.074	3792	6585	5299	5281.5	5296.1	0.073
Mn	307	1782	539	539.7	550.8	0.221	111	2113	727	715.3	742.7	0.278
Fe	1.693	5.931	3.154	3.154	3.186	0.146	2.385	5.847	3.791	3.708	3.735	0.119

续表

元素	耕作层土壤（0～20cm 深度）						母质层土壤（150～200cm 深度）					
	min	max	中值	几何均值	算术均值	变异系数	min	max	中值	几何均值	算术均值	变异系数
Se	0.054	3.2	0.27	0.283	0.298	0.483	0.035	0.37	0.12	0.119	0.129	0.412
B	21.5	96	70	68.2	69.2	0.16	25	69	58	57.7	58.1	0.116
N	336	2440	1409	1374.1	1410.3	0.221	162	994	570	559.7	572.7	0.206
P	220	2261	624	617.7	650.7	0.341	139	902	420	399.9	421.8	0.317
K	1.104	3.545	1.552	1.557	1.573	0.154	0.955	2.391	1.619	1.576	1.589	0.126
S	73.7	2929	317	322.9	346.1	0.444	18.7	335	85.4	88.1	92.8	0.362
Li	13.6	58.9	34.8	34.6	35	0.162	22.1	48.6	40.7	38.9	39.3	0.137
Be	1.27	4.72	2.13	2.14	2.15	0.128	1.5	3.18	2.45	2.39	2.4	0.104
Nb	12.7	26.1	17.6	17.61	17.64	0.064	11.6	22.9	19	18.7	18.8	0.068
Rb	63	160	95.4	94.8	95.5	0.12	56.9	132	109	104.7	105.5	0.117
W	1.44	13.7	2.15	2.18	2.22	0.271	1.23	3.57	2.2	2.13	2.16	0.151
Sn	2.7	2835	6.4	6.7	12.3	8.269	2.3	24	3.4	3.5	3.7	0.487
Mo	0.22	5.49	0.53	0.56	0.6	0.521	0.26	1.93	0.42	0.44	0.47	0.423
Au	0.78	59.7	2.42	2.54	2.98	0.986	0.27	8.2	1.71	1.75	1.89	0.463
Ag	0.034	1.9	0.093	0.093	0.102	0.841	0.059	0.37	0.08	0.08	0.081	0.258
Sb	0.43	190	0.91	0.95	1.371	5.281	0.27	3.3	0.85	0.815	0.85	0.304
Bi	0.2	22.2	0.37	0.388	0.428	1.712	0.11	0.51	0.31	0.294	0.3	0.18
F	270	848	458	454.2	460.4	0.168	288	706	517	504.9	511.1	0.153
Cl	31.5	321	74.4	75.1	78.8	0.354	29.3	277	47.4	48.3	49.9	0.365
Br	1.11	13.2	3.81	3.84	3.97	0.279	0.8	4.6	1.8	1.77	1.86	0.315
I	0.66	8.78	1.5	1.62	1.78	0.519	0.63	7.03	2.71	2.49	2.75	0.411
Ga	10.4	22.9	15.1	15	15.1	0.111	11.2	24.8	17.2	16.8	16.9	0.112
Tl	0.35	1.5	0.57	0.57	0.58	0.138	0.44	0.8	0.65	0.63	0.634	0.111
Sr	45.2	324	106	102.6	104.3	0.179	33.5	178	108	104.8	106.6	0.182
Ba	314	875	482	479.4	482	0.106	215	677	545	533	536	0.098
La	25.6	77	45.3	44.8	45	0.098	25.4	53	45.2	44.4	44.6	0.084
Ce	51.5	132	83.2	82.9	83.2	0.089	44.1	102	86	84.9	85.2	0.087
Y	18	41.6	30.7	30.2	30.3	0.074	16.4	35.1	29.9	29	29.2	0.086
Sc	5.07	18.4	11.4	11.29	11.4	0.14	8.12	19.9	13.4	12.98	13.09	0.126
Zr	186	456	313	314.9	317.3	0.122	205	400	282	286.2	287.5	0.096
U	1.81	5.45	2.7	2.69	2.71	0.111	1.55	4.07	2.81	2.77	2.8	0.125
Al	4.695	9.887	6.685	6.636	6.663	0.09	5.24	11.475	7.67	7.486	7.523	0.098
Si	26.4	37.32	32.89	32.91	32.95	0.047	22	36.3	31.56	31.74	31.77	0.04
Na	0.17	1.36	0.75	0.72	0.74	0.22	0.05	1.37	0.85	0.81	0.83	0.212

续表

元素	耕作层土壤（0～20cm 深度）						母质层土壤（150～200cm 深度）					
	min	max	中值	几何均值	算术均值	变异系数	min	max	中值	几何均值	算术均值	变异系数
Ca	0.107	3.28	0.586	0.557	0.615	0.523	0.121	13.293	0.643	0.64	0.77	1.156
Mg	0.223	1.538	0.537	0.533	0.556	0.309	0.344	1.284	0.748	0.709	0.729	0.233
C	0.2	3.62	1.4	1.37	1.41	0.25	0.32	2.69	0.5	0.53	0.55	0.354
TOC	0.17	4.21	1.3	1.27	1.31	0.25	0.12	1.08	0.29	0.3	0.33	0.427
pH	4.37	8.16	6.35	6.33	6.36	0.106	5.12	8.45	7.44	7.32	7.35	0.08

注：参与统计的耕作层土壤样品 1043 个、母质层土壤样品 269 个；Si、Al、Ca、Mg、K、Na、Fe、C、TOC 含量单位为%（10^{-2}），Au 含量单位为 μg/kg（10^{-9}），其余元素含量单位为 mg/kg，pH 无量纲，min 为最小值，max 为最大值。

表 2-6　无锡市耕作层与母质层土壤重金属元素等含量分布参数统计

元素	耕作层土壤（0～20cm 深度）						母质层土壤（150～200cm 深度）					
	min	max	中值	几何均值	算术均值	变异系数	min	max	中值	几何均值	算术均值	变异系数
As	4.28	34.9	8.76	8.8	9	0.25	2.81	37.7	9.91	9.5	10	0.334
Cd	0.045	5.37	0.17	0.17	0.187	1.009	0.026	0.34	0.078	0.076	0.08	0.382
Hg	0.033	1.7	0.15	0.159	0.195	0.804	0.017	0.15	0.037	0.04	0.044	0.515
Pb	16.3	437	31.3	32.7	34.2	0.537	16.1	49.7	24	23.6	23.8	0.143
Cu	11.9	97.3	28.5	28.4	29.5	0.297	12.9	49.9	28.3	26.7	27.2	0.177
Zn	34	624	75.3	77.5	81.3	0.405	25.3	116	67.4	64.4	65.5	0.175
Cr	36.7	215	78.8	78.2	78.9	0.144	48.6	102	84.6	80.4	81.2	0.131
Ni	11.5	115	31.7	30	30.9	0.252	14	99.3	35.9	33.6	34.4	0.213
Co	5.28	19.6	12.9	12.73	12.85	0.131	5.14	37.6	15.2	14.68	14.93	0.188
V	46.2	222	92.6	90.4	91.2	0.131	46.5	188	102	96	97.5	0.17
Ti	2768	7145	5266	5267.6	5275.2	0.053	3439	7593	5297	5284.7	5295.1	0.063
Mn	230	1660	541	548.2	563.5	0.257	78.9	1978	731	706.3	735	0.281
Fe	1.783	5.092	3.266	3.196	3.224	0.128	1.986	7.393	3.91	3.785	3.831	0.153
Se	0.14	6.18	0.33	0.351	0.379	0.64	0.061	1.24	0.12	0.132	0.147	0.647
B	30	96	69	68.5	69.1	0.129	41	69	58	58.1	58.4	0.102
N	472	2877	1616	1552.8	1593.8	0.216	389	1113	579	581.5	593	0.203
P	248	2625	698	719.3	753.9	0.35	208	1063	460	447.5	468.2	0.304
K	1.013	2.748	1.519	1.502	1.514	0.127	0.672	2.2	1.627	1.558	1.577	0.148
S	130	1640	445	441.3	469.9	0.371	43.6	427	94.3	105.1	113.9	0.475
Li	18.8	55.2	36	35.8	36.2	0.149	20.1	123	41.6	40.1	40.8	0.194
Be	1.18	3.36	2.15	2.09	2.12	0.149	1.32	3.59	2.51	2.42	2.44	0.131
Nb	8.91	32.3	17.7	17.59	17.62	0.059	11.6	22.5	19	18.8	18.9	0.056

续表

元素	耕作层土壤（0～20cm 深度）						母质层土壤（150～200cm 深度）					
	min	max	中值	几何均值	算术均值	变异系数	min	max	中值	几何均值	算术均值	变异系数
Rb	47.2	131	97.1	94.2	94.9	0.119	52	135	110	104.6	105.7	0.133
W	0.85	13	2.24	2.28	2.33	0.288	1.42	4.3	2.27	2.21	2.22	0.115
Sn	3	336	7.3	7.9	9.6	1.41	2.5	24	3.6	3.7	3.8	0.50
Mo	0.3	7.16	0.62	0.64	0.67	0.475	0.25	1.79	0.4	0.43	0.46	0.427
Au	0.95	92	2.77	3.13	4.04	1.466	0.61	7.76	1.82	1.89	2.02	0.433
Ag	0.055	4.2	0.1	0.11	0.123	1.228	0.062	0.2	0.079	0.081	0.082	0.197
Sb	0.49	28.6	1.06	1.111	1.224	0.979	0.35	4.48	0.87	0.846	0.886	0.382
Bi	0.16	8.66	0.39	0.417	0.446	0.756	0.15	1.16	0.33	0.313	0.319	0.232
F	183	989	480	464.2	472.5	0.186	253	896	538	521.8	532.5	0.193
Cl	40.9	793	91.6	90.8	96.7	0.436	27.6	610	52.4	52.6	55.2	0.653
Br	1.34	24.4	4.27	4.45	4.72	0.42	0.8	5.8	1.8	1.85	1.94	0.339
I	0.77	18.4	1.57	1.86	2.27	0.842	0.44	9.33	2.71	2.5	2.81	0.457
Ga	7.01	28.5	15.6	15.2	15.3	0.12	9	23.3	17.5	16.8	16.9	0.131
Tl	0.3	1.07	0.59	0.58	0.59	0.117	0.37	0.94	0.66	0.63	0.64	0.125
Sr	17.1	738	107	98.6	102.2	0.298	24.9	166	108	99.4	102.5	0.209
Ba	266	981	487	471.6	475.1	0.117	206	967	539	523.7	527.8	0.12
La	14.9	74.1	44.5	44.4	44.7	0.115	28.4	63	45.3	44.6	44.7	0.074
Ce	27.2	143	83.1	81.8	82.4	0.114	43.8	106	85.7	85	85.2	0.074
Y	15.6	51.4	30.8	30.2	30.3	0.08	18.1	36.7	30.5	29.7	29.8	0.078
Sc	4.73	19	11.8	11.37	11.5	0.142	6.71	19.2	13.7	12.95	13.11	0.142
Zr	220	452	309	311.3	312.8	0.099	225	604	285	291.8	293.8	0.129
U	1.58	5.7	2.73	2.75	2.77	0.119	2.12	4.78	2.82	2.8	2.82	0.109
Al	4.16	10.549	6.876	6.695	6.731	0.099	4.806	10.163	7.913	7.588	7.638	0.109
Si	27.24	38.6	32.46	32.75	32.79	0.049	27.17	36.55	31.45	31.94	31.97	0.049
Na	0.09	1.13	0.71	0.6	0.65	0.322	0.08	1.25	0.86	0.76	0.81	0.276
Ca	0.1	5.682	0.607	0.576	0.659	0.649	0.071	3.252	0.658	0.596	0.668	0.526
Mg	0.235	1.465	0.555	0.532	0.555	0.3	0.187	1.266	0.772	0.699	0.728	0.268
C	0.21	7.23	1.67	1.62	1.68	0.277	0.25	1.49	0.5	0.53	0.55	0.337
TOC	0.28	5.31	1.55	1.49	1.54	0.257	0.1	1.63	0.31	0.33	0.37	0.564
pH	4.44	8.12	6.26	6.24	6.29	0.116	4.78	8.49	7.39	7.16	7.2	0.1

注：参与统计的耕作层土壤样品 1017 个、母质层土壤样品 260 个；Si、Al、Ca、Mg、K、Na、Fe、C、TOC 含量单位为%（10^{-2}），Au 含量单位为 μg/kg（10^{-9}），其余元素含量单位为 mg/kg，pH 无量纲，min 为最小值，max 为最大值。

表 2-7　苏州市耕作层与母质层土壤重金属元素等含量分布参数统计

元素	耕作层土壤（0～20cm 深度）						母质层土壤（150～200cm 深度）					
	min	max	中值	几何均值	算术均值	变异系数	min	max	中值	几何均值	算术均值	变异系数
As	2.79	32.5	8.29	8.4	8.7	0.289	2.82	77	8.05	8	8.6	0.569
Cd	0.048	22.8	0.17	0.179	0.213	2.687	0.039	0.44	0.085	0.088	0.094	0.456
Hg	0.024	5.91	0.21	0.211	0.273	1.044	0.017	6.85	0.052	0.056	0.08	4.127
Pb	15.4	245	31.3	32.8	34.3	0.423	14.9	216	24	24	24.7	0.431
Cu	12	118	30.9	31.5	32.5	0.279	9.3	62.2	27.7	26.5	27.1	0.203
Zn	42.2	328	89.3	90.1	92.8	0.27	30.3	130	74.3	73.2	74.4	0.175
Cr	46.2	180	84.4	83.8	84.4	0.122	47.7	105	86.2	83.4	84.1	0.123
Ni	9.78	58.5	37.3	35.6	36.2	0.169	12.6	50.4	36.2	34.5	35	0.167
Co	6.36	22.3	14.3	14	14.13	0.132	3.18	27.2	15.2	14.74	14.98	0.168
V	40.6	141	99.8	97.2	97.9	0.116	33.9	130	101	95.8	97.5	0.169
Ti	3824	6400	5126	5118.2	5125.3	0.053	4192	6223	5314	5264.2	5272.2	0.055
Mn	283	1465	562	567.9	581.1	0.222	138	1443	726	694.7	722.5	0.268
Fe	1.469	5.141	3.623	3.542	3.571	0.121	1.853	5.623	3.854	3.74	3.783	0.145
Se	0.078	3.02	0.3	0.299	0.311	0.401	0.038	1.55	0.15	0.144	0.157	0.565
B	35	92	68	68	68.4	0.115	44	70	60	59.1	59.4	0.095
N	266	3264	1691	1603	1660.9	0.248	339	1394	661	667.9	690.7	0.264
P	334	2521	800	803.7	831.7	0.279	274	2201	529	514.2	530	0.274
K	0.955	2.424	1.818	1.763	1.779	0.129	1.063	2.956	1.86	1.83	1.853	0.154
S	109	3556	485	473.2	519.4	0.503	56.5	4436	139	166.8	232.8	1.367
Li	16.6	63.5	42.8	41.5	42.1	0.159	16.2	63.4	45.2	43.7	44.6	0.19
Be	1.28	5.26	2.4	2.37	2.39	0.133	1.57	3.81	2.47	2.41	2.43	0.119
Nb	13.2	40.4	17.8	17.8	17.9	0.071	15.6	29.4	18.9	18.7	18.74	0.064
Rb	57.5	205	109	106.7	107.5	0.115	61.1	161	115	111.6	112.9	0.146
W	0.97	39	2.16	2.16	2.22	0.474	1.35	4.82	2.09	2.05	2.07	0.157
Sn	2.6	330	7.9	8.4	10.3	1.154	2.3	9.6	3.6	3.7	3.8	0.227
Mo	0.24	4.84	0.58	0.58	0.61	0.429	0.26	5.57	0.43	0.45	0.48	0.619
Au	1	67.4	3.08	3.47	4.45	1.115	0.61	38.7	1.65	1.72	2.06	1.168
Ag	0.063	5.3	0.11	0.118	0.133	1.182	0.063	0.48	0.079	0.082	0.085	0.368
Sb	0.37	17.6	0.99	1.026	1.118	0.708	0.26	2.77	0.63	0.642	0.679	0.376
Bi	0.13	7.06	0.4	0.412	0.435	0.571	0.11	3.07	0.33	0.327	0.34	0.449
F	251	839	579	561.1	568.5	0.153	258	888	586	564.5	574.3	0.174
Cl	41.3	390	115	115.8	122.1	0.344	35.1	361	68.1	68.5	71.5	0.36
Br	1.45	13.8	4.63	4.66	4.86	0.294	0.8	5.7	2.1	2.07	2.21	0.368
I	0.46	8.3	1.67	1.75	1.88	0.449	0.56	17.5	1.99	2.14	2.65	0.811

续表

元素	耕作层土壤（0～20cm 深度）						母质层土壤（150～200cm 深度）					
	min	max	中值	几何均值	算术均值	变异系数	min	max	中值	几何均值	算术均值	变异系数
Ga	9.16	20.9	17	16.66	16.75	0.097	9.3	22	17.6	17	17.2	0.128
Tl	0.37	2.76	0.64	0.629	0.634	0.145	0.36	1.29	0.66	0.64	0.65	0.142
Sr	51.6	226	114	115.3	116.4	0.135	44.7	198	116	117.7	119.1	0.153
Ba	281	2547	500	496.5	500.3	0.161	383	657	506	502.4	504.5	0.092
La	30.2	61.9	44.8	44.5	44.7	0.101	36.5	54.6	44.5	44.3	44.5	0.069
Ce	50.3	116	82.3	82.3	82.8	0.107	67.1	107	84.4	84.1	84.3	0.076
Y	20.8	49.8	30.3	30.37	30.44	0.074	23.1	41.1	29.5	29.1	29.2	0.075
Sc	5.95	16.8	12.9	12.58	12.69	0.123	6.59	16.9	13.7	13.23	13.38	0.137
Zr	193	624	263	270.2	272.8	0.152	189	667	263	265.6	269.3	0.188
U	1.62	5.5	2.65	2.64	2.66	0.143	1.99	4.22	2.57	2.59	2.61	0.127
Al	4.002	8.988	7.146	7.014	7.038	0.079	4.716	9.035	7.707	7.472	7.518	0.105
Si	26.66	37.54	30.83	31.04	31.08	0.047	27.49	36.02	30.88	31.14	31.16	0.043
Na	0.26	1.34	0.81	0.81	0.82	0.149	0.08	1.36	0.94	0.92	0.94	0.166
Ca	0.136	4.195	0.729	0.834	0.963	0.66	0.086	3.602	0.729	0.917	1.121	0.72
Mg	0.265	1.501	0.808	0.785	0.825	0.3	0.338	1.532	0.959	0.93	0.97	0.276
C	0.44	3.38	1.7	1.65	1.7	0.25	0.28	2.35	0.74	0.73	0.78	0.383
TOC	0.24	4.43	1.55	1.47	1.54	0.287	0.15	2.45	0.42	0.45	0.52	0.66
pH	4.26	9.92	6.39	6.45	6.51	0.135	4.47	8.47	7.67	7.49	7.53	0.099

注：参与统计的耕作层土壤样品 1683 个、母质层土壤样品 440 个；Si、Al、Ca、Mg、K、Na、Fe、C、TOC 含量单位为%（10^{-2}），Au 含量单位为 μg/kg（10^{-9}），其余元素含量单位为 mg/kg，pH 无量纲，min 为最小值，max 为最大值。

表 2-8　南通市耕作层与母质层土壤重金属元素等含量分布参数统计

元素	耕作层土壤（0～20cm 深度）						母质层土壤（150～200cm 深度）					
	min	max	中值	几何均值	算术均值	变异系数	min	max	中值	几何均值	算术均值	变异系数
As	3.2	99.6	6.2	6.4	6.8	0.453	2.6	12.8	5.41	5.5	5.8	0.35
Cd	0.064	0.5	0.12	0.132	0.139	0.337	0.047	1.35	0.074	0.084	0.092	0.723
Hg	0.015	0.51	0.07	0.07	0.078	0.533	0.013	0.11	0.033	0.034	0.037	0.425
Pb	13.1	128	20.8	21	21.5	0.235	11.5	33.9	16.9	17.1	17.5	0.205
Cu	9.9	61.4	20.5	21.4	22.2	0.29	8.2	45.2	16.9	17.3	18.2	0.342
Zn	47.6	152	72.1	73	73.9	0.157	45.4	104	62.9	63.4	64.3	0.167
Cr	47.8	106	71.9	72.2	72.6	0.103	57.6	97.5	70.1	71	71.3	0.097
Ni	18.6	50.7	27.3	27.7	28.1	0.171	19.8	44.1	26.8	27.4	27.7	0.15
Co	8.05	21.5	11.7	11.99	12.16	0.171	9.29	18.7	12	12.21	12.33	0.146

续表

元素	耕作层土壤（0～20cm 深度）						母质层土壤（150～200cm 深度）					
	min	max	中值	几何均值	算术均值	变异系数	min	max	中值	几何均值	算术均值	变异系数
V	50.5	140	75.5	76.4	77.4	0.169	54.5	122	73.9	74.9	75.8	0.157
Ti	3757	6765	4539	4577.8	4590.2	0.076	3599	6369	4426	4453.1	4465.2	0.075
Mn	296	1199	541	554	570.2	0.243	403	1043	631	630.3	639.1	0.169
Fe	2.168	5.029	2.958	3.003	3.031	0.139	2.385	4.441	3.091	3.061	3.085	0.129
Se	0.061	1.05	0.16	0.164	0.169	0.272	0.025	0.25	0.068	0.069	0.077	0.477
B	41	80	62	62	62.3	0.106	44	70	55	56.2	56.5	0.095
N	140	2140	1263	1216.9	1248.8	0.213	90.2	910	372	370.8	395.8	0.353
P	587	2274	957	966.1	976.6	0.155	492	820	630	631.2	632.2	0.058
K	1.494	2.532	1.826	1.848	1.854	0.086	1.494	2.408	1.76	1.783	1.789	0.089
S	81.6	27804	256	259.6	304	3.052	53.8	708	99.3	113.5	130.4	0.617
Li	21.6	63.5	34.4	34.7	35.2	0.175	22.4	59.9	33	33.5	34.1	0.2
Be	1.57	2.93	2	2.01	2.02	0.102	1.54	2.79	1.93	1.96	1.97	0.107
Nb	13.4	20.9	16.3	16.27	16.3	0.062	12.4	19.6	15.4	15.46	15.51	0.078
Rb	72	142	93.9	95.1	95.7	0.113	71.9	135	89.9	91.2	92	0.129
W	1.19	6.27	1.61	1.62	1.64	0.15	1.06	2.87	1.51	1.52	1.54	0.155
Sn	2.2	92	5.1	5.4	6	0.626	2	5.8	2.9	2.9	3	0.147
Mo	0.26	1.67	0.38	0.41	0.42	0.3	0.26	1.97	0.38	0.41	0.42	0.357
Au	0.47	18.3	1.35	1.36	1.47	0.544	0.26	13.4	0.91	0.95	1.12	0.838
Ag	0.06	0.31	0.085	0.087	0.088	0.183	0.06	0.13	0.072	0.074	0.075	0.142
Sb	0.28	11.4	0.54	0.579	0.614	0.547	0.14	1.08	0.38	0.397	0.428	0.419
Bi	0.12	1.14	0.26	0.26	0.271	0.315	0.086	0.69	0.2	0.193	0.208	0.404
F	309	854	541	540.6	546.8	0.152	320	763	504	506.4	511.7	0.147
Cl	51.9	7051	107	121.4	170.9	2.31	44.2	7571	97.6	120.5	186.4	2.484
Br	1	27.9	6.5	6.3	6.7	0.361	0.7	18.4	2.2	2.22	2.53	0.642
I	0.45	8.07	2.06	2.21	2.45	0.479	0.56	13.1	2.66	2.5	2.91	0.536
Ga	11	22.2	14.3	14.6	14.7	0.111	10.6	20.3	14	14.2	14.3	0.117
Tl	0.38	0.83	0.53	0.541	0.545	0.124	0.41	0.81	0.51	0.52	0.53	0.137
Sr	124	386	145	145.4	145.9	0.089	121	179	159	157.4	157.7	0.062
Ba	324	567	445	444.3	445	0.057	394	505	423	426.4	426.9	0.046
La	29.4	49.6	38.6	38.4	38.5	0.074	29.2	50.1	37.3	37.3	37.4	0.075
Ce	54.8	88.8	72.2	71.9	72.1	0.066	52.1	87	69	68.7	68.9	0.079
Y	19.2	29.6	24.5	24.46	24.51	0.064	18.3	28.2	23.4	23.3	23.4	0.078
Sc	8.03	17.4	10.6	10.71	10.8	0.133	7.93	16	10.3	10.42	10.52	0.14
Zr	187	358	253	252.8	253.6	0.079	196	340	250	249.6	250.6	0.091

续表

元素	耕作层土壤（0～20cm 深度）						母质层土壤（150～200cm 深度）					
	min	max	中值	几何均值	算术均值	变异系数	min	max	中值	几何均值	算术均值	变异系数
U	1.6	3.06	2.04	2.07	2.08	0.113	1.53	2.84	2.03	2.03	2.04	0.117
Th	8.82	16.5	11.6	11.6	11.7	0.094	8.46	15.3	11.3	11.28	11.34	0.109
Al	5.171	8.347	6.251	6.306	6.327	0.084	5.277	8.178	6.108	6.167	6.19	0.088
Si	25.22	33.37	31.08	30.88	30.9	0.041	27	32.32	30.28	30.19	30.2	0.028
Na	0.61	2.29	1.14	1.1	1.11	0.128	0.7	1.8	1.17	1.14	1.15	0.111
Ca	0.8	6.318	1.923	1.869	1.976	0.332	0.858	3.816	2.866	2.798	2.838	0.149
Mg	0.838	1.694	1.2	1.193	1.198	0.098	1.019	1.568	1.26	1.267	1.27	0.063
C	0.86	3.15	1.38	1.38	1.4	0.147	0.54	1.6	0.84	0.87	0.88	0.168
TOC	0.26	2.17	0.94	0.93	0.97	0.284	0.09	0.76	0.23	0.24	0.26	0.464
pH	5.42	8.75	8.03	7.987	7.992	0.033	7.98	9.2	8.48	8.47	8.472	0.019

注：参与统计的耕作层土壤样品 2173 个、母质层土壤样品 560 个；Si、Al、Ca、Mg、K、Na、Fe、C、TOC 含量单位为%（10^{-2}），Au 含量单位为 μg/kg（10^{-9}），其余元素含量单位为 mg/kg，pH 无量纲，min 为最小值，max 为最大值。

表 2-9　泰州市耕作层与母质层土壤重金属元素等含量分布参数统计

元素	耕作层土壤（0～20cm 深度）						母质层土壤（150～200cm 深度）					
	min	max	中值	几何均值	算术均值	变异系数	min	max	中值	几何均值	算术均值	变异系数
As	3.2	17.8	7.13	7.3	7.6	0.293	2.49	15.9	6.85	6.4	6.7	0.335
Cd	0.065	2.6	0.12	0.133	0.144	0.603	0.037	0.34	0.069	0.081	0.09	0.559
Hg	0.016	0.83	0.063	0.067	0.076	0.668	0.014	0.19	0.029	0.031	0.035	0.55
Pb	12.8	1502	23.5	23	24.4	1.613	11.2	31.3	19.6	18.4	18.9	0.223
Cu	9	67.4	24.2	23.1	24.4	0.331	7.1	42.2	21.5	19.1	20.5	0.349
Zn	47.3	208	72.4	72.3	73.6	0.198	41.2	97.4	64.4	62.1	63.2	0.186
Cr	53.6	155	76.4	74.8	75.5	0.137	55.4	104	74.1	74.2	74.7	0.109
Ni	16.9	68.9	31	29.6	30.3	0.216	20.5	45.9	30.1	29.3	29.8	0.175
Co	7.48	19.9	12.7	12.26	12.5	0.195	8.8	20.4	12.9	12.58	12.79	0.184
V	46.5	138	79.8	78.6	80.5	0.218	49.9	119	77.9	77.4	78.6	0.178
Ti	3869	6661	4662	4682.3	4703.1	0.097	3786	6240	4600	4608.6	4625.6	0.088
Mn	290	1072	527	521.1	538.5	0.258	379	1663	620	623.4	644.8	0.276
Fe	2.07	4.854	3.217	3.128	3.173	0.168	2.322	4.931	3.336	3.209	3.258	0.172
Se	0.084	0.77	0.18	0.186	0.194	0.313	0.032	0.25	0.093	0.086	0.097	0.497
B	42	80	61	60.7	61.1	0.111	42	68	55	55.7	55.9	0.096
N	618	3200	1330	1312.4	1341.7	0.211	111	1062	452	418.8	460.5	0.412
P	415	2240	826	815.4	834.5	0.22	325	916	622	581.9	590.8	0.17

续表

元素	耕作层土壤（0～20cm 深度）						母质层土壤（150～200cm 深度）					
	min	max	中值	几何均值	算术均值	变异系数	min	max	中值	几何均值	算术均值	变异系数
K	1.345	2.275	1.893	1.836	1.844	0.094	1.486	2.3	1.835	1.804	1.814	0.106
S	132	1648	266	269.4	279.8	0.346	53.6	977	91.9	114.1	141.5	0.892
Li	18.7	63.3	39.2	36.1	37.3	0.237	19.8	62.1	37.7	34.8	36.1	0.263
Be	1.52	2.95	2.16	2.11	2.13	0.135	1.57	2.9	2.13	2.07	2.09	0.14
Nb	13.5	21.1	16.8	16.6	16.7	0.073	12.6	20.3	16.4	16.0	16.1	0.095
Rb	67	146	104	99.5	100.8	0.16	69.1	142	99.2	95.3	96.9	0.18
W	1.2	6.09	1.8	1.74	1.77	0.185	1.06	4.24	1.71	1.63	1.66	0.181
Sn	2.6	1600	4.5	5	6.7	6.363	2.3	4.9	3.1	3.1	3.13	0.14
Mo	0.23	3.61	0.43	0.43	0.46	0.389	0.24	1.51	0.35	0.39	0.41	0.441
Au	0.36	72.6	1.55	1.53	1.75	1.217	0.23	31	0.99	0.98	1.19	1.431
Ag	0.066	1.4	0.089	0.091	0.094	0.438	0.061	0.12	0.071	0.0736	0.0741	0.125
Sb	0.26	165	0.62	0.628	0.776	5.609	0.2	1.07	0.48	0.458	0.491	0.369
Bi	0.12	7	0.31	0.28	0.301	0.69	0.081	0.49	0.25	0.209	0.232	0.407
F	343	884	547	534.9	542.2	0.163	301	767	521	513.6	520.8	0.166
Cl	49.1	359	87.9	91.6	95.1	0.316	47.5	452	73.5	81.8	89.8	0.597
Br	1.4	11.3	4.2	4.2	4.38	0.299	0.8	5.2	1.6	1.67	1.77	0.377
I	0.67	9.22	1.46	1.48	1.54	0.313	0.51	4.83	1.23	1.32	1.45	0.466
Ga	11.1	21.3	15.7	15.4	15.5	0.14	10.7	20.5	15.4	15	15.1	0.139
Ge	1.05	1.68	1.36	1.356	1.359	0.059	0.97	1.59	1.31	1.312	1.315	0.072
Tl	0.38	0.81	0.6	0.57	0.58	0.162	0.39	0.77	0.57	0.545	0.553	0.166
Sr	112	188	136	138.5	139	0.085	114	181	144	146.9	147.8	0.112
Ba	408	621	474	477	478.3	0.075	390	573	457	457.3	458.4	0.07
La	30.9	53.4	39.7	39.5	39.6	0.073	30.5	49.6	39.2	39.1	39.3	0.085
Ce	57.7	96.4	74.4	74	74.2	0.078	56.5	102	73.3	73.1	73.4	0.095
Y	20.4	32.5	26	25.6	25.7	0.081	18.6	30.8	25.2	24.7	24.8	0.101
Sc	7.66	16.9	11.6	11.23	11.41	0.176	8.03	16	11.5	11.04	11.21	0.173
Zr	181	519	257	261.2	264.2	0.162	186	438	256	260.7	263.1	0.142
U	1.57	4.8	2.16	2.15	2.17	0.137	1.59	2.98	2.1	2.09	2.11	0.124
Th	9.03	15.8	12.5	12.2	12.3	0.107	8.89	15.2	12.4	12.1	12.2	0.113
Al	4.901	8.532	6.828	6.578	6.627	0.119	5.166	8.194	6.643	6.44	6.487	0.12
Si	27.08	34.22	31.33	31.19	31.21	0.037	27.99	33.23	30.96	30.82	30.83	0.026
Na	0.65	1.4	1.04	1.05	1.06	0.145	0.79	1.39	1.12	1.11	1.12	0.118
Ca	0.686	3.824	1.129	1.252	1.386	0.473	0.665	3.738	2.073	1.793	2.067	0.482
Mg	0.669	1.532	1.013	1.031	1.042	0.146	0.844	1.435	1.17	1.137	1.143	0.098

续表

元素	耕作层土壤（0～20cm 深度）						母质层土壤（150～200cm 深度）					
	min	max	中值	几何均值	算术均值	变异系数	min	max	中值	几何均值	算术均值	变异系数
C	0.68	4.11	1.38	1.39	1.41	0.21	0.3	1.5	0.79	0.76	0.8	0.296
TOC	0.38	3.68	1.13	1.09	1.15	0.314	0.09	1.69	0.28	0.28	0.34	0.699
pH	4.8	8.44	7.62	7.41	7.43	0.084	6.59	8.86	8.34	8.269	8.275	0.038

注：参与统计的耕作层土壤样品 1429 个、母质层土壤样品 353 个；Si、Al、Ca、Mg、K、Na、Fe、C、TOC 含量单位为%（10^{-2}），Au 含量单位为μg/kg（10^{-9}），其余元素含量单位为 mg/kg，pH 无量纲，min 为最小值，max 为最大值。

表 2-10　扬州市耕作层与母质层土壤重金属元素等含量分布参数统计

元素	耕作层土壤（0～20cm 深度）						母质层土壤（150～200cm 深度）					
	min	max	中值	几何均值	算术均值	变异系数	min	max	中值	几何均值	算术均值	变异系数
As	3.1	19.4	8.81	8.5	8.8	0.259	1.61	119	9.6	8.4	9.3	0.692
Cd	0.06	2.69	0.14	0.143	0.154	0.612	0.035	0.34	0.08	0.087	0.096	0.53
Hg	0.017	4.6	0.074	0.083	0.113	1.521	0.005	0.39	0.027	0.029	0.034	0.835
Pb	15	124	26	26.4	26.9	0.209	9.3	33.3	21.8	20.5	21	0.206
Cu	11.7	120	27.6	27.3	28	0.243	4.47	46.5	26.2	23.5	24.6	0.264
Zn	46.7	632	72.9	74.4	76.4	0.341	21.2	103	67	64.4	65.5	0.174
Cr	49	172	77.8	76.8	77.4	0.131	14.5	102	79.9	77.1	77.9	0.13
Ni	17.6	134	33.6	32.9	33.5	0.192	8.7	50.4	34.3	32.5	33.1	0.172
Co	6.76	27.5	13.4	13.14	13.32	0.164	2.24	23	14	13.33	13.62	0.194
V	50	144	93	91.3	92.4	0.148	17.9	135	93.2	88.5	90.1	0.179
Ti	3603	7240	4830	4790.9	4809.9	0.089	1232	6452	4823	4793	4818.2	0.094
Mn	254	1025	562	550.4	563.1	0.213	183	1631	660	628.3	659.7	0.314
Fe	1.923	5.882	3.455	3.368	3.413	0.161	0.839	4.938	3.665	3.48	3.538	0.167
Se	0.062	2.58	0.21	0.217	0.224	0.352	0.024	0.28	0.08	0.084	0.097	0.54
B	31	132	59	59.9	61.2	0.214	8.2	82	53	52.1	52.7	0.145
N	571	3140	1410	1402.1	1438.3	0.227	35	1042	417	402.1	442.8	0.411
P	359	3129	718	717.9	749	0.321	180	3013	539	521.7	547.6	0.366
K	0.971	2.466	1.793	1.786	1.794	0.095	1.32	2.358	1.818	1.787	1.796	0.097
S	118	1578	280	291.5	315.4	0.463	18.2	851	86.7	96.2	120	0.801
Li	15.6	66.2	38.8	37.7	38.4	0.19	12.2	55.9	39.5	36.6	37.4	0.199
Be	1.4	3.42	2.25	2.22	2.24	0.121	0.94	3.05	2.35	2.25	2.28	0.143
Nb	12.8	29.2	17	16.9	17	0.089	5.3	22	17.3	16.9	17	0.099

续表

元素	耕作层土壤（0～20cm 深度）						母质层土壤（150～200cm 深度）					
	min	max	中值	几何均值	算术均值	变异系数	min	max	中值	几何均值	算术均值	变异系数
Rb	60.7	156	105	102.4	103.5	0.137	61.7	143	110	102.3	103.7	0.158
W	1.28	7.49	2	2.03	2.05	0.17	0.37	3.28	1.99	1.91	1.95	0.175
Sn	2.2	34	4.6	5.1	5.6	0.578	0.86	16.6	3.3	3.3	3.4	0.277
Mo	0.16	2.16	0.44	0.45	0.47	0.354	0.11	1.15	0.36	0.35	0.37	0.376
Au	0.65	62	2.1	2.26	2.67	1.098	0.2	9.1	1.6	1.51	1.69	0.547
Ag	0.034	4.7	0.093	0.098	0.108	1.267	0.041	0.18	0.08	0.079	0.081	0.199
Sb	0.35	4.3	0.9	0.865	0.892	0.265	0.18	1.23	0.76	0.663	0.721	0.359
Bi	0.13	1.5	0.35	0.341	0.352	0.261	0.053	0.47	0.31	0.258	0.276	0.305
F	319	3647	543	544.5	553.4	0.22	208	791	541	539.1	545.5	0.148
Cl	39.4	609	82.9	86.5	93.7	0.511	26.8	321	57.8	58.7	62.7	0.473
Br	1.2	12.8	3.27	3.42	3.6	0.367	0.41	4.9	1.6	1.6	1.72	0.391
I	0.3	4.32	1.58	1.58	1.67	0.339	0.09	5.97	1.41	1.38	1.72	0.66
Ga	10.1	25.1	16.5	16.2	16.4	0.132	9.9	21.4	16.8	16.1	16.3	0.148
Tl	0.37	0.93	0.63	0.62	0.63	0.118	0.42	0.81	0.62	0.598	0.604	0.138
Sr	92.7	202	127	126.6	128.2	0.161	80.1	198	133	132.6	134.6	0.177
Ba	402	881	516	514.7	516.2	0.079	404	677	524	519	521.8	0.104
La	21	56.6	41.9	42.1	42.3	0.084	12.4	80.2	41.6	41.3	41.5	0.117
Ce	40.3	105	78.2	77.9	78.2	0.087	27.3	155	77.4	77.3	77.8	0.117
Y	17.2	34.1	28.2	28.3	28.4	0.081	14.1	39.5	27.9	27.6	27.7	0.106
Sc	6.37	19.7	12.5	12.29	12.42	0.141	2.34	17.3	12.9	12.17	12.37	0.165
Zr	153	557	258	262.1	266.6	0.19	94	949	261	266.6	271.1	0.225
U	1.16	3.79	2.28	2.27	2.29	0.137	0.52	3.31	2.21	2.18	2.2	0.129
Th	6.8	18.7	13.1	12.9	13	0.129	3.34	19.3	13.3	12.8	13	0.162
Al	4.822	9.321	7.04	6.891	6.933	0.108	4.79	8.871	7.267	6.995	7.054	0.126
Si	24.42	34.83	30.71	30.6	30.66	0.062	26.52	37.08	30.67	30.62	30.65	0.044
Na	0.48	1.45	0.96	0.95	0.96	0.158	0.67	1.39	1.01	1.01	1.02	0.145
Ca	0.4	5.375	0.986	1.159	1.389	0.666	0.386	4.896	1.051	1.237	1.514	0.672
Mg	0.428	1.628	0.874	0.885	0.911	0.243	0.338	1.508	0.983	0.972	0.992	0.196
C	0.29	3.74	1.49	1.49	1.55	0.275	0.14	1.83	0.61	0.6	0.69	0.533
TOC	0.29	3.68	1.33	1.3	1.34	0.266	0.05	1.03	0.26	0.29	0.33	0.57
pH	5.22	8.34	7.34	7.24	7.27	0.09	5.9	8.87	8.03	7.89	7.91	0.062

注：参与统计的耕作层土壤样品 1550 个、母质层土壤样品 391 个；Si、Al、Ca、Mg、K、Na、Fe、C、TOC 含量单位为%（10^{-2}），Au 含量单位为μg/kg（10^{-9}），其余元素含量单位为 mg/kg，pH 无量纲，min 为最小值，max 为最大值。

表 2-11　淮安市耕作层与母质层土壤重金属元素等含量分布参数统计

元素	耕作层土壤（0～20cm 深度）						母质层土壤（150～200cm 深度）					
	min	max	中值	几何均值	算术均值	变异系数	min	max	中值	几何均值	算术均值	变异系数
As	3.97	23.5	9.63	9.8	10.1	0.245	4.84	20.8	11.3	10.8	11.1	0.22
Cd	0.055	0.4	0.13	0.131	0.139	0.342	0.042	0.2	0.078	0.082	0.086	0.332
Hg	0.011	0.9	0.029	0.033	0.04	1.057	0.006	0.22	0.017	0.019	0.021	0.769
Pb	13.2	63.6	24.7	24.3	24.7	0.189	13.5	33.9	23.5	22	22.4	0.193
Cu	13.1	84.5	24.8	25.2	26	0.267	11.4	50.1	26.9	24.5	25.4	0.256
Zn	35.6	604	63.4	65.3	67.2	0.289	40.5	110	64.3	63.1	64.1	0.184
Cr	51.8	327	76.9	79.6	82.7	0.351	52.8	193	82.4	78.1	80.2	0.25
Ni	17.5	238	32.3	34.4	38	0.637	18.7	143	36.2	34.6	36.6	0.409
Co	8.14	61.3	12.9	13.86	14.75	0.449	8.26	48	15.1	14.66	15.37	0.343
V	50.6	191	88.2	88.3	90.2	0.209	47.6	156	94.8	86.5	88.9	0.223
Ti	13.7	14422	4461	4531.9	4696.4	0.304	3517	11514	4638	4568.2	4672.5	0.247
Mn	287	1963	583	617.4	641.9	0.306	388	3544	736	701.7	735.4	0.332
Fe	1.385	9.267	3.42	3.456	3.552	0.254	2.238	7.239	3.861	3.549	3.634	0.216
Se	0.079	0.96	0.18	0.178	0.182	0.24	0.043	0.32	0.084	0.09	0.095	0.362
B	14	80	49	48.2	49.2	0.19	15	62	47	46.4	46.8	0.122
N	333	3185	1206	1191.5	1227.3	0.245	71.8	1308	452	418.2	450.6	0.37
P	292	3406	769	718.1	755.6	0.323	208	1302	498	465.8	492.5	0.336
K	1.162	51.564	1.735	1.708	1.764	0.844	1.046	2.574	1.777	1.805	1.814	0.106
S	121	2965	277	292.9	318.4	0.507	12.2	1951	104	102.4	117.4	0.987
Li	16.8	73.1	34.4	34.6	35.5	0.224	19.3	65.8	38.4	36	36.9	0.217
Be	1.41	3.15	2.15	2.15	2.17	0.14	1.57	3.05	2.35	2.22	2.25	0.15
Nb	11.8	46.7	15.6	16.1	16.4	0.251	12.6	35.5	16.7	16.3	16.6	0.197
Rb	41.7	151	95.7	95.6	96.8	0.154	58.2	145	106	100.5	101.8	0.155
W	1.03	4.19	1.85	1.82	1.84	0.147	1.06	3.06	1.92	1.84	1.86	0.136
Sn	2.2	19	3.4	3.5	3.6	0.315	2	6.8	3	2.98	3.02	0.171
Mo	0.28	1.78	0.45	0.47	0.49	0.309	0.27	1.41	0.52	0.49	0.51	0.324
Au	0.46	14.4	1.64	1.69	1.84	0.508	0.53	4.67	1.68	1.55	1.65	0.351
Ag	0.06	1.4	0.081	0.084	0.086	0.479	0.057	0.42	0.078	0.079	0.08	0.234
Sb	0.56	9.82	0.93	0.949	0.97	0.281	0.5	1.55	0.92	0.91	0.924	0.176
Bi	0.15	0.83	0.31	0.311	0.32	0.237	0.15	0.55	0.31	0.289	0.297	0.234
F	300	1243	521	522	531.9	0.197	335	1566	540	538	545.8	0.181
Cl	37.6	2237	85.7	90.9	102.5	0.768	31.6	387	58.6	61.6	65.7	0.454
Br	1.41	11.4	3.07	3.15	3.25	0.284	0.48	5.42	2	2.01	2.16	0.389

续表

元素	耕作层土壤（0～20cm 深度）						母质层土壤（150～200cm 深度）					
	min	max	中值	几何均值	算术均值	变异系数	min	max	中值	几何均值	算术均值	变异系数
I	0.63	13.1	1.56	1.61	1.74	0.421	0.59	13.9	2.13	2.12	2.46	0.632
Ga	10.8	25.8	15.7	15.7	15.9	0.142	11.2	25.1	17.4	16.3	16.5	0.163
Tl	0.24	0.9	0.6	0.6	0.61	0.148	0.34	0.86	0.65	0.62	0.63	0.144
Sr	57.8	399	159	148.1	153.1	0.251	41	241	153	153.4	157.6	0.228
Ba	385	705	508	509.5	511.1	0.08	251	817	554	538.2	542.8	0.127
La	28.8	51.4	39.9	39.4	39.6	0.115	30.2	49.3	39.8	38.9	39.1	0.109
Ce	52.8	141	73.3	72.9	73.5	0.137	55.1	103	76	73.6	74.2	0.128
Y	19.3	35.2	27	26.6	26.8	0.104	19.5	32.4	27.9	26.3	26.5	0.122
Sc	7.83	19.7	12	12.06	12.23	0.173	8.51	19.4	13.3	12.49	12.69	0.17
Zr	131	472	264	254.1	259.8	0.204	134	421	255	245.2	248.4	0.153
U	1.43	3.87	2.38	2.4	2.42	0.136	1.79	3.36	2.34	2.36	2.37	0.085
Th	6.25	17.8	12.5	12.2	12.4	0.153	8.02	17.1	13.3	12.5	12.7	0.146
Al	5.293	9.522	6.817	6.773	6.809	0.102	5.325	9.549	7.511	7.06	7.128	0.134
Si	0.59	35.46	29.42	29.39	29.56	0.085	23.31	33.85	29.66	29.39	29.44	0.053
Na	0.3	1.5	0.87	0.88	0.91	0.265	0.48	1.51	0.89	0.96	0.98	0.215
Ca	0.436	9.398	2.323	1.854	2.551	0.693	0.472	6.525	2.015	1.973	2.605	0.667
Mg	0.416	3.347	1.103	0.971	1.024	0.309	0.531	3.944	1.128	1.118	1.139	0.207
C	0.36	3.9	1.59	1.56	1.63	0.301	0.32	1.88	0.87	0.8	0.91	0.493
TOC	0.22	2.87	1.02	1.02	1.06	0.281	0.08	1.26	0.25	0.25	0.29	0.601
pH	4.97	8.56	7.79	7.21	7.27	0.123	5.78	8.86	8.24	8.16	8.18	0.053

注：参与统计的耕作层土壤样品 2288 个、母质层土壤样品 580 个；Si、Al、Ca、Mg、K、Na、Fe、C、TOC 含量单位为%（10^{-2}），Au 含量单位为 μg/kg（10^{-9}），其余元素含量单位为 mg/kg，pH 无量纲，min 为最小值，max 为最大值。

表 2-12　盐城市耕作层与母质层土壤重金属元素等含量分布参数统计

元素	耕作层土壤（0～20cm 深度）						母质层土壤（150～200cm 深度）					
	min	max	中值	几何均值	算术均值	变异系数	min	max	中值	几何均值	算术均值	变异系数
As	2.15	21.4	9.41	8.8	9.3	0.338	3.01	21	9.75	8.9	9.4	0.32
Cd	0.048	0.33	0.12	0.12	0.124	0.273	0.043	0.2	0.083	0.081	0.085	0.293
Hg	0.007	1.6	0.027	0.029	0.034	0.987	0.008	0.11	0.017	0.018	0.019	0.445
Pb	13.5	317	21.5	21.8	22.3	0.291	11	33.1	19	19.4	19.8	0.208
Cu	9.97	88.9	21.8	22	22.7	0.255	8.9	38	20.2	20	20.8	0.263
Zn	33	678	66.8	68.1	69.3	0.236	40.5	173	61.1	62.2	63.4	0.206
Cr	31.1	107	72	72.7	73.3	0.13	49.5	115	70	70.8	71.7	0.16

续表

元素	耕作层土壤（0～20cm 深度）						母质层土壤（150～200cm 深度）					
	min	max	中值	几何均值	算术均值	变异系数	min	max	中值	几何均值	算术均值	变异系数
Ni	12.1	96.1	30.7	31	31.8	0.228	19	51.3	29.5	29.7	30.3	0.21
Co	5.44	21.4	11.9	12.19	12.42	0.197	8.22	20.9	11.9	12.23	12.47	0.207
V	41.5	148	81.8	82	83.6	0.2	45.9	131	76.2	76.3	77.7	0.196
Ti	2284	5388	4017	4113.2	4130.1	0.092	2758	5207	3984	4103.4	4121.7	0.097
Mn	258	1702	552	573.5	587	0.23	366	1442	579	600.8	616.6	0.246
Fe	1.336	5.483	3.112	3.156	3.211	0.191	2.203	5.567	3.028	3.121	3.177	0.198
Se	0.056	0.39	0.14	0.145	0.149	0.244	0.035	0.21	0.082	0.083	0.088	0.333
B	25	79	53	52.9	53.4	0.145	33	70	52	52.4	52.8	0.125
N	196	2288	1092	1023.7	1073.8	0.279	91.2	1063	340	341.1	366.7	0.388
P	322	2170	842	823	843.4	0.219	277	872	625	596.7	602.6	0.13
K	1.345	2.64	1.934	1.937	1.946	0.099	1.577	2.682	1.918	1.947	1.958	0.111
S	122	7329	282	311.7	360.5	0.959	38.4	2280	129	147.3	180.6	0.967
Li	13.8	68.1	34.4	35.7	36.5	0.222	20.8	69.8	33.4	34.9	35.9	0.254
Be	1.41	3.12	2.02	2.06	2.08	0.133	1.54	3.21	1.99	2.05	2.07	0.156
Nb	9.25	19.6	14.8	15.1	15.2	0.083	12.3	26.3	14.8	15.1	15.2	0.094
Rb	73.6	163	97.4	99.8	100.9	0.15	72.6	165	94.2	98.2	99.6	0.174
W	0.72	5.86	1.75	1.75	1.76	0.132	1.14	2.4	1.72	1.71	1.72	0.135
Sn	2	412	3.2	3.4	3.7	1.854	2	5	2.9	2.89	2.93	0.151
Mo	0.23	7.52	0.51	0.51	0.53	0.344	0.26	1.9	0.55	0.52	0.54	0.296
Au	0.37	13.5	1.25	1.25	1.33	0.377	0.33	4.98	1.08	1.1	1.19	0.464
Ag	0.058	0.39	0.081	0.082	0.083	0.163	0.06	0.46	0.072	0.073	0.074	0.214
Sb	0.33	42	0.85	0.798	0.842	0.846	0.28	1.79	0.78	0.718	0.759	0.321
Bi	0.14	1.33	0.3	0.302	0.312	0.26	0.093	0.54	0.26	0.261	0.274	0.311
F	237	938	569	569.1	575.8	0.154	343	803	533	533.5	539.8	0.154
Cl	52	16796	133	187.3	590	3.073	46	14213	144	197.5	549.7	2.726
Br	1.75	148	8.11	7.98	9.26	0.839	0.6	56.4	3.1	3.32	4.41	1.232
I	0.85	8.46	2.17	2.2	2.32	0.352	0.64	14.3	2.32	2.35	2.65	0.552
Ga	10.7	23.1	14.8	15.1	15.2	0.143	10.8	23.9	14.3	14.8	15	0.166
Tl	0.43	0.9	0.59	0.595	0.6	0.133	0.42	0.88	0.57	0.58	0.59	0.144
Sr	108	391	176	166.6	168.4	0.145	113	222	185	170.8	172.7	0.141
Ba	369	869	442	451.1	453	0.094	380	901	434	444.7	446.5	0.096
La	23.6	57.3	37.1	37.3	37.5	0.095	28.9	47.8	36.9	36.9	37.1	0.091
Ce	39.9	97.9	69.1	69.5	69.9	0.099	54	91	69.7	69.7	70.1	0.097
Y	13.3	37	25.5	25.58	25.65	0.071	19.5	32.7	25.1	25.1	25.2	0.099

续表

元素	耕作层土壤（0～20cm 深度）						母质层土壤（150～200cm 深度）					
	min	max	中值	几何均值	算术均值	变异系数	min	max	中值	几何均值	算术均值	变异系数
Sc	5.95	18.2	11.2	11.44	11.59	0.161	7.93	18.7	11.1	11.34	11.51	0.18
Zr	117	584	235	232.5	236.3	0.18	138	623	240	239	243.2	0.19
U	1.02	3.47	2.22	2.22	2.23	0.093	1.57	3.05	2.23	2.22	2.23	0.09
Th	5.32	17.6	11.7	11.86	11.94	0.122	8.5	17	11.8	11.8	12	0.138
Al	5.102	8.723	6.431	6.522	6.555	0.102	5.219	9.157	6.246	6.445	6.491	0.123
Si	23.18	34.23	28.98	29	29.07	0.067	24.14	33.8	28.89	29	29.05	0.058
Na	0.53	3.23	1.12	1.11	1.14	0.245	0.65	2.43	1.22	1.18	1.2	0.173
Ca	0.629	6.79	3.766	2.692	3.237	0.485	0.55	6.061	4.188	2.967	3.465	0.435
Mg	0.446	2.484	1.254	1.206	1.228	0.19	0.621	1.942	1.272	1.27	1.28	0.132
C	0.39	3.08	1.67	1.62	1.66	0.224	0.32	1.83	1.17	1	1.08	0.353
TOC	0.14	2.53	0.87	0.84	0.9	0.328	0.09	1.28	0.22	0.22	0.25	0.507
pH	5.3	9.22	8.08	7.91	7.93	0.067	4.31	9.29	8.57	8.54	8.55	0.037

注：参与统计的耕作层土壤样品 3747 个、母质层土壤样品 951 个；Si、Al、Ca、Mg、K、Na、Fe、C、TOC 含量单位为%（10^{-2}），Au 含量单位为 μg/kg（10^{-9}），其余元素含量单位为 mg/kg，pH 无量纲，min 为最小值，max 为最大值。

表 2-13　连云港市耕作层与母质层土壤重金属元素等含量分布参数统计

元素	耕作层土壤（0～20cm 深度）						母质层土壤（150～200cm 深度）					
	min	max	中值	几何均值	算术均值	变异系数	min	max	中值	几何均值	算术均值	变异系数
As	2.37	38.2	11.2	10.4	11.7	0.455	1.93	31.7	12.4	12.1	12.9	0.346
Cd	0.035	8.38	0.13	0.125	0.147	1.415	0.033	0.22	0.091	0.094	0.101	0.392
Hg	0.006	0.68	0.027	0.028	0.031	0.857	0.003	0.12	0.023	0.022	0.024	0.542
Pb	16	540	30	29.7	30.7	0.59	13.6	113	29.5	29.8	30.8	0.307
Cu	5.89	117	28.4	24.8	27.3	0.408	6.4	111	29.3	26.9	28.1	0.296
Zn	18.3	1021	80.6	68.3	76.7	0.568	23	168	78.8	76.6	80.3	0.298
Cr	16.6	459	82.2	73.3	77.2	0.308	24.5	351	85.7	82.5	85.8	0.293
Ni	1.58	93.9	41.4	34.8	38.4	0.39	8.2	162	44.2	41.6	43.7	0.334
Co	2.41	68.4	17.7	15.71	16.73	0.356	3.57	119	19.4	20.12	22.33	0.584
V	15.2	168	102	91.7	98.7	0.356	39.4	229	107	103.6	106.3	0.223
Ti	1933	6607	4148	4002.7	4044.5	0.137	1571	5806	4236	4202.7	4233.5	0.115
Mn	213	5640	963	892.9	949.9	0.397	173	8689	1063	1159.1	1338.9	0.71
Fe	1.119	5.924	3.98	3.548	3.79	0.332	1.007	7.575	4.434	4.228	4.327	0.203

续表

元素	耕作层土壤（0～20cm 深度）						母质层土壤（150～200cm 深度）					
	min	max	中值	几何均值	算术均值	变异系数	min	max	中值	几何均值	算术均值	变异系数
Se	0.049	1.05	0.19	0.192	0.198	0.296	0.024	0.29	0.13	0.113	0.12	0.331
B	8.1	70	41	39	40.3	0.246	5.5	67	42	36.9	39.9	0.343
N	185	2388	1079	1038.6	1106.6	0.342	138	1597	470	479.2	503.3	0.337
P	150	4366	631	626.9	657.9	0.363	126	1164	477	432	463.7	0.348
K	1.171	3.686	2.283	2.172	2.214	0.186	0.905	4.01	2.491	2.29	2.35	0.209
S	108	25640	236	267.2	385.2	2.417	6.79	2268	93.9	116.7	173.7	1.318
Li	10.1	398	44.2	36.9	41.1	0.455	13	80.7	47	43.4	46.3	0.343
Be	1.25	5.58	2.46	2.36	2.41	0.191	1.18	3.96	2.58	2.58	2.61	0.139
Nb	6.56	35.9	14.9	14.9	15	0.132	5.6	24.7	15.9	16	16.1	0.106
Rb	60.1	163	114	109.8	112.9	0.229	42.7	181	122	116.9	120.5	0.239
W	0.13	3.27	1.91	1.66	1.74	0.275	0.3	4.72	1.93	1.75	1.81	0.237
Sn	1.8	19	3.1	3.1	3.2	0.263	1.9	5	3	2.99	3.03	0.16
Mo	0.26	3.51	0.62	0.62	0.65	0.317	0.27	7.1	0.72	0.76	0.86	0.717
Au	0.39	6.98	1.59	1.46	1.6	0.427	0.36	10	1.57	1.54	1.65	0.446
Ag	0.047	1.2	0.082	0.082	0.085	0.407	0.056	0.25	0.082	0.082	0.083	0.211
Sb	0.34	5.81	0.98	0.945	1.015	0.377	0.23	3.17	0.99	0.993	1.05	0.347
Bi	0.072	1.26	0.38	0.349	0.382	0.4	0.074	2	0.38	0.355	0.385	0.415
F	158	1206	619	531.8	581.5	0.386	242	948	660	612.7	637.3	0.266
Cl	33.6	23415	86	122.5	545.7	3.502	37	16825	93.5	176.9	877.7	2.604
Br	1.11	98	5	5.47	7.65	1.309	0.4	83.7	3.41	3.79	6.6	1.552
I	0.71	18.6	2.87	3.16	3.87	0.692	0.41	17.3	3.29	3.64	4.6	0.703
Ga	11.1	25.1	18.4	17.9	18.2	0.166	12.2	25.7	19.8	19.8	19.9	0.122
Tl	0.36	1	0.69	0.66	0.68	0.199	0.37	0.97	0.73	0.71	0.72	0.166
Sr	32.9	543	160	157.6	163.2	0.281	57.5	526	158	155.2	160.6	0.285
Ba	299	1564	585	616.9	634.6	0.248	333	2208	572	649.8	692.6	0.38
La	17	74.9	41.5	39.9	40.5	0.174	18	78	42.4	42.3	42.8	0.154
Ce	37.4	158	81.5	81.3	82.5	0.176	29.1	312	84.8	91.9	95.9	0.352
Y	9.88	55.4	27.1	26.2	26.5	0.136	8.5	44.3	28.3	27.5	27.8	0.129
Sc	3.73	19.5	13.4	12.12	12.9	0.325	3.57	21.8	15	14.03	14.48	0.235
Zr	116	579	232	234.8	255.3	0.408	109	478	227	217.6	227.4	0.297
U	0.84	4.41	2.4	2.25	2.3	0.2	0.77	3.36	2.35	2.26	2.29	0.159
Th	4.03	24.9	13.7	12.6	13	0.234	3.11	28.2	14.1	13.3	13.6	0.201
Al	5.288	9.152	7.442	7.274	7.312	0.1	5.462	10.655	7.987	8.004	8.032	0.083
Si	20.82	35.57	28.48	28.16	28.4	0.13	22.83	33.1	27.79	27.56	27.69	0.095

续表

元素	耕作层土壤（0～20cm 深度）						母质层土壤（150～200cm 深度）					
	min	max	中值	几何均值	算术均值	变异系数	min	max	中值	几何均值	算术均值	变异系数
Na	0.45	5.36	0.88	0.92	1.01	0.46	0.4	2.6	0.94	0.99	1.02	0.29
Ca	0.15	8.898	1.179	1.705	2.573	0.818	0.286	6.933	1.608	1.75	2.355	0.757
Mg	0.253	2.436	1.146	0.967	1.131	0.509	0.41	2.153	1.296	1.184	1.273	0.358
C	0.2	7.05	1.34	1.31	1.49	0.492	0.15	1.9	0.63	0.68	0.8	0.567
TOC	0.13	5.3	0.94	0.89	0.95	0.359	0.01	0.9	0.34	0.27	0.33	0.537
pH	4.22	9.1	7.74	7.19	7.27	0.145	5.89	9.06	8.26	8.05	8.07	0.065

注：参与统计的耕作层土壤样品 1883 个、母质层土壤样品 485 个；Si、Al、Ca、Mg、K、Na、Fe、C、TOC 含量单位为%（10^{-2}），Au 含量单位为 μg/kg（10^{-9}），其余元素含量单位为 mg/kg，pH 无量纲，min 为最小值，max 为最大值。

表 2-14　宿迁市耕作层与母质层土壤重金属元素等含量分布参数统计

元素	耕作层土壤（0～20cm 深度）						母质层土壤（150～200cm 深度）					
	min	max	中值	几何均值	算术均值	变异系数	min	max	中值	几何均值	算术均值	变异系数
As	3.94	49.1	10.2	10.4	10.8	0.291	5.79	28.3	11.9	11.6	12	0.289
Cd	0.056	0.42	0.12	0.124	0.13	0.33	0.041	0.25	0.078	0.082	0.085	0.313
Hg	0.011	0.37	0.025	0.026	0.028	0.595	0.005	0.078	0.015	0.017	0.018	0.486
Pb	16.1	67.1	25.8	25.3	25.9	0.214	13.6	99.1	24.6	23.6	24.7	0.344
Cu	12.9	115	23.1	23.5	24.1	0.252	10.5	67.1	25.7	23	23.8	0.252
Zn	27.3	117	60.3	61.4	63.2	0.25	36.8	101	59.6	58.7	59.5	0.165
Cr	43.3	114	73.3	74.2	74.9	0.138	43.6	112	78.7	73.9	75.1	0.172
Ni	14.8	61.9	31.8	32.3	33.3	0.252	18.4	121	36.3	33.5	34.9	0.305
Co	7.5	51.4	13.9	14.21	14.74	0.289	8.05	131	16.2	15.82	17.48	0.621
V	52.8	155	86.1	87.1	88.6	0.191	52.8	170	94.2	87.1	89.7	0.239
Ti	2887	5331	4192	4178.5	4199	0.099	2456	5084	4438	4285.9	4309.6	0.103
Mn	339	3556	666	685.4	719.4	0.356	387	8054	805	821.8	950.9	0.775
Fe	1.783	5.805	3.287	3.317	3.389	0.211	2.231	6.511	3.826	3.5	3.583	0.212
Se	0.096	0.66	0.17	0.171	0.174	0.216	0.04	0.23	0.081	0.086	0.09	0.324
B	23	66	46	45.3	45.8	0.15	24	62	44	44.1	44.5	0.133
N	347	2074	1082	1071.9	1098.1	0.218	24.5	911	418	385.8	411.7	0.331
P	243	1680	707	696.5	727	0.289	152	1134	429	414.8	443	0.35
K	1.22	2.408	1.777	1.754	1.77	0.136	0.988	2.582	1.752	1.775	1.784	0.101
S	120	1707	241	247.9	260.8	0.366	23.4	178	104	96.7	101	0.286
Li	17.1	68.6	34.3	34.7	35.6	0.229	20	66.7	39.1	36.2	37.2	0.219
Be	1.32	3.28	2.15	2.15	2.17	0.145	1.49	3.23	2.35	2.21	2.24	0.161

续表

元素	耕作层土壤（0～20cm 深度）						母质层土壤（150～200cm 深度）					
	min	max	中值	几何均值	算术均值	变异系数	min	max	中值	几何均值	算术均值	变异系数
Nb	8.92	18.5	14.8	14.78	14.82	0.079	9	18.4	15.7	15.4	15.5	0.103
Rb	70.8	146	95.4	96.5	97.4	0.14	72.5	164	103	98.9	99.9	0.135
W	0.83	2.96	1.82	1.8	1.82	0.149	0.9	2.54	1.88	1.8	1.82	0.149
Sn	2.2	17	3.3	3.3	3.4	0.195	2	4.5	2.9	2.9	3	0.156
Mo	0.26	1.3	0.48	0.48	0.49	0.215	0.3	1.48	0.52	0.51	0.53	0.264
Au	0.5	8	1.68	1.67	1.78	0.398	0.61	6.8	1.8	1.64	1.77	0.415
Ag	0.045	0.33	0.078	0.0787	0.0795	0.164	0.06	0.22	0.08	0.08	0.081	0.19
Sb	0.45	2.11	0.97	0.986	1.006	0.209	0.52	2.62	1	0.981	1.014	0.272
Bi	0.14	1.56	0.3	0.308	0.318	0.269	0.16	0.56	0.32	0.289	0.297	0.225
F	260	904	524	528.8	539.7	0.203	340	871	556	552.9	562.4	0.184
Cl	38.7	332	67.8	70	72.7	0.319	32.5	208	65.3	65.1	67.3	0.277
Br	1.26	8.59	3.04	3.07	3.13	0.211	0.4	5.1	1.8	1.75	1.88	0.366
I	0.63	4.92	1.61	1.63	1.75	0.392	0.64	5.97	1.89	1.89	2.13	0.488
Ga	10.2	24.4	15.4	15.5	15.7	0.147	11	24.1	17.4	16.2	16.4	0.165
Tl	0.42	0.96	0.61	0.617	0.622	0.131	0.44	0.95	0.66	0.63	0.64	0.14
Sr	81.4	276	172	158	162.2	0.22	79	241	165	163.9	167	0.185
Ba	410	923	524	537.8	542.7	0.14	429	1588	587	574.7	586.5	0.221
La	21.4	65.5	39.1	39.4	39.7	0.138	29.1	71.8	38	38.2	38.5	0.134
Ce	46.7	176	74.8	75.5	76.5	0.173	55.3	322	79.3	79.5	82.1	0.312
Y	13.8	37	26.1	26	26.2	0.095	18.1	35	25.9	25.3	25.4	0.113
Sc	5.34	19	11.5	11.61	11.81	0.184	6.97	18.5	12.8	12.03	12.23	0.175
Zr	131	591	265	258.5	266	0.234	140	433	258	251.7	254.7	0.15
U	1.1	4.3	2.4	2.41	2.43	0.132	1.3	3.92	2.45	2.48	2.5	0.127
Th	5.99	18.7	12.6	12.4	12.5	0.151	7.9	17.4	13.2	12.5	12.6	0.144
Al	5.388	8.956	6.759	6.755	6.792	0.104	5.192	9.787	7.495	7.022	7.097	0.142
Si	22.85	35.53	29.42	29.43	29.52	0.079	23.3	32.25	29.25	29.03	29.06	0.045
Na	0.39	2	0.87	0.9	0.94	0.305	0.45	1.52	0.89	0.96	0.98	0.232
Ca	0.415	7.426	2.987	2.034	2.71	0.645	0.565	9.734	2.723	2.461	2.913	0.524
Mg	0.338	1.809	1.122	0.988	1.039	0.296	0.531	1.737	1.182	1.16	1.173	0.148
C	0.5	3.69	1.53	1.47	1.55	0.32	0.21	2.3	0.9	0.84	0.93	0.429
TOC	0.27	2.26	0.93	0.92	0.95	0.24	0.06	0.65	0.21	0.21	0.23	0.421
pH	5.03	8.62	7.97	7.53	7.57	0.104	7.32	8.91	8.41	8.38	8.39	0.031

注：参与统计的耕作层土壤样品 1921 个、母质层土壤样品 486 个；Si、Al、Ca、Mg、K、Na、Fe、C、TOC 含量单位为%（10^{-2}），Au 含量单位为 μg/kg（10^{-9}），其余元素含量单位为 mg/kg，pH 无量纲，min 为最小值，max 为最大值。

表2-15　徐州市耕作层与母质层土壤重金属元素等含量分布参数统计

元素	耕作层土壤（0～20cm深度）						母质层土壤（150～200cm深度）					
	min	max	中值	几何均值	算术均值	变异系数	min	max	中值	几何均值	算术均值	变异系数
As	3.72	47.3	9.98	10.1	10.4	0.274	3.34	44.5	9.71	10.5	11.1	0.382
Cd	0.033	0.83	0.13	0.133	0.14	0.385	0.038	0.9	0.085	0.09	0.095	0.475
Hg	0.01	0.64	0.03	0.032	0.036	0.769	0.004	5.33	0.015	0.016	0.026	7.699
Pb	13	76.1	22.8	23.3	23.8	0.229	8.1	93.9	19.2	21.2	22.5	0.438
Cu	9.58	756	23.2	23.7	25	0.746	11.7	253	19.8	20.8	21.8	0.483
Zn	21.2	346	62.9	62.7	64.7	0.276	30.6	176	54.8	56.4	57.6	0.233
Cr	34.7	218	69.1	69.8	70.4	0.141	29.1	131	62.7	65.6	66.4	0.165
Ni	7.22	110	29.4	30	30.8	0.246	18	107	27.1	29.5	31.1	0.383
Co	4.56	91.8	12.5	12.95	13.45	0.325	7.86	127	11.8	13.79	16.16	0.842
V	41.9	269	80.7	82.3	83.7	0.198	49.8	321	71.5	77.1	80	0.316
Ti	2075	17438	3875	3961.5	3999.7	0.177	2372	15340	3906	4008	4046	0.174
Mn	284	3494	600	645.1	680.5	0.408	371	8012	572	712.6	913.5	1.11
Fe	1.371	8.057	3.014	3.097	3.164	0.216	2.259	12.002	2.903	3.132	3.224	0.269
Se	0.078	3.21	0.18	0.187	0.203	0.664	0.038	0.36	0.083	0.087	0.092	0.364
B	11.5	82	43	42.9	43.4	0.161	4.8	62	43	41.5	42.3	0.166
N	364	2423	1058	1035.3	1070.8	0.257	87.1	948	412	404	422.7	0.296
P	256	3095	897	845.6	878.6	0.264	146	1756	603	520.5	544.3	0.269
K	1.079	2.557	1.843	1.868	1.878	0.103	1.088	3.188	1.81	1.853	1.866	0.123
S	104	3370	275	289.4	319.7	0.579	38.8	311	136	131.4	139.1	0.328
Li	12.8	71.6	32.4	32.6	33.4	0.221	19.5	56.3	31	31.9	32.7	0.229
Be	1.2	3.18	2.02	2.03	2.05	0.135	1.5	3.24	1.93	2	2.03	0.162
Nb	6.52	25.9	14	14	14.1	0.085	8.4	26.4	14.1	14.3	14.4	0.103
Rb	56.5	148	91.4	93.6	94.4	0.138	58.3	148	88.8	91.7	92.7	0.149
W	0.58	26.8	1.66	1.66	1.69	0.352	0.66	6.29	1.62	1.64	1.67	0.191
Sn	1.7	16.5	3.1	3.2	3.3	0.261	2	5	2.8	2.78	2.81	0.16
Mo	0.21	22.9	0.54	0.55	0.6	0.899	0.33	2.38	0.58	0.61	0.63	0.302
Au	0.44	109	1.57	1.62	1.8	1.254	0.62	25.7	1.35	1.38	1.53	0.723
Ag	0.042	2.5	0.074	0.075	0.077	0.632	0.057	0.24	0.075	0.077	0.079	0.22
Sb	0.32	54	0.95	0.969	1.017	1.01	0.28	4.33	0.86	0.923	0.971	0.375
Bi	0.13	12	0.3	0.305	0.32	0.743	0.08	0.7	0.25	0.259	0.268	0.275
F	183	1530	558	546.8	558.3	0.199	278	2261	503	510.1	519.6	0.22

续表

元素	耕作层土壤（0～20cm 深度）						母质层土壤（150～200cm 深度）					
	min	max	中值	几何均值	算术均值	变异系数	min	max	中值	几何均值	算术均值	变异系数
Cl	36.1	927	70.4	74.2	79.3	0.524	34.7	327	85.3	85.5	92	0.405
Br	0.7	13.4	3.24	3.25	3.37	0.291	0.47	7.97	1.7	1.69	1.85	0.444
I	0.62	6.2	1.81	1.87	1.98	0.368	0.5	7.3	1.43	1.49	1.65	0.501
Ga	10.6	23.8	14.6	14.8	15	0.138	10.3	27.7	14.2	14.7	14.9	0.181
Tl	0.36	1.03	0.59	0.6	0.61	0.131	0.28	2.06	0.57	0.59	0.6	0.183
Sr	88.1	371	194	180.3	183.4	0.171	76.4	441	199	182.8	186.5	0.183
Ba	331	1087	505	529.7	535.1	0.154	414	1635	482	538.4	558.7	0.33
La	13.8	59.1	35.2	35.6	35.9	0.13	18.8	115	35	36.2	36.7	0.188
Ce	26.1	147	67.8	69.4	70.4	0.168	39.8	323	65.6	72.2	75.9	0.421
Y	8.75	36.6	24.1	24.2	24.3	0.09	12.1	43.1	23.1	23.6	23.8	0.12
Sc	4.5	23.8	10.8	10.93	11.1	0.178	6.83	33.5	10.3	10.79	10.97	0.2
Zr	117	488	242	244.3	250.3	0.22	127	541	246	241.8	246.8	0.203
U	1.17	4.19	2.35	2.35	2.37	0.126	1.03	3.95	2.29	2.31	2.32	0.112
Th	5.51	21.2	11.2	11.4	11.5	0.157	5.35	27.4	11	11.3	11.5	0.17
Al	4.891	8.733	6.357	6.449	6.479	0.098	5.245	9.125	6.113	6.433	6.493	0.138
Si	21.61	37.36	28.82	28.79	28.88	0.076	22.58	33.69	29.36	28.93	28.98	0.056
Na	0.3	2.23	1.11	1.02	1.06	0.269	0.18	2.15	1.2	1.07	1.11	0.227
Ca	0.443	8.069	4.167	2.857	3.49	0.497	0.529	9.234	4.374	3.296	3.779	0.415
Mg	0.277	2.683	1.218	1.102	1.148	0.257	0.482	1.869	1.224	1.173	1.197	0.194
C	0.36	6.78	1.76	1.62	1.74	0.369	0.25	2.18	1.23	1.07	1.16	0.346
TOC	0.29	5.2	0.91	0.9	0.95	0.348	0.03	0.94	0.17	0.19	0.21	0.54
pH	4.95	9.01	8.12	7.84	7.87	0.085	7	9.26	8.48	8.41	8.42	0.034

注：参与统计的耕作层土壤样品 2859 个、母质层土壤样品 717 个；Si、Al、Ca、Mg、K、Na、Fe、C、TOC 含量单位为%（10^{-2}），Au 含量单位为 μg/kg（10^{-9}），其余元素含量单位为 mg/kg，pH 无量纲，min 为最小值，max 为最大值。

对比江苏省 13 市土壤重金属等元素含量分布统计结果，发现苏南各地（苏、锡、常、宁、镇）土壤的 Hg、Cd 等重金属平均含量明显高于苏中、苏北地区，像苏州市的耕作层土壤 Hg、Cd 均量都排在全省 13 市的最高位置。苏、锡、常等地不仅是土壤重金属（以 Cd、Hg 为代表）含量偏高的地域，也是重金属分布很不均匀的地域，其耕作层土壤的 Cd、Hg 变异系数普遍大于或接近 0.5，最高可达

2.0 以上。除了耕作层土壤外，这些地域母质层土壤中 Cd、Hg 等重金属均量也高于苏北、苏中地区，说明苏南地区的土壤重金属偏高也有特定的地球化学背景在起作用。

依据江苏省各地土壤环境的元素分布差异，通过综合分类、归趋，并结合相关第四纪分布等自然地质界限，可将全省土壤环境划分为 3 个地球化学区、24 个地球化学亚区。图 2-2 展示了江苏省土壤地球化学分区的大致情况，表 2-16 简述了各个土壤地球化学区、亚区的基本特征。不同的土壤地球化学区、亚区代表了特定的土壤发育演化历史，是防治土壤污染必须考虑的地球化学背景因素。

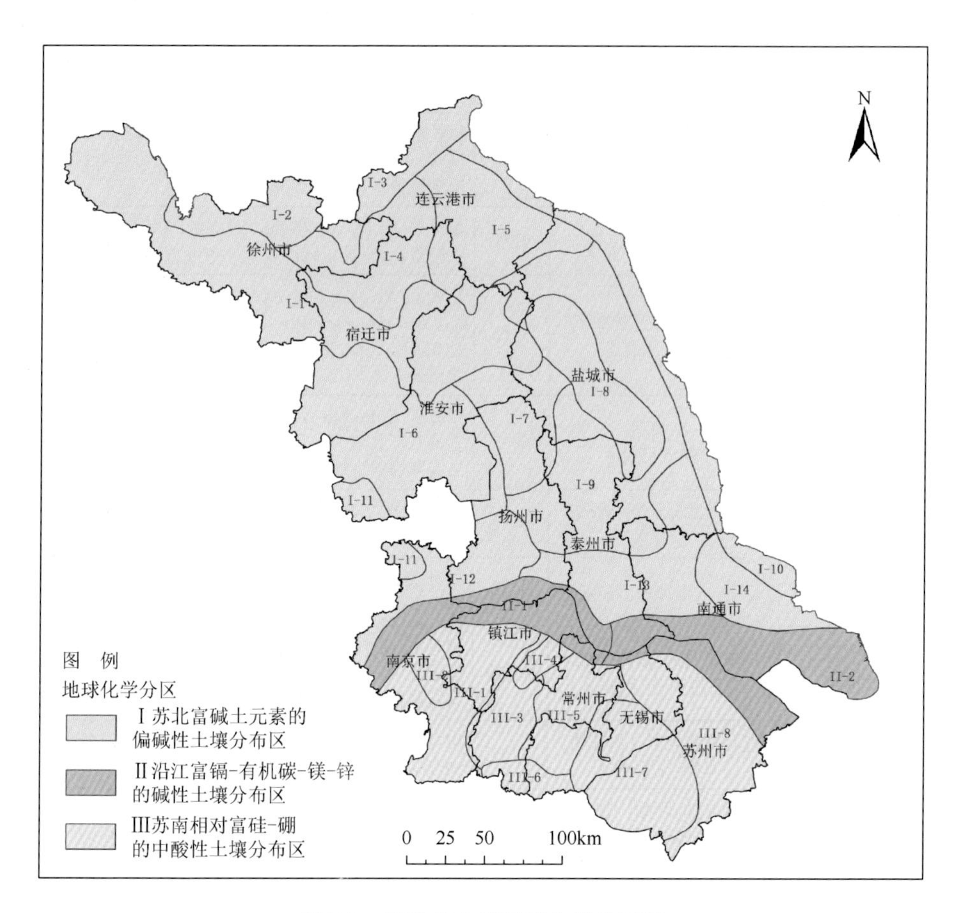

图 2-2　江苏省土壤地球化学分区图

利用耕作层土壤元素含量与母质层土壤元素含量的比值（简称人为环境富集系数）可以鉴别人为活动对土壤环境的影响程度，重金属元素人为环境富集系数越大，表示当地土壤受人为活动影响的强度越大。图 2-3 显示了江苏省土壤 Hg 人为环境富集系数分布情况，可以看出苏南地区特别是苏锡常地区土壤的人为富集效应十分明显，说明当地土壤重金属污染的确受到了后天人为因素的影响。

表 2-16　江苏省新划分的土壤地球化学区（亚区）基本特征

地球化学区	地球化学亚区编号	地球化学亚区名称	控制面积/km^2	基本特征（分区依据）
Ⅰ苏北富碱土元素的偏碱性土壤分布区	Ⅰ-1	丰县-涟水一带泛黄河故道冲积-沉积亚区	13125	富 Sr-Ca-Mg-C，贫 Fe-Mn-Al-B-REE，pH＞7.5，具有碳酸盐岩成土母质基本属性
	Ⅰ-2	贾汪-邳城残积坡积-冲积亚区	2391	相对富 Fe-Mn-V-Al，贫 S-Cl-C，Ca、Mg 等含量中等，pH 偏碱性，地貌以低山丘陵为主
	Ⅰ-3	新沂-赣榆北部残积坡积-冲积亚区	2359	相对富 Ba-Na-K-Mo-Co-Ni-Ce-Zr，贫 B、P、Mg、Ca、TOC、U 等，pH 呈中性，推测其成土母质与当地超高压变质带岩石组合有关
	Ⅰ-4	东海-沭阳及其西部残积-冲积-湖积亚区	4171	相对富 As-Fe-Mn-Pb-La，贫 K-P，Ca、Mg 等含量中等偏富，pH 呈弱碱性
	Ⅰ-5	连云港-灌南一带冲积-海积沉积亚区	5510	显著富 Al、K、Fe、As、Ca、Mg、F、I、Cr、Cu、Zn、Sb、Li、Be、Rb、Bi、Sc、Ni、Tl、Ga、Th 等，贫 Si、Na、Zr、B 等，pH 呈弱碱性，成土母质组成比较复杂
	Ⅰ-6	洪泽湖-高邮湖一带冲-湖积沉积亚区	6892	相对富 Al-Fe-Mn-Au，贫 P-K-Na，Ca、Mg 等含量中等偏富，其余大多数丰度接近全省土壤平均成分，pH 呈弱碱性偏中性
	Ⅰ-7	宝应-建湖一带冲积-沉积亚区	3452	相对富 TOC-S-Se-Fe-Mo，贫 Si，pH 呈弱碱性偏中性，其土壤大类有别于周围土壤
	Ⅰ-8	阜宁-大丰冲积沉积亚区	3754	相对富 I-K-Rb-Li-Be-La，大部分元素含量居于全省中等水平，一般 pH＞8，以潮土为主
	Ⅰ-9	里下河洼地-滨海平原冲积-海积-沉积亚区	10479	相对富 Al-TOC-B，毒害元素含量总体偏低，Ca、Mg 等含量中等偏富，原始土壤以中性为主，是全省最适宜发展粮食生产的地区
	Ⅰ-10	苏北沿海地区（海岸带）海积-沉积亚区	3758	相对富 Cl-Br-I-Na-S-Ca-Mg，贫 N、TOC、Hg、Ba、Se 等，pH 呈强碱性，以盐土为主
	Ⅰ-11	六合北部-盱眙一带残坡积-冲积沉积亚区	1112	显著富亲铁元素（Cr、Ni、Co、Fe 等）及 Nb，贫 K，pH 呈中酸性，成土母质与基性火山岩有关
	Ⅰ-12	宁-镇-扬丘岗北段残坡积-冲积沉积亚区	3138	相对富 Ti-Y-Ce-Al，贫 Sr-Ca-U，pH 呈中酸性，部分成土母质受陆相火山岩影响
	Ⅰ-13	江都-泰兴-如皋-东台南部冲积-堆积-沉积亚区	5335	相对富 P-Na，显著贫 Fe、Al、Ba、Mo、W、Cu、Co、V、Sb、Li、Be、Bi、Rb、U、Tl 等，Ca、Mg 等含量中等偏富，pH 呈碱性
	Ⅰ-14	如东-通州一带冲积-海积沉积亚区	2220	相对富 Mg-Sn-K，贫 Ba-S-Sb-Bi，pH 偏碱性，具潮土＋盐土混合属性

续表

地球化学区	地球化学亚区编号	地球化学亚区名称	控制面积/km^2	基本特征（分区依据）
Ⅱ沿江富镉-有机碳-镁-锌的碱性土壤分布区	Ⅱ-1	沿江西段冲积-河流沉积亚区	4163	相对富 Cd-TOC-S-Al-Se-K，贫 Si，pH 呈弱碱性，具有营养元素与毒害元素同富集趋势，成土母质受长江中上游冲积物影响较明显
	Ⅱ-2	沿江东段冲积-河流沉积亚区	5359	相对富 Cd-K-P-Sn，贫 Ba 与 S，Ca、Mg 等元素含量中等偏富，pH 偏碱性，成土母质受上游冲积物与海洋沉积物的共同影响
Ⅲ苏南相对富硅-硼的中酸性土壤分布区	Ⅲ-1	宁-镇-扬丘岗南段残坡积-冲积湖积沉积亚区	4207	相对富 Si-REE-B-Fe-Al、富重金属，贫 Mg、Ca、K、Na、P 等，pH 呈中酸性，成土母质与中酸性火山岩有关
	Ⅲ-2	秦淮河一带残积-冲积-河流沉积亚区	814	明显富 Al-Hg-TOC，贫 Mg-Ca-Sr，pH 呈中酸性，土壤属性与秦淮河特定地理环境有关
	Ⅲ-3	茅山地区附近残坡积-冲积-湖积亚区	1887	相对富 Si，贫 Zn，大部分元素含量接近其全省平均组成，相对较贫瘠，pH 以中性为主
	Ⅲ-4	丹阳东部-金坛北侧一带冲积-沉积亚区	576	贫 Fe-Mo-I 等，相对富 Na，pH 以中性为主，推测这一带存在特殊的成土母质
	Ⅲ-5	常州-宜兴一带残坡积-冲积-湖积沉积亚区	2741	相对富 REE-Fe-B-Zr-I、富重金属，贫 K、Sr、Ca、Mg 等，Si、Al 含量中等偏富，pH 以弱酸性为主
	Ⅲ-6	溧阳-宜兴南部残坡积-冲积沉积亚区	878	相对富 Si-Se-Fe，贫 Sr-Mg-K，pH 以中酸性为主，土壤天然富硒与煤系地层有关
	Ⅲ-7	太湖周边湖积-冲积沉积亚区	2904	相对富重金属-TOC-B-Au-Ag-U，贫 Mg、Ca、Sr 等，pH 以酸性为主、局部呈强酸性，该区表层与深层土壤环境相差显著
	Ⅲ-8	张家港-昆山及其南部冲积-湖积沉积亚区	4775	相对富重金属-TOC-B-Se-N、局部富 Ba，K、Mg、Ca、Sr 等，元素含量接近其全省平均组成，pH 呈中酸性-强酸性，人类活动对该区土壤环境的演变产生了重要影响

注：REE 表示稀土元素。

苏锡常地区作为本次研究的重点解剖区，其土壤环境中重金属等元素分布的具体情况更为外界所关注。利用全省 1∶250000 多目标区域地球化学调查所获取的基本资料，对苏州市、无锡市、常州市三市所辖的主要县级行政区各自的土壤环境（主要考虑当前还保留有大片耕地的辖区）也进行了相应的元素含量分布参数统计，列于下述各表：表 2-17 为苏州市张家港市，表 2-18 为苏州市常熟市，表 2-19 为苏州市太仓市，表 2-20 为苏州市昆山市，表 2-21 为苏州市吴江区，表 2-22 为苏州市吴中区，表 2-23 为苏州市相城区；表 2-24 为无锡市江阴市，表 2-25 为无锡市宜兴市，表 2-26 为无锡市锡山区，表 2-27 为无锡市惠山区，表 2-28 为无锡市滨湖区；表 2-29 为常州市金坛市，表 2-30 为常州市溧阳市，表 2-31 为常州市武进区。这些县级行政区土壤环境中重金属等元素的分布统计结果可为进一步

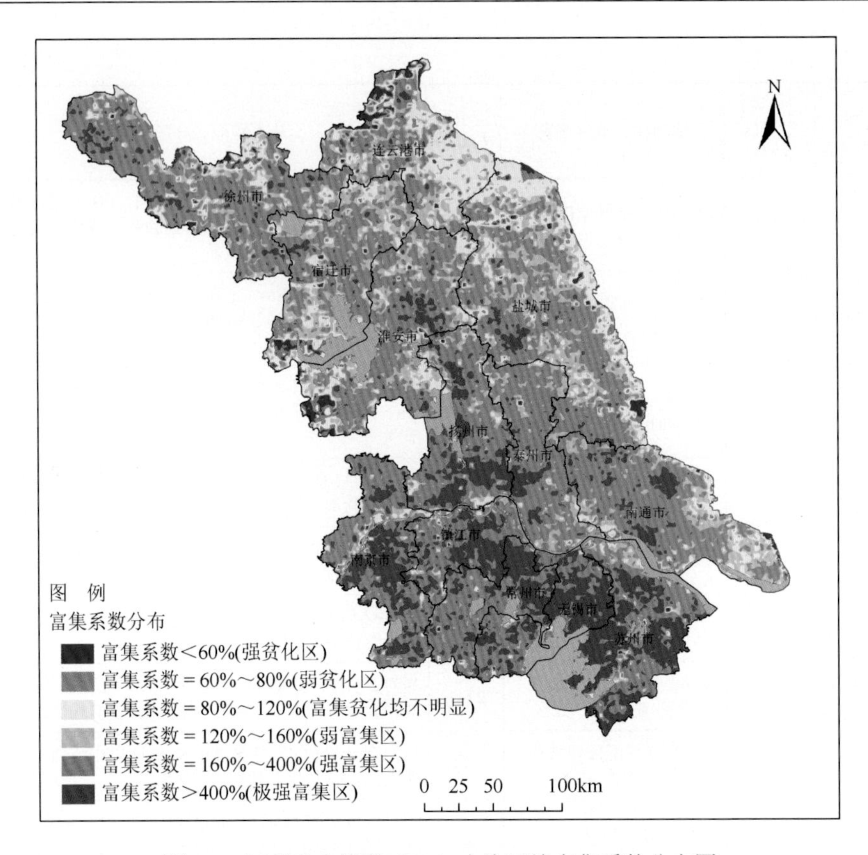

图 2-3　江苏省土壤汞（Hg）人为环境富集系数分布图

图中元素富集系数为元素含量比值，用%表示

了解苏锡常地区不同区段土壤环境的重金属等分布差异提供更具体的背景资料。当地各县域土壤环境中重金属等元素的分布差异性显示：

表 2-17　苏州市张家港市耕作层与母质层土壤重金属元素等含量分布参数统计

元素	耕作层土壤（0～20cm 深度）						母质层土壤（150～200cm 深度）					
	min	max	中值	几何均值	算术均值	变异系数	min	max	中值	几何均值	算术均值	变异系数
As	5.4	12.1	8.3	8.3	8.4	0.16	4.6	13.9	7.8	8.0	8.2	0.23
Cd	0.075	0.41	0.240	0.215	0.226	0.30	0.070	0.25	0.170	0.149	0.159	0.33
Hg	0.024	0.33	0.099	0.103	0.110	0.39	0.022	0.1	0.054	0.051	0.054	0.33
Pb	18.3	45.2	27.9	27.9	28.1	0.12	17.6	27.7	22.6	22.2	22.3	0.11
Cu	14	49.4	33	33	33	0.17	21	43	27	28	28	0.16
Zn	57	245	90	90	91	0.19	62	103	75	75	75	0.11
Cr	64	124	85	85	86	0.08	69	94.4	81	82	82	0.09

续表

元素	耕作层土壤（0～20cm深度）						母质层土壤（150～200cm深度）					
	min	max	中值	几何均值	算术均值	变异系数	min	max	中值	几何均值	算术均值	变异系数
Ni	24.5	58.5	37.6	37.6	37.9	0.12	26.3	42.8	33.2	33.0	33.2	0.12
Co	10.6	20	14.7	14.8	14.9	0.12	12.3	19.9	14.9	15.0	15.0	0.10
V	82	141	101	102.1	103	0.10	76	125	92	93.1	94	0.12
Ti	4047	6400	5345	5380	5390	0.06	4643	6223	5294	5278	5287	0.06
Mn	367	1033	717	681	699	0.22	459	1181	747	744	752	0.15
Fe	2.80	5.145	3.67	3.70	3.72	0.10	2.97	4.60	3.51	3.57	3.60	0.11
Se	0.09	0.48	0.27	0.27	0.28	0.18	0.09	0.24	0.14	0.14	0.14	0.25
B	35	88	66	65	66	0.15	44	69	56	56	57	0.10
N	338	2177	1346	1334	1378	0.25	396	790	629	602	609	0.14
P	486	1292	899	872	886	0.17	379	789	657	640	644	0.10
K	1.60	2.2659	1.93	1.91	1.91	0.07	1.70	2.23	1.87	1.88	1.88	0.06
S	132	914	320	355	387	0.44	61	353	126	127	134	0.35
Li	23	52.9	39	39	39	0.12	27	48	38	38	38	0.14
Be	1.49	2.85	2.29	2.27	2.28	0.09	1.84	2.75	2.23	2.23	2.24	0.11
Nb	13.2	20.2	18.0	18.0	18.0	0.05	15.6	19.5	18.1	17.9	17.9	0.06
Rb	81	127	103	102	102	0.08	80	121	98	99	99	0.13
W	1.12	3.38	2.03	2.01	2.02	0.13	1.39	2.66	1.95	1.92	1.94	0.15
Sn	2.60	27	4.50	4.68	4.92	0.42	2.30	4.9	3.30	3.33	3.37	0.15
Mo	0.34	1.29	0.62	0.62	0.63	0.21	0.32	0.87	0.53	0.52	0.53	0.23
Au	1.0	9.51	2.2	2.3	2.4	0.45	0.9	3.2	1.7	1.7	1.7	0.29
Ag	0.06	0.2	0.10	0.10	0.10	0.15	0.07	0.48	0.09	0.09	0.10	0.62
Sb	0.44	3.15	0.98	0.99	1.02	0.27	0.47	1.32	0.74	0.74	0.76	0.20
Bi	0.15	0.65	0.37	0.37	0.38	0.18	0.17	0.46	0.31	0.29	0.30	0.20
F	425	797	598	592	596	0.11	422	805	575	571	575	0.12
Cl	54	390	101	104	109	0.36	48	125	71	71	73	0.22
Br	1.45	7.17	3.78	3.76	3.85	0.23	0.90	3.6	1.95	1.88	1.94	0.27
I	0.46	3.89	1.29	1.31	1.36	0.29	0.57	4.26	1.49	1.55	1.77	0.54
Ga	13.4	20.9	16.4	16.4	16.4	0.07	12.3	20.7	15.6	15.8	15.9	0.12
Tl	0.44	0.84	0.61	0.61	0.61	0.09	0.49	0.77	0.61	0.60	0.60	0.11
Sr	103	171	135	132	133	0.11	107	168	148	139	140	0.13
Ba	442	611	508	507	508	0.05	434	575	499	504	505	0.07
La	30	54.8	44	44	44	0.09	37	52.7	42	43	43	0.09
Ce	55	103	78	79	79	0.10	67	100	79	80	80	0.09
Y	21	33.3	29	29	29	0.06	23	31.8	27	27	27	0.09

续表

元素	耕作层土壤（0～20cm 深度）						母质层土壤（150～200cm 深度）					
	min	max	中值	几何均值	算术均值	变异系数	min	max	中值	几何均值	算术均值	变异系数
Sc	8.5	15.9	12.6	12.5	12.6	0.09	9.7	16.1	12.7	12.5	12.6	0.13
Zr	193	353	269	274	275	0.11	225	348	272	270	271	0.08
U	1.62	3.27	2.64	2.62	2.63	0.09	2.19	3.17	2.47	2.49	2.50	0.07
Th	8.8	16.7	13.7	13.5	13.6	0.09	11.0	16.1	13.7	13.5	13.5	0.11
Al	5.89	7.95	6.88	6.85	6.86	0.05	5.98	8.78	6.94	7.05	7.09	0.10
Si	26.63	33.62	29.68	30.02	30.06	0.05	27.49	32.38	30.28	30.24	30.25	0.03
Na	0.59	1.25	0.82	0.81	0.82	0.12	0.76	1.14	0.98	0.97	0.97	0.08
Ca	0.48	3.38	2.36	1.69	2.01	0.49	0.56	3.50	3.02	1.95	2.35	0.48
Mg	0.57	1.49	1.21	1.07	1.10	0.22	0.83	1.46	1.26	1.18	1.19	0.14
C	0.57	2.86	1.70	1.65	1.69	0.20	0.41	1.34	1.05	0.89	0.93	0.29
TOC	0.34	2.1	1.16	1.15	1.21	0.29	0.18	0.68	0.36	0.36	0.38	0.29
pH	5.15	8.36	7.89	7.41	7.46	0.11	7.40	8.45	8.24	8.06	8.07	0.04

注：参与统计的耕作层土壤样品 216 个、母质层土壤样品 56 个；Si、Al、Ca、Mg、K、Na、Fe、C、TOC 含量单位为%（10^{-2}），Au 含量单位为μg/kg（10^{-9}），其余元素含量单位为 mg/kg，pH 无量纲，min 为最小值，max 为最大值。

表 2-18　苏州市常熟市耕作层与母质层土壤重金属元素等含量分布参数统计

元素	耕作层土壤（0～20cm 深度）						母质层土壤（150～200cm 深度）					
	min	max	中值	几何均值	算术均值	变异系数	min	max	中值	几何均值	算术均值	变异系数
As	4.5	11.9	7.5	7.6	7.7	0.16	4.8	11.5	8.1	8.0	8.2	0.22
Cd	0.091	3.81	0.175	0.183	0.210	1.20	0.062	0.18	0.093	0.094	0.095	0.20
Hg	0.037	1.34	0.210	0.222	0.271	0.77	0.024	0.24	0.052	0.054	0.060	0.55
Pb	18.2	84.1	29.9	30.3	31.0	0.24	18.5	28	23.6	23.3	23.5	0.11
Cu	14	59.7	32	32	32	0.21	19	36	28	27	28	0.15
Zn	56	201	92	91	92	0.18	60	96.1	77	78	79	0.11
Cr	67	107	86	86	86	0.08	72	105	89	89	89	0.07
Ni	18.7	50.9	36.3	35.7	36.0	0.13	28.3	44.4	37.1	36.9	37.0	0.10
Co	9.8	22.3	13.9	13.8	13.9	0.12	12.4	22.2	15.7	15.5	15.6	0.11
V	72	121	100	96.8	97	0.10	78	125	106	103.1	104	0.11
Ti	4278	6321	5168	5119	5125	0.05	4736	5647	5292	5256	5260	0.04
Mn	376	982	575	573	581	0.17	447	1076	751	729	745	0.20
Fe	2.54	4.585	3.56	3.52	3.54	0.09	3.11	4.62	3.94	3.89	3.91	0.09
Se	0.10	0.98	0.29	0.28	0.30	0.30	0.06	0.31	0.14	0.13	0.15	0.44
B	44	92	68	67	68	0.12	49	69	61	60	60	0.09

续表

元素	耕作层土壤（0～20cm 深度）						母质层土壤（150～200cm 深度）					
	min	max	中值	几何均值	算术均值	变异系数	min	max	中值	几何均值	算术均值	变异系数
N	266	2968	1690	1610	1677	0.27	339	1044	632	630	650	0.25
P	424	1597	893	898	923	0.24	333	764	564	547	556	0.17
K	1.28	2.1912	1.89	1.87	1.87	0.08	1.49	2.43	1.97	1.96	1.97	0.10
S	110	1061	494	472	510	0.38	69	670	121	141	167	0.71
Li	26	54.6	42	42	42	0.14	30	61.2	45	47	47	0.15
Be	1.67	2.89	2.34	2.31	2.32	0.09	1.92	2.91	2.57	2.51	2.52	0.09
Nb	13.9	20.4	17.6	17.5	17.6	0.04	16.5	19.7	18.8	18.6	18.6	0.04
Rb	78	131	109	108	109	0.09	82	147	115	116	117	0.10
W	1.21	11.6	2.14	2.10	2.15	0.29	1.53	2.44	2.08	2.04	2.05	0.09
Sn	3.50	84	7.65	8.52	10.06	0.80	2.60	6.8	3.70	3.76	3.83	0.20
Mo	0.26	3.9	0.57	0.56	0.62	0.60	0.32	0.63	0.40	0.41	0.41	0.16
Au	1.1	20.4	2.7	3.0	3.7	0.79	0.8	8.18	1.6	1.7	2.0	0.70
Ag	0.06	0.36	0.10	0.11	0.11	0.39	0.06	0.1	0.08	0.08	0.08	0.11
Sb	0.44	13.8	1.07	1.11	1.27	0.83	0.40	0.97	0.63	0.65	0.67	0.24
Bi	0.17	2.32	0.41	0.41	0.43	0.41	0.23	0.45	0.33	0.34	0.34	0.15
F	401	828	587	580	584	0.12	489	772	637	634	637	0.09
Cl	57	318	105	110	116	0.34	44	103	65	65	66	0.19
Br	2.14	9.9	5.21	5.18	5.37	0.27	1.10	4.3	2.20	2.16	2.29	0.34
I	0.81	8.3	1.72	1.80	1.94	0.45	0.59	8.36	2.36	2.41	2.93	0.65
Ga	12.7	19.5	17.0	16.8	16.8	0.08	13.1	21.5	17.8	17.6	17.7	0.09
Tl	0.45	0.83	0.62	0.61	0.62	0.10	0.50	0.77	0.66	0.66	0.66	0.09
Sr	73	169	120	121	121	0.11	103	168	119	122	123	0.12
Ba	400	570	508	502	503	0.06	429	592	513	508	510	0.08
La	33	55.8	43	43	44	0.10	38	54.2	44	44	44	0.08
Ce	61	103	82	81	82	0.11	71	96.7	84	83	84	0.08
Y	23	32.6	29	29	29	0.05	25	32.2	30	29	29	0.07
Sc	9.0	16.1	12.6	12.5	12.6	0.11	11.0	16.5	14.2	14.0	14.0	0.09
Zr	222	390	265	269	270	0.10	204	314	252	256	258	0.11
U	1.87	3.35	2.47	2.48	2.49	0.12	2.07	3.05	2.48	2.49	2.50	0.10
Th	10.3	17.8	13.6	13.6	13.7	0.10	11.9	16.8	14.8	14.5	14.5	0.08
Al	5.90	7.99	7.21	7.09	7.11	0.07	6.34	8.59	7.94	7.70	7.72	0.07
Si	28.09	34.65	30.87	30.93	30.95	0.03	29.40	31.86	30.57	30.52	30.52	0.02
Na	0.53	1.22	0.79	0.81	0.82	0.15	0.74	1.14	0.94	0.95	0.95	0.09
Ca	0.30	3.41	0.84	0.92	0.99	0.46	0.55	3.60	0.86	1.05	1.22	0.60

续表

元素	耕作层土壤（0～20cm 深度）						母质层土壤（150～200cm 深度）					
	min	max	中值	几何均值	算术均值	变异系数	min	max	中值	几何均值	算术均值	变异系数
Mg	0.40	1.43	0.92	0.89	0.91	0.19	0.67	1.46	1.11	1.07	1.09	0.18
C	0.53	3.16	1.77	1.69	1.75	0.27	0.42	1.31	0.80	0.75	0.78	0.28
TOC	0.24	2.92	1.60	1.48	1.57	0.31	0.18	1.37	0.36	0.42	0.48	0.58
pH	4.65	9.92	6.80	6.83	6.87	0.11	6.94	8.46	7.90	7.83	7.84	0.05

注：参与统计的耕作层土壤样品 295 个、母质层土壤样品 73 个；Si、Al、Ca、Mg、K、Na、Fe、C、TOC 含量单位为%（10^{-2}），Au 含量单位为 μg/kg（10^{-9}），其余元素含量单位为 mg/kg，pH 无量纲，min 为最小值，max 为最大值。

表 2-19　苏州市太仓市耕作层与母质层土壤重金属元素等含量分布参数统计

元素	耕作层土壤（0～20cm 深度）						母质层土壤（150～200cm 深度）					
	min	max	中值	几何均值	算术均值	变异系数	min	max	中值	几何均值	算术均值	变异系数
As	4.5	9.82	6.8	6.8	6.9	0.14	4.1	10.9	6.6	6.7	6.9	0.19
Cd	0.120	1.42	0.180	0.212	0.250	0.82	0.050	0.12	0.100	0.094	0.095	0.15
Hg	0.061	1.42	0.190	0.201	0.229	0.69	0.027	0.84	0.054	0.064	0.085	1.41
Pb	18.9	94.3	30.2	32.0	32.9	0.30	16.6	29.6	23.6	23.1	23.3	0.13
Cu	18	118	30	32	34	0.38	13	31.2	24	24	24	0.16
Zn	61	279	100	103	106	0.25	53	102	84	82	82	0.13
Cr	68	121	86	86	86	0.10	65	101	87	85	85	0.10
Ni	27.5	51.6	39.2	38.5	38.7	0.11	24.1	44.7	36.0	34.9	35.2	0.13
Co	10.4	16.8	14.1	14.0	14.1	0.09	10.0	18.8	15.3	14.8	14.9	0.13
V	78	112	96	95.1	95	0.07	63	123	98	93.4	94	0.15
Ti	4446	5421	4920	4925	4927	0.03	4580	5413	5021	5012	5015	0.04
Mn	448	1277	586	590	595	0.14	489	1428	901	871	888	0.20
Fe	2.69	4.228	3.61	3.56	3.58	0.08	2.68	4.69	3.74	3.70	3.73	0.11
Se	0.11	0.62	0.26	0.27	0.27	0.24	0.04	0.22	0.10	0.10	0.10	0.35
B	44	82	68	68	69	0.11	50	70	62	61	62	0.08
N	487	3264	1641	1639	1671	0.19	366	750	540	535	542	0.16
P	712	1728	910	935	947	0.17	483	713	601	607	609	0.08
K	1.79	2.1995	2.00	2.00	2.00	0.05	1.63	2.39	2.03	2.02	2.03	0.09
S	214	1185	427	456	482	0.36	72	146	95	100	102	0.19
Li	30	57.5	44	43	44	0.12	30	62	48	47	48	0.17
Be	1.76	2.83	2.37	2.36	2.36	0.08	1.81	2.94	2.43	2.41	2.42	0.10
Nb	15.6	19.1	17.4	17.4	17.4	0.03	16.5	20.5	18.2	18.2	18.2	0.05
Rb	86	129	112	111	112	0.08	84	144	116	115	116	0.12

续表

元素	耕作层土壤（0～20cm 深度）						母质层土壤（150～200cm 深度）					
	min	max	中值	几何均值	算术均值	变异系数	min	max	中值	几何均值	算术均值	变异系数
W	1.59	10.1	2.09	2.16	2.24	0.36	1.57	2.2	1.94	1.90	1.91	0.08
Sn	3.20	48	8.50	9.02	9.87	0.56	2.90	8.3	3.60	3.81	3.93	0.30
Mo	0.31	1.33	0.45	0.46	0.48	0.26	0.30	0.51	0.40	0.41	0.41	0.13
Au	1.1	44.7	2.3	2.6	3.2	1.20	0.6	15.3	1.4	1.9	2.8	1.10
Ag	0.08	0.61	0.11	0.12	0.14	0.67	0.07	0.13	0.08	0.08	0.08	0.15
Sb	0.43	9.19	0.87	0.98	1.10	0.79	0.26	0.59	0.47	0.46	0.47	0.15
Bi	0.18	0.85	0.39	0.40	0.41	0.22	0.18	0.49	0.34	0.33	0.34	0.21
F	506	814	637	636	638	0.09	437	728	618	620	623	0.10
Cl	73	379	117	122	126	0.28	55	102	69	70	71	0.13
Br	2.41	13.8	4.87	5.24	5.45	0.30	1.20	5	2.70	2.64	2.80	0.33
I	1.05	4.11	2.08	2.09	2.16	0.28	1.43	17.5	5.88	5.47	6.50	0.57
Ga	13.2	19.2	16.8	16.7	16.7	0.07	13.0	20	17.2	17.0	17.1	0.10
Tl	0.51	0.77	0.63	0.62	0.63	0.09	0.48	0.77	0.65	0.64	0.64	0.11
Sr	117	154	127	128	128	0.05	113	155	133	134	134	0.07
Ba	436	557	478	479	479	0.04	393	517	472	466	466	0.05
La	34	61.9	42	42	42	0.11	39	50.2	42	43	43	0.06
Ce	55	91.7	76	75	76	0.09	71	96.8	80	81	81	0.07
Y	26	31.4	29	29	29	0.03	25	32.2	27	28	28	0.05
Sc	9.6	14.8	12.6	12.5	12.6	0.08	9.8	16.1	13.4	13.2	13.3	0.11
Zr	211	315	245	247	248	0.08	189	373	240	242	244	0.15
U	1.90	2.69	2.25	2.25	2.26	0.08	1.99	2.61	2.25	2.25	2.25	0.06
Th	9.9	17.4	12.8	12.8	12.8	0.09	12.2	16	13.7	13.7	13.8	0.06
Al	5.58	7.58	6.96	6.90	6.91	0.05	5.81	8.26	7.26	7.19	7.21	0.08
Si	28.37	33.15	30.61	30.73	30.74	0.02	28.66	32.33	30.41	30.48	30.49	0.03
Na	0.71	1.10	0.90	0.91	0.91	0.08	0.86	1.23	0.99	1.00	1.00	0.09
Ca	0.76	2.51	1.01	1.09	1.13	0.30	0.73	2.58	1.90	1.66	1.75	0.29
Mg	0.79	1.31	1.09	1.07	1.07	0.08	1.07	1.53	1.29	1.28	1.29	0.09
C	1.04	3.38	1.64	1.68	1.71	0.22	0.52	0.91	0.75	0.73	0.74	0.10
TOC	0.42	3.1	1.50	1.51	1.55	0.24	0.15	0.64	0.35	0.35	0.36	0.30
pH	5.97	8.29	7.26	7.18	7.19	0.06	7.91	8.47	8.31	8.27	8.27	0.02

注：参与统计的耕作层土壤样品 180 个、母质层土壤样品 46 个；Si、Al、Ca、Mg、K、Na、Fe、C、TOC 含量单位为%（10^{-2}），Au 含量单位为μg/kg（10^{-9}），其余元素含量单位为 mg/kg，pH 无量纲，min 为最小值，max 为最大值。

表 2-20　苏州市昆山市耕作层与母质层土壤重金属元素等含量分布参数统计

元素	耕作层土壤（0～20cm 深度）						母质层土壤（150～200cm 深度）					
	min	max	中值	几何均值	算术均值	变异系数	min	max	中值	几何均值	算术均值	变异系数
As	5.4	26.4	8.1	8.3	8.5	0.23	5.1	14.8	8.8	9.0	9.2	0.25
Cd	0.100	0.89	0.180	0.197	0.218	0.56	0.049	0.15	0.081	0.083	0.084	0.18
Hg	0.065	1.61	0.250	0.250	0.290	0.63	0.036	0.15	0.053	0.055	0.057	0.32
Pb	23.7	71.1	31.7	33.4	34.1	0.23	22.0	31	25.4	25.6	25.6	0.08
Cu	24	82.9	33	35	36	0.25	24	38.5	30	30	30	0.09
Zn	70	190	97	100	102	0.22	58	102	88	84	84	0.12
Cr	73	175	87	88	88	0.11	78	105	93	93	94	0.07
Ni	31.8	50.1	38.9	39.1	39.2	0.08	31.0	50.4	40.1	40.0	40.2	0.10
Co	12.0	17.2	14.6	14.6	14.6	0.07	12.4	22.3	16.8	16.9	17.0	0.12
V	83	117	102	101.5	102	0.06	85	130	108	108.1	109	0.09
Ti	4622	5427	5105	5082	5084	0.03	5096	5712	5374	5377	5378	0.02
Mn	335	866	537	544	551	0.16	393	1319	761	768	789	0.23
Fe	2.99	4.319	3.69	3.70	3.71	0.06	3.26	5.62	4.12	4.19	4.22	0.12
Se	0.12	1.09	0.30	0.30	0.30	0.26	0.13	0.3	0.17	0.17	0.18	0.17
B	45	83	69	68	68	0.11	46	69	60	59	59	0.10
N	584	2833	1916	1813	1858	0.20	413	1165	682	701	717	0.21
P	456	2100	778	798	819	0.25	337	723	525	512	521	0.18
K	1.67	2.1995	1.93	1.92	1.92	0.05	1.58	2.50	2.17	2.12	2.13	0.10
S	170	2083	613	579	613	0.36	73	589	161	165	185	0.53
Li	37	56.2	46	46	46	0.08	39	63.4	52	52	53	0.10
Be	2.08	2.92	2.45	2.45	2.46	0.06	2.29	3.01	2.62	2.63	2.64	0.07
Nb	16.1	19.4	17.9	17.9	17.9	0.03	18.3	20.1	19.3	19.3	19.3	0.02
Rb	98	130	114	114	114	0.05	100	149	129	127	128	0.08
W	1.72	39	2.25	2.32	2.50	1.00	1.87	2.49	2.13	2.12	2.12	0.05
Sn	3.80	43	8.50	8.94	9.93	0.54	2.80	5.5	3.80	3.79	3.82	0.12
Mo	0.34	1.08	0.54	0.54	0.55	0.19	0.33	0.88	0.48	0.49	0.51	0.23
Au	1.3	44.7	3.4	3.7	4.4	0.92	0.8	2.61	1.5	1.5	1.5	0.22
Ag	0.07	5.3	0.12	0.13	0.17	2.08	0.07	0.098	0.08	0.08	0.08	0.11
Sb	0.50	4.32	1.05	1.07	1.13	0.39	0.47	0.72	0.61	0.60	0.60	0.10
Bi	0.28	1.04	0.41	0.42	0.43	0.20	0.29	0.46	0.38	0.38	0.38	0.11
F	468	761	624	620	622	0.07	470	888	645	628	633	0.13
Cl	57	320	146	144	149	0.28	51	361	74	81	87	0.52
Br	2.94	12.4	5.91	5.93	6.10	0.24	0.90	4.7	2.00	2.05	2.15	0.32
I	1.11	4.22	1.70	1.73	1.78	0.24	0.99	3.64	1.99	1.91	2.00	0.32

续表

元素	耕作层土壤（0～20cm 深度）						母质层土壤（150～200cm 深度）					
	min	max	中值	几何均值	算术均值	变异系数	min	max	中值	几何均值	算术均值	变异系数
Ga	15.6	19.8	17.5	17.5	17.6	0.04	15.9	22	18.9	18.7	18.7	0.07
Tl	0.48	1.58	0.66	0.66	0.66	0.11	0.58	0.8	0.71	0.70	0.70	0.06
Sr	104	204	117	118	118	0.08	106	127	114	114	115	0.04
Ba	473	1501	523	546	554	0.22	466	551	510	510	510	0.03
La	34	59.4	44	43	43	0.11	42	48.1	45	45	45	0.04
Ce	56	105	83	82	82	0.11	79	91.9	86	86	86	0.04
Y	27	33.3	30	30	30	0.04	29	32.3	30	30	30	0.03
Sc	11.1	15.8	13.4	13.3	13.4	0.06	12.4	16.9	14.7	14.8	14.8	0.07
Zr	218	304	244	246	247	0.05	210	374	237	242	243	0.10
U	1.97	3.11	2.53	2.51	2.52	0.10	2.28	2.91	2.55	2.55	2.55	0.06
Th	11.0	17.1	13.8	13.7	13.8	0.08	13.7	16.1	15.2	15.1	15.1	0.04
Al	6.39	8.01	7.36	7.35	7.35	0.04	7.40	8.54	7.98	7.99	7.99	0.03
Si	29.22	32.63	30.52	30.54	30.55	0.02	28.88	32.48	30.58	30.65	30.66	0.03
Na	0.63	1.04	0.83	0.83	0.83	0.08	0.80	1.05	0.93	0.93	0.93	0.05
Ca	0.55	2.31	0.79	0.81	0.83	0.27	0.53	1.61	0.72	0.76	0.78	0.25
Mg	0.66	1.24	0.90	0.89	0.90	0.10	0.69	1.27	1.10	1.05	1.07	0.14
C	0.60	3.18	1.88	1.82	1.87	0.22	0.37	1.26	0.64	0.65	0.67	0.28
TOC	0.50	2.76	1.76	1.68	1.74	0.23	0.24	1.35	0.46	0.48	0.52	0.46
pH	5.01	7.96	6.49	6.50	6.54	0.10	6.12	8.22	7.85	7.75	7.76	0.05

注：参与统计的耕作层土壤样品 234 个、母质层土壤样品 63 个；Si、Al、Ca、Mg、K、Na、Fe、C、TOC 含量单位为%（10^{-2}），Au 含量单位为μg/kg（10^{-9}），其余元素含量单位为 mg/kg，pH 无量纲，min 为最小值，max 为最大值。

表 2-21 苏州市吴江区耕作层与母质层土壤重金属元素等含量分布参数统计

元素	耕作层土壤（0～20cm 深度）						母质层土壤（150～200cm 深度）					
	min	max	中值	几何均值	算术均值	变异系数	min	max	中值	几何均值	算术均值	变异系数
As	3.4	16.4	8.3	8.2	8.5	0.24	3.0	11.7	6.0	6.0	6.3	0.33
Cd	0.071	1.7	0.130	0.139	0.146	0.66	0.042	0.11	0.070	0.069	0.071	0.22
Hg	0.033	0.78	0.210	0.203	0.224	0.45	0.032	0.3	0.054	0.059	0.066	0.64
Pb	18.5	245	31.5	31.6	32.7	0.47	14.9	28.4	22.6	22.1	22.3	0.15
Cu	14	87.4	28	27	28	0.23	11	32.2	23	22	22	0.24
Zn	42	209	81	79	81	0.21	35	94.7	64	63	64	0.20
Cr	49	102	82	79	80	0.11	48	97.9	76	74	75	0.16
Ni	9.8	50.9	35.6	33.1	34.1	0.22	15.6	42.6	30.3	29.3	30.1	0.22

续表

元素	耕作层土壤（0～20cm 深度）						母质层土壤（150～200cm 深度）					
	min	max	中值	几何均值	算术均值	变异系数	min	max	中值	几何均值	算术均值	变异系数
Co	6.4	19.5	13.9	13.3	13.5	0.18	7.4	18.2	12.7	12.7	12.9	0.20
V	41	118	99	94.3	95	0.15	34	112	82	78.4	81	0.23
Ti	3824	5689	5065	5053	5060	0.05	4528	6026	5208	5161	5175	0.07
Mn	283	1069	504	512	526	0.24	282	1274	603	568	598	0.32
Fe	1.47	4.494	3.58	3.42	3.47	0.16	2.01	4.43	3.30	3.26	3.31	0.17
Se	0.14	0.56	0.30	0.30	0.30	0.18	0.09	0.31	0.15	0.15	0.16	0.29
B	52	84	69	69	70	0.10	50	69	61	61	61	0.09
N	584	2618	1825	1731	1772	0.20	493	1256	862	851	866	0.19
P	334	2165	671	681	699	0.26	323	687	442	455	462	0.17
K	1.22	2.2659	1.70	1.67	1.68	0.11	1.12	2.39	1.67	1.67	1.70	0.17
S	195	3556	541	516	565	0.55	88	4436	440	412	567	1.06
Li	17	63.5	43	41	42	0.21	20	57.6	40	39	40	0.23
Be	1.32	3.46	2.40	2.35	2.37	0.15	1.57	2.76	2.25	2.19	2.21	0.13
Nb	15.0	20.8	17.9	17.9	17.9	0.05	16.5	20.6	18.5	18.5	18.5	0.05
Rb	65	143	109	105	106	0.14	65	138	104	101	103	0.17
W	1.41	3	2.03	2.04	2.06	0.14	1.39	2.6	1.89	1.88	1.90	0.14
Sn	2.70	330	8.50	8.93	10.98	1.74	2.70	6.2	3.60	3.61	3.66	0.17
Mo	0.32	1.08	0.59	0.58	0.60	0.21	0.26	0.72	0.38	0.39	0.41	0.24
Au	1.0	34.3	3.0	3.1	3.5	0.73	0.7	3.34	1.3	1.3	1.4	0.40
Ag	0.07	0.28	0.10	0.10	0.11	0.20	0.07	0.14	0.08	0.08	0.08	0.13
Sb	0.50	17.6	0.82	0.85	0.93	1.09	0.29	0.87	0.47	0.48	0.49	0.28
Bi	0.20	0.97	0.38	0.38	0.38	0.20	0.13	0.44	0.30	0.28	0.29	0.25
F	287	797	556	530	537	0.16	260	668	486	460	471	0.21
Cl	50	321	126	122	128	0.31	49	247	76	78	81	0.31
Br	1.61	8.04	4.49	4.45	4.55	0.21	1.00	5.7	2.30	2.29	2.42	0.35
I	0.80	4.15	1.60	1.61	1.69	0.32	0.56	2.83	1.40	1.40	1.48	0.35
Ga	9.2	20.9	16.8	16.4	16.5	0.12	9.6	19.4	15.6	15.1	15.3	0.16
Tl	0.37	0.8	0.63	0.61	0.62	0.13	0.37	0.8	0.60	0.58	0.59	0.17
Sr	102	137	111	111	112	0.04	100	134	119	118	118	0.06
Ba	356	551	476	473	474	0.08	393	576	467	470	473	0.10
La	36	54.9	45	45	45	0.08	38	54.6	44	44	44	0.07
Ce	67	101	81	82	83	0.08	71	106	83	84	84	0.08
Y	27	37.3	31	31	31	0.05	25	32.7	28	28	28	0.06
Sc	6.0	16.8	12.6	12.2	12.4	0.16	7.0	15.5	11.9	11.6	11.8	0.18

续表

元素	耕作层土壤（0～20cm 深度）						母质层土壤（150～200cm 深度）					
	min	max	中值	几何均值	算术均值	变异系数	min	max	中值	几何均值	算术均值	变异系数
Zr	200	624	260	273	277	0.20	207	667	270	286	293	0.26
U	2.03	3.43	2.78	2.74	2.75	0.10	2.09	3.18	2.47	2.52	2.54	0.11
Th	10.6	16.8	13.9	13.7	13.7	0.08	11.7	16.5	14.1	14.0	14.0	0.07
Al	4.00	8.01	7.02	6.88	6.91	0.09	4.85	8.32	6.96	6.81	6.87	0.13
Si	28.89	35.48	31.18	31.41	31.44	0.04	29.27	35.69	32.60	32.67	32.70	0.05
Na	0.68	1.24	0.85	0.86	0.87	0.12	0.86	1.36	1.06	1.07	1.08	0.12
Ca	0.48	1.06	0.64	0.63	0.63	0.13	0.49	1.88	0.66	0.74	0.78	0.36
Mg	0.35	1.03	0.70	0.66	0.68	0.19	0.40	1.41	0.76	0.77	0.80	0.28
C	0.48	2.79	1.78	1.68	1.73	0.23	0.45	2.35	0.92	0.94	1.00	0.37
TOC	0.38	2.78	1.66	1.58	1.63	0.23	0.24	2.45	0.75	0.75	0.84	0.51
pH	4.61	7.03	5.74	5.78	5.80	0.08	4.75	8.26	7.00	6.95	6.99	0.10

注：参与统计的耕作层土壤样品 307 个、母质层土壤样品 83 个；Si、Al、Ca、Mg、K、Na、Fe、C、TOC 含量单位为%（10^{-2}），Au 含量单位为 μg/kg（10^{-9}），其余元素含量单位为 mg/kg，pH 无量纲，min 为最小值，max 为最大值。

表 2-22　苏州市吴中区耕作层与母质层土壤重金属元素等含量分布参数统计

元素	耕作层土壤（0～20cm 深度）						母质层土壤（150～200cm 深度）					
	min	max	中值	几何均值	算术均值	变异系数	min	max	中值	几何均值	算术均值	变异系数
As	4.4	32.5	9.4	9.5	9.7	0.26	2.8	77	9.9	10.8	12.9	0.89
Cd	0.048	1.37	0.140	0.150	0.172	0.85	0.039	0.39	0.070	0.072	0.079	0.62
Hg	0.030	2.14	0.220	0.214	0.270	0.84	0.017	0.15	0.045	0.045	0.053	0.64
Pb	20.9	208	33.6	34.5	36.0	0.42	15.5	216	24.9	26.7	29.7	0.88
Cu	15	43.6	29	27	28	0.18	9	62.2	28	27	27	0.25
Zn	45	328	75	76	79	0.34	30	130	66	65	67	0.24
Cr	46	166	79	76	77	0.14	48	94.7	83	79	80	0.14
Ni	10.1	45.2	33.2	30.0	31.1	0.25	12.6	43	35.1	32.2	33.0	0.20
Co	7.0	19.1	13.8	13.4	13.6	0.17	3.2	27.2	14.8	14.1	14.6	0.24
V	49	119	96	90.6	92	0.17	43	127	101	95.1	97	0.17
Ti	3943	5811	5218	5160	5168	0.06	4192	6126	5428	5366	5378	0.07
Mn	324	1465	569	577	593	0.26	138	1443	634	601	635	0.32
Fe	1.77	4.536	3.42	3.29	3.35	0.17	1.85	5.58	3.87	3.77	3.83	0.16
Se	0.08	1.43	0.32	0.31	0.32	0.34	0.06	0.35	0.17	0.16	0.17	0.40
B	51	83	70	70	70	0.10	48	69	59	59	59	0.09
N	494	2838	1511	1461	1516	0.26	377	1085	603	624	645	0.27

续表

元素	耕作层土壤（0～20cm 深度）						母质层土壤（150～200cm 深度）					
	min	max	中值	几何均值	算术均值	变异系数	min	max	中值	几何均值	算术均值	变异系数
P	366	2521	737	763	803	0.35	274	931	436	445	461	0.27
K	0.95	2.4236	1.46	1.47	1.48	0.14	1.06	2.96	1.59	1.60	1.63	0.18
S	109	3421	401	419	477	0.71	75	461	117	131	146	0.54
Li	18	54.6	40	38	38	0.20	16	53.9	44	40	41	0.20
Be	1.28	5.26	2.42	2.31	2.36	0.23	1.60	3.16	2.41	2.35	2.37	0.12
Nb	14.0	40.4	18.1	18.1	18.3	0.14	15.9	29.4	19.4	19.4	19.4	0.09
Rb	58	205	102	98	100	0.18	61	161	115	110	112	0.16
W	1.37	3.72	2.31	2.28	2.32	0.18	1.35	4.82	2.32	2.35	2.40	0.23
Sn	2.80	88	8.30	8.98	10.94	0.83	2.60	8.8	3.60	3.69	3.78	0.26
Mo	0.34	1.69	0.60	0.62	0.65	0.33	0.29	5.57	0.51	0.55	0.68	1.08
Au	1.4	18.6	4.1	4.3	4.9	0.56	1.2	38.7	1.8	2.1	2.9	1.80
Ag	0.07	0.33	0.11	0.12	0.13	0.34	0.07	0.33	0.08	0.09	0.09	0.42
Sb	0.57	2.7	0.99	1.00	1.02	0.22	0.34	2.57	0.87	0.88	0.93	0.38
Bi	0.19	3.52	0.40	0.41	0.44	0.65	0.11	1.03	0.34	0.34	0.36	0.38
F	254	839	482	467	478	0.21	258	788	519	503	512	0.18
Cl	41	322	94	98	106	0.43	35	154	52	56	59	0.36
Br	1.52	7.29	4.09	4.00	4.12	0.24	0.80	3.9	1.80	1.76	1.87	0.36
I	0.88	7.22	1.99	2.24	2.54	0.55	0.65	7.09	2.71	2.49	2.83	0.50
Ga	9.3	19.3	16.4	15.6	15.8	0.15	9.3	21.6	18.2	17.3	17.5	0.14
Tl	0.37	1.18	0.64	0.62	0.63	0.17	0.36	1.29	0.68	0.67	0.69	0.20
Sr	52	152	99	95	97	0.16	45	141	102	95	98	0.20
Ba	281	2547	481	465	475	0.32	383	657	534	520	524	0.11
La	33	56.3	48	47	47	0.10	38	53	46	45	45	0.07
Ce	64	116	91	90	90	0.09	74	102	88	87	87	0.07
Y	25	49.8	33	32	32	0.10	23	37.7	31	30	30	0.08
Sc	6.8	16.5	12.6	11.8	12.0	0.19	6.6	15.9	13.7	13.0	13.2	0.14
Zr	220	602	297	308	313	0.19	235	662	272	291	297	0.24
U	2.22	5.5	2.99	2.99	3.02	0.15	2.09	4.1	2.96	2.97	2.99	0.11
Th	10.6	24.9	14.6	14.6	14.7	0.13	11.5	18.6	15.0	15.1	15.1	0.08
Al	4.52	7.94	7.01	6.68	6.73	0.12	4.72	9.04	7.91	7.68	7.74	0.11
Si	29.43	37.51	32.33	32.56	32.62	0.06	29.74	36.02	31.72	32.01	32.04	0.04
Na	0.26	1.16	0.73	0.69	0.71	0.22	0.08	1.31	0.83	0.69	0.76	0.33

续表

元素	耕作层土壤（0～20cm 深度）						母质层土壤（150～200cm 深度）					
	min	max	中值	几何均值	算术均值	变异系数	min	max	中值	几何均值	算术均值	变异系数
Ca	0.14	1.76	0.56	0.53	0.56	0.35	0.09	2.07	0.56	0.51	0.58	0.57
Mg	0.26	0.94	0.50	0.50	0.52	0.28	0.34	0.97	0.66	0.64	0.66	0.24
C	0.44	2.79	1.49	1.43	1.48	0.26	0.28	1.05	0.50	0.52	0.54	0.30
TOC	0.33	2.77	1.41	1.33	1.39	0.27	0.16	1.18	0.31	0.35	0.39	0.56
pH	4.26	7.56	5.72	5.76	5.79	0.10	4.47	7.97	7.00	6.65	6.72	0.14

注：参与统计的耕作层土壤样品 220 个、母质层土壤样品 57 个；Si、Al、Ca、Mg、K、Na、Fe、C、TOC 含量单位为%（10^{-2}），Au 含量单位为 μg/kg（10^{-9}），其余元素含量单位为 mg/kg，pH 无量纲，min 为最小值，max 为最大值。

表 2-23　苏州市相城区耕作层与母质层土壤重金属元素等含量分布参数统计

元素	耕作层土壤（0～20cm 深度）						母质层土壤（150～200cm 深度）					
	min	max	中值	几何均值	算术均值	变异系数	min	max	中值	几何均值	算术均值	变异系数
As	7.0	16.9	9.9	9.8	9.9	0.13	4.8	17	9.1	9.1	9.4	0.28
Cd	0.120	1.08	0.180	0.193	0.205	0.49	0.056	0.44	0.080	0.088	0.097	0.70
Hg	0.078	2.1	0.330	0.358	0.491	0.87	0.022	0.42	0.051	0.057	0.077	1.06
Pb	26.7	171	37.8	41.4	44.4	0.45	21.3	102	24.4	25.8	27.2	0.50
Cu	27	72.5	36	38	39	0.24	26	39.1	31	30	30	0.10
Zn	64	204	95	100	103	0.28	57	98.4	72	73	73	0.11
Cr	71	180	89	89	90	0.16	73	98.5	85	85	85	0.06
Ni	25.7	50.8	39.1	38.1	38.4	0.12	31.7	42.2	37.7	37.3	37.4	0.07
Co	11.7	21.6	14.6	14.5	14.6	0.09	11.1	21.3	15.5	15.3	15.4	0.10
V	83	124	103	102.7	103	0.06	94	125	108	106.6	107	0.07
Ti	4540	5497	5127	5122	5124	0.02	5039	5904	5318	5369	5372	0.04
Mn	293	837	527	531	537	0.15	305	1263	740	691	717	0.27
Fe	2.72	4.333	3.74	3.68	3.69	0.07	3.27	4.59	3.98	3.98	3.99	0.08
Se	0.20	2.33	0.38	0.39	0.41	0.55	0.06	1.55	0.13	0.15	0.21	1.25
B	54	88	70	69	70	0.11	45	69	57	57	58	0.10
N	783	2509	1905	1868	1891	0.15	448	1394	746	720	744	0.27
P	496	1475	698	737	755	0.24	301	1036	455	454	467	0.28
K	1.27	2.1165	1.61	1.63	1.64	0.12	1.41	2.19	1.63	1.70	1.70	0.11
S	187	2916	638	611	650	0.48	57	878	156	157	210	0.91
Li	31	56.2	45	43	44	0.13	39	61.3	46	46	46	0.11
Be	1.99	2.89	2.45	2.46	2.47	0.07	2.07	2.89	2.54	2.54	2.55	0.06
Nb	16.7	19.3	17.8	17.9	17.9	0.03	18.0	20.1	19.1	19.1	19.1	0.02

续表

元素	耕作层土壤（0～20cm 深度）						母质层土壤（150～200cm 深度）					
	min	max	中值	几何均值	算术均值	变异系数	min	max	中值	几何均值	算术均值	变异系数
Rb	74	130	111	109	109	0.08	99	136	117	116	116	0.07
W	1.80	4.13	2.25	2.30	2.32	0.14	1.84	2.82	2.21	2.21	2.22	0.09
Sn	5.00	45	10.35	11.98	14.65	0.69	2.90	9.6	3.90	3.99	4.12	0.31
Mo	0.42	4.84	0.64	0.67	0.72	0.63	0.31	1.58	0.39	0.42	0.45	0.55
Au	2.1	44.6	6.8	7.1	9.3	0.87	1.2	5.99	2.0	2.2	2.3	0.47
Ag	0.07	0.58	0.14	0.15	0.17	0.56	0.07	0.32	0.08	0.09	0.10	0.48
Sb	0.81	5.92	1.19	1.25	1.33	0.48	0.55	1.25	0.79	0.80	0.81	0.20
Bi	0.35	7.06	0.44	0.49	0.55	1.12	0.28	3.07	0.33	0.36	0.42	1.13
F	369	744	547	545	549	0.11	443	826	602	601	605	0.12
Cl	68	303	125	126	130	0.28	41	106	54	57	58	0.24
Br	1.99	9.11	4.73	4.76	4.86	0.21	1.10	4.9	1.80	1.90	2.09	0.48
I	1.02	5.71	1.55	1.65	1.75	0.41	0.95	4.9	1.97	1.92	2.07	0.41
Ga	14.4	20	17.7	17.5	17.5	0.06	15.6	20.7	18.1	18.1	18.2	0.06
Tl	0.49	1.22	0.67	0.66	0.67	0.10	0.60	0.87	0.68	0.68	0.69	0.08
Sr	100	226	107	109	109	0.12	99	198	110	112	113	0.14
Ba	433	658	508	508	508	0.05	477	586	535	532	533	0.05
La	34	57.8	46	46	47	0.07	43	51.5	46	46	46	0.04
Ce	70	99.7	85	86	86	0.07	81	100	88	88	88	0.05
Y	29	36.8	32	32	32	0.04	28	32.5	30	30	30	0.03
Sc	10.9	15.7	13.3	13.2	13.3	0.07	12.3	16.3	14.2	14.0	14.1	0.06
Zr	226	470	273	275	277	0.10	222	319	270	271	272	0.07
U	2.17	4.85	2.74	2.77	2.79	0.11	2.29	3.5	2.85	2.86	2.87	0.09
Th	11.8	16.5	14.5	14.4	14.4	0.05	13.9	16.8	15.2	15.3	15.3	0.04
Al	6.21	8.98	7.38	7.34	7.35	0.05	7.27	8.60	8.02	7.93	7.93	0.04
Si	29.35	33.16	30.55	30.69	30.70	0.02	28.80	32.19	30.66	30.74	30.75	0.02
Na	0.35	0.90	0.75	0.74	0.75	0.09	0.39	0.99	0.88	0.84	0.85	0.12
Ca	0.28	2.40	0.67	0.69	0.70	0.26	0.34	1.41	0.68	0.75	0.78	0.32
Mg	0.33	1.03	0.66	0.67	0.69	0.21	0.51	1.21	0.81	0.82	0.84	0.20
C	0.84	2.63	1.99	1.92	1.95	0.16	0.31	2	0.64	0.66	0.74	0.50
TOC	0.67	2.48	1.84	1.77	1.80	0.17	0.15	2.41	0.40	0.41	0.54	0.87
pH	4.73	7.54	5.98	6.03	6.04	0.08	5.23	7.95	7.47	7.36	7.38	0.06

注：参与统计的耕作层土壤样品 126 个、母质层土壤样品 33 个；Si、Al、Ca、Mg、K、Na、Fe、C、TOC 含量单位为%（10^{-2}），Au 含量单位为 μg/kg（10^{-9}），其余元素含量单位为 mg/kg，pH 无量纲，min 为最小值，max 为最大值。

表 2-24　无锡市江阴市耕作层与母质层土壤重金属元素等含量分布参数统计

元素	耕作层土壤（0～20cm 深度）						母质层土壤（150～200cm 深度）					
	min	max	中值	几何均值	算术均值	变异系数	min	max	中值	几何均值	算术均值	变异系数
As	5.5	13.7	8.2	8.2	8.3	0.15	5.6	12.2	9.0	8.8	9.0	0.20
Cd	0.085	0.38	0.150	0.159	0.165	0.30	0.048	0.22	0.084	0.082	0.085	0.30
Hg	0.069	0.38	0.140	0.145	0.154	0.36	0.017	0.14	0.038	0.039	0.042	0.47
Pb	23.3	68.2	28.8	29.3	29.6	0.17	17.2	27.4	22.5	22.4	22.5	0.09
Cu	23	66.9	30	31	31	0.19	16	34.3	29	28	28	0.12
Zn	42	624	81	84	88	0.47	58	109	72	72	72	0.11
Cr	67	170	81	83	83	0.12	72	98	85	85	85	0.06
Ni	25.7	50.7	33.7	33.9	34.2	0.12	26.6	42	36.1	35.5	35.6	0.08
Co	5.3	19.6	13.1	13.2	13.3	0.12	11.6	17.9	14.7	14.6	14.7	0.08
V	74	132	95	95.3	96	0.09	72	120	102	99.3	100	0.09
Ti	4636	6654	5195	5221	5227	0.05	4489	5816	5215	5203	5207	0.04
Mn	307	970	541	537	548	0.21	478	1078	712	710	721	0.18
Fe	2.81	5.096	3.37	3.40	3.42	0.10	2.98	4.50	3.91	3.85	3.87	0.07
Se	0.15	0.85	0.29	0.29	0.30	0.22	0.07	0.22	0.11	0.12	0.12	0.34
B	44	96	69	69	70	0.12	46	69	59	59	59	0.09
N	527	2414	1670	1619	1651	0.19	398	997	564	575	588	0.22
P	460	1904	742	772	792	0.24	365	867	585	571	581	0.19
K	1.46	2.7473	1.68	1.71	1.72	0.09	1.64	1.96	1.81	1.80	1.80	0.05
S	197	1035	474	466	488	0.30	68	360	93	105	117	0.57
Li	22	55.2	37	37	38	0.13	30	52	41	41	41	0.09
Be	1.59	3.36	2.22	2.24	2.25	0.11	2.06	2.9	2.50	2.48	2.48	0.07
Nb	15.4	20.9	17.8	17.8	17.8	0.04	14.9	20.4	19.0	18.8	18.8	0.04
Rb	84	131	100	101	101	0.07	84	128	110	109	109	0.07
W	0.85	4.26	2.19	2.18	2.21	0.15	1.63	2.64	2.25	2.19	2.19	0.09
Sn	3.10	12	5.70	5.73	5.92	0.26	2.50	4.5	3.50	3.48	3.51	0.12
Mo	0.36	2.33	0.65	0.68	0.72	0.41	0.27	0.8	0.41	0.41	0.42	0.23
Au	1.0	9.29	2.5	2.6	2.8	0.41	0.9	5.04	1.9	2.0	2.0	0.34
Ag	0.06	0.19	0.09	0.09	0.10	0.17	0.06	0.13	0.08	0.08	0.08	0.13
Sb	0.63	2.2	1.04	1.02	1.04	0.18	0.47	1.01	0.81	0.78	0.79	0.15
Bi	0.26	0.69	0.37	0.38	0.38	0.16	0.19	0.39	0.32	0.31	0.31	0.12
F	378	839	528	532	536	0.12	369	634	550	542	544	0.09
Cl	43	264	99	99	102	0.25	41	93	56	57	58	0.19
Br	1.34	14.1	4.12	4.14	4.27	0.28	1.30	3.4	2.05	1.99	2.04	0.23
I	0.86	5.87	1.41	1.49	1.57	0.36	0.78	5.54	2.45	2.34	2.53	0.38

续表

元素	耕作层土壤（0～20cm 深度）						母质层土壤（150～200cm 深度）					
	min	max	中值	几何均值	算术均值	变异系数	min	max	中值	几何均值	算术均值	变异系数
Ga	13.5	28.5	16.1	16.2	16.2	0.09	13.4	20.5	17.2	17.1	17.2	0.07
Tl	0.42	0.79	0.60	0.60	0.60	0.09	0.51	0.76	0.65	0.64	0.64	0.07
Sr	96	738	110	113	115	0.36	100	166	112	114	115	0.10
Ba	432	981	499	501	503	0.08	466	618	541	536	536	0.05
La	15	68.8	45	45	46	0.10	37	48.9	46	45	45	0.05
Ce	27	99.5	83	82	83	0.09	69	89.8	84	83	83	0.05
Y	27	51.4	31	31	31	0.06	23	32.5	31	30	30	0.06
Sc	6.8	17.9	12.3	12.1	12.2	0.10	10.1	15.9	13.7	13.4	13.4	0.07
Zr	220	376	310	308	309	0.09	251	329	289	287	287	0.05
U	1.86	5.55	2.54	2.54	2.55	0.11	2.12	3.18	2.58	2.57	2.57	0.07
Th	5.9	21.9	14.0	13.9	13.9	0.09	11.2	16.3	14.9	14.7	14.7	0.07
Al	6.15	10.54	6.99	7.00	7.01	0.06	6.21	9.08	7.89	7.78	7.79	0.06
Si	27.22	34.12	31.72	31.56	31.57	0.03	29.68	32.54	31.27	31.24	31.24	0.02
Na	0.09	1.07	0.74	0.75	0.76	0.14	0.76	1.12	0.89	0.90	0.90	0.08
Ca	0.25	2.85	0.61	0.67	0.73	0.53	0.51	3.25	0.69	0.79	0.88	0.62
Mg	0.29	1.46	0.68	0.72	0.73	0.24	0.68	1.27	0.92	0.92	0.93	0.12
C	0.29	3.29	1.68	1.62	1.66	0.21	0.36	1.16	0.54	0.57	0.60	0.36
TOC	0.28	2.24	1.57	1.49	1.53	0.21	0.15	1.37	0.31	0.35	0.40	0.64
pH	5.07	8.12	6.23	6.32	6.35	0.10	6.84	8.49	7.50	7.57	7.57	0.05

注：参与统计的耕作层土壤样品 243 个、母质层土壤样品 60 个；Si、Al、Ca、Mg、K、Na、Fe、C、TOC 含量单位为%（10^{-2}），Au 含量单位为 μg/kg（10^{-9}），其余元素含量单位为 mg/kg，pH 无量纲，min 为最小值，max 为最大值。

表 2-25　无锡市宜兴市母质层与耕作层土壤重金属元素等含量分布参数统计

元素	耕作层土壤（0～20cm 深度）						母质层土壤（150～200cm 深度）					
	min	max	中值	几何均值	算术均值	变异系数	min	max	中值	几何均值	算术均值	变异系数
As	4.3	34.9	8.4	8.7	9.0	0.32	2.8	37.7	9.7	9.4	10.2	0.44
Cd	0.065	0.82	0.170	0.176	0.189	0.43	0.026	0.34	0.065	0.066	0.073	0.53
Hg	0.033	1.19	0.120	0.116	0.131	0.64	0.017	0.13	0.036	0.038	0.042	0.49
Pb	16.3	437	31.6	32.4	33.9	0.62	16.1	49.7	24.3	23.9	24.3	0.19
Cu	12	89.4	25	24	25	0.28	13	34.8	26	24	25	0.20
Zn	34	234	67	68	70	0.28	25	116	61	58	59	0.22
Cr	37	123	75	74	75	0.14	49	102	78	75	76	0.16
Ni	11.5	46.6	26.2	25.7	26.4	0.23	14.0	43	32.5	30.2	30.9	0.21

续表

元素	耕作层土壤（0～20cm 深度）						母质层土壤（150～200cm 深度）					
	min	max	中值	几何均值	算术均值	变异系数	min	max	中值	几何均值	算术均值	变异系数
Co	8.2	19.6	12.4	12.3	12.5	0.15	5.1	37.6	14.9	14.4	14.8	0.26
V	46	222	87	85.8	87	0.17	47	142	95	89.5	92	0.21
Ti	2768	6068	5349	5311	5323	0.06	3439	6215	5424	5351	5367	0.07
Mn	299	1660	552	568	589	0.30	79	1978	701	675	719	0.36
Fe	1.79	4.893	3.00	3.01	3.04	0.15	2.17	6.29	3.71	3.61	3.67	0.18
Se	0.14	6.18	0.35	0.38	0.43	0.80	0.06	1.24	0.14	0.15	0.17	0.73
B	30	92	68	67	68	0.14	41	69	59	59	59	0.10
N	472	2877	1540	1481	1529	0.24	389	967	598	584	594	0.19
P	248	2008	646	648	672	0.29	208	1063	358	363	380	0.34
K	1.01	2.241	1.39	1.39	1.40	0.12	0.67	2.20	1.45	1.40	1.42	0.15
S	130	1637	396	391	414	0.37	57	295	106	112	119	0.38
Li	19	52.3	34	34	34	0.16	20	123	41	39	40	0.28
Be	1.18	2.9	1.97	1.95	1.97	0.15	1.32	3.59	2.32	2.27	2.31	0.17
Nb	8.9	20	17.6	17.4	17.4	0.07	11.6	22.5	19.1	18.9	18.9	0.08
Rb	47	129	89	88	89	0.14	52	135	105	98	100	0.17
W	1.03	3.95	2.17	2.20	2.22	0.14	1.42	2.81	2.29	2.20	2.21	0.13
Sn	3.00	156	7.40	7.64	8.66	0.94	2.60	24	3.70	3.82	4.03	0.54
Mo	0.30	7.16	0.57	0.60	0.64	0.59	0.25	1.79	0.44	0.48	0.53	0.50
Au	1.0	92	2.5	2.6	3.2	2.01	0.6	3.48	1.7	1.7	1.8	0.32
Ag	0.06	4.2	0.10	0.10	0.11	1.78	0.06	0.12	0.08	0.08	0.08	0.15
Sb	0.49	11	1.02	1.07	1.15	0.63	0.35	4.48	0.92	0.87	0.95	0.52
Bi	0.16	4.99	0.41	0.44	0.47	0.61	0.15	0.64	0.32	0.30	0.31	0.23
F	183	989	412	409	416	0.21	253	896	484	465	478	0.24
Cl	41	241	76	77	81	0.33	28	81.7	49	48	49	0.20
Br	2.07	24.4	4.32	4.73	5.19	0.52	0.80	5.8	1.70	1.80	1.94	0.44
I	0.77	18.4	1.75	2.23	2.92	0.87	0.44	9.33	2.59	2.35	2.74	0.54
Ga	7.0	20.2	14.3	14.2	14.4	0.14	9.0	21.8	16.9	16.0	16.2	0.16
Tl	0.30	1.07	0.56	0.56	0.57	0.14	0.37	0.94	0.64	0.61	0.62	0.17
Sr	17	266	102	87	91	0.30	25	127	102	86	90	0.27
Ba	266	580	446	439	443	0.13	206	967	508	498	504	0.16
La	22	68.9	43	43	43	0.12	28	63	44	44	44	0.09
Ce	44	107	82	81	81	0.11	44	106	87	85	86	0.09
Y	16	45.3	30	29	30	0.10	18	36.7	29	29	29	0.09
Sc	4.7	16.1	10.7	10.5	10.7	0.16	6.7	15.5	13.0	12.1	12.4	0.18

续表

元素	耕作层土壤（0～20cm 深度）						母质层土壤（150～200cm 深度）					
	min	max	中值	几何均值	算术均值	变异系数	min	max	中值	几何均值	算术均值	变异系数
Zr	236	452	320	319	321	0.11	225	604	294	304	308	0.17
U	1.99	4.68	2.83	2.84	2.86	0.12	2.31	4.78	3.00	2.96	2.98	0.11
Al	4.16	8.64	6.39	6.36	6.41	0.12	4.81	9.63	7.60	7.26	7.34	0.14
Si	28.41	38.56	33.75	33.72	33.75	0.05	29.81	36.55	32.76	32.94	32.97	0.05
Na	0.09	1.128	0.55	0.47	0.55	0.47	0.08	1.25	0.83	0.63	0.72	0.43
Ca	0.10	5.68	0.58	0.50	0.61	0.83	0.07	1.66	0.59	0.47	0.55	0.50
Mg	0.23	0.70	0.43	0.43	0.44	0.22	0.19	1.01	0.55	0.55	0.57	0.25
C	0.39	7.23	1.65	1.59	1.67	0.33	0.25	0.99	0.51	0.52	0.54	0.28
TOC	0.31	5.31	1.51	1.44	1.51	0.31	0.10	1.24	0.33	0.33	0.37	0.48
pH	4.47	8.1	6.48	6.31	6.36	0.13	4.83	7.99	7.22	6.81	6.87	0.12

注：参与统计的耕作层土壤样品 437 个、母质层土壤样品 109 个；Si、Al、Ca、Mg、K、Na、Fe、C、TOC 含量单位为%（10^{-2}），Au 含量单位为μg/kg（10^{-9}），其余元素含量单位为 mg/kg，pH 无量纲，min 为最小值，max 为最大值。

表 2-26　无锡市锡山区耕作层与母质层土壤重金属元素等含量分布参数统计

元素	耕作层土壤（0～20cm 深度）						母质层土壤（150～200cm 深度）					
	min	max	中值	几何均值	算术均值	变异系数	min	max	中值	几何均值	算术均值	变异系数
As	7.7	14.4	9.2	9.3	9.4	0.10	8.9	17.9	11.4	11.1	11.2	0.15
Cd	0.110	0.73	0.170	0.169	0.175	0.36	0.059	0.12	0.083	0.085	0.086	0.14
Hg	0.100	1.2	0.300	0.315	0.380	0.66	0.025	0.15	0.037	0.041	0.045	0.57
Pb	25.3	69.5	32.2	34.3	35.1	0.23	21.1	30.5	24.4	24.3	24.4	0.08
Cu	26	67.9	31	33	33	0.21	28	33.5	30	30	30	0.05
Zn	61	215	82	84	87	0.28	62	75.9	72	71	71	0.04
Cr	69	215	82	84	85	0.18	83	91.9	87	87	87	0.03
Ni	27.8	83	33.4	34.6	35.3	0.23	35.1	41.2	38.8	38.6	38.7	0.04
Co	10.7	17.4	12.8	13.0	13.1	0.09	13.8	20.5	16.2	16.1	16.2	0.08
V	85	107	95	95.4	96	0.05	98	115	109	107.7	108	0.04
Ti	4891	5646	5270	5259	5261	0.03	5008	5583	5247	5244	5245	0.02
Mn	388	767	517	517	522	0.15	606	1627	811	827	843	0.23
Fe	3.03	3.913	3.36	3.37	3.37	0.05	3.63	4.86	4.21	4.17	4.17	0.05
Se	0.24	0.56	0.32	0.33	0.33	0.17	0.08	0.17	0.11	0.11	0.11	0.20
B	53	90	71	71	71	0.10	46	67	57	57	57	0.09
N	1029	2424	1690	1684	1700	0.14	395	857	559	560	568	0.17
P	491	1996	679	718	736	0.26	348	814	511	517	527	0.20
K	1.38	1.8177	1.54	1.55	1.55	0.05	1.53	1.86	1.69	1.70	1.70	0.05

续表

元素	耕作层土壤（0～20cm 深度）						母质层土壤（150～200cm 深度）					
	min	max	中值	几何均值	算术均值	变异系数	min	max	中值	几何均值	算术均值	变异系数
S	239	1640	510	520	540	0.31	44	154	89	88	91	0.27
Li	28	50.2	37	37	37	0.12	38	45.4	42	42	42	0.04
Be	1.80	2.82	2.29	2.26	2.27	0.09	2.42	2.85	2.69	2.66	2.66	0.04
Nb	16.7	19.3	17.8	17.8	17.8	0.03	18.3	19.6	19.0	18.9	18.9	0.02
Rb	88	114	99	100	100	0.06	108	118	115	114	114	0.03
W	1.83	3.06	2.28	2.30	2.31	0.09	2.05	2.48	2.30	2.30	2.30	0.04
Sn	4.90	53	10.60	11.14	12.63	0.59	2.90	5.2	3.50	3.60	3.63	0.14
Mo	0.43	1.71	0.57	0.59	0.60	0.28	0.28	0.59	0.35	0.35	0.35	0.16
Au	1.5	31.5	4.2	4.7	6.1	0.90	1.3	7.48	1.8	2.2	2.5	0.55
Ag	0.07	0.7	0.12	0.13	0.15	0.56	0.07	0.18	0.08	0.09	0.09	0.23
Sb	0.90	1.59	1.08	1.11	1.12	0.13	0.77	1.03	0.91	0.90	0.90	0.07
Bi	0.31	0.56	0.36	0.37	0.37	0.13	0.31	0.35	0.33	0.33	0.33	0.04
F	401	604	509	507	509	0.08	529	761	625	616	619	0.09
Cl	66	288	105	111	114	0.28	41	77.7	57	55	55	0.15
Br	2.85	7.71	4.67	4.69	4.81	0.23	1.30	2.7	1.80	1.85	1.88	0.17
I	0.95	3.58	1.42	1.41	1.45	0.26	1.33	5.24	3.12	3.12	3.23	0.26
Ga	14.7	18.9	16.2	16.2	16.2	0.05	16.6	19.5	18.0	18.1	18.1	0.05
Tl	0.51	0.76	0.60	0.61	0.61	0.07	0.64	0.72	0.67	0.67	0.67	0.03
Sr	92	121	107	107	107	0.03	103	123	114	114	114	0.05
Ba	457	548	502	500	501	0.04	537	675	575	573	574	0.05
La	36	65.3	45	47	47	0.12	44	50.1	47	47	47	0.03
Ce	63	108	84	84	84	0.13	84	93.8	88	88	88	0.03
Y	29	33.3	31	31	31	0.03	29	32.6	31	31	31	0.02
Sc	10.1	15.6	12.4	12.4	12.4	0.07	13.6	15.1	14.2	14.3	14.3	0.03
Zr	260	327	304	301	301	0.05	270	297	281	282	282	0.02
U	2.20	3.38	2.70	2.72	2.73	0.09	2.49	3.02	2.77	2.74	2.75	0.05
Al	6.46	7.71	7.01	7.02	7.03	0.04	7.69	8.62	8.17	8.10	8.11	0.03
Si	30.64	33.60	32.08	32.11	32.12	0.02	30.10	32.11	30.60	30.69	30.69	0.01
Na	0.60	0.88	0.76	0.74	0.74	0.08	0.80	0.95	0.88	0.88	0.88	0.05
Ca	0.50	1.36	0.62	0.64	0.65	0.18	0.60	0.84	0.70	0.70	0.70	0.08
Mg	0.49	0.83	0.59	0.59	0.60	0.11	0.74	0.96	0.83	0.84	0.84	0.06
C	1.11	2.34	1.75	1.73	1.75	0.14	0.41	0.77	0.51	0.51	0.52	0.16
TOC	1.01	2.16	1.64	1.62	1.64	0.13	0.18	0.54	0.28	0.29	0.29	0.27
pH	5.21	7.39	6.20	6.23	6.25	0.08	7.15	7.94	7.46	7.46	7.46	0.02

注：参与统计的耕作层土壤样品 113 个、母质层土壤样品 22 个；Si、Al、Ca、Mg、K、Na、Fe、C、TOC 含量单位为%（10^{-2}），Au 含量单位为 μg/kg（10^{-9}），其余元素含量单位为 mg/kg，mg/kg = μg/g=10^{-6}，余同，pH 无量纲，min 为最小值，max 为最大值。

表 2-27　无锡市惠山区耕作层与母质层土壤重金属元素等含量分布参数统计

元素	耕作层土壤（0～20cm 深度）						母质层土壤（150～200cm 深度）					
	min	max	中值	几何均值	算术均值	变异系数	min	max	中值	几何均值	算术均值	变异系数
As	7.2	26.9	9.0	9.4	9.6	0.25	4.1	12.4	10.2	9.0	9.4	0.27
Cd	0.082	1.46	0.170	0.171	0.185	0.78	0.044	0.1	0.083	0.082	0.083	0.18
Hg	0.091	0.78	0.240	0.245	0.262	0.41	0.023	0.091	0.040	0.040	0.042	0.37
Pb	26.2	83.5	32.9	33.7	34.1	0.19	21.2	26.2	23.9	23.7	23.7	0.06
Cu	26	60	33	33	34	0.15	23	32.4	29	29	29	0.09
Zn	53	199	88	89	91	0.22	56	74.3	68	68	68	0.05
Cr	73	101	81	81	81	0.06	76	91.1	87	85	85	0.06
Ni	20.8	43.4	34.8	34.7	34.9	0.09	29.2	41.5	38.1	36.4	36.6	0.09
Co	9.4	15.1	13.5	13.1	13.2	0.09	12.7	17.2	15.6	15.2	15.3	0.09
V	66	104	93	92.9	93	0.06	81	112	104	101.5	102	0.09
Ti	4848	5691	5215	5204	5207	0.03	4821	5447	5319	5250	5253	0.03
Mn	379	784	540	538	542	0.14	462	941	792	739	751	0.18
Fe	2.31	3.822	3.35	3.33	3.33	0.07	3.17	4.87	4.03	3.88	3.91	0.11
Se	0.25	0.72	0.36	0.36	0.37	0.20	0.07	0.24	0.12	0.12	0.13	0.38
B	48	88	70	70	70	0.11	48	69	55	57	57	0.12
N	1146	2473	1751	1744	1764	0.15	430	841	583	597	609	0.20
P	548	1765	766	789	809	0.24	334	551	452	446	450	0.13
K	1.18	1.743	1.57	1.56	1.57	0.06	1.49	1.80	1.69	1.68	1.68	0.04
S	265	1061	567	543	563	0.27	63	281	95	103	112	0.47
Li	28	52.2	40	39	39	0.11	36	46	42	42	42	0.07
Be	1.39	2.67	2.32	2.26	2.27	0.10	2.06	2.79	2.60	2.53	2.54	0.07
Nb	15.4	19.2	17.8	17.8	17.8	0.03	17.1	19.6	18.9	18.9	18.9	0.03
Rb	67	112	101	100	100	0.06	95	118	113	111	111	0.06
W	1.65	3.59	2.30	2.31	2.33	0.13	1.79	2.47	2.23	2.20	2.20	0.08
Sn	4.90	30	8.60	9.03	9.62	0.40	2.90	4.7	3.40	3.55	3.58	0.14
Mo	0.42	1.21	0.64	0.66	0.67	0.22	0.30	0.63	0.39	0.39	0.39	0.17
Au	1.6	19	3.7	3.9	4.5	0.62	1.0	3.33	1.8	1.8	1.9	0.26
Ag	0.07	0.25	0.12	0.12	0.13	0.26	0.06	0.1	0.08	0.08	0.08	0.10
Sb	0.90	5.85	1.13	1.20	1.26	0.47	0.46	1.04	0.90	0.81	0.83	0.21
Bi	0.33	0.94	0.41	0.43	0.44	0.23	0.25	0.35	0.33	0.32	0.32	0.08
F	326	664	509	509	511	0.09	446	647	554	547	550	0.11
Cl	63	243	103	108	112	0.31	46	68.6	54	55	56	0.11
Br	2.79	6.68	4.39	4.38	4.43	0.16	1.30	2.3	1.95	1.92	1.94	0.13
I	1.00	4.68	1.57	1.61	1.68	0.37	0.72	4.79	2.99	2.34	2.66	0.45

续表

元素	耕作层土壤（0～20cm深度）						母质层土壤（150～200cm深度）					
	min	max	中值	几何均值	算术均值	变异系数	min	max	中值	几何均值	算术均值	变异系数
Ga	11.5	17.8	16.2	16.1	16.1	0.06	14.2	18.9	18.1	17.4	17.5	0.07
Tl	0.42	0.67	0.61	0.60	0.60	0.08	0.55	0.69	0.67	0.65	0.65	0.07
Sr	71	162	106	107	108	0.08	95	129	111	111	111	0.07
Ba	378	534	495	491	491	0.04	474	610	557	546	547	0.07
La	35	51.9	43	44	44	0.08	40	49.9	45	45	45	0.05
Ce	59	103	83	81	82	0.11	75	92.8	85	84	84	0.06
Y	26	33	31	31	31	0.03	26	32.2	31	30	30	0.05
Sc	8.3	13.8	12.3	12.1	12.1	0.09	11.0	14.5	14.2	13.6	13.6	0.07
Zr	257	366	301	302	302	0.06	256	323	277	278	279	0.05
U	2.02	3.56	2.68	2.68	2.70	0.10	2.22	3.1	2.81	2.70	2.72	0.09
Th	11.1	16.3	14.1	13.9	14.0	0.08	12.3	15.8	15.1	14.8	14.8	0.06
Al	5.34	7.64	7.03	6.99	6.99	0.04	6.81	8.25	8.06	7.82	7.83	0.06
Si	30.49	36.29	31.95	32.02	32.03	0.03	30.47	32.86	31.15	31.29	31.29	0.02
Na	0.42	0.88	0.75	0.74	0.75	0.09	0.73	1.14	0.86	0.88	0.89	0.10
Ca	0.23	0.97	0.63	0.63	0.64	0.16	0.44	1.26	0.68	0.72	0.74	0.24
Mg	0.32	0.76	0.60	0.60	0.60	0.12	0.62	1.01	0.84	0.84	0.84	0.10
C	1.30	2.47	1.82	1.79	1.82	0.16	0.37	1.49	0.50	0.58	0.62	0.45
TOC	1.16	2.43	1.68	1.67	1.69	0.16	0.19	1.18	0.32	0.37	0.43	0.59
pH	5.06	7.34	6.25	6.20	6.22	0.08	6.92	8.04	7.67	7.64	7.64	0.03

注：参与统计的耕作层土壤样品84个、母质层土壤样品22个；Si、Al、Ca、Mg、K、Na、Fe、C、TOC含量单位为%（10^{-2}），Au含量单位为μg/kg（10^{-9}），其余元素含量单位为mg/kg，pH无量纲，min为最小值，max为最大值。

表2-28　无锡市滨湖区耕作层与母质层土壤重金属元素等含量分布参数统计

元素	耕作层土壤（0～20cm深度）						母质层土壤（150～200cm深度）					
	min	max	中值	几何均值	算术均值	变异系数	min	max	中值	几何均值	算术均值	变异系数
As	6.8	14.8	9.5	9.4	9.5	0.14	5.9	16.9	11.1	10.8	11.0	0.21
Cd	0.045	0.76	0.160	0.160	0.178	0.54	0.043	0.17	0.087	0.083	0.086	0.28
Hg	0.034	0.89	0.250	0.216	0.260	0.58	0.019	0.14	0.037	0.039	0.043	0.52
Pb	20.2	149	35.3	36.8	39.1	0.46	16.2	28.2	24.7	24.3	24.5	0.11
Cu	14	97.3	31	32	34	0.37	17	39.3	30	29	29	0.16
Zn	39	293	80	85	92	0.48	37	78.4	71	67	68	0.14
Cr	64	133	78	79	79	0.12	58	100	89	84	85	0.12
Ni	15.1	115	32.4	31.7	33.1	0.35	19.3	55.3	38.7	36.0	36.7	0.19

续表

元素	耕作层土壤（0～20cm 深度）						母质层土壤（150～200cm 深度）					
	min	max	中值	几何均值	算术均值	变异系数	min	max	中值	几何均值	算术均值	变异系数
Co	7.8	19.4	12.8	12.8	12.9	0.12	7.4	19.2	15.5	14.7	15.0	0.17
V	61	113	94	91.0	92	0.11	61	188	108	100.7	103	0.20
Ti	4465	7145	5277	5268	5273	0.04	4552	7593	5285	5272	5287	0.08
Mn	230	1077	534	535	550	0.24	305	977	752	699	725	0.25
Fe	2.18	4.669	3.30	3.25	3.27	0.11	2.70	7.39	4.10	3.96	4.02	0.19
Se	0.16	0.83	0.35	0.36	0.38	0.34	0.07	0.42	0.11	0.12	0.13	0.55
B	40	94	70	69	69	0.14	42	69	55	56	56	0.12
N	728	2424	1499	1461	1506	0.24	400	917	572	577	586	0.19
P	368	2625	727	814	900	0.52	293	662	508	475	487	0.21
K	1.05	1.743	1.46	1.45	1.46	0.09	1.05	1.80	1.62	1.52	1.54	0.13
S	172	1207	439	445	488	0.46	59	223	87	97	103	0.40
Li	25	50.8	36	36	36	0.14	25	53.5	45	42	43	0.14
Be	1.32	2.79	2.06	2.08	2.10	0.15	1.64	2.95	2.61	2.53	2.55	0.12
Nb	14.1	32.3	17.8	17.8	17.8	0.09	16.2	19.7	18.9	18.7	18.7	0.04
Rb	64	116	97	95	95	0.10	71	122	116	108	109	0.13
W	1.69	13	2.44	2.69	2.88	0.52	1.47	4.3	2.26	2.25	2.27	0.17
Sn	3.20	108	9.65	10.01	12.78	1.05	2.50	23	3.30	3.64	4.02	0.80
Mo	0.30	2.59	0.68	0.69	0.74	0.41	0.29	1.18	0.40	0.44	0.46	0.38
Au	1.3	42.1	4.4	4.4	5.9	1.00	1.1	7.76	2.0	2.1	2.3	0.55
Ag	0.07	1.6	0.14	0.15	0.17	0.91	0.07	0.15	0.09	0.09	0.09	0.20
Sb	0.62	12.8	1.12	1.27	1.52	1.00	0.54	1.39	0.89	0.87	0.89	0.21
Bi	0.26	8.66	0.40	0.46	0.54	1.37	0.22	1.16	0.34	0.34	0.35	0.40
F	330	685	487	478	482	0.14	413	744	617	590	596	0.15
Cl	46	339	94	94	104	0.51	38	610	54	58	70	1.30
Br	1.98	7.93	4.00	4.03	4.12	0.23	1.00	3.7	1.70	1.75	1.80	0.27
I	0.84	9.84	1.93	2.08	2.45	0.66	1.40	5.64	3.61	3.00	3.24	0.36
Ga	10.3	18.8	15.8	15.4	15.5	0.10	11.9	23.3	18.2	17.4	17.6	0.14
Tl	0.41	0.72	0.61	0.60	0.60	0.10	0.44	0.82	0.68	0.66	0.66	0.11
Sr	50	295	106	102	104	0.24	50	127	110	103	105	0.17
Ba	325	663	498	490	493	0.11	382	608	562	537	540	0.10
La	37	64.1	46	46	46	0.09	35	47.6	46	45	45	0.07
Ce	57	113	86	84	85	0.13	65	92	87	85	85	0.07
Y	23	34.9	32	31	31	0.07	21	33	31	30	30	0.09
Sc	7.2	14.5	11.8	11.6	11.7	0.12	8.2	19.2	14.5	13.6	13.8	0.15

续表

元素	耕作层土壤（0～20cm深度）						母质层土壤（150～200cm深度）					
	min	max	中值	几何均值	算术均值	变异系数	min	max	中值	几何均值	算术均值	变异系数
Zr	222	410	304	311	312	0.10	249	341	274	281	281	0.08
U	2.35	3.82	2.90	2.89	2.90	0.09	2.43	3.64	2.86	2.86	2.87	0.08
Th	11.6	18.1	14.5	14.5	14.6	0.08	12.5	16.5	15.3	15.1	15.1	0.06
Al	4.81	7.99	6.92	6.79	6.81	0.08	5.80	10.16	8.19	7.85	7.89	0.11
Si	29.42	36.51	32.51	32.69	32.71	0.04	27.17	35.22	31.00	31.40	31.44	0.05
Na	0.23	0.96	0.66	0.63	0.65	0.22	0.32	0.92	0.88	0.81	0.82	0.16
Ca	0.11	3.71	0.59	0.56	0.66	0.66	0.19	0.81	0.68	0.58	0.62	0.28
Mg	0.27	0.77	0.53	0.51	0.52	0.19	0.33	0.90	0.78	0.70	0.72	0.22
C	0.72	3.59	1.58	1.56	1.64	0.31	0.29	1.05	0.44	0.46	0.47	0.27
TOC	0.66	2.66	1.43	1.41	1.47	0.27	0.17	0.98	0.28	0.30	0.32	0.45
pH	4.44	7.83	5.87	5.89	5.94	0.13	4.78	7.73	7.36	7.10	7.14	0.10

注：参与统计的耕作层土壤样品134个、母质层土壤样品38个；Si、Al、Ca、Mg、K、Na、Fe、C、TOC含量单位为%（10^{-2}），Au含量单位为μg/kg（10^{-9}），其余元素含量单位为mg/kg，pH无量纲，min为最小值，max为最大值。

表2-29 常州市金坛市耕作层与母质层土壤重金属元素等含量分布参数统计

元素	耕作层土壤（0～20cm深度）						母质层土壤（150～200cm深度）					
	min	max	中值	几何均值	算术均值	变异系数	min	max	中值	几何均值	算术均值	变异系数
As	4.9	58.2	7.9	8.0	8.4	0.47	4.0	14.8	9.7	9.2	9.4	0.21
Cd	0.081	2.5	0.160	0.169	0.196	1.14	0.042	0.12	0.072	0.073	0.075	0.23
Hg	0.030	0.33	0.097	0.098	0.106	0.44	0.015	0.23	0.031	0.031	0.035	0.79
Pb	19.2	422	27.9	29.1	31.3	0.89	15.8	33.5	23.4	22.7	22.8	0.12
Cu	17	75.8	26	26	27	0.21	15	34.2	28	26	27	0.15
Zn	44	198	67	68	70	0.26	42	76.9	66	63	63	0.12
Cr	63	109	78	79	79	0.08	60	93	81	78	79	0.10
Ni	21.8	47	31.4	31.3	31.6	0.14	24.4	44.1	35.8	33.9	34.2	0.13
Co	9.6	23.8	13.3	13.3	13.4	0.12	11.1	22.4	14.6	14.7	14.8	0.15
V	71	125	90	89.5	90	0.08	58	121	96	93.1	94	0.14
Ti	4346	6766	5249	5247	5256	0.06	4305	5999	5263	5209	5222	0.07
Mn	320	1409	561	558	565	0.18	398	1569	721	727	752	0.28
Fe	2.44	4.543	3.26	3.26	3.27	0.09	2.83	4.41	3.75	3.66	3.68	0.09
Se	0.16	1.73	0.26	0.27	0.29	0.50	0.06	0.29	0.11	0.11	0.12	0.41
B	43	95	68	68	69	0.14	49	69	58	57	58	0.09
N	718	2237	1450	1407	1434	0.19	376	900	536	554	563	0.19

续表

元素	耕作层土壤（0～20cm 深度）						母质层土壤（150～200cm 深度）					
	min	max	中值	几何均值	算术均值	变异系数	min	max	中值	几何均值	算术均值	变异系数
P	272	1557	647	649	674	0.28	231	727	443	429	442	0.25
K	1.15	1.9588	1.57	1.56	1.56	0.09	1.15	1.78	1.63	1.57	1.58	0.09
S	145	1058	320	320	337	0.37	54	227	79	84	88	0.35
Li	25	55.8	37	37	37	0.13	26	47.6	41	39	39	0.13
Be	1.49	2.94	2.23	2.21	2.22	0.11	1.77	2.7	2.39	2.33	2.34	0.09
Nb	14.8	22.9	17.4	17.5	17.5	0.05	15.1	21.2	19.1	18.7	18.7	0.07
Rb	65	132	96	95	96	0.10	77	124	108	103	104	0.13
W	1.44	2.82	2.01	1.98	1.99	0.11	1.39	2.51	2.12	2.05	2.07	0.13
Sn	2.80	168	6.10	6.26	7.23	1.52	2.70	5	3.30	3.37	3.40	0.14
Mo	0.28	5.49	0.48	0.49	0.53	0.83	0.27	0.87	0.44	0.42	0.44	0.26
Au	1.0	10.2	2.3	2.4	2.7	0.49	0.3	3.16	1.6	1.5	1.6	0.29
Ag	0.06	0.68	0.09	0.09	0.09	0.55	0.06	0.37	0.08	0.08	0.09	0.45
Sb	0.47	79.3	0.91	0.93	1.30	4.01	0.31	3.3	0.85	0.80	0.85	0.44
Bi	0.22	22.2	0.36	0.37	0.47	3.08	0.12	0.37	0.31	0.28	0.29	0.18
F	301	735	469	468	473	0.15	319	626	519	494	500	0.15
Cl	35	186	73	72	75	0.28	35	85.5	47	48	49	0.20
Br	2.19	9.47	3.72	3.74	3.84	0.25	0.80	2.9	1.60	1.61	1.69	0.31
I	0.88	6.46	1.62	1.70	1.80	0.39	0.63	5.29	2.68	2.49	2.67	0.35
Ga	11.3	22.9	15.3	15.3	15.4	0.10	12.9	19.6	17.5	16.6	16.7	0.11
Tl	0.44	1.5	0.57	0.58	0.59	0.15	0.47	0.77	0.63	0.62	0.62	0.12
Sr	67	145	106	104	105	0.15	71	156	109	108	109	0.15
Ba	350	598	485	480	482	0.08	442	607	539	532	534	0.08
La	34	55.7	45	44	45	0.08	36	50.5	45	44	44	0.07
Ce	63	103	83	83	83	0.09	67	98.7	86	84	85	0.08
Y	24	34.7	30	30	30	0.06	23	32.6	30	29	29	0.08
Sc	8.2	16.9	11.6	11.6	11.6	0.11	9.2	15.3	13.2	12.8	12.9	0.13
Zr	212	414	308	310	313	0.13	239	377	279	286	287	0.09
U	1.82	4.02	2.61	2.58	2.59	0.11	1.97	3.17	2.79	2.69	2.71	0.10
Th	10.7	16.8	13.4	13.4	13.5	0.09	11.0	17	14.7	14.4	14.4	0.09
Al	5.33	9.12	6.75	6.78	6.80	0.08	5.95	8.48	7.64	7.38	7.41	0.09
Si	28.53	36.20	32.54	32.50	32.53	0.04	30.50	34.98	31.50	31.87	31.89	0.03
Na	0.26	1.11	0.74	0.71	0.73	0.19	0.61	1.27	0.85	0.84	0.85	0.15

续表

元素	耕作层土壤（0～20cm 深度）						母质层土壤（150～200cm 深度）					
	min	max	中值	几何均值	算术均值	变异系数	min	max	中值	几何均值	算术均值	变异系数
Ca	0.20	1.79	0.64	0.61	0.66	0.40	0.36	2.22	0.68	0.71	0.78	0.51
Mg	0.33	1.00	0.58	0.58	0.60	0.24	0.42	1.10	0.76	0.72	0.73	0.19
C	0.68	2.17	1.41	1.39	1.42	0.19	0.32	0.86	0.51	0.52	0.54	0.23
TOC	0.62	2.06	1.31	1.29	1.32	0.20	0.13	0.8	0.29	0.30	0.32	0.43
pH	4.37	8.16	6.58	6.54	6.58	0.11	6.72	8.3	7.54	7.54	7.55	0.05

注：参与统计的耕作层土壤样品 227 个、母质层土壤样品 61 个；Si、Al、Ca、Mg、K、Na、Fe、C、TOC 含量单位为%（10^{-2}），Au 含量单位为 μg/kg（10^{-9}），其余元素含量单位为 mg/kg，pH 无量纲，min 为最小值，max 为最大值。

表 2-30　常州市溧阳市耕作层与母质层土壤重金属元素等含量分布参数统计

元素	耕作层土壤（0～20cm 深度）						母质层土壤（150～200cm 深度）					
	min	max	中值	几何均值	算术均值	变异系数	min	max	中值	几何均值	算术均值	变异系数
As	4.1	26	7.8	7.8	8.1	0.31	2.7	34.5	9.1	8.6	9.2	0.41
Cd	0.033	1.91	0.130	0.140	0.157	0.80	0.033	0.18	0.055	0.058	0.061	0.38
Hg	0.015	0.79	0.075	0.077	0.087	0.67	0.011	0.32	0.030	0.029	0.034	0.97
Pb	20.3	59.6	27.5	28.0	28.2	0.14	15.2	35.7	23.8	23.5	23.7	0.13
Cu	9	51.7	22	21	22	0.23	12	37.1	25	24	25	0.17
Zn	37	225	54	55	57	0.28	36	73.4	59	56	57	0.15
Cr	22	172	74	71	72	0.18	35	95.5	75	73	74	0.13
Ni	6.0	109	23.4	22.5	23.7	0.35	13.7	44.5	30.2	29.4	30.0	0.18
Co	5.6	29.4	12.2	12.5	12.8	0.22	6.1	38.9	15.0	15.1	15.5	0.25
V	35	150	83	84.2	85	0.16	56	165	91	92.1	94	0.19
Ti	2117	8125	5517	5403	5429	0.09	3792	6585	5531	5452	5469	0.08
Mn	307	1123	514	523	535	0.22	111	2113	726	696	737	0.34
Fe	1.69	5.936	2.92	2.99	3.03	0.17	2.63	5.85	3.71	3.68	3.72	0.15
Se	0.13	1.14	0.27	0.28	0.29	0.33	0.08	0.37	0.14	0.14	0.15	0.33
B	22	96	71	67	69	0.21	25	69	58	56	57	0.15
N	392	2335	1220	1216	1245	0.22	354	994	619	618	627	0.17
P	220	1459	490	496	513	0.28	139	607	291	306	320	0.32
K	1.15	3.5441	1.46	1.52	1.55	0.22	0.95	2.39	1.49	1.48	1.50	0.17
S	113	979	261	269	282	0.35	19	335	78	82	88	0.45
Li	15	54.6	33	32	32	0.16	22	48.6	39	38	38	0.15
Be	1.38	4.72	2.02	2.02	2.03	0.13	1.50	3.18	2.39	2.39	2.40	0.12
Nb	12.7	26.1	17.9	17.7	17.8	0.08	11.6	22.9	19.1	18.8	18.8	0.08

续表

元素	耕作层土壤（0～20cm 深度）						母质层土壤（150～200cm 深度）					
	min	max	中值	几何均值	算术均值	变异系数	min	max	中值	几何均值	算术均值	变异系数
Rb	69	160	90	91	92	0.14	57	132	105	102	103	0.12
W	1.49	13.7	2.15	2.21	2.27	0.34	1.23	3.57	2.23	2.21	2.24	0.18
Sn	2.70	23	5.80	5.92	6.35	0.42	2.30	10.8	3.30	3.44	3.51	0.26
Mo	0.26	2.41	0.53	0.57	0.60	0.40	0.27	1.93	0.49	0.52	0.56	0.46
Au	0.8	37.5	2.1	2.1	2.5	0.91	0.8	8.2	1.6	1.8	2.0	0.60
Ag	0.03	0.2	0.08	0.08	0.08	0.27	0.06	0.11	0.08	0.08	0.08	0.13
Sb	0.47	3.38	0.87	0.87	0.89	0.27	0.34	1.79	0.83	0.82	0.86	0.27
Bi	0.22	1.33	0.36	0.37	0.38	0.25	0.17	0.51	0.30	0.29	0.30	0.18
F	270	670	409	410	414	0.14	288	683	468	470	475	0.15
Cl	32	233	63	65	67	0.30	29	90.6	45	44	45	0.21
Br	1.65	13.2	3.65	3.63	3.74	0.29	0.90	4.6	1.80	1.84	1.94	0.35
I	0.70	8.78	1.69	1.84	2.11	0.59	0.63	7.03	2.93	2.68	2.99	0.42
Ga	11.2	21.9	14.1	14.2	14.3	0.11	11.2	24.8	16.5	16.5	16.6	0.13
Tl	0.41	1.11	0.54	0.55	0.56	0.15	0.44	0.8	0.64	0.63	0.64	0.12
Sr	45	169	92	92	94	0.20	34	178	94	92	95	0.21
Ba	314	875	455	463	467	0.14	215	677	532	522	527	0.13
La	30	65.3	44	44	44	0.11	25	53	45	44	44	0.11
Ce	59	106	83	82	82	0.09	44	102	87	86	86	0.11
Y	18	35.3	31	30	30	0.09	16	35.1	29	28	28	0.10
Sc	6.2	16.7	10.3	10.5	10.6	0.15	8.1	19.9	13.0	12.9	13.0	0.14
Zr	186	456	336	331	334	0.13	205	400	289	288	290	0.12
U	2.06	5.45	2.79	2.79	2.81	0.11	1.55	4.07	3.05	2.97	3.00	0.13
Th	9.5	18.1	13.7	13.6	13.6	0.09	9.1	17	15.2	14.8	14.8	0.09
Al	4.69	9.88	6.33	6.37	6.40	0.10	5.24	11.48	7.55	7.48	7.52	0.11
Si	26.93	37.29	34.22	33.95	33.98	0.04	22.00	36.30	32.41	32.19	32.23	0.05
Na	0.17	1.17	0.67	0.64	0.66	0.24	0.05	1.28	0.75	0.70	0.75	0.28
Ca	0.11	2.22	0.43	0.43	0.47	0.48	0.12	12.79	0.46	0.47	0.63	2.03
Mg	0.22	1.01	0.41	0.42	0.43	0.24	0.34	1.17	0.60	0.59	0.60	0.23
C	0.20	2.9	1.21	1.21	1.25	0.26	0.34	2.69	0.49	0.53	0.57	0.47
TOC	0.17	2.57	1.13	1.13	1.16	0.25	0.13	1.08	0.29	0.30	0.33	0.47
pH	4.80	7.9	6.12	6.10	6.13	0.11	5.12	8.33	7.13	6.96	7.00	0.10

注：参与统计的耕作层土壤样品 391 个、母质层土壤样品 98 个；Si、Al、Ca、Mg、K、Na、Fe、C、TOC 含量单位为%（10^{-2}），Au 含量单位为 μg/kg（10^{-9}），其余元素含量单位为 mg/kg，pH 无量纲，min 为最小值，max 为最大值。

表 2-31 常州市武进区耕作层与母质层土壤重金属元素等含量分布参数统计

元素	耕作层土壤（0～20cm 深度）						母质层土壤（150～200cm 深度）					
	min	max	中值	几何均值	算术均值	变异系数	min	max	中值	几何均值	算术均值	变异系数
As	3.3	17.6	8.2	7.8	8.0	0.21	3.4	15.2	9.6	9.1	9.5	0.24
Cd	0.082	0.54	0.170	0.171	0.179	0.35	0.049	0.21	0.078	0.081	0.084	0.30
Hg	0.027	0.83	0.170	0.162	0.179	0.48	0.020	0.15	0.037	0.039	0.042	0.51
Pb	19.3	990	29.7	30.8	34.0	1.52	13.3	26.2	23.6	22.7	22.9	0.11
Cu	14	119	30	31	32	0.30	13	36.9	29	28	28	0.14
Zn	38	147	76	78	80	0.21	38	87.9	68	67	67	0.10
Cr	54	142	80	81	81	0.11	59	91.8	84	82	82	0.09
Ni	15.5	91.1	31.8	31.9	32.4	0.19	21.6	42.1	36.4	35.0	35.3	0.12
Co	8.5	32.8	12.6	12.8	13.0	0.18	9.5	18.6	14.8	14.4	14.5	0.12
V	61	136	91	90.2	91	0.12	61	118	101	97.2	98	0.12
Ti	4159	6343	5220	5191	5198	0.05	3947	5845	5207	5168	5177	0.06
Mn	347	1782	538	543	554	0.24	422	1370	749	730	746	0.21
Fe	1.75	5.033	3.24	3.24	3.27	0.14	2.38	4.41	3.93	3.76	3.78	0.10
Se	0.05	1.11	0.28	0.28	0.29	0.30	0.04	0.27	0.10	0.10	0.10	0.36
B	51	94	70	69	69	0.11	46	69	58	59	59	0.09
N	336	2440	1557	1537	1567	0.19	162	803	533	516	531	0.22
P	407	1640	714	721	743	0.26	244	814	480	487	498	0.21
K	1.10	2.2991	1.58	1.58	1.59	0.10	1.09	2.03	1.69	1.66	1.66	0.08
S	74	994	387	379	400	0.33	63	193	90	94	97	0.27
Li	20	57.1	36	36	36	0.15	24	47.8	41	40	40	0.11
Be	1.47	2.96	2.19	2.19	2.21	0.11	1.71	2.91	2.48	2.43	2.44	0.09
Nb	13.6	20.1	17.6	17.5	17.6	0.04	14.5	20	18.9	18.6	18.7	0.05
Rb	63	127	98	98	98	0.10	74	122	111	108	108	0.10
W	1.64	6.29	2.22	2.23	2.26	0.17	1.28	2.5	2.20	2.12	2.13	0.11
Sn	3.00	1638	7.10	7.32	12.47	6.96	2.60	24	3.50	3.59	3.80	0.60
Mo	0.28	2.95	0.58	0.59	0.63	0.44	0.26	1.03	0.37	0.38	0.39	0.29
Au	1.0	25.1	2.6	2.9	3.2	0.69	0.7	3.66	1.8	1.8	1.9	0.28
Ag	0.06	1.3	0.10	0.11	0.11	0.81	0.06	0.14	0.08	0.08	0.08	0.13
Sb	0.43	112	0.96	0.98	1.33	4.46	0.27	1.43	0.86	0.80	0.83	0.24
Bi	0.20	4.09	0.39	0.39	0.41	0.54	0.11	0.37	0.32	0.30	0.31	0.17
F	290	848	492	491	496	0.14	340	706	546	544	549	0.13
Cl	41	321	84	86	90	0.32	35	100	51	51	52	0.19
Br	1.11	9.54	4.20	4.18	4.31	0.25	0.80	3.9	1.90	1.78	1.84	0.26
I	0.66	4.3	1.33	1.37	1.43	0.33	0.77	4.75	2.57	2.34	2.59	0.42

续表

元素	耕作层土壤（0～20cm深度）						母质层土壤（150～200cm深度）					
	min	max	中值	几何均值	算术均值	变异系数	min	max	中值	几何均值	算术均值	变异系数
Ga	10.4	21.3	15.8	15.6	15.7	0.10	12.4	19.6	17.4	17.1	17.2	0.09
Tl	0.40	0.83	0.59	0.59	0.59	0.10	0.44	0.74	0.65	0.63	0.64	0.09
Sr	72	324	110	112	113	0.14	93	158	114	116	117	0.11
Ba	370	621	491	491	492	0.07	407	617	561	544	546	0.08
La	33	54.8	46	46	46	0.08	36	50.8	46	45	45	0.06
Ce	65	103	84	84	84	0.08	66	94.3	86	84	85	0.07
Y	24	41.6	31	31	31	0.06	22	32.5	31	30	30	0.07
Sc	7.7	17.7	11.9	11.9	11.9	0.12	8.5	14.9	13.8	13.2	13.3	0.11
Zr	217	380	304	303	304	0.08	254	388	280	284	284	0.08
U	1.94	3.63	2.68	2.66	2.68	0.09	1.81	3.25	2.69	2.66	2.67	0.10
Th	10.8	16.7	14.2	14.0	14.0	0.08	10.4	16.6	15.2	14.7	14.8	0.08
Al	4.92	8.18	6.81	6.78	6.80	0.07	5.38	8.53	7.82	7.55	7.58	0.09
Si	27.44	36.08	32.37	32.21	32.23	0.04	28.96	34.72	31.26	31.30	31.31	0.02
Na	0.39	1.36	0.80	0.82	0.83	0.17	0.70	1.37	0.88	0.91	0.91	0.13
Ca	0.23	2.68	0.62	0.66	0.70	0.44	0.44	3.40	0.69	0.81	0.90	0.60
Mg	0.31	1.46	0.61	0.62	0.63	0.26	0.41	1.28	0.83	0.83	0.84	0.16
C	0.24	4.68	1.55	1.53	1.57	0.24	0.34	1.22	0.50	0.53	0.55	0.29
TOC	0.19	4.21	1.45	1.41	1.45	0.23	0.12	0.82	0.30	0.31	0.33	0.37
pH	4.75	8.1	6.40	6.40	6.43	0.09	6.15	8.45	7.50	7.55	7.56	0.05

注：参与统计的耕作层土壤样品 355 个、母质层土壤样品 91 个；Si、Al、Ca、Mg、K、Na、Fe、C、TOC含量单位为%（10^{-2}），Au 含量单位为 μg/kg（10^{-9}），其余元素含量单位为 mg/kg，pH 无量纲，min 为最小值，max 为最大值。

（1）张家港市耕作层、母质层土壤的 Cd 均量均大于或接近于 0.15mg/kg，但其 Cd 变异系数均小于 0.35，这在整个苏锡常地区各县域属于独此一家，表明当地母质层土壤明显要相对更富集 Cd。

（2）苏州市相城区耕作层土壤的 Hg、Pb 均量明显高于其他苏锡常县区，更远高于苏北各地的正常土壤，尤其是相城区耕作层土壤的 Hg 均量（算术均值，余同）达到 0.491mg/kg、比其母质层土壤的 Hg 均量 0.077mg/kg 高出了 5 倍多，这在江苏市其他地区极为罕见。

（3）除苏州市吴江区外，苏锡常地区各县域耕作层土壤的 Cd 均量（算数均值，余同）全部大于 0.15mg/kg，以苏州市太仓市耕作层土壤的 Cd 均量最高，达到 0.25mg/kg。总体而言，城市附近土壤的 Cd 含量要高于乡村土壤。

（4）除苏州市张家港市和太仓市外，苏锡常地区各县域耕作层土壤的平均 pH 普遍小于 7.0，大部分县域耕作层土壤的平均 pH 小于 6.5，说明苏锡常地区耕作层土壤绝大多数呈酸性。

2.3　江苏省耕地污染基本概况

通过近 10 年的连续监测与调查，证实江苏省耕地存在不同类型、不同程度、不同成因的局地污染，但污染分布很不均衡，Cd、Hg、Ni 等重金属污染仍然是江苏省境内最具有代表性的耕地污染，苏南地区尤其是苏锡常地区是局地耕地污染相对最集中的区域，有相当部分的耕地 Cd 污染已经威胁到当地稻米、小麦、蔬菜等品质或安全，部分耕地污染有逐步加重的趋势。

2.3.1　主要污染类型及其空间分布差异性

依据本团队所掌握的耕地污染线索，截至 2015 年底江苏省境内已经发现的耕地污染类型主要如下。

（1）重金属污染：以 Cd、Hg、Ni 为主，其次有 Pb、Zn、As、Cu、Cr、Sb 等，对粮食安全威胁最大的是 Cd，主要分布在苏、锡、常等苏南地区。

（2）有机污染：以 PAHs、DDTs 等有机毒物为主，常表现为耕地土壤 PAHs、DDTs 等有机毒物含量超标，目前监测数据显示的超标点位多分布在苏州市、南通市、无锡市等地。

（3）土壤酸化伴随富营养化：表现为耕地土壤 pH 下降明显，导致局地耕地土壤酸碱度呈极酸性，并伴随农田土壤 N、P 等养分及附近水体 COD 等急剧增加，这在一定程度上加大了土壤重金属向植物迁移的机会。土壤酸化 + 富营养化在苏南、苏中等地均有分布。

（4）复合污染：表现为土壤酸化 + 重金属污染、土壤重金属污染 + 有机污染、土壤有机污染 + 富营养化等形式，复合污染总体不是很常见，但在苏南、苏中、苏北地区都可以找到相关案例。

当前对农作物生产影响最大的还属于重金属污染，特别是 Cd 污染。参照目前国内通用的农田土壤重金属污染评价方法及其标准，利用 2004 年江苏省多目标区域生态地球化学调查获取的土壤重金属分布数据，编制了全省当年耕作层土壤 Cd 分布图（图 2-4）及全省耕作层土壤 8 项重金属综合污染状况图（图 2-5）。对全省已发现的农田土壤重金属污染线索及其分布特点进行分析归纳，发现全省耕地重金属污染具有以下基本特点。

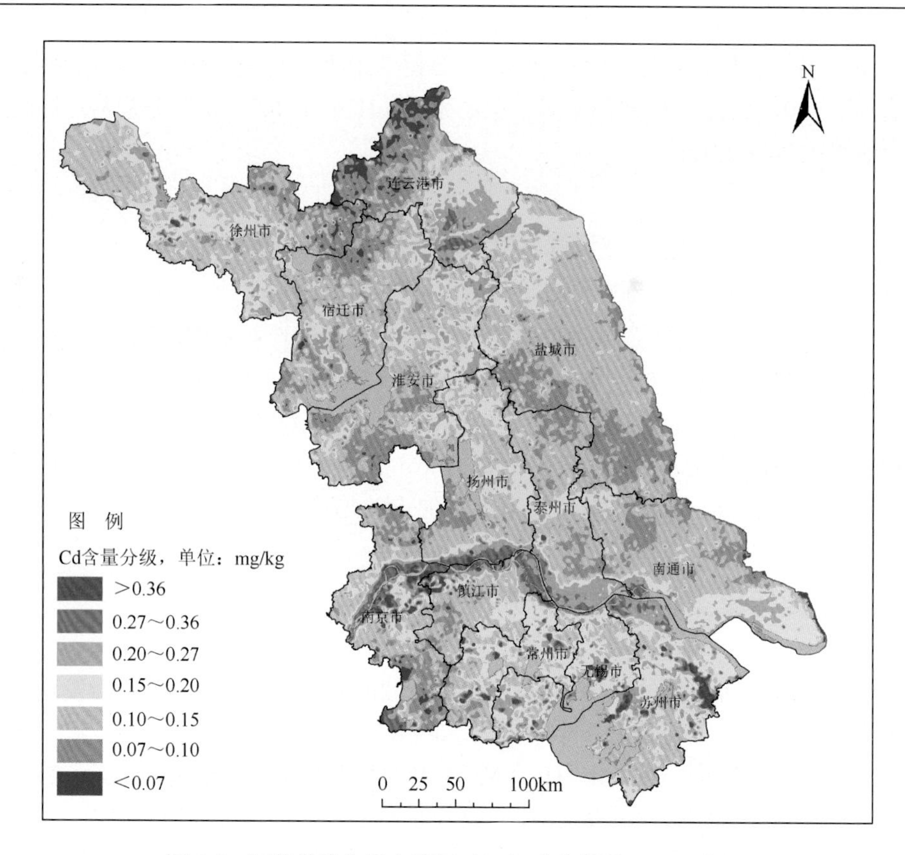

图 2-4　江苏省耕作层土壤镉（Cd）分布状况（2004 年）

1）各地出现污染的概率不同

按照我国目前土壤环境质量标准，江苏省土地重金属污染范围累计超过 300 万亩，就相对污染程度而言，苏南强于苏北，苏北又强于苏中。我们曾一次性采样分析测试全省地表土壤 24186 个样品，对其中的 Cd、Hg、Pb、As、Cr、Cu、Zn、Ni 等含量进行评价后发现，有 1.26%的样品受到重金属的严重污染，总控制面积大于 150 万亩，约有 24%的样品受到重金属的轻度污染，Cd、Hg 污染比重最高，分别达到 12.3%、8.8%。以目前绿色及无公害食品生产的场地标准画线，全省不适宜生产无公害水稻的土地占 3.53%，不适宜生产无公害蔬菜的土地占 6%，不适宜直接发展绿色食品生产的土地约占 11.47%，这些土地都与不同形式的重金属污染有关。

2）污染空间存在由点向面发展的趋势

20 多年前的土地重金属污染主要表现为点源污染，现在有多个地区已经发展成面状污染，面状（或类似面源，余同）污染种类与范围在不断增加，如长江沿

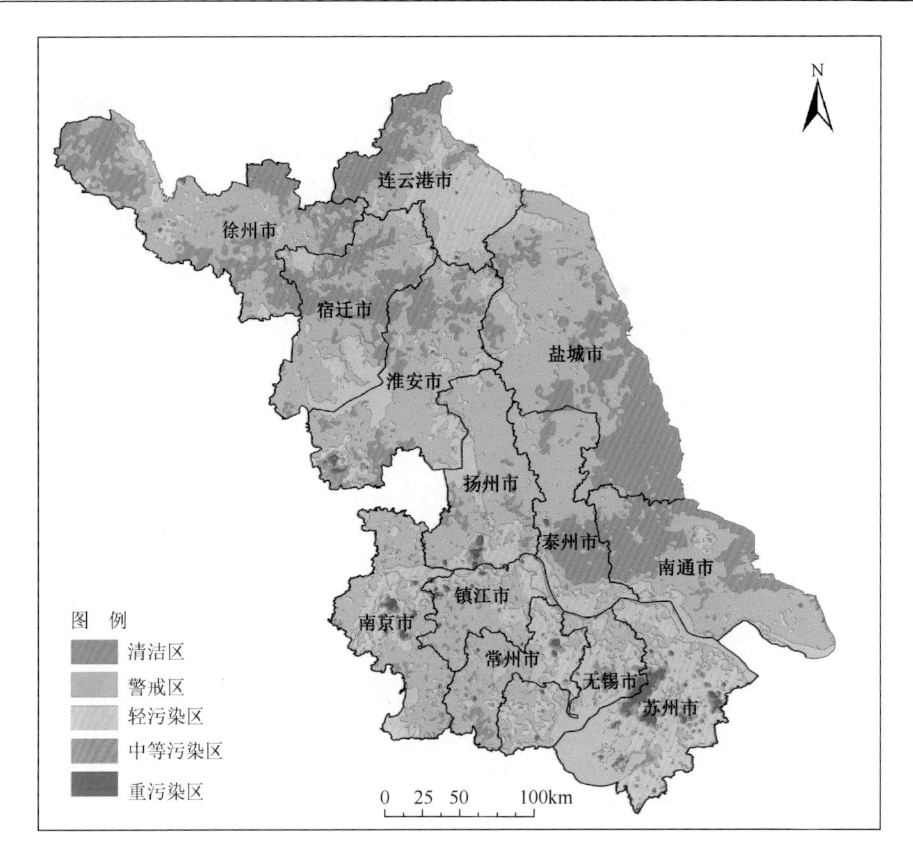

图 2-5　江苏省耕作层土壤 8 项重金属综合污染状况（2004 年）

岸的 Cd 轻度污染、太湖流域局部土地的 Hg-Cd 污染、盱眙南部的 Cr-Ni-V-Ti-Cu 等污染、连云港南部的 Cd-As 轻度污染等，都具有面状污染特征，污染范围较广，一个地区的污染土地可达几十万亩甚至上百万亩，其污染强度总体以轻度污染为主。

3）部分污染土地已经危及农产品安全

针对江苏省土地重金属污染分布的特点，本团队抽查了蔬菜、稻米、小麦等农产品的重金属含量，累计抽样抽调 1000 余件（次），发现污染土地中蔬菜 Cd 超标率高达 56%、Pb 超标率高达 55%，糙米中 Pb 超标率高达 16.5%，小麦（面粉）中 Cd、Pb 超标率分别为 28.1%、19.7%。重金属污染越严重的土地，其农产品中重金属超标的比例越高、生产风险越大。例如，太湖周边受重金属严重污染的土地占 8.9%，全省受重金属严重污染的土地不足 2%，而太湖周边小麦样品中 Cd 超标率达 8.9%、全省小麦样品的 Cd 超标率才 2.8%。又如，某片土地的 Cd 含量是正常土地的 50 倍，其糙米与面粉的 Cd 含量也分别是正常糙米、面粉的 24 倍、33 倍。

4）重金属污染同时伴生土壤酸化

江苏省强酸性土壤（pH＜5.2）超过 1000km^2，一部分地区地表土壤酸碱度还在不断下降之中。与 20 年前的土壤酸碱度相比，全省约有 40%的地区出现土壤酸化，而且还存在部分地区重金属污染加剧与土壤酸化加重同步演化的趋势。太湖流域局部地区、沿江部分地区，其农作物重金属含量超标都与土壤酸化有直接联系。土地重金属污染是影响农产品质量的根本原因，对于重金属轻度污染的大片土地而言，防治土壤酸化在某种程度上胜于防治重金属污染。

图 2-6 是对截至 2014 年所发现的江苏省耕地重金属等主要污染线索（样点等）进行的集中展示。对比近十多年来江苏省土壤重金属等污染监测结果，发现全省耕地污染分布有以下基本特点。

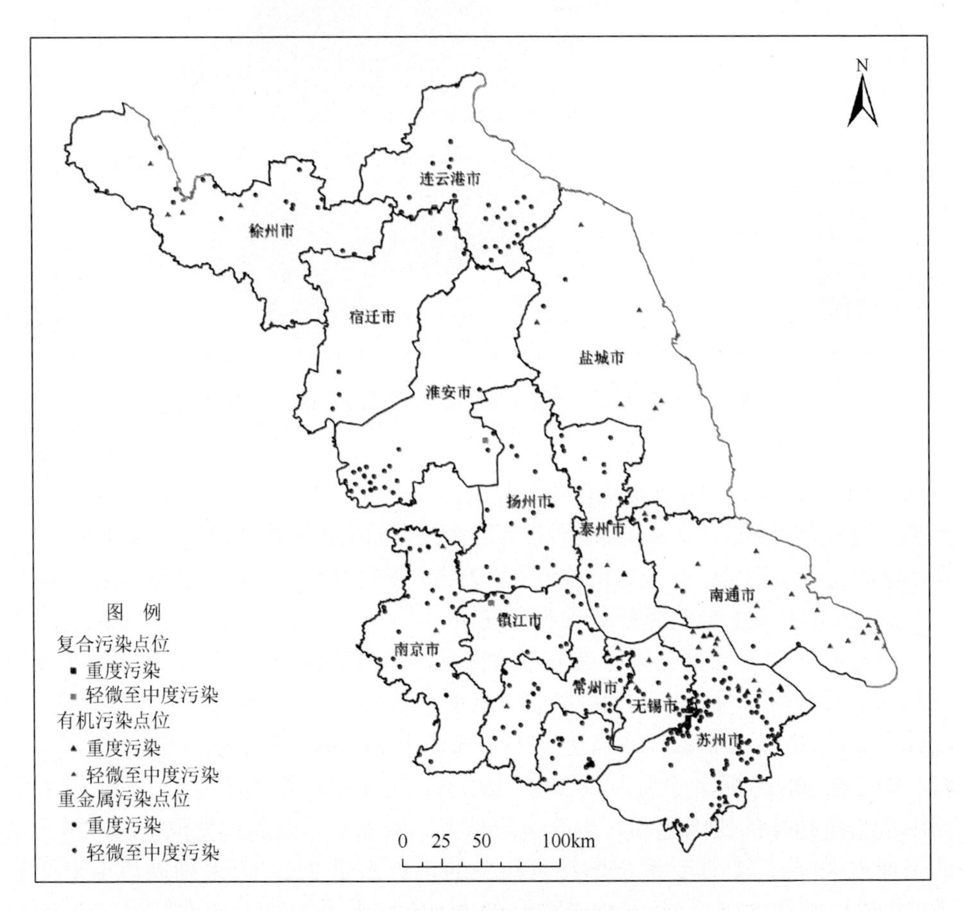

图 2-6　江苏省耕地重金属等主要污染线索分布状况（2014 年）

（1）土壤重金属的总体污染呈上涨趋势，局地污染强度在增加。江苏省地表土壤重金属等污染物有逐渐增长的趋势，8项重金属超标率从2004年的6.34%增长到2014年的9.81%，净增3.47个百分点，重度污染土壤占比近10年来上涨了0.47个百分点。新的污染区域被不断发现，以前被认为是点源污染的地区，目前正在向面源污染扩展。多个地区的土壤Cd、Hg平均含量呈现稳步增加的态势。例如，苏锡常地区土壤的Cd、Hg平均含量2004年分别为0.15mg/kg、0.14mg/kg，2010年分别为0.21mg/kg、0.21mg/kg，2015年分别为0.26mg/kg、0.32mg/kg，如图2-7所示，表明污染源未完全切断，向土壤输送污染物的路径还没被堵死。

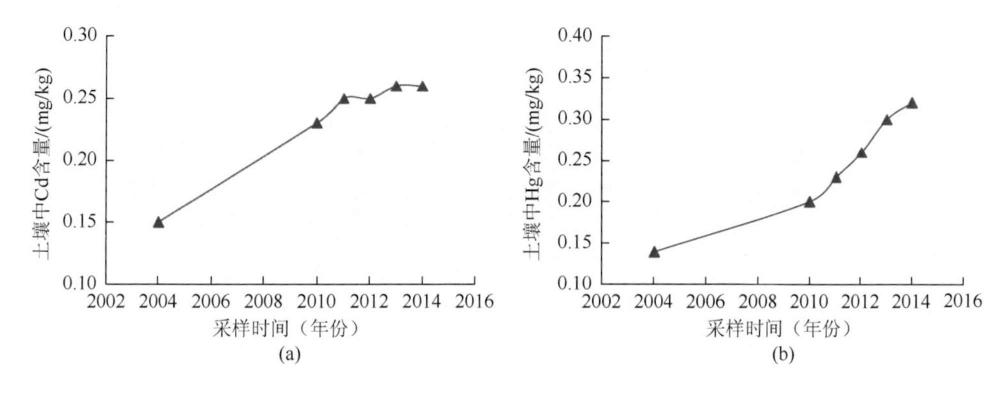

图2-7　苏锡常地区近10年来地表土壤Cd与Hg平均含量变化趋势

（2）污染成因与方式更趋复杂化。江苏省土地重金属污染按照制约机制，可分为自然成因、人为成因、综合成因；按照表现形式，有点源污染、面源污染，但更多表现为复合污染；按照污染途径，至少包括排污、施肥、降尘、岩石风化等，而排污与降尘又涉及不同的产业和部门；按照污染物的种类，至少存在Cd为主的污染、Hg为主的污染、Pb为主的污染、Cr-Ni为主的污染、As为主的污染、多元复合重金属污染等。苏南要重点防治Cd、Hg污染，苏北要重点防治As污染，城镇地区要重点防治Pb污染。除了Cd、Hg、As、Pb、Cr外，还应注意防治Sn、V、Ti、Co、Sb等重金属污染。

（3）Cd是8个重金属中平均含量增加最明显的，超标率也是增长最快的。江苏省耕地土壤Cd超标率从2004年的1.23%增长到2014年的2.66%，10年净增1.43%，翻了一番多。涨幅最大的是常州市，Cd超标率2004年为3.16%，2014年则为7.07%，10年净增了3.91%。与2004年相比，除了南京市外，全省其余12市耕地土壤Cd平均含量均呈增长态势，无锡市耕地土壤Cd平均含量从0.18mg/kg增长到0.34mg/kg，全省农田土壤Cd平均含量也从0.15mg/kg增长到0.20mg/kg，如图2-8所示。全省农田土壤Hg平均含量从0.078mg/kg增长到

0.093mg/kg，总体呈稳中略升态势，但盐城市耕地土壤Hg平均含量涨势明显，从2004年的0.034mg/kg增长到2014年的0.148mg/kg。Cd、Hg是全省土壤，特别是耕地土壤重金属防治的重点，其次是Ni、As等。

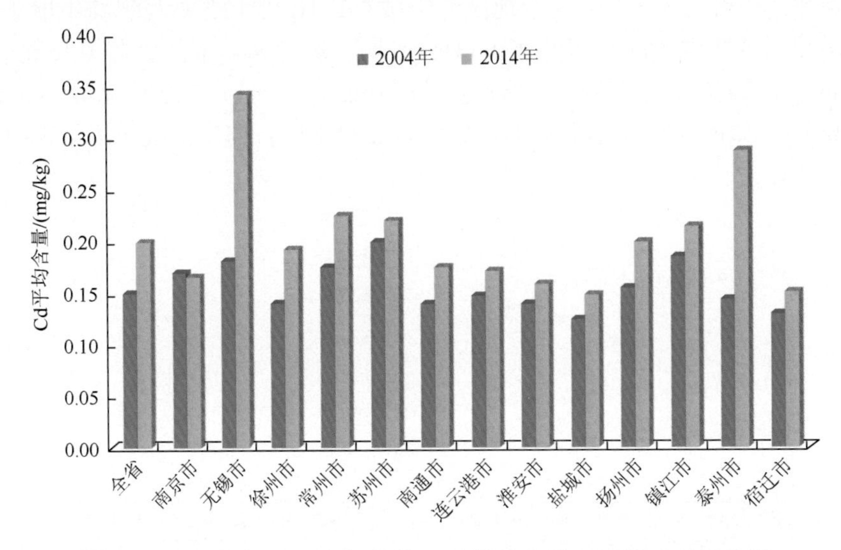

图2-8　2014年与2004年江苏省13市耕地土壤Cd平均含量对比图

（4）多数情况下耕作层土壤污染深度不超过地表30cm，重金属主要残留在浅表土壤中。江苏省各地存在重金属污染的耕地土壤沉积柱元素含量等分布特征显示，多数耕地中的Cd、Hg、Pb、Zn等重金属主要富集在不超过地表30cm的深度，说明多数重金属污染耕地的土壤污染厚度未超过30cm。Z29沉积柱是取自苏州市相城区黄埭镇的一个典型耕地污染地块，图2-9展示了该沉积柱土壤Cd、Hg等15种元素含量及pH随深度变化的情况，清晰地反映了30cm、70cm这两个深度上下元素含量分布及pH有显著差异。从图2-9不难看出，该沉积柱30cm以上深度土壤Hg含量明显偏高，Hg含量为1.2～4.63mg/kg，与30cm以下深度土壤Hg含量为0.03～0.65mg/kg相比，存在显著差异，有的甚至存在两个数量级的差异，但该沉积柱中Hg等重金属最富集的部位集中在耕作层土壤中，这个沉积柱的耕作层土壤污染厚度约30cm，在30cm以上的耕作层土壤中呈现了明显的Cd、Hg、Pb、Zn等重金属表生富集，同时还伴有P、Mo、S、Se、Sb、Sn、N等微量元素的同步富集及地表土壤酸化，TOC最富集的地段在地表20cm以上深度。该沉积柱土壤元素含量变化还有一个显著特点，就是70cm以下深度土壤沉积环境发生了显著变化，说明当地土壤在70cm这个深度发生了沉积环境突变，导致相关地球化学指标在此出现清晰拐点。

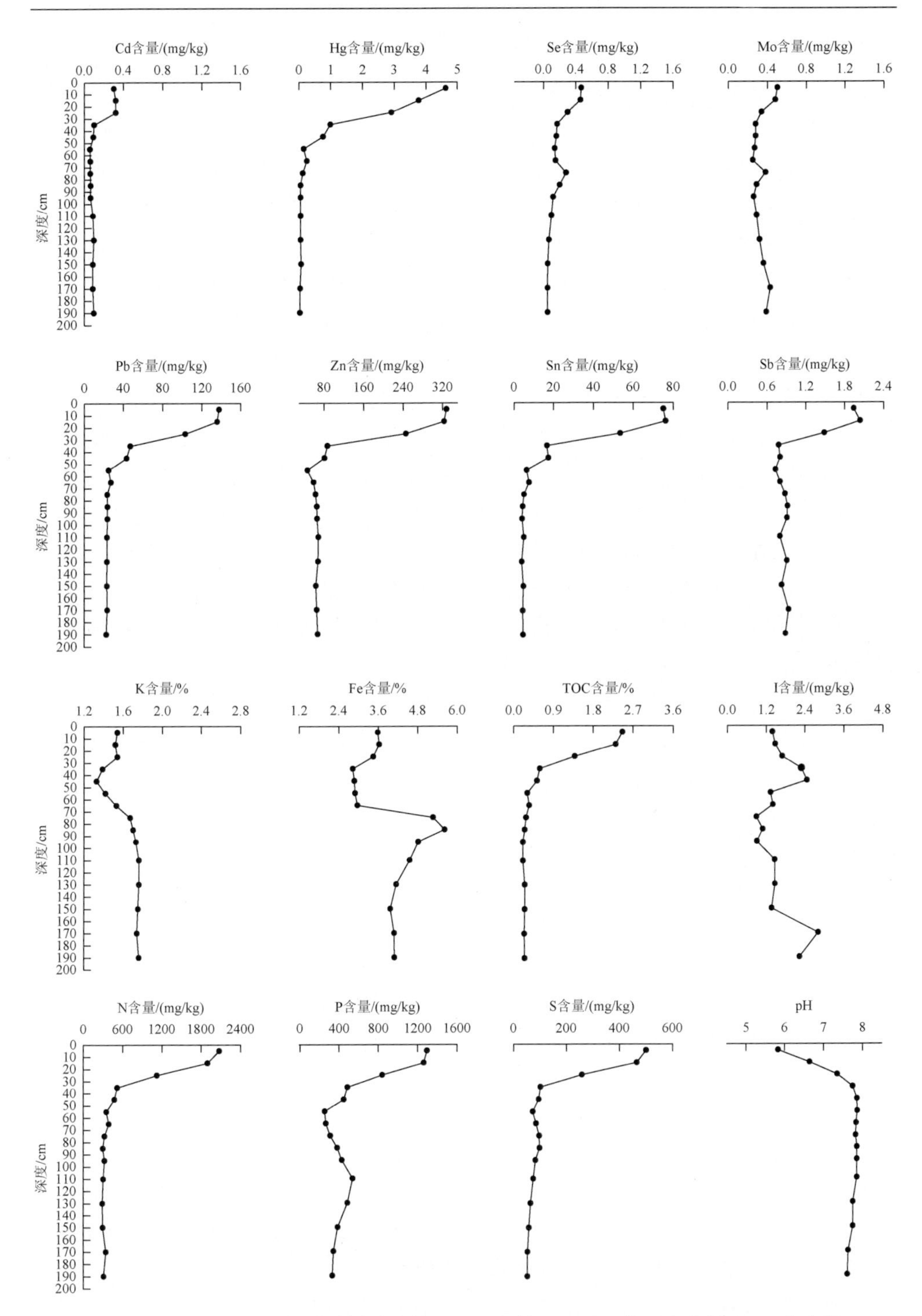

图 2-9　苏州市相城区黄埭镇耕地土壤 Z29 沉积柱 Cd、Hg 等元素含量及 pH 分布图

2.3.2 耕地重金属污染主要成因

通过对典型 Cd 等污染耕地成因的初步分析，证实江苏省的耕地重金属污染来源主要包括以下几个方面。

（1）金属制品加工：一些涉及重金属产品生产与加工的企业，其周围耕地土壤的相关重金属含量通常增加若干倍。例如，扬州市某镀锌产品生产基地附近耕地的 Zn 含量高达 1000mg/kg 以上，比当地正常耕地的 Zn 含量高出 10 倍多；泰州市某镀铬不锈钢产品工厂附近的耕地 Cr 含量也高出正常耕地 7 倍多。

（2）工艺品原料：一些工艺品生产加工选用含 Cd、Cr 等重金属的化学品作为调色剂、辅助原料等，如宜兴市某陶瓷工艺品生产，因为使用硒化镉（俗称镉黄、大红等）作为调色剂，另外其部分原料也含大量 Cd，因生产过程中长期的“三废”排放，已经导致附近出现了大片 Cd 污染耕地。

（3）能源生产副产品：许多电池厂、电瓶厂、热电厂生产过程中涉及 Cd、Ni、Pb、Zn、Hg、Cu 等重金属，它们都可能是耕地重金属污染的源头。对无锡市一家镍镉电池厂作案例解剖发现，该电池厂 20m 距离内的土壤 Cd、Ni 含量高达 88mg/kg、350mg/kg，该电池厂 100m 距离内的耕地 Cd、Ni 含量比正常耕地高出 3 倍多，越靠近电池厂土壤 Cd、Ni 含量越高，反之越低，随着不断远离该电池厂，其土壤 Cd、Ni 含量呈近似指数衰减（图 3-4），说明该电池厂的确是附近土壤 Cd、Ni 污染的直接源头。另外，还发现多个热电厂对其附近耕地的 Cd、Hg、Pb、Zn、Cu 等含量的显著增长有影响，耕地中相关重金属含量的增长幅度受热电厂的规模、投产时间、用煤质量、环保措施等制约。

（4）特殊行业衍生产物：电镀、印染、造纸、电子、矿业、冶炼、水泥、化工、医药等特殊行业都可能涉及重金属，或其衍生产物中含有重金属，如镇江市某水泥厂附近耕地 Cd、Pb、Zn 含量显著增长，常州市某小煤矿旁耕地 Cd 含量增长了 5 倍以上，无锡市某电镀厂导致其附近一块耕地的 Cr 含量增加到 4500mg/kg，比正常耕地高出 40 多倍，苏州市某化工厂附近耕地的 Hg 全部达到严重污染程度，多家电子企业工业园区附近土壤呈 Cd、Hg 轻度污染。

（5）专用农肥及其相关材料：一些有机肥、复合肥本身含有较高浓度的 Cd、Hg、Zn 等，如某种用于替代杀虫剂的有机肥的 Cd、Zn 含量分别达到 2.5mg/kg、500mg/kg，比正常耕地的 Cd、Zn 含量高出 5～15 倍，宜兴市一片耕地使用这种肥料以大棚形式生产西瓜、草莓等，两年后这片耕地的 Cd、Zn 含量迅速提高 3 倍以上，其退还的耕地全部为 Cd 严重污染耕地。

（6）地质背景：基性火山岩风化剥蚀形成的土壤先天含有较高的 Cr、Ni，也可以导致部分耕地 Ni 含量超标，本次在盱眙县监测到的多处 Ni 轻度污染耕地即属此类。通常此类耕地污染的危害都不是太明显。

对典型耕地重金属污染输运途径分析发现，重金属从源头进入到耕地的主要途径有以下 3 种。

（1）灌溉：工业企业在生产过程中通过废水、废渣、残余物处置等，将相关重金属排入附近的河道，天长日久，在河泥中聚集了大量重金属，再通过河水灌溉将河泥中的重金属输运到相关耕地。目前，无锡市多处 Cd 等严重污染耕地都是通过这种途径形成的。

（2）施肥：耕种过程中施加含有重金属的有机肥、复合肥、替代杀虫除草等用途的功能肥料等，再通过围挡等，将施肥后的耕地与周边隔离，致使所施肥的耕地快速聚集起大量重金属。目前发现多处种植草莓、西瓜等大棚食品后的耕地出现 Cd、Zn、Hg 等严重污染，它们多是通过这种途径形成的。

（3）降尘：一些工业活动产生的废气、粉尘、煤灰等，通过大气干湿沉降的形式沉淀到周围耕地中，所沉淀的降尘中挟带了一定量的重金属。热电厂、水泥厂等周围的耕地重金属含量增长多与此有关。

2.3.3　田块尺度的土壤 Cd 分布不均匀性

对于目前所发现的江苏省的耕地重金属污染分布而言，田块尺度上的土壤 Cd 分布不均匀具有一定普遍性。在苏南、苏中等多个重金属污染田块中，都发现了同一田块土壤中 Cd 出现显著差异的现象。在宜兴市丁蜀镇三洞桥村某块长 90m、宽 6m 的耕地中，按照等间距沿着耕地长度方向规则取样，得出 10 个土壤样的 Cd 最高含量为 11.0mg/kg、最低含量为 1.14mg/kg，两者相差近 10 倍，其总体趋势是从入水口到出水口 Cd 含量逐步降低（图 2-10）。而除了土壤的有机质（即

位置/m	Cd/(μg/g)	Hg/(μg/g)	Pb/(μg/g)	Zn/(μg/g)	As/(μg/g)	Cr/(μg/g)	Ni/(μg/g)	Cu/(μg/g)	pH	TOC/%	方向
0～9	1.93	0.16	44.8	78.2	9.16	70.1	23.5	28.7	6.42	3.67	E
9～18	1.31	0.14	44.5	74.2	8.91	69.6	25.7	28	5.54	3.47	↓
18～27	1.14	0.2	42.6	71.1	8.89	71.9	26.3	26.4	5.44	3.03	
27～36	1.16	0.15	44.1	69.9	8.92	73.1	26.2	26.6	5.34	3.11	
36～45	1.26	0.19	44	68.5	9.4	73.1	25.6	27.8	5.38	3	
45～54	1.52	0.13	45.8	69.1	9.26	71.7	27.2	26.6	5.6	2.76	
54～63	2.14	0.14	45	72.4	8.93	71.6	27.2	27.4	5.52	2.78	
63～72	3.17	0.15	47.4	72.2	9.08	70.3	26.7	28.4	5.38	2.96	
72～81	4.91	0.13	45.4	72.8	8.13	70.8	26.6	27.9	5.27	2.87	
81～90	11.0	0.16	44.5	72.6	8.32	71.4	25.3	27.8	5.39	2.79	W

图 2-10　宜兴市丁蜀镇三洞桥村某污染田块 Cd 等重金属分布示意图

TOC）含量外，该田块土壤中其他重金属分布则基本均匀。另外，在泰州市某地一块约 5 亩大小的近似方形田块中，田块中心与 4 个角落土壤之间的 Cd 含量也相差 4 倍多，最高可达 8mg/kg 以上，最低不足 2mg/kg，大致趋势是越靠近污染源头其土壤 Cd 含量相对越高。

除了同一个田块之外，在同一片污染耕地中，尽管其由不同的小块田地组成，但可以确定其重金属污染属于同一来源、同一成因，也发现在当地土壤中 Cd 含量分布存在显著差异，在不足 100m 的范围内，耕地土壤最高与最低 Cd 含量可相差几十倍。而其他重金属则甚少出现类似特征，污染区田块尺度上的耕地土壤 Cd 含量分布不均匀，这与形成耕地 Cd 污染的特定控制机理有关。

依据现有经验或线索来看，污染区田块尺度上耕作层土壤环境 Cd 含量分布不均匀，推测其中的控制机理或因素主要有以下几个方面。

（1）污染源：在田块平整的前提下，总体趋势是离污染源越近的部位，土壤中 Cd 含量相对越高，说明耕地中的 Cd 污染来自所在地附近的污染源，不是先天形成的。

（2）地势：同一田块中，地势越低、越容易汇水的部位，其土壤中 Cd 含量相对越高，说明该田块土壤中所聚集的 Cd 主要由排水、灌溉等带来，此类情况下，田边沟渠中淤泥的 Cd 含量远高于田块中的土壤。

（3）施肥方式：一些耕地中通常会不自觉施加一些附带了一定 Cd 的肥料（如有机肥、复合肥等），因为人工施肥出于某种习惯是不均匀的，如省力的地方多施等，也会导致同一块田地中土壤 Cd 含量分布不均匀。

污染区田块尺度上土壤 Cd 含量呈现不均匀分布是一种客观现象，但认识这一现象对于修复治理 Cd 污染耕地具有重要的现实意义。

第 3 章　重金属污染溯源及典型案例解剖

治理重金属污染在江苏省耕地环境质量保护中占有十分重要的地位，查清污染来源是防治耕地污染的基础。借助环境地球化学调查、遥感、同位素、现代仪器分析测试等先进手段，本团队曾对江苏省耕地污染调查中所发现的典型区污染来源及其重金属迁移路径等实施了系列研究，获取了一批典型污染区的水土污染源分析评价数据，为了解江苏省耕地重金属污染基本来源、认识重金属危害耕地生态安全的主要路径等提供了基本证据或线索。本章侧重探讨典型耕地重金属污染溯源研究方面的相关成果资料，包括典型工业污染源案例解剖、河流传承重金属污染分析、人类活动对耕地污染形成的一般影响等，以及有关耕地污染溯源的可行方法。

3.1　典型工业污染源案例解剖

工业生产对局地土壤重金属聚集有直接影响，研究工业污染对土壤环境的改造或作用一直为众多学者所关注（滕彦国等，2002；Fakayode and Olu-Owolabi，2003；初娜等，2008；严连香等，2009；郑茂坤等，2010；付亚宁等，2011）。本次也选择了 3 个热电厂、2 个电池厂及 1 个陶瓷品加工聚集地进行了专门剖析，下面专门对这些工业污染源的分析研究成果做一简介。

3.1.1　热电厂类

苏锡常地区分布有众多不同规模的热电厂，达到中等规模的不少于 10 家，分布也不完全集中，投产时间有先有后，许多热电厂附近还保留有大片耕地。从若干个热电厂中选择了苏州市相城区望亭热电厂、苏州市太仓热电厂、常州市新北区春江镇魏村热电厂 3 家热电厂进行解剖研究。在上述每个热电厂附近针对农田及农田中主要农产品（水稻籽实）进行随机剖面调查。

望亭热电厂是中国华电集团公司江苏分公司下属电厂，建立于 1958 年，地处太湖之滨、古城苏州市和无锡市之间，它担负着常州市、无锡市、苏州市和上海市 220kV 环网东西线交换负荷及华东电网的调频任务，是华东电网的负荷中心和枢纽电站。其坐落于江苏省苏州市相城区望亭镇，占地面积约 57 万 m^2，截至

2007 年底，总装机容量达 141 万 kW，职工 2500 余人，经过多次扩建与改建，目前以燃煤发电为主。本次选择该电厂进行解剖，主要是考虑到该热电厂历史比较悠久，又地处太湖水网平原区，共在该热电厂附近部署了两条土壤-稻米随机剖面，采集该热电厂附近农田土壤样品 18 个、稻米样品 11 个。

表 3-1 列出了上述 18 个农田土壤样品的 Cd、Hg、Pb、Zn、Cu 等重金属及相关元素含量分析结果，WD01～WD10 这 11 个样号为一条剖面，采集于热电厂西北方向，总体代表了下风向；WD11～WD17 这 7 个样号为另一条剖面，采集于热电厂东南方向，总体代表了上风向，两条剖面总体在一个方向上，构成了穿越该热电厂主风向的一条完整随机监测剖面。从表 3-1 可发现，望亭热电厂附近农田土壤的 Cd、Hg、Pb、Zn、Cu、As、Se 等元素含量明显比苏州市土壤的平均含量高，热电厂附近 18 个农田土壤样品的 Cd、Hg、Pb、Zn、Cu、As、Se 平均含量分别为 0.27mg/kg、0.41mg/kg、49mg/kg、107mg/kg、43mg/kg、10.7mg/kg、0.47mg/kg，均高于苏州市地表土壤各自的平均含量 0.21mg/kg、0.27mg/kg、34mg/kg、93mg/kg、33mg/kg、8.7mg/kg、0.31mg/kg；以 Hg、Pb、Se 相对富集最为明显，下风向土壤中 Hg 最高含量达到 0.9mg/kg，比苏州市当地正常土壤的 Hg 平均含量 0.27mg/kg 高出 2 倍多，下风向土壤中 Pb 最高含量达到 105mg/kg，比苏州市当地正常土壤的 Pb 平均含量 34mg/kg 也高出 2 倍多，下风向土壤中 Se 最高含量达 0.68mg/kg，比苏州市当地正常土壤的 Se 平均含量 0.31mg/kg 高出 1 倍多。相比于上述重金属等微量元素而言，热电厂附近农田土壤的 Fe、K 等常量元素含量则相对稳定，未因热电厂的存在而发生明显变化。

表 3-1　苏州市相城区望亭热电厂附近农田土壤样品重金属元素等分布调查结果

样号	Cd/(mg/kg)	Hg/(mg/kg)	Pb/(mg/kg)	Zn/(mg/kg)	Cu/(mg/kg)	Cr/(mg/kg)	Ni/(mg/kg)	As/(mg/kg)	Se/(mg/kg)	Fe/%	K/%	pH	TOC/%
WD01	0.31	0.083	43	130	51.1	82.9	34.1	11.7	0.49	3.66	1.76	8.02	1.26
WD02	0.2	0.9	43.9	88.3	38.2	63.2	25.4	10.1	0.6	2.85	1.36	5.92	1.69
WD03	0.42	0.2	105	189	95.5	82.5	35.1	13.6	0.29	3.84	1.74	8.17	0.99
WD04	0.28	0.36	51.1	108	41.1	85	34.9	11.2	0.5	3.84	1.64	7.29	2.47
WD05	0.3	0.34	67.8	102	39.8	83	36.8	9.92	0.52	3.78	1.61	6.61	2.9
WD06	0.28	0.35	49.5	108	36.7	88.1	36.6	11.3	0.51	3.92	1.62	6.55	2.7
WD07	0.26	0.35	39.4	106	46.4	89	35.8	11.2	0.68	3.87	1.59	6.63	2.39
WD08	0.26	0.42	38.8	102	41.9	85.1	36.5	9.8	0.45	3.86	1.63	7.19	2.52
WD08a	0.13	0.27	31.2	85.4	36.9	83.2	37	11.5	0.28	3.8	1.66	7.19	0.92
WD09	0.28	0.36	36.3	91.7	34.6	79.9	33.1	10.8	0.45	3.67	1.55	7.03	2.48
WD10	0.29	0.25	37.2	122	40.9	81.7	34.2	12.1	0.48	3.44	1.56	5.8	1.84
WD11	0.24	0.27	50.9	100	38.6	82	33.7	10.3	0.47	3.79	1.68	7.77	2.0

续表

样号	Cd/ (mg/kg)	Hg/ (mg/kg)	Pb/ (mg/kg)	Zn/ (mg/kg)	Cu/ (mg/kg)	Cr/ (mg/kg)	Ni/ (mg/kg)	As/ (mg/kg)	Se/ (mg/kg)	Fe/%	K/%	pH	TOC/%
WD12	0.27	0.48	58	121	45.7	78.4	33.1	10.6	0.58	3.49	1.51	6.31	2.8
WD13	0.24	0.53	48.7	101	40.8	72.8	30.9	10.2	0.48	3.28	1.5	6.62	2.3
WD14	0.27	0.58	44.7	95.9	37.1	78.7	32.9	10.4	0.42	3.56	1.63	7.17	2.14
WD15	0.25	0.56	44.9	93.8	38.5	78.2	30.8	10	0.46	3.48	1.56	6.61	2.11
WD16	0.22	0.43	40.6	87.1	33	73.1	30.3	8.52	0.38	3.23	1.46	6.64	1.86
WD17	0.27	0.67	45	91.9	37.9	75.7	29.9	9.67	0.48	3.11	1.56	6.55	2.3
平均值	0.27	0.41	49	107	43	80	33	10.7	0.47	3.58	1.59	6.89	2.09
当地均值	0.21	0.27	34	93	33	84	36	8.7	0.31	3.57	1.78	6.51	1.54

注：表中“当地均值”指苏州市耕作层土壤相关元素平均含量，取江苏省1∶250000多目标区域调查相关表层土壤样品元素含量等分布算术均值；“平均值”指所列样品的算术均值。

表3-2列出了望亭热电厂附近有关稻米样品的抽检结果，所分析的稻米样品与表3-1的18个土壤样品中的11个样点完全对应（未采集到稻米样点者是该点无稻田），可发现所采集的11个稻米样品中Pb平均含量达到0.15mg/kg，并抽检到2个Pb超标稻米样品，还抽检到2个Ni超标稻米样品，Pb、Ni超标稻米样品为上、下风向各1个。相对于其他地区稻米而言，该热电厂附近稻米样品中Pb、Se含量明显偏高。

表3-2　苏州市相城区望亭热电厂附近稻米样品重金属等元素含量调查结果（单位：mg/kg）

样号	Cd	Hg	Pb	Zn	Cu	Cr	Ni	As	Se	Fe	Mn	Ca	Mg
WD04	0.031	0.0063	0.17	20.1	5.27	0.73	0.23	0.074	0.066	19.6	33.6	163	1049
WD05	0.1	0.005	0.14	22.5	4.48	0.81	0.38	0.085	0.07	21.4	34.7	178	1097
WD06	0.044	0.0062	0.11	22.9	3.6	0.55	0.22	0.085	0.06	16.0	29.4	149	1154
WD07	0.044	0.0056	0.23	24.5	4.44	0.68	0.42	0.072	0.082	19.9	33.4	165	1126
WD08	0.026	0.0074	0.15	26.5	5.48	0.52	0.39	0.051	0.049	18.3	24.9	151	1070
WD09	0.02	0.0059	0.12	22.1	4.16	0.84	0.22	0.078	0.052	18.8	22.4	135	941
WD13	0.027	0.0049	0.2	23.6	5.14	0.89	0.52	0.062	0.048	20.2	22.5	122	1069
WD14	0.012	0.0042	0.11	19.9	4.22	0.96	0.26	0.064	0.042	28.2	15.2	97.5	962
WD15	0.013	0.0082	0.15	20.0	3.65	0.54	0.16	0.085	0.047	18.4	26.2	103	1000
WD16	0.026	0.017	0.11	19.3	3.73	0.54	0.22	0.058	0.044	14.7	22.9	83	902
WD17	0.028	0.0073	0.11	15.7	3.59	0.81	0.35	0.062	0.058	16.6	25.8	102	706
平均值	0.034	0.0071	0.15	21.6	4.34	0.72	0.31	0.071	0.056	19.3	26.5	132	1007

注：表中“平均值”指所列样品的算术均值；Pb（≥0.2mg/kg）、Ni（≥0.4mg/kg）各有2个样品超标；分析的稻米为糙米。

图 3-1 对比了望亭热电厂附近上述土壤-稻米剖面的 Cd、Pb、Hg、Se 等元素含量变化情况，可以看出，除 Se 外，Cd、Pb、Hg 在土壤-稻米之间的分配相关性均不明显，而且离热电厂最近位置的土壤、稻米样点均未显示相应最高的元素含量，上风向与下风向（途中剖面 2 个相反的方向）上的元素含量变化差异也不甚明显，说明类似这样的热电厂对周围土壤环境的影响方式与机理比一般想象得要复杂。

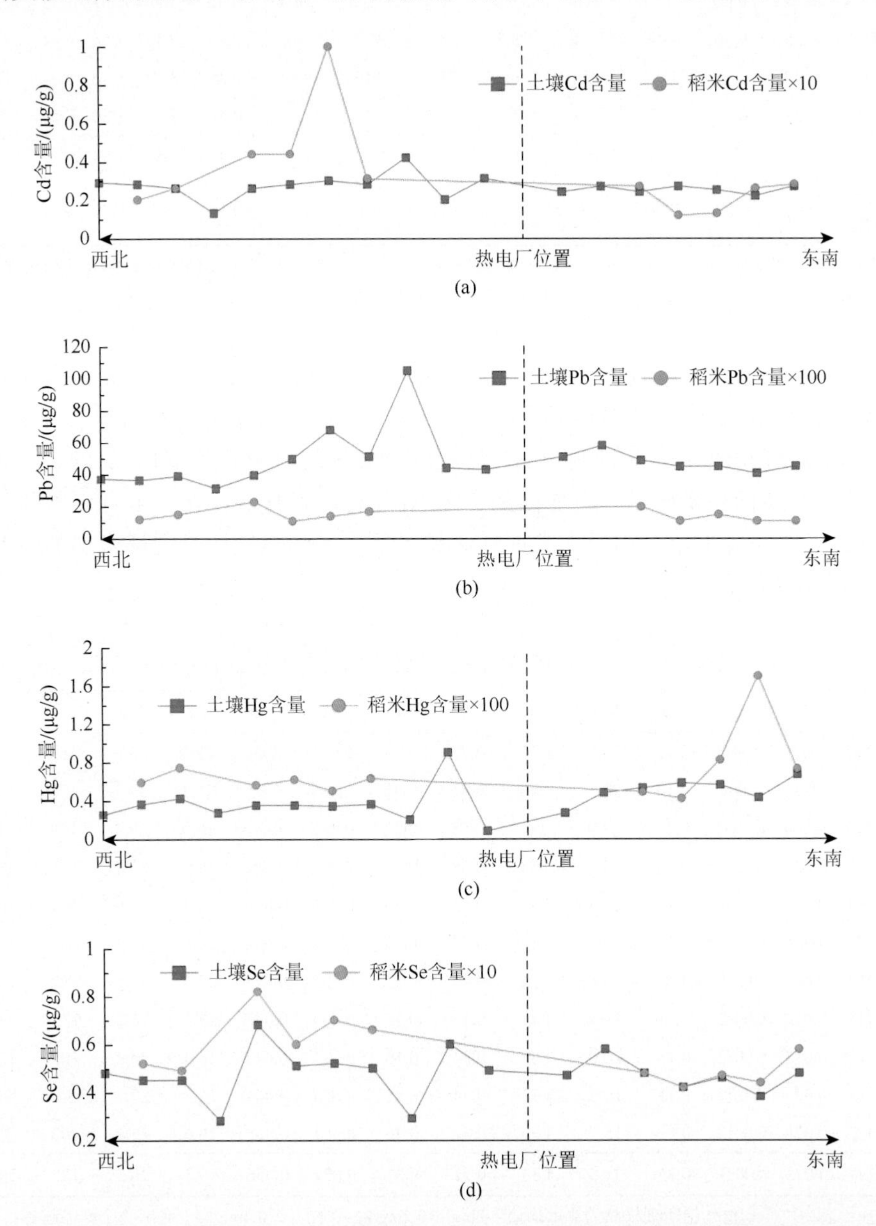

图 3-1　苏州市相城区望亭热电厂两侧土壤与稻米 Cd、Pb、Hg、Se 元素含量分布特征

太仓热电厂全称是华能国际电力股份有限公司太仓电厂，位于江苏省太仓市港口开发区滨江大道 118 号，东邻上海市，南望苏州市，西接常熟市，北依长江，建立于 1997 年 6 月 19 日，是长江下游南岸新建的一个重要的热电厂，现有装机容量 1900MW，员工 347 人。其分一、二期工程建设，一期工程建成两台 320MW 国产引进型亚临界燃煤发电机组，二期工程建成两台 630MW 国产超临界燃煤发电机组。截至 2010 年底，电厂 4 台机组累计发电 759.46 亿 kW·h，实现销售收入 229.15 亿元，上交各项税费 35.40 亿元。该热电厂目前安全生产、节能环保成效显著，热电厂用电率为 4.42%，发电煤耗为 311.31g/(kW·h)，“三废”基本实现零排放，2006 年被华能集团命名为“节约环保型示范燃煤发电厂”。本次选择该热电厂进行解剖，主要是考虑到该热电厂属于新建的节约环保型燃煤热电厂，又紧靠长江，可以与苏州市相城区望亭热电厂进行有效比较。在该热电厂附近共部署了两条土壤-稻米随机剖面，采集热电厂附近农田土壤样品 17 个、稻米样品 13 个（稻米仅分析糙米，余同）。西北方向剖面基本沿长江布设，采集土壤样品 10 个，编号 TD01～TD09a，稻米样品 6 个，编号 TD04～TD09；东南方向剖面采集土壤样品 7 个，编号 TD10～TD16，稻米样品 7 个，编号 TD10～TD16，土壤与稻米样点对应（未采集到稻米样的样点是因为该点无稻田）。上述两条剖面总体位于 1 个方向，分别从风向两端逼近热电厂。

表 3-3 列出了上述 17 个农田土壤样品的 Cd、Hg、Pb、Zn、Cu、Cr、Ni、As、Se、Fe、K、pH、TOC 共 13 个指标的分析测试结果，从表 3.3 可以看出，太仓热电厂附近农田土壤样品的 Cd、Hg、Pb、Cu、Cr、Ni、As 平均含量总体低于苏州市正常土壤的相关元素平均含量，Zn、Se 两元素平均含量接近或略高于苏州市土壤的平均含量，热电厂附近农田土壤样品的常量元素 Fe、K、TOC 含量总体与苏州市正常土壤的含量接近。相对于望亭热电厂而言，太仓热电厂投产十多年来对周围绝大部分农田土壤的重金属等微量元素分布的影响明显偏弱，但不能完全排除没有影响。太仓热电厂东南方向的 7 个土壤样品的 Zn 含量全部高于苏州市正常土壤的 Zn 平均含量，7 个样点的 Se 含量基本接近或高于苏州市正常土壤的 Se 平均含量，且离热电厂最近的那个样点的土壤的 Zn、Se 含量同时达到最高，分别为 137mg/kg、0.97mg/kg，远高于苏州市正常农田土壤的 Zn、Se 含量，说明太仓热电厂对其附近农田土壤的 Zn、Se 分布仍有不容忽视的影响。

表 3-4 列出了上述 13 个稻米样品的 Cd、Hg、Pb、Zn、Cu、Cr、Ni、As、Se、Fe、Mn、Ca、Mg 等元素的分析测试结果，在本次太仓热电厂附近抽检的稻米样品中，稻米 Ni 含量有 7 个样点超标、稻米 Se 含量有 1 个样点超标，其余样点均未发现重金属超标现象。稻米 Se 含量超标样点正是位于太仓热电厂东南方向离热电厂最近的那个点，该样点稻米的 Zn 含量也是 13 个稻米样品中相对最高的。相对于望亭热电厂而言，太仓热电厂附近稻米中的 Cd、Hg、Pb、Zn、As 等元素的

平均含量更低。扣除超标样品后，其余 12 个样品的平均 Se 含量也低于望亭热电厂附近的稻米 Se 含量，总体说明了太仓热电厂附近稻米比望亭热电厂附近稻米要更加干净。

表 3-3　苏州市太仓热电厂附近农田土壤样品重金属元素等分布调查结果

样号	Cd/(mg/kg)	Hg/(mg/kg)	Pb/(mg/kg)	Zn/(mg/kg)	Cu/(mg/kg)	Cr/(mg/kg)	Ni/(mg/kg)	As/(mg/kg)	Se/(mg/kg)	Fe/%	K/%	pH	TOC/%
TD01	0.15	0.12	21	75.3	19.9	66.8	27.1	6.3	0.13	2.89	1.8	8.0	0.61
TD02	0.17	0.1	22.7	91.9	24.1	71.4	29.9	7.2	0.21	3.11	1.86	7.99	1.34
TD03	0.22	0.084	23.6	89.6	27.3	76.9	32.8	8.19	0.2	3.35	2.02	7.87	1.76
TD04	0.21	0.092	23.7	81.3	27.1	71.1	29.3	7.17	0.25	3.08	1.83	8.16	1.85
TD05	0.17	0.093	21.4	80.7	26.6	72.7	30.2	8.76	0.18	3.23	1.94	8.24	0.94
TD06	0.21	0.11	23.2	77.9	25	72	27.6	6.33	0.25	2.96	1.8	7.94	1.87
TD07	0.13	0.12	24.5	75.6	24.4	73.2	30.8	7.33	0.19	3.14	1.98	8.0	1.2
TD08	0.23	0.17	28	98.3	33.2	81.1	35.8	7.09	0.31	3.62	2.07	8.03	2.46
TD09	0.25	0.14	37.2	109	33.4	81.9	37	7.51	0.33	3.67	2.09	8.08	2.24
TD09a	0.23	0.15	29.6	103	29.6	79	35.3	8.08	0.3	3.56	2.05	7.93	1.84
TD10	0.16	0.15	32.5	137	28.3	85.3	33.3	8.28	0.97	3.42	1.99	8.13	1.01
TD11	0.2	0.2	30.2	95	30.6	78.3	37.7	7.7	0.32	3.58	2.05	7.85	1.64
TD12	0.2	0.11	30.2	106	31.9	79.4	36.4	8.94	0.35	3.67	2.18	8.22	1.46
TD13	0.2	0.12	30.4	99.6	31.5	82.5	36	8.98	0.33	3.65	2.18	8.16	1.46
TD14	0.17	0.13	29.5	97.5	29.6	85.1	36.4	10.3	0.28	3.88	2.22	8.01	1.22
TD15	0.19	0.11	29	96.9	29.4	86.7	38.2	10.8	0.31	3.87	2.18	8.03	1.13
TD16	0.22	0.16	29.6	121	31	77.3	33.7	6.9	0.34	3.51	2.03	7.84	2.25
平均值	0.19	0.13	27	96	28	78	33	8.0	0.31	3.42	2.02	8.03	1.55
当地均值	0.21	0.27	34	93	33	84	36	8.7	0.31	3.57	1.78	6.51	1.54

注：表中“当地均值”指苏州市耕作层土壤相关元素平均含量，取江苏省 1∶250000 多目标区域调查相关表层土壤样品元素含量等分布算术均值；“平均值”指所列样品的算术均值。

表 3-4　苏州市太仓热电厂附近稻米样品重金属等元素含量调查结果　（单位：mg/kg）

样号	Cd	Hg	Pb	Zn	Cu	Cr	Ni	As	Se	Fe	Mn	Ca	Mg
TD04	0.0084	0.003	0.1	18.6	4.81	0.96	0.3	0.054	0.034	16.9	15.4	97	468
TD05	0.0064	0.009	0.11	14.9	5.38	0.53	0.67	0.043	0.03	14.1	5.79	84	498
TD06	0.0051	0.0061	0.15	14.1	2.92	0.32	0.14	0.08	0.034	13.6	22.6	116	632
TD07	0.008	0.0044	0.12	14.6	4.56	0.74	0.42	0.061	0.035	13.5	15.3	99.5	449
TD08	0.005	0.0032	0.11	17.9	5.38	0.43	0.23	0.044	0.036	14.8	16.2	105	461
TD09	0.0044	0.0029	0.1	14.5	4.9	0.77	0.4	0.057	0.036	17.1	14.5	110	568

续表

样号	Cd	Hg	Pb	Zn	Cu	Cr	Ni	As	Se	Fe	Mn	Ca	Mg
TD10	0.0047	0.0036	0.11	21	4.71	0.36	0.31	0.052	0.75	15.8	21.1	100	828
TD11	0.0057	0.0052	0.12	16	4.06	0.96	0.18	0.073	0.039	16.2	18.8	96	599
TD12	0.0048	0.0041	0.11	16.1	4.88	0.38	0.64	0.042	0.03	11.3	4.23	104	649
TD13	0.0098	0.0032	0.094	14.2	6.41	0.62	0.56	0.052	0.052	11.4	9.48	103	690
TD14	0.0049	0.0028	0.1	15.3	5.52	0.58	0.58	0.051	0.046	12.7	11.8	95	577
TD15	0.0038	0.0023	0.098	13.8	6.15	0.77	0.46	0.042	0.037	16.7	10.1	118	621
TD16	0.0054	0.0042	0.11	16.8	4.34	0.55	0.15	0.068	0.032	13.5	17.6	113	770
平均值	0.0059	0.0042	0.11	16.0	4.92	0.61	0.39	0.055	0.092	14.4	14.1	103	601

注：表中“平均值”指所列样品的算术均值；Ni（≥0.4mg/kg）有 7 个样品、Se（≥0.3mg/kg）有 1 个样品超标；分析的稻米为糙米。

图 3-2 对比了该热电厂两侧土壤与稻米 Cd、Pb、Hg、Se 等元素含量的变化，可以看出，Se 在土壤-稻米之间的分布具有较好的相关性，Zn 在土壤-稻米之间的分布也应具有类似关联，总的趋势是离热电厂越近，其土壤与稻米中 Pb、Hg、Se、Zn 等元素含量相对偏高，说明热电厂的存在对周围农田土壤环境重金属等富集可能还是有一定影响，尽管这些稻田离热电厂都有一定距离（一般都在 1000m 之外），但仍然不能完全摆脱该热电厂的影响，其中 Se、Zn 被影响程度相对最高。

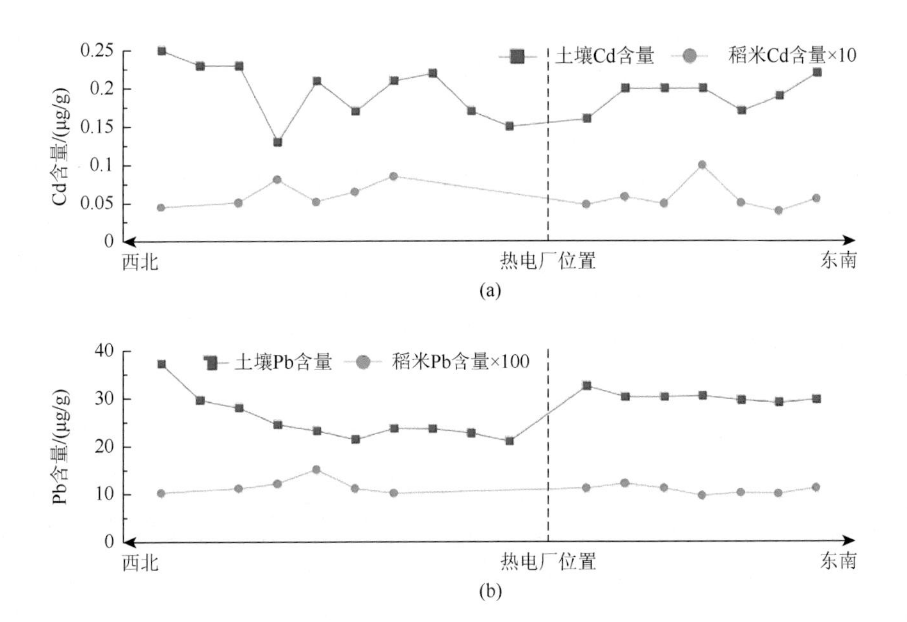

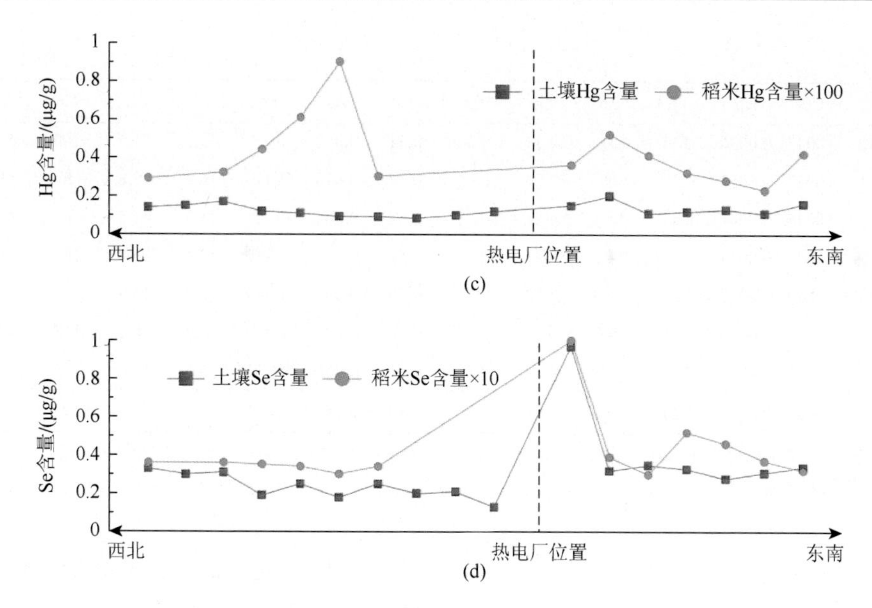

图 3-2　苏州市太仓热电厂两侧土壤与稻米 Cd、Pb、Hg、Se 元素含量分布特征

常州市新北区春江镇魏村热电厂是一家小型热电厂，最初隶属于常州市长江热能有限公司，位于常州新北区春江镇魏村工业园区北区，成立于 2003 年，是一家集发电、供热、新型建材的合资企业。该热电厂目前仍在继续发电，从远处可以看到该热电厂发电时所冒出的黑烟，其是一个燃煤发电的典型小热电厂。选择该热电厂进行解剖，主要因为该热电厂是一个新近的小型热电厂，还是非国有企业，又位于常州市新北区新近的工业园区内，在长江三角洲地区众多分散的小型热电厂中具有一定代表性。该热电厂四周农田已被大片工业开发，只有西北、东南方向存在部分稻田，本次共在该热电厂西北向稻田中采集了 5 个土壤样品、5 个稻米样品（采集水稻籽实，加工分析其糙米），样品编号 WCD01～WCD05，在该热电厂东南向稻田中采集了 2 个土壤样品，样品编号 WCD06～WCD07（这两个样点处未采集水稻，因为采样时已收割）。这 7 个样点未构成剖面，呈散点状分布在热电厂西北、东南这两个不同的方向。表 3-5 与表 3-6 分别列出了在魏村热电厂附近所采集农田土壤与稻米样品的重金属等分析结果。

表 3-5　常州市新北区春江镇魏村热电厂附近农田土壤样品重金属元素等分布调查结果

样号	Cd/(mg/kg)	Hg/(mg/kg)	Pb/(mg/kg)	Zn/(mg/kg)	Cu/(mg/kg)	Cr/(mg/kg)	Ni/(mg/kg)	As/(mg/kg)	Se/(mg/kg)	Fe/%	K/%	pH	TOC/%
WCD1	0.41	0.23	34	113	43.5	94.2	41	10.4	0.4	4.24	2.18	7.77	2.12
WCD2	0.69	0.11	31.9	115	47.7	89.7	45.1	10.7	0.36	4.25	2.21	7.88	1.73
WCD3	1.04	0.18	31.6	102	39.5	82.8	38	8.46	0.34	3.8	2.02	7.78	2.05

续表

样号	Cd/ (mg/kg)	Hg/ (mg/kg)	Pb/ (mg/kg)	Zn/ (mg/kg)	Cu/ (mg/kg)	Cr/ (mg/kg)	Ni/ (mg/kg)	As/ (mg/kg)	Se/ (mg/kg)	Fe/%	K/%	pH	TOC/%
WCD4	0.51	0.15	36.4	116	40.8	90.6	42.8	9.61	0.35	4.18	2.16	7.74	2.13
WCD5	0.17	0.2	27.3	102	37.3	81.1	30.4	10.1	0.29	3.12	1.71	6.4	1.21
WCD6	0.47	0.16	45.6	115	45.7	91.8	43.2	10.3	0.39	4.19	2.17	7.61	2.24
WCD7	0.46	0.15	61.1	144	46.3	88.4	45.2	10.8	0.4	4.23	2.2	7.58	2.26
平均值	0.54	0.17	38.3	115	43.0	88.4	40.8	10.1	0.36	4.00	2.09	7.54	1.96
当地均值	0.18	0.14	34	70	27	78	29	8.2	0.3	3.19	1.57	6.36	1.31

注：表中“当地均值”指常州市耕作层土壤相关元素平均含量，取江苏省 1∶250000 多目标区域调查相关表层土壤样品元素含量等分布算术均值；“平均值”指所列样品的算术均值。

表 3-6　常州市新北区春江镇魏村热电厂附近稻米样品重金属等元素含量调查结果（单位：mg/kg）

样号	Cd	Hg	Pb	Zn	Cu	Cr	Ni	As	Se	Fe	Mn	Ca	Mg
WCD1	0.016	0.0059	0.12	17.7	4.44	1.09	0.27	0.13	0.039	16.3	21	121	855
WCD2	0.038	0.0042	0.1	18.1	5.48	0.82	0.26	0.065	0.045	15.4	23.6	117	776
WCD3	0.046	0.0071	0.12	16.6	3.82	0.79	0.15	0.082	0.027	15.7	26.5	119	949
WCD4	0.07	0.0048	0.12	20.6	5.04	0.89	1.03	0.079	0.052	20.7	36	122	784
WCD5	0.0092	0.0046	0.19	15.3	3.52	1.46	0.22	0.083	0.028	22.4	23.5	123	1017
平均值	0.036	0.0053	0.13	17.7	4.46	1.01	0.39	0.088	0.038	18.1	26.1	120	876

注：表中“平均值”指所列样品的算术均值；Ni（≥0.4mg/kg）有 1 个样品、Cr（≥1.0mg/kg）有 3 个样品超标；分析的稻米为糙米。

从表 3-5 可以看出，魏村热电厂附近农田土壤的 Cd、Hg、Pb、Zn、Cu、Cr、Ni、As、Se 的平均含量均高于常州市正常土壤的相关元素平均含量，7 个样点土壤的 Zn、Cu、Cr、Ni、As 含量全部大于常州市正常土壤的各自平均含量，7 个样点土壤的 Cd、Hg、Se 含量均有 6 个超过当地正常土壤均值，以 Cd、Zn 相对富集趋势最为明显。该热电厂附近农田土壤的 Cd 含量最高达到 1.04mg/kg，在本次解剖的 3 个热电厂附近所调查的 42 个农田土壤样品中排在第一位，7 个样点的土壤 Cd 含量分布很不均匀，最低仅 0.17mg/kg，只有最高含量的 1/6，说明当地农田土壤富集的 Cd 应不止一个来源；7 个样点的 Zn 含量全部在 102～144mg/kg，平均含量达到 115mg/kg、比常州市正常农田土壤 Zn 含量高出 64%，这在一般情况下也是很难见到的。东南方向 2 个样点的土壤 Pb 含量明显高于西北方向的 5 个样点，这可能与风向有一定关系。

从表 3-6 可以看出，在魏村热电厂外西北方向稻田所抽检的 5 个稻米样品中，有 1 个样点稻米 Ni 超标、3 个样点稻米 Cr 超标，但 Cd、Hg、Pb、Zn、As 等重金属则无一例超标，说明当地稻米重金属分布与土壤环境变化之间尚未建立直接对应关系。

通过对上述 3 个热电厂附近农田土壤与稻米调查数据的初步分析，可大致归纳如下：

（1）苏锡常地区的热电厂在持续运行中对周围农田土壤环境会产生一定影响，可能会向周围农田中输入一定量的重金属及有关微量元素，表现为热电厂周围农田土壤的 Cd、Hg、Pb、Zn、Se、As 等元素含量高于当地正常农田土壤，并且出现一定数量的稻米重金属超标现象（如 Ni、Pb 等）。究其原因，推测与发电必须消耗煤炭资源有关，煤炭作为矿物燃料先天挟带一定量的亲硫元素或硫化物，像 Cd、Hg、Pb、Zn、Se、As 等都是典型的亲硫元素，很容易通过成矿作用进入煤炭中，在燃烧过程中这些微量元素又很容易释放到环境中，即使对发电用煤做过各种环保化处理，也难保将煤炭中先天挟带的所有重金属及其相关微量元素全部过滤掉。土壤作为地表生态系统水-土-气-生-岩的汇聚点，无选择地接收大量煤炭燃烧的副产物也很好理解。

（2）不同种类的热电厂对其周围农田土壤环境的影响程度有所差异。就本次解剖的 3 个热电厂而言，以太仓热电厂影响程度相对最小、影响的农田范围相对最集中、元素富集量低，魏村热电厂影响程度相对最大、在短期内造成农田重金属富集相对最明显、影响范围最难以限定、富集的元素数量最多，望亭热电厂介于上述两者之间，对周围农田土壤环境的影响相对比较稳定。形成这种差异应与上述 3 个热电厂本身的经营历史不同有关，魏村热电厂规模最小、生产历史相对最短，但经营方式相对最为粗放、对发电用煤的限制和排烟限制可能相对最低，所以周边农田土壤的重金属等很容易在短期内快速富集；太仓热电厂规模发电量最大，建厂时间仅 20 年左右，是同行业的环保标兵企业，其生产、经营、环境保护设计与管理无疑都是最现代化的，包括发电所使用的煤炭的环境质量也应该是比较高的，所以只在离热电厂最近的局部农田土壤中发现了比较有限的 Zn、Se 污染线索，其周围大部分农田土壤的重金属等微量元素分布与当地正常农田相比差异不大；望亭热电厂生产历史最悠久（超过 50 年），经过多次改建与扩建后发电量不断增长，企业规模相对最大，但毕竟是老牌国有企业，经营管理与环保意识应该比一般小企业强，使用煤炭的来源与质量也应该比一些小企业高，所以尽管它发电量及其煤炭消耗可能远超过魏村热电厂，但燃煤释放的重金属等对周围农田土壤的影响并不比魏村热电厂严重，重金属污染或相对富集也仅限于 Cd、Hg、Pb、Zn。

（3）风向对燃煤排放应该有一定影响，但本次解剖的效果不甚明显。3 个热电厂只有望亭热电厂采样时能依据排烟确定上、下风向，其余两个热电厂现场调研都不太容易断定，加上苏锡常地区雨水充沛，一年四季上、下风向本身可以变化，即使能确定主风向，也不一定能保证主风向两端都保留有一定数量的农田，这为解剖热电厂燃煤排放受风向影响增添了困难。燃煤排放作为向周围农田土壤输送重金属等微量元素的渠道之一，其污染范围和强度应该与风向有关，这点今后尚需要进行深入研究。

（4）3 个热电厂都出现了其附近稻米 Ni 超标的现象，但每个热电厂附近农田土壤 Ni 含量都不甚高。太仓热电厂附近抽检了 13 个稻米样品，其 Ni 超标样品达到 7 个，占比超过 50%，可是 7 个稻米 Ni 超标样点的土壤 Ni 含量都低于或接近当地正常农田土壤的 Ni 含量。其他两处热电厂发现的稻米 Ni 超标情况也基本如此，另外在热电厂附近新发现的稻米 Pb、Cr 超标也与土壤 Pb、Cr 污染物直接联系。如何解释这一现象也需要做进一步研究，找出相关的确凿证据。

3.1.2　电池厂类

1. 明扬电池厂

明扬电池厂位于无锡市锡山区鹅湖镇，拥有 10 年以上的连续生产历史，主要生产镍镉电池，是当地一个有影响的乡镇企业。该电池厂西面与北面有成片农田，东面为建设用地，南面为居民住宅区，电池厂附近土壤存在 Cd、Hg 等重金属污染，连续几年的调查数据都证实如此。本次在该电池厂周围进行了土壤地球化学剖面溯源研究，在西面、北面各部署了 1 条土壤地球化学剖面，由远而近向电池厂逼近，目的是追踪土壤重金属污染来源，两条剖面共采集样品 14 个，构成 1 个不完整的“十”。

图 3-3 展示了所完成的两条土壤剖面（或“十”字剖面）的 Cd、Hg、Pb、Zn、Cu、Se 等空间变化情况，从图 3-3 可以看出，在靠近电池厂最近的 1 块耕地的土壤 Cd 含量为 7.57mg/kg，围绕该田块向近南北向与近东西向加密采样后，Cd 高

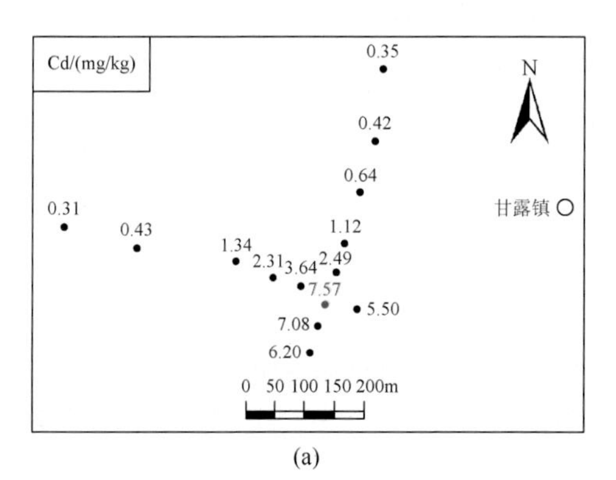

(a)

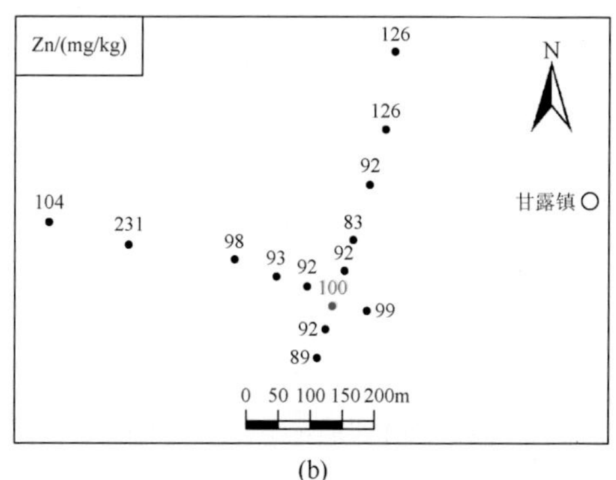

(b)

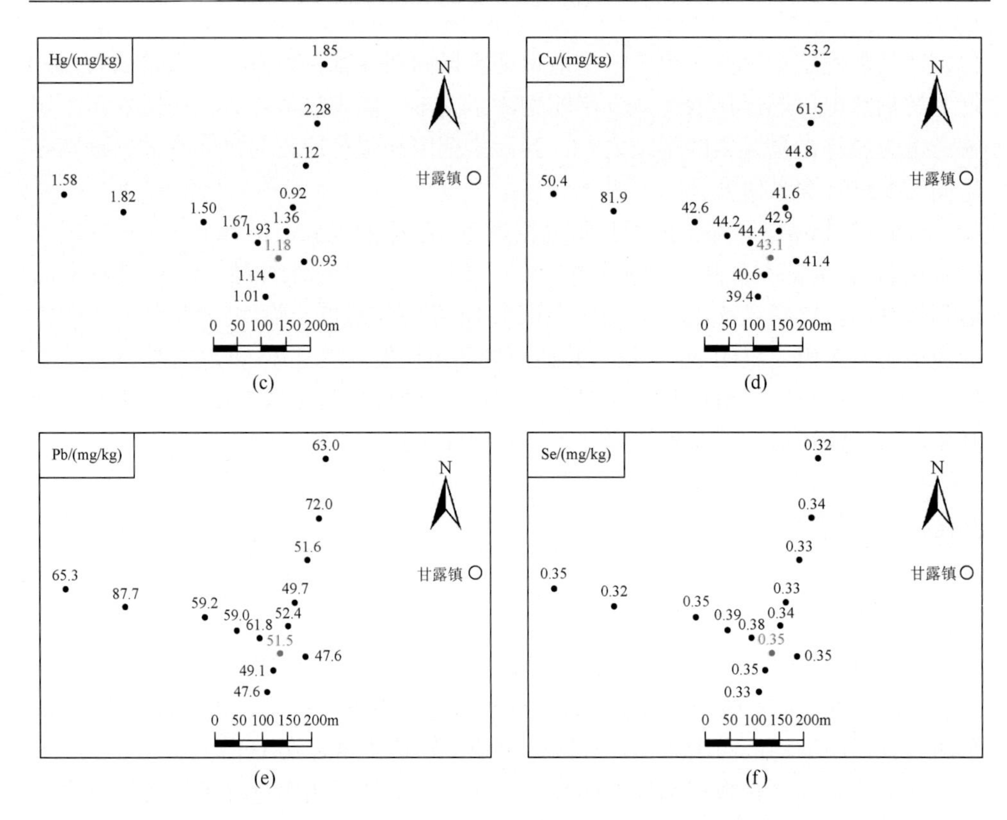

图 3-3　明扬电池厂附近土壤“十”字剖面重金属等元素含量分布图

含量主要围绕电池厂附近土壤分布，从 1.12mg/kg 变化到 7.57mg/kg，不同方向的 Cd 含量有一定差异；离电池厂越远，相应农田土壤 Cd 含量越低，北、西方向离电池厂最远的农田土壤 Cd 含量全部低于 0.4mg/kg。

上述“十”字剖面中的土壤 Hg 含量变化范围为 0.92～2.28mg/kg，全部达到目前我国农田土壤 Hg 含量限制标准的轻度-重度污染级，但两条剖面中的土壤 Hg 分布并没有呈现出离电池厂越近含量越高的特点，而且在远离电池厂的北、西两端的农田土壤 Hg 含量还高于电池厂附近的有关样点，这点与 Cd 有显著不同，说明电池厂周围的土壤 Hg 污染不完全是由该电池厂引起的，应该还存在除该电池厂之外的其他污染源。

上述“十”字剖面中 14 个土壤样品的 Se 含量相对最为稳定，全部介于 0.32～0.39mg/kg，Se 含量高低与离电池厂的远近无直接关系，这点与 Hg 类似。Cu、Pb、Zn 元素含量的分布也与 Hg、Se 类似，总体上 14 个样点的含量比较接近，且样点之间的含量差异与离电池厂的远近关系不密切，指示该电池厂周围还有其他重金属污染源。

为了进一步验证明扬电池厂对周围土壤环境的 Cd、Ni 影响，专门从电池厂西侧围墙脚下苗圃地开始，从近到远测量了 1 条长约 500m 的剖面，剖面整体与电池厂位置垂直，采集土壤样品 11 个，分析测试了各土壤样品的 Cd、Ni 含量，发现电池厂墙外正对着排风口的土壤 Cd、Ni 含量分别高达 52.6mg/kg、318mg/kg，距离电池厂 60m 后 Cd、Ni 含量立即衰减到 28.7mg/kg、181mg/kg，500m 后土壤 Cd、Ni 含量与当地正常土壤一致，距离电池厂越近的土壤其 Cd、Ni 含量越高，距离电池厂越远的土壤其 Cd、Ni 含量越低（图 3-4），而且 Cd、Ni 含量呈显著正相关，相关系数（R）达到 0.99，说明土壤中 Cd、Ni 来源相同，是电池厂向土壤中输送了过量的 Cd 与 Ni。

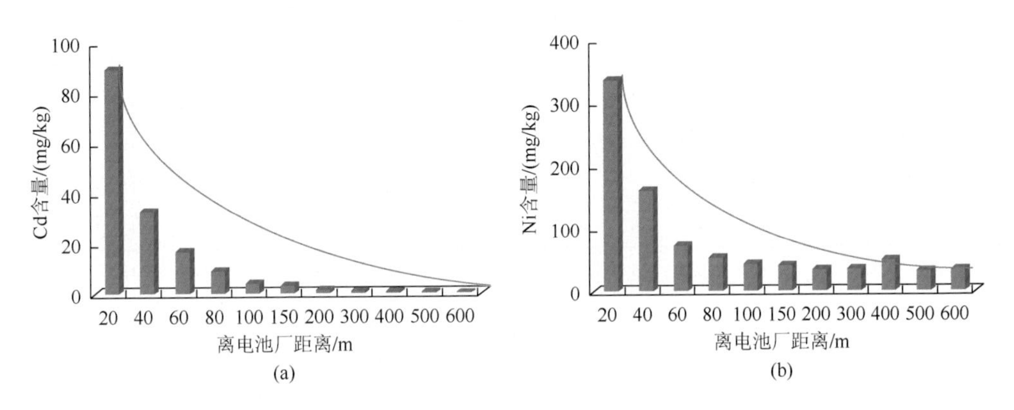

图 3-4 明扬电池厂西侧土壤 Cd、Ni 随厂区距离远近的含量分布特征

以上解剖实例说明，类似于明扬电池厂这类生产镍镉电池的民办工厂，对周围农田土壤形成局部 Cd、Ni 污染，影响范围一般控制在 500m 范围内。但是，当地土壤 Hg 等重金属污染并非由明扬电池厂所引起，周围还应该存在其他的重金属污染源。

2. *湖光电池厂*

湖光电池厂位于无锡市宜兴市丁蜀镇，拥有 10 年左右的生产历史，主要生产铅锌等蓄电池。本次围绕该电池厂及其附近农田进行了土壤、河泥（含沟渠底泥）及对应稻米样品的加密调查采样分析，在电池厂附近（预计所影响的范围内）布设加密样点 13 个，采集稻田土壤、稻米、河泥样品各 13 个（共 13 套）。上述 13 个稻田土壤样品的 Cd、Hg、Pb、Zn 等元素分布列于表 3-7。

表 3-7 湖光电池厂附近农田土壤样品重金属元素等分布调查结果

样号	Cd/(mg/kg)	Hg/(mg/kg)	Pb/(mg/kg)	Zn/(mg/kg)	Cu/(mg/kg)	Cr/(mg/kg)	Ni/(mg/kg)	As/(mg/kg)	Se/(mg/kg)	Fe/%	Mg/%	TOC/%	CEC/[mmol(+)/kg]	pH
D041t	0.47	0.19	58.8	97.7	32.9	60.2	20.9	7.38	0.46	2.42	0.38	1.76	146	5.52
D042t	0.7	0.21	54.2	75.4	24.7	60.3	21.2	5.97	0.42	2.37	0.38	2.01	140	5.38
D043t	0.57	0.18	52.7	78.5	25	58.7	19.6	5.98	0.41	2.44	0.38	1.86	151	5.45
D044t	2.59	0.16	121	125	27.2	68.5	25.2	8.28	0.43	2.95	0.45	2.15	179	5.7
D045t	2.55	0.18	283	87.7	25.8	73.7	25.1	8.07	0.45	2.86	0.43	2.3	168	5.45
D046t	1.28	0.17	69.6	74	25.3	66.1	23	7.38	0.34	2.71	0.43	1.79	168	6.18
D047t	0.45	0.14	56.1	69.8	21.4	66.3	23.6	6.01	0.36	2.76	0.44	1.92	163	5.55
D048t	0.67	0.14	167	75.3	22.8	67.7	23.7	6.89	0.41	2.67	0.44	1.92	183	6.06
D049t	0.58	0.2	103	83.6	26	66.7	24.9	7.18	0.36	2.83	0.48	2.14	197	6.2
D050t	0.77	0.16	201	74.7	24.2	67.9	22.5	7.82	0.42	2.9	0.46	2.18	183	5.91
D051t	0.42	0.19	132	71.3	24.2	62.8	21.9	6.1	0.37	2.43	0.39	2.18	180	5.74
D052t	0.46	0.17	104	73.3	23.8	73.9	25.1	7.42	0.38	2.79	0.45	2.06	163	6.0
D053t	0.22	0.19	64.5	84.3	26.2	68.3	23.4	7.62	0.43	2.67	0.42	1.52	154	5.86
平均值	0.90	0.18	112.8	82.4	25.3	66.2	23.1	7.08	0.40	2.68	0.43	1.98	167	5.77
背景值	0.19	0.13	33.9	70	25	75	26.4	9.0	0.35	3.04	0.44	1.51	173	6.36

注：表中“背景值”取无锡市宜兴市耕作层土壤相关元素平均含量，取江苏省 1∶250000 多目标区域调查相关表层土壤样品元素含量的算术均值；“平均值”指所列样品的算术均值；CEC（阳离子交换量）单位为 mmol（+）/kg。

从表 3-7 可看出，湖光电池厂附近农田土壤的 Pb、Zn、Cd 等重金属含量明显偏高，13 个农田土壤样品的 Pb 含量为 52.7～283mg/kg，平均为 112.8mg/kg，比当地正常农田土壤的 Pb 含量 33.9mg/kg 高出 2 倍多，说明电池厂附近的农田土壤中 Pb 有较大幅度增长；这 13 个农田土壤样品的 Zn 含量为 69.8～125mg/kg，平均为 82.4mg/kg，与当地正常农田土壤的 Zn 含量 70mg/kg 相比也偏高，指示电池厂附近的农田土壤的 Zn 也有所增长；此外，还发现农田土壤的 Cd、Hg 含量也有不同程度的增长。

与上述 13 个稻田土壤样品对应的河泥（含沟渠底泥）样品的 Cd、Hg、Pb、Zn、Cu 等元素含量列于表 3-8，从表 3-8 可以看出，湖光电池厂附近沟渠底泥的平均 Pb 含量达到 328mg/kg，比农田土壤的平均含量高出近 2 倍，说明农田土壤的 Pb 富集是通过沟渠传输的，而沟渠连接河流，河流连接电池厂的排污口，归根到底电池厂是农田土壤 Pb 增长的主要来源。与之相似，沟渠底泥的 Zn、Cd 等重金属含量也普遍高于农田土壤，说明电池厂在输送 Pb 的同时，也向周围环境输送了部分 Zn、Cd。

表 3-8　湖光电池厂附近稻田沟渠底泥重金属元素等分布调查结果

样号	Cd/(mg/kg)	Hg/(mg/kg)	Pb/(mg/kg)	Zn/(mg/kg)	Cu/(mg/kg)	Cr/(mg/kg)	Ni/(mg/kg)	As/(mg/kg)	Se/(mg/kg)	Fe/%	Mg/(mg/kg)	TOC/%	CEC/[mmol（+）/kg]	pH
D041q	11.2	0.17	146	119	32.2	72.3	24.1	6.5	0.71	2.47	0.39	2.63	194	5.9
D042q	14.8	0.17	132	101	27.5	67.8	24.8	6.69	0.6	2.55	0.4	2.51	173	5.49
D043q	2.77	0.19	95	103	28.5	65.2	22.6	6.41	0.62	2.41	0.39	3.35	173	4.65
D044q	18.5	0.11	279	232	29.1	69.5	25.6	6.48	0.39	2.77	0.56	1.69	171	7.6
D045q	37.4	0.13	440	139	24.7	72.7	25.4	7.06	0.5	2.91	0.45	2.67	198	7.34
D046q	12.9	0.14	247	163	28.4	79.7	26	6.36	0.5	2.83	0.52	2.47	171	7.72
D047q	23.9	0.12	121	101	24.6	72.1	27.4	6.57	0.38	2.96	0.5	3.2	222	6.95
D048q	19.6	0.16	883	147	40.5	79.4	28.6	6.78	0.37	2.86	0.51	3.68	234	7.43
D049q	22.4	0.14	758	137	45.8	84.5	26	9.56	0.86	2.97	0.51	2.51	184	7.15
D050q	4.98	0.15	565	181	36.7	122	27.8	6.29	0.65	3.03	0.54	3.14	222	7.0
D051q	1.2	0.14	182	78.6	23.6	60	20.1	4.66	0.38	2.32	0.39	1.98	157	6.35
D052q	2.16	0.16	206	97.8	25.5	75.6	25.1	5.41	0.54	2.78	0.45	2.86	199	6.7
D053q	0.87	0.12	209	168	27.7	89.1	23.5	9.63	0.5	2.97	0.39	2.27	188	7.47
平均值	13.28	0.15	328	136.0	30.4	77.7	25.2	6.80	0.54	2.76	0.46	2.69	191	6.75
土均值	0.90	0.18	112.8	82.4	25.3	66.2	23.1	7.08	0.40	2.68	0.43	1.98	167	5.77
背景值	0.19	0.13	33.9	70	25	75	26.4	9.0	0.35	3.04	0.44	1.51	173	6.36

注：表中“背景值”取无锡市宜兴市耕作层土壤相关元素平均含量，取江苏省 1∶250000 多目标区域调查相关表层土壤样品元素含量的算术均值；“土均值”指表 3-7 所列的 13 个土壤样品（与此表 13 个沟渠底泥样对应）的各元素含量算术均值；“平均值”指表中所列样品的算术均值；CEC（阳离子交换量）单位为 mmol（+）/kg。

与上述 13 个稻田土壤样品对应的稻米样品 Cd、Hg、Pb、Zn、As、Se 等元素含量列于表 3-9。从表 3-9 可以看出，湖光电池厂的存在不仅增加了其附近农田土壤的 Pb、Zn、Cd 等重金属含量，而且污染农田中所产稻米的重金属含量也多有超标，13 个稻米样品中只有 1 个样品 Cd 含量不超标（稻米限标 Cd≤0.2mg/kg），8 个样品 Pb 含量超标（稻米限标 Pb≤0.2mg/kg）。部分稻米样品的 Cd 含量高于其对应的农田土壤 [生物富集系数（BCF）大于 1 者都是]，说明稻米中的 Cd 除了来自土壤外，灌溉水也是其直接来源。稻米中 Pb 的生物富集系数远小于 1，说明稻米从土壤中吸收的 Pb 占比极小。

表 3-9　湖光电池厂附近稻米样品重金属含量等抽查结果

样号	Cd/(mg/kg)	Hg/(mg/kg)	Pb/(mg/kg)	Zn/(mg/kg)	As/(mg/kg)	Se/(mg/kg)	Fe/(mg/kg)	Mg/(mg/kg)	Mn/(mg/kg)	Ca/(mg/kg)	P/(mg/kg)	S/(mg/kg)	BCF1	BCF2
D041z	0.48	0.0053	0.16	24.5	0.18	0.096	15	1012	38.5	152	2822	1089	1.02	0.0027
D042z	0.42	0.0059	0.13	22.7	0.16	0.07	16	1145	42.9	163	3154	1186	0.60	0.0024
D043z	0.27	0.0062	0.15	18.1	0.14	0.076	13.5	948	36.7	146	2661	1009	0.47	0.0028

续表

样号	Cd/(mg/kg)	Hg/(mg/kg)	Pb/(mg/kg)	Zn/(mg/kg)	As/(mg/kg)	Se/(mg/kg)	Fe/(mg/kg)	Mg/(mg/kg)	Mn/(mg/kg)	Ca/(mg/kg)	P/(mg/kg)	S/(mg/kg)	BCF1	BCF2
D044z	0.41	0.0045	0.35	22.3	0.12	0.064	18.6	1090	36.2	137	3032	1276	0.16	0.0029
D045z	0.9	0.0043	0.97	21.9	0.13	0.075	23	1187	36.1	148	3382	1268	0.35	0.0034
D046z	0.52	0.0047	0.15	25	0.11	0.073	16.4	1289	55.8	165	3360	1150	0.41	0.0022
D047z	0.55	0.0043	0.13	22.9	0.1	0.07	15.6	930	54.6	130	2506	1166	1.22	0.0023
D048z	0.39	0.0037	0.38	36.3	0.091	0.06	19.1	613	24.7	120	1831	1118	0.58	0.0023
D049z	0.32	0.0034	0.29	24.9	0.16	0.066	16.8	1265	48	151	3340	1147	0.55	0.0028
D050z	0.52	0.0047	0.3	22.5	0.11	0.063	16.7	1073	44.7	132	2884	1150	0.68	0.0015
D051z	0.31	0.0044	0.3	23.3	0.12	0.058	17.6	1198	39.4	148	3119	1144	0.74	0.0023
D052z	0.4	0.004	0.24	24.5	0.12	0.071	13.1	994	43.6	137	2763	1045	0.87	0.0023
D053z	0.12	0.0068	0.37	19.9	0.18	0.091	15.6	1080	48.8	154	2855	1019	0.55	0.0057
平均值	0.43	0.0048	0.30	23.8	0.13	0.07	16.7	1063	42.3	144.8	2901	1136	0.63	0.0027

注：表中“平均值”指所列样品的算术均值；BCF1 为 Cd 生物富集系数（取稻米与土壤的 Cd 含量比值），BCF2 为 Pb 生物富集系数（取稻米与土壤的 Pb 含量比值）。

通过上述对明扬电池厂、湖光电池厂附近农田土壤的解剖研究，可以初步得出以下判断。

（1）电池产品生产过程中使用了 Cd、Pb、Zn、Ni 等重金属原料，而且一般很难做到生产过程中不污染周围土壤环境，特别是农田土壤环境。镍镉电池生产可以增加附近土壤的 Cd、Ni 含量若干倍，铅锌电池生产可以提高周围土壤 Pb、Zn、Cd 等含量数倍。

（2）电池生产的排污渠道不同，对周围土壤重金属污染的影响程度也有所不同。镍镉电池生产排污若不连接河道，只通过气窗等排污，一般污染范围在 500m 左右，离电池厂越近，土壤 Cd、Ni 含量越高；若电池厂对着河流排污，则污染范围多由使用污染河水灌溉的范围所决定。

（3）电池生产过程中不仅可以污染周围土壤，还可以直接导致周边农田中稻米等农产品出现 Cd、Pb 等重金属超标。

3.1.3　陶瓷工艺品生产的影响

陶瓷工艺品生产是长江三角洲地区很有特色的一项传统产业，其生产过程涉及采矿、原料加工、制陶、烧结、彩绘、工艺等多个环节，一些重金属常被用于调色原料而进入到陶瓷工艺品的生产环节。太湖西侧宜兴市南部丁蜀镇一带的陶瓷工艺品生产基地附近的农田土壤 Cd 等重金属含量普遍偏高。本次特意选择丁蜀镇附近的污染农田及陶瓷工艺品的生产过程做了专门案例解剖，新获取了当地陶瓷工艺品生产形成局地 Cd 等重金属污染的重要证据。

位于太湖西侧、无锡市宜兴市最南端的丁蜀镇被外界誉为“中国陶都”，具有 6000 多年的制陶历史，其历史源于陶瓷，也兴于陶瓷。丁蜀镇悠久的陶瓷历史积淀了深厚的历史文化底蕴，尤其是紫砂文化，独步千年更是丁蜀镇陶都立足于世界文化殿堂无可替代的文化标志，其出产的紫砂壶享誉中外。由于陶瓷的兴旺，丁蜀镇很早就形成了一定的城市规模，奠定了较好的工商业基础。改革开放以后，又进一步将陶瓷业的发展及陶瓷工艺品的加工生产提升到了一个新的高度，于 2006 年 7 月兴建了江苏宜兴陶瓷产业园区。该园区规划面积 12km^2，涵盖高档陶瓷区、韩资集聚区、高新产业区 3 个部分，是特色鲜明的陶瓷主题园区、新兴产业汇集地、创新发展的重要载体。该园区在大力发展高端陶瓷产业、形成完整陶瓷产业体系的同时，还着力发展机械、电子、环保、生物、新型材料等支柱产业、高科技产业，已被国家发展和改革委员会审核批准为省级经济技术开发区。本次主要在丁蜀镇陶瓷产业园区（或陶瓷品生产加工基地）附近，针对以前所发现的土壤 Cd 等重金属污染线索，进行了农田土壤、稻米、河泥、沟渠底泥、陶瓷品原料（含废料）等系列调查采样分析测试，累积分析测试土壤等各类环境地球化学样品 200 余件。

表 3-10 是丁蜀镇陶瓷产业园区附近有关农田土壤的采样分析结果。所调查的农田全部为当地同一条河水所灌溉，而这条河流正是陶瓷品生产加工的废水排放处（排放口直通河流）。从表 3-10 可以看出，陶瓷产业园区附近农田土壤的平均 Cd 含量达到 4.9mg/kg，一般 Cd 含量都在 1.0mg/kg 以上，是当地正常耕地土壤 Cd 含量的几倍至几十倍，同时，还可以看出，陶瓷产业园区附近农田土壤的 Pb、Se 也有不同程度的增长，其 Pb 平均含量达到 41.4mg/kg，明显高于当地正常土壤的背景值 34mg/kg，Se 平均含量达到 1.5mg/kg，远高于当地正常土壤的 Se 平均含量 0.4mg/kg。

表 3-10　陶瓷产业园区附近农田土壤样品重金属元素等分布调查结果

样号	Cd/(mg/kg)	Hg/(mg/kg)	Pb/(mg/kg)	Zn/(mg/kg)	As/(mg/kg)	Cu/(mg/kg)	Cr/(mg/kg)	Ni/(mg/kg)	Co/(mg/kg)	Se/(mg/kg)	Fe/%	Mg/%	TOC/%	CEC/[mmol(+)/kg]	pH
D001	11.0	0.15	43.4	78.8	8.99	27.4	69.1	29.5	12.2	2.34	3.14	0.43	2.26	197	6.03
D003	8.8	0.19	46.9	84.8	9.89	28.8	72.5	26.9	12.2	2.06	3.18	0.44	2.19	207	6.45
D005	7.9	0.14	43.5	85	10.3	26.5	74.2	28.2	12.3	2.01	3.31	0.45	2.29	219	6.98
D007	7.7	0.18	49.0	73.7	8.19	28.5	67.3	24.6	10.9	2.52	2.75	0.36	2.64	188	5.71
D009	4.5	0.18	42.8	69.3	8.62	27.5	70.2	25.6	11.5	1.77	3.12	0.37	2.5	217	6.0
D011	2.7	0.22	43.2	77	8.57	29.2	71.4	25.2	12.3	1.26	3.31	0.38	2.76	211	6.2
D013	6.2	0.18	47.2	80.3	9.29	30.2	75.9	29.1	12.1	2.07	3.04	0.42	2.1	205	6.61

续表

样号	Cd/(mg/kg)	Hg/(mg/kg)	Pb/(mg/kg)	Zn/(mg/kg)	As/(mg/kg)	Cu/(mg/kg)	Cr/(mg/kg)	Ni/(mg/kg)	Co/(mg/kg)	Se/(mg/kg)	Fe/%	Mg/%	TOC/%	CEC/[mmol（+）/kg]	pH
D015	3.0	0.18	43.8	77.4	8.17	30.2	75.3	28.6	11.7	1.47	3.14	0.43	2.42	217	5.89
D017	10.1	0.17	49.7	78	6.61	27.8	64.9	22.9	10.5	2.65	2.6	0.34	2.68	188	6.29
D019	9.5	0.16	42.1	70.5	7.57	25.2	64.6	23.2	11.2	1.92	2.82	0.35	1.87	184	6.74
D021	2.2	0.21	42.6	71.2	8.39	26.8	65.9	23.1	10.5	1.14	3.01	0.35	2.67	205	7.05
D023	2.6	0.18	40.9	70.4	7.26	28.1	64.7	20.4	10.1	1.13	2.6	0.31	2.78	185	5.95
D025	1.7	0.21	41.7	76.2	10.1	29.2	69.5	23.5	11.5	1.05	3.21	0.35	3.02	208	6.3
D027	1.0	0.22	45	72.1	7.95	28.4	66.7	21.7	10.9	0.89	2.95	0.33	2.9	188	5.9
D031	2.4	0.24	33.1	62.6	5.01	18.6	52.5	17.8	8.91	1.01	2.1	0.32	2.05	83	5.6
D033	2.2	0.17	29.8	52.8	4.87	15.7	52.9	18.6	9.18	0.84	2.06	0.33	1.35	117	5.47
D035	2.1	0.22	31	54.9	5.68	18	51.1	16.8	9.07	0.76	2.15	0.35	1.4	126	5.6
D037	2.5	0.22	30.1	54.3	5.31	18.2	53.2	18.4	9.63	0.85	2.19	0.35	1.39	134	6.02
平均值	4.9	0.2	41.4	71.6	7.8	25.8	65.7	23.6	10.9	1.5	2.8	0.4	2.3	182	6.2
背景值	0.19	0.13	34	70	9.0	25.0	75	26	12.5	0.4	3.04	0.44	1.51	173	6.4

注：表中“背景值”指当地耕作层土壤元素背景值，取无锡市宜兴市土壤的平均含量；“平均值”指所列样品的算术均值；CEC（阳离子交换量）单位为 mmol（+）/kg。

表 3-11 是与表 3-10 对应的相关沟渠底泥样品的相同重金属等元素含量的分析结果，可以看出，沟渠底泥的 Cd、Pb、Zn、Se 等元素含量明显高于稻田土壤，如其 Cd 平均含量高达 29.37mg/kg，是同一区域稻田土壤 Cd 平均含量的 2.96 倍。但沟渠底泥样品的 Fe、Mg 等常量元素含量则与稻田土壤相近，CEC 也总体接近。沟渠底泥 Cd、Pb、Zn、Se 平均含量远高于其所对应的稻田土壤，说明稻田土壤所聚集的重金属等是通过沟渠传输而来的，沟渠底泥中的重金属向农田迁移过程中有相当程度的稀释，也可能伴随一定程度的衰减。

表 3-11 陶瓷产业园区附近稻田沟渠底泥重金属元素等分布调查结果

样号	Cd/(mg/kg)	Hg/(mg/kg)	Pb/(mg/kg)	Zn/(mg/kg)	As/(mg/kg)	Cu/(mg/kg)	Cr/(mg/kg)	Ni/(mg/kg)	Co/(mg/kg)	Se/(mg/kg)	Fe/%	Mg/%	TOC/%	CEC/[mmol（+）/kg]	pH
D01q	31.3	0.16	49.2	93	11.2	30.3	76	30.1	13.2	4.5	3.31	0.45	2.53	217	5.98
D03q	156	0.27	133	175	15.1	43.2	93.8	39.2	17.8	10.9	3.38	0.51	2.59	237	6.35
D05q	45.8	0.17	98.3	154	10.4	34.3	83.3	34.2	14.2	6.16	3.12	0.44	2.73	231	6.38
D07q	51.1	0.2	106	182	11.1	37.7	82.6	31.9	13.4	6.27	3.06	0.41	2.64	234	6.97
D09q	40.1	0.18	94	184	9.97	39	83.1	32.6	14.9	2.06	3.11	0.42	3.14	239	5.05
D11q	7.05	0.25	39.1	74.1	8.98	26.9	71	25.3	12.7	1.99	3.18	0.39	2.14	222	6.58
D13q	23.5	0.18	58.9	124	8.58	32.8	77.6	27.9	13	3.05	3.11	0.42	3	242	5.48
D15q	9.94	0.18	43.3	83.5	6.17	26.8	67.8	24.4	12.3	2.57	2.88	0.38	2.81	205	5.23

续表

样号	Cd/(mg/kg)	Hg/(mg/kg)	Pb/(mg/kg)	Zn/(mg/kg)	As/(mg/kg)	Cu/(mg/kg)	Cr/(mg/kg)	Ni/(mg/kg)	Co/(mg/kg)	Se/(mg/kg)	Fe/%	Mg/%	TOC/%	CEC/[mmol（+）/kg]	pH
D17q	80.6	0.18	203	233	16.6	38.2	93.5	41.1	15.7	6.12	3.27	0.42	2.44	224	7.7
D19q	32.1	0.17	84.2	130	12.8	43.9	85.1	29.8	12.7	3.74	3.21	0.44	2.16	205	7.85
D21q	7.51	0.19	65.4	102	7.63	40.5	72.8	24.3	11.2	2.16	2.81	0.39	2.6	227	7.71
D23q	7.4	0.14	42.3	83.6	8.64	28.8	73.7	26	13.2	1.79	3.32	0.48	2.63	228	6.54
D25q	5.38	0.18	49.6	87.2	5.91	31.6	66.4	25.6	11.5	1.65	2.87	0.37	2.67	237	6.59
D27q	5.76	0.2	50.9	93.8	8.13	30.4	66.8	22.2	12	2.39	3.07	0.34	3.22	219	6.6
D31q	0.48	0.14	44.9	92.6	13.4	29.5	83.4	31.8	15.1	0.54	3.42	0.48	2.77	267	6.36
D33q	5.1	0.19	44	88.3	5.68	22	54.5	17.2	9.42	0.86	2.23	0.35	1.82	154	6
D35q	9.9	0.16	31.3	73.1	7.4	23.3	56.1	18.5	10.5	1.08	2.23	0.38	1.75	142	7.59
D37q	9.55	0.25	41.1	87	5.03	23.7	57.5	19	11.1	1.21	2.3	0.36	2.53	160	5.93
平均值	29.37	0.19	71.0	118.9	9.6	32.38	74.7	27.8	13	3.3	2.99	0.41	2.57	216	6.49
背景值	0.19	0.13	34	70	9.0	25.0	75	26	12.5	0.4	3.04	0.44	1.51	173	6.4

注：表中“背景值”指当地耕作层土壤元素背景值，取无锡市宜兴市土壤的平均含量；“平均值”指所列样品的算术均值；CEC（阳离子交换量）单位为 mmol（+）/kg。

将当地陶瓷产业园区附近一片农田区域所在地土壤的 Cd 含量与其对应的沟渠底泥样品的 Cd 含量做相关性统计分析（图 3-5），发现沟渠底泥与稻田土壤的 Cd 含量具有显著的正相关性，在参与统计的 45 对样品中，其相关系数 $R = 0.88$，说明沟渠底泥的 Cd 与稻田土壤的 Cd 之间具有相同的来源，而且沟渠底泥的 Cd 普遍高于稻田土壤，表明稻田中积累的 Cd 是通过沟渠传输而来的。

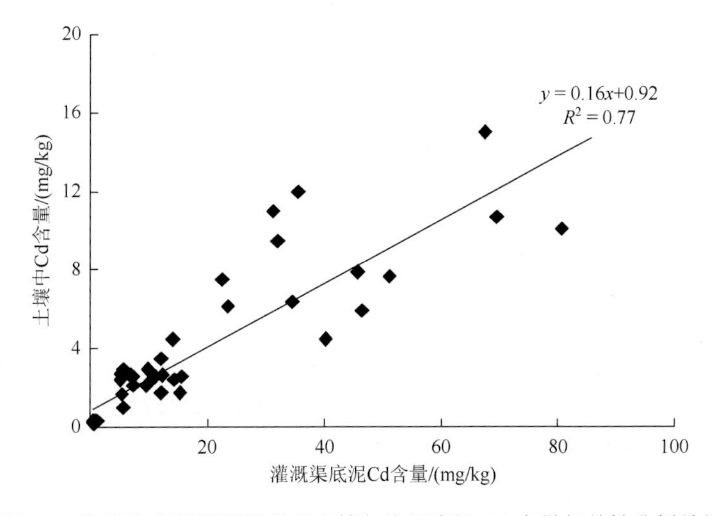

图 3-5 陶瓷产业园区附近稻田土壤与沟渠底泥 Cd 含量相关性分析结果

针对某陶瓷工艺品厂区共同排放污水的河道（图 3-6），从最靠近厂区的河泥开始，通过灌溉沟渠与稻田相连，连续采集了河泥、沟渠底泥、稻田土壤等十多个样品进行分析化验，发现排污口直接连接工厂的河道中的底泥 Cd 含量最高，高达 1500～1921mg/kg，靠近该河流的沟渠底泥 Cd 含量次高，多为 70～150mg/kg，远离该河流的沟渠底泥 Cd 含量逐渐下降，最低仅 7.5mg/kg，而与最低 Cd 含量沟渠底泥相连的稻田土壤 Cd 含量又低于沟渠底泥，只有 2.19mg/kg，清晰地显示出陶瓷工艺品生产对河泥、沟渠底泥和稻田土壤产生了巨大影响，陶瓷工艺品生产过程中形成了局地 Cd 等重金属污染。

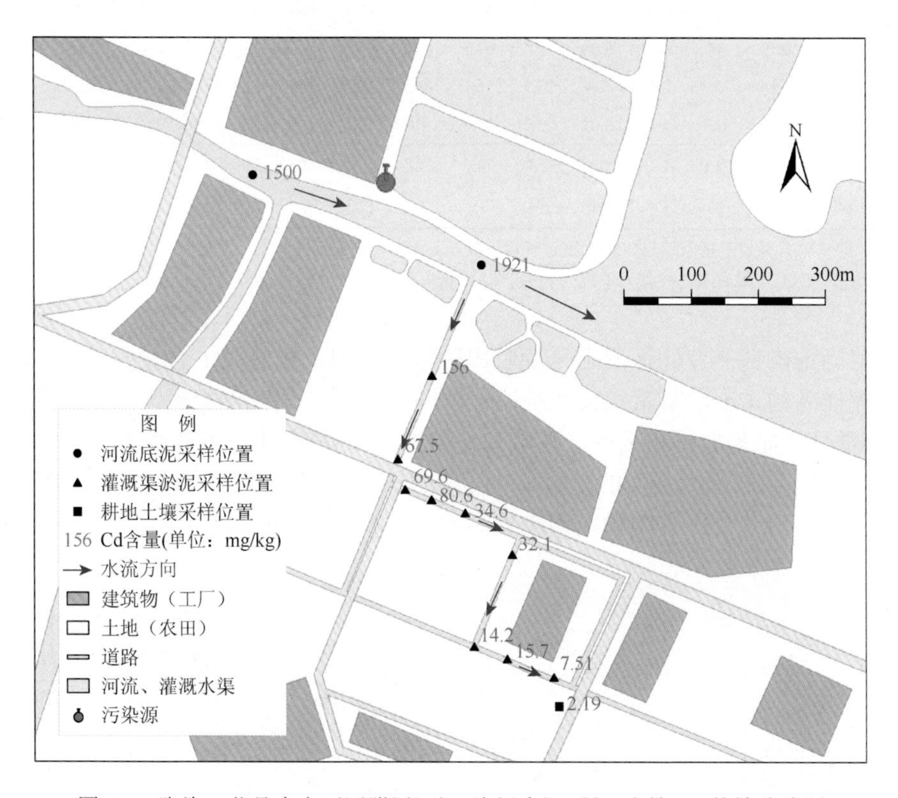

图 3-6　陶瓷工艺品生产厂区附近河泥-沟渠底泥-稻田土壤 Cd 传输路线图

为了验证陶瓷工艺品生产过程中是否涉及 Cd 等重金属，本次还进行了另外两项调研解剖：一是对丁蜀镇陶瓷产业园区制作的茶壶原料进行了专门取样分析，二是就当地生产陶瓷品的有关颜料（调色剂）及出炉的废弃陶瓷产品（简称废料）进行了专门取样分析与化验。

表 3-12 是现场采集的 6 个茶壶原料样品的 Cd 等重金属分析测试结果，可以看出不同陶瓷茶壶制品的原料成分不完全相同，与当地正常土壤背景含量相比，

茶壶原料的Al、Fe含量明显偏高而Si含量相对偏低，表明茶壶原料基本成分中相对要求更富黏土矿物及铁锰等氧化矿物。就重金属含量而言，至少有1种茶壶原料（紫泥）含有较高的Cd，还含有极高的Cr、Co等其他重金属，与当地专门用作茶壶基本原料的泥岩相比，紫泥中的Cd、Cr、Co、Pb、Se含量等均有较大程度的提升，说明在丁蜀镇陶瓷工艺品生产中最具有代表性的茶壶生产也有部分原料涉及Cd等重金属。

表3-12　丁蜀镇常用陶瓷茶壶原料采样分析测试结果

样号	名称	Cd/(mg/kg)	Hg/(mg/kg)	Pb/(mg/kg)	Zn/(mg/kg)	As/(mg/kg)	Cu/(mg/kg)	Cr/(mg/kg)	Ni/(mg/kg)	Co/(mg/kg)	Se/(mg/kg)	Fe/%	Si/%	Al/%
DS1	紫泥	0.42	0.016	54.8	140	9.8	29.4	5142	45	424	0.38	11.59	23.98	9.43
DS2	紫泥	0.4	0.018	48.4	144	9.0	55.6	5202	50	426	0.44	11.09	24.09	9.79
DS3	红泥	0.04	0.0056	26.2	79.6	6.8	27.2	162	31	17.8	0.085	11.57	24.27	9.52
DS4	黑泥	0.094	0.03	26.9	57	6.4	39.9	16076	34	12.9	0.82	8.22	26.29	9.12
DS5	泥岩	0.091	0.0028	24.2	113	28.7	41.4	122	40	17.4	0.076	4.76	30.12	8.96
DS6	红泥	0.14	0.0035	73.6	129	32.0	44.5	86	40	20.2	0.1	5.18	29.88	8.92
土壤背景值		0.19	0.13	34	70	9.0	25.0	75	26	12.5	0.4	3.04	33.855	6.41

注：表中“土壤背景值”指当地耕层土壤元素背景值，取无锡市宜兴市地表土壤的平均含量，引自江苏省1∶250000多目标区域地球化学调查相关成果。

表3-13是现场采集的3个陶瓷颜料及18个陶瓷品废料（厂家烧制好后扔弃的废弃陶瓷品）的样品分析测试结果，可以看出，当地使用的陶瓷工艺品颜料（钴粉既能作调色颜料，也是生产陶瓷品的基本材料之一）中都含有极高的重金属Cd及相当高的Zn、Cu、Se，钴粉中还含有极高的重金属Co。像镉黄这种颜料中的Cd含量高达48845mg/kg、大红这种颜料中的Cd含量高达39820mg/kg，而且这两种颜料同时还伴生有Se，镉黄中的Se含量高达1135mg/kg，这都是当地陶瓷工艺品生产中经常用到的调色剂；钴粉的消耗在当地陶瓷工艺品生产中十分可观，同时这种常用的陶瓷颜料中也含有相当高的Cd，其含量高达148mg/kg，此外，还发现大部分陶瓷品废料中也含有较高的Cd，有的陶瓷品废料中还含有极高的Pb、Zn、Co、Cu、Se等重金属，如有一种陶瓷品废料中Cd含量达到38.8mg/kg、Pb含量达到3656mg/kg、Se含量也达到了1.64mg/kg，均远超出当地正常土壤的Cd、Pb、Se含量；有些陶瓷品废料中的Co、Zn和Cu可以高达990mg/kg、2282mg/kg和344mg/kg，这些都远超出当地土壤的正常重金属含量，表明当地陶瓷工艺品生产与加工中主要涉及Cd，其产品中也挟带了部分Pb、Zn、Co、Cu及Se等其他重金属。

表 3-13 丁蜀镇陶瓷颜料与陶瓷品废料采样分析结果

样号	原料名称	Cd/(mg/kg)	Hg/(mg/kg)	Pb/(mg/kg)	Zn/(mg/kg)	As/(mg/kg)	Cu/(mg/kg)	Cr/(mg/kg)	Ni/(mg/kg)	Co/(mg/kg)	Se/(mg/kg)	Al/%
TC15	镉黄（颜料）	48845	0.054	<0.010	286	0.16	318	70.3	<0.01	<0.01	1135	0.51
TC14	大红（颜料）	39820	<0.002	<0.010	248	0.05	454	75.4	<0.01	<0.01	616	0.36
TC16	钴粉（原料）	148	<0.002	30.6	1134	0.35	<0.01	<0.01	68	737750	0.02	0.2
TC04a	陶瓷品废料	38.8	<0.002	3656	754	1.69	57.2	88.3	44.3	20	1.64	9.86
TC03a	陶瓷品废料	19.4	<0.002	2108	557	0.82	34.5	78.8	33.4	20	0.62	9.76
TC13	陶瓷品废料	4.32	<0.002	196	2228	1.07	30.8	73.2	31.8	21.5	0.022	9.63
TC04b	陶瓷品废料	3.51	<0.002	364	124	1.51	36.2	92.1	41.1	18	0.068	10.41
TC11	陶瓷品废料	2.93	<0.002	1949	1418	0.71	36.2	77.7	32.7	990	0.045	10.09
TC08	陶瓷品废料	2.68	<0.002	1764	2282	1.41	344	95.9	48.8	15.5	0.06	8.46
TC10	陶瓷品废料	2.4	<0.002	145	1920	1.52	24.1	96	29.3	10.7	0.025	9.08
TC07	陶瓷品废料	2.22	<0.002	2884	78.8	1.86	49.8	95.9	38.2	17	0.077	10.35
TC03b	陶瓷品废料	0.65	<0.002	72.2	75.6	0.79	32.8	79.9	29.7	17.1	0.03	10.36
TC12	陶瓷品废料	0.64	<0.002	2220	127	1.55	33.6	79.2	35.4	152	0.11	9.3
TC09	陶瓷品废料	0.5	<0.002	1482	88.4	0.95	38	82.4	34.5	24	0.056	9.44
TC01a	陶瓷品废料	0.38	0.002	417	1072	0.74	39.2	87.4	35.2	19.7	0.022	10.04
TC05a	陶瓷品废料	0.36	<0.002	47.1	75.8	1.18	40.4	96.6	34.2	16.9	0.024	10.53
TC05b	陶瓷品废料	0.3	0.0053	44	49	3.36	35.4	92.7	42.4	18.2	0.069	12.15
TC02a	陶瓷品废料	0.19	<0.002	39.4	562	6.56	41.4	126	21.8	17.3	0.025	8.23
TC02b	陶瓷品废料	0.15	<0.002	38.8	98.7	4.95	43.4	64.9	22.2	17.3	0.026	8.23
TC01b	陶瓷品废料	0.13	0.0023	71.2	138	0.74	37.2	84.4	35.3	14.9	0.02	9.98
TC06	陶瓷品废料	0.13	<0.002	37.4	72.7	0.95	35	100	38	19.4	0.02	9.82
土壤背景值		0.19	0.13	34	70	9.0	25.0	75	26	12.5	0.4	6.41

注：表中“土壤背景值”指当地耕作层土壤元素背景值，取无锡市宜兴市地表土壤的平均含量，引自江苏省1∶250000多目标区域地球化学调查相关成果。

陶瓷工艺品生产与加工中涉及 Cd 等重金属，这些重金属可以进一步转移到土壤，那么土壤中富集的重金属对农产品有何影响？表 3-14 是与表 3-10 对应的相关稻米样品的 Cd 等重金属抽检结果，从表 3-14 可以看出，稻田土壤 Cd 污染对稻米有明显影响，其稻米 Cd 含量最高达到 1.65mg/kg，比目前国内稻米限标高出 7.25 倍，共抽检了 46 个稻米样品，发现其 Cd 超标样为 25 个，当地稻米 Cd 累积超标率达到 54.3%。稻米 Cd 超标农田土壤的 Cd 含量也全部达到严重污染程度，土壤最低 Cd 含量为 1.00mg/kg。尽管不同样点稻米从土壤中吸收 Cd 的能力有显著差异，其生物富集系数为 0.02～0.68，但污染耕地中的稻米 Cd 超标仍然具有普遍性，说明丁蜀镇陶瓷产业的兴旺与发展不仅对当地农田土壤的 Cd 等重金属污染有直接影响，还对当地稻米有直接影响，而且当耕地 Cd 污染达到一定程度时，通过水稻品种改良来保障稻米 Cd 不超标的效果是极其低微的。

表 3-14　陶瓷产业园区附近稻米样品重金属等含量抽查结果　（单位：mg/kg）

样号	Cd	Hg	Pb	Zn	As	Se	Fe	Mn	Mg	Ca	P	S	BCF1	BCF2
D01z	0.63	0.0051	0.1	19	0.14	0.64	22.7	29.8	804	129	2282	1120	0.06	0.0023
D03z	0.47	0.0051	0.1	21.1	0.12	0.5	24.8	29.4	912	126	2554	1176	0.05	0.0021
D05z	0.61	0.0037	0.093	23.2	0.11	0.38	19.2	30.7	1052	156	2683	1078	0.08	0.0021
D07z	0.16	0.0037	0.074	14.2	0.15	0.34	14.1	20.6	762	128	2220	905	0.02	0.0015
D09z	0.28	0.0043	0.094	19.5	0.17	0.32	22	22.9	788	122	2386	1004	0.06	0.0022
D11z	0.13	0.0043	0.1	17.8	0.13	0.15	13	27.0	830	134	2355	934	0.05	0.0023
D13z	0.5	0.0036	0.081	19.6	0.1	0.4	14.4	28.9	754	120	2199	1016	0.08	0.0017
D15z	0.21	0.0041	0.078	14.3	0.12	0.19	9.88	16.5	527	110	1656	979	0.07	0.0018
D17z	0.17	0.0037	0.09	18.5	0.14	0.28	15.4	25.1	872	124	2523	1005	0.02	0.0018
D19z	0.51	0.0068	0.074	17.3	0.12	0.45	20.1	21.9	875	127	2323	1009	0.05	0.0018
D21z	0.066	0.0039	0.082	16.2	0.11	0.12	12.7	24.4	878	134	2412	1008	0.03	0.0019
D23z	0.5	0.0041	0.085	17.9	0.11	0.14	19	33.4	821	135	2301	1001	0.19	0.0021
D25z	0.15	0.0043	0.086	18.8	0.16	0.12	14.2	22.8	721	115	2195	936	0.09	0.0021
D27z	0.04	0.0046	0.098	13.9	0.15	0.1	13	26.7	952	142	2691	956	0.04	0.0022
D31z	1.65	0.0049	0.11	21.2	0.12	0.12	14.8	45.4	967	143	2473	1046	0.68	0.0033
D33z	0.86	0.007	0.1	19	0.13	0.25	13.4	38.9	807	129	2358	1119	0.39	0.0034
D35z	0.74	0.0088	0.12	17.8	0.18	0.2	13.8	40.8	1021	149	2665	1087	0.35	0.0039
D37z	0.74	0.0066	0.096	17.5	0.2	0.19	16.2	31.8	931	143	2556	1008	0.30	0.0032
平均值	0.47	0.0049	0.092	18.2	0.14	0.27	16.3	28.7	849	131	2380	1022	0.14	0.0023

注：表中“平均值”指所列样品的算术均值；BCF1 为 Cd 生物富集系数（取稻米与土壤的 Cd 含量比值），BCF2 为 Pb 生物富集系数（取稻米与土壤的 Pb 含量比值）。

通过以上对以宜兴市丁蜀镇为代表的陶瓷工艺品生产加工过程中所产生的局地生态环境地球化学环境效应的解剖，可以初步得出以下认识。

（1）陶瓷工艺品生产与加工过程中使用了相当数量的 Cd、Pb、Zn、Cu、Co、Cr 等重金属原料及有益元素 Se 等材料，这些元素不仅可以转移到环境中，还可以赋存于陶瓷工艺品的成品中，上述所有重金属中 Cd 造成的影响最明显。

（2）当地陶瓷工艺品生产与加工流程多样，但从家庭式作坊到现代化工厂都有将陶瓷工艺品生产与加工过程中的废水直接向河道就近排放的习惯，导致一些重金属通过排废通道直达河底，很容易在河泥中高度富集，陶瓷工艺品厂旁边河泥中的 Cd 含量最高可达 1900mg/kg 以上。

（3）陶瓷工艺品生产与加工过程中通常先将 Cd 等重金属转移到附近河流，再通过河水灌溉等形式进一步污染耕地。丁蜀镇陶瓷产业园区附近存在多处耕地土壤 Cd 污染，有些已经达到了成片的土壤 Cd 重度污染。丁蜀镇附近耕地土壤 Cd 含量普遍高于宜兴市一般耕地，在其耕地土壤 Cd 增长的同时，也可以部分增长耕地土壤的 Se 含量。

（4）陶瓷工艺品生产与加工对附近稻米生产也有明显影响，在上述成片的 Cd 重度污染耕地中也检测出了 50%以上的稻米 Cd 超标，稻米 Cd 超标的同时还伴有一定比例的 Se 超标。当耕地土壤 Cd 污染达到一定程度时，品种改良已经基本失效，即使稻米从土壤中吸收的 Cd 占比极低，也不能确保稻米 Cd 含量不超标。

3.2 河流在传承污染方面的特殊作用

3.2.1 典型地区河泥重金属等分布特征

自 2011 年以来，本团队分数次在苏锡常地区及相邻的镇江局部地区开展了河流沉积物（底泥）环境地球化学调查，分析测试河泥地球化学样品 130 多个，收集了调查区有关河流沉积物的重金属等元素含量分布的基础资料。

表 3-15 对比了苏锡常及镇江部分地区典型河泥样品的 As、Cd、Hg、Pb、Zn 等重金属元素的调查结果，从表 3-15 可以看出，各地河泥的重金属含量有较大差异，大部分河泥样品中 Cd、Zn 等重金属含量及 S、P 等大量元素含量都相对偏高。正常情况下，河泥中的 S 平均含量要比耕地土壤的 S 平均含量高出 2 倍以上，这与河流水环境中 S 容易被细菌还原富集在淤泥中有关。

表 3-15　苏锡常及镇江部分地区典型河泥样品重金属元素等含量调查结果

样品号	采样地点	As/(mg/kg)	Cd/(mg/kg)	Pb/(mg/kg)	Zn/(mg/kg)	Hg/(mg/kg)	Cu/(mg/kg)	Cr/(mg/kg)	Ni/(mg/kg)	S/(mg/kg)	N/(mg/kg)	P/(mg/kg)	TOC/%
RS001	苏州市太仓市	6.09	0.44	47.2	346	0.24	75.3	95.2	54.5	1955	2542	1623	2.19
RS004	苏州市昆山市	6.95	0.55	45.8	319	0.46	150	105	124	3689	2365	1123	2.3
RS047	苏州市相城区	27.1	1.00	73	667	0.37	231	102	47.5	14646	5748	2770	6.53
RS048	苏州市相城区	19.3	2.25	72.4	432	0.47	103	137	65	7300	4834	1290	4.5
RS091	苏州市相城区	15.5	4.63	54.5	392	0.78	93.7	114	64.7	2190	2343	1305	2.39
RS092	苏州市相城区	15.2	2.36	60.2	412	0.75	89.2	116	73	2656	2792	1413	2.56
RS095	苏州市相城区	13.9	3.18	58.1	393	1.14	96.7	123	75.6	2317	2936	1273	2.59
RS096	苏州市相城区	12	1.87	58.2	324	0.87	82.4	112	63.2	5436	3554	942	3.84
RS097	苏州市相城区	10.8	0.82	86.3	526	1.8	97.2	98.1	56.6	6013	3659	1007	3.82

续表

样品号	采样地点	As/(mg/kg)	Cd/(mg/kg)	Pb/(mg/kg)	Zn/(mg/kg)	Hg/(mg/kg)	Cu/(mg/kg)	Cr/(mg/kg)	Ni/(mg/kg)	S/(mg/kg)	N/(mg/kg)	P/(mg/kg)	TOC/%
RS101	苏州市相城区	16.3	4.65	128	760	1.58	156	176	80.8	11451	6050	1874	8.48
RS102	苏州市相城区	10.4	1.00	105	431	0.97	97.4	89.9	47.2	8690	6306	3029	7.16
RS008	无锡市锡山区	10.2	0.57	570	344	0.48	83.3	112	63.4	2569	2580	1932	3.45
RS010	无锡市锡山区	13.5	0.5	146	640	0.36	113	212	96.1	5136	3626	1630	3.8
RS013	无锡市锡山区	9.75	12.7	74.4	230	0.56	83.6	282	679	4893	3743	2071	4.00
RS019	无锡市惠山区	38.8	16.2	86.1	1103	0.19	156	273	145	1598	2390	3722	2.57
RS027	无锡市宜兴市	14.5	1156	216	329	0.2	81.4	117	73.1	2233	3301	1418	3.17
RS028	无锡市宜兴市	16.6	15.9	252	409	1.00	78	153	67.4	1783	1796	1527	2.24
RS029	无锡市宜兴市	14.1	196	160	328	0.49	59.7	120	48.7	2356	2259	1600	2.21
RS030	无锡市宜兴市	18.4	205	2508	364	0.23	87.6	221	54.4	7410	1290	2660	4.7
RS031	无锡市宜兴市	12.5	123	1122	140	0.096	46.5	97.3	37.2	3712	2087	1237	2.34
D003d	无锡市宜兴市	19.7	1921	238	412	0.27	94.8	141	78.4	3085	—	1642	3.92
D004d	无锡市宜兴市	18.1	1500	188	343	0.21	78.9	120	99.9	2815	—	1562	3.38
D005d	无锡市宜兴市	19.4	365	1390	439	0.2	99.7	242	73.5	6946	—	2626	5.73
D006d	无锡市宜兴市	21.6	427	6231	793	0.14	66.1	215	52.7	4869	—	1873	3.14
D007d	无锡市宜兴市	11.9	340	1398	202	0.12	36.3	80.9	33.7	2716	—	1350	2.24
D008d	无锡市宜兴市	11.5	286	845	196	0.19	41.9	86.3	39.3	2924	—	1298	2.74
D014D	无锡市宜兴市	10.4	390	73.7	163	0.19	44.3	93.4	43.2	2072	3495	1474	3.23
RS061	无锡市宜兴市	21	15.2	174	348	0.26	114	93.8	84.4	3160	4981	1968	4.56
RS062	无锡市宜兴市	61.2	19.7	564	698	0.21	1243	253	110	5874	4883	1584	4.07
RS086	常州市溧阳市	9.12	0.92	49.5	92.4	0.074	28.2	83.4	32.9	2338	2221	538	1.94
RS088	常州市溧阳市	14.5	2.18	112	217	0.068	43.1	106	36.2	1074	1617	796	1.63
RS038	常州市金坛市	30.2	2.76	41.2	146	0.12	57	99.1	58.9	418	1315	1581	1.14
RS065	常州市新北区	12.4	3.52	33.1	227	0.22	176	125	60	2034	2384	994	1.94
RS066	常州市新北区	13.3	7.86	34.8	344	0.24	504	262	83.4	1603	2254	1007	1.7
RS069	常州市新北区	17.1	4.61	44.8	1090	0.15	1871	761	145	2894	1682	1258	1.48
RS072	常州市新北区	14.9	0.44	69.3	191	0.12	3797	163	40.4	4094	2368	1345	1.93
RS074	常州市新北区	17.8	0.94	46.2	154	0.15	62.4	103	47.4	493	1061	905	1.05
RS076	常州市新北区	19.1	0.38	93.6	1308	0.16	566	1679	251	1480	1535	1667	1.45
RS077	常州市新北区	13.3	0.49	41.7	652	0.13	362	465	97.2	1162	1388	1292	1.2
RS078	常州市新北区	15.6	0.53	47.6	914	0.16	476	630	100	1614	1829	1775	1.56
RS079	常州市新北区	23.2	0.53	47.6	811	0.18	506	686	93.9	1923	2319	2025	1.94
RS080	常州市新北区	16.0	0.46	37.8	470	0.15	280	328	70.8	885	1225	1328	1.14

续表

样品号	采样地点	As/(mg/kg)	Cd/(mg/kg)	Pb/(mg/kg)	Zn/(mg/kg)	Hg/(mg/kg)	Cu/(mg/kg)	Cr/(mg/kg)	Ni/(mg/kg)	S/(mg/kg)	N/(mg/kg)	P/(mg/kg)	TOC/%
RS085	常州市新北区	13.0	0.58	35.5	145	0.11	52.4	133	43.6	382	898	1001	0.96
ST1073D	镇江市埤城镇	43.5	0.46	43.2	72.4	0.14	48	95.8	35.4	1675	1404	1006	3.85
ST1074D	镇江市埤城镇	9.48	0.43	29.1	75.8	0.13	33.2	127	23.3	4255	2498	866	11.65

注：表中空白表示缺资料，“—”代表无。

表 3-16 是本次在苏州市境内多条河流中调查的 28 个河泥样品的相关元素含量分布等统计结果。苏州市河泥样品中的 Cd、Pb、Zn 含量相对都不是很高，但其 Hg 含量则相对偏高，另外还发现苏州市几条主河道的底泥要比小河道的底泥干净，说明苏州市境内的河流重金属污染应该以小河流为主。苏州市境内的河泥 Hg 平均含量要高于无锡市、常州市，这与苏州市地表土壤的 Hg 平均含量高于无锡市、常州市是吻合的。

表 3-16　苏州市典型河泥样品重金属元素等含量调查结果统计表

项目	As/(mg/kg)	Cd/(mg/kg)	Pb/(mg/kg)	Zn/(mg/kg)	Hg/(mg/kg)	Cu/(mg/kg)	Cr/(mg/kg)	Ni/(mg/kg)	S/(mg/kg)	N/(mg/kg)	P/(mg/kg)	TOC/%	Mn/(mg/kg)	Fe/%
极小值	5.67	0.110	21.6	73.5	0.034	30.8	59.7	26.1	363	620	631	0.550	334	2.61
极大值	27.1	4.65	128	760	2.77	231	176	187	14646	6306	3029	8.48	1218	5.00
几何均值	10.8	0.632	50.3	254	0.287	71.1	98.4	55.6	2109	2258	1268	2.13	616	3.85
算术均值	11.9	1.28	55.8	299	0.560	82.5	100	61.0	3342	2711	1352	2.70	650	3.89
标准差	5.6	1.53	27.2	172	0.643	48.2	21.9	32.0	3461	1598	542	1.98	222	0.576
变异系数	0.471	1.19	0.487	0.575	1.15	0.584	0.218	0.523	1.04	0.589	0.401	0.734	0.341	0.148
土壤均值	8.7	0.2133	34.3	92.8	0.27	32.5	84.4	36.2	519	1661	832	1.54	581	3.57
深土均值	8.6	0.094	24.7	74.4	0.08	27.1	84.1	35.0	232	691	530	0.52	722	3.78

注：表中参与统计样品数 28 个；“土壤均值”指苏州市表层土壤（0～20cm 深度）元素算术平均含量，“深土均值”指苏州市深层土壤（150～200cm 深度）元素算术平均含量，引自江苏省 1∶250000 多目标区域地球化学调查成果。

表 3-17 是在无锡市境内十多条河流中调查的 86 个河泥样品的相关元素含量分布等统计结果。相比苏州市与常州市河泥而言，无锡市的河泥富集重金属的趋势最为明显，其河泥中的 Cd 含量最高高达 1900mg/kg 以上，河泥 Cd 含量大于 100mg/kg 的河流有多条，河泥中 Pb、Zn 最高含量均大于 1000mg/kg，8 个重金属的元素含量变异系数全部大于 0.5，说明当地河泥中重金属分布极不均匀。河泥中的重金属分布极不均匀，应该与不同河流所处的背景不同有关，吸纳重金属越多的河流，其河泥中重金属含量应该越高。

表 3-17　无锡市典型河泥样品重金属元素等含量调查结果统计表

项目	As/(mg/kg)	Cd/(mg/kg)	Pb/(mg/kg)	Zn/(mg/kg)	Hg/(mg/kg)	Cu/(mg/kg)	Cr/(mg/kg)	Ni/(mg/kg)	S/(mg/kg)	P/(mg/kg)	TOC/%	Mn/(mg/kg)	Fe/%
极小值	3.91	0.25	23.6	65.3	0.045	19.9	55.3	17.4	333	439	0.92	1.5	2.2
极大值	61.2	1921	6231	1103	3.01	1243	282	679	7410	3722	5.73	1183	5.7
几何均值	13	7.17	130	235	0.223	69.5	108	54.3	2330	1360	2.83	488	3.61
算术均值	14.8	141	383	289	0.305	98.8	119	69.3	2809	1459	3.02	577	3.65
标准差	9.54	375	950	208	0.422	170	61.6	91.4	1653	563	1.03	237	0.607
变异系数	0.643	2.65	2.48	0.721	1.38	1.72	0.518	1.32	0.588	0.386	0.341	0.411	0.166
土壤均值	9.0	0.187	34.2	81.3	0.195	29.5	78.9	30.9	470	754	1.54	564	3.22
深土均值	10.0	0.08	23.8	65.5	0.044	27.2	81.2	34.4	114	468	0.37	735	3.83

注：表中参与统计样品数 86 个；“土壤均值”指无锡市表层土壤（0～20cm 深度）元素算术平均含量，“深土均值”指无锡市深层土壤（150～200cm 深度）元素算术平均含量，引自江苏省 1∶250000 多目标区域地球化学调查成果。

表 3-18 对比了常州市 34 个河泥样品的有关元素参数统计结果，可以看出，其河泥的 Cd、Pb 含量要明显低于无锡市境内的河泥，其 Hg 含量要低于苏州市境内的河泥，但其 Zn、Cu 含量却相对偏高，Zn 最高含量为 2530mg/kg、平均含量为 334mg/kg，Cu 最高含量为 3797mg/kg、平均含量为 419mg/kg，两者均在苏州市、无锡市、常州市、镇江市 4 个市的河泥中排第一位，说明常州市河泥相对更富集 Cu、Zn。

表 3-18　常州市典型河泥样品重金属元素等含量调查结果统计表

项目	As/(mg/kg)	Cd/(mg/kg)	Pb/(mg/kg)	Zn/(mg/kg)	Hg/(mg/kg)	Cu/(mg/kg)	Cr/(mg/kg)	Ni/(mg/kg)	S/(mg/kg)	P/(mg/kg)	TOC/%	Mn/(mg/kg)	Fe/%
极小值	4.91	0.18	22.2	67.6	0.047	26.2	66.4	27.1	275	476	0.53	180	2.74
极大值	30.2	7.86	112	2530	1.4	3797	1679	251	19840	2242	3.39	1473	16.2
几何均值	11.5	0.637	39	188	0.118	125	141	48.5	1122	1062	1.42	712	4.11
算术均值	12.5	1.05	42.5	334	0.156	419	228	56.8	1915	1130	1.55	763	4.36
标准差	5.34	1.55	21.2	499	0.225	812	319	43.2	3318	412	0.642	272	2.22
变异系数	0.427	1.47	0.499	1.49	1.44	1.94	1.4	0.76	1.73	0.365	0.415	0.356	0.508
土壤均值	8.2	0.177	33.6	69.9	0.138	27.3	77.6	29.0	346	651	1.27	551	3.19
深土均值	9.4	0.073	23.2	62.9	0.04	26.5	78.4	33.1	93	422	0.33	743	3.74

注：表中参与统计样品数 34 个；“土壤均值”指常州市表层土壤（0～20cm 深度）元素算术平均含量，“深土均值”指常州市深层土壤（150～200cm 深度）元素算术平均含量，引自江苏省 1∶250000 多目标区域地球化学调查成果。

表3-19是本次在镇江市境内一大型热电厂附近所采集的6个河泥样品的相关元素分布参数统计结果，可以看出，镇江市境内这6个河泥样品的Cd、Hg、Pb、Zn、Cu等重金属含量都明显低于苏州市、无锡市、常州市境内的河泥样品，其最高Cd、Hg、Pb、Zn、Cu含量依次为0.89mg/kg、0.42mg/kg、43.2mg/kg、88.2mg/kg、48mg/kg，远低于苏州市、无锡市、常州市境内河泥样品的同类参数，但均高于镇江市境内地表土壤的各自平均含量，说明镇江境内的河流重金属污染可能不如苏锡常地区严重，但并非无污染。另外，镇江市境内河泥的S含量并不低于苏锡常地区，也指示了河泥污染具有普遍性。

表3-19　镇江市典型河泥样品重金属元素等含量调查结果统计表

项目	As	Cd	Pb	Zn	Hg	Cu	Cr	Ni	S	N	P	TOC	Mn	Fe
极小值	6.72	0.19	24.1	69.8	0.042	27.6	72.9	23.3	1035	1404	759	1.45	264	2.04
极大值	43.5	0.89	43.2	88.2	0.42	48	127	35.4	4255	2890	1090	11.7	1131	4.25
几何均值	12.6	0.382	29.7	76.4	0.109	34.5	97.7	29.3	1978	2082	924	2.85	560	2.96
算术均值	15.8	0.433	30.3	76.6	0.147	35.5	99.1	29.6	2251	2145	930	3.84	623	3.05
标准差	13.9	0.248	7.03	6.37	0.139	9.32	18.5	3.96	1236	554	118	3.92	307	0.769
变异系数	0.88	0.573	0.232	0.083	0.95	0.263	0.186	0.134	0.549	0.259	0.127	1.02	0.493	0.253
土壤均值	9.3	0.185	31.5	80.1	0.121	31.4	75.5	32.0	327	1351	708	1.22	532	3.39
深土均值	10.1	0.118	22.4	70.3	0.036	28.0	80.3	35.7	91	427	499	0.31	593	3.82

注：表中参与统计样品数6个；“土壤均值”指镇江市表层土壤（0～20cm深度）元素算术平均含量，“深土均值”指镇江市深层土壤（150～200cm深度）元素算术平均含量，引自江苏省1∶250000多目标区域地球化学调查成果；TOC、Fe为%（10^{-2}）含量，其余元素含量单位为mg/kg。

相对于当地正常土壤而言，包括苏锡常地区在内的整个苏南地区河泥中聚集了较高含量的Cd、Pb、Zn等重金属，这点具有普遍性。但河泥中的重金属分布非常不均匀，不同地区的河泥重金属含量可以相差成千上万倍，如无锡市境内的河泥Cd最高含量高达4000mg/kg以上，而其最低含量仅0.25mg/kg，二者相差16000多倍。河泥重金属分布除了在横向上（地表不同地区之间）分布不均匀外，在纵向上（同一地点不同沉积深度之间）也具有显著的不均匀分布特征。

表3-20是一个典型河泥沉积柱不同深度的样品Cd、Pb、Zn、Cu、Ni、Co等元素含量分布调查结果。该河泥沉积柱取自太湖西侧、宜兴市丁蜀镇境内，就是前述陶瓷工艺品加工生产所造成的Cd污染相对最严重的一条河道（该河流最终与太湖相通），沉积柱总取样深度92cm，用专门的无扰动湖积物采样设备现场采取连续完整的沉积柱（密封于专用PVC管内），拿回室内自然阴干后剖分，32cm以上（上段）按照2cm厚度分取样品，32cm以下（下段）按照3cm厚度分取样品，累积分析测试了该沉积柱36个样品。

表 3-20　污染区河泥沉积柱样品重金属元素等含量分析结果　（单位：mg/kg）

样号	深度/cm	Cd	Pb	Zn	Cu	Ni	Co	V	Mo	Sr	Ba	Nb	U	ΣREE
DNZ01	0～2	4374	364	410	94	128	34.7	338	3.90	109	534	15.1	4.67	279
DNZ02	2～4	3670	340	458	95	223	42.1	506	3.00	108	480	15.1	4.94	297
DNZ03	4～6	4769	330	390	92	176	32.8	572	2.92	106	496	15.3	5.62	309
DNZ04	6～8	4502	304	338	87	150	29.1	516	2.66	105	494	16.0	5.33	296
DNZ05	8～10	5001	311	350	84	160	29.7	557	2.98	105	486	16.0	5.71	303
DNZ06	10～12	4940	304	366	83	157	29.8	546	2.94	106	478	16.4	5.45	294
DNZ07	12～14	4852	316	362	94	150	30.2	574	2.57	106	498	16.6	5.32	308
DNZ08	14～16	4574	310	337	87	148	28.4	574	2.58	106	490	17.0	5.36	305
DNZ09	16～18	4524	308	383	92	168	32.0	564	2.62	105	492	15.1	5.55	308
DNZ10	18～20	3330	314	413	92	239	45.2	598	2.64	110	478	16.2	5.04	305
DNZ11	20～22	3780	364	471	93	251	49.6	632	2.90	115	477	16.4	5.38	312
DNZ12	22～24	3079	374	486	96	214	39.2	600	3.74	120	498	14.6	5.39	304
DNZ13	24～26	3768	537	568	103	234	45.4	853	5.16	128	480	15.1	6.82	324
DNZ14	26～28	4136	696	619	107	190	40.8	1284	4.67	141	476	14.5	9.00	351
DNZ15	28～30	3130	796	566	109	180	33.6	1001	5.80	142	480	15.1	9.28	316
DNZ16	30～32	1537	656	417	104	212	32.1	570	5.04	136	483	16.1	7.00	288
DNZ17	32～35	1488	636	443	110	235	37.4	506	5.31	140	522	15.8	7.08	284
DNZ18	35～38	252	618	335	94	232	31.2	310	4.88	137	520	16.6	6.28	293
DNZ19	38～41	174	348	318	89	230	33.2	228	2.54	122	474	16.0	5.76	304
DNZ20	41～44	283	291	286	83	195	28.6	278	3.40	122	444	14.8	7.00	318
DNZ21	44～47	314	256	272	79	185	27.5	287	2.98	110	417	15.2	7.12	323
DNZ22	47～50	192	233	264	77	138	24.2	202	3.23	131	426	14.7	8.68	339
DNZ23	50～53	124	188	283	76	178	26.8	158	1.72	108	464	16.4	4.69	287
DNZ24	53～56	122	195	284	89	170	31.0	160	1.59	105	492	16.0	4.40	285
DNZ25	56～59	136	188	262	83	189	29.4	166	1.63	108	492	16.4	4.68	288
DNZ26	59～62	120	208	276	88	228	33.6	156	1.76	111	506	16.7	4.74	290
DNZ27	62～65	49.6	192	287	92	210	31.6	160	1.76	109	523	17.3	4.88	300
DNZ28	65～68	25.8	170	274	84	188	30.2	143	1.44	108	503	16.6	4.38	301
DNZ29	68～71	34.8	168	245	77	201	34.0	137	1.70	106	508	16.6	4.22	309
DNZ30	71～74	20.6	130	209	72	152	27.6	124	1.20	106	507	16.6	3.71	268
DNZ31	74～77	23.2	124	206	71	171	29.7	108	1.22	106	503	16.2	3.59	273
DNZ32	77～80	20.1	168	243	75	200	35.9	121	1.36	120	544	16.2	3.85	280
DNZ33	80～83	20.2	120	222	74	184	30.3	108	1.41	116	566	15.8	3.56	252

续表

样号	深度/cm	Cd	Pb	Zn	Cu	Ni	Co	V	Mo	Sr	Ba	Nb	U	ΣREE
DNZ34	83～86	14.4	109	226	62	119	22.6	106	1.16	98.2	576	17.2	3.57	262
DNZ35	86～89	37	154	296	80	207	35.4	118	1.44	106	532	16.6	3.99	279
DNZ36	89～92	34.4	37.5	107	36	80	19.8	106	0.55	78.8	451	16.0	2.86	221

注：表中ΣREE为15个稀土元素（La、Ce、Pr、Nd、Sm、Eu、Gd、Tb、Dy、Ho、Er、Tm、Yb、Lu、Y）的总量。

从表3-20可看出，该河泥沉积柱不同深度的Cd含量相差极大，上部河泥（30cm以上深度）Cd含量普遍高于3000mg/kg，最高可达5001mg/kg，下部河泥（62cm以下深度）Cd含量普遍低于50mg/kg，最低只有14.4mg/kg，中部河泥（32～62cm）Cd含量介于120～1537mg/kg，总体上呈现了十分清晰的由上到下逐步下降的趋势（图3-7）。

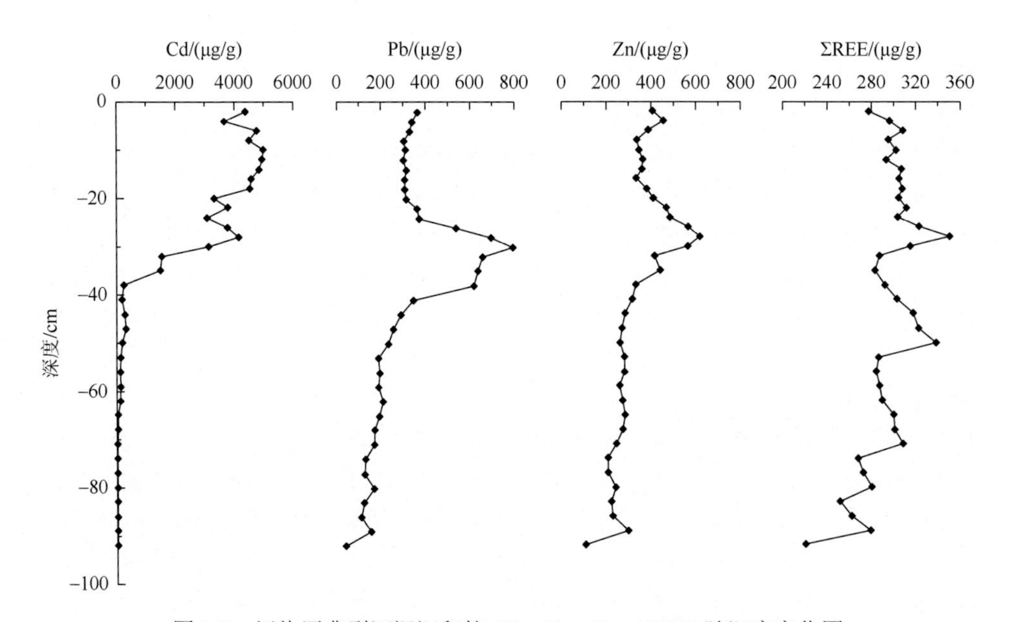

图3-7 污染区典型河泥沉积柱Cd、Pb、Zn、ΣREE随深度变化图

与上述重金属Cd分布类似，该沉积柱的河泥样品中Pb、Zn、V等重金属元素分布也十分不均匀，上部河泥样品的Pb、Zn、V含量明显高于下部河泥，基本以30cm沉积深度为界限，上高下低，相对变化趋势比较明显，Mo也基本如此。该沉积柱上元素含量分布相对最稳定的是Nb，36个不同深度的河泥样品的Nb含量全部介于14.5～17.3mg/kg，且不存在随沉积深度增大而元素含量呈现规则性升降的趋势，与Nb相似的还有Sr、Ba。稀土元素（REE）与放射性元素U在该沉

积柱上的含量变化总体不甚明显，但不同深度的河泥ΣREE与U含量有一定量的差别，总体而言，中偏上部（30cm沉积深度左右）的ΣREE与U含量相对最高，最高U含量与最低U含量之间相差3.2倍。30cm这一沉积深度是该沉积柱重金属等元素含量突变的深度，已为诸多元素所证实。

该沉积柱在30cm深度左右出现Cd等重金属元素含量的突变点，还有另外特殊的指示意义。前面曾介绍过宜兴市丁蜀镇被称为我国“陶都”，陶瓷产业在当地经济社会发展中占有很高比重，而且近期陶瓷产业还经历了一个飞速发展的时期。该沉积柱不同深度的Cd、Pb、Zn等重金属的含量变化正与当地陶瓷产业大发展的历程相契合。

（1）整个沉积柱从上到下都富集了高含量的Cd、Pb、Zn等重金属，这些都是当地陶瓷产业发展过程中就近向河流排放有关“副产品”的证据，越靠近上部的河泥，其Cd、Pb、Zn含量相对越高，说明后面的污染相比前期要更剧烈，这种剧烈程度应该与后期生产所排放的重金属数量增大有关，说明当地陶瓷产业发展在不同时期对附近河流的重金属污染程度是不一样的。

（2）沉积柱30cm以上深度的河泥中出现了Cd等重金属超强富集，其河泥样品中的Cd含量一下子比以前翻了一番多，由早期的几十个ppm[①]陡增到现在的几千个ppm，表示河泥中近期有源源不断的Cd输入，联系到河泥中富集的Cd主要是在丁蜀镇陶瓷产业发展过程中通过污水排放等所提供的，可以反推最近一个时期丁蜀镇陶瓷产业一定有不同寻常的发展，而且在该不同寻常的发展过程中还牵涉到大量含Cd颜料的使用与排放，实地调研也证实了这点，丁蜀镇的陶瓷工艺品生产规模自21世纪初的确经历了一次飞速发展，源于国家放宽了生产加工陶瓷工艺品的限制政策、鼓励当地有条件或能力的居民都可以从事陶瓷工艺品生产加工，家庭作坊式生产加工方式几乎在一夜之间遍布了整个大街小巷，从事陶瓷工艺品生产的人员、销售的产品、原料需求量及生产规模一下子猛增数倍，以前使用不是很普及的镉黄、大红等富含Cd的颜料也大量被使用，但就近向河流排放陶瓷工艺品生产作业过程中的有关产品废弃物（废水、能被水冲走的废料等）的做法没有改变，从而出现了最近十多年来河泥Cd猛增的局面。上述沉积柱30cm以上深度所富集的超量Cd，基本是对当地最近十多年来快速发展陶瓷工艺品生产的同时大量使用Cd颜料，又不自觉向河流排放大量多余Cd的真实记录。按照当地河水流速及正常的河流沉积物淤积速度来推算，那条河道平均1年可沉积2～3cm厚的河泥，30cm厚河泥也基本上代表了最近10～15年的输送物，这正好与丁蜀镇近期扩大陶瓷产业规模的时间节点相吻合。

（3）沉积柱从上到下不同深度的河泥中Nb、Sr、Ba、ΣREE总量等基本保

① ppm是比率的表示，表示“百万分之几”。

持稳定，从反面证实了沉积柱上部的 Cd、Pb、Zn 等大量富集是由人为不合理排污所致，具体而言，就是当地陶瓷工艺品生产加工中使用了大量的 Cd、Pb、Zn 等重金属原料，又未能阻止其产品的副产物流入河道。河流沉积柱中 Cd 等重金属含量变化，犹如年轮一样记载了当地陶瓷产业最近一个时期（几十年来）的发展历程，还与一些大的事件暗合。

此外，不同河流沉积物的元素组合不同，还能示踪其附近的涉及不同重金属生产与排放的产业类别。例如，大规模不锈钢制品生产所在地的工业园区，涉及 Cr、Ni、Cu 等的加工与生产，其也是通过河流排污的方式，形成了当地河泥 Cr、Ni、Cu 等重金属污染，并进一步影响附近的耕地土壤，河泥的 Cr、Ni、Cu 等重金属含量是耕地土壤的 10 倍以上，工业园区附近耕地土壤的 Cr、Ni 等重金属含量通常可提高 1 倍以上，如图 3-8 所示。

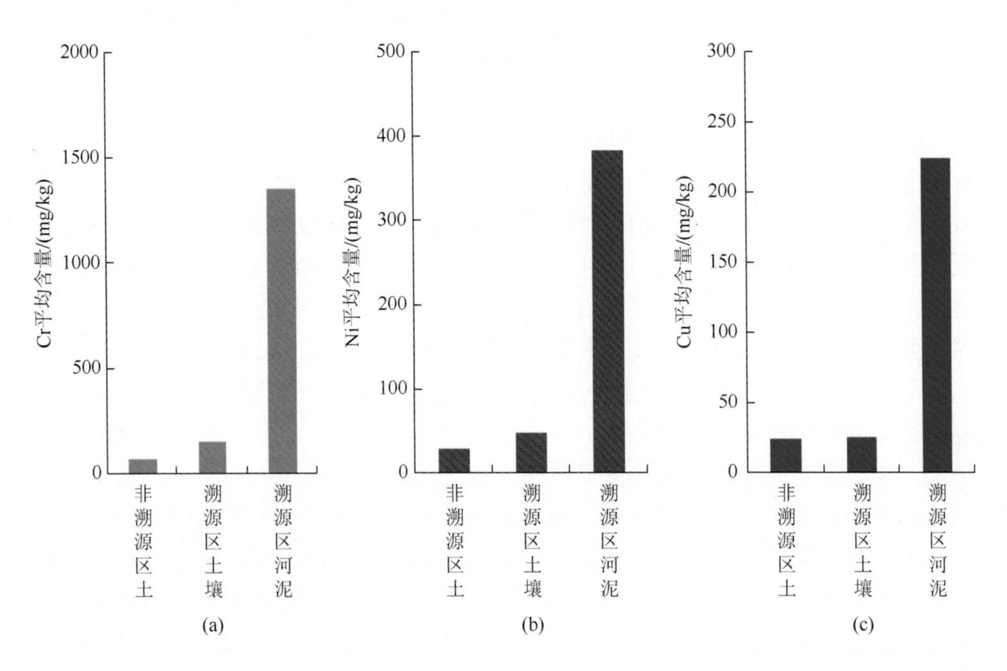

图 3-8　江苏省某不锈钢制品所在工业园区附近耕地与河泥 Cr、Ni、Cu 平均含量对比图

一些涉及重金属加工与生产的小型材料厂等乡镇企业，若对当地环境造成了局地重金属污染，即使这些厂家消失或改头换面，也能在附近河流沉积物中留下相应的证据。例如，苏州市相城区黄埭镇某乡村工厂，几十年前曾生产过重金属方面的材料，后几经搬迁与改换，现在当地只剩下一个化工材料加工小厂，当地河泥中的 Hg、Pb、Zn 等重金属依然存在，而且工厂旁边耕地土壤中 Hg、Pb、Zn 等重金属含量也明显偏高，耕地土壤的 Hg、Pb 含量比河泥高，但河泥中的 Zn 要

高于耕地土壤，如图 3-9 所示。类似于这些污染相对比较隐蔽、分散、涉及重金属加工与生产的行业或厂家（简称涉重企业，余同），生产历史不一定很长，仅靠正规渠道不一定能很快找到耕地污染的源头，但若借助河流沉积物环境地球化学调查则可能收到事半功倍之效。

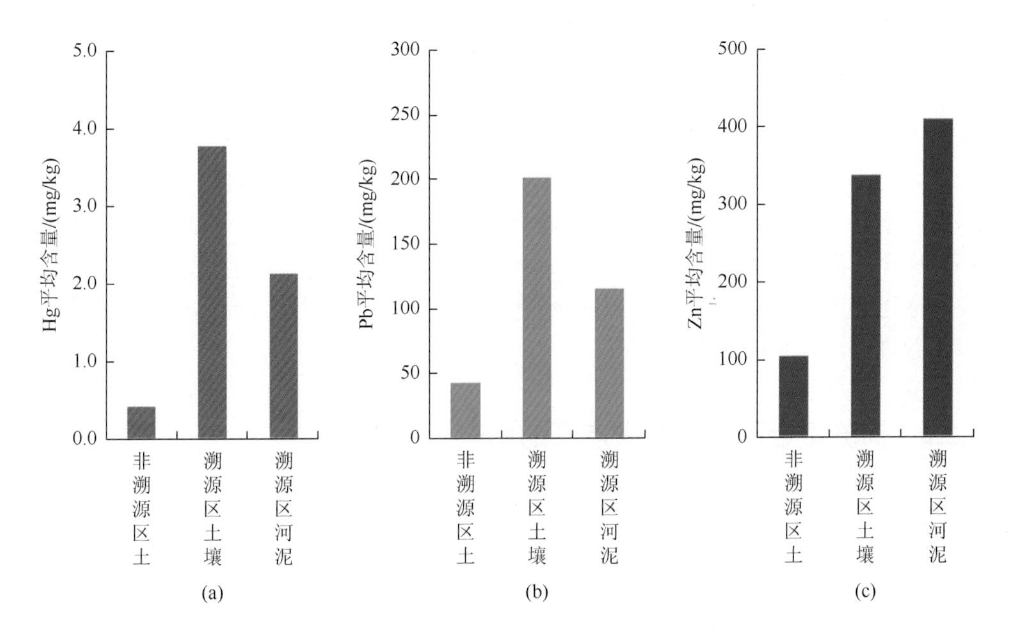

图 3-9　苏州市相城区黄埭镇某乡村工厂附近河泥与耕地 Hg、Pb、Zn 平均含量对比

通过上述一些地区河流沉积物（或河泥，余同）的重金属分布特点所揭示出的本质问题来看，可以对河流在传承重金属污染方面的作用做以下归纳。

（1）河流作为水网的重要组成部分，在汇聚、吸纳、传输、转移重金属等污染物方面具有其他渠道不可替代的作用。河泥是最容易聚集重金属的环境介质，凡是涉重企业，只要有向河流排污的，必然会在附近河泥中有显示，其最突出的特点就是河泥中的 Cd、Pb、Zn、Cr、Ni、Cu、Hg 等重金属含量远高于当地的正常土壤。

（2）不同地区涉重企业附近河泥的重金属污染类别与强度不同，反映了重金属污染的来源与涉重企业对周围环境的影响不同，通常河泥的重金属含量要高于旁边的耕地土壤，排污比较规范的产业其污染程度与范围通常要偏低，Cd 在整个苏南地区的大部分河泥中呈现了相对富集的趋势，这可在一定程度上解释为何苏锡常地区农田土壤 Cd 均量呈缓慢增长态势。

（3）河泥沉积柱的 Cd 等重金属含量随深度变化的特点还可以指示附近相关涉重企业近期的兴衰发达历史，河泥沉积柱上部重金属含量显著增长，一定与当地近期向河流输入了大量相关重金属有关，并可与当地相关涉重企业的大发展时间节点对应，这方面最好的实例就是宜兴市丁蜀镇陶瓷产业的近期发展历史与当地河泥沉积柱的Cd含量演变。

（4）河泥环境地球化学调查是示踪分散、隐蔽重金属污染的有效手段，一些历史上污染了环境的涉重企业（多为乡镇企业），即使后来停产、转产或变迁，只要当地河泥未进行完全清淤，其排放的重金属一定还在当地河泥与农田土壤中有显示。要想查明一些分散、隐蔽的耕地重金属污染，针对性地开展河泥环境地球化学调查不失为一种客观有效的手段。

（5）河泥除了可以聚集大量重金属等污染物外，同时也聚集了大量养分及有益元素，如一些重金属污染严重的河泥中，其N、P、有机物（OM）、S、Se、Mo 等含量都远高于当地耕地土壤，预示着河流是传播污染的通道，同时也可能成为输送营养的通道，河泥资源的合理利用及河道清淤应作为专门的生态地质环境课题进行深入系统的解剖研究。

3.2.2　河流重金属污染对农产品的影响

河流重金属污染在苏锡常地区具有一定代表性，本次调查的几十条河流中，绝大多数河泥的 Cd 的最高含量都高于当地耕地土壤数倍以上。同时，苏锡常地区的稻米等农产品 Cd 超标也屡有检出，均指示河道在汇聚、传输重金属方面有独特作用。

1. 河泥的影响

河泥重金属污染对农产品的影响表现在以下几个方面。

（1）苏锡常地区被检测到的农产品重金属超标主要是稻米的Cd超标，其次还有稻米Pb超标，还有蔬菜、小麦等也能检测到Cd、Pb、Zn、Cu等重金属超标，但远不及稻米Cd超标重现性好。对于河泥而言，Cd污染也是相对最普遍的，在每个城市境内都能发现河泥Cd含量大于5mg/kg的河流，说明河泥Cd污染与稻米Cd超标都是苏锡常地区的相对大概率事件，两者之间存在某种联系。

（2）在已经发现了河泥Cd、Pb严重污染的地段，很容易在附近稻田中检测到批量稻米Cd、Pb超标，对2012年抽检到的稻米Cd超标样点进行统计分析发现，绝大部分稻米Cd超标样点都围绕河道分布（图3-10），Pb也有类似现象，证实河泥Cd等重金属污染的确对附近的稻米Cd有一定影响，而且这种影响经得起多次调查检验。

图3-10　苏锡常某地稻米Cd含量超标点与河道分布示意图

（3）河泥严重污染地段，除了能检测到稻米Cd超标外，还能检测到小麦、蔬菜等农产品Cd超标，而且还发现小麦Cd超标的比例与强度要强于稻米，说明控制农产品从环境中吸收Cd等重金属机理不是一般想象的简单，也说明河泥Cd污染对其附近农产品的影响可能具有多重性。

（4）稻米Pb超标与稻米Cd超标还有所不同，总体来看，稻米Pb超标的概率要明显低于Cd，而且在河泥Cd污染之外的地段也能偶尔检测到稻米Pb超标，说明稻米Pb超标的影响不及Cd明显，但影响稻米Pb超标的路径要比Cd更复杂。

2. 灌溉水的影响

河泥Cd污染容易影响到农产品，特别是容易影响到稻米，这主要与灌溉水有关。关于河流受污染后通过灌溉水威胁稻米安全的报道不少，但能提供灌溉水导致稻米Cd超标的具体证据并不多。本次研究就灌溉水的Cd分布及其对稻米Cd超标的影响做了部分探索，有以下发现。

（1）所有从地表水中采集的水化学样品，正常情况下基本检测不出Cd、Pb、Zn、Hg等重金属，在苏锡常地区乃至江苏省境内最近几年的多次水环境调查采样中都验证了这点，不仅地表水样品中难以检测出Cd、Hg等重金属，就是浅层地下水及一般民井采样分析也基本如此。苏锡常地区的稻田灌溉水主要为地表水，以前很少在灌溉水样品中检测出 Cd、Hg 等重金属，包括在一些农田土壤污染地段也不容易在民井采样的水化学样中检测出 Cd、Hg 等重金属。

（2）2012 年针对宜兴市丁蜀镇附近的河泥 Cd、Pb 污染与稻米存在的 Cd、Pb 超标现象，专门采集了 12 个灌溉水样品进行分析化验，其分析结果见表 3-21。结果显示，用那些污染河流的河水作为灌溉水的，其各地水样品 Cd 全部被检出，即一次性采样并分析了 12 个灌溉水的元素含量，其中 9 个样品 Cd 被检出、5 个样品 Pb 全部被检出，而与之对应的稻米 Cd、Pb 含量全部超标，而余下 3 个灌溉水样品 Cd 未检出、7 个灌溉水样品 Pb 未检出，这些样品所对应的稻米中 Cd、Pb 也无一例超标，说明河泥被污染的同时，河水也可能被污染，而且用污染河水灌溉才是当地稻米 Cd、Pb 超标的主要原因。但灌溉水中的 Cd、Pb 等重金属含量相比农田土壤与污染河泥而言仍然是非常低的，而且灌溉水中的 Cd、Pb 分布也很不均匀，表明不同河流、同一河流的不同部位河水受污染的程度是不一样的。

表 3-21　典型区灌溉水样微量元素等分析测试结果　　（单位：mg/L）

样号	采样地点	As	Cd	Pb	Zn	Hg	Cu	Cr	Se	P	总N
D001	无锡市宜兴市	0.0034	0.00058	<0.0002	0.023	<0.0001	<0.0002	0.00016	0.0032	0.038	1.51
D002	无锡市宜兴市	0.0025	<0.0002	<0.0002	0.064	<0.0001	<0.0002	0.00024	0.001	0.052	1.84
D003	无锡市宜兴市	0.003	0.012	<0.0002	0.025	<0.0001	<0.0002	0.00034	0.0077	0.044	1.77
D004	无锡市宜兴市	0.0028	0.003	<0.0002	0.031	<0.0001	<0.0002	0.00044	0.0037	0.061	2.66
D005	无锡市宜兴市	0.0022	0.027	0.027	0.022	<0.0001	<0.0002	0.00056	0.0019	0.058	3.01
D006	无锡市宜兴市	0.002	0.028	0.046	0.053	<0.0001	<0.0002	0.00043	0.0017	0.044	2.00
D007	无锡市宜兴市	0.0019	0.029	0.034	0.057	<0.0001	<0.0002	0.00036	0.0016	0.051	2.08
D008	无锡市宜兴市	0.0021	0.0094	0.02	0.039	<0.0001	<0.0002	0.00034	0.0014	0.052	1.72
D009	无锡市宜兴市	0.0024	0.0056	<0.0002	0.26	<0.0001	<0.0002	0.00046	0.0014	0.054	2.26
D010	无锡市宜兴市	0.0026	0.0052	<0.0002	0.026	<0.0001	<0.0002	0.00053	0.0016	0.055	2.26
D011	无锡市宜兴市	0.0026	<0.0002	<0.0002	0.084	<0.0001	<0.0002	0.00059	0.0011	0.074	2.62
D012	无锡市宜兴市	0.0027	<0.0002	<0.0002	0.044	<0.0001	<0.0002	0.00052	0.0013	0.07	1.94
苏锡常土壤水		0.0013	0.00042	0.0019	0.023	<0.0001	0.0022	0.0049	0.0023	0.03	10.01

注：“苏锡常土壤水”指 2012 年在苏锡常地区采集的 128 个土壤溶液样品的相关元素含量几何平均值。

（3）灌溉水能检测出 Cd、Pb 的田块，其稻米 Cd、Pb 都超标，灌溉水中未能检测出 Cd、Pb 的田块，其稻米 Cd、Pb 都未发现超标，这一现象是否属于巧合还需要进一步验证。但不使用污染河水灌溉的相邻田块，其土壤中的 Cd 也不高，这就很能说明问题，说明当地河流污染主要是污染了河水与河泥，河泥是重金属的主要载体，河水是挟带重金属污染农产品的具体完成者。若河流被污染后，完全禁止使用这些污染河流的水源作为灌溉水，其稻米 Cd 超标的比例一定会大大下降。

通过以上分析也不难得出，河流重金属污染（特别是 Cd 的污染）对农产品的影响（特别是对稻米的影响）是相当明显的，但要消除或控制河流污染对农产品的影响也不是特别困难的事情，只要控制好河水不被用作灌溉水，一些稻米 Cd 超标现象可能会减轻不少。

3.3　人为因素与土壤环境变化关系初探

3.3.1　两个环境土壤元素含量分布差异性分析

人类活动（或人为因素，下同）对土壤环境的影响，尤其是对土壤元素含量分布的影响一直是现代环境地球化学不断探索研究的热点之一，前人曾对此做过多角度的探讨并发表大量相关的研究文献（Li，1981；钱建平等，2000；Yang et al.，2002；Wong et al.，2002；张甘霖等，2003；郑袁明等，2003；Fakayode and Olu-Owolabi，2003；曹光杰和王建，2005；Kraus and Wiegand，2006；Lee，2006；王学松和秦勇，2006；初娜等，2008；王志刚等，2008；郑茂坤等，2010）。江苏省是全国率先完成其全部陆域土地 1∶250000 多目标区域地球化学调查的省区，曾于 2004 年获取了全省表层土壤 24186 个样点、深层土壤 6127 个样点的 52 个元素含量与土壤酸碱度、有机质等分布数据。上述土壤样点均匀分布于全省，为认识人为活动环境（简称人为环境，余同）与自然环境土壤元素含量分布差异性提供了数据基础。下面即通过分析这批数据中有关元素在两个土壤环境的分布特点，探讨人为活动因素对地表土壤元素分布的影响。

1. 江苏省域两个环境土壤元素分布基本特征

表 2-2 对比了江苏省人为环境与自然环境土壤元素含量分布相关参数统计结果，证实了人为土壤环境（表层 0～20cm 深度）与自然土壤环境（150～200cm 深度）之间重金属等元素分布存在显著差异。另外，来自江苏省域有关湖泊沉积物、滩涂沉积物及浅海沉积物的元素地球化学调查结果也证实了人类活动对地表环境介质的重金属等分布有巨大影响。表 3-22 列出了苏锡常典型地区两个土壤垂向剖面（沉积柱）中重金属等微量元素随深度的变化情况，可以看出 Cd 等重金属元素更偏向于在 20cm 以上深度出现相对富集，而 80cm 以下深度土壤中 Cd 等重金属元素不仅含量远低于 20cm 以上的土壤，且含量也逐渐趋于稳定。

表 3-22　苏锡常典型区耕地土壤沉积柱重金属等元素分布调查结果

产地	取样深度/cm	土壤沉积柱中元素含量分布/（mg/kg）										
		Cd	Cu	Pb	Zn	Ni	As	Hg	Sb	S	P	N
宜兴市丁蜀镇	0～5	16.2	30.4	48	79.1	27.7	7.79	0.17	1.31	680	664	2560
	5～10	17.5	30.1	47.8	76.1	28.5	8.17	0.18	1.35	660	631	2485
	10～15	4.32	27.2	40.2	66.7	24.7	8.78	0.15	1.19	426	547	1882
	15～20	1.12	25.5	35.6	60.1	25.9	8.11	0.2	1.01	360	504	1626
	20～25	0.87	24.8	31.6	55.8	26.2	8.09	0.17	0.84	329	488	1461
	25～30	0.36	25.6	30.6	54.1	26.2	8.7	0.36	0.8	288	485	1310
	30～35	0.43	25	31.2	55.5	26.3	9.62	0.14	0.86	281	534	1385
	35～40	0.34	23.3	30	52.8	31	11.8	0.12	0.98	240	508	1099
	40～45	0.26	25	28.6	54	29	11.9	0.12	0.81	236	529	1016
	45～50	0.32	24	28.4	53.7	24.8	9.87	0.13	0.83	248	526	1069
	50～55	0.13	23	29.4	52.7	24.7	9.96	0.12	0.93	257	609	1159
	55～60	0.17	25.2	31.1	62.4	28.1	7.21	0.14	0.81	674	578	1641
	60～70	0.16	25.7	30.6	59.2	26.7	6.76	0.14	0.79	687	513	1431
	70～80	0.042	29.3	25.5	57.1	46.4	14.4	0.048	0.94	221	282	512
	80～90	0.057	30.2	26.8	63.3	50.7	14.5	0.058	0.98	85	247	467
	90～100	0.048	27.9	27.2	58.3	46.3	17.2	0.032	1.04	77.6	253	376
	100～110	0.065	24.6	27.9	57.7	40.5	18.1	0.029	1.04	85.9	263	331
	110～120	0.093	25.5	27.1	53.4	37.5	17	0.025	1.13	67.7	276	316
	120～130	0.041	23.5	24.8	50.6	30.4	14.8	0.024	0.99	54.3	264	331
	130～140	0.02	23.7	24.4	50.5	31	13.2	0.025	0.99	58.8	243	310
	140～150	0.025	24.4	26.5	53.7	31.5	12	0.024	0.88	56.4	235	310
	150～160	0.026	23.8	25.4	56.1	33.2	7.05	0.024	0.82	63	209	256
	160～170	0.041	22.2	25.8	62.4	35.5	12.9	0.023	0.99	54.1	249	331
	170～180	0.024	21.8	26.4	65.5	38.9	12	0.023	0.99	47.9	242	331
	180～190	0.034	25.2	25.3	70.4	40.2	13.1	0.023	1	51.2	242	527
	190～200	0.046	26.2	27.6	76.7	44.7	13.7	0.024	0.88	53.5	244	467
宜兴市徐舍镇	0～5	2.49	42.2	95.3	116	31.5	19.6	0.21	5.43	594	1023	2707
	5～10	2.93	42.3	107	123	32.2	22.8	0.24	6.54	569	1006	2707
	10～15	2.29	35.4	74.7	101	32.4	22.4	0.15	4.24	362	734	1805
	15～20	0.64	27.8	35.8	77.8	32.8	10.6	0.11	1.54	235	546	1193

续表

产地	取样深度/cm	土壤沉积柱中元素含量分布/（mg/kg）										
		Cd	Cu	Pb	Zn	Ni	As	Hg	Sb	S	P	N
宜兴市徐舍镇	20～25	0.31	24.2	26.3	70.4	30.7	8.14	0.089	0.91	190	511	1064
	25～30	0.24	24.7	26.2	71.4	33.3	8.37	0.085	0.85	169	509	967
	30～40	0.16	26.8	25.9	72.6	35.6	8.53	0.085	0.81	144	506	838
	40～50	0.12	25.4	23.1	68.6	33.7	7.72	0.074	0.67	119	477	645
	50～60	0.14	26.3	25.4	69.4	34.1	7.82	0.075	0.72	110	482	645
	60～80	0.14	28	25.8	68.6	35.4	7.32	0.059	0.74	93.1	386	628
	80～100	0.15	31.9	25.8	66.5	40.4	8.98	0.066	0.83	105	331	741
	100～120	0.18	50.9	30	63.3	51.4	9.59	0.067	1.06	281	408	3062
	120～160	0.085	19.4	19	41.5	24.7	4.43	0.034	0.48	107	352	709

依据全省各地不同深度土壤中 Cd 等重金属元素及其相关微量元素的分布与变化，结合前述表 2-2 的相关统计结果，对比研究后，不难发现：

（1）表层土壤中 Cd、Hg、Se、S、Sn、N、P、TOC 等平均含量远高于其深层土壤，如 S 在表层土壤和深层土壤的平均含量（以算术均值为准，余同）分别为 343mg/kg 和 140mg/kg，两者相差 2 倍以上；全省土壤 TOC 平均含量，表层土壤为 1.09%，深层土壤仅 0.3%，两者相差 3 倍以上。全省表层土壤的平均 pH 低于其深层土壤 0.7 个单位，而 Cd、Hg、Se、Sn、N、P 等在表层土壤的平均含量远高于其深层土壤，指示其地表相对富集明显。

（2）深层土壤与表层土壤的元素组合有比较明显的差异。南京市土壤元素含量调查数据 R 型聚类分析结果显示，其表层土壤中 As、Sb、Cd、Se、Pb、Zn 等元素相关性更为密切，大致可分为 As-Sb-Cd-Se-Pb-Zn、Au-Hg-Sn-P、Br-I、F-Mg-K-Sc-Al-V-Ca 和 Co-Cr-Ni-Ti-Bi-Cu 等元素组合型；而深层土壤中 As、Au、Tl、Sb 等元素相关性相对更密切，可大致分为 As-Au-Tl-Sb、Cd-Hg-N-Se-S-C、Cu-F-Mg-Ca、Cr-Ni-Ti-Sc-V-Al、La-Ce-Y-Co、B-Zr-Si 等组合型。表层土壤中与人为活动关系密切的元素其关联性更好，而深层土壤元素组合则与自然成土过程的元素分布更接近。

（3）城市周边表层土壤中重金属富集程度明显偏高。在本次获取的 24168 个表层土壤样品数据中，凡大城市及其周边地区的表层土壤中 Cd、Hg、Pb 等重金属含量都明显偏高，如南京市、苏州市、无锡市、常州市、徐州市、扬州市等大城市及其附近表层土壤中都出现了上述重金属元素的局部富集中心，本次调查中全省表土的 Cd、Hg、Pb 最高含量点都位于城市土壤中，如 Cd 最高含量

（22.8mg/kg）出现在苏州市区，Hg 最高含量（8.09mg/kg）出现在南京市区，Pb 最高含量（1932mg/kg）出现在常州市区，城市环境土壤的 Cd、Hg、Pb、Zn 等重金属含量总体要明显高于非城市地区。

（4）大部分元素含量分布不均衡，同一元素不同地区之间的含量差异很大，表层土壤中 Cd、Hg、Pb、Se、S、Sn、Au、Ag、Sb、Bi、Cl、Br 等元素含量的变异系数都大于 0.5，其中 Sn 最高，达到 4.55，说明这些元素呈显著不均匀分布。以 Au 为例，其表层土壤与深层土壤中最低含量、最高含量之间都相差了 1000 倍以上，其元素含量变异系数都在 1.2 以上，说明土壤中 Au 含量分布极不均匀。

（5）综合考虑土壤元素含量变异系数、物质来源、两个环境的均量等多重要素，发现 S、Cd、Hg、Se、pH、TOC、C、N、P、Pb、Zn、Sn、Sb、Au、Br、I、Cu、Cl 共 18 个指标能有效示踪人为活动对土壤环境的影响。其中，S、Hg、Cd、Se、pH、TOC、N、P、Sn、Sb、Pb、Zn 共 12 个指标是最能反映人为活动对土壤环境影响的，属于与人为活动关系最密切的生态地球化学指标，简称示踪人为活动灵敏指标，可作为基本指标用以长期考察江苏省域的人为活动对土壤环境的影响。

2. 土壤中典型元素的人为环境富集

1）人为环境富集系数及其分布特征

上述 Cd、Hg、Se、N、S 等元素在江苏省浅表土壤的普遍相对富集，实质上就是这些元素在土壤中存在一定程度的人为环境富集。人为环境富集系数作为表征土壤中元素含量分布受人为活动影响程度的指标，国内外对土壤中元素的人为环境富集系数或因子已有明确的计算方法或定义，笔者以前也研究过江苏省局部土壤中元素的人为环境富集系数问题。土壤中元素的人为环境富集系数一般记为 EF，多采用土壤中人为环境的元素含量与其在自然环境的元素含量比值，在本次研究中采用上述 20cm 以上深度土壤与 150cm 以下深度土壤的元素含量比值。考虑到土壤环境中常量元素含量的相对稳定性，在计算富集系数时通常选用 Al、Fe 等常量元素作为参考因子，以保证不同沉积环境所得到的富集系数或因子（EF）具有广泛的可比性，EF 值越大，说明土壤中元素的人为环境富集越强烈。以下公式是计算江苏省土壤有关元素人为环境富集系数的方法：

$$\mathrm{EF} = (C_x/C_{\mathrm{Al}})_{\mathrm{sample}}/(C_x/C_{\mathrm{Al}})_{\mathrm{baseline}}\text{(当选 Fe 为参考因子时, 式中 Al 换成 Fe)}$$

式中，C_x 为元素 x 的实测含量或浓度；C_{Al} 为用于数据标准化的同点 Al 元素的含量或浓度；sample 表示实测样品，即 20cm 以上深度的土壤样品；baseline 表示与实测样品对应的自然背景或土壤环境基准，这里指 150cm 以下深度的土壤样品。

参与计算的土壤样品事先按照采样单元建立好 20cm 以上和 150cm 以下元素含量之间的准确对应关系。

表 3-23 列出了江苏省土壤 N、P、Hg、Se 共 28 个元素的人为环境富集系数（即 EF 值，余同）的统计结果，发现各元素以 Al、Fe 作为参考因子的统计结果都十分近似，在参与统计的全省 24186 个人为环境土壤样品中，N、S、TOC 等指标均有 70%以上样点的 EF 值超过 2.0；Hg、Se、Br 有 50%以上样点的 EF 值超过 2.0；Cd、P、C、Sn 有 60%以上样点的 EF 值超过 1.2；Sb、Au、Ag、Pb、Zn、Bi、Cl 有 30%以上样点的 EF 值超过 1.2；常量元素、稀土元素的 EF 值基本以接近 1.0 为主。

表 3-23　江苏省土壤典型元素人为环境富集系数（EF）分布统计结果

元素	EF1（以 Al 为参考因子）						EF2（以 Fe 为参考因子）					
	<0.5	0.5~0.8	0.8~1.2	1.2~2.0	2.0~4.0	≥4.0	<0.5	0.5~0.8	0.8~1.2	1.2~2.0	2.0~4.0	≥4.0
N	0.08	0.33	1.65	14.72	61.85	21.38	0.08	0.29	1.77	14.71	59.57	23.59
P	0.17	0.96	16.15	63.51	17.98	1.24	0.10	1.09	18.04	58.78	20.00	2.00
S	0.78	2.29	5.54	19.42	44.00	27.95	0.90	2.40	5.96	19.71	40.04	30.98
Se	0.01	0.41	5.08	40.86	42.84	10.80	0.04	0.49	5.60	39.62	41.07	13.18
Cd	0.37	1.65	13.33	58.34	23.62	2.68	0.23	0.98	13.35	57.77	24.63	3.03
Hg	1.00	3.49	11.61	32.58	32.24	19.07	0.88	3.50	12.16	30.71	32.8	19.95
Sn	0.08	2.77	37.08	40.38	16.01	3.67	0.12	4.48	33.44	40.01	17.76	4.19
Br	0.33	1.36	8.52	33.42	45.46	10.91	0.34	1.58	8.97	31.17	45.30	12.64
C	0.12	0.79	9.77	45.26	33.71	10.35	0.13	0.82	10.77	42.36	33.79	12.13
TOC	0.03	0.26	1.44	7.39	33.99	56.88	0.04	0.31	1.52	7.80	32.79	57.54
Sb	0.42	4.63	50.84	38.93	4.65	0.53	0.14	2.93	52.43	39.00	4.88	0.61
Au	2.39	11.23	30.37	35.58	16.23	4.20	2.25	10.16	30.75	35.37	16.97	4.49
Pb	0.24	1.42	51.58	44.06	2.34	0.36	0.15	0.93	49.93	45.39	3.24	0.36
Zn	0.26	2.12	66.19	30.09	1.17	0.18	0.09	0.65	67.84	30.00	1.21	0.21
Ag	0.38	4.92	55.61	33.34	5.04	0.72	0.35	6.02	49.81	36.97	6.03	0.82
As	1.43	13.50	63.58	19.36	2.01	0.14	0.52	9.36	69.88	18.39	1.70	0.15
Bi	0.12	1.47	49.96	44.54	3.49	0.41	0.11	0.70	50.11	44.31	4.30	0.46
Cl	7.11	11.92	27.16	36.77	15.52	1.51	7.60	12.51	24.92	35.09	17.97	1.92
Mn	3.95	24.29	61.92	8.73	0.99	0.14	2.32	21.93	67.80	6.93	0.90	0.14
Si	0.01	2.70	78.91	18.21	0.17	0.01	0.16	8.32	65.15	24.51	1.82	0.05
Ca	8.72	20.87	52.19	13.49	3.75	1.00	7.53	21.48	50.14	15.98	4.03	0.85
Mg	0.36	16.88	78.29	4.32	0.14	0.01	0.19	12.83	82.12	4.75	0.11	0.02
K	0	0.57	92.83	6.46	0.12	0.03	0.11	2.71	85.34	10.68	1.11	0.06
Na	0.96	18.73	63.14	15.35	1.58	0.26	2.23	21.04	53.40	19.64	3.22	0.48

续表

元素	EF1（以 Al 为参考因子）						EF2（以 Fe 为参考因子）					
	＜0.5	0.5～0.8	0.8～1.2	1.2～2.0	2.0～4.0	≥4.0	＜0.5	0.5～0.8	0.8～1.2	1.2～2.0	2.0～4.0	≥4.0
La	0.10	2.34	85.15	12.29	0.12	0.01	0.09	4.51	74.77	20.18	0.44	0.02
Ce	0.55	4.11	83.55	11.63	0.15	0.02	0.20	6.35	74.63	18.45	0.36	0.02
Y	0.01	0.61	86.23	12.90	0.25	0.01	0.07	2.43	74.58	22.17	0.75	0.01
I	10.12	25.94	32.02	23.83	7.15	0.93	9.24	25.41	32.55	24.31	7.55	0.95

注：表中参与统计样品数 24186 个，所列数据为各元素富集系数（EF）在该区间所占百分比（%）。

在人为环境富集相对最强烈的 N、S、TOC、Hg、Se、Br、Cd、P、C、Sn 等元素中，其 EF 值空间分布特点也不完全相同，如 TOC 几乎在江苏省所有地区都呈现了强烈富集，从苏南到苏中再到苏北都有 EF 值超过 4.0 的大片地段，而 N 元素 EF 值超过 4.0 的地段主要集中靠近长江附近及苏北宿迁-连云港一带的南侧（图 3-11），它们都是目前主要的产粮区；Hg、Se、S、Cd 的 EF 值最高地段基本

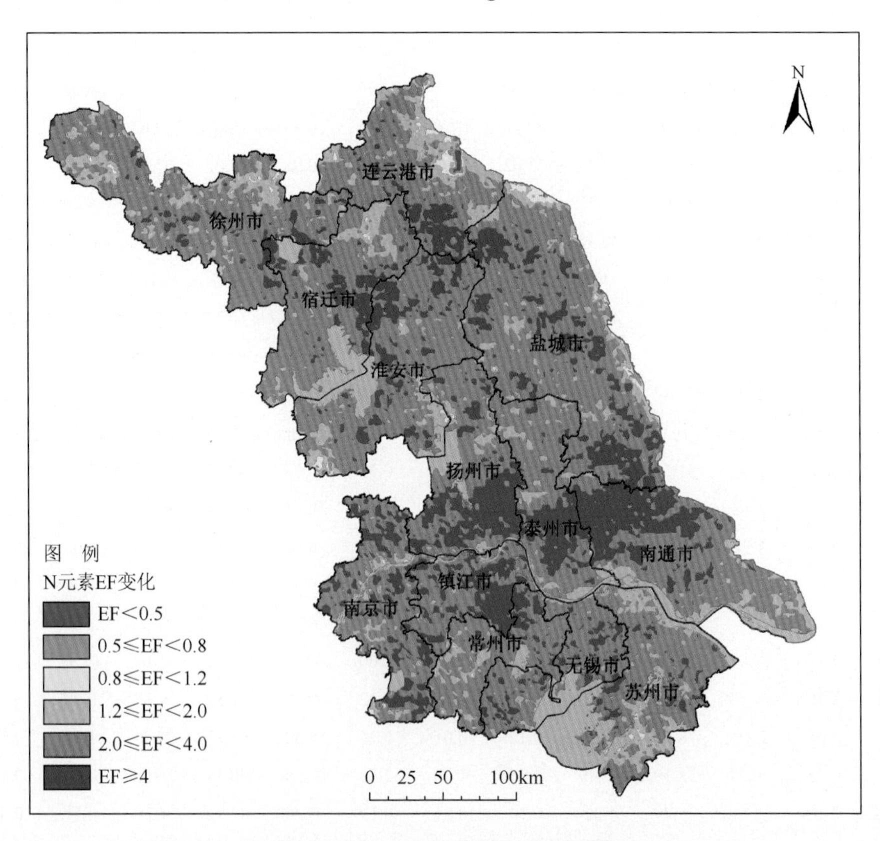

图 3-11 江苏省土壤 N 元素人为环境富集系数（EF）分布

图中元素富集系数为元素含量比值，无量纲

都对应苏南、徐州等工业发达城市；Br 元素 EF 值超过 4.0 的地段主要集中在沿海地区；P 元素 EF 值最高地段主要在农田集中区，多与 N 元素相似；C 元素 EF 高值区则呈随机分布状况。

2）典型元素人为环境增量及其分布特征

土壤中元素的人为环境增量表示因人为活动而增加或积累的那部分元素含量，是表征人为活动影响土壤元素分布程度的又一项指标，人为环境增量越大，说明人为活动对土壤环境的干扰越强烈。土壤酸碱度（pH）则应该用绝对值来衡量，土壤酸化表明人为活动对土壤环境产生了显著影响，土壤酸化意味着 pH 下降，应该是 pH 下降越多，表明人为活动对土壤环境的改造程度越高。

用上述调查所获取的表层土壤元素含量减去其深层土壤对应的元素含量，即得到该元素人为环境增量，以 Hg 为例：

土壤中 Hg 人为环境增量（以 ΔHg 表示）= 表层土壤的 Hg 含量-深层土壤的 Hg 含量。

江苏省域土壤 N、Cd、Hg、P、Se、S、Sn、TOC、Br、Pb、Zn、C 等元素的人为环境增量统计结果显示，N 增量（ΔN）大于 500mg/kg 的样点占 81%以上，ΔN 最大值是当地自然环境土壤 N 含量的 3 倍多；Cd 增量（ΔCd）大于 0.1mg/kg 的样点占 11%以上，ΔCd 最大值达到 22.7mg/kg，是当地自然环境土壤 Cd 平均含量的 175 倍；Hg 增量（ΔHg）大于 0.1mg/kg 的样点占 14%，ΔHg 最大值是当地自然环境土壤 Hg 平均含量的 78 倍；P 增量（ΔP）大于 400mg/kg 的样点占 19%；Se 增量（ΔSe）大于 0.1mg/kg 的样点占 45%以上；S 增量（ΔS）大于 150mg/kg 的样点占 38%，ΔS 最大值是当地自然环境土壤 S 平均含量的 153 倍；Sn 增量（ΔSn）大于 5mg/kg 的样点占 11.6%；TOC 增量（ΔTOC）大于 1%的样点占 35%以上；Br 增量（ΔBr）大于 2mg/kg 的样点占 50%以上；Pb 增量（ΔPb）大于 10mg/kg 的样点达到了 10%；Zn 增量（ΔZn）大于 20mg/kg 的样点达到了 15%；C 增量（ΔC）大于 0.5%的样点超过 60%。

江苏省土壤的 Hg、Se 元素人为环境增量，即 ΔHg 与 ΔSe 的空间分布具有相似性。ΔHg 的空间分布如图 3-12 所示，苏锡常地区 ΔHg 在全省相对最高。在苏北徐州市区附近、苏中扬州市一带、苏南太湖流域（苏锡常地区）和南京市等工业发达城市周边土壤中，ΔHg 和 ΔSe 明显偏高，说明土壤中 Hg 和 Se 二元素的局地人为环境显著富集与当地高强度工业生产有直接联系。

3.3.2　影响土壤环境元素含量分布的人为活动因素浅析

从前面的介绍不难看出，人为活动对江苏省土壤环境变化有影响，而且有些地区影响还相当明显。人为活动因素已导致江苏省地表土壤出现了多个元素的相

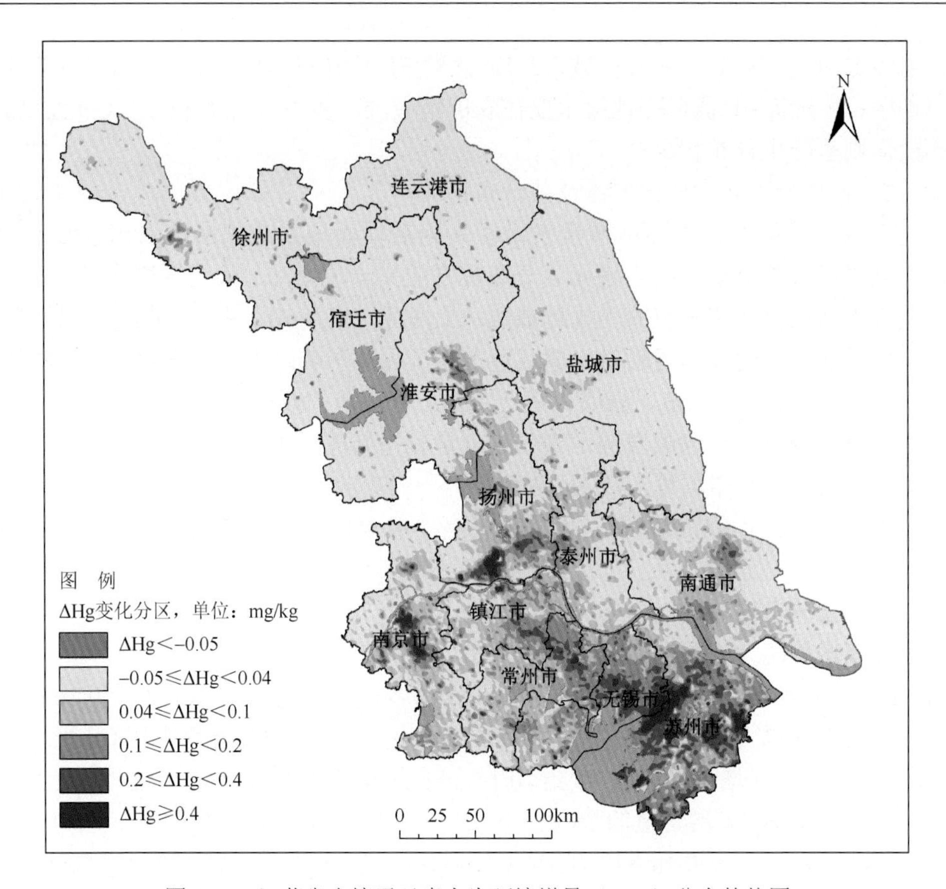

图 3-12　江苏省土壤汞元素人为环境增量（ΔHg）分布趋势图

对富集，即人为环境富集。按照前人的经验，影响土壤中部分元素出现局地人为环境富集的控制因素有许多方面，初步涉及以下 6 个方面。

（1）农田施肥。地表土壤中 N、P、TOC 等远高于自然环境土壤，这多是农田施肥的结果，而且化肥消耗量越大的地区，其土壤中 N、P 等增加幅度应该越大。

（2）冶金粉尘。历史上一些五金类行业加工生产过程中产生一定数量的工业粉尘，通过“三废”排放转移到土壤环境中，像局部土壤环境中 Pb、Zn、Cr、Ni 等重金属元素出现显著富集甚至是污染多与工业排污（特别是一些分散经营的乡镇企业）有关，冶金类工业“三废”排放所产生的重金属污染不仅可改变土壤环境，还能直接威胁农产品。一些地区存在稻米 Pb、Cr 含量超标，推测就是大气降尘所挟带工业生产的排放物所致。

（3）燃煤排放。燃煤所产生的副产物中含有 Se、S、As、Cd、Hg 等元素，可以通过大气降尘等途径转移到土壤，从而改变土壤的上述微量元素含量。江苏省作为我国东部沿海地区的工业一直相对发达的省份，历史上对煤炭的需求与使用一直是非常旺盛的，大量使用煤炭肯定会影响地表一些微量元素的循环，像江苏省一些工业发达城市周边表层土壤中 Se、Cd、Hg 等元素含量普遍偏高，与当地历史上曾大量使用燃煤有密切联系。

（4）矿业活动。江苏省的金属矿产资源本身无优势，其矿业活动（采矿、选矿、冶炼等）强度总体应该弱于我国中西部地区。但徐州市附近的煤炭开采，苏南一些铁矿、多金属矿的开发，仍对局部土壤环境的微量元素分布产生了一定影响，如一些多金属矿区附近土壤中 Cu、Pb、Zn、Cd、Hg、Sb 等重金属含量相对富集趋势明显，即与当地的矿业活动有关。

（5）耕种方式改变。一些地区表层土壤 pH、TOC 的变化与耕作方式改变有关，如水田改变为旱地后，可以使地表土壤的 pH 下降（向酸化方向演变），同时也可以改变其 TOC 的含量，如一些丘岗地区土壤 pH 呈现较大范围下降，同时 TOC 含量也出现下降趋势，这就与当地土壤历史上曾为水田，后改变为旱作有关。

（6）农药、饲料等添加剂的使用。一些农药中本身含有一定量的微量元素（如杀虫剂中含 Hg、Cu 等），还有一些饲料添加剂中含有 Cr、Ni、Se 等元素。因为养殖、防治病虫害等需要长期使用上述含有微量元素的添加剂后，才能在土壤中形成部分微量元素的聚集，如一些农田土壤的 Hg 污染可能就与使用了含 Hg 的添加剂有关。

表 3-24 对上述 6 个方面的要素进行初步归纳与对比。

表 3-24　人为活动因素影响土壤环境元素含量分布的基本形式

人类活动因素	土壤中可能受影响的元素	元素含量变化表现形式
农田施肥	N、P、K 及相关微量元素	N、P、TOC 等显著增加
冶金粉尘	Pb、Zn、Cr、Ni、Sn、Cu 等重金属	局部重金属污染并影响到农产品
燃煤排放	Se、Cd、Hg、As、Sb、S、C 等	Se、Cd、S 等含量增加，土壤酸化
矿业活动（采、选、冶等）	Cu、Pb、Zn、Se、Cd、Hg、As、S 等	重金属等含量增加，局部污染等
耕种方式改变（水改旱等）	pH、TOC、S 等	有机质下降，土壤酸化
农药、饲料等添加剂的使用	Hg、Cu、Cr、Ni、Co、Se 等	元素含量增加，形成局部污染等

江苏省作为我国独有的通江达海、人口密集、工农业生产有悠久历史的省区，因为其相对齐全的产业结构和较为领先的经济社会发展水平，国土资源高强度开发利用已有一定历史了，人为活动对土壤环境的影响也有较长时间了，上述诸多控制因素在江苏省基本都能找到实例，而且还有可能存在其他新的因素，像滩涂开发导致沿海土壤 TOC 出现人为环境富集就属此类。对于江苏省域内土壤中出现多个元素的人为环境富集现象，按照上述一般研究思路列举影响土壤中元素形成

局地人为环境富集的控制因素，可能不易穷尽，也难以抓住问题的本质。若将人为活动的一些综合要素（如人口密度等）与各地土壤中典型元素的人为环境增量统筹考虑，可能更能揭示一些内在规律。

依据江苏省 2007 年的统计年鉴（考虑到上述大量土壤元素含量调查数据的获取时间，以选此时段的统计资料最具代表性），将全省 13 个省辖市的人口密度等统计数据与本次调查所获取的上述 13 个省辖市土壤 N、P、S、Se、Cd、Hg 等 8 个元素人为环境增量平均值（简称为人为环境平均增量，余同）进行了对比，见表 3-25。从表 3-25 可以看出，各地土壤中 Se、Hg、Cd、S、Sn 等元素的人为环境平均增量与各地人口密度有密切联系，如无锡市的人口密度最高，其土壤中 Se 元素的人为环境平均增量也最高，而盐城市的人口密度最低，则该市土壤中 Se 元素人为环境平均增量也最低。

表 3-25 江苏省 13 个省辖市人为环境土壤元素平均增量及其人口密度

分区	样品数	$\Delta\overline{N}$ /(mg/kg)	$\Delta\overline{P}$ /(mg/kg)	$\Delta\overline{S}$ /(mg/kg)	$\Delta\overline{Se}$ /(mg/kg)	$\Delta\overline{Cd}$ /(mg/kg)	$\Delta\overline{Hg}$ /(mg/kg)	$\Delta\overline{Sn}$ /(mg/kg)	$\Delta\overline{TOC}$ /%	总面积/km^2	人口密度/(人/km^2)	人均 GDP/(元/人)
徐州市	2859	648.6	335.5	181	0.112	0.046	0.012	0.49	0.735	11258	779	16257
宿迁市	1920	687.1	285.5	160.2	0.085	0.046	0.010	0.42	0.718	8555	571	9232
连云港市	1884	602.1	192.3	213.7	0.077	0.044	0.0073	0.16	0.615	7500	601	11656
盐城市	3747	707.1	240.9	180.8	0.062	0.0395	0.014	0.77	0.647	16972	453	15177
淮安市	2288	778.8	260.5	203.4	0.088	0.052	0.019	0.57	0.773	10072	489	13155
扬州市	1550	997.2	200.4	195.21	0.126	0.058	0.079	2.20	1.009	6634	672	24543
泰州市	1430	879.9	247.7	137.6	0.097	0.056	0.042	3.50	0.809	5797	799	21509
南通市	2172	856.5	344.6	177.0	0.094	0.048	0.042	3.03	0.714	8001	906	24133
苏州市	1683	969.5	302.6	285.1	0.155	0.119	0.192	6.51	1.018	8488	954	61500
无锡市	1017	1004	286.1	357.1	0.233	0.107	0.151	5.84	1.169	4788	1220	57719
常州市	1043	836.9	229.3	252.8	0.169	0.103	0.098	8.65	0.978	4375	973	37435
镇江市	943	923.7	210.0	236.9	0.179	0.068	0.086	2.98	0.911	3847	779	34293
南京市	1650	777.3	212.7	208.9	0.140	0.0616	0.080	1.31	0.821	6582	1092	39376
全省	24186	789	263	203	0.11	0.059	0.051	2.17	0.796	102869	733.9	28587

注：表中面积、人口、GDP 等数据引自江苏省 2007 年统计年鉴；ΔN 表示 N 元素人为环境平均增量，由参与统计的土壤样品的 N 元素增量累加除以总样品数而得，其余各元素雷同，TOC 含量为%。用 $\Delta\overline{Se}$ 等表示各地土壤相关元素的人为环境平均增量，是为了将各元素人为环境平均增量与前面提到的人为环境增量区分开。

图 3-13 是利用表 3-25 的数据，分别对江苏省 13 个省辖市的人口密度与各自土壤中 Se 人为环境平均增量及 Se、Cd 和 Hg 三元素人为环境平均增量累加值（表 3-25 中 $\Delta\overline{Se}$、$\Delta\overline{Hg}$ 和 $\Delta\overline{Cd}$ 之和）所做的相关分析图，可以清楚地看出，上

述 13 个省辖市的人口密度同当地土壤中 Se、Hg、Cd 等元素人为环境平均增量呈显著正相关，$\Delta\overline{Se}$ 值与人口密度的相关系数达到 0.8 以上，$\Delta\overline{Se}+\Delta\overline{Hg}+\Delta\overline{Cd}$ 值与人口密度的相关系数为 0.79。另外，统计分析还得出上述 13 个省辖市土壤中 $\Delta\overline{Hg}$、$\Delta\overline{Cd}$、$\Delta\overline{S}$ 和 $\Delta\overline{Sn}$ 值（即各地土壤中上述各元素的人为环境平均增量）与各市人口密度的相关系数分别为 0.73、0.7、0.63、0.67；Se 等 5 元素人为环境平均增量与人口密度相关性密切程度按照相关系数从高到低排序为 Se＞Hg＞Cd＞Sn＞S。以上统计分析表明，人口密度是导致江苏省土壤中 Se、Hg、Cd、Sn、S 等元素出现人为环境富集的基本因素，人口越密集的地区，这些元素在土壤中呈现人为环境富集的程度越高，人为环境平均增量相对越大。N、P、TOC 等在土壤中形成人为环境富集主要应由农业活动驱使，与工业生产的联系相对不如 Se、Hg、Cd、Sn、S 等元素密切。因此，显示出 $\Delta\overline{N}$、$\Delta\overline{P}$、$\Delta\overline{TOC}$ 与人口密度的正相关性也不及 Se、Hg、Cd、Sn、S 等元素密切。

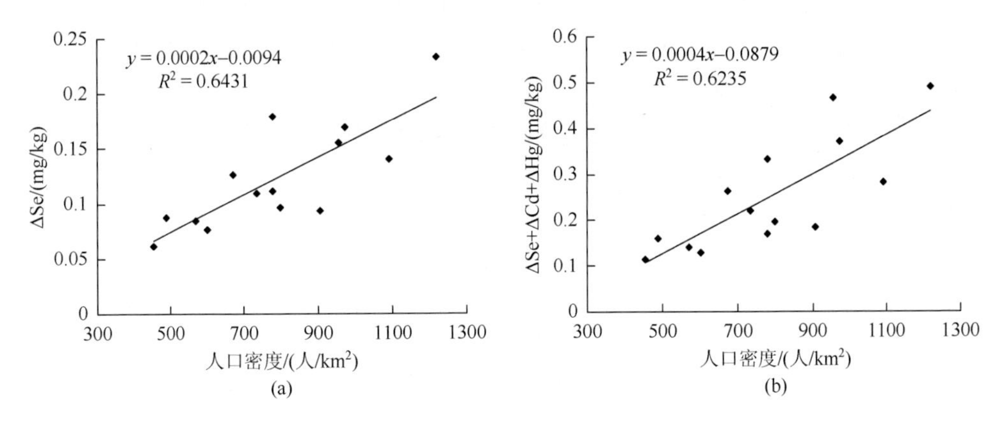

图 3-13　江苏省 13 个省辖市人为环境土壤典型元素平均增量与其人口密度相关性图

Se、Hg、Cd、S 等元素在江苏省土壤中的人为环境富集与人口密度有更显著的正相关性，同 Se、Hg、Cd、S 等都属于亲硫元素、与自然界的硫铁矿有密切成因联系有一定关系。众所周知，一般煤炭中都含有硫铁矿等硫化物，历史上消耗煤炭资源过程中不可避免地要向环境中释放硫铁矿等所挟带的 Se、Hg、Cd、S 等元素，而煤炭在历史上恰恰是平原区经济发展的基本能源之一。凡人口密集地区近期都有大量消耗煤炭的经历，如苏州市、无锡市作为我国改革开放后乡镇企业发展模式的主要策源地，其经济的快速发展都与煤炭资源的大量消耗有一定联系。人口密集区的居民生火用煤在历史上也应该比一般地区多。因此，江苏省境内上述人口越密集的地区，其土壤中 Se、Hg、Cd、S 等元素人为环境富集程度相对更高是可以解释的，上述正相关性与各地近期大量消耗煤炭资源的强度有关。

3.4 重金属污染溯源解剖小结

通过上述对典型工业污染源案例解剖、河流在传承污染方面的特殊作用及人为因素与土壤环境变化关系初探，获取了苏锡常及其附近地区典型水土污染源解析的一般性认识，可以归纳如下。

（1）有关工业生产是形成江苏省局地重金属污染的主要来源，热电厂、电池厂、陶瓷品生产加工、电镀企业等都可能向附近耕地土壤输送重金属。热电厂与电池厂等涉及重金属的产业对周围土壤环境有一定影响，相对而言，电池厂对周围土壤环境的影响要更明显一些。电池厂附近农田土壤的 Cd、Pb、Zn、Ni 等普遍偏高，局部 Cd、Pb 等可以达到严重污染；热电厂的存在可改变其主要风向上农田土壤的 Cd、Hg、Pb、Zn、Se、As 等含量，通常热电厂附近农田土壤中上述元素多出现缓慢增长趋势，但热电厂的规模并不是决定其周围土壤元素含量增长的唯一因素，相比而言，热电厂的发电历史、用煤质量、自身环境保护措施对周围土壤环境变化的影响更明显一些。

（2）陶瓷工艺品生产与加工是导致 Cd 等重金属污染的重要来源。陶瓷产业原料中涉及 Cd、Pb、Zn、Cu、Co、Cr 等重金属及微量元素 Se，通过废水排放等极易引起周围河泥严重污染，进而造成附近的稻田土壤污染及有关稻米重金属超标。目前，苏锡常地区发现的最大片的稻田 Cd 污染就位于宜兴市丁蜀镇，究其原因与当地十分盛行的陶瓷工艺品生产与加工有关系，特别是最近十多年来当地陶瓷产业大势发展后，随之带来 Cd 等调色颜料的大量使用，进一步加剧河泥与土壤的 Cd 污染。部分陶瓷工艺品选用镉黄（硒化镉）作为调色颜料，其是当地河泥、土壤富集 Cd 的直接来源。

（3）土壤重金属污染溯源的有效方法包括土壤沉积柱微量元素分析、同位素示踪、综合地球化学测量、基于实测数据的聚类统计等。其中，同位素示踪是比较精准的方法，不仅可以确定土壤重金属的来源，还可以鉴定不同时期所输送重金属的通量。像 Pb 同位素、Cd 同位素、Rb-Sr 同位素等都在鉴别包括土壤在内的第四纪沉积物的重金属来源方面发挥了重要作用。本团队也曾运用 ^{137}Cs 与 ^{210}Pb 同位素示踪方法探讨过长江下游富 Cd 冲积土的成因及其中的 Cd 来源等，做了一个土壤沉积柱的同位素分析、相关样品的基本分析结果列于表 3-26。从表 3-26 可知，所研究的沉积柱最深处 240cm 深度冲积土所对应的同位素年龄在 1845 年前，整个沉积柱所对应的同位素年龄从 1845 年以前一直持续到 2010 年左右，这 240cm 厚的长江冲积土所沉积的时间累计应为 150～200 年，这与当地记载的这个冲积沙洲形成时间为 150 年前具有可比性。该沉积柱的 Cd 含量总体比较稳定，从 150 年前的 0.47mg/kg 到目前的 0.65mg/kg，但中间有一些波动，1930～1940 年有一个较高含量高峰，达到 0.7～0.8mg/kg。总体可以判定，其冲积土中的 Cd 主要为自然沉积时所输入。

表 3-26　长江下游长青沙洲典型土壤沉积柱样 ^{210}Pb 与 ^{137}Cs 同位素定年分析测试结果

样号	深度/cm	APb/(Bq/kg)	A0 总量	Ah	A0/Ah	Ln	λ	Ln/λ(年际差)	采样年份	对应年代	Cd/(mg/kg)
CJ01	0～2	75.127	2246.701	2171.574	1.035	0.034011	0.03114	1.09218	2011.33	2010.24	0.65
CJ02	2～4	27.821	2246.701	2143.753	1.048	0.046905	0.03114	1.50625	2011.33	2009.82	0.67
CJ03	4～6	63.245	2246.701	2080.508	1.080	0.076851	0.03114	2.46790	2011.33	2008.86	0.63
CJ04	6～8	68.606	2246.701	2011.902	1.117	0.110382	0.03114	3.54470	2011.33	2007.78	0.63
CJ05	8～10	74.832	2246.701	1937.071	1.160	0.148286	0.03114	4.76191	2011.33	2006.57	0.61
CJ06	10～12	35.458	2246.701	1901.613	1.181	0.16676	0.03114	5.35518	2011.33	2005.97	0.56
CJ07	12～14	65.957	2246.701	1835.656	1.224	0.202061	0.03114	6.48880	2011.33	2004.84	0.59
CJ08	14～16	50.830	2246.701	1784.826	1.259	0.230142	0.03114	7.39056	2011.33	2003.94	0.55
CJ09	16～18	20.940	2246.701	1763.885	1.274	0.241944	0.03114	7.76955	2011.33	2003.56	0.57
CJ10	18～20	79.607	2246.701	1684.278	1.334	0.288126	0.03114	9.25259	2011.33	2002.08	0.65
CJ11	20～24	64.824	2246.701	1619.454	1.387	0.327374	0.03114	10.51296	2011.33	2000.82	0.66
CJ12	24～28	78.286	2246.701	1541.168	1.458	0.376922	0.03114	12.10411	2011.33	1999.22	0.59
CJ13	28～32	86.728	2246.701	1454.441	1.545	0.434841	0.03114	13.96407	2011.33	1997.36	0.66
CJ14	32～36	37.660	2246.701	1416.781	1.586	0.461075	0.03114	14.80653	2011.33	1996.52	0.63
CJ15	36～40	0.265	2246.701	1416.516	1.586	0.461262	0.03114	14.81253	2011.33	1996.52	0.69
CJ16	40～44	6.627	2246.701	1409.889	1.594	0.465952	0.03114	14.96312	2011.33	1996.36	0.6
CJ17	44～48	74.739	2246.701	1335.150	1.683	0.520419	0.03114	16.71223	2011.33	1994.62	0.5
CJ18	48～52	57.327	2246.701	1277.823	1.758	0.564305	0.03114	18.12155	2011.33	1993.21	0.49
CJ19	52～56	38.907	2246.701	1238.915	1.813	0.595226	0.03114	19.11453	2011.33	1992.21	0.46
CJ20	56～60	31.790	2246.701	1207.126	1.861	0.621221	0.03114	19.94928	2011.33	1991.38	0.38
CJ21	60～64	21.995	2246.701	1185.131	1.896	0.63961	0.03114	20.53981	2011.33	1990.79	0.38
CJ22	64～68	8.014	2246.701	1177.117	1.909	0.646394	0.03114	20.75769	2011.33	1990.57	0.35
CJ23	68～72	101.432	2246.701	1075.686	2.089	0.736505	0.03114	23.65140	2011.33	1987.68	0.37
CJ24	72～76	38.323	2246.701	1037.363	2.166	0.772781	0.03114	24.81634	2011.33	1986.51	0.34
CJ25	76～80	89.281	2246.701	948.082	2.370	0.862777	0.03114	27.70638	2011.33	1983.62	0.38
CJ26	80～90	86.965	2246.701	861.118	2.609	0.958987	0.03114	30.79598	2011.33	1980.53	0.36
CJ27	90～100	87.327	2246.701	773.791	2.903	1.065917	0.03114	34.22982	2011.33	1977.10	0.37
CJ28	100～110	39.952	2246.701	733.838	3.062	1.118929	0.03114	35.93222	2011.33	1975.40	0.5
CJ29	110～120	69.568	2246.701	664.270	3.382	1.218529	0.03114	39.13068	2011.33	1972.20	0.59
CJ30	120～130	20.621	2246.701	643.649	3.491	1.250065	0.03114	40.14337	2011.33	1971.18	0.52
CJ31	130～140	72.485	2246.701	571.164	3.934	1.369542	0.03114	43.98016	2011.33	1967.35	0.49
CJ32	140～150	86.561	2246.701	484.602	4.636	1.533889	0.03114	49.25785	2011.33	1962.07	0.43

续表

样号	深度/cm	APb/(Bq/kg)	A0 总量	Ah	A0/Ah	Ln	λ	Ln/λ(年际差)	采样年份	对应年代	Cd/(mg/kg)
CJ33	150～160	74.778	2246.701	409.825	5.482	1.701489	0.03114	54.63997	2011.33	1956.69	0.58
CJ34	160～170	51.276	2246.701	358.549	6.266	1.835154	0.03114	58.93237	2011.33	1952.40	0.52
CJ35	170～180	36.421	2246.701	322.127	6.975	1.942271	0.03114	62.37222	2011.33	1948.96	0.59
CJ36	180～190	80.135	2246.701	241.992	9.284	2.228311	0.03114	71.55785	2011.33	1939.77	0.83
CJ37	190～200	46.837	2246.701	195.155	11.512	2.443422	0.03114	78.46570	2011.33	1932.86	0.74
CJ38	200～210	18.424	2246.701	176.732	12.713	2.542586	0.03114	81.65016	2011.33	1929.68	0.36
CJ39	210～220	75.602	2246.701	101.130	22.216	3.100813	0.03114	99.57651	2011.33	1911.75	0.41
CJ40	220～230	88.341	2246.701	12.789	175.679	5.168656	0.03114	165.98125	2011.33	1845.35	0.44
CJ41	230～240	12.789	2246.701						2011.33		0.47

注：表中样品分析测试单位为南京师范大学地理科学学院现代同位素测年实验室；空白表示未检出。

（4）河泥重金属污染在苏锡常及其附近地区具有普遍性，同时河泥中还存在有机污染。河流作为地表水输运通道与汇聚场所，同时也是重金属等污染物的迁移途径与富集地，苏南地区有多条河流底泥中聚集了可观的 Cd、Pb、Zn 等重金属，仅无锡市境内就有多条河流底泥的 Cd 含量超过 100mg/kg，最高可达 2000mg/kg 以上。苏锡常地区一般中小型河流底泥的 Cd 最高含量远高于当地土壤的 Cd 正常含量，最高可达 6000 多倍。河流被污染后，通过灌溉水进一步威胁农产品的安全，目前在苏锡常地区检测到稻米中 Cd 等重金属超标，这多与将严重 Cd 污染的河流作为灌溉水有关，污染河流威胁农产品的范围一般都限定在使用了污染河水进行灌溉的农田区域内。河泥在聚集重金属等污染物的同时，也聚集了大量养分及有益元素（如 Se 等），河泥聚集微量元素的过程与人类工农业生产对土壤环境的改造紧密相关。河泥沉积柱的重金属等元素含量随深度的变化可以指示近期的排污程度，河泥中聚集的重金属类型（或元素组合）可以指示污染源头及有关产业排放的重金属元素种类。只要是向环境中排放了重金属等污染物，而当地又没进行河道清淤的，其河泥中一定记录了相关产业污染环境的真实信息，这对于快速查明一些隐蔽式、分散式农田重金属污染有重要的借鉴意义。

（5）人为活动因素已经对江苏省土壤环境演变，特别是部分重金属等元素含量变化产生了深刻影响，这些影响在苏锡常地区表现得更明显。对江苏省现行 13 个省辖市的人口密度与其各自土壤的 Se 人为环境平均增量、Se + Cd + Hg 三元素人为环境平均增量累加值进行线性相关分析后还发现，江苏省 13 个省辖市的人口密度差异与当地土壤 Se、Hg、Cd 等元素人为环境增量呈显著正相关，相关系数达到 0.8 以上；同时，统计分析还显示，地表土壤中相关元素出现人为环境富集与地均 GDP 呈正相关。苏锡常地区人口密度、地均 GDP 都明显偏高，其地表土壤环境受人为影响变化的幅度更大，说明人为活动影响土壤环境变化的灵敏指标有 S、Hg、Cd、Se、pH、TOC、N、P、Sn、Sb、Pb、Zn 等，C、Br、I、Cu、Cl 等也有一定指示意义。土壤环境受人为活动影响的地球化学表征有二：一是同一地点土壤深、浅部上述元素含量不一样，上部 30cm 以上土壤的元素含量更高、pH 更低；二是随着时间演化，同一地点表层土壤的上述元素有增长、pH 呈下降趋势，而深部土壤上述指标基本保持不变。单位土地面积上的 GDP（地均 GDP）越高，土壤中的 ΔHg、ΔSe 等人为环境增量也相对越大。

第4章　耕地污染监测技术研究及其资料分析

精准开展耕地污染监测是防治耕地污染的前提，苏锡常地区率先开展了以耕地重金属污染为主的持续监测试点研究，自2004年以来已经积累了丰富的水土重金属污染等耕地环境质量监测数据，为研制实用的耕地污染监测技术等提供了基本资料保障。本章将利用本团队以前在苏锡常等地所积累的相关耕地污染监测资料，侧重介绍有关土壤污染监测、土壤水即土壤溶液重金属等微量元素监测、大气降尘监测等相关方法及其不同时间段的监测数据对比分析结果，以及构建江苏省耕地污染监测网的相关思路、开发应用耕地污染监测数据的初步尝试等。

4.1　苏锡常地区土壤重金属监测

耕地环境质量与食品安全、人民健康等紧密相连，及时掌握耕地环境质量变化是全社会极为关注的民生问题。开展包括耕地污染在内的水土地质环境监测已经成为国土资源管护了解耕地环境质量变化的重要窗口，充分开发水土地质环境监测资料的利用潜力、为耕地资源保护提供基础性信息支撑正成为江苏省国土资源管护矿地融合创新的基本内容。如何开展平原地区的水土地质环境监测，前人已在该领域做过多方面的尝试或探讨（高尚武等，1998；毕晓丽和洪伟，2001；周爱国等，2001；Sparling and Schipper，2004；李瑞敏等，2009），其为研制耕地污染监测技术提供了重要线索。苏锡常地区开我国水土地质环境监测试点之先例，积累了相对最为完整的农田土壤重金属污染等历史监测数据，是本次研讨耕地重金属污染等监测技术及其资料分析的重要依托。

4.1.1　基本监测方法

监测点部署：最初按照不同的监控目的与服务对象，在苏锡常地区布设了240个区域监测点和160个问题监测点，覆盖了农用地、建设用地、未利用地等所有土地利用类型。之后通过逐步优化监测点、主要针对农用地土壤环境开展监测，充分考虑苏锡常地区的土壤分布、元素地球化学背景、地面沉降演变、自然水系等特点，结合之前所掌握的水土地质环境有关资料及遥感数据等，从监控当地土壤重金属等污染演变的实际需求出发，最终部署土壤监测点约135个，实际野外采样可依据情况适当做小幅度调整，尽量确保所布设的监测点既能控制以前所圈定的主要污染区，又能控制苏锡常全区土壤环境的一般变化。利用 Google Earth 最新影像资料，事先确定好每个监测点的大致采样范围及控制目标，一个监测点控制一片特定的范围（相当于监测单元），每个监测点的控制范围相对固定，并依据土地利用形式的变化、历年监测数据对比等固定最基本的监测点，确保耕地土壤监测点与土壤监测点完全对应，以此作为构建耕地污染监控网络的基本框架。

实地监测及其样品采集：依据事先布设的监测点，每年定期到实地进行调查采样。野外调查采样以地方新版的交通位置图作为定点参考用图，结合新获取的当地遥感数据（用 Google Earth 最新影像图替代），采用 GPS 现场定点。选取采样点附近尽量显著的地形地物标志，选取的采样田块要确保能进行连续监测采样。采样的同时对各监测点进行观察描述，并如实将采样点附近的观测结果进行规范化记录。每个监测点保存实物照片，便于后人查找核对，一般一个采样点拍摄两张照片，在采样记录中明确记录相关照片内容。所有采样监测点的采样记录按照规范格式进行，并保存电子文档。每个土壤监测点采样统一按照 5 点“十”字剖面法规定执行，即以理论点为中心点，在沿此点东、南、西、北 4 个方向各延伸出一个点，共 5 个点采集同类土壤，每个采样点距离中心点的距离不得低于 50m 且不超过 200m，采集土壤样品 200g，一个监测点土壤样品总采样量为 1000g，最终每个采样点的土壤采样将用统一的采样工具进行，采样深度控制在 30cm 以上（多为 0～20cm 深度），针对耕作层土壤采样。采样时间统一规定在每年 11 月前后，从 2011 年开始，连续监测 3 年，每个监测点不同年份采样时间相同（前后误差不超过 10 天）。

监测样加工与分析测试：安排专门技术人员对所采集的土壤样品进行严格管理，在送到实验室做分析测试前，要进行必要的初加工、翻晒、防污、过 20 目粗筛，剔除土壤中所混杂的废物，分取 100g 样品送实验室检测，剩余样品保留到项目研究结束后统一处置。每个监测样品统一分析测试 Cd、Hg、Pb、As、Co、Cr、Ni、Cu、Zn、Se、Sr、Sb、Be、Sn、V、N、P、K、Na、C、TOC、Fe、Mn、B、Mo、Br、Cl、F、I、S、Y、Sc、Ti、Si、Al、Ca、Mg、pH 共 38 项，对部分样品加测稀土元素、易溶盐等指标。分析方法及其技术要求执行中国地质调查局颁布的《多目标区域地球化学调查规范（1∶250000）》（DD2005-01）和《土地质量地球化学评估样品分析技术要求（试行）》。

4.1.2　有关监测数据初步分析

在苏锡常地区共收集了 5 个时期的土壤重金属等污染监测数据，对应监测时间分别为 2004 年、2010 年、2011 年、2012 年、2013 年，对比当地不同时期土壤重金属等监测数据分布特点，可归纳出以下几点共性特征。

（1）当地土壤的 Cd、Hg、Pb、Zn、Cu、Sn、Sb 等重金属元素（包含 Se、Cl、P、Ca 等元素）总体呈不均匀分布，Cd、Hg 重金属元素的变异系数基本都在 1.0 以上，而 Pb、Zn、Cu、Sn、Sb、Se 等元素的变异系数多介于 0.5～1.0。Cd、Hg 污染是当地最常见的污染，但中度以上 Cd、Hg 污染区域甚少重叠。

（2）当地土壤中 Cd、Hg、Pb、Zn 等重金属逐年增长的趋势的确存在，Cd、Hg 不仅平均含量稳步增长，而且其超标率也呈逐年增长的态势，Pb、Zn 平均含量也有增长趋势，但目前其超标现象尚不明显，As、Sb 也偶尔出现个别不同寻常的极高含量，但对其重现性需要进一步证实。与 Cd、Hg、Pb、Zn 等重金属逐年增长相比，苏锡常地区土壤中 Cr、Ni、Co 等重金属及 La、Ce、Y 等稀土元素含量则相对稳定。

（3）与全国土壤背景含量相比，当地土壤中相对贫缺 Mo 的趋势比较明显，其土壤的平均 Mo 含量只相当于全国土壤 Mo 背景含量的 1/3 左右。

（4）不同年代监测数据在指示主要污染区域方面有极高的重现性，凡是存在中度以上重金属污染的区域，在每年的监测数据中都能圈定其大致的相对高含量分布区间，说明只要监测点分布合理、监控对象背景资料掌握充分、监测目标明确，适当放稀监测点不会遗漏大片重金属污染土壤区。

图 4-1～图 4-4 展示了苏锡常地区 2013 年、2012 年、2011 年、2010 年 4 个

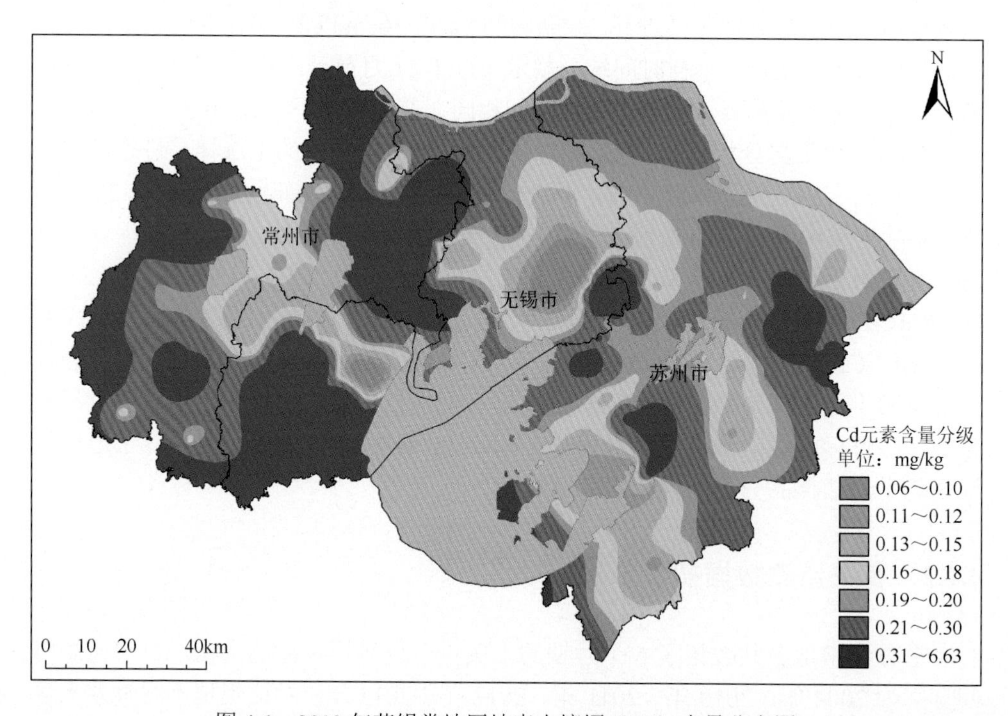

图 4-1　2013 年苏锡常地区地表土壤镉（Cd）含量分布图

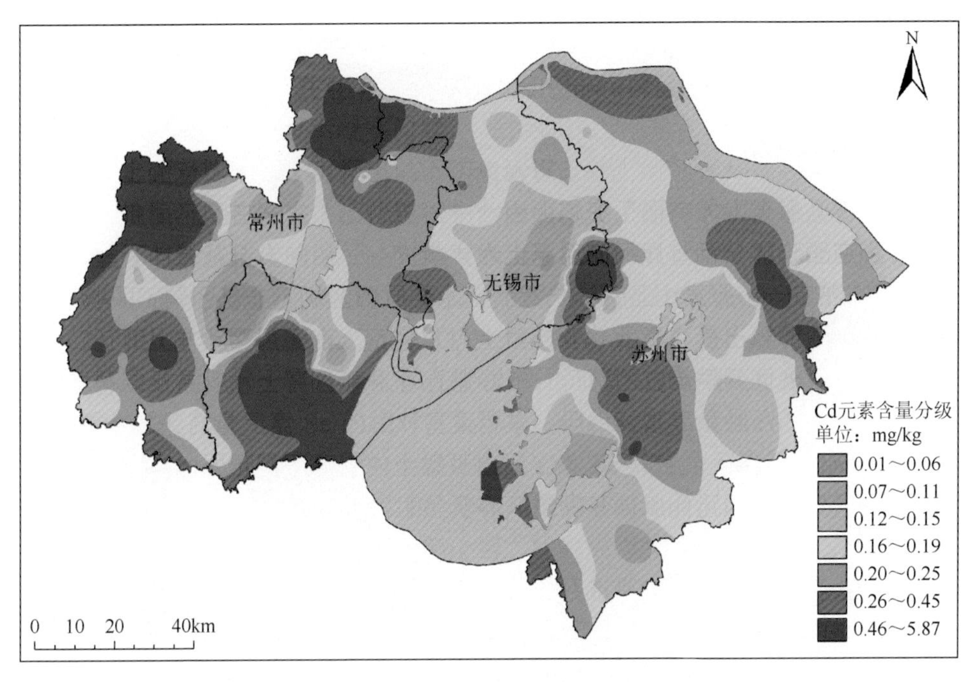

图4-2　2012年苏锡常地区地表土壤镉（Cd）含量分布图

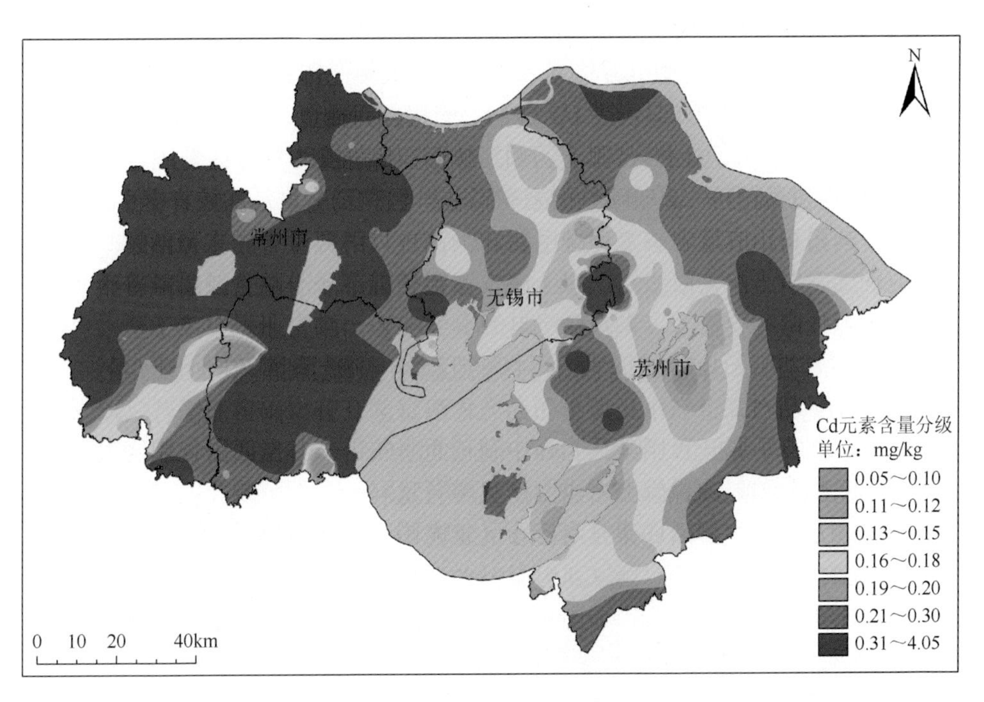

图4-3　2011年苏锡常地区地表土壤镉（Cd）含量分布图

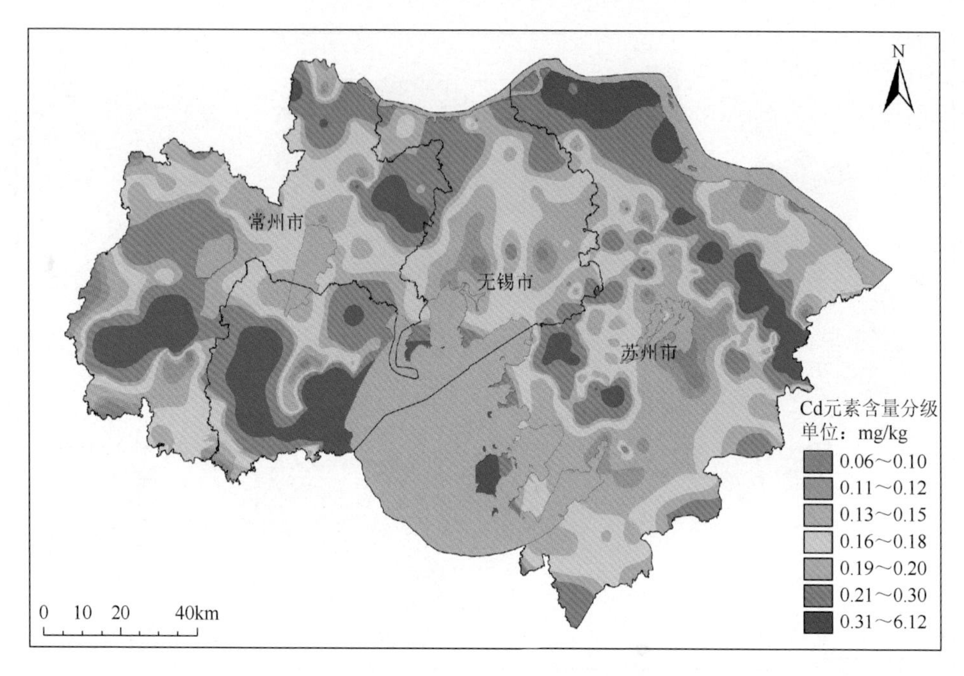

图 4-4　2010 年苏锡常地区地表土壤镉（Cd）含量分布图

年份的土壤 Cd 监测数据空间分异性概况，从中可以看出，上述 4 个年份所获得的土壤 Cd 监测数据的空间分异格局总体一致，太湖西侧宜兴市东南部（宜丰-丁蜀一带）、常州市西北角（金坛薛埠一带）、无锡市锡山区东南部（鹅湖一带）、苏州市昆山-太仓结合部一带是全区土壤主要的相对 Cd 高含量分布地段，沿江地区、太湖周边局部地区土壤 Cd 含量总体相对偏高，这些地区也是当地土壤 Cd 污染的集中分布区域。

当地土壤中 Hg 含量超标点占近 10%，但历次监测尚未发现土壤 Hg 污染威胁地下水环境质量的线索，也未确定明显的土壤 Hg 污染源头。对比其不同年代土壤 Hg 监测数据还发现：

（1）Hg 相对高含量区主要分布在无锡市东部至苏州市东南部一带，太湖西侧土壤 Hg 普遍不高，不同年份的 Hg 含量空间分布存在一定差异，围绕太湖东北侧的 Hg 低含量地段不稳定、时有时无。

（2）土壤 Hg 含量相对高的地区与重金属 Cd 含量相对高的地区大多不重合，Hg 污染最集中的地段，其土壤 Cd 污染都不甚明显，反之亦然。例如，沿江地区、太湖周边土壤的 Hg 含量都相对不高，但这些地段土壤 Cd 含量则相对偏高。

（3）对于监控土壤 Hg 污染而言，监测密度越大（即调查采样密度越大），所获得的污染范围越具体，但就控制其污染变化趋势而言，低密度监测数据同样起到控制其主要污染范围的效果，这点与前面的 Cd 一致。

除上述 Cd、Hg 外，苏锡常地区土壤中 Pb、Zn、As、Cu、Cr、Ni、pH 等不同年代监测数据也一致显示了类似的空间分异性特点，总体看来，同一重金属不同时期的监测结果重现性较好，不同污染因子的重叠性则受元素表生地球化学行为、污染源扩散特点等控制。相比而言，Hg 与 Pb 的空间重叠性、Cd 与 Zn 的空间重叠性要相对更密切一些。

通过上述典型区土壤重金属监测数据的分析对比可大致确定，苏锡常局部地区土壤重金属污染总体以 Cd、Hg 为主，且两者污染范围大多不重合；当地土壤的 Cd、Hg、Pb、Zn 等均量有逐年上涨的趋势，说明苏锡常地区耕地重金属污染的来源未被阻断；当地部分土壤酸化与重金属污染同步发展，为耕地重金属污染防治增加了难度；除 Cd、Hg 局地污染外，在苏锡常地区也发现了少量 Pb、Zn、As 等耕地污染线索。

4.1.3　农用地土壤重金属等污染监测技术要领

从在苏锡常地区开展多年的农田土壤重金属等污染监测的经验来看，做好耕地土壤污染监测必须要抓住以下关键技术环节。

（1）耕地污染监测要事先确定具体的监测目标、监测对象、监测单元，一个监测单元的范围要相对固定，并确保能长期采集到合格的同类土壤样本。一个监测点原则上控制一个监测单元，对污染区域的监测不是监测点越多越好，在能达到监测目的的前提下，应该以针对性布设尽量少的监测点为宜。监测点的部署一定是非均匀的，因为土壤污染分布往往都是不均匀的。

（2）每个监测点采集土壤样品要尽量保证能重复，每次采集土壤样品的时间、方式、重量、深度等要尽可能一致，用 5 点“十”字剖面法采集 5 个分点的形式值得推广，每个分点的采样位置要基本保持一致，每个分点采集土壤（干土）200g 的分量要基本雷同。

（3）监测指标的选取要选择那些对人为活动敏感的元素，除了重金属外还可以选择 Se、S、P、N、TOC、pH 等指标。有机污染指标可考虑常规的 POPs、PAHs 等，有机污染监测采样与重金属污染监测要有所区别。

（4）监测频次以不小于 1 年为宜，对于重金属等污染监测在中重度污染区可安排 1～2 年监测一次，对于轻度以下的污染区域可安排 3～5 年监测一次。

4.2　苏锡常地区土壤溶液监测

水、土地质环境监测作为一个整体，监测了土壤环境就自然也要监测水环境。土壤溶液（又被称为土壤水）是指含有溶质和溶解性气体的土壤间隙水，它是土壤化学反应和土壤形成过程发生的场所。土壤溶液中各元素的浓度是反映该元素呈可移动离子态存在的数量指标，其一般只有溶解在土壤溶液中才是最活跃的部分，容易发生氧化、还原、沉淀、络合、淋洗，以及被植物吸收等过程，所以土壤溶液中某一离子的浓度可以说明该离子在土壤中的运动性。用土壤溶液代表与土壤联系紧密的水环境是研究水土元素迁移的理想选择。限于收集真正的土壤溶液有较大难度，本次研究所收集到的土壤水实际上是土壤中间隙水与表土潜水的混合物。

4.2.1 基本监测方法

针对耕地污染监测而言，完全采取水、土同步监测的原则，于苏锡常地区部署了农田土壤监测点，每个农田土壤监测点在土壤样品采集点附近同时也采集各监测点对应的水化学样品，两套采样的样点编号都一致。同土壤监测一样，按照事先设计好的代表性监测点，1 年监测 1 次，对凡是有农田或能采集到潜水样的监测点，一律在固定的时间与相同的部位采集水化学样品，以监控每个监测点（或监测单元）水土环境互动及相关化学指标分布的演变情况。每个监测点采用现场挖坑取水的办法，实地采集潜水 + 土壤水的混合水作为待分析的水化学样品。水化学样品调查以土壤混合水为主，兼顾地表水等检测。在土壤样点所对应的监测单元内（尽量靠近监测单元中心）选择合适部位现场挖坑，以见到潜水渗出为止，用专门设备 24～48h 收集坑内干净水，一个水样采集量一般大于 500ml，以满足测试分析需求为准，每个监测点一次采集 2 瓶水样，其中一瓶加保护剂，用于 Cd、Hg、Pb、Zn 等重金属元素含量分析，另一瓶取原水，用于阴离子等其他水化学指标监测。每次采样时间选择枯水期（一般为每年 10 月下旬至 11 月下旬），与土壤监测时间采样完全同步。采集的水化学样品为潜水面附近的潜水，另外还有一部分土壤空隙水，这里统称为土壤水。各监测点土壤水采样记录也一律实行规范化、格式化，采样记录卡作为原始资料长期保存。

为了对比现场挖坑取水、利用当地民井取水和利用土壤溶液专门装置抽真空负压取水的试验效果，还在事前进行了不同方法取水的现场采样对比试验。图 4-5 示意了利用土壤溶液提取装置采集土壤水的现场情况，图 4-6 示意了稻田挖坑取水的现场情况。综合对比试验结果表明，土壤溶液提取装置（利用抽真空形成负压提取土壤中的孔隙水）取水量太小，效率太低，而且所获取的水样与挖坑取水所获取的水样并无本质区别；民井取水采样的方法相对很方便，但没法实现水土同步监测，而且民井中的水样与挖坑取水的水样的确有较大差异，民井中的水极少能检出重金属 Cd 等微量元素；相对而言，挖坑取水既能解决农田环境的水土同步监测问题，又能保证所取的水样能代表土壤环境的化学场变化，是与土壤进行了化学反应的水分，试验证明，其能示踪土壤的重金属污染情况。鉴于以上试验结果，最终选择了现场挖坑取水 + 专门装置收集作为本次水土监测的水化学样品的主要采样形式。

图 4-5 利用土壤溶液提取装置进行水土污染同步监测采样现场试验

图 4-6 稻田挖坑采集水化学样现场

新采集的水化学样品（简称土壤水，余同）统一分析测试 K^+、Na^+、Ca^{2+}、Mg^{2+}、NH_4^+、HCO_3^-、SO_4^{2-}、Cl^-、NO_3^-、NO_2^-、F^-、I^-、As、Cd、Co、Cr^{6+}、

Pb、Hg、Ni、Al、Fe、Mn、Cu、Zn、Se、COD、TDS、总硬度（以 $CaCO_3$ 计）、挥发酚、氰化物、pH 等指标。样品分析测试方法及分析测试质量管理同土壤等样品。

4.2.2 土壤溶液监测数据分析

1. 基本参数统计

本次在苏锡常地区获取了 3 批与土壤监测点完全对应的土壤水监测数据，分别来自 2011 年、2012 年、2013 年这 3 个年份的枯水期。2011 年获得了 120 个有效监测点的土壤溶液监测数据，其相关监测数据的地球化学参数统计结果见表 4-1；2012 年获得了 128 个有效监测点的土壤溶液监测数据，其相关监测数据的地球化学参数统计结果见表 4-2；2013 年也获得了 128 个有效监测点的土壤溶液监测数据，其相关监测数据的地球化学参数统计结果见表 4-3。对比分析表 4-1、表 4-2、表 4-3，不难发现：

表 4-1　2011 年苏锡常地区土壤溶液样品监测数据地球化学参数统计表

监测指标	参与统计样本数	极小值	极大值	几何均值	均值	标准差	变异系数	检出率
As	111	0.330	34.0	1.44	2.41	3.79	1.57	92.5
Cd	8	0.230	180	1.39	24.0	63.1	2.63	6.67
Co	118	0.100	200	0.957	7.15	29.4	4.11	98.3
Cu	69	0.200	13.0	1.56	2.46	2.58	1.05	57.5
Cr	112	0.130	21.0	2.20	3.12	2.99	0.96	93.3
Ni	116	0.730	280	4.55	11.6	36.9	3.18	96.7
Pb	35	0.220	23.0	1.26	2.21	3.84	1.74	29.2
Sb	61	0.320	9.90	1.49	2.26	2.15	0.95	50.8
Se	117	0.220	9.20	1.33	1.72	1.38	0.80	97.5
Sn	24	0.140	3.80	0.541	0.834	0.910	1.09	20.0
Zn	105	0.530	290	5.37	13.1	32.4	2.47	87.5
Ti	—	—	—	—	—	—	—	—
V	55	0.530	6.90	1.60	2.00	1.41	0.71	45.8
Fe	119	0.024	99.2	0.437	3.52	12.0	3.41	99.2
Mn	120	0.004	52.1	0.201	2.26	7.22	3.19	100
B	120	1.60	780	53.5	103	122	1.18	100
Br	—	—	—	—	—	—	—	—
Cl^-	120	11.6	337	78.0	93.0	56.4	0.61	100

续表

监测指标	参与统计样本数	极小值	极大值	几何均值	均值	标准差	变异系数	检出率
CO_3^{2-}	—	—	—	—	—	—	—	—
HCO_3^-	120	5.78	751	188	233	138	0.59	100
I	—	—	—	—	—	—	—	—
F^-	107	0.100	1.11	0.278	0.329	0.205	0.62	89.2
NH_4^+	79	0.043	26.2	0.534	1.80	4.46	2.48	65.8
NO_2^-	104	0.006	16.9	0.076	0.510	2.23	4.37	86.7
NO_3^-	111	0.210	363	4.01	21.6	50.2	2.32	92.5
TN	—	—	—	—	—	—	—	—
P	17	0.032	1.08	0.108	0.192	0.262	1.36	14.2
H_2SiO_3	120	5.44	44.6	17.1	18.6	7.54	0.41	100
SO_4^{2-}	120	3.64	2388	144	224	313	1.40	100
Ca^{2+}	120	11.2	570	98.8	114	76.1	0.67	100
K^+	119	0.110	40.5	1.20	2.89	5.36	1.85	99.2
Mg^{2+}	120	2.22	169	29.0	35.8	26.1	0.73	100
Na^+	120	3.76	195	49.7	60.0	34.1	0.57	100
COD	—	—	—	—	—	—	—	—
pH	80	5.23	8.25	7.17	7.19	0.485	0.07	66.7

注：表中 Fe、Mn、Cl^-、HCO_3^-、F^-、NH_4^+、NO_2^-、NO_3^-、P、H_2SiO_3、SO_4^{2-}、Ca^{2+}、K^+、Mg^{2+}、Na^+含量单位为 mg/L，其余元素含量单位为 μg/L，pH 无量纲，检出率单位为%。“—”表示未检出或缺资料，Hg 均未检出。

表 4-2　2012 年苏锡常地区土壤溶液样品监测数据地球化学参数统计表

监测指标	参与统计样本数	极小值	极大值	几何均值	均值	标准差	变异系数	检出率
As	127	0.340	23.0	1.62	2.26	2.90	1.28	99.2
Cd	19	0.210	1.80	0.423	0.526	0.412	0.78	14.8
Co	128	0.110	72.0	0.668	2.07	8.04	3.88	100
Cu	84	0.290	58.0	2.17	4.31	7.47	1.73	65.6
Cr	89	0.910	24.0	4.89	6.13	4.42	0.72	69.5
Ni	126	0.620	160	4.71	7.59	15.3	2.02	98.4
Pb	118	0.230	38.0	1.89	3.43	5.04	1.47	92.2
Sb	125	0.320	22.0	1.74	2.55	2.86	1.12	97.7
Se	127	0.460	12.0	2.27	3.29	2.66	0.81	99.2
Sn	128	0.140	8.80	1.13	1.50	1.28	0.85	100

续表

监测指标	参与统计样本数	极小值	极大值	几何均值	均值	标准差	变异系数	检出率
Zn	109	0.520	9700	23.2	190	1006	5.29	85.2
Ti	126	0.160	89.0	6.87	9.88	9.79	0.99	98.4
V	80	0.600	9.40	3.15	3.68	1.95	0.53	62.5
Fe	128	0.023	5.70	0.374	0.651	0.807	1.24	100
Mn	128	0.002	10.6	0.064	0.364	1.24	3.41	100
B	84	10.0	140	33.1	40.5	27.7	0.68	65.6
Br	—	—	—	—	—	—	—	—
Cl^-	128	5.42	364	85.2	107	70.2	0.66	100
CO_3^{2-}	—	—	—	—	—	—	—	—
HCO_3^-	128	9.55	633	181	226	137	0.61	100
I	—	—	—	—	—	—	—	—
F^-	82	0.100	1.21	0.246	0.290	0.198	0.68	64.1
NH_4^+	101	0.021	10.6	0.099	0.525	1.55	2.95	78.9
NO_2^-	92	0.006	0.920	0.043	0.109	0.188	1.72	71.9
NO_3^-	107	0.240	1120	9.87	49.0	132	2.69	83.6
TN	—	—	—	—	—	—	—	—
P	126	0.002	1.87	0.030	0.097	0.247	2.55	98.4
H_2SiO_3	128	6.40	48.8	16.0	17.4	7.85	0.45	100
SO_4^{2-}	128	7	1672	152	196	184	0.94	100
Ca^{2+}	128	29.8	420	105	117	58.4	0.50	100
K^+	111	0.100	75.1	1.18	3.76	9.31	2.48	86.7
Mg^{2+}	128	2.95	157	27.7	33.9	23.8	0.70	100
Na^+	128	3.90	198	52.5	62.8	35.1	0.56	100
COD	120	0.550	68.6	2.17	4.06	7.89	1.94	93.8
pH	128	5.95	8.09	7.33	7.34	0.366	0.05	100

注：Fe、Mn、Cl^-、HCO_3^-、F^-、NH_4^+、NO_2^-、NO_3^-、P、H_2SiO_3、SO_4^{2-}、Ca^{2+}、K^+、Mg^{2+}、Na^+、COD含量单位为mg/L，其余元素含量单位为μg/L，pH无量纲，检出率单位为%。“—”表示未检出或缺资料，Hg均未检出。

表 4-3　2013 年苏锡常地区土壤溶液样品监测数据地球化学参数统计表

监测指标	参与统计样本数	极小值	极大值	几何均值	均值	标准差	变异系数	检出率
As	128	0.300	78.0	2.35	3.51	7.01	2.00	100
Cd	16	0.200	1.30	0.42	0.538	0.391	0.728	12.5

续表

监测指标	参与统计样本数	极小值	极大值	几何均值	均值	标准差	变异系数	检出率
Co	128	0.200	43.0	0.854	1.62	3.99	2.46	100
Cu	128	0.800	26.0	3.35	4.39	4.18	0.952	100
Cr	128	1.50	13.0	4.18	4.75	2.45	0.515	100
Ni	128	0.700	46.0	5.11	5.97	4.65	0.779	100
Pb	126	0.200	6.80	0.848	1.08	0.938	0.871	98.4
Sb	36	0.300	3.20	0.560	0.708	0.624	0.880	28.1
Se	78	0.200	5.60	0.392	0.563	0.796	1.41	60.9
Sn	128	0.100	14.0	0.550	0.906	1.50	1.66	100
Zn	128	1.00	16600	15.0	207	1480	7.16	100
Ti	128	0.900	86.0	6.14	7.61	8.11	1.07	100
V	100	0.500	9.00	1.52	1.98	1.63	0.824	78.1
Fe	127	0.026	17.0	0.386	1.26	2.73	2.17	99.2
Mn	128	0.0025	35.8	0.251	1.48	3.72	2.52	100
B	99	11.0	460	36.9	51.7	55.5	1.07	77.3
Br	128	13.0	13600	178	352	1219	3.47	100
Cl^-	128	6.04	305	72.0	91.8	61.0	0.664	100
CO_3^{2-}	1	41.9	41.9	41.9	41.9	—	—	0.8
HCO_3^-	128	12.2	731	235	290	164	0.564	100
I	116	5.30	540	31.3	50.7	65.6	1.30	90.6
F^-	128	0.070	1.94	0.291	0.337	0.212	0.629	100
NH_4^+	124	0.021	104	0.204	1.20	9.32	7.78	96.9
NO_2^-	127	0.009	56.0	0.100	0.706	5.03	7.12	99.2
NO_3^-	128	0.010	755	1.46	17.3	72.9	4.20	100
TN	128	0.1	183	1.3	6.8	21.5	3.2	100
P	121	0.007	2.40	0.034	0.117	0.340	2.90	94.5
H_2SiO_3	128	5.20	51.8	17.6	19.0	7.79	0.410	100
SO_4^{2-}	128	6.83	2289	107	153	218	1.43	100
Ca^{2+}	128	19.6	491	93.3	104	58.3	0.559	100
K^+	126	0.110	24.6	1.05	2.25	3.50	1.55	98.4
Mg^{2+}	128	1.60	223	26.0	31.1	23.3	0.751	100
Na^+	128	4.52	308	50.2	63.3	45.3	0.716	100
COD	128	0.540	59.8	2.37	3.66	5.93	1.62	100
pH	128	6.42	8.34	7.27	7.28	0.378	0.052	100

注：表中 Fe、Mn、Cl^-、CO_3^{2-}、HCO_3^-、F^-、NH_4^+、NO_2^-、NO_3^-、TN、P、H_2SiO_3、SO_4^{2-}、Ca^{2+}、K^+、Mg^{2+}、Na^+、COD 含量单位为 mg/L，其余元素含量单位为 μg/L，pH 无量纲，检出率单位为%。“—”表示未检出或缺资料，Hg 均未检出。

（1）土壤水中 Cd、Hg 这 2 个苏锡常地区主要有污染显示的重金属，其检出率都不高，2011 年、2012 年、2013 年这 3 年的土壤水样品 Cd 检出率分别为 6.67%、14.8%、12.5%，而这 3 年土壤水样品 Hg 的检出率全部为 0。土壤水中重金属 Pb 的检出率最高可达 98%以上，最低不足 30%。常规的 8 种重金属（As、Cd、Hg、Pb、Cu、Cr、Ni、Zn），土壤水样品中只有 As、Ni 元素检出率最稳定，每次都在 90%以上，Cr 检出率最低可达 69.5%。

（2）相比于土壤而言，土壤水的元素含量更不均匀，凡是能检出的元素（或相关化学指标）中，其元素含量变异系数几乎全部大于 0.5，绝大多数都大于或接近 1.0。例如，3 次监测数据中的 As 元素含量变异系数全部在 1.28～2.0，Cr 元素含量变异系数全部在 0.515～0.96，Ni 元素含量变异系数全部在 0.779～3.18，Co 元素含量变异系数全部在 2.46～4.11，Se 元素含量变异系数全部在 0.80～1.41。总体趋势是土壤水中微量元素分布比土壤更不均匀。

（3）土壤水中微量元素的含量总体要远远低于其土壤中对应的元素含量，正常情况下有几个数量级的差异（多为 3 个数量级），能稳定检出的元素及检出率不高的元素都是如此，以平均含量为例，苏锡常地区土壤水中 2011 年、2012 年、2013 年的 Cd 平均含量依次为 1.39μg/L、0.423μg/L、0.42μg/L，而其土壤这 3 年的 Cd 平均含量依次为 0.46mg/kg、0.25mg/kg、0.24mg/kg（这里统一取几何均值，余同），土壤水 Cd 平均含量与土壤的 Cd 平均含量相差近 1000 倍；又如，苏锡常地区土壤水 2013 年 Zn 平均含量为 15.0μg/L，而其土壤的 Zn 平均含量为 98.7mg/kg，两者相差 1000 倍还不止；再如，苏锡常地区土壤水 2012 年 Mn 平均含量为 0.064mg/L，而其土壤的 Mn 平均含量为 510mg/kg，相差近 10000 倍。

（4）土壤水中常量元素的含量也与其土壤存在几个数量级的差别，像土壤水中 Fe、K、Ca、Mg 等常量元素（多为阳离子形式）含量均为 10^{-6}（mg/L）级，而其土壤的 Fe、K、Ca、Mg 含量全为 10^{-2}（%）级，相差上千倍。

（5）土壤水中元素含量的稳定性也不及土壤，以 Zn 为例，其 2011 年 Zn 最高含量为 290μg/L、平均含量为 5.37μg/L，2012 年 Zn 最高含量为 9700μg/L、平均含量为 23.2μg/L，2013 年 Zn 最高含量为 16600μg/L、平均含量为 15.0μg/L，同一元素不同年份监测数据其最高含量相差几百倍、平均含量相差几倍，这在土壤监测数据中是不可想象的。同样，像土壤水的 Se 平均含量 2011～2013 年依次为 1.33μg/L、2.27μg/L、0.392μg/L，这种现象在土壤中也很少见到。其他一些元素，像 Fe、Mn、B 等元素也存在类似情况。

总体看来，土壤水的元素含量分布特征与土壤还是存在较显著的差异的，不仅是土壤水的元素含量要比土壤的元素含量低几个数量级，土壤水的元素含量分布比土壤元素含量分布更不均匀，还表现在土壤水的元素含量分布随时间变化的重现性、规律性也不如土壤稳定、清晰，说明控制土壤水中元素含量等分布的机制或因素更加复杂，土壤水环境地球化学监测数据的对比要面对更多不确定因素。土壤水监测数据中比较稳定的主要有 pH，其不同年代的平均值基本一致。

2. 土壤溶液监测数据空间分布差异性

尽管土壤溶液中元素含量分布随时间变化的稳定性不及土壤，但土壤溶液中重金属等污染指标的分布不均匀性强于土壤。图 4-7～图 4-9 分别展示了 2013 年、2012 年、2011 年这 3 个年份苏锡常地区土壤水监测数据中的 Fe 含量空间分布变化情况。对比图 4-7～图 4-9 可看出，当地土壤水的 Fe 相对高含量区主要集中在太湖北部的张家港-无锡一带、太湖东部的吴江以西地段及常州西南部的溧阳一带，以吴江以西地段的 Fe 相对高含量分布最为稳定，其他地段土壤水 Fe 含量总体处于中等偏下水平。

图 4-10～图 4-12 分别展示了 2013 年、2012 年、2011 年这 3 个年份苏锡常地区土壤水监测数据中 As 含量空间分布变化情况。对比图 4-10～图 4-12 可以看出，当地土壤水 As 含量的空间分布差异表现为西北部地区是相对高含量的主要集中地段，总体而言，东北部是土壤水 As 相对低含量分布区，且 3 年监测数据的空间分布不完全一致，土壤水中 As 监测数据的稳定性弱于土壤，说明制约土壤水 As 分布的因素相对要更复杂。

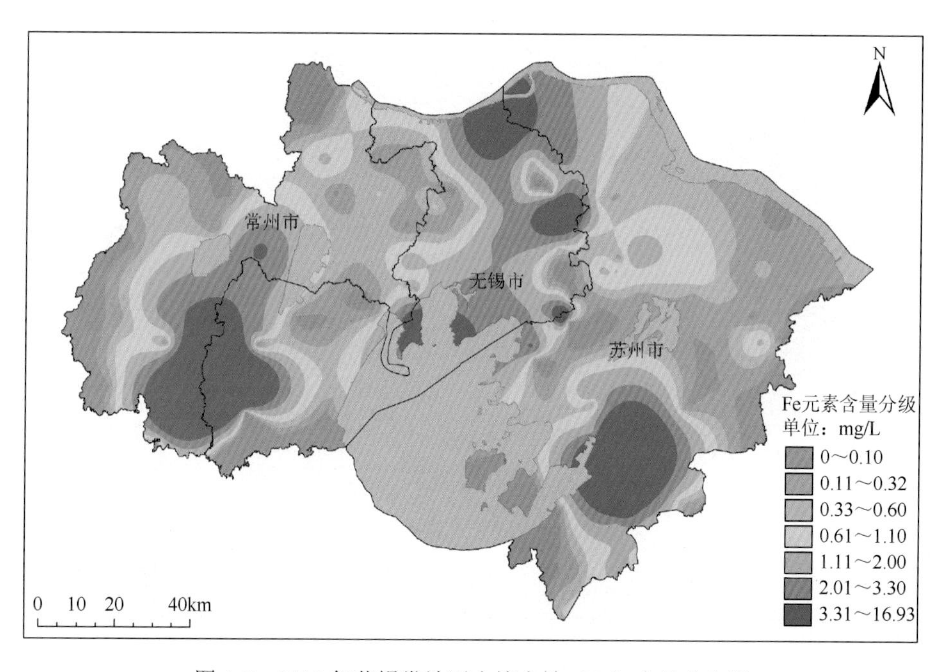

图 4-7　2013 年苏锡常地区土壤水铁（Fe）含量分布图

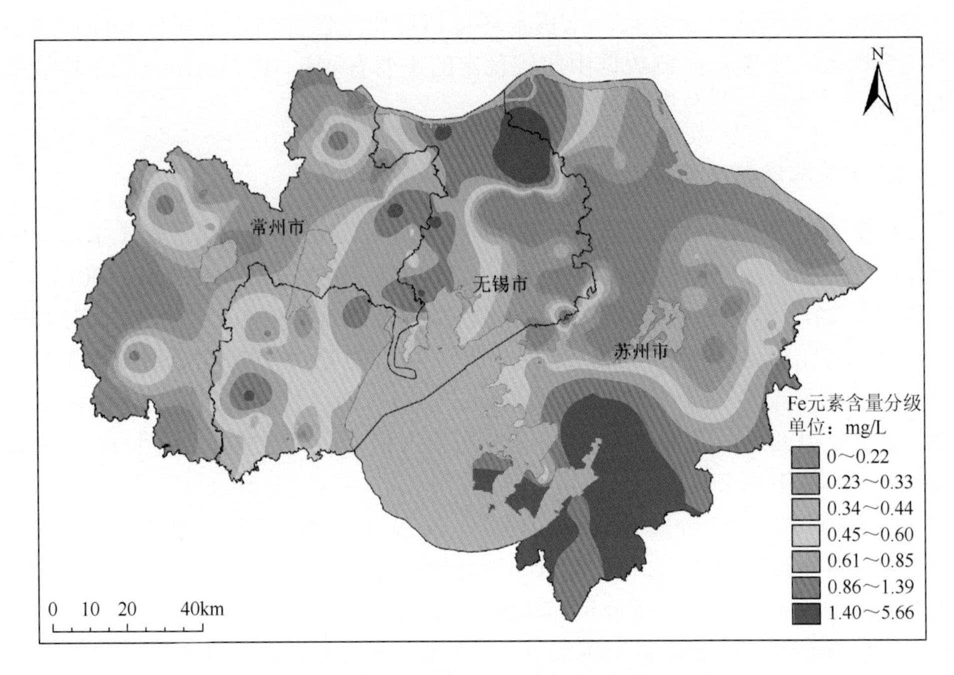

图 4-8　2012 年苏锡常地区土壤水铁（Fe）含量分布图

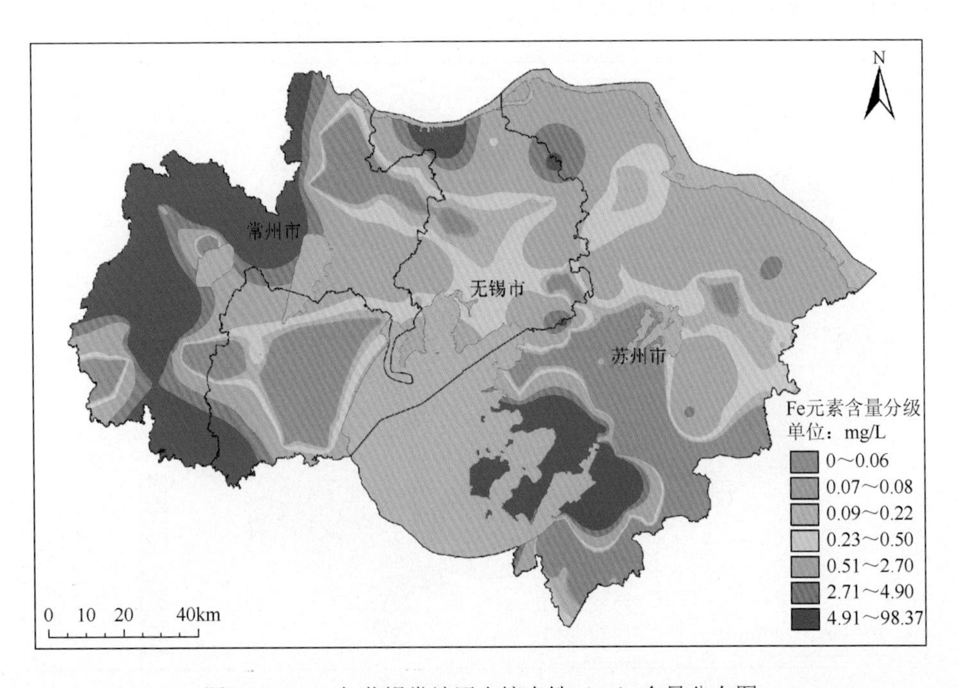

图 4-9　2011 年苏锡常地区土壤水铁（Fe）含量分布图

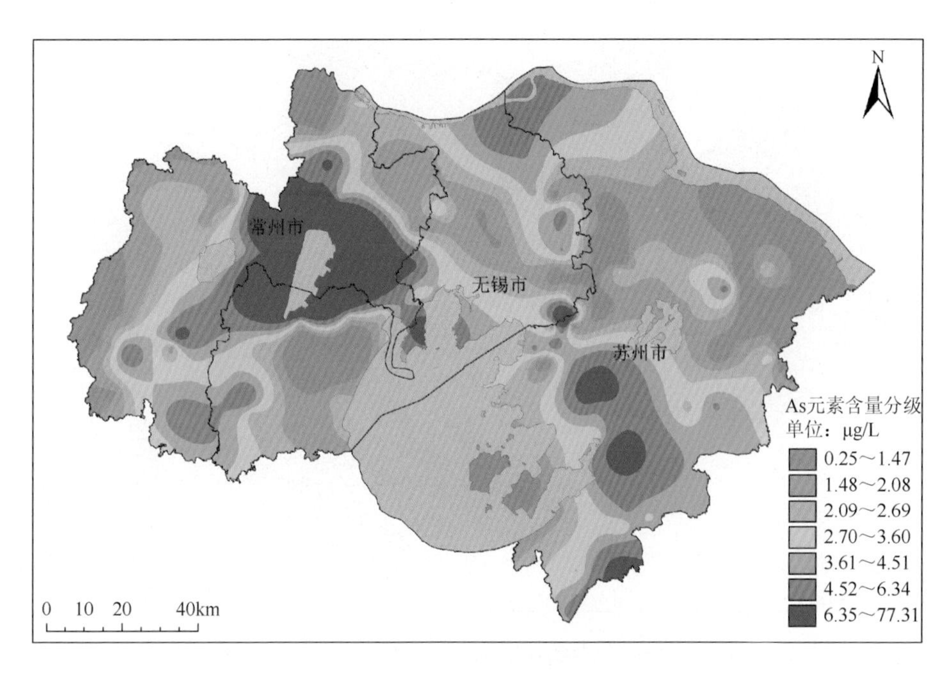

图4-10　2013年苏锡常地区土壤水砷（As）含量分布图

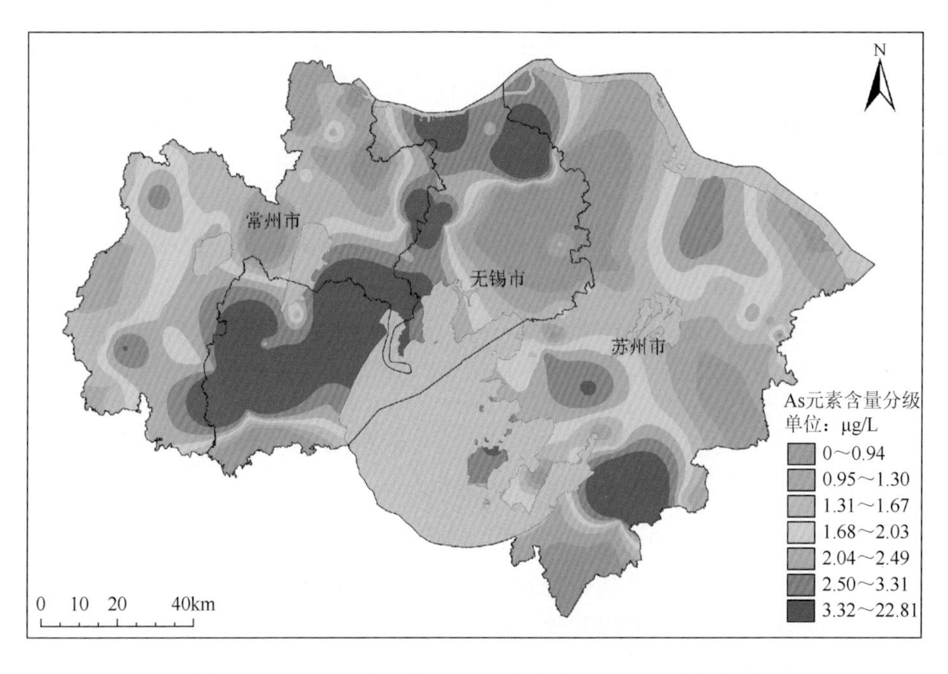

图4-11　2012年苏锡常地区土壤水砷（As）含量分布图

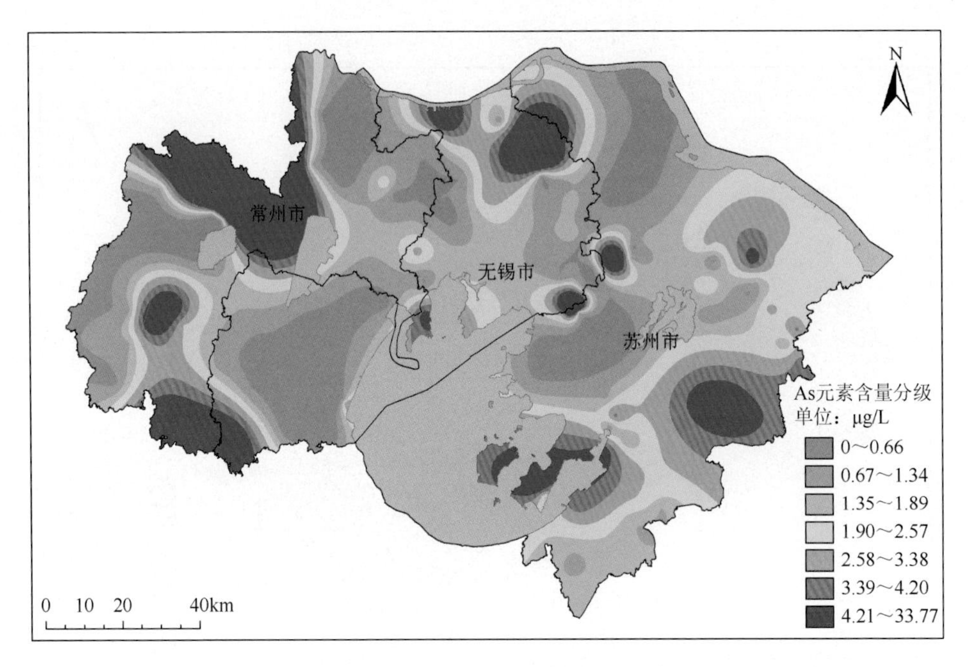

图 4-12　2011 年苏锡常地区土壤水砷（As）含量分布图

另外，从上述同步监测中获取的 2013 年、2012 年、2011 年这 3 个年份苏锡常地区土壤水 Zn 含量分布特征及其时空变异来看，发现苏锡常地区土壤水中 Zn 相对高含量主要集中在 4 个地段，分别是太湖东、西侧各一片，张家港附近一片，金坛以西南一片，且这 4 个地段每年都基本能重复。另外，将同年度土壤水的 Zn 相对高含量分布地段与土壤的 Zn 相对高含量分布地段进行对比，也发现二者总体有较大的可比性，说明土壤及土壤水的局部 Zn 富集在空间上重现性较好，也说明这些地段的 Zn 相对富集肯定有比较稳定的物质来源。

土壤水中重金属检出率最高者为 Cr、Ni、Zn、As 等，但 Cd、Hg、Pb 等检出率不高或未检出，且其对号重现性不好，这点与土壤监测数据有较大差异。上述土壤水中部分重金属行为与土壤不尽一致，说明区域重金属分异性在水土环境均有不同程度的反映。

3. 土壤及土壤溶液之间元素含量分布相关性

前面已经提及了部分元素在土壤-土壤水之间的空间分布是否有相关性的问题，从模糊的空间分异趋势中发现，部分元素分布在土壤-土壤水之间存在一定联系。下面以 2013 年在苏锡常地区所获取的 128 套水土污染同步监测数据（部分水土监测不配套的数据不参与解析）为基础，专门探讨土壤-土壤水之间的元素含量等分布相关性。表 4-4 对比了苏锡常地区 2013 年水土监测数据中相关元素在土壤-土壤水之间的相关性分析统计结果。从表 4-4 不难看出，通过 Pearson 相关性分析检验，在土壤水样品元素含量分析数据检出率大于 90%的 21 个元素中，土壤-土壤水之间元素含量分布的地球化学指标中存在显著相关性的有 Cr、Ni、Br、Cl、Ca、K、Mg、pH 等，不存在显著相关性的元素包括 As、Co、Cu、Sn、Zn、Ti、Fe、Mn、I、F、N、P 等，Na 显著性检验刚好超过 5%置信区间，但显著检验值为 0.051，应该属于接近有显著相关性。上述通过严格数学计算得出的相关性统计结果，与前面通过空间分异性模糊趋势得到的判断不一致，如模糊性判断土壤水-土壤之间的 Zn 应存在一定相关性，但这里的 Pearson 相关性分析检验却证实土壤水与土壤样本之间的 Zn 含量分布不存在显著相关性，说明经验判断不能完全替代数学检验。但也有经验判断与数学检验完全一致的情况，而且这类元素的比例要相对偏高，如同样依据 2013 年的 128 套样品的水土同步监测数据，就发现土壤水与土壤样本之间的重金属 Cr 存在显著相关性而且是正相关，其剔除少量离群数据后的 Pearson 相关系数 $R = 0.531$，其线性相关分析结果如图 4-13 所示，在绝大多数样品中，土壤水 Cr 含量与当地土壤 Cr 含量之间存在明显的正相关性。

表 4-4　2013 年苏锡常地区水土同步监测数据有关元素等相关性统计结果

元素	Pearson 相关系数(R)	线性相关系数	显著性（双侧）检验p	参与统计样本数
Cr*	0.303**	0.302	0.001	128
Ni*	0.302**	0.302	0.001	128
Br*	0.306**	0.305	0.000	126
Cl*	0.436**	0.436	0.000	128
Ca*	0.202*	0.2	0.022	128
K*	0.231**	0.230	0.009	126
Mg*	0.363**	0.362	0.000	128
pH*	0.230**	0.230	0.009	128
Na	0.173	0.170	0.051	128
As	−0.044	−0.0316	0.622	128
Co	0.138	0.138	0.119	128
Cu	0.076	0.071	0.395	128
Sn	−0.080	−0.0775	0.378	125
Zn	−0.013	−0.0	0.880	128
Ti	0.034	0.0316	0.706	128
Fe	−0.049	−0.044	0.588	127
Mn	0.121	0.118	0.174	128

续表

元素	Pearson 相关系数(R)	线性相关系数	显著性（双侧）检验p	参与统计样本数
I	0.115	0.114	0.218	116
F	−0.157	−0.155	0.077	128
N	0.086	0.0837	0.336	128
P	−0.005	−0.0055	0.955	121

注：表中最大有效样本数为 128，低于 128 者表示部分样本只有土壤元素含量数据而缺少土壤水对应的监测数据；*表示在 0.05 水平上（双侧）显著相关；**表示在 0.01 水平上（双侧）显著相关。

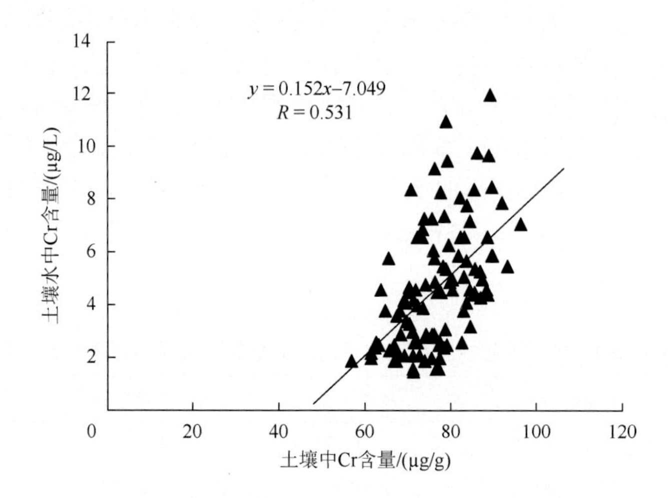

图 4-13 水土同步监测数据土壤水−土壤 Cr 含量相关性分析结果

图 4-14 与图 4-15 对比了 2013 年苏锡常地区土壤水、表层土壤 Cr 含量空间分布差异性情况，从中可看出，其土壤水中 Cr 相对高含量分布地段与土壤中 Cr 相对高含量分布地段基本完全重合，而且就太湖的苏州东山岛、西山岛这两个地段而言，其作为土壤水中 Cr 相对低含量分布区和土壤中 Cr 相对低含量分布区也完全重合，依据经验及模糊判断，不难确定当年监测数据中土壤水与土壤的 Cr 含量分布有很显著的对应关系，理应属于相关性明显的元素而且是正相关的性质。

除了重金属 Cr 之外，常量元素 K、Na、Ca、Mg（其土壤水的含量用其阳离子含量代表，余同）及重金属 Ni 等，在土壤水与土壤样本之间也有类似的特点。图 4-16 与图 4-17 对比了 2013 年苏锡常地区土壤水、表层土壤的 Ni 含量空间分布差异性情况，依据经验可看出，Ni 在土壤水、土壤之间的分布有良好正相关性。土壤水、土壤中的 Ni 高含量区间、低含量区间均相对吻合，证实了上述相关分析的结论，说明土壤水与土壤的 Ni 分布存在正相关性。

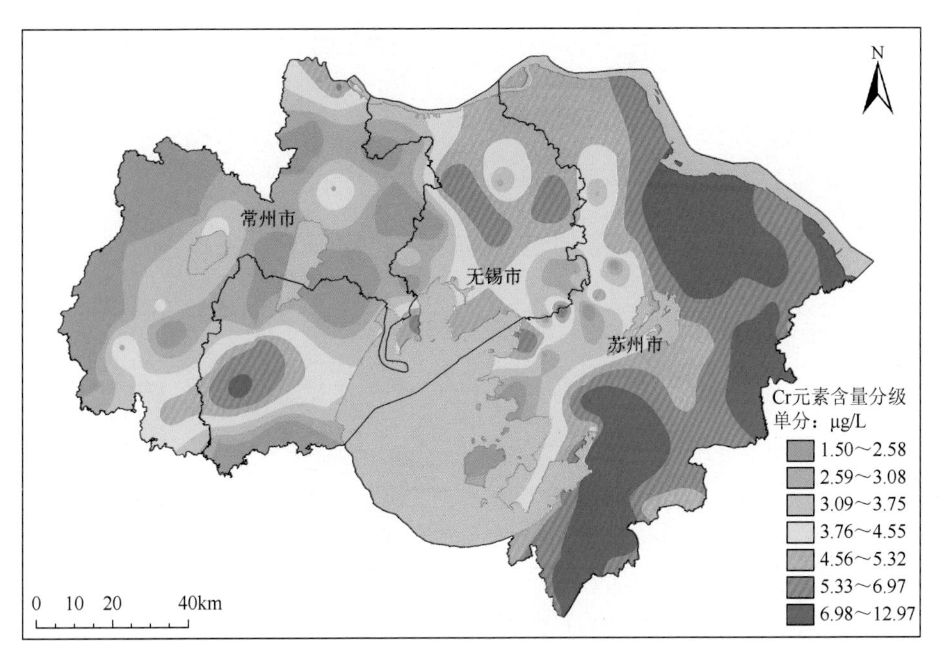

图 4-14　2013 年苏锡常地区土壤水铬（Cr）含量分布图

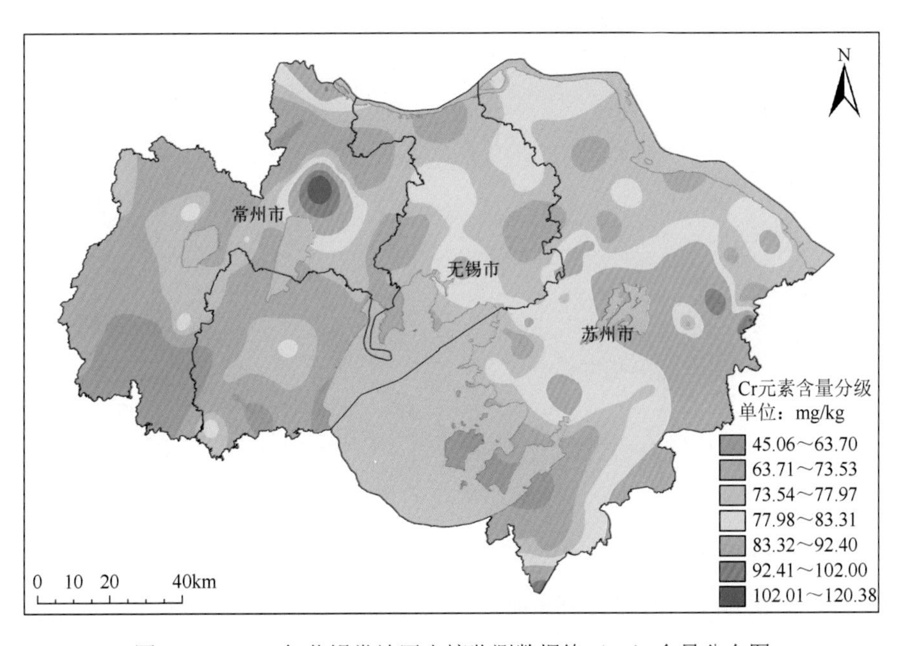

图 4-15　2013 年苏锡常地区土壤监测数据铬（Cr）含量分布图

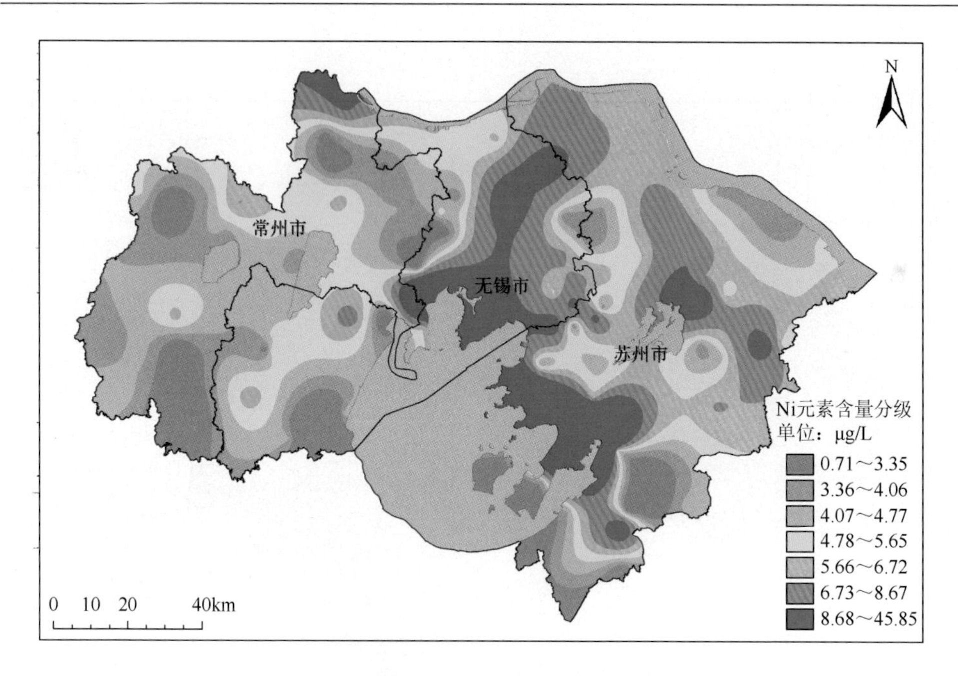

图 4-16　2013 年苏锡常地区土壤水镍（Ni）含量分布图

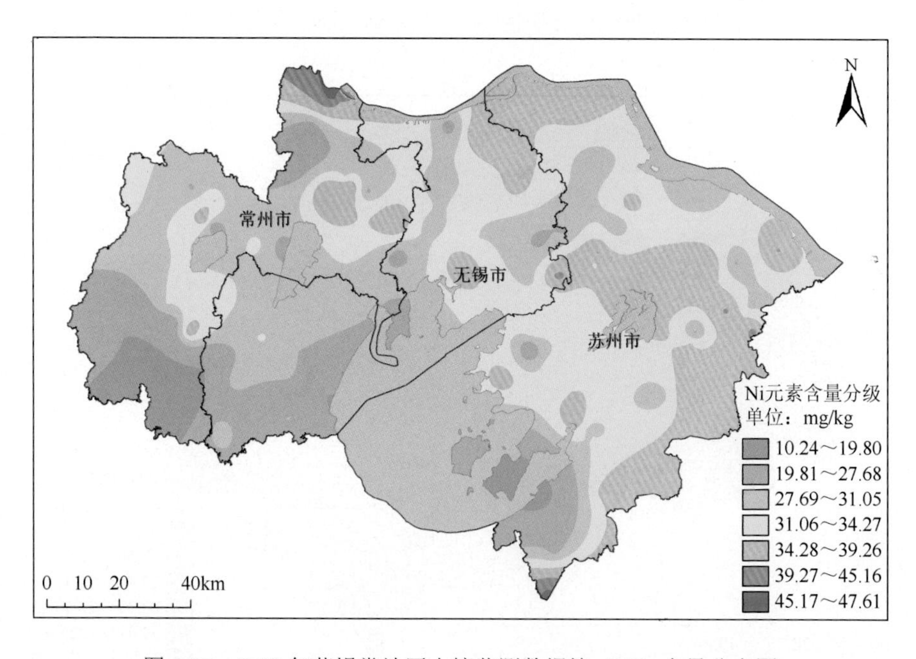

图 4-17　2013 年苏锡常地区土壤监测数据镍（Ni）含量分布图

图 4-18 展示了土壤水中 Mg^{2+}含量与土壤中 Mg 含量之间的正相关关系，可看

出在 2013 年的水土同步污染监测数据中，剔除了少量离群数据后，土壤水中的 Mg^{2+}含量与土壤中的 Mg 呈显著正相关，其线性相关系数达到 0.532。

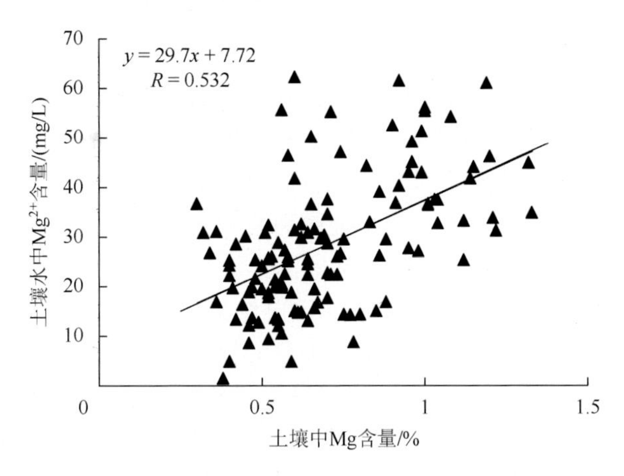

图 4-18 土壤水 Mg^{2+}含量-土壤 Mg 含量相关性分析结果

图 4-19 展示了苏锡常地区土壤水中 pH 与土壤中 pH 之间的正相关关系，pH 数据均来自当地 2013 年的水土污染同步监测，从图 4-19 可以看出，土壤水中的 pH 与当地土壤的 pH 呈现显著正相关关系，其线性相关系数 $R = 0.536$。虽然土壤水的 pH 同土壤 pH 具有显著正相关性，但是土壤水的 pH 并不等同于土壤的 pH，这可从 2013 年苏锡常地区土壤水监测的平均 pH = 7.3，而 2013 年苏锡常地区土壤监测的平均 pH = 6.4，两者相差近 1 个酸碱度单位得到证实，说明土壤水的 pH 比土壤 pH 更偏碱性。通常水环境的 pH 分布要比土壤环境稳定，能在同一时间段

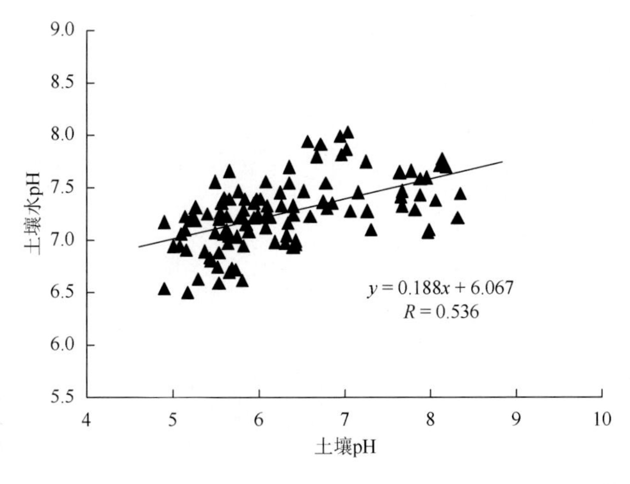

图 4-19 土壤水 pH-土壤 pH 相关性分析结果（据 2013 年监测数据）

监测的土壤及土壤水样点之间建立显著正相关性，也证实所选择的监测方法技术具有可重复、可推广性。

上述多个实例证明了土壤水与土壤的元素分布之间存在一定的内在联系，这种联系可以通过 Pearson 相关性分析检验等数学计算手段得到验证，也可以通过同一元素在土壤水与土壤中的空间分布差异性趋势等经验方法来验证。当数学计算方法与经验判断出现不一致时，原则上应该优先选择数学计算的结论，这些对于土壤水与土壤元素含量绝大部分都能被检出的情况是很好判断的，但对于土壤水元素含量检出率不到 50%的重要重金属而言，判断重金属在土壤水与土壤之间分布的相关性就无能为力了。而苏锡常地区土壤污染最严重的 Cd 和 Hg，就恰恰属于这种情况。土壤水的 Hg 检出率为 0，自然无从考证 Hg 在土壤水与土壤之间的相关性，但土壤水的 Cd 含量还是有少量被检出的。为了探讨少量土壤水样品中 Cd 含量与土壤 Cd 分布的相关性，特借鉴经验判断的方法，同样以 2013 年的水土同步监测数据为基础，将有土壤水 Cd 含量的监测点投到 2013 年苏锡常地区土壤 Cd 含量空间分布变异图上（图 4-20），通过图 4-20 可以明显看出，所有能检出土壤水 Cd 含量的样点全部落在土壤 Cd 含量高值区范围内或其附近，土壤 Cd 含量低值区所控制的范围内没有 1 个土壤水样能检出 Cd 含量。由此，可以推测土壤 Cd 含量分布对土壤水 Cd 含量还是有一定影响的，其表现形式就是土壤相对 Cd 污染程度偏高背景下的土壤水，其相对 Cd 含量要明显偏高。

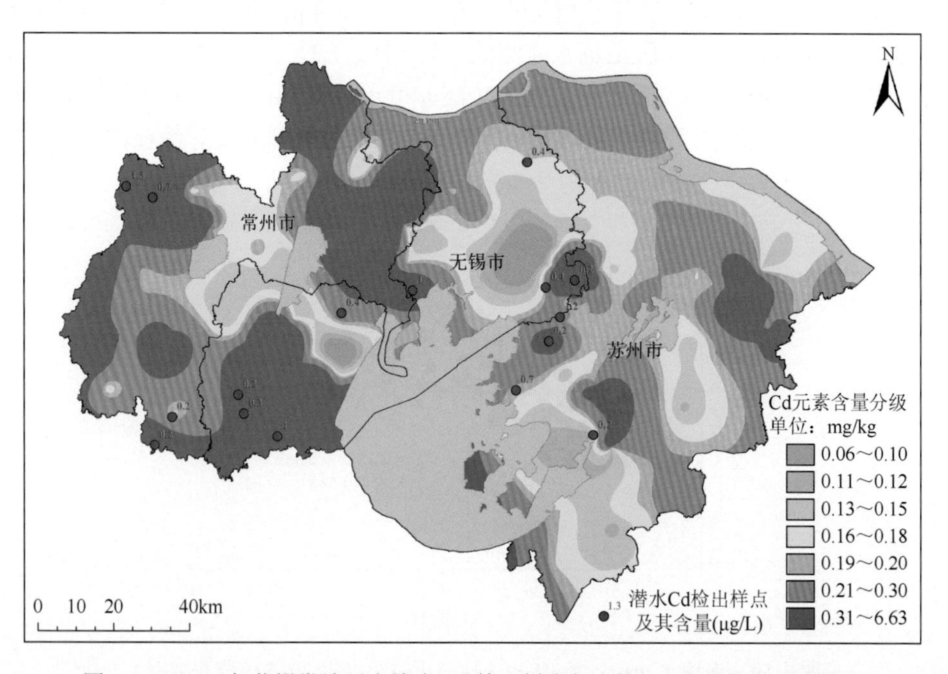

图 4-20　2013 年苏锡常地区土壤水 Cd 检出样点与土壤 Cd 含量分布对应情况

通过以上描述与分析讨论，可以对本次在苏锡常地区开展的连续 3 年的土壤水监测工作及其研究成果做一归纳小结。

（1）通过枯水期现场挖坑（或小井，井深视潜水面深度而确定），采集以潜水 + 包气带水为主的土壤水样，能有效解决水土污染同步监测水化学样品的代表性问题，实践证明这一土壤水采样技术是实用的。运用这一新的方法采集的土壤水与在民井中采集的井水有本质的区别，其能克服以往水土污染监测数据之间找不到本质联系的弊端，对于解决水土污染同步监测的技术难题有重要的示范价值。这一技术具有操作简单、能在雨水充沛地区推广的优点，有望在相关地区推广使用。

（2）苏锡常地区的土壤水具有多数微量元素含量分布极不均匀（元素含量变异系数大多大于 0.8）、Cd 与 Hg 这两个主要污染指标检出率低、元素含量分布稳定性不及土壤等共性，而且土壤水中绝大多数元素的含量通常比土壤的元素含量低很多，一般土壤水的元素含量比土壤的元素含量要低 3 个数量级左右，表明土壤中的重金属等微量元素能进入土壤水的仅仅是极少一部分。

（3）苏锡常地区的土壤水的 pH 与土壤的 pH 有显著的正相关性，但土壤水的 pH 与土壤的 pH 之间仍存在显著差别，苏锡常地区土壤水的 pH 总体呈弱碱性，其平均 pH = 7.2～7.3，而当地土壤的 pH 总体呈弱酸性，其耕作层土壤的平均 pH = 6.2～6.4，土壤水的平均 pH 比土壤的平均 pH 要高出近 1 个单位。

（4）在苏锡常地区，Cr、Ni、Br、Cl、Ca、K、Mg、Na、pH 等元素（或指标）在土壤水与土壤之间的分布具有显著正相关性，Pearson 相关分析检验与水土元素含量空间变异趋势对比都能证实这一点。一些重金属元素，像 Cd、Zn 等，尽管通过数学分析手段找不到它们在土壤水与土壤之间的分布存在显著相关性的证据，但通过对比它们在土壤水与土壤中的空间分异特点，还是能看出土壤重金属分布对土壤水的 Cd、Zn 含量有较大影响，土壤中 Cd、Zn 等重金属相对污染程度偏高的地段（或土壤中的 Cd、Zn 高含量地段）仍然是土壤水中 Cd、Zn 相对高含量区的主要聚集范围，预示土壤大片重金属污染肯定会对土壤水产生影响。

（5）控制土壤水元素含量分布（特别是重金属等微量元素）的机制与因素比土壤更复杂，要提高水土污染同步监测数据的质量及其应用效果，进一步完善水环境监测技术，提高水化学样品的 Cd 与 Hg 等检出率仍十分关键。

4.3　苏锡常地区大气降尘的重金属等监测

4.3.1　基本监测方法

在苏锡常及其周边相关地区布设了 45 个大气降尘监测点，基本控制了整个苏锡常地区的土壤分布范围，按照 1 年一个监测周期，用大气降尘接收缸收集大气干湿沉降颗粒物的形式获得大气降尘监测数据，通过连续监测，2011 年 10 月现场布设完主要监测点大气降尘接收装置，各监测点接收沉降时间满 1 年，将 1 年内收集起来的降尘做 1 次元素含量分析，考察大气降尘环境地球化学演化。

综合考虑周围环境布设具体监测点，在各监测点采用事先专门布置的接收装置收集大气降尘样品。大气降尘接收装置主要由接收缸、保护网、保护剂等组成，接收缸是专门定制的规格统一的无污染瓷缸，开口圆形、底小口大（图 4-21），通过测算事先确定好接收缸的容积，确保 1 年内当地接收范围内的降水能全部保存于缸内（自然接收降水量超过一缸者分两次或多次连续接收）。统一选择 5～15m 高楼平顶放置大气降尘接收缸，确保每个大气降尘监测点所接收的样品具有更好的代表性，建议在接收缸上加载多孔尼龙网，避免接收树叶、石子、鸟粪、空中碎片等非降尘物质。事先在缸底加适量的去离子水 + 乙二醇（保护剂），保证降尘落入缸底不再飞溅，阻止细菌等微生物快速繁殖。1 年接收期满，将接收缸中全部水 + 尘混合物用塑料壶收回，用加热蒸发的方法收集全部固体沉降物。每年重复监测 1 次，力争典型监测点持续监测 10 年以上。聘用楼房主人对降尘接收装置给予必要看护，保证接收缸每年能连续接收当地的大气干湿沉降物质。

(a)

(b)

图 4-21　大气降尘监测点接收装置及实际接收情况（拍摄于 2011 年 11 月）

正常情况下，一年收集 2 次样品（考虑到苏锡常地区降水比较充沛，若全年降水量去掉正常蒸发后不超过接收缸高度 2/3 者，1 年接收 1 次也完全可行），大致是梅雨季节到来前收集 1 次，1 年接收期满再收集 1 次，2 次收集的降尘总量即该监测点当年收集的总大气降尘量。每次按照事先制定的统一操作程序收集大气降尘接收缸中的样品，流程与要求如下。

（1）先将收集器具（干湿沉降接收缸等，余同）上蒙盖的防护网轻轻取下，把缸中的小树叶、粗砂石等较为明显的杂物拣出来，测量缸中水深并记录。同时，清洗采样工具，一律用自带的实验室专配的去离子水冲洗，洗液自弃。

（2）用脚踏式抽吸器等专用设备抽取缸中所接收的降水。包括：

第一，先将水管用小竹竿绑好，使得取水管口距缸底5～8cm，将其放入器具中，连接好抽吸器后，将缸中清水缓缓抽出导入专用塑料桶中，装满、编号、记录清楚，按规定将降水与后面的浑浊液一道送实验室统一分析处理；

第二，继续将剩余清水导入专门用作盛水的塑料盆中，留作清洗接收器具用；

第三，待清水抽完，缸中含降尘的浑浊液不到1000ml时停止；特别要注意，整个抽水过程不得将底部的降尘带出来；

第四，将缸中浑浊液摇匀后全部盛入专用塑料桶中（统一为7500ml标准桶）。

（3）清洗接收缸，并将全部降尘样品汇总到上述7500ml专用塑料桶中，编号，待送实验室做专门处理，提取降尘样品，注意：

第一，用塑料刷将缸中的降尘清扫到缸底，用塑料盆中备用的冲洗水洗清接收缸，将汇集的降尘及其清洗液一并盛入7500ml专用塑料桶中；

第二，正常清洗次数2～3遍，以清洗完缸中所残留的降尘为止。

（4）中间不得损失缸中降尘。清洗过程中掌握好用水量，最终使7500ml专用桶刚好盛满（若整个水量不足17.5L，则以装完水为止）。

（5）测量塑料盆中剩余水量（精确到100ml），记录清楚，尽量将全部降水装瓶带回，用多余清水将剩余器具冲洗干净，便于携带。

（6）恢复接收缸至原始接收状态，加入约5ml乙二醇，继续收集样品。

（7）专业人员戴橡皮手套作业，每次取样前的清洗器具包括手套、量具、塑料盆、塑料桶等及采样过程所涉及的器具，不得带入任何人为污染。采样前一律用专用去离子水清洗干净器具，采样过程中一律用盆中余水清洗。

（8）现场取样记录规范化，拍摄现场采样照片存档。

实验室收到上述每次采集回来的降尘水样后，先对正常降水样做水化学样分析，再指派专人用统一的恒温蒸馏法提取全部降尘水中的大气降尘样品（一般各监测点1年收集到的有效大气降尘总量都稳定在15g以上），烘干、研磨至200目后，统一进行元素含量等分析测试。每个大气降尘样品分析测试As、Cd、Hg、Pb、Cu、Zn、Ni、Cr、Co、Se、F、Al、Fe、S、N、P、Sn、Mn、K、Ca、Mg、Mo等20多个指标，从大气降尘混合水样中提取固体大气降尘样品，样品的分析测试委托国土资源部南京矿产资源监督检测中心完成，获取苏锡常及其周边地区2012年大气降尘监测数据（共29个监测点）、2013年监测数据（共39个监测点），计2期。

4.3.2 大气降尘监测数据分析

苏锡常及其周边地区的大气降尘中重金属等微量元素分布也很不均匀，表 4-5 列出了当地 2012 年获取的 29 个大气降尘样品中 S、As、Cd、Hg、Pb、Zn、Cr、Ni、Se 等元素的含量监测结果，从表 4-5 可看出，当地大气降尘沉降通量平均约 10g/(月·m^2)，也就是说，苏锡常地区平均每个月通过大气向当地 1m^2 土壤输入的降尘总量约 10g，且这些降尘中都含有较高浓度的 Cd、Hg、Pb、Zn 等重金属。表 4-6 列出了这 29 个大气降尘样品的相关元素含量分布参数统计结果。

表 4-5　2012 年苏锡常地区大气降尘监测样品部分元素含量分析结果

样品号	沉降通量/[g/(月·m^2)]	S/%	As/(μg/g)	Cd/(μg/g)	Cr/(μg/g)	Cu/(μg/g)	F/(μg/g)	Hg/(μg/g)	Ni/(μg/g)	Pb/(μg/g)	Se/(μg/g)	Sn/(μg/g)	Zn/(μg/g)
JC001	5.60	0.65	14	2.36	156	145	850	0.44	68.9	298	6.26	28.9	714
JC002	13.38	1.17	7.9	1.31	104	102	504	0.24	48.7	219	2.91	22.1	823
JC004	8.74	1.24	11.1	2.48	285	124	637	0.51	236	471	4.57	25.5	2724
JC005	10.95	0.49	13.8	2.36	151	132	576	0.34	74.7	434	2.74	37.4	1167
JC006	9.29	1.37	23.1	1.25	144	174	1362	0.52	61.6	293	4.41	29.5	1044
JC007	10.25	1.02	13.6	2.26	233	191	797	0.43	84.9	557	5.95	50	1797
JC008	8.98	0.88	13	1.62	186	169	850	0.37	77.3	397	3.78	40.2	1417
JC009	6.28	0.74	14.2	2.2	235	241	1005	0.53	80.5	460	5.21	36	1670
JC010	8.06	1.53	14.5	3.27	442	227	1334	0.5	145	434	5.3	29.8	1618
JC011	13.08	0.54	8.83	1.66	216	215	705	0.31	75.3	397	4.42	50	1048
JC012	9.20	0.62	15.4	3.02	681	188	695	0.3	336	250	4.1	50	827
JC013	7.66	1.26	12	1.43	196	205	787	0.35	81.1	389	4.11	50	1154
JC014	7.05	0.93	15.6	1.77	453	236	919	0.37	201	409	5.06	50	1450
JC015	7.53	0.79	12.8	2.63	286	1256	864	0.73	151	3189	6.55	50	1100
JC016	8.21	1.15	12.3	1.96	224	208	1172	0.35	59.5	476	4.84	50	935
JC017	12.09	0.73	19.8	3.37	511	282	1013	0.6	260	476	6.74	32.8	2317
JC018	17.07	0.98	6.52	0.82	128	88.4	1152	0.27	43.2	210	2.8	12.8	631
JC019	8.00	1.92	14.9	1.14	174	153	1221	0.31	68.3	376	5.68	42.3	1143
JC021	9.83	0.83	6.62	0.83	132	220	778	0.21	54.5	193	3.5	22.7	836
JC022	10.48	0.98	7.01	0.77	144	151	536	0.24	53.5	369	3.64	50	676
JC023	10.93	0.78	8.88	5.92	174	174	683	0.24	60.3	363	3.75	50	905
JC026	19.84	0.75	6.51	0.92	164	320	464	0.27	56.2	163	2.32	41.4	1398
JC027	7.33	0.71	6.67	0.97	139	150	705	0.26	49.9	217	2.97	43	890
JC028	8.01	1.03	8.25	1.03	133	250	857	0.29	53.1	259	2.34	50	856

续表

样品号	沉降通量/[g/(月·m²)]	S/%	As/(μg/g)	Cd/(μg/g)	Cr/(μg/g)	Cu/(μg/g)	F/(μg/g)	Hg/(μg/g)	Ni/(μg/g)	Pb/(μg/g)	Se/(μg/g)	Sn/(μg/g)	Zn/(μg/g)
JC030	7.18	0.56	17.3	1.51	203	195	629	0.33	57.9	524	4.34	50	831
JC031	9.29	0.41	13.2	11.7	186	196	723	0.27	83.2	248	2.4	50	1528
JC032	10.86	1	9.53	2.43	192	219	685	0.3	101	188	2.77	50	1123
JC033	15.03	0.62	2.14	0.88	233	169	706	0.24	52.2	1629	2.48	50	1348
平均值	9.93	0.90	11.7	2.25	230	226	827	0.36	98	489	4.11	41.2	1211

通过对比表4-5和表4-6，并将2012年苏锡常地区大气降尘元素含量分布数据与以往相关资料进行比较，可发现大气降尘的Cd、Pb、Zn、Sb、Sn等重金属含量远高于当地土壤，如其降尘的Cd平均含量为2.25mg/kg，大约是2012年苏锡常地区地表土壤Cd平均含量的5倍多，大气降尘中的Pb、Zn平均含量是苏锡常地区同年地表土壤监测数据平均含量的10倍以上，大气降尘的Sb、Sn平均含量也是当年地表土壤平均含量的3倍以上；大气降尘中同时还挟带有较高浓度的S、Se、Mo、Cu、Cr、Ni等，大气降尘中S平均含量是当地土壤的近20倍，这可以在某种程度上解释当地酸沉降日趋严重的原因。同时，研究还发现苏锡常地区大气降尘中Pb含量增长明显，如2005年在当地采集了5个大气降尘样品，其大气降尘的Pb含量为142～383mg/kg、平均为283mg/kg，2012年在当地采集了29个大气降尘样品，其大气降尘的Pb含量为163～3189mg/kg、平均为488mg/kg，2012年当地大气降尘的Pb平均含量比其2005年的平均值增加了72%。不同年代大气降尘的重金属浓度、通量都有一定差异，说明大气降尘的重金属监测更有必要连续开展，这样才能获得反映其变化规律的连续监测资料。大气降尘样品的采集难度远高于土壤等也预示大气降尘的重金属监测数据更有价值。

表4-6　2012年苏锡常地区大气降尘重金属元素等含量分布统计表

元素或化合物	参与统计样本数	min	max	几何均值	算术均值	标准离差	变异系数	土壤平均含量
As	29	2.14	23.1	10.7	11.7	4.52	0.387	10.2
Cd	29	0.770	11.7	1.79	2.25	2.11	0.939	0.404
Hg	29	0.210	0.730	0.344	0.362	0.125	0.345	0.473
Pb	29	163	3189	374	489	582	1.19	43.8
Cu	29	88.4	1256	195	226	204	0.904	38.5
Zn	29	631	2724	1136	1211	479	0.396	109
Cr	29	104	681	206	230	131	0.570	76.8

续表

元素或化合物	参与统计样本数	min	max	几何均值	算术均值	标准离差	变异系数	土壤平均含量
Ni	29	43.2	336	82.0	97.8	72.3	0.740	31.6
Co	29	7.66	35.5	12.0	12.9	5.94	0.461	13.3
Ti	29	2011	3821	2844	2881	466	0.162	5098
Mn	29	300	1794	644	693	292	0.422	528
Fe	29	2.26	17.3	3.90	4.35	2.79	0.641	3.32
Se	29	2.32	6.74	3.90	4.11	1.33	0.324	0.414
B	29	66.0	120	90.5	91.8	15.8	0.172	63.7
P	29	825	6325	1347	1550	1188	0.766	1008
K	29	0.681	1.80	0.969	0.990	0.221	0.224	1.68
S	29	0.410	1.92	0.843	0.901	0.344	0.381	0.046
硫化物硫	29	0.150	1.03	0.489	0.539	0.221	0.411	—
硫酸盐硫	29	0.090	1.09	0.308	0.363	0.230	0.635	—
Sn	29	12.8	50.0	39.3	41.2	11.1	0.270	12.1
Mo	29	4.80	17.2	8.32	8.84	3.19	0.361	0.684
Sb	29	2.99	23.0	7.30	8.49	5.22	0.615	1.37
F	29	464	1362	797	827	238	0.287	565
Sr	29	110	306	176	183	53.0	0.291	—
Ba	29	345	1082	642	671	202	0.300	—
Al	29	2.75	5.16	3.66	3.72	0.679	0.183	7.04
Na	29	0.319	3.26	0.632	0.714	0.537	0.752	0.794
Ca	29	1.07	5.97	2.17	2.34	1.06	0.453	0.855
Mg	29	0.470	1.34	0.708	0.724	0.167	0.231	0.700
C	29	—	—	—	—	—	—	2.11
CO_2	29	0.150	4.37	0.435	0.701	0.929	1.33	—

注：表中 Al、Ca、Fe、S、K、Mg、Na、硫化物硫、硫酸盐硫、CO_2 含量单位为%（10^{-2}），其余元素含量单位为 μg/g；土壤平均含量取苏锡常同年表土监测数据的几何平均值；“—”表示缺资料。

2013 年苏锡常及其周边地区的 39 个大气降尘监测样品的元素含量分布等参数统计结果列于表 4-7，从表 4-7 同样能清晰地反映降尘中重金属等相关元素含量远高于当地土壤环境。相比于 2012 年的大气降尘监测数据而言，还发现其大气降尘的 S 含量有大幅度提升，2013 年大气降尘 S 含量平均值已经达 1.2%，比当年土壤的 S 平均含量高出了 26 倍；2013 年大气降尘的 Cd、F 含量也有大幅度提升，说明大气降尘的酸沉降、Cd 等重金属污染在进一步加剧。

表4-7　2013年苏锡常地区大气降尘重金属元素等含量分布统计表

元素或化合物	参与统计样本数	min	max	几何均值	算术均值	标准离差	变异系数	土壤平均含量
As	39	7.12	38.4	14.9	15.9	6.27	0.395	9.20
Cd	39	1.29	10.8	3.93	4.35	2.12	0.487	0.434
Hg	39	0.160	0.500	0.281	0.293	0.087	0.297	0.460
Pb	39	94.8	2586	331	425	456	1.07	44.4
Cu	39	80.7	843	149	170	124	0.733	39.2
Zn	39	349	2701	1163	1260	518	0.411	107
Cr	39	68.2	628	217	245	129	0.525	76.3
Ni	39	38.0	255	82.3	93.7	53.0	0.565	31.3
Co	39	7.23	42.7	13.6	14.4	6.26	0.434	12.9
Ti	39	1504	11340	3210	3376	1433	0.424	5099
Mn	39	316	1210	595	629	214	0.340	529
Fe	39	2.06	16.2	4.08	4.48	2.44	0.544	3.32
Se	39	1.77	5.70	3.03	3.14	0.846	0.270	0.433
B	39	0.700	189.0	63.7	74.2	30.7	0.414	72.9
P	39	441	8201	1253	1427	1180	0.826	996
K	39	0.590	1.59	1.05	1.07	0.205	0.193	1.67
S	39	0.450	4.01	1.20	1.36	0.753	0.552	0.048
硫化物硫	39	0.065	1.08	0.418	0.497	0.255	0.513	
硫酸盐硫	39	0.190	2.93	0.677	0.869	0.660	0.759	
Sn	39	8.98	50.0	33.3	35.9	12.5	0.348	14.7
Mo	39	2.85	15.6	6.81	7.29	2.83	0.389	0.720
Sb	39	3.63	27.0	9.86	10.7	4.65	0.433	1.50
F	39	545	4114	1002	1099	601	0.547	546
Sr	39	107	956	178	203	148	0.727	
Ba	39	267	5308	719	848	791	0.932	
Al	39	2.33	6.19	4.21	4.29	0.851	0.198	7.10
Na	39	0.310	1.18	0.646	0.673	0.190	0.282	0.764
Ca	39	0.860	19.2	2.85	3.62	3.17	0.877	0.858
Mg	39	0.490	1.74	0.841	0.865	0.221	0.256	0.704
C	39	11.1	33.7	17.8	18.4	4.82	0.262	2.09
CO_2	39	0.190	19.9	0.936	1.97	3.39	1.72	

注：Al、Ca、K、Mg、Na、Fe、S、硫化物硫、硫酸盐硫、CO_2含量单位为%（10^{-2}），其余元素含量单位为μg/g；土壤平均含量取苏锡常同年表土监测数据的几何平均值；空白处表示缺资料。

不同地段大气降尘的重金属等元素含量分布也存在显著差异。图4-22与图4-23

对比了苏锡常地区 2013 年、2012 年两个年份大气降尘样品的 Cd 含量空间变异趋势，从中可看出这两次监测数据所得到的降尘 Cd 相对高含量分布区域基本一

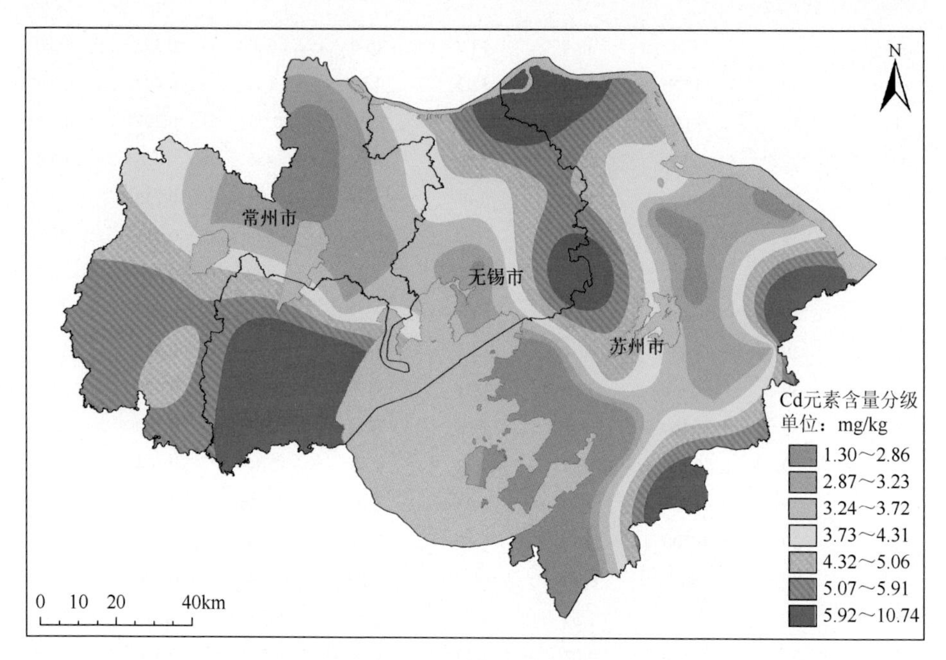

图 4-22　2013 年苏锡常地区大气降尘监测数据镉（Cd）含量分布状况

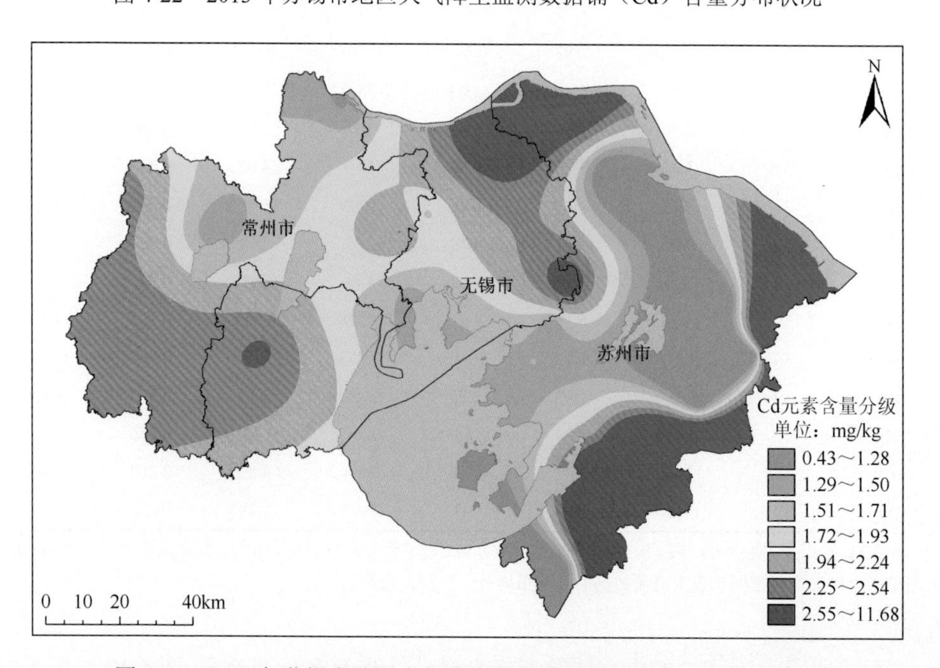

图 4-23　2012 年苏锡常地区大气降尘监测数据镉（Cd）含量分布状况

致，太仓-吴江以东的近上海地区、太湖西侧的宜兴-溧阳以南地区、江阴-无锡东南地区是 3 片最主要的大气降尘 Cd 高含量地带，这 3 片区域内土壤 Cd 含量也总体相对偏高，说明大气降尘挟带的重金属可能会对局部土壤环境有一定影响。

图 4-24 与图 4-25 对比了苏锡常地区 2013 年、2012 年两个年份大气降尘样品的 Pb 含量空间分异情况，从中也能看出苏锡常地区大气降尘的 Pb 相对高含量分布区域高度吻合，两片大气降尘 Pb 特高含量区域均分布在太湖东西两侧，一片是太湖西侧的宜兴-溧阳一带，这一带大气降尘的 Cd 含量也明显偏高，另一片是太湖东南侧的吴江以南地区，这一带大气降尘的 Cd 含量也总体偏高。无锡北部-张家港一带大气降尘的 Pb 含量也相对偏高，但强度不及前述两地。太湖西侧的大气降尘 Pb 含量特高区域，其土壤 Pb 也明显偏高，但另外两地土壤 Pb 含量相对富集不明显。

图 4-26 与图 4-27 对比了苏锡常地区 2013 年、2012 年两个年份大气降尘样品的 Zn 含量空间分异情况，可看出苏锡常地区大气降尘的 Zn 相对高含量分布区域也基本吻合，大致分为 3 片，分别是太湖以西宜兴-溧阳西南 Zn 高含量分布区，常州-张家港一带 Zn 特高含量分布区，太湖以东昆山-吴江东南 Zn 相对高含量分布区，这三地大气降尘的 Cd 含量也总体偏高，显示了大气降尘中 Zn 与 Cd 高含量

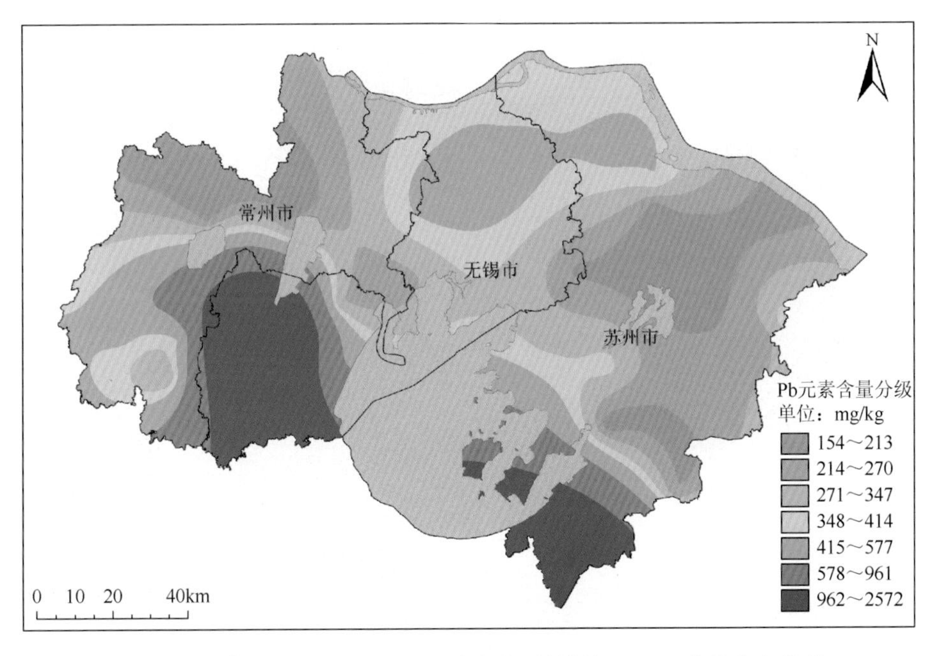

图 4-24　2013 年苏锡常地区大气降尘监测数据铅（Pb）含量分布状况

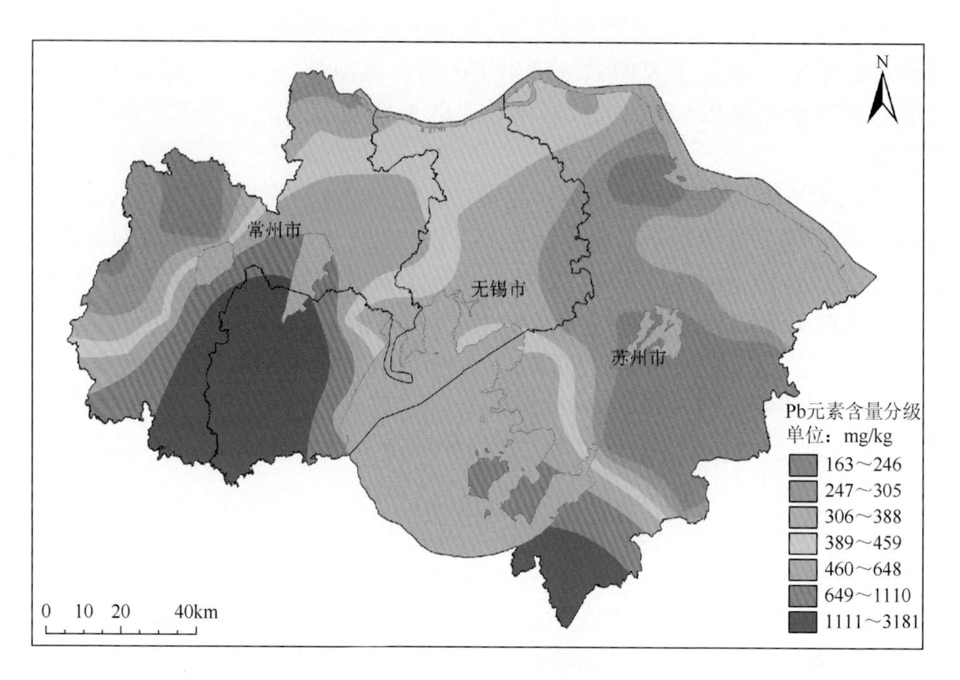

图 4-25　2012 年苏锡常地区大气降尘监测数据铅（Pb）含量分布状况

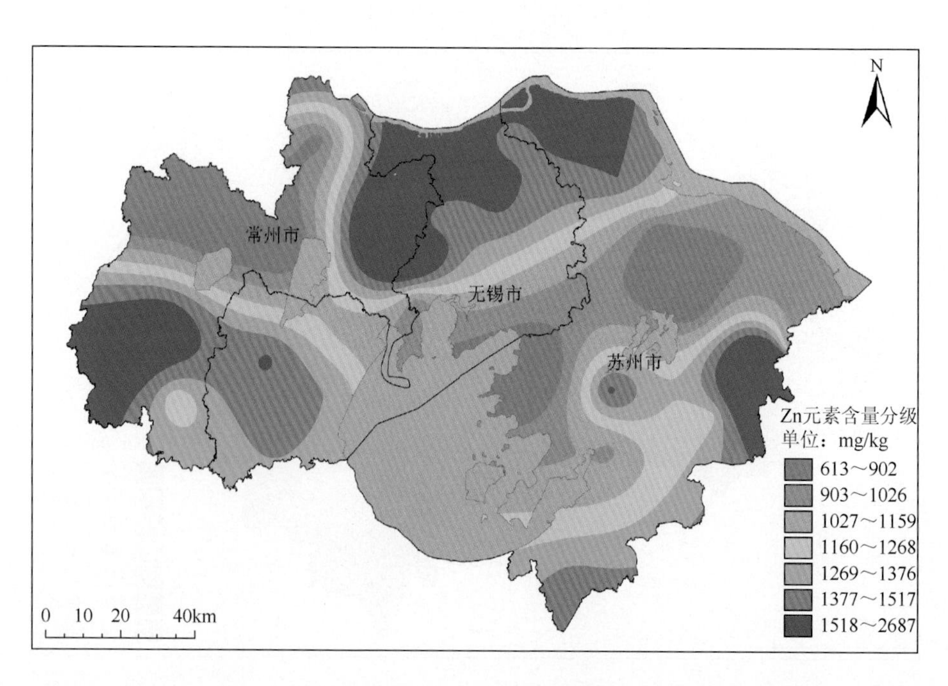

图 4-26　2013 年苏锡常地区大气降尘监测数据锌（Zn）含量分布状况

区有较高的重合度。同时，这些地区土壤 Zn、Cd 含量也总体相对偏高，说明可能存在比较稳定的 Zn、Cd 等共同污染来源。当地大气降尘的 Cd、Pb、Zn 相对富集区域有相互重叠的区域，也有相对分离的区域，说明它们的物质来源有相同的地方，也有不同的地方。

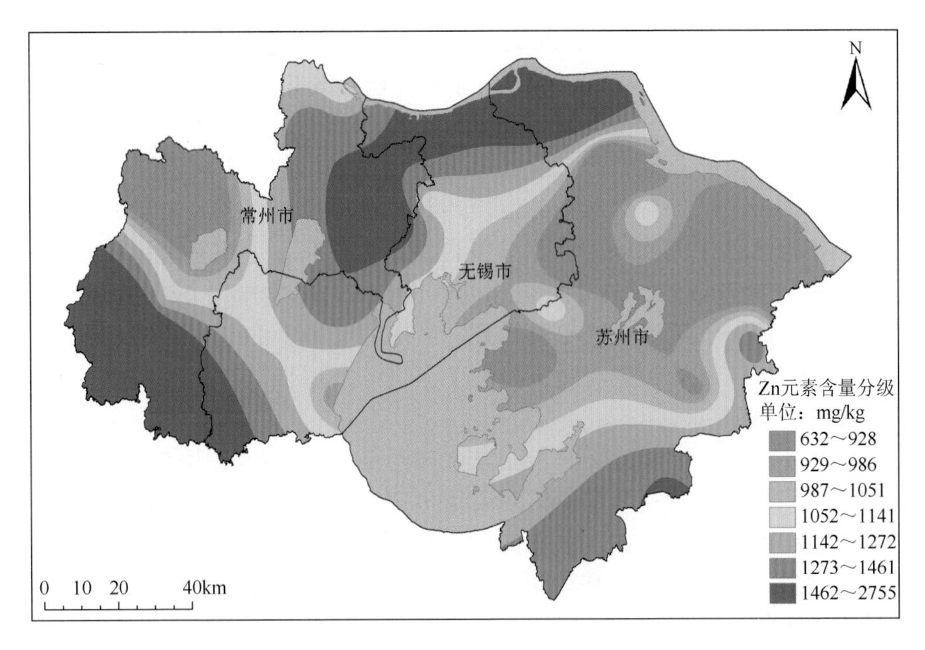

图 4-27　2012 年苏锡常地区大气降尘监测数据锌（Zn）含量分布状况

总体看来，苏锡常地区大气降尘监测数据中 Cd、Pb、Zn 等重金属空间分布差异同土壤相比有一定联系，但不是完全雷同，大气降尘的元素分布稳定性也不及土壤，但大气降尘重金属污染会对当地土壤环境产生一些影响，其影响机理可能比一般想象得要复杂。

通过上述分析对比，可对本次在苏锡常地区开展的大气降尘监测工作做如下小结。

（1）采用改进的大气干湿沉降接收方法，以专门定制的无污染接收缸收集大气降尘，每年对固定点的大气降尘进行元素含量分析等环境地球化学监测，既能了解固定周期内地表单位土地面积上接收大气降尘的总量，还能为考察土壤-大气环境之间的重金属等微量元素迁移转化提供重要依据，其对于完善水土污染监测方法是一个重要补充。从本次在苏锡常开展大气降尘环境地球化学监测的效果来看，采用合适的接收缸与严格的操作程序获取大气降尘元素含量分布特征的方法，具有相对简捷、更容易操作且成本低廉的特点，有望在类似地区推广应用。

（2）苏锡常地区的大气降尘同当地土壤相比，挟带了较高浓度的Cd、Pb、Zn、Sb、Sn等重金属及S、Se、Mo等微量元素，大气降尘的Pb、Zn含量通常是其土壤含量的10倍以上，大气降尘的S含量通常是土壤含量的几十倍。按照目前的大气降尘沉降通量估算，1年通过大气途径输送到土壤的Cd、Pb、Zn等重金属仍然非常有限，就Cd而言，每年通过大气降尘带入土壤的Cd约占其土壤已经储备的Cd的1/200，也就是说，只有大气降尘一个途径向土壤输入Cd的话，按照目前的状况，要200年左右才可能使土壤Cd存量翻一番（假设其他条件不变）。

（3）大气降尘的重金属等微量元素分布也很不均匀，总体看来，大气降尘中Cd、Pb、Zn、S等高度富集的地段，其土壤环境的相关元素总体也呈相对富集趋势。相比以往大气降尘元素含量监测数据而言，苏锡常地区（包含其周边）大气降尘的Pb、Zn、S等元素含量增长较快，降尘中的Cd也有逐步增长的趋势，这些都与土壤环境具有可比性。当地大气降尘的S已经增长到土壤平均S含量的20多倍了，说明酸沉降趋势在进一步增加，对土壤酸化有何影响需要进一步考察研究。

（4）大气降尘重金属污染对土壤重金属污染的影响机制比较复杂，目前还有一些技术问题需要进一步验证。采用加热蒸馏降尘水混合溶液提取固体大气降尘的方法可能对降尘中的Hg有一定影响，目前发现大气降尘中的Hg含量与当地土壤接近，这与大气降尘中的Cd、Pb、Zn、Sb、Sn、S、Se等元素含量都是当地土壤的若干倍相比，明显是一个异常现象，推测其与蒸馏过程损失了大气降尘水中的部分Hg有关，要做好大气降尘重金属Hg的监测，必须考虑研究新的方法。

4.4　耕地污染监测数据开发应用初探

4.4.1　耕地污染监控网构建

依据苏锡常地区的土壤分布、生态地球化学背景，结合以前所掌握的水土地质环境有关资料及遥感数据等，从监控当地土壤重金属等污染演变的实际需求出发，在当地部署基本水土环境监测点约140个、大气降尘监测点约35个，尽量确保所布设的监测点既能控制以前所圈定的主要污染区，又能控制苏锡常地区土壤环境的一般变化，并利用Google Earth最新影像资料，事先确定每个监测点的大致采样范围及控制目标，每个监测单元有固定的农田控制范围，以此为基础，对苏锡常耕地等重金属污染进行了连续4年的监测，取得了比预期好的监测效果。

最终在不断优化监测目标、对象及监测点布局的前提下，建成了覆盖苏锡常地区全部耕地的生态地质环境监测网（图 4-28），为监控当地耕地环境质量奠定了及时收集污染变化信息的基础。

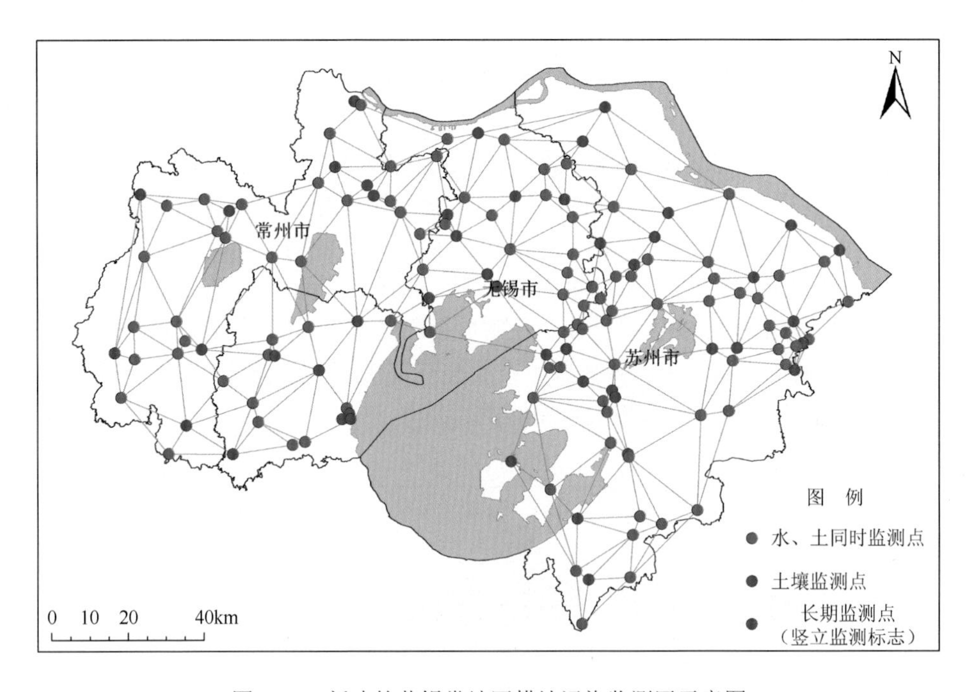

图 4-28　新建的苏锡常地区耕地污染监测网示意图

在苏锡常地区取得主要针对耕地环境的重金属污染连续监测经验后，又进一步开展了江苏省耕地重金属污染监测的实践。在全省范围内，以耕地土壤监测为基本内容，配合大气降尘监测、土壤水监测和水系沉积物（河泥等）监测，构建了 1 张拟动态监控全省耕地环境质量变化、预测生态安全发展趋势的立体监测网络。其大致包含以下监测要素：

（1）耕地土壤等基本监测点约 3600 个；

（2）大气降尘监测点约 150 个；

（3）土壤水监测点约 150 个；

（4）水系沉积物（河泥）监测点约 150 个；

（5）典型农产品抽查区约 100 片。

除土壤监测按照 2 年 1 个周期外，其余监测均以 1 年为 1 个周期。构建江苏省耕地重金属等污染监测网的基本思路如下：

（1）整个监测网的建设要与江苏省基本农田规划和保护工作扣合；

（2）每个监测点有明确的控制目标或对象（污染变化、基本农田、农产品安全等），基本监测点的确定充分吸收了全省各地重金属排放清单的研究结果，在重要的污染区域部署专门的持续监测点，并构建排放清单与污染因子的互动模型；

（3）每个监测点要落实到具体的行政村、具体的责任人，并在当地国土资源所备案；

（4）土壤监测点将安排少量的基准值监测点；

（5）土壤水、农产品监测点均依据土壤监测结果优选，大气降尘监测点依托市、县、镇国土资源机构办公地完成，水系沉积物监测点以流域或大的水系为主；

（6）将拟建的耕地污染监测网与全省重金属污染排放、工业布局世界对应，从《江苏重点行业企业环境风险数据库》中得到各企业坐标信息等，并进行汇总和校对，得出江苏省主要工业企业分布资料，以 GIS 为平台，将工业企业点位信息进行处理，得出江苏省重点行业企业密度分布等级图（图 4-29），将全省工业企业密度分为 10 个等级，为部署区域污染监控点提供直接依据，同时帮助校正新布置的耕地污染监测网络中的相关重要监测点位。

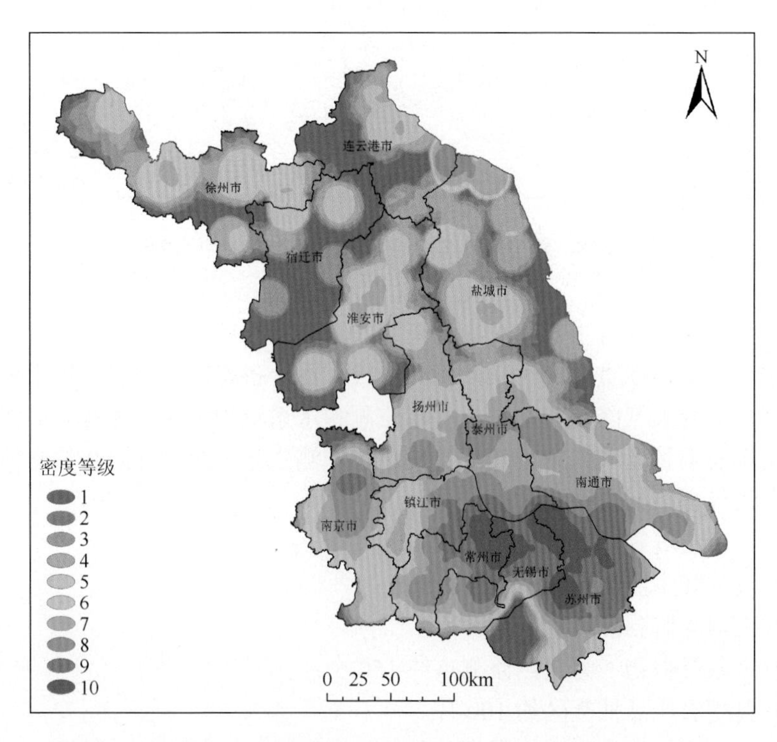

图 4-29　江苏省工业企业密度等级分区示意图

江苏省耕地重金属污染监测网络已经于 2014 年底初步建成（图 4-30），并于

2015 年正式投入使用。该监测网是对全省耕地重金属等污染监测的总体认识的集成与升华，可以进一步优化。

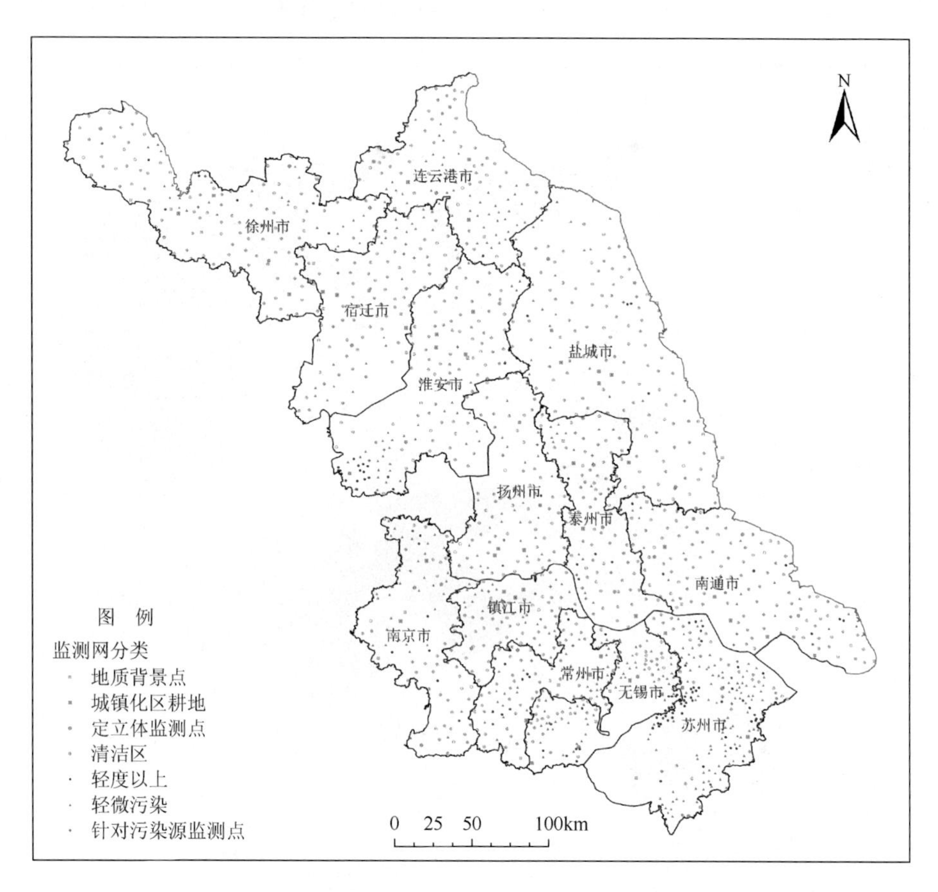

图 4-30　江苏省耕地重金属等污染监测网基本内容

4.4.2　田块尺度重金属污染的识别及其应用

（1）基于对局部耕地重金属污染的评判，提出了重度污染耕地不能留作永久基本农田的建议。该建议目前已经被国土资源部主要负责永久基本农田划定的机构采纳。通过对历年来所积累监测资料的深入剖析，认识到一些重金属污染耕地有稳定的污染来源，重金属污染已经威胁到粮食生产安全，在没根治当地土壤污染的情况下，硬性将这部分严重污染耕地划为基本农田属于不明智行为，可通过合理调配的方式，将这部分严重污染耕地调整为非基本农田，而从当地居民宅基地等后备用地中通过安排土地整治完全可以补齐这部分耕地数量，并通过土地规划的途径将这些构想变成现实。以宜兴市丁蜀镇几个典型村为例，以田块尺度的生态环境质量为依据，成功在技术层面实现了严重污染耕地不划分永久基本农田的操作（图 4-31），为今后的土地整治规划、污染治理等提供了一条重要的新途径。

图 4-31 宜兴市丁蜀镇田块尺度耕地重金属污染划定及其利用建议

（2）依据田块尺度重金属污染特征，改进了土地整治的规划布局。以无锡市惠山区阳山镇为例，利用当地田块尺度重金属污染调查结果，以整治农村居民用建设用地为基本出发点，将当地土地整治分为以下 3 类目标区。

一级整治区：土地整治应该优先考虑的地区。该类地块农村居民点土地面积为18.83hm^2，占参评农村居民点用地的17.74%。土地整治后的用途可作耕地，并可优先考虑作为基本农田的后备资源，同时，该类地块所处的区位条件优越，使得土地整治的成本相对较低。

二级整治区：土地整治次优先考虑的地区。该类地块农村居民点土地面积为36.81hm^2，占参评农村居民点用地的34.67%。该类土地整治后可作为补充耕地的来源。

三级整治区：土地整治最后考虑的地区。该类地块农村居民点土地面积为50.52hm^2，占参评农村居民点用地总面积的47.59%，在3类土地整治区中所占比例最大。该类地块中，土地整治后作为后备耕地的可能性较小。

（3）依据田块尺度重金属污染危险程度，探索了基本农田生态安全建档的可行性及其形式。基于对典型地区耕地环境质量连续监测数据的研判与初评，认识到在污染源未被切断、耕种方式不做调整的前提下，一些基本农田的生态安全难以得到充分保障，农田土壤环境恶化有一定代表性，而作为土地使用方及耕地质量管理部门根本难以及时掌握这些重要信息，究其原因是缺少这片农田的基本土壤环境质量资料、未建立相关的信息档案。鉴于此，本次就从历年调查监测资料中选择一些农田土壤污染比较明显、分布范围相对稳定的基本农田所在区域，开展了以田块重金属污染、土壤质地差异等为主线的基本农田生态安全建档探索，总结了基本农田生态安全档案包括的内容与表达方式，通过为基本农田建立生态安全档案，让管理部门及时掌控其生态安全态势。

运用耕地污染监测成果提升耕地资源保护层次是一个很有前景的时代性课题。随着耕地污染监测技术的成熟，监测资料积累越加丰富，相关的应用效果也会越发显著。

第5章　耕地Cd污染生态修复技术研发及工程示范

耕地污染防治有别于一般的土壤修复，掌握实用的修复技术是治理耕地污染的关键。经过十多年的土壤污染修复技术研究和典型Cd污染原位大田修复试验，本团队初步掌握了部分钝化修复技术、大生物量植物修复技术，并运用新研制的修复技术在防治耕地Cd污染等方面取得了实效。本章侧重于对所取得的相关耕地Cd污染修复试验研究成果资料做一专门剖析，将分别介绍土壤重金属污染修复技术和前人常用的方法原理、植物修复技术研发最新认识、钝化修复技术研发与应用情况、Cd污染耕地生态修复工程示范等基本内容。

5.1　前人土壤污染修复技术研究评述

当前耕地污染防治最急需解决的是土壤重金属污染问题，实用的土壤重金属污染修复技术一直是业内的期盼。土壤重金属污染修复技术研究经过前人几十年的探索，目前已经成为分类齐全、目标明确的技术研发体系。重金属污染土壤修复指利用物理、化学和生物的方法，转移、吸收、降解和转化土壤中的重金属，使其生物有效性含量降低到农作物可接受的水平，满足相应土地利用类型的要求。由于重金属不可降解的特殊性，目前防治土壤重金属污染的主要修复技术研究包括物理修复、物理化学修复（或固化/稳定化）、化学修复、微生物修复、植物修复等，如图5-1所示。

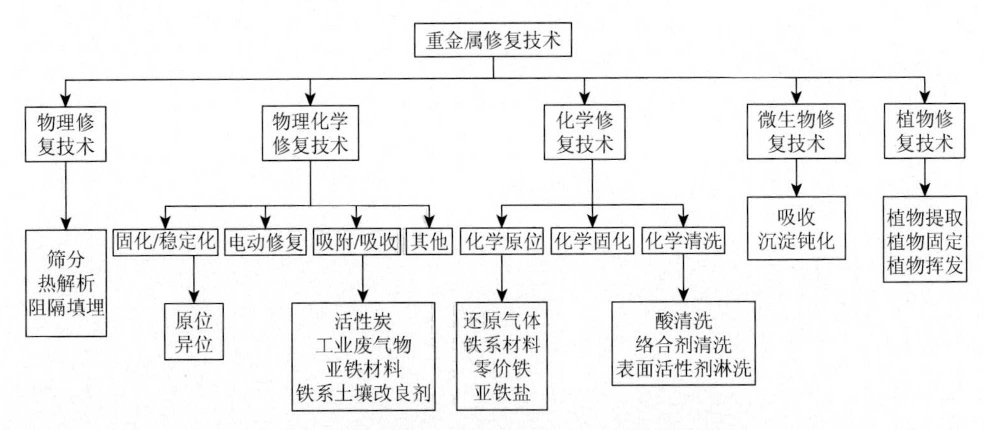

图5-1　土壤重金属污染修复技术分类排列示意图

物理修复又分为客土措施（或客土交换）、隔离填埋、电动修复、热处理修复、冷冻修复、玻璃化修复技术等，主要都是借助一些成熟的物理方法及相应的工程手段以达到消除污染的目的，成本高、需借用专门设备、操作相对复杂是其基本特征，多用于场地污染修复。

物理化学修复又称为土壤重金属污染固化/稳定化（solidification/stabilization，S/S）技术，其起源可追溯到 20 世纪 50 年代对放射性废物的固化处置。例如，欧洲、美国等在处理低水平放射性液体废物时，先用蛭石等矿物进行吸附，或者先用普通水泥将其固化，然后再进行填埋处置。S/S 土壤修复技术指运用物理或化学的方法，将土壤中的有害污染物固定起来，或者将污染物转化成化学性质不活泼的形态，阻止其在环境中迁移、扩散等，从而降低污染物质毒害程度的修复技术。根据美国环境保护署（EPA）的定义，固化和稳定化具有不同的含义，分为固化技术与稳定化技术这两个层次。

（1）固化：指将污染物囊封入惰性基材中，或在污染物外面加上低渗透性材料，通过减少污染物暴露的淋滤面积达到限制污染物迁移的目的。目前已经研制出包括水泥固化、石灰/火山灰固化、塑性材料包容固化、玻璃化等在内的多种修复手段。

（2）稳定化：将污染物转化为不易溶解、迁移能力或毒性更小的状态和形式，即通过降低污染物的生物有效性，实现其无害化或降低其对生态系统危害性的风险。稳定化修复时要向污染土壤添加一种或多种如黏土矿物、磷酸盐、有机物料等稳定化材料，常见的稳定化（或钝化）材料包括无机稳定化剂（如各种黏土矿物等）、有机稳定化材料、复合稳定化材料。

土壤固化/稳定化由于具有修复速度快、费用较低、实施方便等特点，目前已成为我国重金属污染土壤修复的主要技术。湖南省、湖北省、重庆市、江苏省、浙江省和上海市等省市均主要采用了固化/稳定化技术处理土壤重金属污染物，该技术也用于处理含有重金属和某些半挥发性有机物的复合污染土壤。据不完全统计，目前国内实施土壤固化/稳定化修复的工程案例已超过百例。基于目前国内土壤修复相关工程的案例统计，重金属污染土壤固化/稳定化处理后其再利用或处置方式，已经成为推广应用该技术的重要一环，依据使用条件及其潜在的环境影响，国内已经形成了现场回填和做路基底土、工程渣土（填土）和绿化用土、卫生填埋或填埋场封场覆土、固化护坡或护岸用土、专门制砖材料等固化/稳定化处理土壤再利用处置等相关方式，延伸了该项技术的应用领域。

化学修复：具有非常悠久的历史，其根据土壤和重金属的性质，选择合适的化学修复剂加入土壤，通过对重金属的吸附、氧化还原、沉淀或萃取，达到降低重金属生物有效性或萃取重金属的目的。目前常用的化学修复手段包括以下 3 种形式。

（1）化学萃取/淋洗修复：是一种利用一些萃取/淋洗剂的水溶液，通过化学和物理的方法，将污染物从土壤颗粒分离或解吸到萃取/淋洗液中而去除的技术。化学萃取/淋洗修复技术可分为原位土壤冲洗、异位土壤淋滤及异位反应器振荡淋洗等。

（2）氧化还原修复：通过对已污染的土壤添加氧化还原试剂，改变土壤中重金属离子的价态而降低重金属的毒性和迁移性。常用的还原剂有硫酸亚铁、硫代硫酸钠、亚硫酸氢钠和二氧化硫等，最典型的是把 Cr（6 价）还原为 Cr（3 价），从而降低其毒性。该修复技术易受土壤 pH、氧化还原电位、土壤组成、阳离子交换量等多种因素的影响；添加还原性有机物质，可以分解成有机酸，如胡敏酸、富里酸、氨基酸或者糖类及含氮、硫杂环化合物等，能通过其活性基团与重金属元素 Zn、Mn、Cu、Fe 等络合或螯合，从而影响重金属的有效性。常见的用于修复重金属污染土壤的有机物主要有未腐蚀稻草、牧草、紫云英、泥炭、富淀粉物质、家畜粪肥及腐殖酸等。

（3）拮抗修复：利用一些对人体无害或有益的金属元素的拮抗作用，如 Ca 和 Sr、Zn 和 Cd、K 和 Cs 化学性质相近，其间存在拮抗作用，可根据土壤中重金属之间的拮抗作用控制土壤中重金属污染。

植物修复：是目前被研究极广泛的一类修复技术，利用植物根系吸收水分和养分的过程来吸收、转化土壤或水中的污染物，以期达到清除污染、修复或治理的目的。根据植物修复原理，可将其分为植物萃取、植物挥发、植物稳定及植物促进等技术。

（1）植物萃取（phytoextraction）：种植一些特殊植物，利用其根系吸收污染土壤中的有毒有害污染物并运至植物地上部，通过收割地上部物质带走土壤中污染物的一种方法。我国有学者在湖南省郴州市建立了一个 As 污染土壤植物修复示范基地，以探索和检验利用蜈蚣草修复 As 污染土壤的可行性，每年的 As 修复效率可达 8%以上。

（2）植物挥发（phytovolatilization）：利用植物根系分泌物的一些特殊物质或微生物，使土壤中的重金属转化为挥发形态以去除其污染的一种方法。例如，利用某些芥子科植物将从环境中吸收的 Hg 还原成气体而挥发，有些植物可将土壤中 Se 转化为甲基硒挥发去除。

（3）植物稳定（phytostabilization）：利用耐金属植物或超富集植物降低重金属的活性，通过固定或钝化使重金属吸附于土壤表面，从而降低了重金属在土壤中的有效态，达到减轻重金属污染的效果，进而减少重金属被沥滤到地下水或通过空气扩散而进一步污染环境的可能性。

（4）植物促进：考虑到有些植物本身并不能吸收重金属，但其根系分泌物（氨基酸、糖、酶等）可促进根系周围土壤中微生物的活性和生化反应，从而有利于土壤中重金属的释放和微生物的吸收。土壤中的某些低等动物（如蚯蚓等）能吸收土壤中的重金属，改变土壤中重金属的形态，在一定程度上可降低污染土壤中重金属的含量。

植物修复技术具有成本低、对环境扰动小、美化环境等优点，同时还可以增加土壤有机质含量和土壤肥力、吸收空气中的多余的二氧化碳等。植物修复技术研究在我国发展得比较快，现在已经初步形成超累积植物修复、大生物量植物修复两大分支。但该技术也有其局限性，它易受土壤肥力、气候、水分、盐度、酸碱度、排水与灌溉系统等自然和人为条件等因素的影响。一种植物往往只是吸收一种或两种重金属元素，对其他高浓度重金属污染则表现出某些中毒症状，从而限制该技术在多种重金属污染土壤治理方面的应用前景；超积累植物由于生物量低、生长缓慢、周期长而修复效率低，并且修复植物也会通过腐烂、落叶等途径使重金属污染物重返土壤，普遍适用性低。对于这些超富集类植物必须回收处理，并确保处理过程中的环境安全。因此，开展土壤修复工作时，应根据具体的污染特征和环境条件，因地制宜地选择合适的修复方法。

微生物修复：近期发展起来的一门新型修复技术，基本原理是利用微生物降低土壤中重金属的毒性或促进植物对重金属的吸收等，微生物修复技术的应用通常都涉及更复杂的修复过程。例如，柠檬酸杆菌（*Citrobacter* sp.）产生的酶能使 Pb 和 Cd 形成难溶磷酸盐，假单细胞嗜温菌（pseudomonaosa mesophilca）和单胞菌（pseudomonas maltophilia）能将硒酸盐和亚硒酸盐还原为胶态的 Se，能将 Pb^{2+}转化为胶态的 Pb，而胶态 Se 与胶态 Pb 不具有毒性，且结构稳定。应变菌种（Escherichia coli strain）对 Cr^{6+}具有还原作用，能将 Cr^{6+}转化为毒性较小的低价态。例如，硫酸盐还原细菌能够通过把硫酸盐还原成硫化物使土壤环境中重金属产生沉淀而钝化。但其受土壤的氧化还原环境影响很大，在还原条件下，硫酸盐还原细菌比较活跃，能够促进 Zn、Cd 的钝化。也有研究发现，菌根能促进 Cd 在土壤中的钝化，从而降低 Cd 对植物的毒性，同时发现菌根菌丝体能富集大量的 Cd。此外，将微生物修复技术与物理修复中的热处理技术等组合应用，还是除去土壤有机污染的有效手段。

土壤重金属污染修复技术研究起步较早，国内外积累的经验也相对丰富，相关研究文献报道也极其常见（陈同斌等，2002；龙新宪等，2002；顾继光等，2005；Calace et al.，2005；王晓蓉等，2006；周启星，2006；宗良纲等，2006；Gray et al.，2006；林爱军等，2007；张茜等，2008；曹心德等，2011；梁学峰等，2011；梁金利等，2012；梁媛等，2012）。随着时代的发展，防治耕地重金属的实用修复技术研发也赢得了更好的新的发展机遇。但不同土壤修复技术的适用范围不同，都各自具有优缺点，没有放之四海而皆准的永恒实用技术，也很难将一种条件下研究出的有效技术直接转移到另一种条件下也立马见效。前人在土壤重金属污染修复领域所做的诸多有意义的探讨为新时期防治耕地污染提供了基本的方法原理指导，也为因地制宜选用相关农田土壤污染修复技术提供了目标。

5.2 植物修复试验及其技术研发

植物修复是能从根本上清除农田土壤重金属的有效方法，目前国内外的研究集中在寻找重金属的超富集植物，但是这些植物一般生物量小、生长缓慢，不适应大面积污染土壤的修复。因此，寻找生物量大、生长迅速、富集重金属能力强的植物是植物修复技术推广应用的关键（李培军等，2006；杨勇等，2009）。前人研究发现，柳树对 Cd 具有一定的富集能力（Wahsha et al.，2012；徐爱春等，2007），且柳树是大生物量植物，容易成活、移栽方便，本次研究曾对苏柳 795 等柳树品种的植物修复做了数年试验研究，认为这种大生物量植物在清除土壤残留 Cd 方面有独特优势。下面针对柳树这类植物修复技术的试验研究过程与结果做一剖析。

5.2.1 试验研究方法

本书的研究采用室内模拟盆栽试验与大田试验两种方法，考察了苏柳 795 与苏柳 172 对土壤中重金属的吸收富集情况，计算土壤中 Cd 的去除效率。

1. 盆栽试验

依据江苏省多目标地球化学调查结果中获取的 Cd 污染耕地线索，在苏锡常地区新发现的土壤 Cd 含量大于 3.0mg/kg 的农田中优选出数处 Cd 污染土壤用于修复试验。在所选定的田块上实地取回约 1000kg 土壤分装在 20 个陶盆中，每盆盛土约 50kg、厚度 40～50cm，经初步细碎、除杂（草）、整平、压实、湿水后，于植树节期间插上柳树枝条（插柳前保留少量原土供后面对比用），柳树枝条长 15～20cm、入土 5cm 以上，由园艺技师专门制备并指导插栽，由江苏省林业科学研究院指定苗圃销售。每盆土中插柳枝 3 根，盆土表面积约 0.15m^2，保证 3 根柳枝中至少能长成 1 棵柳树。栽种的柳树为苏柳 795、苏柳 172（均为乔木类品种），盆栽柳树全部在露天环境生长，安排有园艺经验的管护人员定期对成活柳树浇水、防病虫害等，确保柳树正常生长，柳树生长到一定规模后分不同时间段定期取样分析化验。

2. 大田试验

在无锡市锡山区鹅湖镇租用 2 块 Cd 污染耕地分别栽种苏柳 795、苏柳 172，进行实地修复试验。试验地占地 5 亩。栽柳前先对租用土地进行整理，通过机耕与人工移出原有麦苗，将 30cm 以上深土壤细碎整平，开沟分垄，每块地分成 5 垄，每垄宽约 2m、长约 80m（由田块自然长度限定），垄与垄之间留排水沟兼管护人员行走通道，于 2012 年 4 月初在地上插满柳树枝条，2 块地大小基本相同，一块地全部栽种苏柳 795，另一块地全部栽种苏柳 172，按照 30cm×40cm 间距插柳，5 亩地一次性插栽柳条 20000 余根（每块地均超 10000 根），每块试验地四周用深沟（80cm 以上）与其他土地隔开，四周深沟同时兼作灌溉用水蓄水沟及下雨时的排水沟。在每块土地上各留一小块空白地，用于与种柳土地进行空白对比。自试验地上插完柳枝开始，在当地聘用专人对试验地进行维护管理，包括定期浇水、除草、治虫、移苗与间苗、冬天树叶回收与定点焚烧等。柳树生长中，由专业人员定期取样分析化验。

3. 取样与分析测试

自种柳之日开始，每过半年定期采样 1 次。每次分别采集柳树叶及土壤样品，土壤采集柳树生长地 20cm 以上表土，样重 200g/个，树叶采集同地同类柳树上若干棵柳树的新鲜柳树叶，样重 100g/个，盆栽试验以盆为取样单元，大田试验以每垄地 10m 长范围为取样单元，每次土壤与树叶同步采样。盆栽试验 3 年满后，将盆中柳树全部移出，并挑选部分柳树分别对树叶、树枝、树皮、树木（树干去皮部分）、树根进行取样分析。土壤样品经自然风干后，用石英玛瑙罐机械磨细到 200 目，再送实验室做 Cd 等元素含量分析；树叶等植物样品先用清水清洗 2 遍，再用去离子水清洗 1 次，低温烘干至植物全部脱水，然后再由实验人员依据植物样测试流程对 Cd 等元素含量进行分析。样品元素含量分析基本手段为等离子质谱（ICP-MS）、石墨炉原子吸收、原子发射光谱法（AES）。样品分析测试委托国土资源部南京矿产资源监督检测中心完成，分析中插入 5%的盲样和 2%的国家标样进行质量监控，土壤样品及植物样品分析测试均参照中国地质调查局颁布的相关行业技术标准执行。本次试验累计分析测试土壤样品 300 多个、柳树叶等植物样品 330 多个，为验证柳树修复效果提供了实物资料。

5.2.2　试验结果与讨论

盆栽试验与大田试验的柳树成活率都在 95%以上，1 年内每根柳条可长成高 3m、重 3kg 的柳树，每棵柳树 2 年内可长高到 5m、重约 5.5kg。盆栽试验因为后期受条件限制，柳树生长速度放缓。大田试验栽柳 1.5 年左右，每棵柳树都具有一定使用价值，可作为苗木出售，其售价约 15 元/棵。栽种柳树对去除土壤中残留的 Cd 等试验效果表现在以下几个方面。

表 5-1 列出了上述 20 盆污染土壤栽种柳树后 1 年内 Cd 等元素的含量变化，为比对柳树从土壤中吸收 Cd 的时效提供了依据。

表 5-1　柳树盆栽试验土壤样 Cd 等元素含量分析结果

样号	栽柳种类	Cd/(mg/kg)			Se/(mg/kg)			Fe/%		
		原土	0.5 年	1 年	原土	0.5 年	1 年	原土	0.5 年	1 年
XF01	苏柳 795	4.67	4.08	4.08	1.36	1.33	1.38	3.18	3.12	3.16
XF02	苏柳 795	5.45	4.45	3.69	1.42	1.3	1.36	3.17	3.18	3.17
XF03	苏柳 795	5.26	4.45	4.12	1.49	1.43	1.4	3.2	3.18	3.14
XF06	苏柳 795	7.94	7.72	6.96	2.13	2.02	2.03	2.71	2.67	2.66
XF07	苏柳 795	8.45	7.46	7.31	1.99	2.12	2.1	2.68	2.67	2.68
XF11	苏柳 795	3.09	2.8	2.68	0.9	0.84	0.87	2.13	2.17	2.17
XF12	苏柳 795	3.03	2.91	2.8	0.91	0.92	0.91	2.22	2.23	2.22
XF13	苏柳 795	3.55	3.43	3.05	1.1	1.07	1.05	2.18	2.22	2.2
XF16	苏柳 795	9.06	7.53	7.24	0.34	0.35	0.35	3.78	3.71	3.76
XF17	苏柳 795	9.75	8.23	8.27	0.35	0.36	0.36	3.8	3.77	3.79
XF04	苏柳 172	4.6	4.18	4.04	1.47	1.36	1.39	3.16	3.22	3.15
XF05	苏柳 172	4.4	3.84	3.73	1.47	1.33	1.33	3.16	3.21	3.14
XF08	苏柳 172	8.76	8.1	7.53	2.13	2.16	2.18	2.63	2.6	2.6
XF09	苏柳 172	7.55	7.09	6.93	1.9	2.15	2.12	2.68	2.67	2.65
XF10	苏柳 172	8.73	8.55	7.65	2.25	2.15	2.11	2.65	2.68	2.62
XF14	苏柳 172	3.15	2.6	2.66	0.93	0.87	0.8	2.22	2.22	2.23
XF15	苏柳 172	3.1	2.76	2.72	0.95	0.9	0.87	2.19	2.16	2.18
XF18	苏柳 172	8.73	5.78	5.96	0.35	0.35	0.36	3.77	3.75	3.79
XF19	苏柳 172	9.71	8.22	7.88	0.34	0.34	0.35	3.84	3.75	3.78
XF20	苏柳 172	8.51	6.1	5.85	0.32	0.33	0.34	3.79	3.69	3.66
苏柳 795 土平均含量		6.03	5.31	5.02	1.20	1.17	1.18	2.91	2.89	2.90
苏柳 172 土平均含量		6.72	5.72	5.50	1.21	1.19	1.19	3.01	3.00	2.98
所有土样平均含量		6.37	5.51	5.26	1.21	1.18	1.18	2.96	2.94	2.94

注：表中“原土”指未栽种柳树时的土样，“0.5 年”指柳树生长半年时的土样，“1 年”指柳树生长 1 年时的土样；“苏柳 795 土”指栽种苏柳 795 的土样，“苏柳 172 土”指栽种苏柳 172 的土样。

从表 5-1 可看出，土壤 Cd 含量相对于没栽种柳树前都有所降低，最高降幅达到 31.7%，即从 8.73mg/kg 降低到 5.96mg/kg。20 盆污染土壤的 Cd 平均含量从 6.37mg/kg 降低到 5.26mg/kg，平均降幅达到 17%。苏柳 795、苏柳 172 这 2 个品种柳树吸收土壤中 Cd 的差异不明显，半年时间与 1 年时间相比，总体趋势是栽种柳树 1 年降低土壤 Cd 含量的效果要比栽种半年更明显。例如，有一盆土的 Cd

含量为 8.76mg/kg，栽种苏柳 172 半年后其 Cd 含量降低到 8.1mg/kg、1 年后降低到 7.53mg/kg。栽种苏柳 795、苏柳 172 对降低土壤中的 Cd 含量有显著效果，前者平均降幅达 16.3%、后者达 17.2%，但未改变土壤中 Se、Fe 等元素含量，对 Hg、Pb 等重金属元素含量也没有任何影响，说明栽种苏柳 795、苏柳 172 的修复实效主要针对 Cd。

表 5-2 是上述 20 盆土壤栽种柳树满 3 年时对柳树进行系统采样所获取的代表性样品的 Cd 含量分析结果对比，从中可看出，柳树中各部位的 Cd 含量总体上已明显高于盆中土壤的 Cd 含量，以树根中 Cd 含量最高，其次为树皮，再次为树叶，然后为树枝，树木中的 Cd 含量最低。苏柳 795 树叶吸收土壤 Cd 的生物富集系数 BCF（BCF = 植物中元素含量/土壤的相应元素含量，余同）为 1.2～3.7，平均达到 2.3，苏柳 172 树叶吸收土壤 Cd 的 BCF 值平均达到 1.8，上述两种柳树树皮吸收土壤 Cd 的 BCF 平均值达到 3.8，树根的 BCF 平均值达到 4.2。柳树生长时间越长，从土壤中吸收的 Cd 相对越多。20 盆 Cd 严重污染土壤经过栽种苏柳 795、苏柳 172 这两个品种的柳树 1 年后，全部呈现了明显的 Cd 含量下降，最高降幅达到 30%，一般降幅均在 10%以上，而土壤中常量元素 K、Fe 和其他重金属 Hg、Pb 等均未出现明显的含量变化。

表 5-2　盆栽试验柳树不同组织样品 Cd 含量分析结果

样号	栽种柳树种类	树根		树木		树皮		树枝		树叶		土壤 Cd/(mg/kg)
		Cd /(mg/kg)	BCF	Cd /(mg/kg)	BCF	Cd /(mg/kg)	BCF	Cd /(mg/kg)	BCF	Cd /(mg/kg)	BCF	
XF01	苏柳 795	7.19	1.9	3.56	0.9	13.4	3.5	13.4	3.5	14	3.7	3.81
XF06	苏柳 795	40.4	6.1	12.8	1.9	35.4	5.4	21.7	3.3	21	3.2	6.59
XF11	苏柳 795	7.16	3.0	0.97	0.4	4.73	2.0	3.24	1.3	3.26	1.4	2.41
XF16	苏柳 795	27.4	3.8	7.4	1.0	28.3	3.9	5.2	0.7	8.82	1.2	7.23
XF12	苏柳 795	9.53	4.3	5.38	2.4	16.9	7.7	3.28	1.5	4.36	2.0	2.2
XF04	苏柳 172	8.86	2.5	4.2	1.2	15.6	4.3	6.86	1.9	9.76	2.7	3.61
XF05	苏柳 172	26.0	7.3	2.42	0.7	9.16	2.6	2.71	0.8	3.82	1.1	3.56
XF14	苏柳 172	10.6	4.2	4.63	1.8	3.86	1.5	3.34	1.3	3.74	1.5	2.54
XF20	苏柳 172	28.0	4.8	5.92	1.0	18.4	3.1	6.59	1.1	11.5	2.0	5.85
苏柳 795 样平均值		18.3	3.8	6.0	1.3	19.7	4.5	9.4	2.1	10.3	2.3	4.4
苏柳 172 样平均值		18.4	4.7	4.3	1.2	11.8	2.9	4.9	1.3	7.2	1.8	3.9
平均值		18.3	4.2	5.3	1.3	16.2	3.8	7.4	1.7	8.9	2.1	4.2

注：表中样品为盆栽柳树生长满 3 年时统一取样，BCF 为元素生物富集系数 = 植物中元素含量/土壤的相应元素含量，“土壤 Cd”为柳树取样时各盆对应的土壤样品 Cd 含量，“树木”指去皮后的柳树躯干；植物样 Cd 含量均换算为湿重（鲜重）。

表 5-3 是大田试验（或现场试验，余同）所获取的柳树叶吸收土壤中 Cd 的分析结果对比，柳树生长半年时，苏柳 795 树叶中的 Cd 平均含量为 17.4mg/kg、BCF 平均值达到 9.2，苏柳 172 树叶中的 Cd 平均含量为 20.4mg/kg、BCF 平均值达到 7.0，其树叶中的 Cd 含量已经远超过土壤；生长 1 年时，苏柳 795 树叶中的 Cd 平均含量为 18.4mg/kg、BCF 平均值为 15.5，苏柳 172 树叶中的 Cd 平均含量为 29.7mg/kg、BCF 平均值为 15.9。

表 5-3　栽种柳树现场试验树叶与土壤样品 Cd、Zn 含量分析结果

样号	栽种柳树种类	试验期满半年					试验期满 1 年				
		叶 Cd /(mg/kg)	土 Cd /(mg/kg)	BCF	叶 Zn /(mg/kg)	Zn/Cd	叶 Cd /(mg/kg)	土 Cd /(mg/kg)	BCF	叶 Zn /(mg/kg)	Zn/Cd
E201	苏柳 795	10.7	1.42	7.5	55.4	5.2	23.4	1.23	19.0	120	5.1
E203	苏柳 795	18.9	2.74	6.9	60.1	3.2	22.8	1.78	12.8	131	5.7
E205	苏柳 795	11.9	1.39	8.6	63.0	5.3	33.6	0.74	45.4	180	5.4
E207	苏柳 795	21.1	1.2	17.6	65.0	3.1	15.8	0.88	18.0	162	10.3
E209	苏柳 795	8.48	2.64	3.2	54.9	6.5	13.0	2.3	5.7	157	12.1
E211	苏柳 795	12.6	3.7	3.4	56.3	4.5	11.8	4.8	2.5	138	11.7
E213	苏柳 795	14.2	1.41	10.1	60.3	4.2	20.6	0.73	28.2	162	7.9
E215	苏柳 795	26.8	2.75	9.7	64.6	2.4	12.0	2.78	4.3	194	16.2
E217	苏柳 795	19.7	1.29	15.3	68.9	3.5	17.4	1.24	14.0	184	10.6
E219	苏柳 795	29.4	3.12	9.4	69.7	2.4	13.3	2.4	5.5	144	10.8
E221	苏柳 172	19.6	1.91	10.3	62.4	3.2	29.6	1.39	21.3	195	6.6
E223	苏柳 172	20.4	3.15	6.5	84.2	4.1	32.0	1.99	16.1	180	5.6
E225	苏柳 172	21.3	2.26	9.4	68.2	3.2	31.4	1.08	29.1	168	5.4
E227	苏柳 172	21.6	2.97	7.3	76.8	3.6	41.2	1.22	33.8	151	3.7
E229	苏柳 172	24.7	4.26	5.8	75.7	3.1	25.7	3.09	8.3	154	6.0
E231	苏柳 172	21.6	5.25	4.1	66.9	3.1	29.8	5.66	5.3	172	5.8
E233	苏柳 172	22.4	4.36	5.1	61.5	2.7	27.9	2.45	11.4	137	4.9
E235	苏柳 172	20.8	6.23	3.3	55.8	2.7	25.4	4.16	6.1	141	5.6
E237	苏柳 172	11.0	2.84	3.9	48.6	4.4	26.2	1.8	14.6	140	5.3
E239	苏柳 172	20.9	1.45	14.4	58.4	2.8	27.6	2.15	12.8	162	5.9
苏柳 795 样均值		17.4	2.2	9.2	61.8	4.0	18.4	1.9	15.5	157.2	9.6
苏柳 172 样均值		20.4	3.5	7.0	65.9	3.3	29.7	2.5	15.9	160.0	5.5
平均值		18.9	2.8	8.1	63.8	3.7	24.0	2.2	15.7	158.6	7.5

注：表中 BCF 为元素生物富集系数 = 植物中元素含量/土壤的相应元素含量，“叶 Cd”“叶 Zn”分别为柳树叶样品中 Cd、Zn 含量，“土 Cd”为与柳树叶所对应土壤样品的 Cd 含量，“Zn/Cd”为柳树叶样品中 Zn 与 Cd 含量的比值；树叶元素含量均为湿重含量。

现场试验的柳树叶分析结果还表明，栽种苏柳 795、苏柳 172 这两种乔木型柳树，其树叶从土壤中吸收 Cd 的效果要比盆栽试验更显著，盆栽试验中柳树叶从土壤中吸收 Cd 的 BCF 值很少超过 5.0，而现场试验柳树生长 1 年时其树叶从土壤中吸收 Cd 的 BCF 值正常都在 5.0 以上，最高可达 40 以上。现场试验说明柳树叶吸收土壤 Cd 的能力远强于盆栽试验，也说明模拟（盆栽）试验有一定的局限性，现场试验才能获取室内模拟所无法掌握的关键证据。现场试验还发现柳树叶中的 Cd 含量与 Zn 含量有一定的共消长关系，柳树生长 1 年相比生长半年而言，柳树叶的 Cd 含量有很显著的增长，柳树叶中的 Zn 含量也随之有显著增长，柳树生长半年时，柳树叶的 Zn/Cd 值多稳定在 3～6，柳树生长 1 年时，柳树叶的 Zn/Cd 值多稳定在 5～10。

现场试验栽种柳树接近 1 年时，对种柳地与空白地土壤同时采样分析测试的结果显示，在栽种苏柳 795 的土地上所采集的 8 个土壤样品的 Cd 含量为 2～4.4mg/kg、平均为 2.7mg/kg，其对应空白地土壤的 Cd 含量为 5mg/kg。在栽种苏柳 172 的土地上所采集的 8 个土壤样品的 Cd 含量为 2.2～6.2mg/kg、平均为 4.4mg/kg，其对应空白地土壤的 Cd 含量为 10.8mg/kg。种柳土地的土壤 Cd 含量分布不均匀，但种柳土地相对于空白土地，其土壤 Cd 含量显著下降。来自现场的土壤 Cd 含量分析数据也证实，在污染土地上栽种柳树对降低土壤 Cd 含量有显著效果，同一块污染土地，栽种柳树后的土壤 Cd 含量明显低于未栽种柳树的空白土地，两个品种柳树均如此。两种柳树（树叶）从土壤中吸收 Cd 的能力仅从树叶的 Cd 含量差异难以判断，因为两种柳树所栽种的田块中的土壤 Cd 含量有较大差异，但从两种柳树树叶吸收 Cd 的 BCF 值来看，苏柳 795 要略强一点。图 5-2 是现场试验两种柳树叶中不同元素含量对比，直观地反映了柳树叶中不同重金属的含量差异。

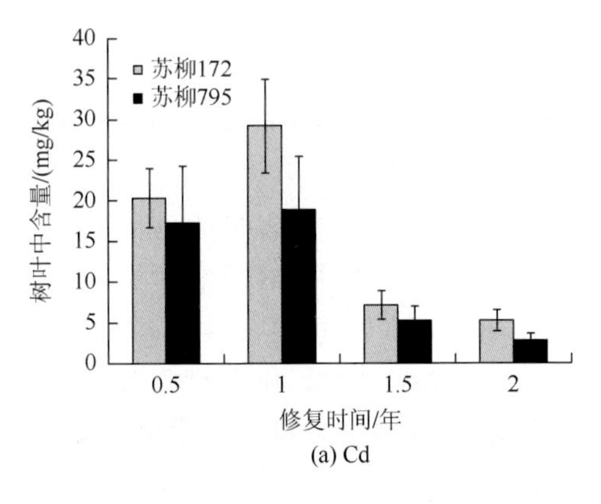

(a) Cd

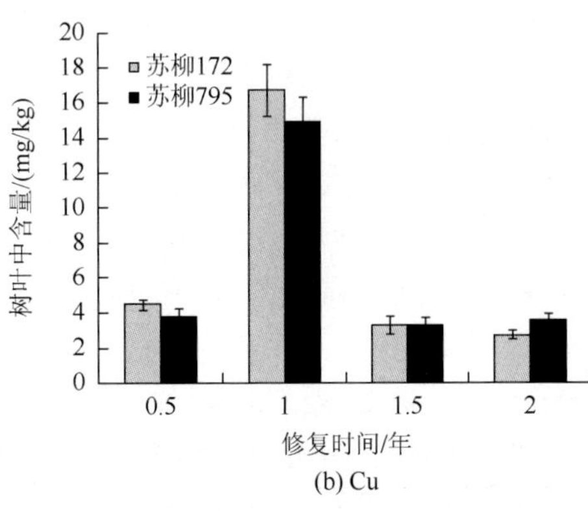

(b) Cu

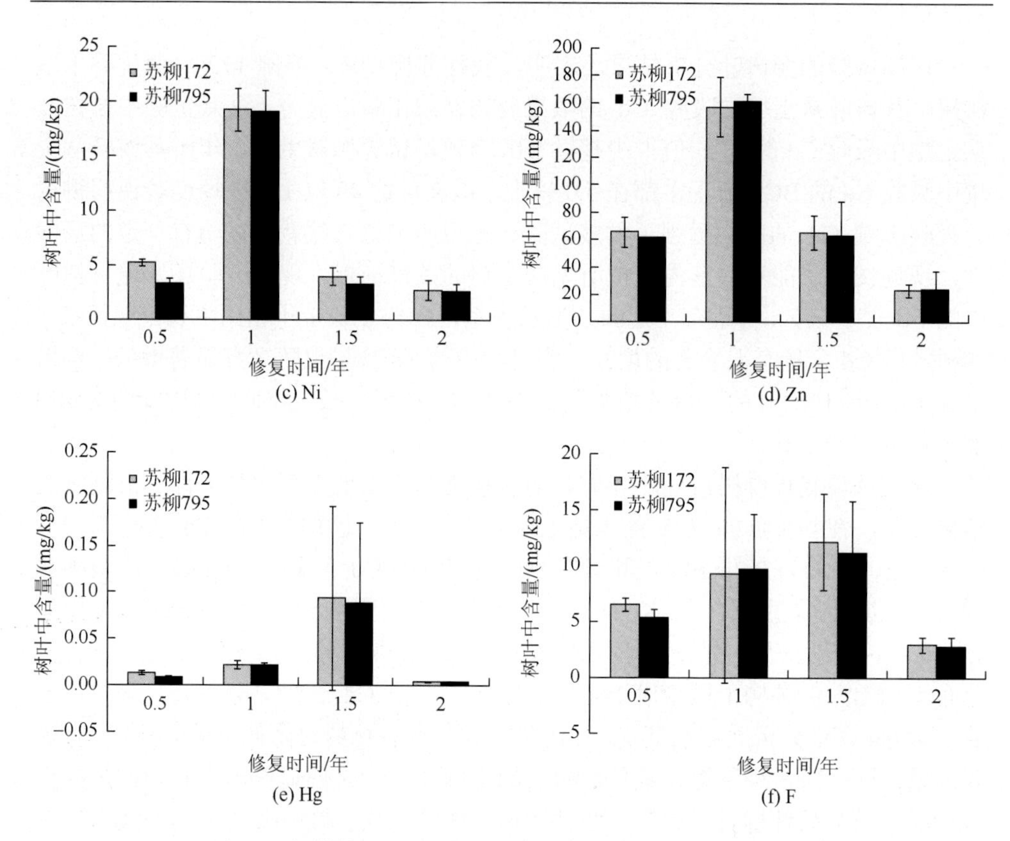

(c) Ni

(d) Zn

(e) Hg

(f) F

图 5-2 柳树修复 Cd 污染农田 2 年间树叶中 Cd 等含量对比

从图 5-2 可看出，随着栽种时间的延长，树叶中元素含量先增后减，表 5-3 列出了生长半年与一年时树叶中 Zn、Cd 含量，含量不断增加，但是当生长到 1.5 年与 2 年时，树叶中 Cd、Zn 含量均降低，下降幅度在 70%以上。另外，Cu、Ni、Cr、Pb 4 种元素也呈现类似规律。Hg、F、As、Se 在栽种 2 年时，树叶中含量开始下降。这主要与土壤中各元素的纵向分布变化及树根生长有关。

在试验田采集了土壤沉积柱，现场分层后带回实验室，依据相应的方法测定了不同深度土壤中 Cd 重金属元素含量，结果如图 5-3 所示。从图 5-3 可以看出，随着采样深度的增加，土壤中 Cd、Zn 浓度逐渐降低，当土壤深度为 30cm 时，Cd、Zn 浓度分别降低为 0.15mg/kg 与 80mg/kg 左右，土壤中 Cd、Zn 污染主要集中在表层土壤中。以 Cd 为例，无论表层土壤中 Cd 浓度是 3.42mg/kg 还是 8.58mg/kg，40cm 处 Cd 含量均降为 0.13～0.17mg/kg。因此，随着柳树根生长，当柳树根生长至 30cm 及以上时，生长至低浓度 Cd 土壤区，根周边土壤中 Cd、Zn 浓度降低，吸收量减少，树叶中富集量降低。Hg、Pb 等元素在土壤沉积柱中的分布规律与 Cd、Zn 等不完全一致，随着深度的增加，其浓度先增后减，一般在 40cm 及以下土壤中元素浓度呈现降低趋势。因此，柳树生长至 1.5 年后，树叶中这 3 种元素含量开始降低。依据上述结果推测土壤中重金属是柳树体内富集金属的源。

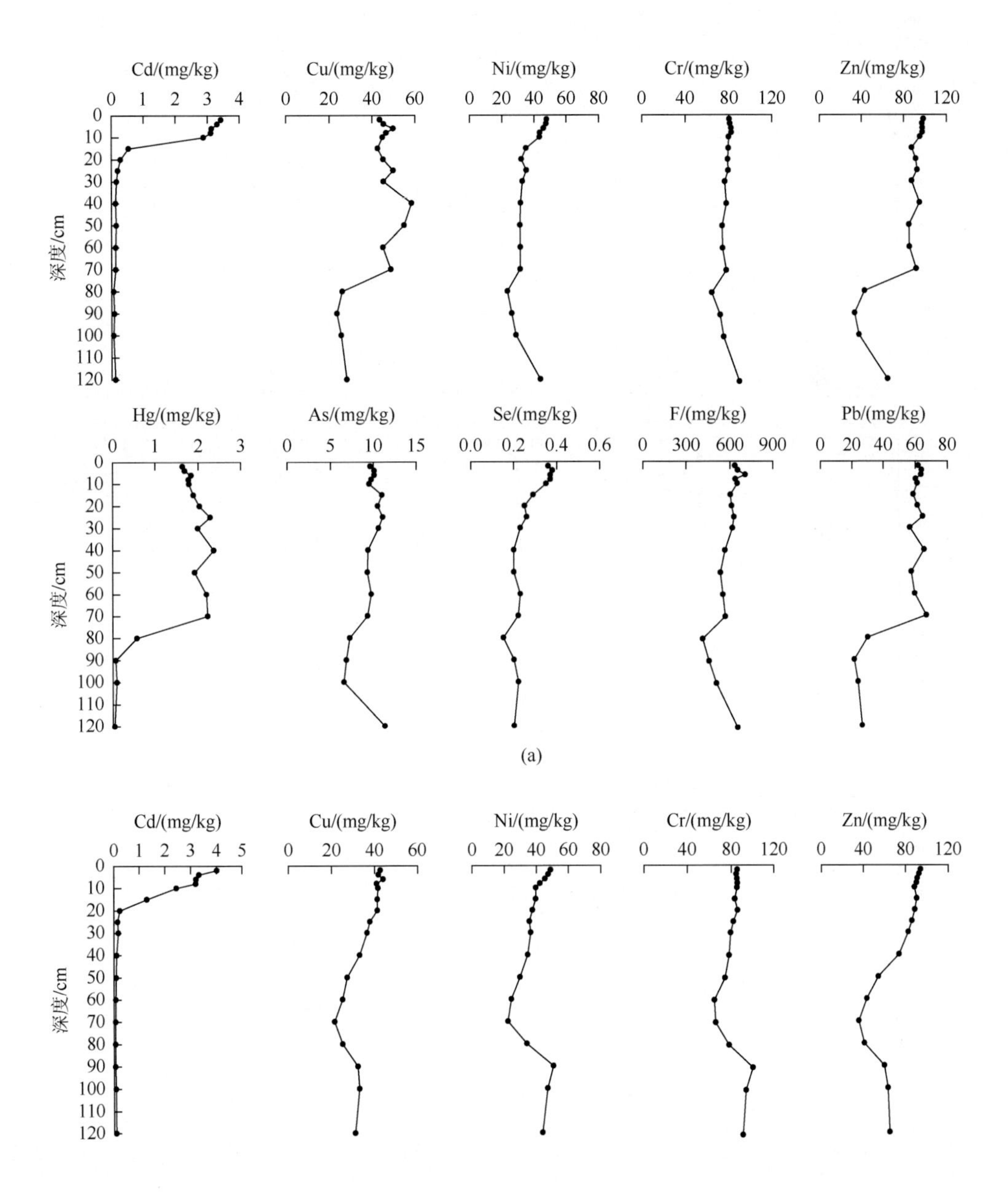

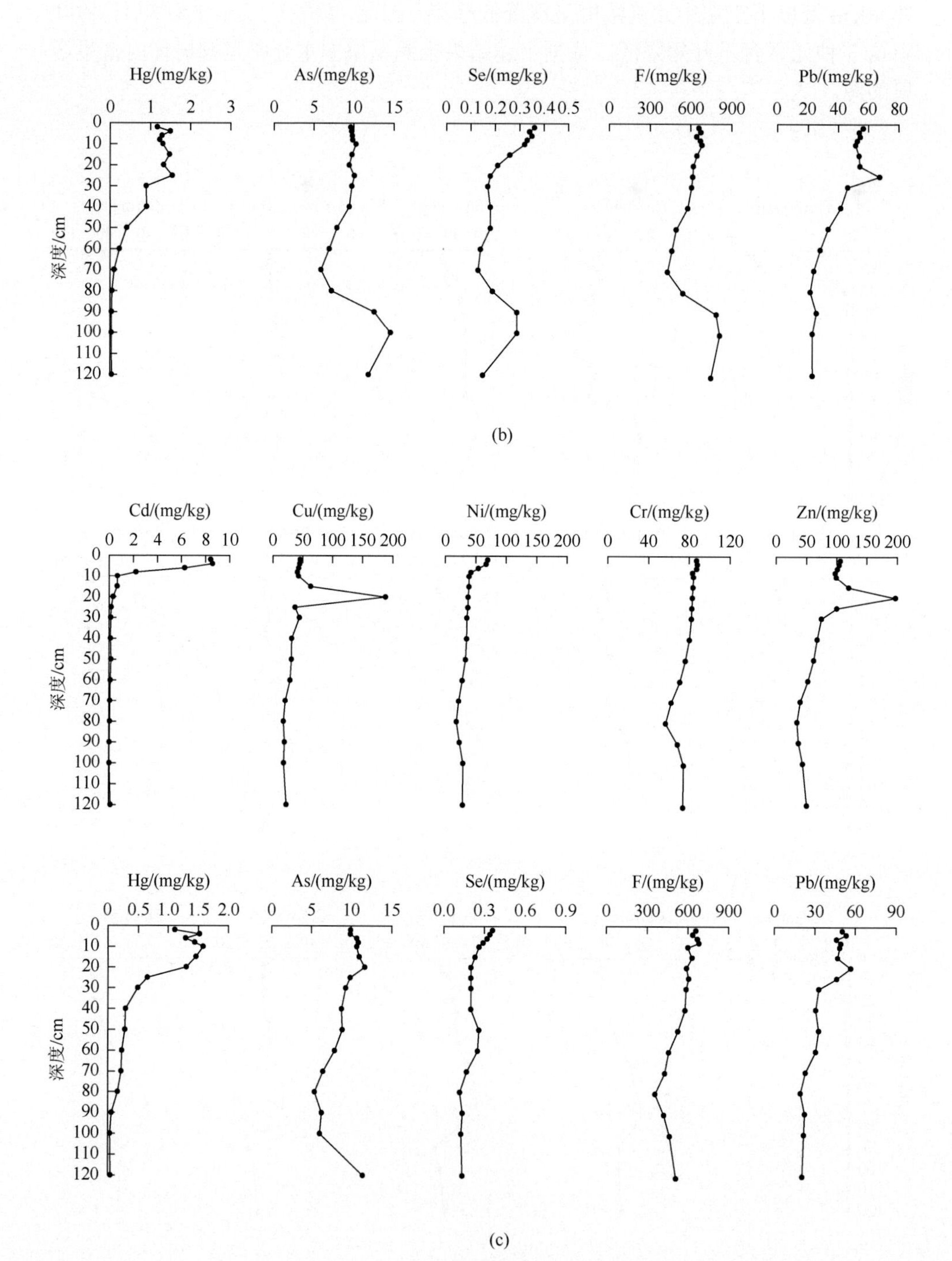
Hg/(mg/kg)
As/(mg/kg)
Se/(mg/kg)
F/(mg/kg)
Pb/(mg/kg)
深度/cm
(b)
Cd/(mg/kg)
Cu/(mg/kg)
Ni/(mg/kg)
Cr/(mg/kg)
Zn/(mg/kg)
深度/cm
Hg/(mg/kg)
As/(mg/kg)
Se/(mg/kg)
F/(mg/kg)
Pb/(mg/kg)
深度/cm
(c)

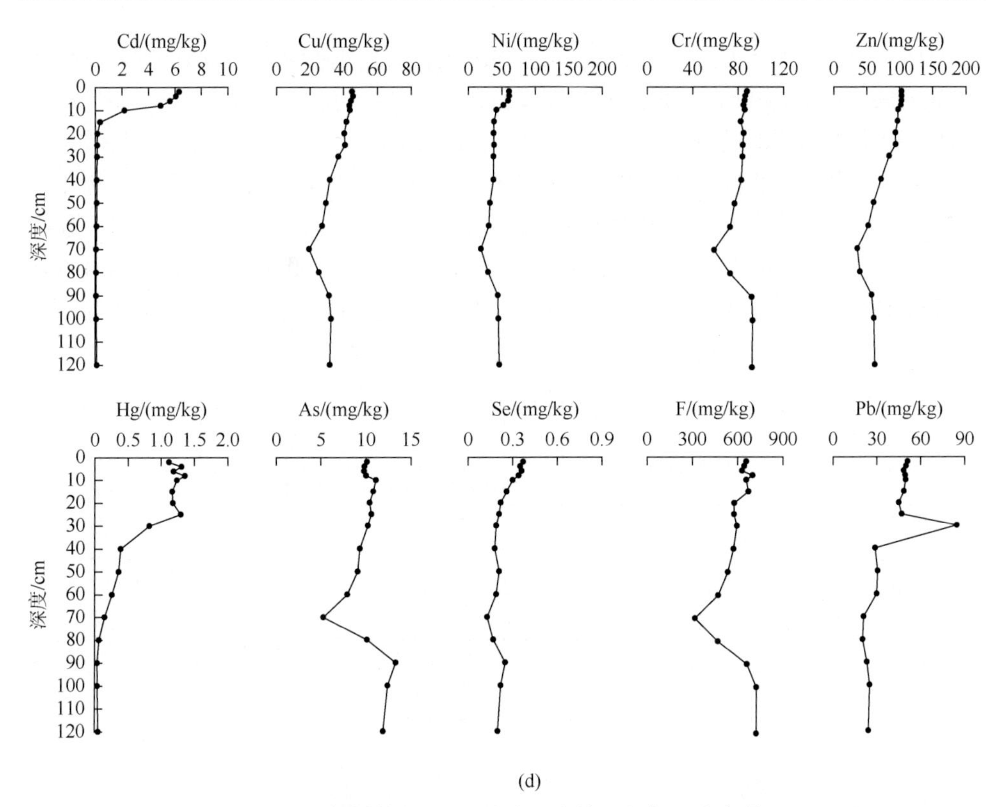

(d)

图 5-3　柳树修复 Cd 污染农田土壤沉积柱元素含量

（a）苏柳 795 所在试验地沉积柱；（b）苏柳 795 试验地所对应空白地沉积柱；（c）苏柳 172 试验地所对应空白地沉积柱；（d）苏柳 172 所在试验地沉积柱

上述 4 个沉积柱分别采集于 2 块试验大田的中央及每块试验大田对应的空白地中央，4 个沉积柱下部（80cm 以下）常量元素 Al、Fe 等有突变趋势，说明 80cm 以下的深部土壤沉积环境有所改变，也说明柳树根生长到 80cm 以下的土壤中后，就基本不再从土壤中吸收大量 Cd，这也是 2 年后柳树叶 Cd 含量明显下降的主要原因。

为了进一步验证土壤中 Cd 是柳树体内富集 Cd 的来源，在试验现场选取两块 Cd 浓度低的土壤，分别种植苏柳 172 和苏柳 795，由结果显示，当土壤中 Cd 含量低时，树叶中富集量也降低。以柳树生长满 1 年为例，当土壤 Cd 含量大于 3mg/kg 时，所栽种的苏柳 795 的树叶 Cd 含量普遍大于 30mg/kg，而当土壤 Cd 含量小于 0.5mg/kg 时，所栽种的苏柳 795 的树叶 Cd 含量只有 2.3mg/kg；栽种苏柳 172 也有类似的特点，土壤 Cd 含量低的树叶 Cd 含量也明显偏低，土壤 Cd 含量普遍大于 6mg/kg 时，树叶 Cd 含量普遍大于 25mg/kg，土壤 Cd 含量小于 1.0mg/kg 时，树叶 Cd 含量也很少超过 3.0mg/kg。由此，可以进一步证明土壤是柳树富集 Cd 的源。

不同品种柳树对元素的吸收能力不同。在 Cd 污染土壤中，同时种植苏柳 795、苏柳 172 与垂柳，表 5-4 对比了不同柳树吸收 Cd 的情况。由表 5-4 可以看出，当土壤中 Cd 浓度高达 6.88mg/kg 与 7.74mg/kg 时，垂柳树叶中 Cd 含量分别为 1.73mg/kg 与 6.8mg/kg，BCF 值分别为 0.251 与 0.879，远低于苏柳 795 与苏柳 172，说明试验中所选用的两种柳树品种具备修复 Cd 污染土壤的潜力。除了苏柳 795、苏柳 172 与垂柳富集能力不同外，苏柳 795 与苏柳 172 的富集能力也不同。从几年来的对比试验数据来看，苏柳 795 中 Cd、Cu、Ni、Zn、Hg、F 的富集量高于苏柳 172，而苏柳 795 中仅有 As、Cr、Se、Pb 的富集量低于苏柳 172。考虑到苏柳 795 与苏柳 172 生长土壤中 Cd 分布存在不均匀性，因此，计算了 2 个品种对 9 种元素的 BCF 值，其中 Cd、Ni、Zn、Se、Pb、Cu 6 种元素的 BCF 值对比如图 5-4 所示。

表 5-4　不同品种柳树现场试验树叶与土壤样品 Cd 含量分析结果

样号	栽种柳树种类	试验期满 1 年		
		叶 Cd/(mg/kg)	土 Cd/(mg/kg)	BCF
Gz351	垂柳	1.73	6.88	0.251
Gz352	垂柳	6.8	7.74	0.879
Gz353	苏柳 172	4.05	0.64	6.33
Gz354	苏柳 795	2.31	1	2.31

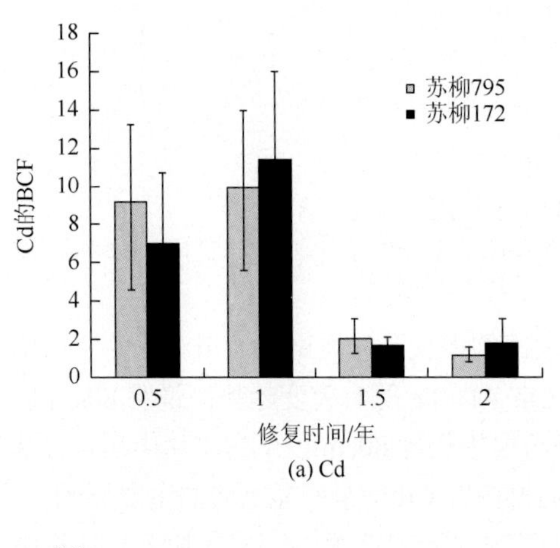

(a) Cd

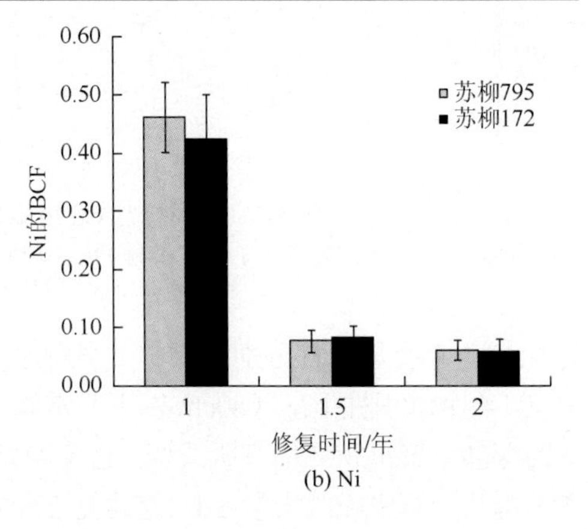

(b) Ni

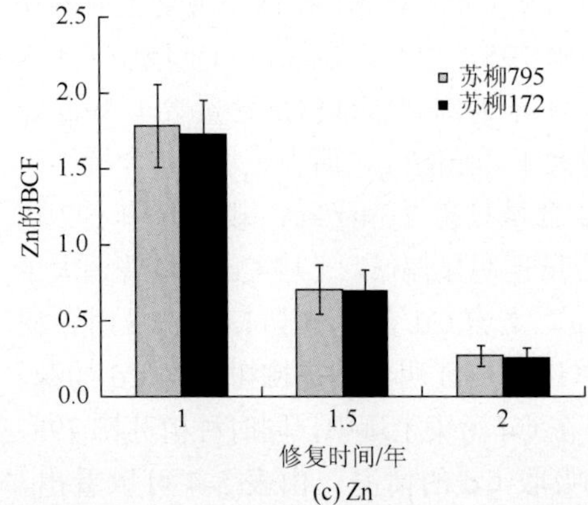

(c) Zn

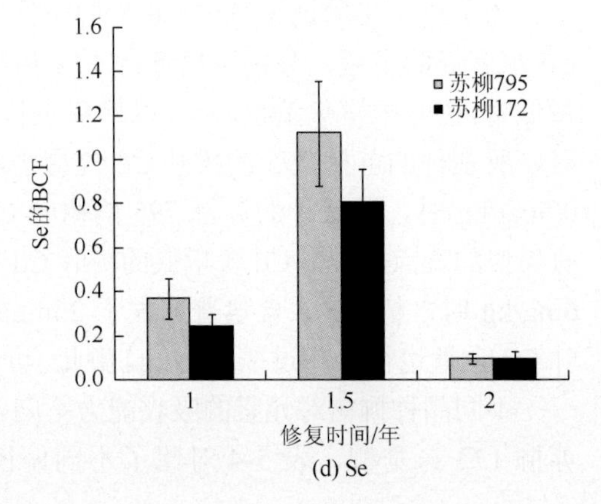

(d) Se

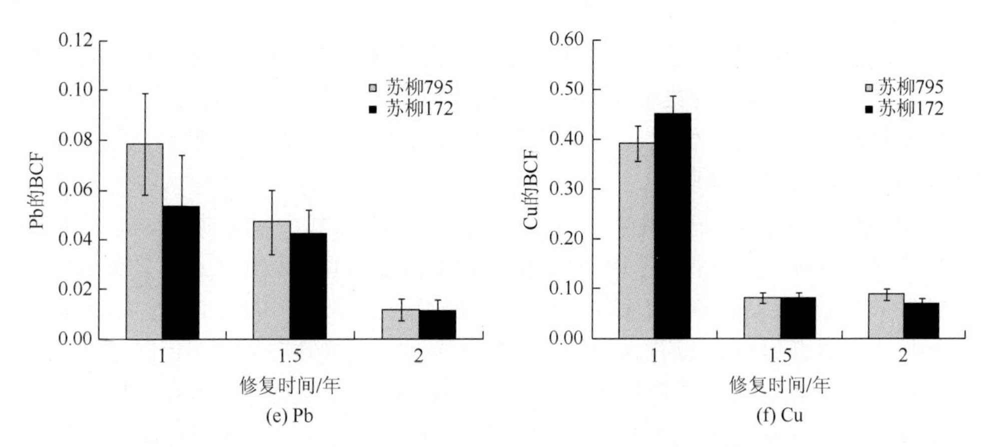

(e) Pb　　(f) Cu

图 5-4　柳树修复 Cd 污染农田 2 年间树叶中不同重金属富集能力对比

研读图 5-4 并结合之前的其他实验证据可以得出，随着修复时间的延长，苏柳 172 与苏柳 795 对 Cd 等重金属元素的吸收能力均降低，不同品种对元素的富集能力也不同，综合而言，苏柳 795 的富集能力强于苏柳 172，但是苏柳 172 对 Cu、Hg 的富集能力强于苏柳 795。因此，在实际的修复应用中，应该根据当地主要的重金属污染类型选择合适的植物修复品种，做到因地制宜，提高修复效率，降低修复成本。

为了进一步阐明 Cd 在柳树体内的转移规律，于柳树生长 1 年时挖取苏柳 795 和苏柳 172 各 1 棵，将其分为根、主干、支干、枝和叶 5 部分，测定不同部位中 Cd 含量，结果如图 5-5 所示。从图 5-5 可以看出，无论是苏柳 795 还是苏柳 172，均是叶中 Cd 含量高，分别为 23.6mg/kg 与 8.86mg/kg，其次为根，分别为 15.8mg/kg

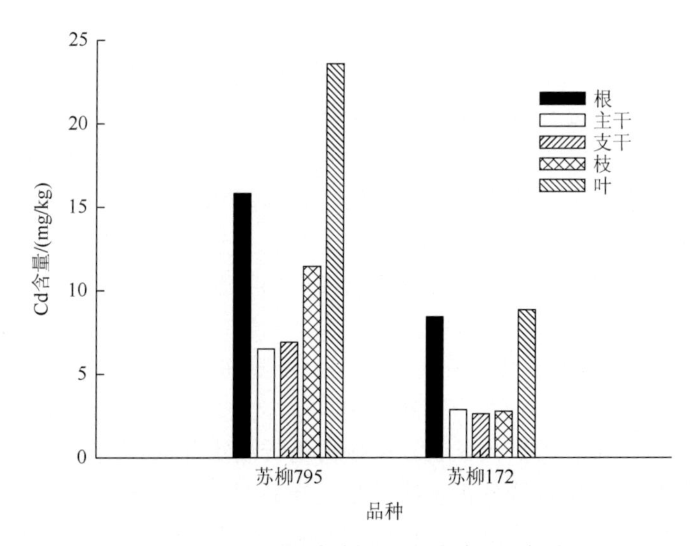

图 5-5　大田试验柳树不同部位中 Cd 含量

与 8.34mg/kg。地上部分富集能力大于地下部分，树叶富集 Cd 的能力强又易于收获，完全具备修复 Cd 污染土壤的巨大潜力，但是由于本次试验只考察了 Cd 在两棵完整柳树体内的分布情况，不能很肯定地说明叶就是比根富集量大，相关结论需要在后续试验中继续验证。

上述模拟（盆栽）试验及大田（或现场，余同）试验的数据都显示，栽种苏柳 795、苏柳 172 这两类乔木型柳树能取得降低土壤中残留 Cd 的显著效果，柳树叶等植物组织持续吸取土壤中的 Cd 是导致污染土壤中 Cd 含量显著下降的直接原因。以前国内外也有人报道过柳树有吸收土壤 Cd 的潜能，但缺乏系统的试验数据支撑，也很少对柳树吸收土壤 Cd 的原因做系统研究。本次试验不仅获得了柳树作为一种大生物量植物能除去土壤残留 Cd 的多项直接证据，还掌握了柳树吸收土壤中 Cd 的部分机理方面的素材。植物从土壤中吸收 Cd 的机理研究一直在不断深化中，基于采矿、冶炼等周边土壤环境植物吸收重金属的特点认识植物吸收重金属的原理也屡有新的收获，对于植物吸收重金属主要是靠地上部分还是地下部分的争议也没间断过。因为污染土壤中 Cd 含量分布的不均匀性也给修复技术的推广应用带来了一些不确定因素。本次试验数据证实柳树吸收土壤中的 Cd，其树根、树皮、树叶的作用都比较明显，说明柳树吸收土壤中的 Cd 既有地上部分的贡献，也有地下部分的贡献。现场试验还证实，仅柳树叶吸收土壤 Cd 的能力就可以同籽粒苋相比，而且柳树叶吸收土壤 Cd 的 BCF 值 1 年内可达到 10 以上，现场试验获取的柳树叶 BCF 值比模拟试验大很多，这些都说明柳树作为一种大生物量植物，在修复 Cd 污染土壤的应用前景上还有诸多未被充分认识到的优势。

柳树在 Cd 污染土壤中生长很快，本次试验未在柳树成长中进行任何施肥，这与水稻、小麦、蔬菜等常见农作物从土壤中吸收重金属受施肥的影响又具有较大差异。柳树生长主要靠浇水与治虫，正常 Cd 污染农田中的养分已足够满足柳树生长的需求。前 3 年内，柳树生长时间越长，吸收土壤中的 Cd 就越多，柳树生长得越好，吸收土壤中的 Cd 也就越多。像苏柳 795、苏柳 172 这些柳树吸收土壤中一定量的 Cd 后，既不影响柳树的生长，也不影响柳树作为苗木等的使用价值，说明利用柳树这种大生物量植物修复 Cd 污染土壤具有其他植物难以替代的优势。

上述大田试验于 2014 年前在无锡市锡山区鹅湖镇完成，为了进一步证实柳树吸收农田土壤残留 Cd 的实效，于 2015 年以后又在宜兴市部分 Cd 污染耕地中应用柳树进行了植物修复的扩大试验。待柳树生长满 1 年时，对相关柳树叶等植物及其植物生长地的土壤取样分析一次，相关样品的 Cd、Hg、Ni、Zn 等分析结果列于表 5-5。表 5-5 中除了列出 18 个柳树叶样品对应的植物-土壤元素含量外，还列出了 4 个黑麦草样品对应的植物-土壤元素含量。

表 5-5　柳树修复扩大试验实地植物-土壤取样分析结果（生长 1 年）

样号	Cd			Hg			Ni			Zn		
	土壤/(mg/kg)	植物/(mg/kg)	BCF	土壤/(mg/kg)	植物/(mg/kg)	BCF	土壤/(mg/kg)	植物/(mg/kg)	BCF	土壤/(mg/kg)	植物/(mg/kg)	BCF
2FA01	2.06	11.49	5.58	0.21	0.007	0.033	27.2	1.65	0.061	85.4	52.7	0.62
2FA02	2.31	12.95	5.61	0.16	0.007	0.044	29.1	2.34	0.080	81.7	56.4	0.69
2FA03	4.98	19.74	3.96	0.17	0.008	0.047	27.5	1.37	0.050	79.5	55.3	0.70
2FA04	10.7	45.90	4.29	0.15	0.007	0.047	29.9	1.34	0.045	83.3	63.2	0.76
2FA05	8.74	17.22	1.97	0.16	0.008	0.050	29.2	1.45	0.050	83.6	42.3	0.51
2FA06	5.89	12.74	2.16	0.14	0.010	0.071	27	1.38	0.051	81.8	37.4	0.46
2FA07	2.51	5.38	2.14	0.16	0.011	0.069	27.5	1.17	0.043	80.6	31.6	0.39
2FA08	0.97	3.35	3.45	0.17	0.011	0.065	25.2	1.02	0.040	75.2	59.8	0.80
2FA09	0.79	5.15	6.52	0.18	0.011	0.061	24.7	0.70	0.028	70.2	47.5	0.68
2FA10	1.6	5.05	3.16	0.2	0.014	0.070	25.8	1.05	0.041	76.8	47.2	0.61
2FA11	3.3	12.08	3.66	0.16	0.010	0.063	27.2	1.57	0.058	86.4	55.8	0.65
2FA12	6.81	24.89	3.65	0.15	0.009	0.060	27.9	1.38	0.049	81	66.5	0.82
2FA13	4.56	24.72	5.42	0.16	0.008	0.050	28.8	1.72	0.060	76.3	61.1	0.80
2FA14	4.77	19.02	3.99	0.17	0.008	0.047	28	1.55	0.055	83.1	57.4	0.69
2FA15	2.28	9.77	4.29	0.16	0.009	0.056	26.6	1.48	0.056	75.7	54.8	0.72
2FA16	3.15	10.73	3.41	0.17	0.011	0.065	29.5	1.21	0.041	85	50.0	0.59
2FA17	8.17	0.54	0.07	0.51	0.003	0.006	41.9	0.53	0.013	181	9.6	0.05
2FA18	10.3	0.62	0.06	0.63	0.004	0.006	42	1.52	0.036	172	10.1	0.06
2FA19	5.83	0.73	0.13	0.42	0.004	0.010	39.7	1.11	0.028	152	10.5	0.07
2FA20	3.55	1.65	0.46	0.25	0.003	0.012	40.8	2.04	0.050	134	14.6	0.11
2FA21	0.84	1.70	2.02	0.11	0.006	0.055	33.4	1.19	0.036	93.1	96.0	1.03
2FA22	0.68	1.85	2.72	0.14	0.006	0.043	34.7	1.12	0.032	92.3	100.8	1.09

注：表中植物样品元素含量全部取湿重数据；2FA17、2FA18、2FA19、2FA20 四个样品为种植的黑麦草，其余 18 个样品全部为栽种的柳树；BCF 为元素生物富集系数，取植物中元素含量/土壤的相应元素含量。

对比表 5-5 中相关数据可以看出，与黑麦草相比，柳树叶具有十分显著的吸收土壤 Cd 的能力，柳树叶中 Cd 的 BCF 达到 1.97～6.52、平均为 3.78，而黑麦草中 Cd 的 BCF 仅为 0.06～0.46、平均仅 0.18，柳树叶中 Cd 的 BCF 平均值是黑麦草的 21 倍；与 Hg、Ni、Zn 等元素相比，柳树叶仅仅显示了吸收土壤残留 Cd 的较强能力，而柳树叶吸收土壤 Hg、Ni、Zn 的效果并不明显，如柳树叶中 Hg、Ni、

Zn 的 BCF 平均值分别为 0.055、0.049、0.7，全部小于 1.0，Hg、Ni 的 BCF 平均值甚至小于 0.1，说明柳树不属于能富集土壤 Hg、Ni 的植物。相比而言，柳树叶富集土壤 Zn 的能力要明显强于 Hg、Ni，但远远弱于 Cd。以上扩大试验的结果进一步证实了相关品种柳树是吸收农田土壤残留 Cd 的有效植物，仅仅是柳树叶吸取土壤 Cd 的实际效果就可能强于一般超累积植物，同时也证实目前柳树对土壤重金属的吸收主要限于 Cd，此外柳树叶对土壤 Zn 可能也有一定吸收能力，但效果要弱于 Cd。

关于超累积植物与大生物量植物修复 Cd 污染土壤的效果比较也是令人关注的问题，超累积植物从土壤中吸收 Cd 的 BCF 值通常很大，比柳树叶等 BCF 值大数倍，这点不用质疑，但超累积植物在固定时间内从土壤中除去 Cd 的总量是否高于柳树目前还无法比较，因为超累积植物的年产量本身就不太好统计，加上有关这方面的公开报道也不多。柳树无疑是一种大生物量植物，本次试验其吸收土壤中 Cd 的 BCF 值没发现超过 50 者，但依据本次试验获取的数据，可对柳树这类大生物量植物提取土壤中 Cd 的效率做一近似定量测算。1 棵柳树 1.5 年可生长至 4190～5500g，按照干湿比为 0.4348，分别计算苏柳 795 与苏柳 172 的干重为 1822g 与 2391g，每棵树中 Cd 的平均含量为 12.8mg/kg、5.09mg/kg，因此，生长 1.5 年的柳树每棵可以吸收 Cd 23.4mg 与 12.2mg，$1m^2$ 土地每年可生长 6 棵柳树，苏柳 795 与苏柳 172 的现场种植面积分别为 $1350m^2$、$1600m^2$，计算现场修复场地中所有柳树 1.5 年富集的 Cd 含量分别为 189.5g、116.9g。而本次试验的土地上，苏柳 795 种植田块，20cm 以上土壤的总 Cd 量约 761g（按土壤容重 $1.185t/m^3$、土壤 Cd 平均含量为 2.38mg/kg 计算），苏柳 172 种植田块土壤中总 Cd 量为 1462g（按土壤容重 $1.175t/m^3$、土壤 Cd 平均含量为 3.89mg/kg 计算），算得苏柳 795 与苏柳 172 每年分别提取当地土壤总残留 Cd 的 16.6%与 5.33%，若将土壤中 Cd 完全去除大约需要 6 年与 19 年（假设在完全切断污染源的情况下，余同），若将土壤中 Cd 降为无公害水稻种植土壤标准（0.3mg/kg），大约需要 5 年与 17 年。实际上，栽种柳树对土壤 Cd 的提取效果可能比上述测算还要好。栽种柳树有把握在一定的时间段内将污染土壤的 Cd 含量降低到一些大宗农作物生长所允许的水平，这个修复期限是超累积植物所难以实现的。

柳树生长过程中，除了可以提取土壤中的 Cd 外，还对提取土壤中的 Zn 有一定效果。土壤中 Zn 与 Cd 的生物地球化学特征有相似性已经为前人所证实，本次现场试验也证实了柳树叶中的 Cd 与 Zn 含量有相对稳定的比值，树叶中的 Cd、Zn 含量共消长关系比较明显，可为研究植物从土壤中吸收 Cd 等重金属的机理提供相关线索。

通过对上述试验数据的分析与对比，证实苏柳 795 等在 Cd 污染农田中很容易移植、成活且具有显著的修复效果，就柳树吸收土壤 Cd 的能力等可得出以下基本判断或认识。

（1）柳树，特别是柳树叶对土壤中所聚集的重金属 Cd 具有很强的吸收能力，在污染土地中栽种苏柳 795、苏柳 172 等品种柳树有望达到修复土壤 Cd 污染的目的，使耕地土壤 Cd 含量逐步恢复到正常耕地土壤 Cd 标准限定的较低含量范畴。

（2）种植柳树除去土壤中所聚集的重金属，不是时间越长效果就越明显，有可能在 1 年左右使植物吸收土壤 Cd 的浓度趋于饱和。

（3）植物修复试验不能仅限于室内模拟的数据结果，必须要有现场试验跟踪数据的比对，同时也不要一味地追求超累积植物。像苏柳 795、苏柳 172 这类生物量大的植物，完全有可能形成新的修复农田土壤 Cd 污染的专利技术，其修复农田土壤 Cd 污染的实际效果不一定输于一些超累积植物。

5.2.3　柳树修复技术应用前景分析

柳树能够吸收土壤中残留 Cd 已经为国内外所证实，作为一种容易成活、方便移栽、观赏性强的大生物量的速生植物，其被用于重度 Cd 污染耕地等农田重金属污染治理的前景也得到初步验证。从本次选用苏柳 795 等特殊品种的柳树进行数年的植物修复试验效果来看，该类柳树的实际除污效果要强于国内以前所报道的一些超累积植物。通过对本团队开展苏柳 795 等特殊品种柳树的植物修复试验结果等进行总结分析，可对栽种柳树清除土壤残留 Cd 的效果及其应用前景做如下归纳或展望。

（1）栽种苏柳 795、苏柳 172 这类乔木型柳树对 Cd 污染土壤有显著的去除效果，盆栽试验结果显示，栽种苏柳 795 一年内可使污染土壤中的 Cd 平均含量降低 16.3%，栽种苏柳 172 一年内可使污染土壤中的 Cd 平均含量下降 17.2%。另外，从柳树苗木长大后的使用价值等综合考虑，金丝垂柳 1011 也是不错的选择，该品种柳树吸收土壤 Cd 的实际效果可与苏柳 795 等相当，但该类柳树长大后观赏性更强、在生长过程中相对更好管护。

（2）柳树各组织中的 Cd 含量分布不均匀，从高到低排序依次为树根＞树皮＞树叶＞树枝＞树木，其中树叶中 Cd 的 BCF 值可高达 10 以上，具备了植物修复去除土壤 Cd 的潜力。大田试验还表明，随着柳树生长年限的增加，树根向下延伸，深部土壤 Cd 含量可能趋于正常，从而导致树叶后期的 Cd 含量呈逐步下降趋势。

（3）无锡市锡山区鹅湖镇的大田试验的结果显示，栽种苏柳 795、苏柳 172 除了能从污染土壤中吸收大量的 Cd 外，同时还能吸收一定量的 Zn，柳树叶中存在相对稳定的 Zn/Cd。但柳树不能吸收当地土壤中残留的 Ni，说明从土壤中吸收重金属有一定选择性。

（4）由于柳树生物量大、生长区域广、管养容易，同时还可作为经济苗木，在修复我国农田土壤 Cd 污染方面具有较广阔的前景。但必须正视的一个事实就是栽种柳树对 Cd 等重金属污染农田土壤进行修复时，虽然除污效果显著，但同时也在短时期内改变了农用地的用途，在柳树生长过程中也会改变耕地的其他一些状况。如何将特殊品种的柳树能吸收土壤中残留 Cd 的植物修复技术与柳树的苗木用途有机结合起来，是推广应用这一植物修复技术需要有效解决的另一新课题。

（5）栽种合适品种的柳树能有效清除土壤中残留的 Cd，对于栽种柳树修复 Cd 污染农田的效果不用怀疑。但是对于柳树长大后如何处置目前还没有很好的解决途径，理想设计是待柳树幼条生长两年后移植到其他非农用地环境作防护林或观赏苗木等，但这样成本太高，而且留在柳树器官中的 Cd 需要监管也是一个问题。比较可行的办法是将吸收了土壤 Cd 的柳树集中起来进行生物发电，将大量的柳树作为生物发电的能源，这样做一是有点浪费（毕竟长大了的柳树是有木材等其他功用的），二是需要相应的环保产业支持，还需要国家相关绿色能源政策的扶持。

5.2.4 其他植物修复试验

除了柳树外，有报道称苋科植物同样对 Cd 具有很强的富集能力（李凝玉等，2010，2012），而且它也有生物量大、生长迅速、易于种植和收割等优点，适合在野外大面积种植，有成为在江苏省耕地 Cd 等污染防治中选作实用植物修复技术的潜力。本团队在开展上述柳树植物修复试验及其技术研发的同时，也进行了现场栽种籽粒苋、景天等其他植物的对比试验。

1. 材料与方法

在苏锡常地区租用了 3 块 Cd 污染农田开展籽粒苋、景天等对比修复试验。供试验土壤 Cd 含量绝大多数控制在 2～15mg/kg，土壤 pH 全部呈酸性（未试验前）。栽种籽粒苋的试验选取饱满、均一的籽粒苋种子，将其播种在充分湿润的土壤中；试验分为低、高两个浓度梯度，其中每个浓度梯度又分为不施用肥料和施用某公司提供的生态有机肥，从而考察是否具有不同的修复效果。栽种籽粒苋的试验共在无锡市锡山区、宜兴市等地进行，前后进行了将近 4 年的试验，主要试验了目前国内认为最适宜南方生长的 2 个品种（K112、R104）。

栽种景天的试验选择在宜兴市丁蜀镇种植籽粒苋试验地的旁边田块进行，从目前报道的对土壤 Cd 有超富集作用的东南景天、伴矿景天等适宜南方多雨环境生长的品种中，通过购买种苗自己栽培的形式开展了景天类植物大田修复试验，试验区面积约 0.5 亩。所选种的景天类植物品种由中国科学院南京土壤研究所有偿提供，其是目前较适宜在我国南方地区生长的伴矿景天种苗。为了确保景天能在野外顺利越冬，在景天生长地搭建了简易大棚。

自播种之日起，聘用当地村民对试验田进行维护管理。自种子出苗或种苗成活，待植物生长约 90d 后，收获植物，将吸收了重金属的植物进行集中处置，同时按照一定间隔系统采集土壤-植物样品做分析测试。采集植物样时将籽粒苋分为茎、叶两部分，景天因为根系不发育实行全株取样。对采集的植物样品先用自来水冲洗，再用去离子水冲洗干净，晾干水分后，将植物样品在 105℃下迅速杀青 15min，然后在 70℃下烘干至恒重，烘干的样品送实验室进行集中粉碎，混合均匀后作为分析测试的备用样品，再按照植物样品元素含量等检测的正常流程进行预处理、分析测试。土壤样品经自然风干后，用石英玛瑙罐机械磨细到 200 目，再送实验室做 Cd 等元素含量分析。由实验人员依据土壤和植物样测试流程进行 Cd 等元素含量分析。样品分析测试委托国土资源部南京矿产资源监督检测中心完成，分析中插入 5%的盲样和 2%的国家标样进行质量监控，土壤样品及植物样品分析测试均参照中国地质调查局颁布的相关行业技术标准执行。本次试验累计分析测试土壤样品约 100 个、植物样品约 80 个。

2. 试验数据初步分析讨论

大田试验籽粒苋出苗率高，生长迅速，90d 左右可生长到 1.5m 高，长势良好，单棵籽粒苋湿重可达到 1.5kg 以上。在锡山区的东西两块试验田中分别随机采集 4 个土壤样品及植物样品，其中 Cd 浓度见表 5-6 和图 5-6。由于距离污染源远近不同，8 个采样点土壤中 Cd 浓度存在差异，浓度范围为 2.60～11.5mg/kg，随着土壤中 Cd 浓度的增加，籽粒苋体内 Cd 含量随之增加，茎中 Cd 含量为 20.6～188mg/kg，叶中 Cd 含量为 6.49～71.2mg/kg。

表 5-6　籽粒苋不同组织中 Cd 含量及 BCF

样品编号	土壤中 Cd 含量/(mg/kg)	茎		叶	
		Cd/(mg/kg)	BCF	Cd/(mg/kg)	BCF
GZX01	11.5	104	9.04	20.3	1.77
GZX02	10.3	171	16.6	71.2	6.91
GZX03	8.88	96.5	10.9	54.3	6.11
GZX04	8.27	188	22.7	68	8.22
GZX05	4.16	36.8	8.85	11.9	2.86
GZX06	3.72	40.3	10.8	16.3	4.38
GZX07	2.63	20.6	7.83	6.49	2.47
GZX08	2.60	24.6	9.46	9.59	3.69

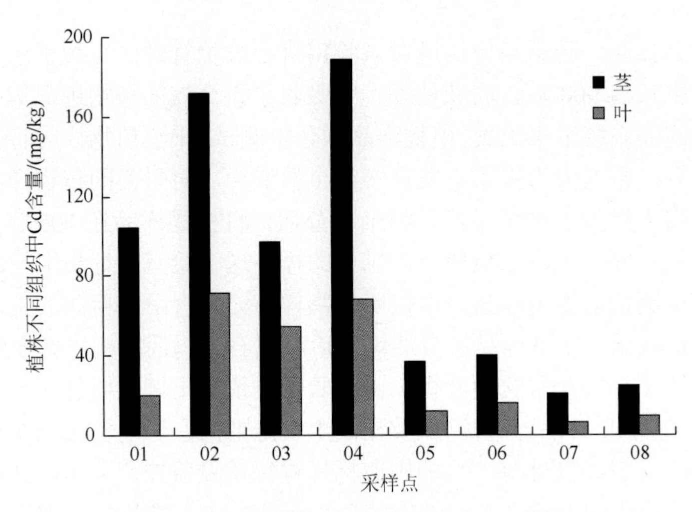

图 5-6　不同采样点籽粒苋茎叶中 Cd 含量

从图 5-6 可以明显看出，茎中 Cd 富集量高于叶，高 1.78～5.12 倍，说明籽粒苋的根从土壤中吸收 Cd，然后通过茎转运到叶中。

图 5-7 显示籽粒苋体内富集的 Cd 量与土壤中 Cd 浓度具有很好的相关性，其中茎与土壤 Cd 浓度的相关系数 R^2 为 0.652，Pearson 相关分析表明，两者具有显著相关性。叶与土壤 Cd 的相关系数低于茎，R^2 为 0.485，但是没有显著相关性。茎与叶两者回归方程系数不同，分别为 14.8 与 5.28，也显示出随着土壤 Cd 浓度的增加，茎中 Cd 浓度增加速率高于叶，侧面反映出 Cd 由根经过茎向叶运输的过程。对比 GZX02 与 GZX01、GZX04 与 GZX03、GZX06 与 GZX05、GZX08 与 GZX07 可以看出，02、04、06 与 08 试验组籽粒苋体内 Cd 含量分别高于 01、03、

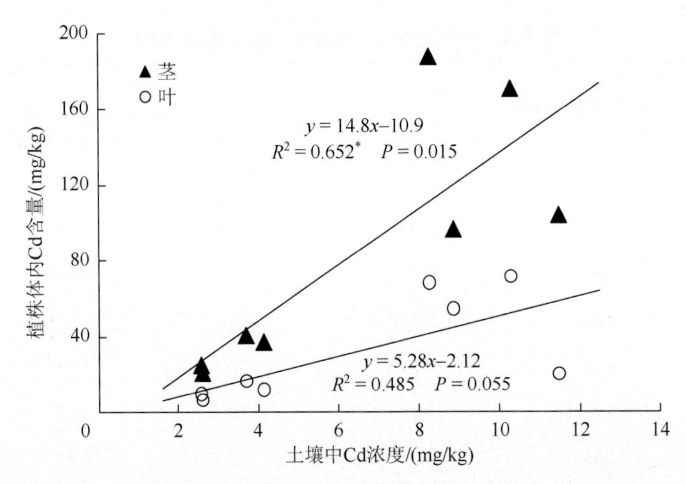

图 5-7　籽粒苋体内 Cd 含量与土壤中 Cd 浓度之间的关系

05 与 07 试验组，土壤中 Cd 浓度反而低，主要是因为 02、04、06 与 08 试验组土壤中施用了有机菌肥，促进了植物对 Cd 的吸收，推测应该是促进土壤中 Cd 的活化，增加了有效态 Cd 浓度，从而促进了吸收。

BCF 常被用于评估富集植物对重金属的富集特征。BCF 指植物地上部重金属含量与土壤中重金属浓度的比值，其高低直接影响富集植物能否应用于重金属污染土壤的实地修复。由本次研究可以看出，茎的 BCF 值为 7.83～22.7，叶低于茎，其 BCF 值为 1.77～8.22，综合茎与叶的富集情况看，籽粒苋对 Cd 的富集能力高于已报道的一些富集植物。对比高低 Cd 浓度试验组可以看出，籽粒苋对土壤中高浓度 Cd 的 BCF 值高于低浓度的，说明该植物在一定高浓度 Cd 污染土壤中具有更强的吸收能力。该结果使我们从采用籽粒苋修复 Cd 污染土壤中看到了新的希望。与柳树修复 Cd 污染土壤结果相比，柳树生长半年时，苏柳 795 树叶中的 Cd 平均含量为 17.4mg/kg，其平均 BCF 值达到 9.2，苏柳 172 树叶中的 Cd 平均含量为 20.4mg/kg，其平均 BCF 值达到 7.0。籽粒苋叶中有些 BCF 值与其相当，茎中 BCF 值高于柳树。柳树因其生物量大、易于生长等优点，目前被普遍认为是具有潜在修复能力的植物，而籽粒苋生长具有不改变耕地用途、容易收割且吸收土壤 Cd 能力较强等优点，同时也具有一定的修复潜能。

籽粒苋生长过程中，除了吸收土壤中的 Cd 外，还会吸收其他一些元素，见表 5-7。由表 5-7 可以看出，不同采样点的籽粒苋体内，除了 Cd 存在差异外，其他重金属元素含量也均不相同。籽粒苋体内其他重金属元素含量也呈现茎＞叶的现象。同时随着离污染源的距离增大，土壤 Cd 含量逐渐降低，植物体内 Cd 含量也呈逐步下降趋势，其他相关元素也有类似的变化趋势。

表 5-7　籽粒苋不同组织中元素含量

样品编号	组织	不同元素含量/(mg/kg)								
		As	Cd	Cr	Cu	Hg	Ni	Pb	Se	Zn
GZX01a	茎	0.26	104	6.4	26.9	0.087	35.3	3.11	0.1	114
GZX02a		0.29	171	2.84	26.5	0.06	46.3	4.14	0.12	141
GZX03a		0.36	96.5	2.86	26.8	0.05	32	2.39	0.11	86
GZX04a		0.39	188	3.94	24.7	0.058	37.1	3.9	0.14	181
GZX05a		0.18	36.8	4.37	24.8	0.045	18.1	3.17	0.12	81.1
GZX06a		0.23	40.3	3.17	22.9	0.043	15.5	3.49	0.11	136
GZX07a		0.14	20.6	2.2	19.9	0.039	11.1	2.05	0.073	67.9
GZX08a		0.16	24.6	2.64	17.7	0.039	7.2	3.04	0.091	84.8
GZX01b	叶	0.052	20.3	5.95	8.31	0.0064	4.48	0.79	0.035	37.1
GZX02b		0.045	71.2	0.91	11	0.0049	25.9	0.94	0.042	46.4
GZX03b		0.11	54.3	0.64	15.9	0.0047	29.5	0.97	0.044	52.7
GZX04b		0.063	68	1.3	9.38	0.0037	12	1.66	0.038	47.3
GZX05b		0.036	11.9	1.14	5.77	0.0049	2.89	1.26	0.035	25.3
GZX06b		0.044	16.3	3.2	9.06	0.0046	3.5	0.74	0.033	33
GZX07b		0.042	6.49	0.47	7.4	0.0049	2.24	0.28	0.036	28.7
GZX08b		0.067	9.59	0.92	7.42	0.0066	2.42	0.93	0.04	51.3

将籽粒苋茎、叶中富集 Cd 与其他元素之间的相关性做统计分析，结果见表 5-8，从中可以看出，茎中 Cd 含量与体内 As、Ni 具有极显著相关关系（$p<0.01$），R 值分别为 0.850 和 0.928；与 Se、Zn 具有显著相关性（$p<0.05$），R 值分别为 0.723 和 0.794。

表 5-8　籽粒苋不同组织中富集 Cd 与其他元素之间相关性统计表

元素	茎		叶	
	Pearson 相关系数 R	显著性（双侧）检验 p	Pearson 相关系数 R	显著性（双侧）检验 p
As	0.850**	0.007	0.388	0.342
Cr	0.232	0.581	−0.229	0.585
Cu	0.654	0.078	0.662	0.074
F	0.608	0.11	−0.521	0.186
Hg	0.581	0.131	−0.538	0.169
Ni	0.928**	0.001	0.840**	0.009
Pb	0.658	0.076	0.548	0.16
Se	0.723*	0.043	0.640	0.088
Zn	0.794*	0.019	0.625	0.097

*表示显著相关，**表示极显著相关。

植物体内 Cd 与其他元素具有很好的相关性的原因有两个：一是该污染物在排出 Cd 的同时也随即排出其他重金属元素，其他重金属元素在土壤中的分布规律与 Cd 一致。二是籽粒苋吸收 Cd 的同时，也促进了其他元素的共同吸收。为了证实可能的原因，将籽粒苋体内 As、Ni、Se 与 Zn 4 种元素浓度与土壤中 4 种元素浓度做相关性分析，结果见表 5-9。由结果可以看出，植物体内 Ni 浓度与土壤中 Ni 浓度之间具有极显著相关性，R 为 0.982（$p = 0.000$），推测由于土壤中 Ni 与 Cd 存在类似的浓度梯度，导致植物体内 Ni 与 Cd 之间具有很好的相关性。植物体内 Se 浓度与土壤中 Se 浓度存在负相关关系，说明土壤中 Se 浓度低时才会促进籽粒苋大量吸收 Se，该研究中高 Cd 低 Se 的采样点籽粒苋中 Se 和 Cd 浓度高，说明籽粒苋吸收 Cd 时促进了 Se 吸收。植物体内未发现 As 和 Zn 浓度与土壤中元素浓度有相关性，而与植物体内 Cd 具有很好的相关性，推测 Cd 的吸收促进 As 和 Zn 的吸收。

表 5-9　籽粒苋不同组织中富集重金属元素与土壤中元素浓度之间相关性统计表

元素	茎		叶	
	R	p	R	p
As	0.529	0.178	0.542	0.165
Ni	0.982**	0.000	0.770*	0.025
Se	−0.808*	0.015	−0.456	0.256
Zn	0.610	0.108	0.532	0.175

*表示 $p<0.05$，具有显著相关性；**表示 $p<0.01$，具有极显著相关性。

表 5-10 展示了 2016 年在宜兴市典型 Cd 污染耕地开展栽种籽粒苋修复扩大试验的部分采样分析结果，可以看出，在 Cd 严重污染耕地上栽种籽粒苋也有显著的吸收效果，所产籽粒苋的 Cd 含量明显高于其土壤中的 Cd 含量，植物根须（地下部分）中的 Cd 含量要高于植物茎叶（地上部分）中的 Cd 含量，籽粒苋中的 Cd 含量也明显高于当地生产的野草及稻苗，但与稻根中的 Cd 含量相当，同时还显示籽粒苋对土壤中 Pb、Hg 吸收能力差，对 Zn 吸收能力一般，这点与柳树叶类似。

表 5-10　宜兴市典型 Cd 污染耕地栽种籽粒苋修复试验的部分采样分析结果（单位：mg/kg）

样号	植物名称	Cd			Pb			Zn			Hg		
		根	茎	土	根	茎	土	根	茎	土	根	茎	土
ZWX1	籽 A	26.9	25.6	1.35	0.82	1.25	25.4	22.9	46.9	50.6	0.034	0.027	0.15
ZWX2	籽 A	18.4	14.1	1.11	0.67	1.14	29.1	27.2	59.2	63.8	0.015	0.022	0.13
ZWX3	籽 B	13.7	12.9	0.65	0.84	1.26	28.4	26.2	65.4	61.8	0.012	0.014	0.15
ZWX4	籽 B	11.5	12.3	3.71	1.08	1.27	42.4	28	58.6	84.1	0.013	0.015	0.2
ZWX5	野草	0.57	0.43	1.44	1.3	0.5	54.5	20.4	24	93.4	0.18	0.019	0.16
ZWX6	稻草	5.5	0.66	2.16	4.58	0.6	45.7	92.9	32.2	85.1	0.046	0.012	0.19
ZWX7	野草	3.98	0.37	5.35	1.21	0.99	38.7	20.4	45.2	85.9	0.011	0.023	0.17
ZWX8	特草	10.3	14.2	3.1	3.82	1.24	29.5	21.8	34.2	62.2	0.024	0.021	0.17
ZWX9	野草	2.82	0.88	1.97	1.68	0.67	36.2	33.4	24.5	74.9	0.041	0.056	0.18
ZWX10	野草	7.76	5.15	2.52	8.5	1.5	45.6	41	37.2	89.5	0.032	0.024	0.17
ZWX11	稻苗	25.8	6.51	14.6	25.4	2.17	327	221	36.7	233	0.034	0.02	0.58
ZWX12	稻苗	23.7	4.93	9.32	16.2	1.56	339	378	56.6	171	0.041	0.089	0.56

注：表中“籽 A”代表品种代号为 K112 的籽粒苋；“籽 B”代表品种代号为 R104 的籽粒苋；“特草”指当地一种特殊野草，类似于水花生；植物元素含量全部为干重的测定值。

表 5-11 列出了在上述宜兴市典型 Cd 污染耕地进行籽粒苋扩大修复试验时所获样本的 Cd 等 BCF 统计结果，可以看出，籽粒苋与当地产的相关植物相比，其 Cd 的 BCF 明显偏高，比当地正常植物高出数倍。另外，将籽粒苋中 Cd 的 BCF 与 As 的同类值相比，也证实籽粒苋并不能有效富集土壤中的 As，说明籽粒苋能有效富集土壤中残留的 Cd，这也是长期植物修复试验多年优选的结果。

表 5-11 籽粒苋及相关植物 Cd 与 As 的 BCF 对比

植物	Cd		As	
	BCF1（根）	BCF2（茎叶）	BCF1（根）	BCF2（茎叶）
籽粒苋 A	18.3	15.9	0.044	0.034
籽粒苋 B	12.1	11.6	0.024	0.021
当地产特殊野草	3.3	4.6	0.362	0.035
当地产野草	1.4	0.7	0.168	0.019
当地产水稻	2.3	0.4	0.196	0.015

图 5-8 展示了近年来在苏锡常地区典型 Cd 等重金属污染农田中开展植物修复试验所获得的数据的综合评价结果，从中不难看出，景天类植物吸收土壤 Cd 的能力最强、同生长期内植物中 Cd 浓度最高，其次为籽粒苋，再次为柳树叶。上述 3 类植物在第一年生长期的 Cd 的 BCF 都大于 1。

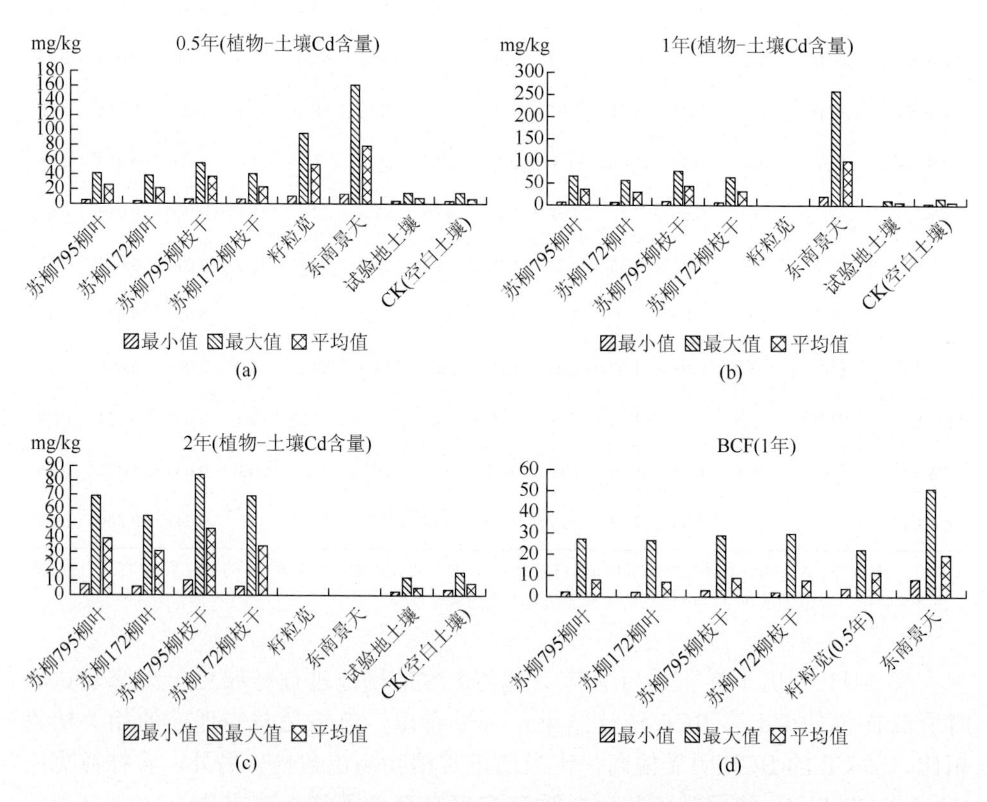

图 5-8 苏锡常地区典型 Cd 污染耕地植物修复试验效果对比

（a）、（b）、（c）分别代表植物生长 0.5 年、1 年、2 年的植物-土壤 Cd 含量；（d）代表植物生长 1 年时相关植物的 BCF 值对比

3. 主要研究结论

（1）特殊品种籽粒苋、景天、柳树等植物都具备清除土壤 Cd 的植物修复能力，籽粒苋是最接近正常蔬菜播种的、能显著富集土壤 Cd 的适生植物。对植物中 Cd 的 BCF 比较而言，景天类植物最高，籽粒苋和柳树叶基本相当。来自苏锡常地区典型 Cd 污染耕地的大田试验显示，籽粒苋根系和茎叶均有较强的富集土壤 Cd 的能力，其中根（地下部分）的富集量要略高于茎叶（地上部分）。在苏锡常地区重度 Cd 污染农田中，景天类植物的 BCF 一般大于 20，柳树叶一般大于 5，籽粒苋通常可达 5～10，略高于柳树叶。

（2）考虑生物量及植物中 Cd 浓度，则清除土壤残留 Cd 的实际能力是柳树＞籽粒苋＞景天，考虑到不改变耕地用途、植物清除成本等，在类似苏锡常地区严重 Cd 污染耕地的首选植物修复技术应考虑种植籽粒苋。就成熟植物修复技术的推广应用前景来看，籽粒苋也应该作为首选。

（3）除了籽粒苋、柳树、景天等植物外，在苏锡常地区还存在能富集土壤 Cd 的当地野草、稻田等，稻田富集 Cd 多集中在根部。本次研究所发现或证实的能富集土壤中 Cd 的植物中，相关植物也具备一定的吸收土壤 Zn 的能力，但吸收其他重金属的效果都不明显。

（4）能富集或超量吸收土壤中 Cd 等重金属的植物都是受品种限制的，并非所有的景天、柳树和籽粒苋都能达到植物修复的效果，选定合适的植物品种也是研发植物修复技术的重要基础。

（5）目前江苏省的耕地重金属污染防治植物修复技术研究及其应用还多处于起步阶段，成熟又实用的植物修复技术并不常见，应用植物修复技术解决 Cd 等重金属污染治理问题还有不少工作需要开展，后续探索研究之路还比较漫长。

5.3　控制耕地 Cd 污染初步探索

耕地 Cd 污染治理是所有土壤重金属污染防治中最受人关注的，主要原因就是耕地 Cd 污染容易形成“镉米”，而“镉米”属于严重不安全食品，与民众的身体健康和社会稳定紧密相关。自 20 世纪在日本发生的“镉米”中毒事件被报道以来，对于控制耕地 Cd 污染的探索、减免“镉米”产生的研究就从未间断过，前人在这方面积累的研究经验和成果也十分丰富（周启星和高拯民，1995；周卫等，2001；焦文涛等，2005；关共凑等，2006；Williams et al.，2009；李鹏等，2011；陈爱葵等，2013；江巧君等，2013；陈喆等，2015；王晓娟等，2015；吴烈善等，2015；贺前锋等，2016；王朋超等，2016；赵青青等，2016；Fontanili et al.，2016；Wan et al.，2016），对焦点问题的探讨也更趋深入。苏锡常地区的耕地 Cd 污染已有一定历史，如何控制耕地 Cd 污染、杜绝因土壤污染而生成镉米（或镉面粉、镉蔬菜等）的可能性，一直是本团队致力破解的关键问题，大量与耕地 Cd 污染有关的土壤-农产品元素分布分配数据的不断积累，也为研究耕地 Cd 污染的控制对策等提供了机会。

5.3.1 控制土壤 Cd 生物活性的探索

按照前人相关研究的一般认识或结论，本团队认同 Cd 是相对更容易从土壤进入食物链的，原因是土壤中 Cd 相对其他重金属（如 Pb、Hg 等）而言通常具有更高的生物活性。本团队自 2005 年获取江苏省首批土壤-农产品（以水稻、小麦籽实为主）Cd 等重金属调查数据以来，对土壤 Cd 等重金属的生物活性（或生物可利用性，余同）也有一个不断认识与资料积累的过程。

表 5-12 是本团队在苏锡常地区（集中在太湖周边一带）首次收集到的水稻籽实-土壤样品 Cd 等重金属含量对比，代表了当时对耕地 Cd 污染的大致判断。

表 5-12 苏锡常地区 2005 年抽检的部分水稻籽实-土壤样品 Cd 等分析结果（单位：mg/kg）

样品号	采样点位		稻米 Se 含量	土壤 Se 含量	稻米 Cd 含量	土壤 Cd 含量	稻米 Pb 含量	土壤 Pb 含量	稻米 Hg 含量	土壤 Hg 含量
	经度	纬度								
PJtc601P	120.954°E	31.448°N	0.068	0.36	0.024	0.95	0.097	35.3	0.007	0.2
PJtc603P	121.012°E	31.433°N	0.077	0.35	0.031	0.33	0.089	30.8	0.007	0.27
PJtc607P	121.081°E	31.462°N	0.075	0.26	0.028	0.21	0.15	31.5	0.014	0.29
PJtc611P	120.954°E	31.502°N	0.041	0.34	0.0065	0.23	0.12	35.3	0.006	0.26
PJtc612P	120.951°E	31.537°N	0.058	0.4	0.053	0.23	0.089	47.5	0.011	0.55
PJtc619P	121.039°E	31.594°N	0.055	0.26	0.0067	0.21	0.17	30.2	0.009	0.24
PJwj624P	120.428°E	30.968°N	0.044	0.36	0.031	0.14	0.11	28.3	0.007	0.26
PJwj625P	120.518°E	30.926°N	0.057	0.34	0.017	0.15	0.081	31.6	0.014	0.22
PJwj626P	120.517°E	30.915°N	0.048	0.37	0.017	0.15	0.13	38.4	0.006	0.4
PJwj628P	120.551°E	30.909°N	0.035	0.36	0.0087	0.19	0.13	33.2	0.011	0.27
PJwj631P	120.508°E	30.853°N	0.049	0.29	0.0093	0.15	0.34	30.7	0.008	0.23
PJwj638P	120.845°E	31.196°N	0.053	0.33	0.0085	0.12	0.095	27.1	0.015	0.14
PJwj640P	120.953°E	31.247°N	0.047	0.28	0.029	0.16	0.095	30.6	0.01	0.2
PJcz641P	119.972°E	31.855°N	0.085	0.48	0.06	0.23	0.14	40.1	0.012	0.21
PJcz642P	119.99°E	31.88°N	0.03	0.28	0.013	0.21	0.078	28.6	0.02	0.21
PJcz643P	120.029°E	31.867°N	0.044	0.29	0.032	0.19	0.083	30.6	0.008	0.096
PJcz649P	119.873°E	31.792°N	0.1	0.31	0.31	0.17	0.14	34.7	0.026	0.4

续表

样品号	采样点位		稻米 Se 含量	土壤 Se 含量	稻米 Cd 含量	土壤 Cd 含量	稻米 Pb 含量	土壤 Pb 含量	稻米 Hg 含量	土壤 Hg 含量
	经度	纬度								
PJwx650P	120.243°E	31.828°N	0.088	0.4	0.014	0.23	0.19	32.1	0.008	0.1
PJwx651P	120.245°E	31.799°N	0.037	0.23	0.009	0.22	0.078	28.1	0.01	0.099
PJwx659P	120.36°E	31.635°N	0.094	0.48	0.05	5.88	0.067	35.8	0.01	0.34
PJwx660P	120.332°E	31.617°N	0.064	0.44	0.028	0.23	0.072	38.4	0.021	0.32
PJjt662P	119.635°E	31.654°N	0.062	0.39	0.026	0.39	0.086	33.8	0.01	0.096
PJjt664P	119.613°E	31.754°N	0.068	0.29	0.0077	0.17	0.083	29.2	0.01	0.097
PJjt668P	119.528°E	31.683°N	0.047	0.27	0.025	0.19	0.11	37.8	0.009	0.082
PJjt671P	119.344°E	31.729°N	0.071	0.25	0.0096	0.17	0.1	27.5	0.007	0.065
PJjt672P	119.359°E	31.723°N	0.091	0.3	0.016	0.14	0.16	29.9	0.01	0.072
PJsz671P	120.514°E	31.383°N	0.075	0.44	0.014	0.28	0.071	51.9	0.014	0.57
PJsz674P	120.558°E	31.464°N	0.035	0.38	0.011	0.26	0.075	88.9	0.014	2.66
PJsz675P	120.62°E	31.453°N	0.033	0.36	0.0073	0.21	0.073	35.5	0.008	0.28
PJsz679P	120.401°E	31.358°N	0.04	0.34	0.0055	0.2	0.097	45.1	0.021	0.59
PJYX106P	119.631°E	31.279°N	0.073	0.68	0.007	0.3	0.22	40	0.006	0.17
PJYX102P	119.628°E	31.303°N	0.066	0.57	0.016	0.38	0.14	43.4	0.006	0.2
PJYX101P	119.619°E	31.311°N	0.04	0.42	0.0093	0.2	0.11	35.7	0.007	0.15
PJYX114P	119.642°E	31.231°N	0.068	0.43	0.0098	0.17	0.13	34.3	0.006	0.061
PJYX115P	119.657°E	31.221°N	0.1	0.36	0.0081	0.17	0.13	32.5	0.007	0.047
PJYX125P	119.675°E	31.245°N	0.051	0.52	0.0042	0.18	0.096	28.2	0.005	0.055

注：表中样品均为 2005 年采集。

从表 5-12 可看出，当时太湖一带随机抽查的稻米 Cd 含量并不高，稻米 Cd 绝大部分小于 0.05mg/kg，发现 1 个稻米样品 Cd 含量超标（达到 0.31mg/kg，高于稻米 0.2mg/kg 的国内限标），超标率不到 3%，而且还发现稻米 Cd 与土壤 Cd 含量之间基本没有显著相关性。另外，统计还发现，当地稻米样品的 Pb 平均含量为 0.117mg/kg、BCF 为 0.08%～1.11%，Hg 平均含量为 0.011mg/kg、BCF 为 0.53%～14.89%，Se 平均含量为 0.060mg/kg、BCF 为 9.17%～32.26%。在所抽查的 50 多个根系土样品中发现其 Hg 含量超标土壤样为 4 个，超标率为 8%，并发现少量稻米样品 Hg 超标，超标率达到 5.3%。后来又跟踪检测，发现当时稻米 Hg 超标区域的结果不是很稳定，之后再抽检时发现稻米 Hg 超标越来越罕见，而稻米 Cd 超标的检出率却是日益增加。

表 5-13 是本团队在苏锡常地区获取的首批小麦籽实-根系土样品 Cd、Pb、Zn、

Se 等元素含量分布调查结果，本次共分析了 50 多套样品。从表 5-13 可以看出，当地小麦（面粉）样品的 Cd 平均含量为 0.032mg/kg、BCF 为 1.77%～62.5%，Pb 平均含量为 0.19mg/kg、BCF 为 0.09%～1.41%，Zn 平均含量为 34.85mg/kg、BCF 为 14.42%～122.64%，Se 平均含量为 0.067mg/kg、BCF 为 11.56%～163.16%。当时的抽检结果是本批小麦（面粉）样品中 Cd 含量全部小于 0.2mg/kg，Cd 含量最高才 0.1mg/kg，没有发现小麦样品中出现 Cd 含量超标的情况。

表 5-13 苏锡常地区 2005 年抽检的部分小麦籽实-土壤样品 Cd 等分析结果（单位：mg/kg）

样品号	采样点位		小麦 Se 含量	土壤 Se 含量	小麦 Cd 含量	土壤 Cd 含量	小麦 Pb 含量	土壤 Pb 含量	小麦 Zn 含量	土壤 Zn 含量
	经度	纬度								
SPJ601Z	121.044°E	31.411°N	0.048	0.37	0.022	0.33	0.44	46.4	33.1	137
SPJ604Z	121.059°E	31.476°N	0.05	0.3	0.027	0.25	0.18	32.7	29.9	102
SPJ606Z	121.036°E	31.527°N	0.039	0.27	0.024	0.22	0.19	30.7	27.4	106
SPJ609Z	120.975°E	31.487°N	0.039	0.3	0.012	0.18	0.049	31.5	24.9	86.1
SPJ610Z	121.007°E	31.498°N	0.072	0.43	0.015	0.39	0.047	40	34	139
SPJ611Z	120.875°E	31.427°N	0.11	0.14	0.016	0.094	0.08	24.1	22.3	73.8
SPJ612Z	121.08°E	31.563°N	0.051	0.3	0.012	0.18	0.071	27.8	27.4	90
SPJ616Z	120.989°E	31.534°N	0.064	0.33	0.023	0.46	0.32	36.8	39.6	117
SPJ617Z	120.978°E	31.571°N	0.055	0.34	0.025	1.41	0.093	35.7	40.6	148
SPJ621Z	120.537°E	31.486°N	0.057	0.39	0.014	0.18	0.11	54.3	44.6	104
SPJ622Z	120.561°E	31.465°N	0.078	0.42	0.015	0.2	0.062	65.6	49.8	140
SPJ623Z	120.518°E	31.445°N	0.06	0.51	0.024	0.26	0.12	114	46.3	219
SPJ625Z	120.429°E	31.398°N	0.052	0.45	0.031	0.27	0.06	57.3	35.7	113
SPJ627Z	120.447°E	31.407°N	0.054	0.4	0.019	0.28	0.078	45.2	39.5	102
SPJ628Z	120.278°E	31.496°N	0.051	0.18	0.035	0.08	0.21	31.4	75.3	61.4
SPJ629Z	120.361°E	31.609°N	0.14	0.94	0.012	0.43	0.22	100	45	312
SPJ630Z	120.319°E	31.638°N	0.082	0.34	0.009	0.16	0.21	32.3	34.1	91.8
SPJ631Z	120.295°E	31.666°N	0.055	0.35	0.016	0.2	0.27	32.1	32	94.3
SPJ632Z	120.265°E	31.715°N	0.052	0.3	0.016	0.18	0.24	28.7	28.8	89.2
SPJ633Z	120.275°E	31.736°N	0.046	0.19	0.029	0.1	0.25	25.9	31.6	76
SPJ634Z	120.245°E	31.8°N	0.031	0.19	0.013	0.086	0.25	25.7	38.4	71.4
SPJ635Z	120.46°E	31.818°N	0.077	0.27	0.022	0.14	0.088	28.7	27	75.6
SPJ636Z	120.494°E	31.841°N	0.061	0.24	0.045	0.11	0.07	25.4	31.4	64.6
SPJ637Z	120.581°E	31.888°N	0.036	0.31	0.045	0.26	0.18	31.2	27.3	101
SPJ638Z	120.63°E	31.904°N	0.055	0.3	0.099	0.32	0.32	28.7	27.3	109
SPJ641Z	120.71°E	31.96°N	0.045	0.25	0.1	0.28	0.069	25.5	41.3	77.3
SPJ642Z	120.73°E	31.978°N	0.053	0.28	0.047	0.33	0.14	30.3	50.2	100

续表

样品号	采样点位		小麦 Se 含量	土壤 Se 含量	小麦 Cd 含量	土壤 Cd 含量	小麦 Pb 含量	土壤 Pb 含量	小麦 Zn 含量	土壤 Zn 含量
	经度	纬度								
SPJ643Z	120.111°E	31.917°N	0.041	0.1	0.023	0.081	0.069	21.3	42.8	87.7
SPJ644Z	120.084°E	31.919°N	0.055	0.26	0.054	0.14	0.33	29.7	35.9	65.9
SPJ645Z	120.059°E	31.902°N	0.31	0.19	0.04	0.2	0.26	24.4	26.2	70.1
SPJ646Z	120.02°E	31.864°N	0.043	0.24	0.075	0.12	0.092	27.1	25	61.8
SPJ647Z	120.023°E	31.78°N	0.14	0.41	0.041	0.22	0.25	34.5	29.8	85.1
SPJ648Z	119.957°E	31.671°N	0.04	0.15	0.049	0.14	0.29	25.8	45.6	84
SPJ649Z	119.958°E	31.7°N	0.066	0.27	0.03	0.16	0.32	27.5	23.4	69.8
SPJ650Z	119.806°E	32.204°N	0.095	0.34	0.036	0.38	0.24	37	24.8	126
SPJ651Z	119.792°E	32.242°N	0.041	0.33	0.044	0.31	0.17	32.4	25.4	103
SPJ653Z	119.802°E	32.263°N	0.048	0.32	0.042	0.38	0.34	35.8	27.4	122
SPJ657Z	119.855°E	32.098°N	0.043	0.25	0.022	0.29	0.44	31.1	33.1	99

注：表中样品均为 2005 年采集。

相比而言，十多年前在苏锡常地区随机抽查水稻、小麦籽实的 Cd 等重金属污染情况，其结果不是很令人担忧的。大部分农田土壤的 Cd 含量及其所产粮食样品的 Cd 含量都在可接受范围内，这可能与没有抽检到污染耕地有关，也与当时检测粮食样品 Cd 等重金属含量的分析技术不过关（如预处理不彻底、检出限太高等）有一定联系。但当时的调查数据显示，农产品中的 Cd 与农田土壤中的 Cd 的相关性不好是令人印象深刻的。2011 年以后，本团队在苏锡常地区针对耕地污染区的稻米等农产品等加大了抽检力度，随着对有关土壤污染源的锁定，在局部地区发现稻米 Cd 超标的概率也越来越大，针对耕地土壤 Cd 分布与稻米等农产品 Cd 之间的探索也相对更加深入具体。

表 5-14 是 2011 年在无锡市、苏州市等部分耕地 Cd 污染区域（依据土壤环境质量评价确定当地土壤 Cd 远超过农产品场地环境安全限定标准）采样分析的结果，也是本团队首次在苏锡常地区获得批量“镉米”分布数据。从表 5-14 不难看出，苏锡常地区部分 Cd 污染耕地中不仅存在稻米 Cd 严重超标现象（即存在事实上的镉米），而且在土壤 Cd 与稻米 Cd 之间还有一定的内在联系，总体趋势是土壤 Cd 含量更高的田块，其稻米 Cd 含量也相应更高。当然，也不是稻米 Cd 含量完全由土壤 Cd 含量确定。例如，这次调查的数据中，土壤 Cd 最高达到 18.3mg/kg，稻米 Cd 最高达到 1.78mg/kg，这两个数据就不是出自同一个样品，说明土壤 Cd 对稻米 Cd 含量的影响不是一般想象得那么简单。另外，这次调查还发现了两个有价值的线索：一是土壤 Cd 含量超标到一定程度时，不论土壤呈酸性还是碱性，当地所产的稻米 Cd 都一律超标；二是土壤 Cd 含量达到一定标准时（如大于 2.0mg/kg），不论当地种植的水稻品种有无变化，其所产稻米 Cd 也一样超标。

表 5-14　苏锡常部分污染耕地稻米-土壤样品 Cd 等重金属分析结果

样号	Cd/(mg/kg)		Hg/(mg/kg)		Pb/(mg/kg)		Zn/(mg/kg)		Cr/(mg/kg)		As/(mg/kg)		土壤	
	米	土	米	土	米	土	米	土	米	土	米	土	pH	TOC/%
P087	1.78	2.01	0.0098	0.15	0.11	29	25.2	53.9	0.74	53.4	0.088	4.82	5.43	1.05
P037	1.51	1.95	0.0036	0.14	1.12	278	23	87.7	1.02	71.1	0.1	6.86	5.46	1.78
P076	1.14	1.72	0.005	0.19	0.12	87.2	18.7	93.2	0.66	76.2	0.12	17.4	5.94	1.85
P043	1.12	0.84	0.0044	0.22	0.12	39.8	25	71.6	0.92	65	0.12	6.64	5.47	2.55
P084	0.99	2.02	0.0064	0.17	0.072	34	20.4	61.2	0.56	55.7	0.063	4.97	5.28	1.86
P070	0.92	5.45	0.0058	0.21	0.12	38.1	16.8	66.9	1.02	64.5	0.1	5.77	5.09	1.82
P060	0.86	6.18	0.0052	0.21	0.096	137	20.4	177	0.5	89	0.15	23.9	6.02	2.69
P047	0.83	2.81	0.003	0.19	0.13	44.6	20.5	76.2	1.22	69.9	0.11	8.34	5.76	3.13
P083	0.82	1.68	0.0053	0.22	0.086	36.7	23.4	70.3	0.86	54.4	0.072	4.77	5.43	2.12
P086	0.74	4.47	0.0059	0.16	0.12	30.2	21.6	55.7	1.6	55.1	0.1	4.67	5.36	1.6
P072	0.72	6.11	0.0052	0.19	0.13	37.5	17.9	73	0.75	62.3	0.1	5.79	4.79	2.13
P002	0.68	0.73	0.0068	0.52	0.099	45.7	22.4	167	0.76	111	0.068	6.86	6.49	2.52
P041	0.68	3.82	0.0069	0.22	0.095	31.5	16.6	58.8	0.5	52.1	0.14	4.57	5.33	1.47
P068	0.64	4.69	0.0064	0.17	0.16	35.6	20.2	65	0.77	58	0.12	5.02	4.95	1.9
P058T	0.62	1.75	0.0044	0.12	0.11	67.8	28.6	105	0.78	80.3	0.12	15.8	6.66	2.29
P055	0.6	1.13	0.0044	0.15	0.084	66.4	20.4	91.6	0.6	78.9	0.12	13.5	6.05	1.85
P082	0.6	3.87	0.0038	0.22	0.11	37.1	21	73	0.78	62.6	0.11	5.54	7.15	2.28
P035	0.56	1.22	0.0039	0.14	0.44	91.1	21.1	179	0.96	66.3	0.12	7.13	5.63	2.19
P095	0.56	4.13	0.0061	0.65	0.077	42.5	18.7	91.6	0.54	86	0.092	10.6	6.27	1.3
P048	0.54	6.98	0.0028	0.17	0.1	47	21.7	77.3	0.5	63.8	0.12	6.84	5.71	2.49
P050	0.52	18.3	0.0024	0.2	0.084	59.1	17.5	86.2	0.46	73.9	0.099	7.51	5.22	2.67
P090	0.52	0.87	0.0072	0.18	0.3	62.1	26.9	87.4	0.8	60.5	0.091	6.16	5.24	2.04
P040	0.46	0.98	0.0035	0.35	1.62	223	22.8	74.9	0.76	66.3	0.1	6.65	5.68	2.27
P069	0.46	8.11	0.0053	0.14	0.14	31.9	22.5	61.5	1.01	60.4	0.11	5.92	5.12	1.73
P071	0.46	5.39	0.0058	0.22	0.18	38.4	19	66.4	0.69	63.1	0.14	5.45	5.03	2.07
P085	0.46	1.45	0.005	0.14	0.099	30.9	23.8	56.4	0.65	51.4	0.15	4.62	5.67	1.56
P094	0.46	0.48	0.004	0.17	0.49	150	24.5	72.7	0.97	68.4	0.07	6.98	5.26	2.31
稻米限标	≤0.2		≤0.02		≤0.2		≤50		≤1.0		≤0.7			

注：表中样品采集于 2011 年；pH 无量纲；稻米限标引自我国食品安全标准。

在苏锡常等地存在稻米 Cd 超标的区域，还陆续检测到小麦籽实 Cd 超标。表 5-15 列出了近期新发现的江苏省部分污染耕地中存在的小麦籽实等样品 Cd、Pb、As 分布情况，可看出宜兴市有些污染耕地中的小麦籽实 Cd 最高达到 3.28mg/kg，比目前国内小麦籽实 Cd 限定标准高出 30 多倍，在所有耕地土壤 Cd 大于 2.0mg/kg 的区域，都出现了小麦籽实 Cd 显著超标的情况。

表 5-15　江苏部分污染耕地中小麦籽实-土壤样品 Cd 等重金属检测结果

样号	产地		样点坐标		Cd/(mg/kg)		Pb/(mg/kg)		As/(mg/kg)		pH	TOC/%
			经度	纬度	麦	土	麦	土	麦	土		
15W18	无锡	宜兴市	119.89190°E	31.26072°N	1.96	2.48	0.076	31.2	0.047	5.1	5.73	2.06
15W22	无锡	宜兴市	119.88770°E	31.26493°N	1.72	2.06	0.067	31.4	0.028	5.58	6.16	1.69
15W24	无锡	宜兴市	119.86913°E	31.26041°N	1.28	2.08	0.084	39.8	0.02	6.82	5.59	2.8
15W25	无锡	宜兴市	119.86884°E	31.26244°N	3.28	6.99	0.098	41.3	0.024	9.33	5.82	2.27
15W28	无锡	宜兴市	119.87402°E	31.25686°N	0.99	2.26	0.058	45.2	0.042	9.36	5.17	3.4
15W29	无锡	宜兴市	119.87439°E	31.25809°N	1.19	1.74	0.1	40.1	0.052	9.57	5.35	2.8
15W31	无锡	宜兴市	119.88966°E	31.26878°N	0.61	1.18	0.076	32.1	0.0018	6.3	5.16	1.97
15W33	无锡	宜兴市	119.88605°E	31.27187°N	1.74	3.59	0.062	37.6	0.042	7.41	4.98	2.08
15W34	无锡	宜兴市	119.88549°E	31.27289°N	2.11	3.67	0.053	34.7	0.027	6.78	5.33	1.87
15W35	无锡	宜兴市	119.68881°E	31.41052°N	0.82	1.67	0.097	105	0.016	21.4	5.7	2.62
15W36	无锡	宜兴市	119.69010°E	31.41020°N	1.9	2.04	0.13	126	0.035	23.7	5.03	2.94
15W40	无锡	宜兴市	119.68605°E	31.41098°N	1.01	1.41	0.066	78.3	0.028	18.2	5.28	3.02
15W42	无锡	宜兴市	119.68752°E	31.41108°N	1.58	1.59	0.075	90.5	0.06	21.6	5.32	3.13
15W46	无锡	宜兴市	119.69075°E	31.40790°N	1.35	2.08	0.077	96.6	0.081	23.5	5.45	2.96
15W47	无锡	宜兴市	119.69062°E	31.40698°N	0.49	1.59	0.21	69.7	0.042	21.5	6.28	2.41
15W48	无锡	宜兴市	119.69138°E	31.40089°N	0.32	0.56	0.067	44.1	0.03	10	5.7	3
15W71	泰州	高港区	119.91285°E	32.22549°N	0.48	3.33	0.047	33.6	0.026	13.3	7.76	3.17
15W72	泰州	高港区	119.91429°E	32.22589°N	0.66	5.23	0.055	41	0.031	15.2	7.99	2.95
15W73	泰州	高港区	119.91552°E	32.22578°N	1.19	8.39	0.042	47.4	0.048	16.7	7.85	2.74
15W74	泰州	高港区	119.91538°E	32.22511°N	0.49	3.19	0.062	36.5	0.03	14.6	7.92	2.67
15W75	泰州	高港区	119.91661°E	32.22533°N	0.26	1.95	0.047	31.1	0.025	12.2	7.88	2.94
15W81	泰州	高港区	119.91552°E	32.22578°N	0.35	2.15	0.044	34.1	0.029	11.6	7.91	2.95
	小麦重金属限标				≤0.1		≤0.2		≤0.7			

注：表中土壤 pH 无量纲；样本采集时间为 2015 年。

之后，随着对苏锡常地区相关 Cd 污染耕地不断进行深入调查研究，对获取稻米、小麦等粮食 Cd 超标的信息也收集得更为系统全面。以此为基础，对当地土壤中 Cd 的生物活性也有了初步了解，归纳相关信息所得到的基本判断（或认识）如下。

（1）在苏锡常地区存在多片镉米产地，其中稻米 Cd 超标绝大多数与土壤 Cd 污染有关，趋势是土壤 Cd 含量越高，相应的稻米中 Cd 含量也越高。在苏锡常地区耕地土壤 Cd 大于 0.6mg/kg、土壤酸碱度又呈现酸性（pH＜6.5）的连片水稻产区，多能检测到镉米（稻米 Cd 大于 0.2mg/kg）。同一块耕地中不同时间检测的稻米 Cd 可能存在一定差异，但超标明显的始终都是超标。

（2）凡是稻米 Cd 超标的耕地，基本都能检测到小麦籽实 Cd 超标。这与小麦籽实 Cd 含量限定标准比稻米更严格有关，也与小麦吸收土壤中 Cd 的能力强于水稻等有关。

（3）水稻品种的差异的确可以适度调控土壤中 Cd 向稻米转移，直接证据是同一片污染耕地中，因播种的水稻品种不一样，可导致所产稻米的 Cd 相差数倍。

（4）苏锡常地区大多数土壤中的 Cd 生物有效性较强，即土壤中的 Cd 活动能力较强，容易向植物迁移，且容易富集在稻米、面粉、蔬菜等食用产品中。

为了进一步了解苏锡常地区典型 Cd 污染耕地中土壤 Cd 的生物有效性及生物活性，借助欧盟的标准方法——土壤有效态含量（可被植物吸收的活性态含量）BCR 测定方法，对相关土壤中的 Cd 进行了 BCR 形态分析。BCR 形态分析就是将土壤中的元素含量分为酸可溶态（F1）、可还原态（F2）、可氧化态（F3）和残渣态（F4），其中 F1 即酸可溶态所占比例越高，表明重金属在土壤中的活性越强，越容易被植物吸收。来自苏锡常地区典型 Cd 污染耕地土壤的 BCR 形态分析结果（图 5-9）显示，当地土壤中 Cd 的酸可溶态比例最高，Pb 的可还原态占比总体偏高，Cu 的可氧化态占比大多数地区最高，而 Cr 的残渣态比例最高；从地区上对比，丁蜀地区土壤重金属的非残渣态高于其他两个地区，千灯地区重金属的残渣态比例相对较高；丁蜀地区的 Cd 和 Ni 的酸可溶态比例最高，鹅湖地区除了 Cd 外，Cu 和 Pb 的酸可溶态比例也相对较高，千灯地区 Cu 和 Zn 的酸可溶态比例较高，因此不同地区土壤重金属元素的生物有效性存在差异。另外，针对部分地区，一次性测试了 50 个水稻根系土的 Cd、Cu、Zn、Se、Cr、Ni、Pb 等元素的上述 4 种形态含量，结果也显示 Cd 的活动态所占比例最高，而 Pb 的活动态所占比例极低。这一实验结果也解释了为什么苏锡常污染区土壤中经常检测到镉米，也证实了从农产品-土壤调查数据中总结出该区土壤 Cd 生物活性较强的判断。

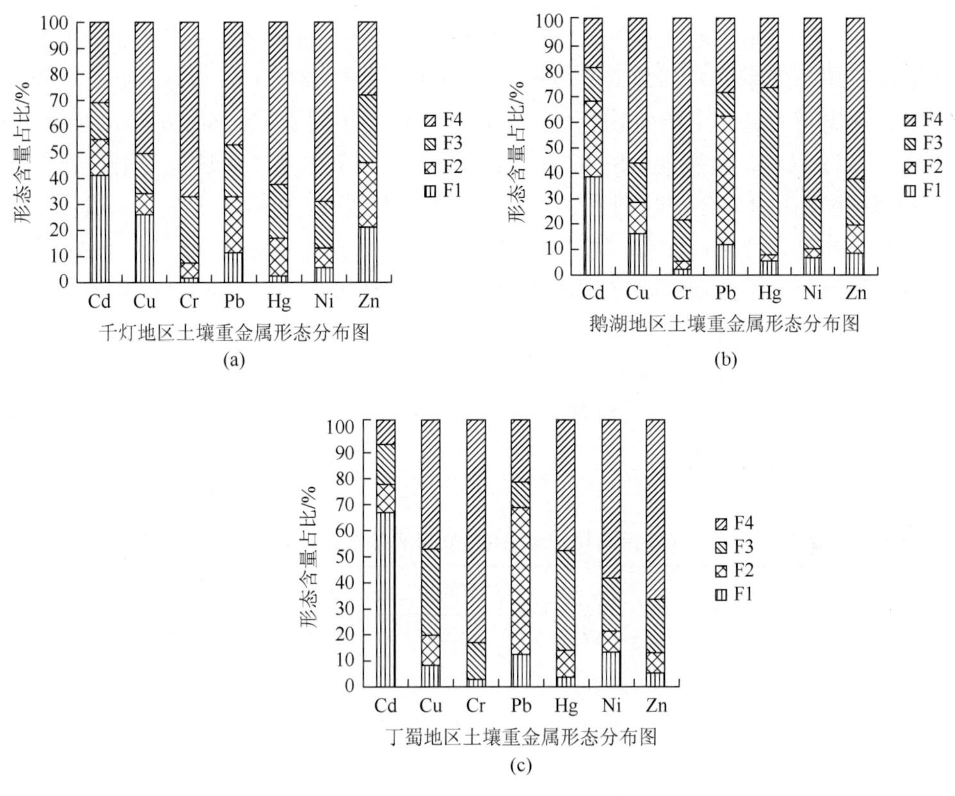

图 5-9　重点地区土壤中重金属的形态分布

土壤 Cd 生物有效态含量的提出为鉴别土壤中 Cd 的危害性增加了一项重要依据。看土壤中 Cd 超标对农产品的影响，除了要看土壤中 Cd 含量（即土壤元素全量）外，还要看其生物有效态含量。除了土壤重金属全量、生物有效态含量外，影响土壤 Cd 等重金属生物活性的还有其他土壤指标。土壤的理化性质不一样、基本成分不一样、组成土壤的微量元素结构与矿物成分不一样，都会对土壤重金属的生物有效性产生较大影响。前人研究已证实，像土壤 pH、OM、阳离子交换量（CEC）等基本参数对重金属生物有效性的影响也一直是令人关注的问题。土壤中 Cd 等重金属元素的生物有效态含量取决于元素在土壤固相中吸附与解吸的动态平衡结果。重金属元素在土壤中吸附有两种机制：一是非选择性吸附，即金属阳离子在土壤矿物分散层充当配对离子；二是选择性吸附，被固定在复合物的表面。表 5-16 和表 5-17 给出了在苏锡常地区典型 Cd 污染耕地中一次性采集 150 件耕层土壤样品，对相关样品进行分析测试后所得到的重金属生物有效态含量及其活化率与其他土壤化学参数之间的相关系数。对表 5-16 和表 5-17 的相关系数对比分析可发现，Cd 污染耕地土壤中有效 Cu、有效 Zn、有效 Fe 和有效 Pb 含量及其活化率与土壤 pH、碳酸盐、Ca、Mg、缓效 K 呈现出显著负相关关系，与

TOC、S、N、萃取 Ca（Ex-Ca）、萃取 Mg（Ex-Mg）、有效 Zn、有效 Fe 等彼此之间呈现正相关关系；尤其是 Cu、Zn、Pb 的活化率与 pH、Ca、Mg、K 等之间的负相关性更为明显。土壤生物有效 Cd 及其活化率不同于 Cu 和 Zn 等，有效 Cd 含量主要与 TOC、碳酸盐、S、C 和 Ca 呈显著正相关关系，而这些显著性在与有效 Cd 活化率作相关分析时则丢失。而土壤生物有效 As 及其活化率与土壤化学参数的相关性更为特殊：主要表现出与总 P 和有效 P 呈显著正相关，另外 As 活化率与碳酸盐和主量金属元素之间表现出了显著负相关关系，有效 As 则没有。另外，还发现土壤中有效 Cd 与土壤 Cd 的相关系数为 0.771，比同一地区土壤中有效 Cu 与土壤 Cu、土壤中有效 Pb 与土壤 Pb、土壤中有效 Zn 与土壤 Zn、土壤中有效 As 与土壤 As 的相关系数都要大，说明该区土壤中 Cd 的生物活动性在上述所有重金属中是最强的。

表 5-16　苏锡常地区典型 Cd 污染耕地土壤中 Cd 等有效态含量与其他土壤参数的相关系数

土壤参数	有效 Cu	有效 Zn	有效 Fe	有效 Cd	有效 Pb	有效 As
pH	−0.361**	−0.281**	−0.843**	0.125	−0.534**	0.055
TOC	0.234**	0.154	0.227**	0.186*	0.212**	0.036
碳酸盐	−0.216**	−0.233**	−0.441**	0.169*	−0.255**	−0.126
Cu	0.744**	0.201*	0.081	0.253**	0.002	0.105
Zn	0.474**	0.616**	−0.001	0.286**	−0.063	0.138
Pb	0.232**	−0.052	−0.195*	0.113	−0.077	0.216**
Cd	0.238**	0.029	−0.158	0.771**	−0.14	0.129
As	0.046	−0.078	−0.072	0.037	−0.202*	0.152
Hg	0.676**	0.282**	0.286**	0.032	0.396**	0.234**
Mo	0.223**	0.065	0.113	−0.012	0.002	0.032
Se	−0.025	−0.02	−0.060	0.036	−0.046	−0.010
B	0.277**	0.027	0.107	0.001	−0.033	0.068
F	0.168*	0.058	−0.020	0.041	−0.119	0.042
P	0	0.043	−0.152	0.105	−0.104	0.262**
S	0.356**	0.240**	0.157	0.249**	0.074	0.042
C	0.268**	0.147	0.023	0.235**	0.087	0.021
N	0.325**	0.229**	0.263**	0.141	0.278**	−0.011
Fe	0.152	−0.067	−0.119	0.054	−0.280**	−0.088
Ca	−0.266**	−0.238**	−0.622**	0.177*	−0.390**	−0.047

续表

土壤参数	有效 Cu	有效 Zn	有效 Fe	有效 Cd	有效 Pb	有效 As
Mg	−0.204*	−0.179*	−0.595**	0.121	−0.436**	−0.002
Al	0.166*	−0.051	0.016	0.001	−0.127	−0.058
K	−0.142	−0.064	−0.306**	0.126	−0.165*	−0.151
Mn	−0.088	−0.195*	−0.401**	0.019	−0.370**	−0.161*
有效 P	0.021	0.099	0.089	0.027	0.135	0.345**
缓效 K	−0.241**	−0.220**	−0.466**	0.101	−0.371**	0.061
速效 K	−0.035	−0.102	−0.076	0	−0.112	0.159
Ex-Ca	0.318**	0.248**	0.341**	0.04	−0.017	−0.03
Ex-Mg	0.225**	0.202*	0.361**	−0.009	−0.005	0.024
有效 Cu	1.000**	0.361**	0.500**	0.162*	0.264**	0.226**
有效 Zn	0.361**	1.000**	0.325**	0.092	0.137	0.113
有效 Fe	0.500**	0.325**	1.00**	−0.100	0.530**	0.070
有效 Se	0.198*	0.044	0.240**	0.055	0.091	0.044
有效 Mo	0.062	0.041	0.094	−0.046	0.018	−0.046
有效 B	0.278**	0.247**	0.028	0.143	−0.118	0.120
酸可溶 Al	0.174*	−0.023	0.086	0.102	−0.019	−0.012
水溶性 F	−0.054	0.152	−0.266**	0.082	−0.216**	0.030
有效 As	0.226**	0.113	0.070	0.024	0.101	1.000**
有效 Cd	0.162*	0.092	−0.100	1.00**	−0.074	0.024
有效 Pb	0.264**	0.137	0.530**	−0.074	1.00**	0.101

**表示在 $p<0.01$ 水平上差异显著，*表示在 $p<0.05$ 水平上差异显著。

表 5-17　苏锡常地区典型 Cd 污染耕地土壤中 Cd 等活化率与其他土壤参数的相关系数

土壤参数	Cu 活化率	Zn 活化率	Fe 活化率	Pb 活化率	Cd 活化率	As 活化率
pH	−0.640**	−0.562**	−0.812**	−0.640**	0.049	−0.11
TOC	0.136	0.136	0.203*	0.149	−0.012	0.012
碳酸盐	−0.368**	−0.424**	−0.389**	−0.328**	0.064	−0.232**
Fe	−0.215**	−0.364**	−0.415**	−0.367**	−0.054	−0.527**
Ca	−0.514**	−0.506**	−0.600**	−0.501**	0.043	−0.193*
Mg	−0.558**	−0.498**	−0.708**	−0.505**	0.098	−0.166*

续表

土壤参数	Cu 活化率	Zn 活化率	Fe 活化率	Pb 活化率	Cd 活化率	As 活化率
Al	−0.163*	−0.307**	−0.255**	−0.217**	−0.041	−0.414**
K	−0.392**	−0.310**	−0.389**	−0.097	0.233**	−0.194*
Mn	−0.368**	−0.457**	−0.541**	−0.473**	−0.033	−0.447**
P	−0.190*	−0.045	−0.207*	−0.196*	−0.022	0.163*
S	0.211**	0.201*	0.149	−0.039	−0.052	0.023
C	0.038	0.032	0.013	−0.043	−0.066	−0.069
N	0.192*	0.224**	0.246**	0.186*	−0.087	−0.032
B	0.286**	−0.02	0.012	−0.194*	−0.237**	−0.06
F	−0.112	−0.190*	−0.240**	−0.181*	−0.053	−0.209*
Mo	0.081	−0.022	0.055	−0.061	−0.183*	−0.205*
Cr	−0.246**	−0.311**	−0.401**	−0.268**	0.145	−0.500**
Ni	−0.205*	−0.354**	−0.386**	−0.357**	−0.052	−0.405**
Cu	0.265**	−0.024	−0.079	−0.236**	−0.115	−0.214**
Zn	0.119	0.246**	−0.136	−0.257**	0.01	−0.107
Pb	0.027	−0.316**	−0.206*	−0.508**	−0.327**	−0.077
Cd	0.008	−0.087	−0.179*	−0.288**	0.112	−0.101
As	−0.145	−0.219**	−0.193*	−0.259**	−0.105	−0.414**
Hg	0.482**	0.225**	0.231**	0.108	−0.194*	0.164*
Se	−0.11	−0.066	−0.054	−0.076	−0.047	−0.088
Ex-Ca	0.171*	0.342**	0.167*	0.056	0.045	−0.163*
Ex-Mg	0.163*	0.339**	0.160*	0.161*	0.125	−0.014
土壤速效 K	−0.176*	−0.148	−0.175*	−0.140	−0.117	−0.106
土壤缓效 K	−0.476**	−0.429**	−0.554**	−0.362**	0.058	−0.105
土壤铵态氮	0.126	0.044	0.061	−0.073	−0.188*	−0.026
土壤有效 P	−0.013	0.236**	0.119	0.15	0.046	0.393**
可溶性 Al	0.056	−0.07	0.002	−0.115	−0.152	−0.261**
Cu 活化率	1.00**	0.509**	0.691**	0.322**	−0.096	0.262**
Zn 活化率	0.509**	1.000**	0.549**	0.375**	0.12	0.324**
Fe 活化率	0.691**	0.549**	1.00**	0.597**	−0.147	0.249**
Pb 活化率	0.322**	0.375**	0.597**	1.00**	0.117	0.294**
Cd 活化率	−0.096	0.120	−0.147	0.117	1.00**	0
As 活化率	0.262**	0.324**	0.249**	0.294**	0	1.00**

**表示在 $p<0.01$ 水平上差异显著，*表示在 $p<0.05$ 水平上差异显著。

为了进一步探讨有关耕地土壤中的 Cd 活动能力及其与土壤中其他元素的关联性，还利用苏锡常地区农田土壤的重金属等元素分布调查数据（取样时间 2010 年）进行了 Cd 与 Se、Zn、TOC、Al 的相关性分析，发现土壤 Cd 与土壤 Se、Zn、TOC 之间呈显著正相关性，而土壤 Cd 与土壤 Al 之间不存在显著相关性（相关系数 $R = -0.037$），如图 5-10 所示。土壤中的 Al 主要由自然成土过程所带来，基本与人为活动无关，在苏锡常地区农田土壤（包括那些污染地）中不存在 Cd 与 Al 的显著相关性，证实农田土壤中所聚集的 Cd 基本与自然成土时期的本底无关；Se、TOC 都是耕地使用过程中经常涉及的因素，像人工补硒、增施有机肥等都是正常的农业措施，Zn 与 Cd 具有相似的元素地球化学习性且也是与人为活动关系比较密切的一个重金属，在苏锡常地区农田土壤中存在 Zn 与 Cd、Se 与 Cd、TOC 与 Cd 呈显著正相关性，说明农田土壤中的 Cd 也有很大的人为来源因素，或者说耕地中的 Cd 污染主要是后天人为活动添加上去的。当地土壤中的 Zn 与 Cd 在上述 4 组元素对中相关性最显著，是土壤中的 Zn 与 Cd 既有共同的人为添加来源，又有相似的元素地球化学习性共同作用的结果。另外，还可以找到土壤 Cd 与其他人为活动比较密切的一些元素之间的相关性，总体能说明苏锡常地区的耕地 Cd 污染甚少是孤立的元素地球化学行为。

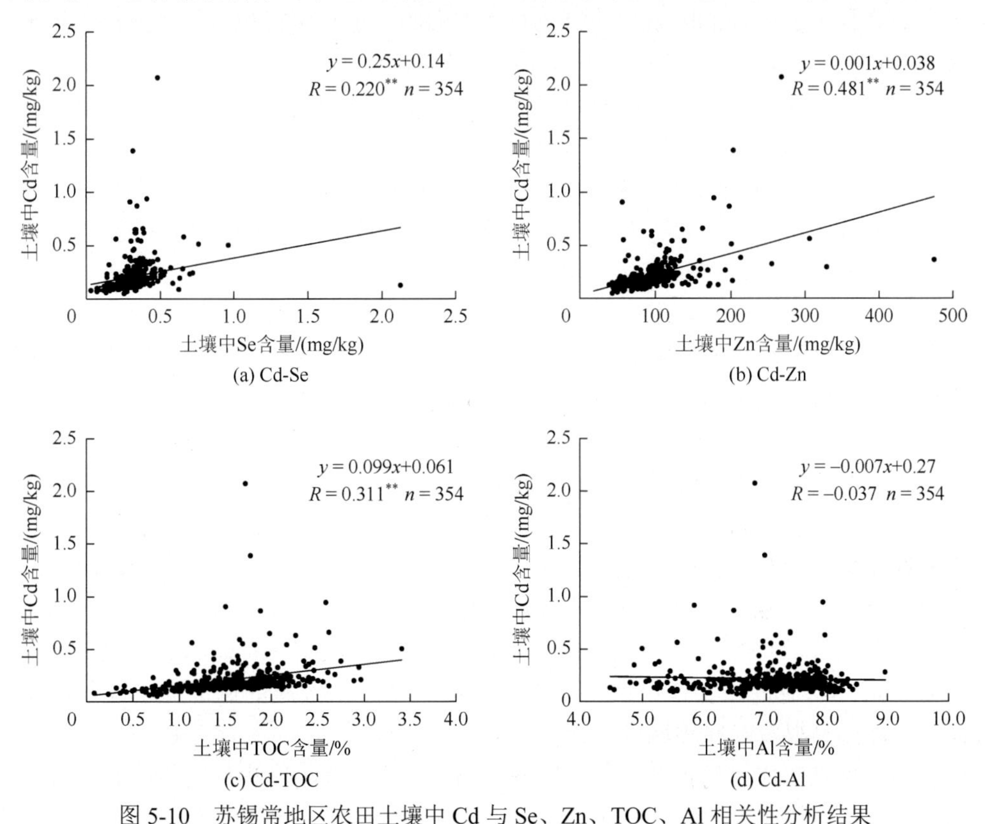

图 5-10　苏锡常地区农田土壤中 Cd 与 Se、Zn、TOC、Al 相关性分析结果

上述资料积累及其耕地土壤 Cd 相关认识的修正或提高，为控制污染耕地中 Cd 向植物的转移、减免耕地 Cd 污染对农产品的危害等提供了线索或依据，也为利用人工干预手段调控土壤 Cd 的生物活性指明了方向。像控制土壤 Cd 的增长或快速积累、降低土壤 Cd 的生物有效态含量就是控制农产品 Cd 不超标的有效手段，通过调控与土壤中 Cd 相关性比较密切的其他因素（如 Zn、Se、TOC 等）的表生地球化学行为来抑制 Cd 的生物活性，不失为控制土壤 Cd 危害的可选之策。

5.3.2 控制稻米等吸收土壤 Cd 的主要地球化学因素

1. 控制稻米等农产品重金属含量的土壤环境因子

前面的资料介绍已经表明，苏锡常地区稻米等大宗农产品重金属超标中，以 Cd 被发现或报道得最多，Pb、Zn、Cr、Ni 等也存在超标现象，但被研究最多的还是 Cd。就农产品重金属超标的危害性而言，目前也以 Cd 最大。前人对稻米等农产品吸收 Cd 的控制因素的研究也有多方面的认识与资料积累，目前认为稻米吸收 Cd 等重金属的控制因素包括以下几个方面。

（1）受土壤环境中重金属元素含量，特别是土壤中相关重金属元素的有效态含量（能被生物有效吸收的量）所控制。

（2）受土壤 pH、OM、Eh、CEC、矿物成分（特别是黏土矿物含量和铁锰矿物含量）等因素控制，如有人认为可以通过调节水稻生长期的泡水时间来改变土壤的 Eh，从而达到改变稻米从土壤中吸收 Cd 的目的，还有人发现土壤 pH、OM、黏土矿物含量和铁锰矿物含量等可以影响稻米中 Cd 的含量。

（3）受水稻品种的影响，潘根兴等研究发现同样的污染土壤中，因水稻品种不同，最终所产稻米的 Cd 含量也不同（Arao and Ae，2003）。

（4）受土壤种类影响，红壤、青紫泥、乌栅土等不同种类土壤对稻米吸收 Pb、Cd、As 的效果不一样（黄德潜等，2008）。

（5）受元素之间相互作用或干扰的影响。例如，几十年前就有学者指出稻米中应存在稳定的 Cd 与 Zn 比值，说明 Zn 与 Cd 的相互作用可以影响稻米对 Cd 的吸收；Pb、Cu、As、Zn 等重金属与 Cd 共存时，可以明显改变水稻对 Cd 的吸收；还有人发现常量元素 Si 的进入也能影响稻米对 Cd 的吸收（Zhang et al.，2008）。不同元素之间通过相互作用或干扰来控制稻米吸收重金属的例证应不仅仅限于此，可能还有很多未知领域等待探究。

（6）受农作物之间相互竞争的影响，当水稻生长环境中出现更能吸收重金属的大生物量植物或农作物时，无疑会降低当地稻米中的 Cd、Pb 等重金属含量，如国内外均已培养了多种吸收重金属 Cd 效果明显的植物，将其种植在稻区已成功控制了稻米中的 Cd 含量（Murakami et al.，2009）。

（7）受有机物料使用的影响，添加有机物料（稻草、紫云英）可以改变土壤中 Cd 的活性，从而达到控制稻米吸收 Cd 的效果（高山等，2004）。

从本次在长江三角洲相关地区进行实地调研的结果来看，土壤 Cd、Pb 含量及 pH 对稻米中 Cd 与 Pb 这两个重金属元素含量超标的影响机制很不一样。对本团队最近 3 年来在江苏省所检出的 Cd 与 Pb 等重金属元素含量超标样等相关数据进行比较分析，结果显示，稻米的 Cd 含量受土壤 pH 控制比较有特殊性，当土壤酸碱度限定在 pH = 6.0～7.0 时，稻米中 Cd 含量与其对应土壤的 Cd 含量呈现显著正相关性，相关系数可达 0.91，如图 5-11（a）所示（参与统计样品数 $N = 78$）；而当不限定土壤酸碱度时（86 个稻米 Cd 含量超标样所对应的土壤 pH = 4.8～7.5），稻米中的 Cd 含量与土壤 Cd 含量之间不存在相关性，相关系数 R 仅为 0.11，而此时所选择的 86 个稻米样品 Cd 含量全部超标（≥0.2mg/kg），如图 5-11（b）所示。所获取样品的稻米与土壤 Pb 含量相关性分析显示，当限定土壤 pH = 6.0～7.0 时，发现稻米的 Pb 含量与土壤 Pb 含量之间不存在相关性，相关系数 R 仅为−0.03，如图 5-12（a）所示（样品数 $N = 167$），而当不限定土壤酸碱度时（92 个稻米 Pb 含量超标样所对应的土壤 pH = 5.0～8.3），稻米中的 Pb 含量与土壤 Pb 含量之间反而存在一定相关性，其相关系数 $R = 0.7$，而此时所选择的 92 个稻米样品 Pb 含量全部超标（≥0.2mg/kg），如图 5-12（b）所示。

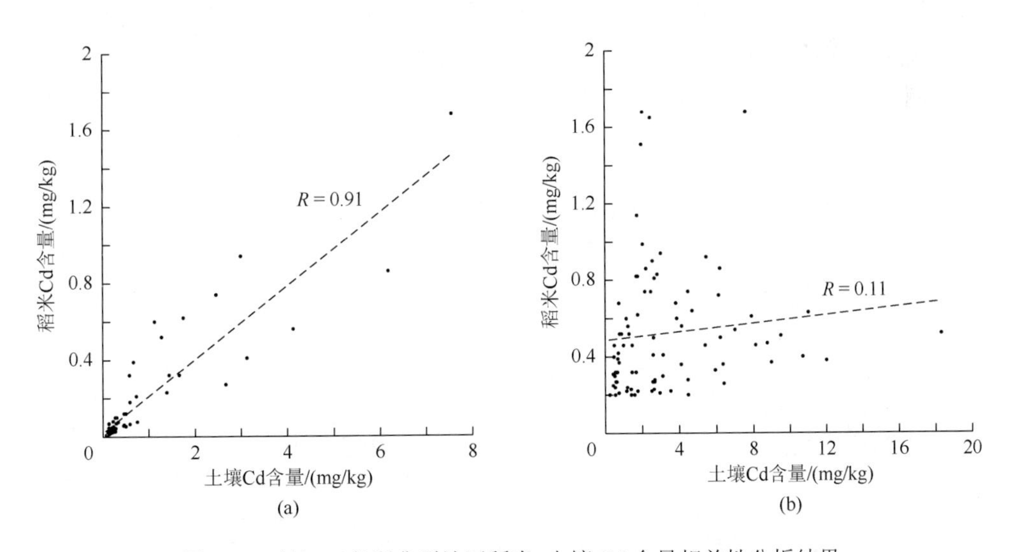

图 5-11　长江三角洲典型地区稻米-土壤 Cd 含量相关性分析结果

（a）不限定稻米 Cd 含量，但限定土壤 pH = 6.0～7.0；（b）不限定土壤 pH，但限定稻米 Cd 含量≥0.2mg/kg

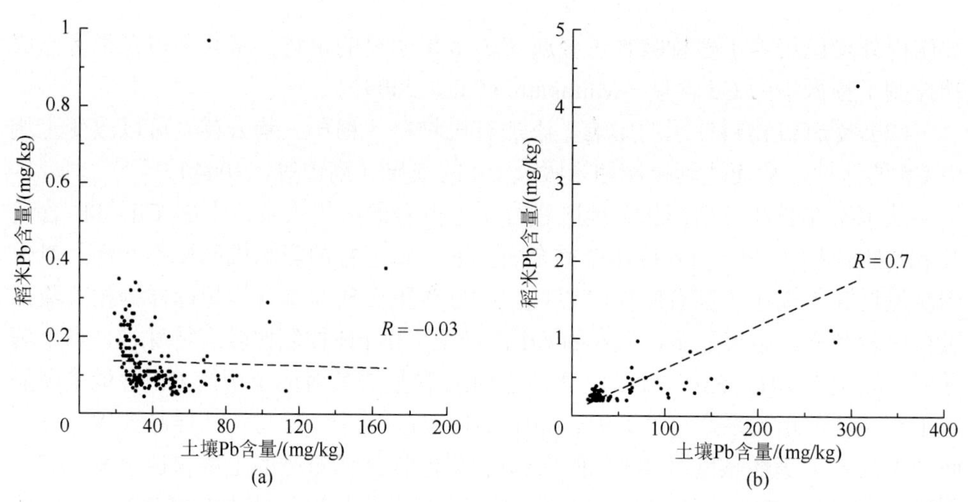

图 5-12　长江三角洲典型地区稻米-土壤 Pb 含量相关性分析结果

（a）不限定稻米 Pb 含量，但限定土壤 pH = 6.0～7.0；（b）不限定土壤 pH，但限定稻米 Pb 含量≥0.2mg/kg

以上实地调查数据对比分析表明，长江三角洲地区稻米中的 Cd 含量超标与土壤 Cd 含量相关性并不显著，但在限定土壤环境 pH = 6.0～7.0 时，不论稻米 Cd 含量超标与否，能在稻米与土壤 Cd 含量之间找到显著正相关性，说明在特定 pH 环境下，稻米从土壤中吸收 Cd 主要受土壤 Cd 含量控制；而长江三角洲地区稻米中 Pb 含量超标有一部分受土壤 Pb 含量影响比较明显，不论土壤 pH 是酸性、中性还是碱性，只要土壤 Pb 含量足够高时，都较有可能导致稻米 Pb 含量超标，但当限定土壤酸碱度时，在稻米与土壤 Pb 含量之间反而找不出正相关性。

图 5-13 是本次在苏锡常等地的长江三角洲典型 Cd 污染区连续抽查稻米与小麦的 Cd 含量时，所得到的相关农产品 Cd 含量与其土壤 Cd 含量的相关性

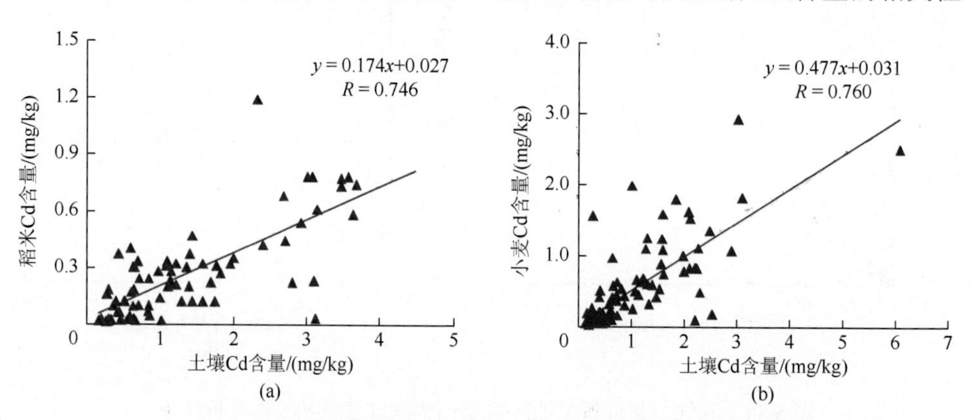

图 5-13　典型地区农产品-土壤 Cd 含量相关性分析结果

（a）为稻米-土壤 Cd 相关性分析；（b）为小麦-土壤 Cd 相关性分析

分析结果。从图 5-13 可以看出，当地农产品 Cd 含量与土壤 Cd 含量有显著正相关性，稻米 Cd 含量与土壤 Cd 含量的正相关系数可以达到 0.746，也就是说，在酸性土壤环境下，当土壤 Cd 含量大于 1mg/kg 时，其稻米 Cd 含量超标（＞0.2mg/kg）概率大于 70%；同样地，小麦（面粉，余同）Cd 含量与土壤 Cd 含量的正相关系数也可以达到 0.760，说明小麦的 Cd 含量也与土壤 Cd 含量有更显著的正相关性，土壤 Cd 污染不仅能威胁稻米的安全生产，更能威胁小麦的安全生产。以前国内有一种观点，认为稻米生产环境涉及水，所以 Cd 污染更容易形成镉米，而不太容易形成镉面，从本次实地解剖的结果来看，应该不是这样的。土壤 Cd 污染不仅能产生镉米，在酸性土壤环境下可能更容易产生镉面。

图 5-14 是本次在包括苏锡常地区在内的长江三角洲典型 Cd 污染区连续抽查稻米与小麦的 Cd 等重金属含量时，利用同一批数据所得到的相关农产品 Cd 含量与其土壤 pH 之间的相关性统计分析结果，从图 5-14 可以看出，来自长江三角洲典型污染区的农产品 Cd 含量与其土壤 pH 之间呈现显著负相关性，稻米 Cd 含量与土壤 pH 的相关系数为–0.551，小麦 Cd 含量与土壤 pH 的相关系数为–0.529，说明土壤酸性程度越高，即土壤 pH 越低，其土壤中所产出的稻米与小麦的 Cd 含量越高，土壤酸化越强烈，则当地土壤中的重金属 Cd 转移到农产品的程度越高，出现镉米与镉面的概率越高。要防治土壤 Cd 污染，必须同时加强对土壤酸化的防治。

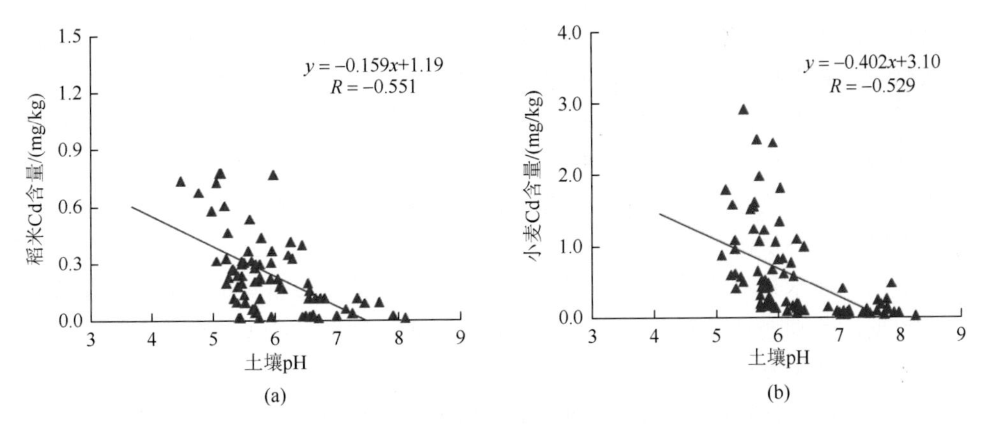

图 5-14 典型地区农产品 Cd 含量-土壤 pH 相关性分析结果

（a）为稻米 Cd-土壤 pH 相关性分析；（b）为小麦 Cd-土壤 pH 相关性分析

通过以上分析讨论，可知稻米、小麦等农产品从土壤环境吸收 Cd 等重金属的控制因素比较多，但土壤 Cd 含量、酸碱度等因素是控制农产品 Cd 含量分布的重要因素。可初步得出以下判断：

（1）包括苏锡常地区在内的长江三角洲地区，其稻米 Cd、Pb 超标的影响因素不一样，稻米 Cd 超标主要受土壤污染控制，而 Pb 则不一定，而且稻米 Pb 超标的稳定性也不及 Cd。

（2）在酸性土壤环境下，来自长江三角洲典型污染区的资料显示，稻米、小麦的 Cd 含量与其土壤 Cd 总量呈显著正相关性，在土壤 pH＜6.5、土壤 Cd 总量＞1.0mg/kg 时，其稻米 Cd 超标的正常概率大于 50%；稻米、小麦的 Cd 含量与其土壤 pH 呈显著负相关性，负相关系数一般小于–0.5。防治土壤 Cd 污染，同时也要注重防治土壤酸化。

（3）小麦从土壤环境吸收 Cd 的能力不亚于稻米，防治类似长江三角洲地区的小麦 Cd 超标的任务也十分艰巨。

2. 粮食样品典型元素生物富集系数研究

生物富集系数（bioconcentration factor，BCF）在环境学上又称为生物浓缩系数，是表征化学物质被生物浓缩或富集在体内程度的指标，即某种化学物质在生物体内积累达到平衡时的浓度与生物所处环境介质中该物质浓度的比值，是一个无量纲的数值。元素 BCF 就是某元素在生物体内的含量与该元素在环境（以土壤为主）中含量的比值，水稻、小麦籽实的元素 BCF 就是这些农产品中的元素含量同该元素在所对应的耕作层土壤中含量的比值，表示为 BCF＝水稻、小麦籽实中的元素含量/土壤中的元素含量，通常以百分比值记。元素 BCF 属于表征土壤中元素含量分布对食物链影响程度的参数，客观反映了农产品从土壤环境中吸收或摄取微量元素的能力，是现代环境地球化学研究土壤元素行为的常用指标之一。本次以 2011 年以来在江苏省境内所获取的 500 多个水稻籽实-土壤样品及约 300 个小麦籽实-土壤样品的元素含量调查数据为基础，专门对水稻、小麦籽实的元素 BCF 及其相关问题进行了分析，可为认识农产品从土壤环境中吸收重金属的地球化学控制因素提供部分证据。

依据上述水稻籽实与小麦籽实样品的 BCF 数据及各自对应的有关土壤质量调查数据，分别进行了有关元素 BCF 与土壤 pH、TOC、CEC、B 含量等之间相关性分析，结果发现：

（1）就水稻籽实而言，Cd、Ca、K、Mn 4 种元素的 BCF 与土壤 pH 呈显著负相关，其中 Cd 的 BCF 与土壤 pH 之间的相关系数为–0.94，Mn 的 BCF 与土壤 pH 之间的相关系数为–0.92，如图 5-15 所示，反映了土壤 pH 对农产品吸收 Cd、Mn 的效果有显著影响。

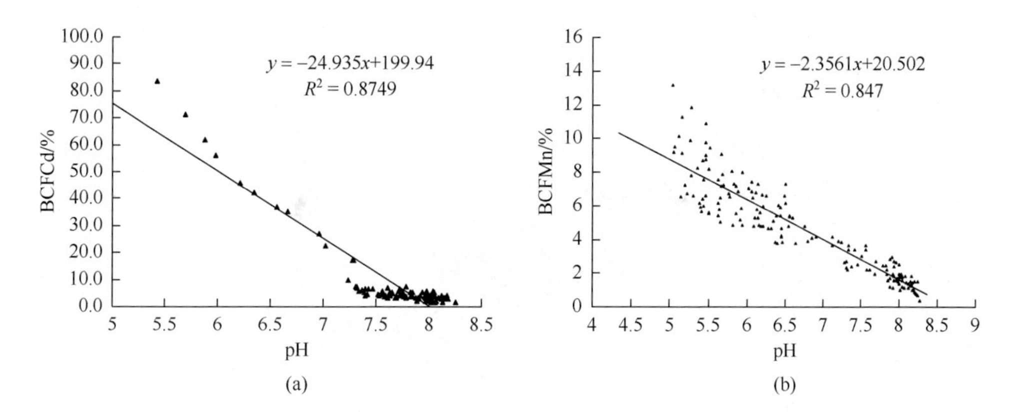

图 5-15　水稻籽实中 Cd（a）与 Mn（b）BCF 与 pH 相关性分析

图中 BCF + 元素符号指该元素生物富集系数，如 BCFCd 表示 Cd 的生物富集系数，余同

Ca、K 的 BCF 同土壤 pH 的相关系数都在−0.8 左右，Mg 的 BCF 也与土壤 pH 存在显著负相关性。另外，还发现 Se 的 BCF 同土壤 TOC 之间存在显著负相关性、相关系数为−0.93（图 5-16），As 与 Cu 的 BCF 与土壤 CEC 存在负相关性，相关系数分别为−0.8、−0.81，Cu 的 BCF 与土壤 CEC 的相关性分析结果如图 5-17 所示。

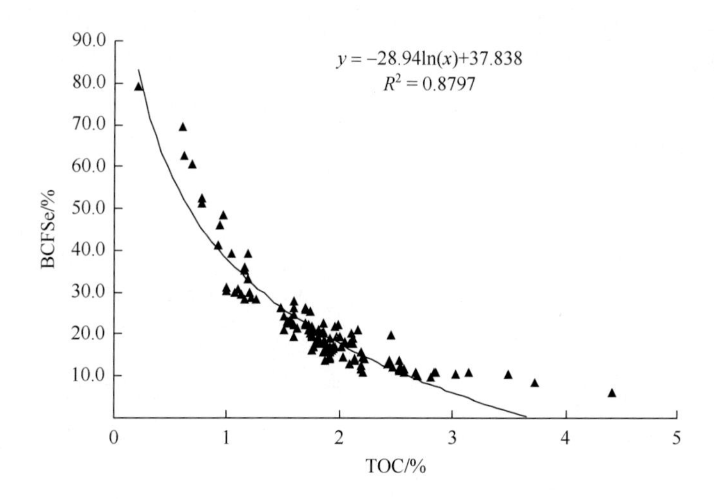

图 5-16　水稻籽实中 Se 的 BCF 与土壤 TOC 相关性分析

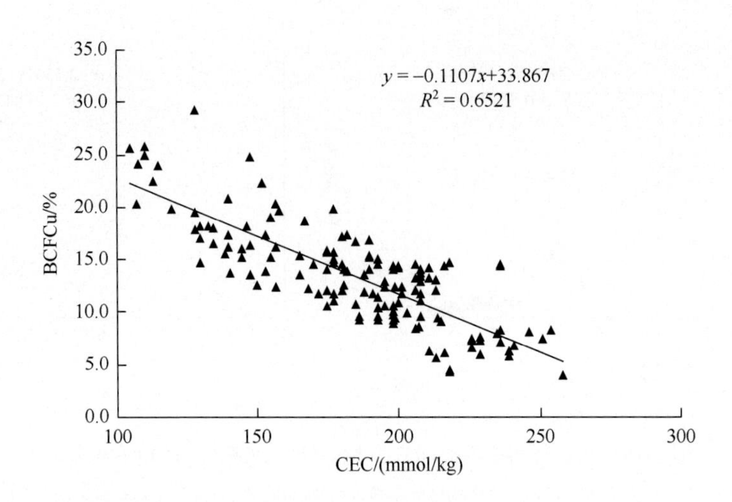

图 5-17 水稻籽实中 Cu 的 BCF 与土壤 CEC 相关性分析

水稻籽实中 Cd 元素 BCF 同土壤 pH 存在负相关性，以前也有过相关报道，如杨忠芳等（2005）曾发现成都地区稻米样品中 Cd 元素 BCF 与土壤 pH 有显著负相关性，表明 pH 控制水稻籽实从耕层土中吸收 Cd 可能具有普遍性。

（2）就小麦籽实而言，其 Ca 的 BCF 与土壤 B 含量存在正相关性，相关系数大于 0.8，Hg 的 BCF 同土壤 B 含量存在负相关性，相关系数为−0.81，如图 5-18 所示。另外，还发现其 Mg 的 BCF 同土壤 pH 存在负相关性，相关系数为−0.9，Mo 的 BCF 值同土壤 pH 存在正相关性，相关系数为 0.82，具体如图 5-19 所示。Cu 的 BCF 值同土壤 pH 存在负相关趋势，相关系数为−0.76。Ca 与 Mg 类似，其 BCF 也与土壤 pH 存在较显著的负相关性，相关系数为−0.75。

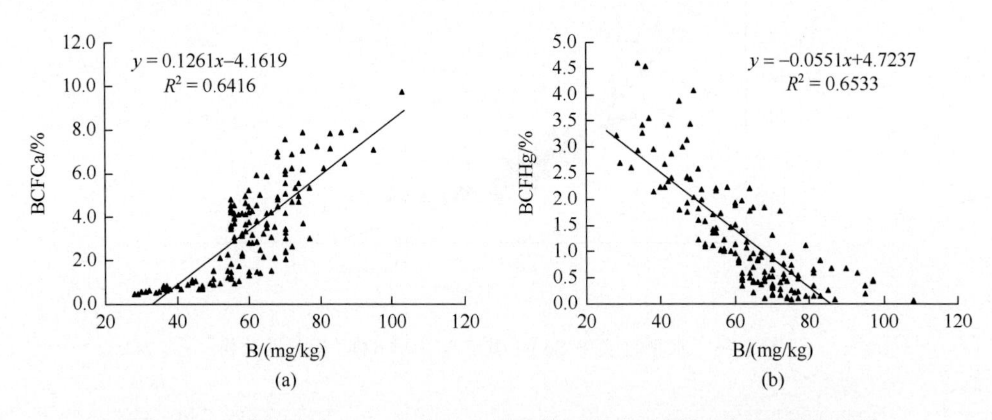

图 5-18 小麦籽实中 Ca（a）与 Hg（b）的 BCF 与土壤 B 含量相关性分析

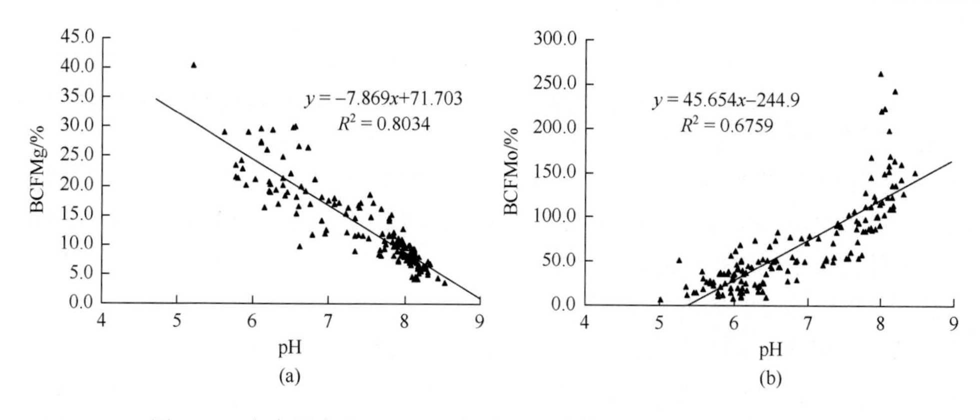

图 5-19　小麦籽实中 Mg（a）与 Mo（b）的 BCF 与 pH 相关性分析

（3）上述各元素的 BCF 与土壤 pH、TOC、CEC、B 含量之间存在的相关分析统计结果都是在一定限制条件下取得的，只有在农作物品种相近、耕种条件类似、成熟期相同的条件下，才能出现上述较显著的相关性。一些本次研究没发现相关性的元素，若能将条件限制得更严格些、样品代表的范围更广泛些、选用的相关因素更多些，也可能还会找到某种新的相关性。

上述对比分析表明，水稻籽实和小麦籽实中某些元素的 BCF 与其土壤的 pH、TOC、CEC、B 含量等地球化学指标之间存在一定程度的关联性，上百个甚至几百个样品的相关系数绝对值大于 0.7、0.8 甚至是 0.9 就是直接的证明，但同一个土壤环境地球化学指标对不同元素的生物富集行为的影响结果是不一样的。以土壤 B 含量为例，对 Hg 的影响是 B 含量增加可以阻止土壤中的 Hg 向小麦籽实迁移，而对 Ca 的影响则表现为土壤 B 含量增加可以增加小麦籽实从土壤中吸收 Ca 的能力。与此相似的还有土壤 pH，总体而言，土壤酸化即 pH 下降有助于土壤中的多数元素向水稻籽实、小麦籽实迁移，但也有例外，如小麦籽实中 Mo 的 BCF 值同土壤 pH 就呈正相关关系，说明土壤碱性越强（pH 越大），小麦籽实从土壤中吸收 Mo 的能力越强。另外，还发现水稻籽实中 Se 的 BCF 与土壤 TOC 含量存在负相关性。控制土壤中 Cd、Hg、Pb、Zn、Se、Mo、Cu、Mn、As 等微量元素向水稻籽实、小麦籽实中迁移或富集的因素不仅限于上述所讨论的土壤 pH、TOC、CEC、B 含量等地球化学指标，而且本次研究能够初步确定这些土壤地球化学指标对上述相关元素的 BCF 有一定影响，这对于认识元素的生物地球化学行为，进一步研究相关元素在土壤-农作物之间的迁移转化都有参考作用。总之，通过本次对稻、麦等粮食样品元素 BCF 值控制因素进行的研究，可初步得出：

（1）土壤及水稻籽实、小麦籽实等大宗农产品中元素含量分布不均匀，导致了研究区水稻籽实与小麦籽实中 Cd、Hg、Cu、Pb、Zn、Cr、As、Se、Mo、Mn、

Fe、K、Ca、Mg 等元素的 BCF 存在一定变化范围，但大多数元素的 BCF 都有一个相对稳定的范围，水稻籽实与小麦籽实中同一元素的相对稳定的 BCF 的分布范围不存在数量级的差别。Mo 的 BCF 相对最大，Fe 的 BCF 相对最小。正常情况下，Mo 的 BCF 大于 50%，Pb、Cr、Fe 等元素的 BCF 多小于 1%，Hg、As、Mn、Ca 等元素的 BCF 多介于 1%～10%，其他元素的 BCF 也都在 0.1%～50%。除 Mo 外，其他元素的 BCF 很少超过 100%，说明正常情况下农产品从土壤环境中摄取微量元素的潜能是有限的。

（2）水稻与小麦籽实样品中都存在 Cd、Pb、Cu、Cr、Se 等元素含量超标的情况，水稻籽实中还存在 Hg 含量超标的情况。Pb、Cd 是超标率最高的 2 个重金属元素，水稻籽实与小麦籽实中 Pb 的超标率均大于 15%，Cd 的超标率均大于 6%。超标样品中 Pb、Hg、Cd、Se 的 BCF 分布范围与各自正常样品的 BCF 分布范围无实质性差别，若仅依据 BCF 差异判定水稻籽实与小麦籽实重金属超标与否，尚有难度。

（3）土壤 pH、TOC、CEC、B 含量等均对水稻籽实、小麦籽实中部分元素 BCF 的分布有一定影响。在品种、耕种条件、成熟期等一致的情况下，水稻籽实中 Cd、Ca、K、Mn、Mg 等的 BCF 与土壤 pH 呈较显著负相关性，Se 的 BCF 与土壤 TOC 也具有负相关性，As、Cu 的 BCF 与土壤 CEC 具有负相关性。小麦中 Mg 的 BCF 与土壤 B 含量呈正相关性，Hg 的 BCF 与土壤 B 含量呈负相关性，而其 Ca、Mg 的 BCF 与土壤 pH 也呈负相关性，Mo 的 BCF 与土壤 pH 存在显著正相关性。

5.3.3 全株水稻吸收土壤 Cd 的差异性研究

水稻植株不同部位吸收土壤 Cd 的能力有无差异、有何差异也是控制土壤 Cd 污染需要考虑的因素。本团队曾于 2012 年在苏锡常地区某片稻米 Cd 等重金属污染严重区进行了 10 套水稻-根系土系列样品的多元素含量分析，从根系土、水稻根须、稻秆、枝叶直到稻米等系统测试了其 Cd、Pb、Zn、Se 等元素含量，结果显示，不同元素在水稻-土壤系统的分布存在显著差异。

表 5-18 列出了上述 10 套水稻-根系土样品的 Cd 含量检测结果，从这批样品的分析结果中不难看出，稻米与稻壳的 Cd 含量总体比较接近，就 1 棵水稻而言，从根系土→根部→秆部→枝叶部→稻壳→稻米各部位其 Cd 含量总体呈下降趋势，基本能判定根系吸收是导致当地稻米 Cd 含量严重超标的基本方式。稻米从土壤中吸收的 Cd 一般占土壤 Cd 总量的 5.5%～70.8%，平均达到 28.7%，即使是同一片污染土壤，不同地段土壤稻米吸收土壤中 Cd 的能力或强度也不一样，土壤酸性越强，其稻米从土壤中吸收 Cd 的比例相对越高。

表 5-18　某典型污染区水稻-土壤系列样 Cd 含量分布调查结果

样号	根系土/(mg/kg)	稻根/(mg/kg)	下部稻秆/(mg/kg)	上部稻秆/(mg/kg)	稻叶/(mg/kg)	稻枝/(mg/kg)	稻壳/(mg/kg)	稻米/(mg/kg)	稻米BCF/%	土壤 pH
PJ1	3.48	4.96	0.58	0.26	0.12	0.16	0.18	0.19	5.5	6.71
PJ2	1.3	2.89	0.54	0.26	4.13	0.14	0.17	0.14	10.8	6.62
PJ3	2.68	4.8	2.49	1.36	6.34	1.22	0.78	0.51	19.0	5.98
PJ4	1.61	1	3.05	2.3	0.8	2.26	1.85	1.14	70.8	5.95
PJ5	1.33	1.19	2.68	1.5	0.65	1.58	1.12	0.62	46.6	5.98
PJ6	7.2	5.94	8.85	4.39	1.55	0.97	1.22	0.92	12.8	6.84
PJ7	3.89	7.65	8.13	2.44	1.02	2.82	2.64	1.65	42.4	5.65
PJ8	3.36	6.52	7.46	5.43	1.26	1.74	1.86	1.2	35.7	6.08
PJ9	2.62	6.61	8.99	0.19	1.16	1.11	1.6	1.16	44.3	6.23
PJ10	2.14	6.84	6.67	0.038	0.85	1.12	1.19	0.97	45.3	6.25
平均值	2.96	4.84	4.94	1.82	1.79	1.31	1.26	0.85	33.3	6.23

注：稻根为埋在土中的根须，下部稻秆为连接稻根的常被水淹泡的那截稻秆，一般约 15cm 高，上部稻秆指除去下部稻秆之外的连接稻枝与稻叶的那截稻秆。通常采集 30 棵以上水稻全部分取每棵水稻的根、下秆、上秆、叶、枝、壳、米 7 个相同部位水稻器官组成各自的样品，以最少的稻壳干重能满足 50g 为准，表中元素含量均指干重。BCF 为生物富集系数，取稻米与根系土元素含量比值的百分数。

表 5-19 列出了上述 10 套水稻-根系土样品的 Pb 含量检测结果，从表 5-19 可发现稻米中的 Pb 含量远低于稻壳，就 1 棵水稻而言，从根部组织向上延伸到枝叶组织未发现 Pb 含量呈规则衰减或递增趋势，尽管这 10 个稻米所处土壤环境的 Pb 含量都不高，与长江三角洲地区正常耕地土壤的 Pb 含量雷同，却仍有 1 个稻米样品的 Pb 含量超标（≥0.2mg/kg），而且还发现稻壳和稻叶的 Pb 含量与稻根的 Pb 含量接近，甚至稻壳比稻叶还略偏高，由此可以初步判断其稻米中的 Pb 肯定不是以吸收土壤中的 Pb 为主，通过光合作用吸收空气中的 Pb 应该是当地稻米聚集 Pb 的重要来源。稻米从土壤中吸收的 Pb 一般占土壤 Pb 总量的 0.27%～0.74%，平均为 0.38%，说明土壤中的 Pb 能被稻米吸收的只是极少一部分，正常肯定小于 1%。土壤 Pb 污染不明显的地区也存在稻米的 Pb 含量超标现象。像表 5-19 中的 PJ6 号样点，其根系土的 Pb 含量只有 33.6mg/kg，而太湖流域正常土壤的 Pb 含量一般都在 35mg/kg 左右，而该样点的稻米 Pb 含量却达到了 0.25mg/kg，超过了目前国标《食品中污染物限量》（GB2762—2005）所规定的稻米 0.2mg/kg 的限标，说明稻米从环境中捕获 Pb 的渠道不仅限于土壤。

表 5-19　某典型污染区水稻-土壤系列样 Pb 含量分布调查结果

样号	根系土/(mg/kg)	稻根/(mg/kg)	下部稻秆/(mg/kg)	上部稻秆/(mg/kg)	稻叶/(mg/kg)	稻枝/(mg/kg)	稻壳/(mg/kg)	稻米/(mg/kg)	稻米BCF/%	土壤 pH
PJ1	43.9	2.68	0.3	0.62	1.92	0.74	2.49	0.12	0.27	6.71
PJ2	43.7	1.54	0.16	0.33	1.13	0.61	2.66	0.12	0.27	6.62
PJ3	42.2	1.68	0.26	0.58	0.83	0.29	2.46	0.12	0.28	5.98
PJ4	44.9	1.31	0.29	0.45	2.13	0.73	2.64	0.14	0.31	5.95
PJ5	42.5	2.23	0.3	0.51	2.4	0.79	2.65	0.12	0.28	5.98
PJ6	33.6	1.18	0.21	0.65	2.15	0.2	2.57	0.25	0.74	6.84
PJ7	33.7	1.08	0.3	0.74	2.53	0.32	2.78	0.14	0.42	5.65
PJ8	33	1.3	0.34	0.91	2.04	0.82	2.99	0.14	0.42	6.08
PJ9	33.4	0.81	0.2	1.19	1.88	0.29	3.06	0.17	0.51	6.23
PJ10	31.7	1.26	0.44	1.32	1.94	0.78	2.65	0.12	0.38	6.25
平均值	38.3	1.51	0.28	0.73	1.90	0.56	2.70	0.14	0.39	6.23

注：稻根为埋在土中的根须，下部稻秆为连接稻根的常被水淹泡的那截稻秆，一般约 15cm 高，上部稻秆指除去下部稻秆之外的连接稻枝与稻叶的那截稻秆。通常采集 30 棵以上水稻全部分取每棵水稻的根、下秆、上秆、叶、枝、壳、米 7 个相同部位水稻器官组成各自的样品，以最少的稻壳干重能满足 50g 为准，表中元素含量均指干重。BCF 为生物富集系数，取稻米与根系土元素含量比值的百分数。

此外，上述全株水稻样品不同器官的 Zn、Se、Cu 等元素差异性分布的特点也比较明显，总体而言，以 Cd 从土壤到稻米的逐步衰减趋势最为清晰。基于实地调查研究数据及长期积累的土壤-农产品重金属分布研究成果资料，拟合了长江三角洲典型污染区水稻系统 Cd 迁移分布的首例经验型定量模型（图 5-20），刻画了 Cd 从土壤进入水稻根际再逐步衰减到稻米呈最低的过程，其与 Pb 在水稻系统的迁移分布截然不同，表明水稻吸收的 Cd 主要来自根际土，从而为设计耕地 Cd 污染等防治技术路线、确定修复治理目标等提供了基本依据。该定量模型一是凸显了污染耕地中 Cd 向稻米迁移是顺着水稻离开地面的高度而逐步衰减的；二是说明在品种、pH 等基本要素确定时，土壤中的 Cd 进入稻米的分量大致是有一定比例的，其对于依据土壤 Cd 污染程度预警农产品的安全是有一定帮助的。

控制耕地 Cd 污染的探索不仅仅只局限于以上几个方面，包括钝化修复等都是调控耕地 Cd 等重金属污染的重要方面，但以上资料介绍与分析可以为解决类似苏锡常地区的耕地 Cd 污染调控等提供部分参考或相关依据。

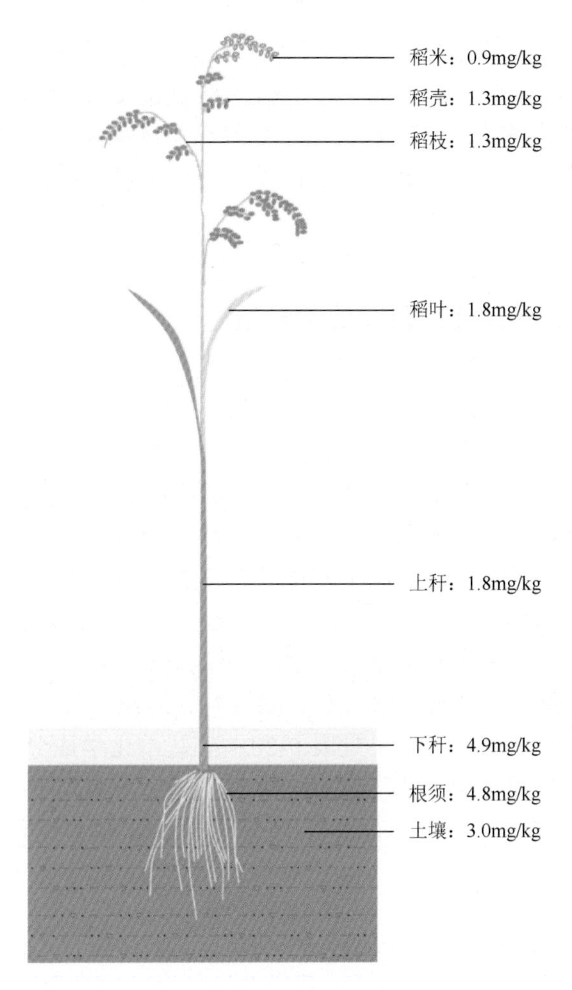

图5-20 长江三角洲典型区水稻系统Cd迁移分布定量模型

5.4 实用钝化技术研发及凹凸棒石环境修复材料应用效果

原位化学固定是消除农田土壤重金属污染影响、确保农产品安全的常用手段，前人研究证明，针对农田土壤Cd等污染特点添加合适的固定剂（或钝化剂）、阻断土壤重金属向植物迁移是防治重金属污染危害的有效方法，探索调控中Cd向植物转移的钝化修复技术研发一直是土壤重金属防治研究的持久热点或方向（杨秀敏和胡桂娟，2004；杨秀红等，2006；范迪富等，2007；杜彩艳等，2007；邱静等，2009；杜志敏等，2012；孙约兵等，2012；Zhang et al.，2007）。天然凹凸棒石粉是钝化土壤重金属活性的高效材料，江苏省具有全国最丰富的凹凸棒石矿物资源，依托低品位凹凸棒石矿研发出适宜的环境修复材料也是当地产业发展的现实需求。本团队自 2006 年就开始运用凹凸棒石原料调控土壤 Cd 等污染的田间试验，先后经历了蔬菜、水稻、小麦等大田试验，研发了控制农田土壤 Cd 污染的新的钝化技术，相关技术已经获得国家发明专利授权（专利授权号：ZL201610017793.7），还在低品位凹凸棒石环境修复材料研发上取得了相关资料积累。

5.4.1　天然凹凸棒石及其调控试验背景

凹凸棒石是一种相对富 Mg 的硅酸盐黏土矿物，其由特殊的火山岩风化而成，是江苏省最丰富的非金属矿产资源之一，曾被广泛地开发利用。天然的凹凸棒石具有较大的比表面积、强吸附性、黏结度高、偏碱性等特征，其作为干燥剂、脱色剂等被应用得最多，前人做过凹凸棒石调控 Cd 污染土壤的修复试验。位于洪泽湖附近的盱眙县是江苏省最主要的凹凸棒石产地，下面的试验研究所用的凹凸棒石即由产自江苏省盱眙县雍小山一带的天然凹凸棒石黏土矿粉碎而成。当地所产凹凸棒石黏土矿的主要成分即凹凸棒石（80%以上），另含少量石英、蒙脱石、长石、白云石、高岭石、海泡石等。本次试验所用凹凸棒石的有关样品的化学分析结果见表 5-20，其基本化学成分为 Si，另含 Mg、Al、Fe、Ca 等，Mg 含量普遍高于 Ca 含量，一般大于 4%，其 pH 普遍大于 8.0，最高可达 8.9，重金属 Cd 含量普遍低于 0.16mg/kg，接近或低于江苏省正常土壤的 Cd 含量。

表 5-20　凹凸棒石黏土矿样品元素含量分析测试结果

元素	样品号										平均
	ATS1	ATS2	ATS3	ATS4	ATS5	ATS6	ATS7	ATS8	ATS9	ATS10	
Si/%	27.46	28.44	12.08	24.63	16.78	12.81	26.8	27.6	27.68	28.12	23.24
Al/%	6.38	5.69	2.87	6.34	4.29	3.1	5.92	6.76	5.63	5.62	5.26
Ca/%	0.52	0.3	13.5	5.87	9.87	12.97	1.1	0.64	1.38	0.9	4.71
Fe/%	5.85	4.81	1.98	2.96	3.61	2.68	5.83	6.45	5.29	5.24	4.47
K/%	2.06	1.75	0.59	1.36	1.34	0.91	1.71	2.11	1.6	1.45	1.49
Mg/%	3.68	4.69	9.04	3.36	7.07	8.41	4.44	3.37	4.16	4.24	5.25
Na/%	0.077	0.069	0.059	0.54	0.047	0.039	0.054	0.062	0.079	0.097	0.11
Cd/(mg/kg)	0.13	0.08	0.12	0.13	0.14	0.15	0.06	0.08	0.16	0.09	0.12
Zn/(mg/kg)	107	87	45	62	62	54	88	94	94	95	79

续表

元素	样品号										平均
	ATS1	ATS2	ATS3	ATS4	ATS5	ATS6	ATS7	ATS8	ATS9	ATS10	
Pb/(mg/kg)	11.4	12.1	6.9	15.4	9.2	8.1	12.0	11.2	14.0	8.2	10.9
Cu/(mg/kg)	39.3	32.0	22.7	19.7	25.6	28.2	39.1	42.5	43.4	38.8	33.1
Cr/(mg/kg)	129	108	61	71	90	65	128	132	118	139	104
Ni/(mg/kg)	114	92.1	48.8	41.1	74.3	58.2	109	123	115	116	89.2
As/(mg/kg)	0.88	1.19	0.89	2.04	0.75	0.68	1.21	1.06	0.82	0.6	1.01
Hg/(mg/kg)	0.016	0.02	0.0092	0.038	0.015	0.013	0.022	0.0085	0.012	0.037	0.019
Mn/(mg/kg)	388	362	511	896	554	519	337	614	1678	957	682
Mo/(mg/kg)	0.48	0.39	0.29	0.6	0.36	0.29	0.31	0.34	0.71	0.51	0.43
N/(mg/kg)	191	204	102	124	146	107	166	204	204	178	163
P/(mg/kg)	582	247	647	499	2685	1590	1299	482	2127	1500	1166
S/(mg/kg)	40	51	58	58	50	45	51	37	40	204	63
B/(mg/kg)	18.1	18.7	3.4	8.3	8.8	7.0	13.3	16.3	14.0	13.3	12.1
TOC/%	0.17	0.19	0.10	0.05	0.11	0.07	0.14	0.14	0.15	0.16	0.13
CEC/(mmol/kg)	395	283	93.8	283	227	168	334	389	351	360	288
pH	8.1	8.2	8.9	8.7	8.6	8.6	8.2	7.9	8.2	7.8	8.3

注：表中 ATS1、ATS2 为盱眙县黄泥山矿区凹凸棒石黏土矿原矿石；ATS3 为盱眙县凹凸棒石材料生产厂家明光公司所用的原料；ATS4 为明光公司所销售的凹凸棒石黏土矿石粉，也是本次试验的主要添加剂或固定材料；ATS5 为盱眙县神力特公司生产凹凸棒石材料选用的原矿石；ATS6 为神力特公司专用的高钙凹凸棒石黏土矿原矿石；ATS7 为盱眙县淮原公司生产凹凸棒石材料选用的原矿石；ATS8 为淮原公司销售的浅色凹凸棒石矿粉；ATS9 为盱眙县凹凸棒石材料生产厂家麦阁公司所用的原料；ATS10 为盱眙县凹凸棒石材料生产厂家华洪公司所用的原料。

进行现场调控试验的场地选择在苏南地区，是在江苏省区域生态地球化学调查与评价之后获取了部分农田土壤 Cd 等重金属污染详细资料的基础上有针对性选取的 2 个试验点，分别编号为 A、B 试验区。A 试验区为 Cd 污染蔬菜地调控试验区，B 试验区为 Cd 污染水稻田试验区。在所选试验区，针对农田土壤 Cd 污染特点及所产蔬菜、稻米等农产品 Cd 含量超标的实情，进行持续 2 年以上的添加（或施加，余同）一定剂量的天然凹凸棒石粉的调控试验，施加的凹凸棒石粉成分同表 5-20 中的 ATS4 号样，直至调控试验取得实效为止。除了上述 A、B 试验区的钝化修复外，在试验结束后还于 2015 年开始了宜兴市其他 Cd 污染耕地的扩大钝化修复试验，所用的材料以改性凹凸棒石环境修复材料为主。

5.4.2 施加凹凸棒石调控 Cd 污染土壤

1. 施加凹凸棒石调控蔬菜地 Cd 污染

该项试验在 A 试验区完成。A 试验区位于南京市附近某特色蔬菜生产基地中，当地土壤以灰-灰黄色亚砂土为主，主要矿物有石英、水云母等，由长江冲积而成，对应土壤类型为油泥土。A 试验区一带土壤 Cd 含量普遍偏高，一般在 0.3～0.45mg/kg，多属于轻度污染范畴，其土壤酸碱度变化较大（pH = 5.0～8.2）。当地所产的一种地方品牌蔬菜（芦蒿）Cd 含量普遍偏高，经多次采样分析化验发现，当地所产芦蒿的 Cd 含量超标（新鲜蔬菜 Cd 含量＞0.05mg/kg）比例都稳定在 50%以上，原因与蔬菜地土壤中 Cd 大范围轻度污染有关。因为当地蔬菜地土壤 Cd 轻度污染具有普遍性，污染源与长江上游冲积物有关，很难从切断污染源、转移污染土壤等角度来治理蔬菜 Cd 污染，比较适合用化学固定的方法来解决当地蔬菜生产中的 Cd 污染问题。

在 A 试验区开展的添加凹凸棒石调控当地蔬菜地 Cd 污染土壤的试验共持续了 7 年以上，最初开始试验的时间为 2006 年，最后 1 批试验数据的获取已到 2012 年。凹凸棒石黏土矿样品中各元素含量见表 5-20。具体试验流程如下。

（1）向菜农租用小块土地（约 150m^2）进行清空、平整，之后用 PVC 隔板隔为若干 2m×2m 的正方形小区，隔板埋深 25cm。每 2 个相邻的小区为 1 组平行试验单元，然后撒上一定剂量的天然凹凸棒石，再通过自然翻耕将凹凸棒石与原蔬菜地耕层土壤混合。空置一段时间（一般是半个月左右，其间最好能有一场降雨）后，按照当地正常蔬菜生产流程在不同试验单元播种上当地主产蔬菜。

（2）委托菜地主人对试验田进行日常田间管理，一切按照当地蔬菜生长的正常程序进行施肥、浇水、间苗、除草等，保证蔬菜的顺利存活与正常生长。

（3）蔬菜成熟需收获时，技术人员现场采集土壤与蔬菜样品进行分析化验，通过实验数据对比上述调控试验的效果。每个工艺流程重复试验 2～3 次，后期试验时除了在蔬菜地中添加一定剂量的凹凸棒石外，还将天然凹凸棒石与钙镁磷肥按照 1∶1 混合作为新型固定剂一并试验。

上述持续试验结果见表 5-21，结果显示，在轻度 Cd 污染蔬菜地中添加少量凹凸棒石，未改变土壤中的 Cd 含量及其所产蔬菜的产量，但能明显降低蔬菜中的 Cd 含量。2007 年在当地进行调控试验的取样分析结果表明（表 5-22），未添加凹凸棒石前，当地蔬菜样品的 Cd 含量最高达到 0.27mg/kg、最低为 0.2mg/kg（蔬菜样品的 Cd 含量限定标准≤0.05mg/kg），添加凹凸棒石后，其蔬菜样品的

Cd 含量全部低于 0.2mg/kg，5 组样品的芦蒿 Cd 含量全部在 0.14～0.18mg/kg。相比于同一片菜地而言，添加一定量的天然凹凸棒石后，还能降低蔬菜中的 Cu 含量。

表 5-21　2011 年蔬菜地调控试验有关样品元素含量分析结果

样号	蔬菜						土壤							
	Cd /(mg/kg)	Zn /(mg/kg)	Se /(mg/kg)	Pb /(mg/kg)	Cu /(mg/kg)	Cr /(mg/kg)	Cd /(mg/kg)	Zn /(mg/kg)	Se /(mg/kg)	Pb /(mg/kg)	Cu /(mg/kg)	Cr /(mg/kg)	pH /(mg/kg)	TOC/%
Y03	0.20	3.28	0.0051	0.09	2.19	0.26	0.29	143	0.53	43	57	114	6.1	1.67
Y05	0.16	2.92	0.0059	0.09	2.04	0.30	0.31	142	0.52	43	57	114	6.5	1.72
Y06	0.21	4.06	0.0079	0.11	2.01	0.25	0.28	140	0.5	42	56	115	6.7	1.51
Y07	0.16	3.18	0.0052	0.10	1.93	0.54	0.29	141	0.5	43	56	114	6.3	1.7
Y08	0.19	4.20	0.0073	0.10	1.84	0.14	0.29	140	0.48	42	55	113	7.0	1.64
Y11	0.23	4.18	0.0069	0.16	2.10	0.42	0.29	139	0.48	43	56	115	6.3	1.67
Y12	0.25	3.95	0.0077	0.10	1.51	0.20	0.25	135	0.39	37	54	120	6.9	1.7
Y13	0.14	3.38	0.0089	0.10	1.63	0.16	0.29	140	0.46	43	57	114	6.9	1.57
Y14	0.25	4.41	0.0078	0.13	1.85	0.36	0.3	142	0.47	43	57	114	6.3	1.62
Y15	0.16	3.74	0.0084	0.10	1.68	0.27	0.28	140	0.48	42	55	113	7.3	1.67
Y16	0.19	4.17	0.0101	0.09	1.63	0.23	0.26	139	0.48	43	55	113	7.1	1.48
Y17	0.11	3.63	0.0080	0.13	2.07	0.54	0.28	141	0.48	43	56	114	7.4	1.51
Y18	0.15	3.88	0.0110	0.09	1.77	0.21	0.27	138	0.46	41	54	115	7.5	1.6
Y21	0.13	2.99	0.0068	0.08	2.18	0.38	0.3	140	0.47	42	56	114	6.9	1.64
Y22	0.21	3.67	0.0077	0.09	1.57	0.23	0.27	140	0.46	45	55	114	7.1	1.67
Y23	0.20	3.68	0.0068	0.08	1.32	0.23	0.3	142	0.47	43	57	114	6.3	1.68
Y24	0.23	4.57	0.0099	0.11	2.16	0.35	0.27	140	0.47	44	56	113	6.6	1.7
Y25	0.13	4.16	0.0069	0.09	1.44	0.31	0.3	140	0.47	44	56	113	7.1	1.76
Y26	0.20	3.80	0.0068	0.11	1.60	0.25	0.28	142	0.5	43	57	114	6.3	1.67
Y27	0.34	4.18	0.0055	0.07	1.63	0.52	0.31	143	0.53	45	58	113	5.8	1.91
Y28	0.27	5.31	0.0073	0.13	1.99	0.80	0.28	143	0.53	44	57	113	5.7	1.73

注：Y03、Y07 为添加凹凸棒石 + 钙镁磷肥固定剂 750g/m^2 单元的样品，Y05 为添加凹凸棒石 750g/m^2 单元的样品，Y06、Y08、Y21、Y22、Y23、Y24、Y25、Y26 为添加凹凸棒石 + 钙镁磷肥固定剂 1500g/m^2 单元的样品，Y11 为添加凹凸棒石 2250g/m^2 单元的样品，Y12 为添加凹凸棒石 3000g/m^2 单元的样品，Y13、Y15、Y17 为添加凹凸棒石 + 钙镁磷肥固定剂 2250g/m^2 单元的样品，Y14、Y16、Y18 为添加凹凸棒石 + 钙镁磷肥固定剂 3000g/m^2 单元的样品，Y27、Y28 为对照用的空白单元（未添加任何固定剂）的样品，各试验单元施加固定剂总量占其土壤总质量的 0.3%～1.2%。

表 5-22 2007 年蔬菜地调控试验有关样品元素含量分析结果

土壤样号	凹凸棒石粉添加量/(kg/hm^2)	土壤		蔬菜样号	蔬菜					
		Cd/(mg/kg)	pH		Cd/(mg/kg)	Zn/(mg/kg)	Se/(mg/kg)	Cu/(mg/kg)	Pb/(mg/kg)	Cr/(mg/kg)
BY01S	0	0.35	6.16	BY01Z1	0.20	5.59	0.004	1.68	0.02	0.14
				BY01Z2	0.27	6.66	0.003	1.55	0.03	0.10
BY02S	500	0.38	5.75	BY02Z1	0.14	7.32	0.004	1.41	0.03	0.24
				BY02Z2	0.18	9.15	0.004	1.51	0.05	0.09
BY03S	1000	0.32	5.79	BY03Z1	0.14	5.57	0.004	1.13	0.03	0.23
				BY03Z2	0.18	7.89	0.004	1.25	0.03	0.20
BY04S	2000	0.31	5.70	BY04Z1	0.15	6.59	0.004	1.25	0.04	0.22
				BY04Z2	0.14	4.74	0.003	0.98	0.03	0.18
BY05S	4000	0.33	5.47	BY05Z1	0.18	7.47	0.005	1.21	0.03	0.11
				BY05Z2	0.14	6.58	0.004	1.1	0.03	0.24
BY06S	8000	0.31	5.43	BY06Z1	0.14	5.15	0.004	1.08	0.02	0.39
				BY06Z2	0.14	6.28	0.004	1.24	0.03	0.37

注：表中 pH 无量纲；$500kg/hm^2 = 50g/m^2$，$8000kg/hm^2 = 800g/m^2$，凹凸棒石粉施加量相当于试验地土壤总质量的 0.02%～0.3%。

此外，据后来在试验地采样分析的南京大学环境学院郭红岩教授团队的老师告诉笔者，试验地里的蔬菜经过上述调控后，采样数据也显示蔬菜 Cd 大多不超标。

为了观测施加凹凸棒石后降低上述 Cd 污染土壤中蔬菜 Cd 含量的时效性，通过每年施加 1 次和每两年施加 1 次的试验数据对比显示，每两年施加 1 次的调控效果要相对差一些。对于施加量低于 $400g/m^2$ 的单元，第 2 年蔬菜的 Cd 含量基本恢复到未添加凹凸棒石前的水平。通过增大凹凸棒石的施加量，将凹凸棒石与钙镁磷肥（正常的农家肥之一）混合起来作为固定剂进行调控试验的结果显示，当凹凸棒石施加量达到 $1500g/m^2$ 时，其调控效果即趋于稳定，即凹凸棒石施加量达到 $1500g/m^2$ 之后，当地蔬菜的 Cd 含量不再随着凹凸棒石施加量的增加而继续下降，甚至有蔬菜 Cd 含量呈上升趋势。另外，还发现凹凸棒石与钙镁磷肥混合使用同单独使用凹凸棒石相比，其蔬菜中的 Cd 含量无实质性差异。

2. 施加凹凸棒石调控稻田 Cd 污染

该项试验在 B 试验区完成。B 试验区位于江苏省太湖西侧，当地水稻分布面积有一定规模，且存在比较稳定的稻米 Cd 含量超标（稻米 Cd 含量＞0.2mg/kg）现象，前期研究证实，当地稻米 Cd 含量超标与稻田土壤的 Cd 污染有直接关系。

试验区一带土壤以青灰色水稻土为主，土质多属于湖相沉积的砂-黏土，第四纪沉积厚度多达数百米，Cd 污染土壤主要集中在表层土壤环境，一般与耕层土壤厚度对应。从该试验区典型土壤沉积剖面 Cd 等元素含量分布特征来看，其水稻田 20cm 以上深度土壤中 Cd 含量为 4.6～6.3mg/kg，该沉积柱 30cm 以下深度土壤的 Cd 含量全部小于 0.2mg/kg，10cm 以上深度土壤的 pH≤6.5，10cm 以下深度土壤的 pH＞7.0，除常量元素 Al、Fe、K 等在 20cm 以上深度土壤中未出现明显相对富集外，P、S、Pb、Zn 等微量元素及 TOC 等都在 20cm 以上深度的耕层土壤中呈现了显著的地表富集，说明人为活动对当地稻田土壤的 Cd 等地表富集（或污染）产生了极大影响，防控当地稻田土壤 Cd 污染应该将主要目标确定在地表 20cm 以上深度的耕层土壤上。

依据当地存在稻米 Cd 含量明显超标及稻田土壤 Cd 污染的特点，在 B 试验区租用了一块长 64m、宽 3.5～5.5m 的稻田进行了为期 2 年的施加凹凸棒石的调控试验，所添加的凹凸棒石也是从江苏省盱眙县购买的，其成分也同表 5-20 的 ATS4 号样。具体试验流程如下。

（1）在播种水稻的时节，委托耕地主人按照当地播种水稻的正常程序进行种稻前的田间整理（灌水、翻耕、耙地等），按照水渠灌溉水进入的方向，将试验田分隔为 2 段，靠近进入口一段为对照区、长 13m，剩下另一段为添加凹凸棒石的调控区、长 51m，中间筑田埂分开。种稻前在调控区均匀撒上约 300kg 的凹凸棒石（约占试验地耕层土壤总质量的 0.5%），对照区不施加任何东西，保持原样，等待播种时节进行正常耕种，与周围稻田耕种与管理方式完全一致（撒上稻种），播种的稻种也同周围完全一样。

（2）播种之后，稻田主人完全按照当地水稻正常生长的要求对试验地进行维护与管理，施肥、灌水、治虫、除草、晒田等所有程序同以前或当地其他水稻种植完全一样，保证水稻正常生长与收割。

（3）稻穗出全后（一般在 8 月中下旬），再向调控区水稻地撒 1 次凹凸棒石，重 300kg、约占其土壤总质量的 0.5%（不计水分），尽量在小雨前人工撒匀，确保所播撒的凹凸棒石粉能尽快融入土中。

（4）稻米成熟需收割时，技术人员现场采集土壤与稻米籽实样品进行分析化验，通过实验数据对比上述调控试验的效果。对照区采集样品 2 套，调控区采集样品 8 套，平均 6m 长采集 1 套样品，连续多点采样，所有样品尽量均匀分布在所采样的空间范围内。稻米去皮后分析其精米，土壤样按正常流程分析其相关元素含量。

以上试验重复试验 2 次，第一次试验在 2012 年完成，第二次试验在 2013 年完成，两次试验的相关样品分析结果分别见表 5-23 和表 5-24。调控区稻米样的 Cd 含量均低于未施加凹凸棒石的对照区，第二次试验效果比第一次更好。

表 5-23　2012 年 Cd 污染稻田调控试验有关样品元素含量分析结果

样号	稻米						土壤							
	Cd /(mg/kg)	Zn /(mg/kg)	Se /(mg/kg)	Pb /(mg/kg)	Cu /(mg/kg)	Cr /(mg/kg)	Cd /(mg/kg)	Zn /(mg/kg)	Se /(mg/kg)	Pb /(mg/kg)	Cu /(mg/kg)	Cr /(mg/kg)	pH	TOC/%
DY01	1.14	16.8	0.21	0.24	3.93	0.44	5.18	62.8	1.72	33.8	16.8	54.3	6.6	1.66
DY02	1.1	16.5	0.23	0.22	4.21	0.35	3.96	60.6	1.5	34.8	17.5	50.8	6.3	1.48
DY03	0.78	14.4	0.21	0.2	3.75	0.6	3.42	62.8	1.4	36.4	17.6	52.6	6.3	1.44
DY04	0.71	13.8	0.2	0.24	3.73	0.32	2.86	59.1	1.28	33	17.7	53.8	6.6	1.44
DY05	0.65	13.5	0.18	0.19	3.7	0.31	2.24	60.4	1.18	32.6	17.6	53.6	6.5	1.46
DY06	0.75	13.7	0.18	0.15	3.85	0.36	2.34	59.4	1.19	33.6	17.4	55	6.5	1.51
DY07	0.88	14	0.16	0.12	3.96	0.42	2.41	61.5	1.16	36.6	17.4	55.4	6.3	1.52
DY08	0.89	15.9	0.15	0.098	3.91	0.76	2.28	76.3	1.09	36.4	18	54.3	6.3	1.49
DY09	0.84	13.2	0.14	0.16	3.7	0.3	2.58	93.4	1.1	61.4	19.4	52.9	6.3	1.6
DY10	0.89	12.6	0.15	0.15	3.67	0.4	2.36	62.4	1.14	33.8	18.8	50.8	6.3	1.64

注：DY01、DY02 为对照用的未添加凹凸棒石的平常稻田所采样品，代表对照区；DY03～DY10 为添加凹凸棒石后稻田的样品，代表调控区；表中 10 个样品所控制范围以前属于同一块稻田（长 64m、均宽 4.5m）。

表 5-24　2013 年 Cd 污染稻田调控试验有关样品元素含量分析结果

样号	稻米						土壤							
	Cd /(mg/kg)	Zn /(mg/kg)	Se /(mg/kg)	Pb /(mg/kg)	Cu /(mg/kg)	Cr /(mg/kg)	Cd /(mg/kg)	Zn /(mg/kg)	Se /(mg/kg)	Pb /(mg/kg)	Cu /(mg/kg)	Cr /(mg/kg)	pH	TOC/%
DY01	0.52	21.2	0.26	0.24	3.93	0.44	5.15	59	1.38	30	17	52	6.3	1.49
DY02	0.84	19	0.28	0.22	4.21	0.35	3.24	58	1.49	33	18	52	5.9	1.54
DY03	0.2	18.3	0.36	0.2	3.75	0.6	2.91	59	1.33	30	18	59	7.3	1.66
DY04	0.17	18.9	0.32	0.24	3.73	0.32	2.48	58	1.19	30	16	53	7.2	1.4
DY05	0.12	18.4	0.28	0.19	3.7	0.31	2.29	59	1.01	28	17	56	7.4	1.4
DY06	0.12	18.8	0.28	0.15	3.85	0.36	2.05	60	0.96	29	17	57	7.5	1.6
DY07	0.12	15.8	0.24	0.12	3.96	0.42	1.94	61	0.94	27	18	58	7.6	1.69
DY08	0.14	17.6	0.24	0.098	3.91	0.76	1.9	60	0.91	30	17	53	7.4	1.59
DY09	0.12	17.6	0.25	0.16	3.7	0.3	1.78	62	0.86	30	18	54	7.4	1.74
DY10	0.12	18.3	0.16	0.15	3.67	0.4	1.89	62	0.85	32	19	57	7.3	1.85

注：DY01、DY02 为对照用的未添加凹凸棒石的平常稻田所采样品，这一段稻田属于对照区；DY03～DY10 为添加凹凸棒石后稻田的样品，该段稻田属于调控区；表中 10 个样品所控制范围以前属于同一块稻田（长 64m、均宽 4.5m）。

从表 5-23 可以看出，在同一块稻田中，其 64m 长范围内耕层土壤 Cd 含量分布很不均匀，最高为 5.18mg/kg、最低为 2.24mg/kg，在整块耕地土壤 Cd 污染严重的情形下，施加了凹凸棒石那一段的8个稻米样（编号DY03～DY10）的Cd含量为0.65～0.89mg/kg，未施加凹凸棒石那一段的2个稻米样（编号DY01～DY02）的Cd含量为1.1～1.14mg/kg，显示施加凹凸棒石对降低Cd污染耕地中稻米的Cd含量有明显效果，对抑制稻米从土壤中吸取Zn也有一定效果，但此时施加凹凸棒石对提升试验田土壤的pH尚不显成效。

从表5-24可以看出，通过第2年的持续施加凹凸棒石的调控试验，仍然在上述那片Cd污染严重的耕地上见证了凹凸棒石能显著降低污染土壤中稻米Cd含量的效果，施加了凹凸棒石那一段稻田上的8个稻米样（编号DY03～DY10）的Cd含量为0.12～0.2mg/kg，全部在国家标准限定范围之内（≤0.2mg/kg），未施加凹凸棒石那一段稻田上的2个稻米样（编号DY01～DY02）的Cd含量为0.52～0.84mg/kg，而此时整块稻田土壤中的Cd含量分布依旧极不均匀，耕层土壤Cd含量为1.78～5.15mg/kg，但此时因继续施加凹凸棒石已明显提升了耕层土壤的酸碱度，调控区耕层土壤的pH＝7.2～7.6，对照区耕层土壤的pH只有5.9～6.3，说明本次试验能大幅度降低污染耕地上稻米的Cd含量，其与施加凹凸棒石已经改变了耕层土壤的酸碱度有直接关系。

3. 施加凹凸棒石调控小麦田Cd污染

该项试验在B试验区完成，试验方法类似于该研究中施加凹凸棒石调控稻田Cd污染土壤。收割水稻后，原来施加凹凸棒石田块（13～64m处）追加200kg凹凸棒石，54～64m处再追加有机肥200kg。从表5-25可以看出，与水稻田土壤中Cd分布规律类似，小麦田土壤中Cd含量分布很不均匀，最高为4.62mg/kg，最低为1.8mg/kg，比水稻田土壤中Cd含量稍低。未添加任何调控剂的样品编号为X01和X02，施加凹凸棒石的样品编号为X03～X07，施加凹凸棒石与有机肥的样品编号为X08～X10。施加钝化剂对土壤理化性质也产生了一些影响（图5-21）。未添加调控剂对照组土壤pH较低，平均为5.96，施加凹凸棒石与有机肥后土壤pH提高到7.72与7.73，采用SPSS进行差异性分析，发现其极显著提高。土壤pH增加会减弱土壤有机/无机胶体及土壤黏粒对重金属离子的吸附能力，使土壤及土壤溶液中的有效态和交换态重金属离子数量减少，降低植物体内重金属含量。施加有机肥提高了土壤中有机质含量，稍微提高了土壤中CEC容量，但是未出现显著性差异。

表5-25　Cd污染小麦田调控试验土壤中元素含量及相关理化性质分析结果

样号	Cd /(mg/kg)	Pb /(mg/kg)	Zn /(mg/kg)	As /(mg/kg)	Se /(mg/kg)	Cr /(mg/kg)	Ni /(mg/kg)	Cu /(mg/kg)	pH	TOC/%	CEC /(mmol/kg)
X01	4.62	33.1	61.8	6.05	1.38	55.5	17.1	18.8	6.27	1.8	153
X02	3.39	32.7	61	5.73	1.32	51.8	17.8	18.3	5.65	1.81	109
X03	2.9	30.9	62.6	5.33	1.12	57	19.1	19	7.59	1.76	144

续表

样号	Cd /(mg/kg)	Pb /(mg/kg)	Zn /(mg/kg)	As /(mg/kg)	Se /(mg/kg)	Cr /(mg/kg)	Ni /(mg/kg)	Cu /(mg/kg)	pH	TOC/%	CEC /(mmol/kg)
X04	2.74	32.5	64.2	5.5	1.04	56.2	20.9	18.9	7.76	1.73	141
X05	2.21	31.4	65.5	5.04	0.9	59	20.5	21	7.78	1.78	144
X06	1.92	30.5	64.8	4.97	0.82	56.9	20	18.7	7.74	1.82	136
X07	2.04	32.1	64.9	5.63	0.85	55.1	18.8	19	7.74	1.75	126
X08	1.8	30.2	65.8	5.42	0.81	55.5	20.2	19.4	7.77	1.94	144
X09	1.82	32.6	64.3	5.21	0.83	55.6	18.7	19.5	7.72	1.93	146
X10	1.92	31.7	65.3	5.68	0.79	56.4	17.9	19.7	7.7	1.92	165

注：表中 pH 无量纲。

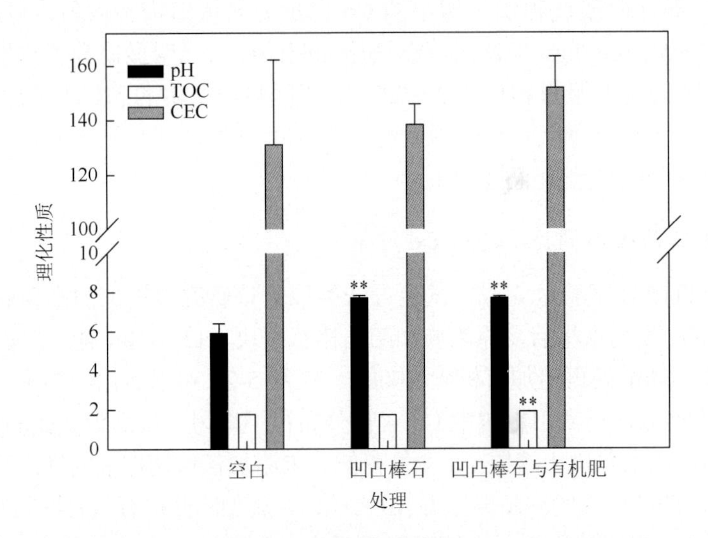

图 5-21　凹凸棒石和有机肥对土壤理化性质的影响

**表示 $p<0.01$，有极显著差异

施加凹凸棒石与有机肥对土壤的粒径分布有一定影响，结果见表 5-26，表 5-26 列出了土壤平均粒径及组成。对照组样品 X01～X02 平均粒径为 0.026mm 与 0.023mm，单独施加凹凸棒石样品粒径为 0.02～0.024mm，有整体减小趋势。施加凹凸棒石与有机物混合物之后，土壤粒径为 0.019～0.022mm，粒径进一步减小。计算各个处理组样品的平均粒径，用 SPSS 进行显著性分析，发现施加凹凸棒石与有机肥后土壤平均粒径由 0.0245mm 降低为 0.0203mm，呈显著性降低。X01 与 X10 号样的土壤颗粒分析曲线显示，添加凹凸棒石和有机肥后，土壤颗粒各种粒径所占的百分比发生了明显变化，如空白组土壤颗粒中粒径小于 0.01mm 的颗粒约占总颗粒组成的 15%，添加凹凸棒石和有机肥之后，该比例提高到约 25%。空白组的粗颗

粒占比较大，如＞0.1mm 颗粒约占总颗粒的 16%，而添加凹凸棒石与有机肥后，该比例仅为 2%左右。因此，添加凹凸棒石与有机肥使土壤颗粒的平均粒径减小，细颗粒占总数的比例增加。

表 5-26　施加凹凸棒石等修复材料后土壤平均粒径及颗粒组成对比

样号	颗粒组成/%												平均粒径/mm
	＞2	0.5～2	0.25～0.5	0.1～0.25	0.075～0.1	0.045～0.075	0.03～0.045	0.02～0.03	0.01～0.02	0.005～0.01	0.002～0.005	＜0.002	
X01	0.41	6.64	3.28	6.15	3.85	7.06	15.9	20.9	19.1	7.4	6.1	3.1	0.026
X02	0.67	3.12	1.74	4.13	3.85	6.28	16.2	22.3	21.5	9.0	7.3	3.8	0.023
X03	0.88	4.26	2.44	4.82	1.85	5.57	14.9	21.4	21.7	9.9	8.2	4.2	0.023
X04	0.37	0.2	0.10	0.47	0.93	5.98	18.4	24.5	23.8	10.9	9.4	4.9	0.02
X05	1.61	6.5	3.34	5.94	2.35	4.87	13.5	19.8	20.4	9.6	8.0	4.1	0.024
X06	0.45	4.04	2.34	4.93	2.14	6.11	15.5	21.1	21.1	9.8	8.3	4.3	0.023
X07	0.8	0.44	0.20	0.70	0.74	5.65	19.0	25.8	24.7	10.0	7.9	4.0	0.021
X08	1.05	3.25	1.36	4.57	2.99	3.68	15.2	22.5	23.2	10.2	8.0	4.1	0.022
X09	1.94	1.61	0.81	2.09	1.54	4.03	15.1	23.3	25.0	11.4	8.7	4.4	0.02
X10	1.01	0.22	0.18	0.47	0.18	4.27	17.2	25.0	25.9	11.6	9.2	4.7	0.019

Cd 污染土壤添加凹凸棒石和有机肥后，与对照组相比显著降低了小麦籽粒中 Cd 元素含量（表 5-27 与图 5-22），由最大值 1.81mg/kg 降低为 0.31mg/kg，降幅约为 82.9%。另外，对其他元素的吸收也产生一定的影响，增加了 Cu、Se 两种元素含量，降低了其他元素含量。对各个处理组元素含量进行差异分析，发现施加凹凸棒石和有机肥降低了籽粒的 Cr、Ni、Pb、As、Zn 等重金属含量，其中极显著降低了籽粒中 Zn 含量，显著增加了籽粒中 Se 含量，Se 是植物体内一些抗氧化酶和硒-P 蛋白的重要组成部分，常被作为微量元素肥而添加在植物肥料中，低浓度 Se 常被认为是有益元素。因此，我们认为凹凸棒石的添加在抑制小麦吸收有害元素的同时，促进了有益元素的吸收。

表 5-27　Cd 污染小麦田调控试验小麦籽粒中元素含量（单位：mg/kg）

样号	As	Cd	Cr	Cu	Fe	Hg	Mn	Ni	P	Pb	S	Se	Zn
14X01Z	0.04	1.33	0.69	3.67	43.1	0.0013	33.9	0.3	3200	0.16	1375	0.17	33
14X02Z	0.039	1.81	0.61	3.74	44.3	0.0013	41.9	0.45	3242	0.12	1388	0.14	45.7
14X03Z	0.028	0.76	0.57	4.33	42	0.0011	24.3	0.16	3349	0.12	1382	0.26	28.9
14X04Z	0.045	0.48	0.53	4.35	46.5	0.0016	24.1	0.16	3413	0.14	1364	0.36	26.8
14X05Z	0.016	0.37	0.51	4.37	48.7	0.0012	24.2	0.15	3313	0.12	1304	0.25	25.4

续表

样号	As	Cd	Cr	Cu	Fe	Hg	Mn	Ni	P	Pb	S	Se	Zn
14X06Z	0.034	0.36	0.53	3.37	36.9	0.0013	18.2	0.14	2787	0.15	1264	0.23	20.9
14X07Z	0.028	0.31	0.46	3.5	34.4	0.0017	20.5	0.14	3075	0.12	1235	0.22	20.6
14X08Z	0.031	0.35	0.57	4.77	37.4	0.0017	23.1	0.19	3288	0.12	1308	0.23	24.1
14X09Z	0.026	0.34	0.68	4.74	37.8	0.0015	23.4	0.75	3411	0.12	1409	0.23	25
14X10Z	0.027	0.32	0.36	3.76	34.6	0.0016	22	0.18	3180	0.14	1288	0.16	20.8

注：14X01Z、14X02Z 为对照用的未添加凹凸棒石的平常稻田所采样品，这一段稻田属于对照区；14X03Z～14X07Z 为添加凹凸棒石后小麦籽粒样品；14X08Z～14X10Z 为添加凹凸棒石与有机肥后小麦籽粒样品。

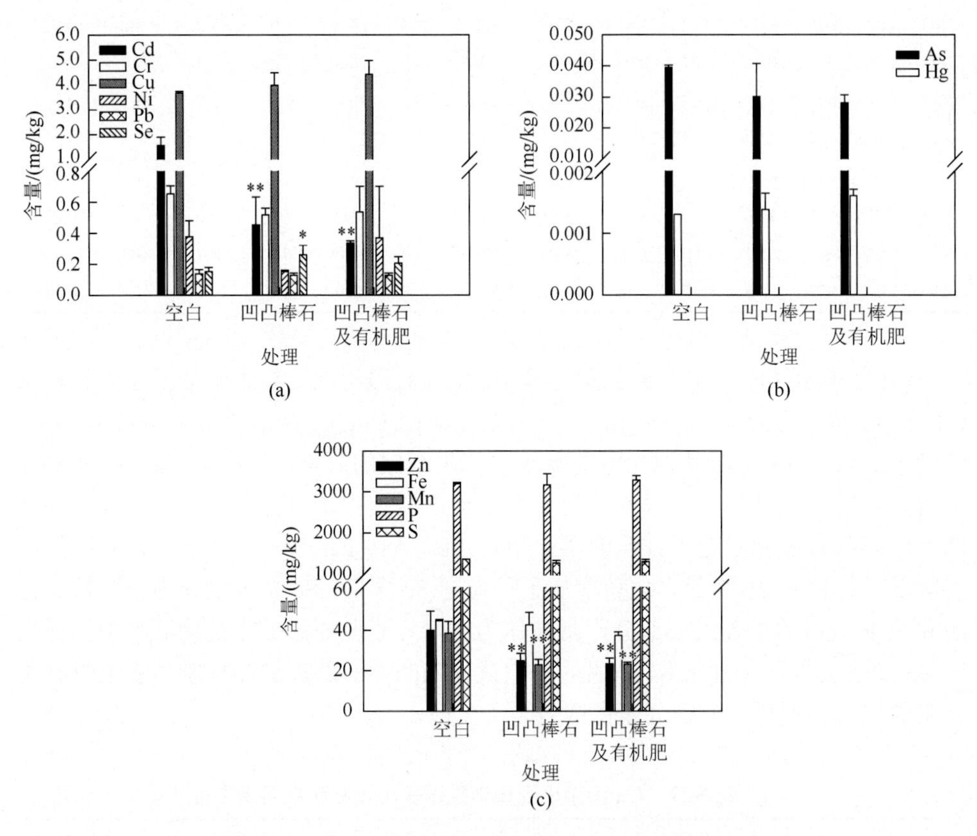

图 5-22 Cd 污染小麦田调控试验小麦籽粒中各元素含量

**表示 $p<0.01$，有极显著差异；*表示 $p<0.05$，有显著差异

表 5-28 列出了小麦籽粒中各元素的 BCF 值，部分营养元素（如 P、S 等）作为植物生命活动及新陈代谢的必需元素，可以被小麦大量吸收。例如，小麦对 Fe、P 和 S 的 BCF 值分别达到 15.8～22.1、3.14～4.43 和 2.97～3.75。As、Hg、Cr、

Pb 等重金属有毒有害元素的 BCF 值很低，仅为 0.003～0.012，土壤中总 Cd 含量及有效态 Cd 浓度较高，导致小麦对其 BCF 值偏高，为 0.152～0.534。与对照相比，加入钝化材料之后，其 BCF 值减小，由 0.288 与 0.534 分别降低为 0.152～0.262 与 0.167～0.194，约降低 50%，可以直观地说明，钝化材料的加入减少了小麦根系对 Cd 的吸收。

表 5-28　Cd 污染小麦田调控试验小麦籽粒中各元素 BCF 值

样号	As	Cd	Cr	Cu	Fe	Hg	Mn	Ni	P	Pb	S	Se	Zn
14X01Z	0.007	0.288	0.012	0.195	20.1	0.006	0.075	0.018	3.49	0.005	3.38	0.123	0.534
14X02Z	0.007	0.534	0.012	0.204	21.2	0.005	0.115	0.025	3.71	0.004	3.39	0.106	0.749
14X03Z	0.005	0.262	0.010	0.228	19.7	0.004	0.062	0.008	4.27	0.004	3.75	0.232	0.462
14X04Z	0.008	0.175	0.009	0.230	20.9	0.008	0.056	0.008	4.43	0.004	3.69	0.346	0.417
14X05Z	0.003	0.167	0.009	0.208	22.1	0.006	0.055	0.007	4.12	0.004	3.51	0.278	0.388
14X06Z	0.007	0.188	0.009	0.180	16.9	0.006	0.044	0.007	3.54	0.005	3.35	0.280	0.323
14X07Z	0.005	0.152	0.008	0.184	15.8	0.009	0.052	0.007	3.42	0.004	3.20	0.259	0.317
14X08Z	0.006	0.194	0.010	0.246	17.3	0.008	0.057	0.009	3.19	0.004	3.06	0.284	0.366
14X09Z	0.005	0.187	0.012	0.243	17.7	0.007	0.062	0.040	3.48	0.004	3.28	0.277	0.389
14X10Z	0.005	0.167	0.006	0.191	16.1	0.008	0.053	0.010	3.14	0.004	2.97	0.203	0.319

为了进一步表明籽粒中各个元素的来源，采用 SPSS 进行相关性分析，结果见表 5-29。由表 5-29 可以看出，小麦籽粒中 Cd 与 Zn 含量与土壤中 Cd、Zn 含量之间具有极显著相关性，相关系数分别为 0.826 与–0.875，说明小麦籽粒中 Cd 确实来自于土壤。土壤中 Zn 随着凹凸棒石和有机肥的加入而呈现升高趋势，但是籽粒中 Zn 含量却降低，呈负的极显著相关性，说明凹凸棒石显著降低了 Zn 吸收。已有研究表明，凹凸棒石可以降低土壤中弱交换态 Zn 含量，减少植物吸收量。这些研究都一致证实了凹凸棒石环境修复材料具有相对优越的钝化土壤 Cd、Zn 等活性的功能。

表 5-29　小麦籽粒中各元素含量与土壤中元素含量之间相关关系分析

参数	As	Cd	Cr	Cu	Fe	Hg	Mn	Ni	P	Pb	S	Se	Zn
R	0.523	0.826**	–0.309	0.441	0.182	–0.556	–0.184	–0.403	0.118	0.207	0.157	–0.239	–0.875**
p	0.121	0.003	0.386	0.202	0.614	0.095	0.611	0.249	0.745	0.566	0.665	0.507	0.001
N	10	10	10	10	10	10	10	10	10	10	10	10	10

**表示 $p<0.01$，具有极显著相关性。

通过以上资料分析对比可初步确定，施加凹凸棒石对于控制小麦籽粒从污染土壤中吸收过量的 Cd 也具有显著效果，凹凸棒石在控制了小麦籽粒从土壤中吸收 Cd 的同时，也降低了小麦从土壤中吸取 Zn 的能力，进一步说明所选用的天然凹凸棒石是一类新型的优质钝化材料，在调控江苏省稻田土壤 Cd 等重金属污染、保障污染土地的粮食生产安全方面有广阔的应用前景。

在取得上述 B 试验区的成功修复试验后，又从 2015 年开始开展了应用凹凸棒石环境修复材料调控宜兴市等地更大范围耕地 Cd 污染的调控修复扩大试验，整个试验面积超过 150 亩，其中施加凹凸棒石材料的试验区约 90 亩（以施加改性凹凸棒石环境修复材料为主，另有部分田块施加的是未经改性的凹凸棒石材料）。本次试验采用了半机械播撒修复材料，比纯人工播散效率要高且材料混合得相对更均匀。从第一年的修复效果来看，重度污染区稻米未调控到达标水平，但中轻度镉污染区的调控效果很理想，稻米 Cd 全部达标。有关试验结果列于表 5-30 和表 5-31。

表 5-30 宜兴市丁蜀镇某重度 Cd 污染耕地钝化修复试验相关样品分析结果

样号	pH	TOC/%	CEC /(mmol/kg)	Cd			Se			钝化材料施用（凹凸棒石等）
				土壤 /(mg/kg)	稻籽 /(mg/kg)	BCF/%	土壤 /(mg/kg)	稻籽 /(mg/kg)	BCF/%	
XW01	6.22	1.72	149	3.72	1.35	36.29	1.02	0.23	22.55	施加质量比 0.4%
XW02	5.76	1.43	136	2.48	1.39	56.05	0.83	0.18	21.69	施加质量比 0.4%
XW03	6.21	1.77	150	1.69	0.66	39.05	0.69	0.18	26.09	施加质量比 0.4%
XW04	5.92	1.63	146	3.63	1.29	35.54	1.03	0.22	21.36	施加质量比 0.3%
XW05	6.31	1.65	144	2.79	1.5	53.76	0.86	0.2	23.26	施加质量比 0.3%
XW06	5.76	1.55	134	1.7	1.26	45.76	1.12	0.24	21.43	施加质量比 0.3%
平均值	6.03	1.63	143.2	2.67	1.24	44.41	0.93	0.21	22.73	
XW07	5.28	1.68	129	3.3	1.51	74.12	0.71	0.16	22.54	未施加
XW08	5.17	1.6	123	1.61	1.14	70.81	0.72	0.14	19.44	未施加
XW309	5.04	1.93	143	2.85	1.71	60.00	0.84	0.17	20.24	未施加
平均值	5.16	1.74	131.67	2.59	1.45	68.31	0.76	0.16	20.74	

注：表中 BCF 是稻籽生物富集系数，取稻籽与土壤元素含量比值的百分数（%）。施加质量比指凹凸棒石材料重量占所修复田块土壤质量的比例，依据土壤容重等实际测算施加。XW01～XW03 为 1 个田块，XW04～XW06 为相邻的另一个田块，XW07、XW08 为相邻 XW04 样的空白田块（未加材料），XW309 为离开试验地约 60m 的另一空白田块。

表 5-31　宜兴市徐舍镇某中轻度 Cd 污染耕地施加改性凹凸棒石材料钝化修复试验的采样分析结果

样号	pH	TOC/%	CEC /(mmol/kg)	Cd			Se			钝化材料施用（改性凹土）
				土壤 /(mg/kg)	稻籽 /(mg/kg)	BCF/%	土壤 /(mg/kg)	稻籽 /(mg/kg)	BCF/%	
YF01	5.95	2.74	231	1.26	0.032	2.54	0.53	0.066	12.45	0.25%的改性凹土
YF02	5.99	2.91	227	1.12	0.037	3.30	0.49	0.062	12.65	0.25%的改性凹土
YF03	6.16	2.74	231	1.06	0.035	3.30	0.52	0.061	11.73	0.25%的改性凹土
YF04	6.15	2.82	226	1	0.066	6.60	0.53	0.065	12.26	0.25%的改性凹土
YF05	5.36	2.47	196	0.82	0.028	3.41	0.39	0.047	12.05	0.25%的改性凹土
YF06	6.85	2.81	248	1.29	0.033	2.56	0.49	0.073	14.90	0.4%的改性凹土
YF07	6.11	3.04	241	1.18	0.12	10.17	0.51	0.064	12.55	0.4%的改性凹土
YF08	6.01	2.89	231	1.08	0.13	12.04	0.5	0.066	13.20	0.4%的改性凹土
YF09	6.48	2.67	229	1.32	0.052	3.94	0.49	0.06	12.24	0.4%的改性凹土
YF10	6.00	2.67	232	1.2	0.061	5.08	0.51	0.068	13.33	0.3%的改性凹土
YF11	5.47	2.38	210	0.95	0.094	9.89	0.49	0.084	17.14	0.3%的改性凹土
YF12	6.63	2.62	238	1.17	0.045	3.85	0.5	0.079	15.80	0.3%的改性凹土
YF13	6.01	2.78	235	1.16	0.086	7.41	0.51	0.081	15.88	0.3%的改性凹土
平均值	6.09	2.73	228.8	1.12	0.06	5.70	0.50	0.07	13.55	
YF86	5.38	3.12	218	1.52	0.18	11.84	0.48	0.062	12.92	空白
YF87	5.53	2.57	217	1.8	0.74	41.11	0.54	0.11	20.37	空白
YF88	5.61	3.36	240	0.77	0.14	18.18	0.45	0.049	10.89	空白
平均值	5.51	3.02	225.00	1.36	0.35	23.71	0.49	0.07	14.73	

注：表中 BCF 是稻籽生物富集系数，取稻籽与土壤元素含量比值的百分数（%）。施加修复材料（改性凹土，即改良过的凹凸棒石环境修复材料）比例指材料占所修复田块土壤质量的比例，0.25%表示施加的材料剂量占所修复土壤质量的比例是 0.25%，即 1kg 土壤中施加 2.5g 材料（余同），依据土壤容重等实际测算施加；YF01～YF05 为 1 个田块，YF06～YF09 为相邻的另一个田块，YF10～YF13 为与 YF09 相邻的第 3 个田块，YF86、YF87、YF88 为上述试验地附近的 3 块不同的空白田块（未施加材料）。

由表 5-30 可以发现，施加 0.3%～0.4%的凹凸棒石等环境修复材料后（另外施加约 0.2%的有机菌肥），在当年可以使稻籽的 Cd 均量从 1.45mg/kg 下降到 1.24mg/kg，稻籽 Cd 的 BCF 均值从 68.31%下降到 44.41%，将 Cd 污染耕地的土壤 CEC 从平均 131.67mmol/kg 上调到 143.2mmol/kg，总体显示了有一定钝化修复效果，但远不及在上述 B 区试验取得的效果明显。其原因可能是施加了凹凸棒石的同时又添加了少量有机菌肥，也可能是土壤 Cd 含量太高，所添加的环境修复材料剂量不够，还有可能就是第一年的试验数据本身不能代表最佳的修复效果。

表 5-31 所列数据是运用改性凹凸棒石环境修复材料，在宜兴市徐舍镇某片中

轻度 Cd 污染耕地进行钝化修复，所取得的 2016 年相关样品结果对比，从中可以看出，施加 0.25%～0.4%的改性凹凸棒石材料后，当年可将稻米 Cd 均量从 0.35mg/kg 下降到 0.06mg/kg，稻米 Cd 的 BCF 均值从 23.71%下降到 5.70%，经过钝化修复后稻米 Cd 全部达标，修复成功率 100%。此次扩大试验的结果证实了施加凹凸棒石环境修复材料不仅钝化效果好、见效快，还有利于促进低品位凹凸棒石向新型环境修复材料研发延展，对于解决类似苏锡常地区中轻度耕地 Cd 污染问题是更好的选择。

5.4.3 试验结果讨论及其结论

1. 凹凸棒石降低污染土壤中农产品 Cd 含量的机理

凹凸棒石对土壤的 Cd、Cu 等重金属污染有一定防控作用曾为前人研究所证实，以前认为凹凸棒石能够固定土壤中的 Cd 等毒害重金属，主要是因为凹凸棒石属于高孔道比表面积大的链层状矿物，富含 Fe、Mg 等常量元素，具有较大的比表面积和很强的吸附性能，能将土壤中的可溶性重金属元素吸附在其表面或将土壤中游离的 Cd 等重金属暂时固定在凹凸棒石矿物的层间结构中，可在局部形成具有强吸附能力的土壤胶体，改变土壤中 Cd 等重金属的活动能力，阻断或滞缓了土壤中的 Cd 向植物迁移。上述解释可能以推测或理性分析居多，从实验数据支撑角度提出证据的不太常见。通过对上述现场调控试验所获取的数据资料对比分析来看，认识到凹凸棒石能降低污染土壤中稻米、蔬菜等农产品的 Cd 含量，但有以下两个因素不容忽视。

其一，调节土壤酸碱度的作用。土壤酸化是导致农作物从土壤中吸收 Cd 等重金属的重要原因，使用石灰抑制土壤酸化是防治土壤重金属污染危害农产品的常用手段。天然凹凸棒石自身呈碱性，其正常 pH 在 8.5 左右，施加凹凸棒石对调节耕层土壤的 pH 效果相当明显。因为酸性土壤环境更有利于 Cd 向植物迁移，能将酸性土壤环境调节成中性-弱碱性，对于抑制农作物从土壤中吸收 Cd 必然有帮助。本次试验也完全证实了这一点，从上述 A 试验区的蔬菜调控试验和 B 试验区的稻米调控试验中都发现持续施加凹凸棒石能将原来的弱酸性土壤环境调节至中性-弱碱性，而且还发现在施加一定剂量的天然凹凸棒石后，农产品中的 Cd 含量与土壤的 Cd 含量不存在显著相关性，而此时农产品的 Cd 含量与土壤 pH 则存在显著负相关性，如 A 试验区蔬菜样品的 Cd 含量与其土壤 pH 的相关系数达到−0.86，B 试验区稻米样品的 Cd 含量与其土壤 pH 的相关系数达到−0.95。而 A 试验区蔬菜样品的 Cd 含量与其土壤 Cd 含量的相关系数为 0.07，B 试验区稻米样品的 Cd 含量与其土壤 Cd 含量的相关系数为 0.24。B 试验区连续两年的调控试验数据更能说明问题，第一年施加凹凸棒石后也降低了稻米中的 Cd 含量，但稻米 Cd 含量依然超标，因为当时耕层土壤环境依然呈弱酸性，第二年持续施加凹凸棒石后，稻米中的 Cd 含量全部未超标，因为当时耕层土壤环境已全部被调节成中性-弱碱性，这一成效在实验前也是很难预计到的。施加凹凸棒石能有效调节酸性土壤环境的 pH，当酸性土壤环境被调节至中性-弱碱性后，能大幅度降低稻米的 Cd 含量，但施加凹凸棒石改变土壤 pH 需要有个过程，一般要持续使用两年才能见效，蔬菜 Cd 污染的调控试验也基本如此。

其二，增强土壤溶液吸附阳离子的能力。土壤 CEC 是指带负电荷的土壤胶体借静电引力而对土壤溶液中的阳离子所吸附的总量，其是衡量土壤能吸附或固定活性重金属能力的一个指标，CEC 值越大，意味着土壤重金属污染危害农产品的风险越小。本次调控试验还发现，在 Cd 污染土壤中施加凹凸棒石后，也能适当提高耕层土壤的 CEC，如 B 试验区稻田土壤，未添加凹凸棒石的土壤样 CEC 均值为 140mmol/kg，而添加凹凸棒石后的土壤样 CEC 均值为 150mmol/kg。又如，A 试验区蔬菜地土壤，未添加凹凸棒石的土壤样 CEC 均值为 248mmol/kg，而添加凹凸棒石后的土壤样 CEC 均值为 262mmol/kg。施加凹凸棒石能适度增加 Cd 污染土壤的 CEC，缘于凹凸棒石具有很强的吸附功能和黏性，加上凹凸棒石的平均 CEC 也接近 300mmol/kg，比一般土壤的 CEC 高，施加一定剂量的凹凸棒石自然可以提升原来土壤环境的 CEC。土壤 CEC 提高了，土壤溶液中的阳离子活动能力自然就受到限制了，土壤中的 Cd 等重金属进入土壤溶液后才对农产品危害最大，而进入土壤溶液的 Cd 无疑有相当一部分以阳离子形式存在。增加土壤 CEC，能导致农产品 Cd 含量下降，原因就在此。

2. 凹凸棒石钝化修复技术的应用前景

重金属污染土壤的修复技术研究对于耕地污染形势严峻的我国而言，具有特别重要的现实意义。污染土壤的修复技术就大的方面而言包括物理修复、化学修复、生物修复 3 个方面，植物修复作为生物修复的重要支撑，是目前国内外报道比较多的一个领域，几乎所有的植物修复技术都与 Cd 有关。添加固定剂或钝化剂抑制污染土壤中的 Cd 等重金属向植物迁移的技术属于化学修复的重要支撑，从严格意义上讲，这只是一种调控手段，并没有从根本上改变污染土壤中重金属的总量，但正是这种调控技术却往往最容易被推广应用，因为它们具有见效快、成本低、操作相对简单等特点。施加凹凸棒石能有效降低 Cd 污染土壤对农产品的危害，这种调控手段无疑是对重金属污染土壤化学固定技术的补充与丰富。因为凹凸棒石不在传统的化学固定材料之列，施加凹凸棒石调控 Cd 污染土壤的应用前景问题以前也未有定论。

前人针对 Cd 等重金属污染土壤常用的化学固定材料有造纸废料、农肥特别是磷肥等，这可能与研究者多不出自地质矿产领域有关。从选择调控 Cd 污染土壤的化学固定材料的 4 个基本条件（能有效抑制土壤中的 Cd 向农作物迁移、不能产生新的污染、对农作物产量不能有副作用、尽可能成本低廉且易推广）来看，凹凸棒石作为调控 Cd 污染土壤的新型固定材料，无疑有诸多优势。首先，凹凸棒石调控 Cd 污染土壤的效果一般不会输于其他化学固定材料，通常施加适量的凹凸棒石环境修复材料可以使污染耕地矿产的稻米 Cd 含量显著降低，如在一块土壤 Cd 含量为 3.0mg/kg 的酸性田块中，未施加材料的稻米 Cd 含量为 0.5mg/kg，施加材料两年后其稻米 Cd 含量全部小于 0.2mg/kg，这一效率不是其他任意一种化学固定剂所能达到的，而且未发现将凹凸棒石与磷肥混合使用同单独使用凹凸棒石调控蔬菜 Cd 污染有差异；其次，江苏省所产的凹凸棒石本身 Cd 含量不高，与苏南大部分农田土壤 Cd 含量相当或更低，不会产生新的土壤重金属污染，属于典型的无污染材料，这点可从本次蔬菜与稻米产地现场调控试验均未增加原来土壤的 Cd 含量得到证实；再次，施加凹凸棒石不会降低原来农产品的产量，不会影响原来农田土壤的质量，相反可在抑制土壤酸化、增加土壤 CEC、提升土壤吸附能力与保肥能力方面发挥有益作用；此外，施加凹凸棒石除了减缓土壤 Cd 污染对农产品的危害外，还能同时降低农产品中的 Cu、Zn 等重金属含量，也可能对一些复合重金属污染土壤有一定功效；最后，凹凸棒石是一种廉价的固定材料，农民使用很方便（比使用农用石灰还方便），按照目前市场价格测算，1 亩地每年只要施加 100 元左右的凹凸棒石就能收到显著效果，这一成本还不足其土地年收益的 5%，大范围推广使用可能会更便宜，即使不考虑其他渠道资助，正常的农民也应该负担得起。还有一点不可忽视的是，凹凸棒石属于一种矿产资源，将凹凸棒石用于 Cd 污染土壤防治属于传统地质工作的延伸，是环境地球化学工程学的分内工作，在地学领域更容易被推广应用。

3. 主要研究结论

通过以上分析与讨论，可以断定施加凹凸棒石调控 Cd 污染土壤的应用前景十分喜人，随着国家对污染耕地的修复与防治力度不断加大，这一新的钝化技术还有更大的应用空间。就本次所选用的产自江苏省盱眙县的凹凸棒石开展的现场调控试验结果来看，可对施加凹凸棒石环境修复材料调控 Cd 污染土壤的钝化技术及其应用前景得出以下初步判断。

（1）正常凹凸棒石 Cd 含量不超过 0.16mg/kg，其是一种高效调控 Cd 污染土壤危害农产品的新型无污染固定材料，因为自身具有弱碱性、强吸附性、高黏性等特点，施加到 Cd 污染农田土壤中能适当调节土壤 pH、增加土壤 CEC，可以快速抑制农作物从土壤中吸收 Cd、Cu、Zn 等重金属，降低了农产品中 Cd 等重金属的含量。

（2）在耕作层土壤 Cd 含量为 0.3～0.45mg/kg 的背景下，通过每年施加 750g/m^2 以上的凹凸棒石，可以使当地蔬菜中的 Cd 含量从 0.27mg/kg 以上全部降低到

0.2mg/kg 以下，最大降幅为 48.1%，平均降幅约为 30%。凹凸棒石的调控时效一般不超过 2 年，其施加量达到 1500g/m^2 后，蔬菜中的 Cd 含量趋于稳定。

（3）在耕作层土壤 Cd 含量为 3mg/kg 左右、pH＜6.5 的酸性土壤背景下，通过每年向稻田施加 2000g/m^2 左右的凹凸棒石，2 年内可以使当地稻米的 Cd 含量从 0.5mg/kg 以上全部降低到 0.2mg/kg 以下，土壤 pH 增加得越明显，稻米 Cd 含量就下降得越多。

（4）在耕作层土壤 Cd 含量为 4.62mg/kg 的背景下，添加凹凸棒石和有机肥后，与对照相比显著降低了小麦籽粒中 Cd 含量，由最大值 1.81mg/kg 降低为 0.31mg/kg，降幅约为 82.9%。施加凹凸棒石及优质有机肥后，可以部分改良土壤的质地，也能在一定程度上改变土壤的粒径结构，使耕层土壤的细颗粒级土壤比例明显增加。

（5）基于凹凸棒石原料的钝化修复技术在治理中轻度 Cd 污染耕地上有显著效果，施加凹凸棒石材料调控污染耕地中稻米 Cd 的效果要强于小麦，施用改性凹凸棒石材料的效果要强于施用常用的凹凸棒石原料。钝化修复技术运用得当，可以有效调控水稻籽粒吸收土壤 Cd，修复成功率为 100%。

5.5　Cd 污染耕地生态修复示范工程建设

利用上述新研制的植物修复技术及钝化修复技术，在无锡市锡山区鹅湖镇及宜兴市徐舍镇进行了针对 Cd 污染耕地治理的工程示范，为推广应用可行的植物修复技术、钝化修复技术等治理耕地 Cd 污染提供了现场示范经验。

5.5.1　植物修复示范

示范工程选区：依据苏锡常地区耕地 Cd 污染分布特点及其代表性，综合考察后择取无锡市锡山区鹅湖镇甘露社区蔡湾村包埂东头一片 Cd、Hg 等污染农田进行示范工程建设，主攻柳树等植物修复技术应用示范及相关经验摸索。示范区占地 7 亩。

示范区建设经过：通过租用当地村委会的上述土地，以栽种苏柳 795、苏柳 172 这两种大生物量植物为主，结合培植籽粒苋 K112、R104 这两种叶菜类植物，耗时 1 年多建成了该示范工程。自 2012 年 4 月初正式开建，其间经历了土地整改、柳树栽种、田间管理（浇水、施肥、杀虫、除草、树叶清理等）、籽粒苋育苗试验与培育生长、蔬菜收割、树叶与干菜焚烧、灰烬处理、试验田周围环境与道路清理、示范工程立牌等过程，耗时约 1.5 年，建成了占地 7 亩的以大生物量植物修复技术为核心的 Cd 等重金属污染土地生态修复试验示范工程。最初设计该示范工程使用期限为 2012 年 4 月～2015 年 4 月。实际上 2013 年 10 月该工程基本建成，之后一直保留下来，目前已经接受业内相关科技人员专门参观考察、观摩取经十余次。图 5-23 和图 5-24 中记载了该示范工程建设的有关情况。

图 5-23 记录了柳树插条成活后初步长成的情况，苏柳 795、苏柳 172 插条成活约 1 个月，生长的柳树苗约 30cm 高。

图 5-23 试验地柳树插条生长 1 个月时的情景（拍摄于 2012 年 5 月）

图 5-24 记录了试验地籽粒苋的培植与生长情况。籽粒苋播种后约 15 天出土，1 个月后可以生长到 10cm 左右高，70 天后可以长高到 1m 左右。若室内育苗移植到现场，籽粒苋将生长得更茁壮。至此，标志该植物修复示范工程基本建成。

图 5-24 试验地籽粒苋生长 70 天后的状况（拍摄于 2013 年 9 月）

图 5-25 记录了示范工程的竖牌情况。该标牌为专门定制，立在试验地的东北角。标牌主要介绍了建设该示范工程的背景及其意义。

图 5-25 植物修复示范工程建成后竖牌（拍摄于 2013 年 10 月）

示范工程建成后还要聘用当地人员对该示范工程进行日常看管与维护，柳树在生长过程中要不断杀虫，冬天落叶后要进行清扫与集中处理。示范工程到期后，将土地返还给当地村委会，将地中生长的柳树抵押给土地主人，用柳树的价值抵偿复原耕地的开支。

工程概况：该示范工程坐落在无锡市与苏州市交界部位，是历史上苏锡常地区地面沉降所影响的范围，其西南向 20km 外即为太湖，其南向不到 10km 即为苏州市的漕湖，所在的鹅湖镇即紧临鹅湖（鹅真荡），镇名即由该湖名而来。当地乡镇企业发展历史比较悠久，交通极为发达，示范工程四周都有乡村水泥路。示范工程未建前的土地，一半为苗圃，一半为粮田（一年稻麦两熟），修复试验只针对污染粮田。具体位置及试验田块概况如图 5-26 所示，占地 7 亩。北面的 5 亩柳树生长地是示范工程的主体，柳树地中间的沟渠是原来的灌溉设施，刚好分成两块地，分别栽种苏柳 795 及苏柳 172。南面的 2 亩地也因中间的灌溉渠自然分成两块，与栽种苏柳 795、苏柳 172 的两块地从前是各自其中的 1 部分，用来培植籽粒苋，同时也留出部分空白作为上述 4 个品种植物修复试验的对照所用。再往南就是当地村委会种植的苗圃，种有玉兰树、红枫等观赏性苗木，其也有部分挡风、恢复原建设用地植物生长等作用，同时也为对比柳树、籽粒苋等清除当地土壤 Cd 污染效果提供了多种植物对比的基础。

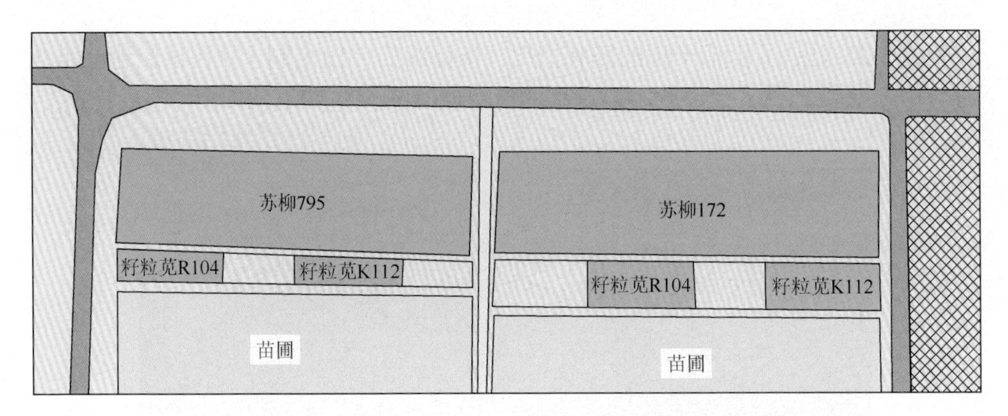

图 5-26　典型 Cd 等污染土地植物修复示范工程轮廓

示范工程意义：该示范工程是针对耕地 Cd 等重金属污染防治、由国土资源公益性行业科研专项资助的江苏省国土资源系统内首例植物修复示范工程，其为日后运用柳树等大生物量植物修复技术清除农田土壤残留 Cd 提供了实地样板，也为观测特殊品种柳树等植物在污染土壤中的生长、发育、吸收土壤重金属等提供了教学实验基地。

5.5.2　钝化修复示范

示范区位置：位于宜兴市徐舍镇宜丰村薛家桥附近，占地 50 亩，目前为大片耕地，中心位置坐标大约为 119°41′22.17″E、31°24′38.15″N。

示范工程建设经过：2015 年秋收后完成所选定示范区田块的土壤环境状况调查，2016 年初确定建设示范区的基本方案，2016 年 5 月小麦收割完毕即开始施工，2016 年底建成并通过验收。其大致施工过程包括：修复前按照田块系统采样分析→播种前按照当地水稻播种要求对修复田块进行翻耕→放水前按照田块均匀播撒适量的改性凹凸棒石黏土材料（平均 700kg/亩）→正常淹水浸泡→碎土并材料混匀→田块泥浆抹平→播撒秧苗或稻种（由农户自行决定）→正常农耕管护保证水稻按时生长→收割时系统采样分析→评价修复效果→竖标牌建立示范工程。图 5-27 记录了其施加钝化材料的现场施工经过。

工程建设采用的主要经济技术指标：包括以下 6 个层面。

（1）使用的改性凹凸棒石黏土材料：Cd 小于 0.15mg/kg、pH = 8.1～8.3、CEC = 420mmol/kg；

（2）材料用量：平均 1000g/m^2；

（3）耕地翻耕深度：20cm；

（4）材料播撒形式：人工 + 机械；

（5）播种水稻品种及产量：当地主产品种，平均亩产 1000kg 以上；

（6）水稻生长有效期：每年 5 月下旬～10 月下旬、正常生长期约 150 天。

图 5-27　施加改性凹凸棒石材料钝化修复现场（拍摄于 2016 年 6 月）

示范区概况：在徐舍镇宜丰村老 104 国道北侧、紧邻 104 国道，有乡村水泥路直通示范区，示范区占地 50 亩，全部为当地基本农田，一年两熟，夏季种水稻、冬季种小麦（或空置），机耕道、灌溉系统基本配套。当地因为历史上发展重金属冶炼，工业不达标排放等形成了局地重金属污染，其中在薛家桥、江舍一带的耕地土壤 Cd 污染达到中-重度。应当地需要生产安全稻米的需求，决定在当地进行 Cd 污染耕地修复治理。耕地土壤基本污染特征：土壤 Cd 一般介于 0.6～2.2mg/kg，土壤 pH 大多为 6.0～6.5，污染土壤深度平均约 20cm。不同田块之间的土壤污染程度存在一定差异，未修复前稻米 Cd 全部大于 0.14mg/kg，稻米 Cd 超标率为 65%。示范区建成后，所产稻米 Cd 全部达标。

示范工程意义：为推广应用改性凹凸棒石钝化修复技术提供了样板，为验证改性凹凸棒石环境修复材料的钝化效果提供了实证依据，为保障当地中重度 Cd 污染耕地的水稻生产安全提供了适宜的钝化技术，也为确保基本农田数量、充分利用部分污染耕地提供了合适的选项。

第6章　地面沉降与水土地质环境演化

耕地污染与水土地质环境变化密切相关，地面沉降同水土地质环境演化的关系历来为各方面业内人士所关注。苏锡常地区是最近几十年来地面沉降最严重的地区之一，在长江三角洲地区乃至我国整个东部平原地区都极具代表性。该区从前研究地面沉降及水土污染等地质环境演化的资料很多，但将这两个方面结合起来作为一个整体探讨的不太多。本次研究专门针对苏锡常地区典型地面沉降对局地水土地质环境变化的影响等进行了剖析，本章即对该研究领域所获取的相关成果资料做一归纳总结。

6.1　典型地面沉降区水土地质环境变化

地面沉降最直观的表现形式是物理运动，同时也伴随一部分化学运动。苏锡常地区地面沉降的发生主要与地下水开采有关，其沉降区范围在不同的历史时期也不尽相同，地面沉降所引发的水土地质环境变化已早被广为关注（薛禹群等，2003；于军等，2006；王光亚等，2009；刘立才等，2009）。地面沉降的实质就是陆地高程降低、水位相对升高，这本身就是一种明显的地质环境变化。与之对应的是，当地还会出现潜水面抬升、内涝、盐渍化等地质环境变化，有的地方还会出现地裂缝，以及一些肉眼观测不到的变化。因为苏锡常地区出现地面沉降时衍生了不少水土地质环境变化，同时也防治地面沉降使一些水土地质环境变化得以恢复，导致当今能观测的水土地质环境变化与当初曾出现的水土地质环境变化有较大差别。苏锡常地区地面沉降区除了发生地裂缝这一更为严重的地质灾害外，依据实地观测及前人的有关记录，还出现了以下水土地质环境变化。

（1）地质灾害频发。苏锡常地区地面沉降最严重的时期，也是当地地质灾害影响最明显的时期。地质灾害最频发的地段，也是地面沉降最严重的地段。以洛社、前洲、玉祁、阳山和堰桥等乡镇组成的锡西地区是无锡西部经济最为发达、人口最为密集的地区。长期工农业生产中过度开采地下水资源，导致本地区发生了苏锡常平原区最为严重的地面沉降灾害。1999年江苏省地质测绘院曾对锡西地区的地势变化进行了专门的调查，对石塘湾附近仉巷Ⅱ3-1-55 号水准点复测的结果反映了1959～1999年该点高程由3.186m降至1.342m，累计沉降量达1.844m。通过1∶10000地形图对比分析发现，近20年的沉降作用使锡西地区微地貌形态发生显著改变，石塘湾浒四桥附近的最大地面沉降可达 2.8m。而位于北侧的玉祁镇原本就属于古芙蓉湖圩区，地势低洼，经地面沉降后，地面高程进一步下降，目前已接近 0m。在经历严重的地面沉降之后，锡西地区防洪险情陡增，为抵御洪水，沿河挡水墙被不断加高，最高处已超过 2m，大运河水位常年高于两岸，形成"悬河"奇观，成为苏锡常地区地面沉降漏斗的中心。

（2）潜水面上升。地面沉降伴随潜水面上升是很正常的现象，苏锡常地区地面沉降区的潜水面变化因为缺少关键井位的连续监测数据，加之当地地下水的补给相当充分，潜水面在丰水与枯水季节、降水前后等观测数据都有一定误差，而且夏天当地降水极其充沛，目前能见到的证据中，能显示当地地面沉降严重时期其潜水面明显上升的资料不是太多。虽然地面沉降是一种悄无声息的过程，但当地群众对此深有感触。调查发现，与 20 世纪 80 年代相比，沉降区田地里的积水增多了，原来可以自行排干，现在则要动用机械排涝，自家院内的井水位也变浅了，这些都是潜水面上升的直接证据。内涝增加与潜水面下降有直接联系，在个别地面沉降区中心地段，现在还存在内涝现象，在连续几十天不降雨的旱季，其地里也是无比潮湿，而其他地区的稻田土壤早已干透了，潮湿田地里的土非常黏，人穿鞋在田中行走，鞋底粘有厚厚的泥巴，这在其他非沉降区也是不可想象的。另外，从 2003 年苏锡常地区监测得到的地下水位埋深变化来看，地面沉降区的地下水位埋深要相对更浅些，也指示其潜水面存在普遍上升趋势。2000 年后，苏锡常地区开始禁采深层地下水，地面沉降开始减弱，经过一定时期后有些地方的潜水面又基本恢复到先前状态，这是地面沉降改变潜水面的又一证据。

（3）地表水富营养化加剧。地面沉降所带来的另一水土环境变化，就是地表水的排泄渠道被堵塞或减缓或改变，从而形成严重的水体富营养化。水体富营养化不一定都是由地面沉降引起的，但地面沉降能加剧水体的富营养化是可以肯定的。苏锡常一带整个平原区河水湖水均不同程度受到污染，地面沉降又进一步加剧了部分河流的污染，特别是富营养化，多数河流沦为排污通道，使一些生活用水进入河湖，导致水体中 N、P、OM 等营养物质急剧增加，水中溶解氧减少，诱发藻类等生物的快速繁殖，生物快速繁殖消耗水体中原先有限的氧气，使河湖中的营养物质越来越丰富，正常生物的生存环境越来越差，最终爆发一些极端的环境事件。像"太湖蓝藻暴发"是该地区地表水污染的典型事件，主要原因是水体中的 N、P 元素浓度偏高形成富营养化。早在 1991 年，太湖就发生了首次大规模水污染事件，严重影响了上海市的饮用水源。自 2001 年开始，太湖更是年年暴发大面积蓝藻。2007 年 5 月 28 日，太湖水域蓝藻暴发，导致无锡部分地区自来水水质发生变化，居民生活用水出现异味，引发供水危机。根据 2008 年太湖质量评价报告，太湖总体水质为劣 V 类。太湖水域蓝藻暴发仅仅是当地水体富营养化的一个结果，而水体富营养化又与当地的地面沉降有密切联系。除了"太湖蓝藻暴发"这一著名的富营养化现象外，在苏锡常地区还可见到多处富营养化现象。在地面沉降区及其附近见到富营养化现象非常普遍，当然其他地区也能见到水体富营养化现象。

（4）土地利用方式改变。地面沉降改变了局部水土地质环境，相应地，要改变部分土地的环境质量状况，就要变更部分土地的利用形式。苏锡常地区以水网化平原为主，地表水系十分发育，曾经是我国著名的“鱼米之乡”。但随着工业化进程加快、人地作用的加剧，在近三十多年里，地面沉降的影响，导致土地利用格局发生显著变化。据统计，城镇建设用地比重已由20世纪80年代初的9%上升到现在的36.4%；由于地面沉降，土地被淹没的风险在增加，渍涝有加重趋势，地表水体面积也由当初的7.5%上升到9.8%。工业三废排放、化肥农药流失及生活垃圾无序堆放正以前所未有的强度腐蚀着整个地区的土地资源。在传统工业类型中，纺织、印染、化工、冶金、造纸、皮革加工占有绝对比重，由于忽视对环境的保护，每年有大量工业废水和处理不达标的废水排入河道，加之人流物流的迁移，各种污染沿水网、路网扩散，正深度改变着区域水土环境。地面沉降从保护生态环境的角度来看，可以增加部分人工湿地、增加地表水体覆盖的比例；从不利的角度来看，可能破坏部分建设用地原来的利用格局，减少或浪费部分优质耕地。地面沉降改变土地利用的另一个实例就是地裂缝引起的单位建设用地选址的搬迁，在常州市就发生过。

（5）浅层地下水的水质变差。地面沉降可以污染地表水，也可以污染地下水。苏锡常地区发生地面沉降以来，其地下水质也发生了较大变化，总体趋势是当地浅层地下水的水质进一步变差。本地区包气带普遍偏薄，对地下水的防护能力不足，潜水与地表水联系密切，因此，浅层地下水极易受地表污染的影响。据20世纪80年代完成的太湖平原地下水环境调查结果，本地区浅层地下水已受到轻度污染，基本特征是氨氮组分含量偏高，究其原因，归结为农业化肥和生活垃圾污染，重度污染区大致沿京杭大运河沿线分布，这一地区为当时的人口和工业经济集中区。又据2006年采样调查结果，若就无机指标评价，90%的样品达到III类水质标准，另外10%的样品水质较差，不适宜饮用。超标指标共11种，其中，一般化学指标7种，分别是Fe、Mn、pH、总硬度、溶解性总固体、耗氧量和氨氮；无机毒理指标3种，分别是碘、硝酸盐和亚硝酸盐，以及毒性重金属指标As。若就综合质量评价，苏锡常平原区浅层地下水水质多为Ⅳ类，局部达Ⅴ类标准。本地区居民有着数千年开采浅层地下水的历史，住户常备有水井，过去日常生活所需水量均取自井水，但现在由于水质变差，井水已不再是饮用水源，而仅仅用作洗涤、浇灌等。

6.2 典型地面沉降区环境地球化学特征

本次研究针对苏锡常地区地面沉降最严重的地段之一锡西地区及其附近进行

了地表土壤加密调查，同时还收集到沉降区与非沉降区的少量土壤水样品环境地球化学调查数据，以及沉降区与非沉降区少量土壤样品的重金属形态分析数据，为解析地面沉降对有关水土环境元素分布的影响积累了第一手资料。

6.2.1　地面沉降区土壤元素含量分布状况

无锡市西北部的锡西地区是历史上苏锡常地区发生地面沉降最严重的地区，目前仍是沉降面积最大的一片地区，在沉降中心地段农田中还存在内涝。选择包括该沉降中心区在内的无锡市西部及其附近农田土壤进行了加密调查，测试地表土壤样 1718 个，分析了 N、P、K、Ca、Na、Cl、S、B、Mo、Fe、Cu、Zn、TOC、As、Cd、Hg、Pb、Co、F、Se、pH、CEC 共 22 项指标，构成了本次探讨沉降区与非沉降区土壤元素含量分布差异的数据基础。沉降中心所在地总面积约 85km^2，该区块东边以锡澄运河为界，南边以京杭大运河为界，西边以五牧大运河为界，北边以塘河为界。其行政区域包括玉祁镇南部、前洲镇和洛社镇北部。其地面沉降地质灾害经过连续多年的防治（主要是禁采地下水），已控制其继续恶化的趋势并向逐步恢复上转进。

该地区是苏锡常地区社会经济发展的缩影，正经历着农业社会向工业社会的转型，同时，它地处苏锡常地面沉降区的中心部位，面临着地面沉降和浅表水土污染问题，可谓是苏锡常地区自然条件和社会经济发展状况的一个缩影。当地社会经济发达，现代发展很快，是苏南经济模式的发源地。20 世纪 80 年代，以乡镇工业为代表的经济形式异军突起，并逐渐壮大，推动了整个地区的社会经济发展，玉祁、前洲、洛社相继迈入全国亿元乡镇行列。进入 90 年代，社会分工越来越细，生产越来越集中，工业生产力较过去呈几十倍、几百倍的增长，以冶金、机械、纺织、电子、轻工、化工等为主导产业，经济实力进一步增强，区内又相继出现多个亿元村，农村综合经济实力在江苏省名列前茅。2012 年，地区生产总值 240 亿元，财政收入 40 亿元。

目前，本地区正在城镇化与新型农业现代化快速发展的大道上迅猛迈进，其基础设施建设持续高位运行，建成区面积逐年扩大，原有的村落被搬迁、归并，农田得到整治，被集中开发。随着工业、服务业经济的不断壮大，人口进一步向城镇聚集，依据统计资料，区内总人口约 19 万人，其中洛社片人口 10 万人，前洲 5 万人，玉祁片约 4 万人，外来人口已接近本地区总人口的一半。锡西地区正在告别传统的农村乡镇模式，向着现代化的中心市镇发展。根据惠山区整体规划，未来的锡西地区将成为无锡西部重要的城镇化组团、现代物流区、工业园区、现代农业示范区和城铁国际商务区。玉祁、前洲、洛社三镇的镇区面积都在 10km^2 以上，区内区间有便捷的交通路网相连，文化教育、医疗卫生、商贸服务等基础设施配套完善。此外，沪宁高速、锡宜高速、锡澄高速、京沪高铁、沪宁城铁、342 省道、312 国道贯穿本地或从附近通过，加强了锡西地区作为城市副中心与主城的联系。

图 6-1 展示了上述加密调查区地表土壤（以耕地为主，余同）的 OM 分布状况，从图 6-1 可以看出沉降区范围内的农田土壤 OM 普遍偏高，大部分地段农田土壤的 OM 含量都高于 3%，沉降中心（累积沉降量大于 1000mm 的沉降最严重地段）农田土壤的 OM 含量大部分超过 4%，最高可达 8%以上。统计分析显示，沉降区土壤的 OM 含量比非沉降区平均要高出 1.5%左右，说明地面沉降已使当地农田土壤的 OM 发生了一定程度的相对富集，这与地面沉降将加剧土壤富营养化的判断是一致的，原理上也很好解释。但地面沉降对土壤有机质分布的影响毕竟是一个比较漫长而复杂的过程，地面沉降可导致土壤 OM 相对富集，并不代表所有地面沉降区的土壤 OM 含量一定都高于非沉降区土壤。上述加密调查区土壤 N 含量分布特征与 OM 高度相似，总体趋势也是沉降区范围内的农田土壤 N 含量普遍偏高，沉降中心富集相对更明显，说明地面沉降加剧了土壤富营养化。

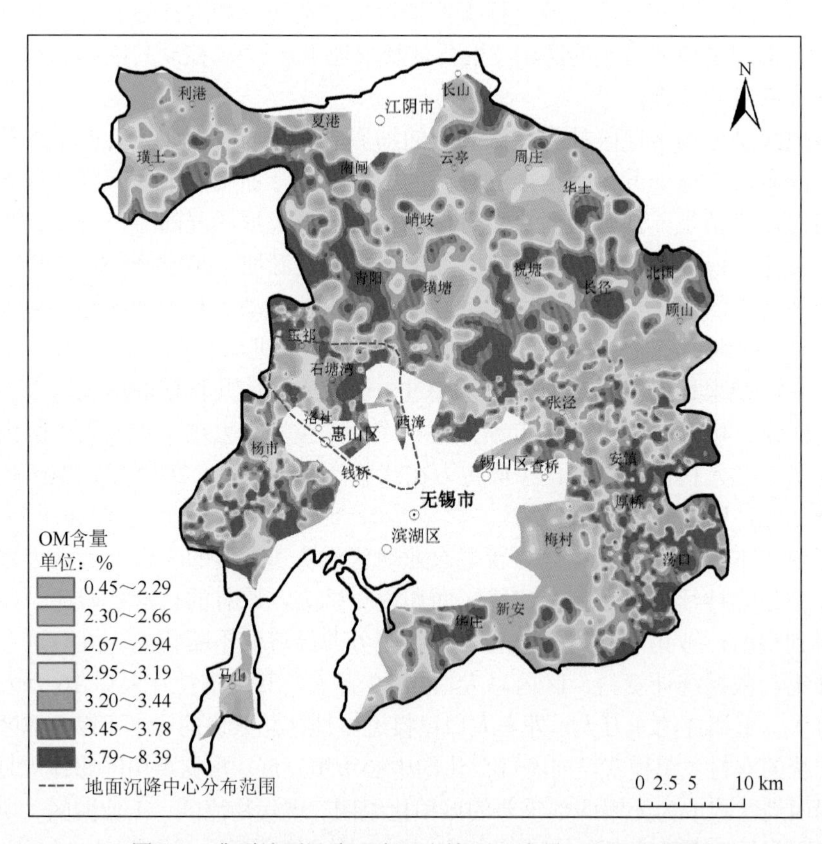

图 6-1 典型地面沉降区农田土壤 OM 含量（%）分布图

图中空白处为城市建筑区，无土壤样点控制

图 6-2 展示了上述加密调查区地表土壤的 Hg 含量分布状况，与 OM 相比，能看出两者在工作区南部存在同步相对富集趋势。

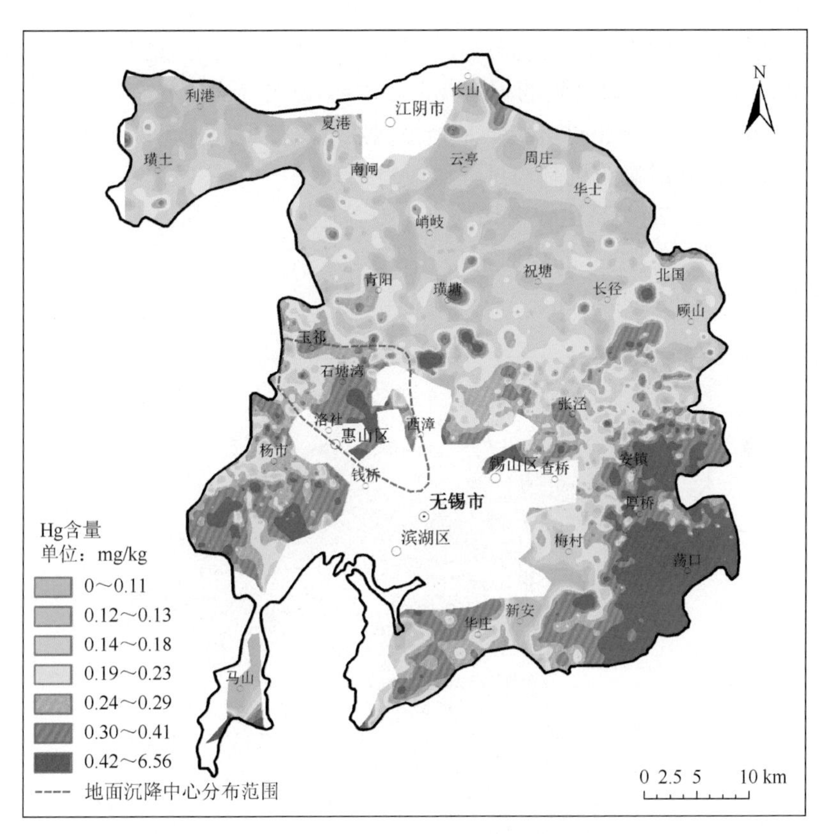

图 6-2　典型地面沉降区农田土壤 Hg 含量（mg/kg）分布图

图中空白处为城市建筑区，无土壤样点控制

解读图 6-2 还发现，地面沉降中心区（锡西洛社一带，余同）土壤的 Hg 含量总体偏高，当地土壤的 Hg 含量一般都在 0.2mg/kg 以上，最高可达 4.5mg/kg 以上，地面沉降中心区土壤的 Hg 平均含量要比非沉降区土壤的 Hg 平均含量高 2 倍以上。加密调查区东南角安镇-荡口一带是土壤 Hg 高含量集中分布区，当地土壤的 Hg 含量全部在 0.4mg/kg 以上，最高可达 6.560mg/kg，平均在 1.5mg/kg 以上，这一带也是苏锡常地区地面沉降区的分布范围，当地还可见地面沉降监测点，但不是地面沉降最严重的地段，总体属于地面沉降区偏离沉降中心的边缘地段，其土壤的 Hg 平均含量比非沉降区高出近 10 倍，说明地面沉降也可造成当地局部土壤的 Hg 发生明显的相对富集，造成沉降区土壤 Hg 出现相对富集的原因尚不清楚，而且地面沉降区土壤 Hg 发生相对富集也与地面沉降严重程度之间不存在正相关性，沉降最严重地段的土壤 Hg 相对富集并非最强烈。这些说明地面沉降对地表土壤 Hg 发生相对富集有一定影响，但影响过程及其机理相当复杂。

与重金属 Hg 类似，地面沉降区土壤与非沉降区相比，其重金属 Cd、Zn 也存在相对富集趋势，但相对富集的程度要弱于 Hg，说明地面沉降有可能使局部地表土壤发生 Hg 等重金属相对富集不是一个偶然现象，但地面沉降导致土壤重金属出现一定程度相对富集的机制与过程比较复杂。

Se 是与人为活动关系比较密切的一个有益微量元素，苏锡常地区许多重金属污染地区都伴随有土壤 Se 的相对富集，图 6-3 展示了上述加密调查区地表土壤中微量元素 Se 含量的分布状况。

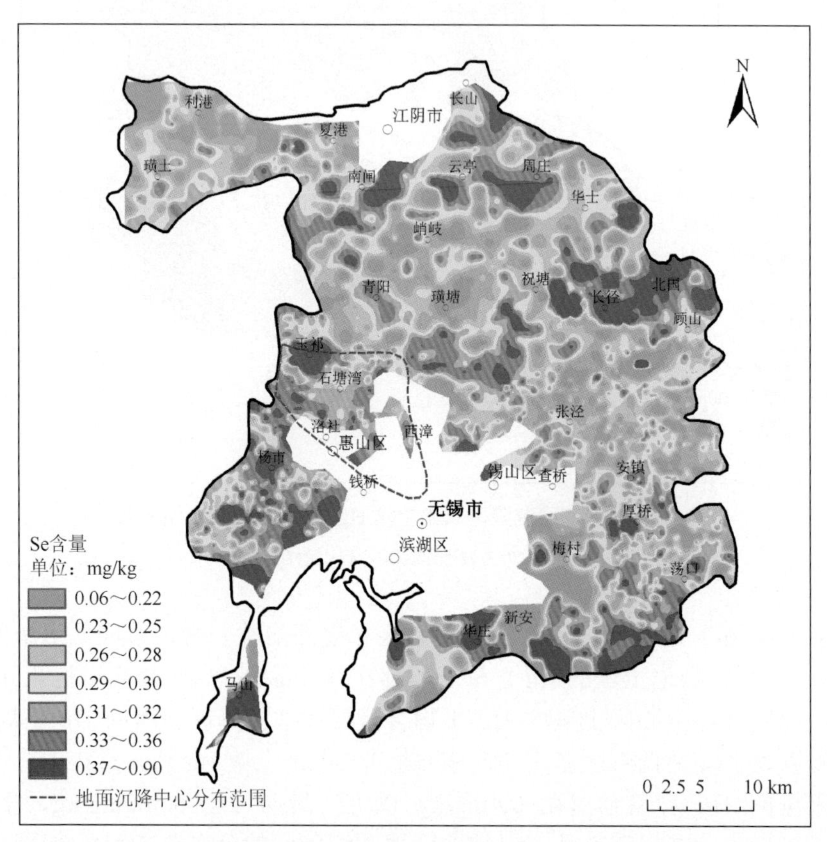

图 6-3 典型地面沉降区农田土壤 Se 含量（mg/kg）分布图

图中空白处为城市建筑区，无土壤样点控制

从图 6-3 可以看出，在锡西洛社一带的地面沉降中心区土壤中，其 Se 含量也明显偏高，在加密调查区东南角安镇-荡口一带地面沉降边缘地带，其土壤的 Se

含量也大部分偏高，相比而言，地面沉降中心区附近的土壤 Se 相对富集趋势更加明显，这点与 Hg 相反。在锡西洛社一带的地面沉降中心区及其附近土壤中，其 Se 含量普遍高于 0.3mg/kg，最高可达 2mg/kg 以上，而当地非沉降区一般农田土壤的 Se 含量普遍低于 0.2mg/kg，说明地面沉降中心部位的农田土壤 Se 含量曾发生过一定富集。同样地，因为地面沉降可能只是导致地表土壤 Se 出现相对富集的一个因素，而非唯一因素或决定性因素，导致加密调查区土壤 Se 相对富集现象与地面沉降不可能是一一对应的，地面沉降区范围内（特别是沉降中心附近）总体上表现出土壤 Se 含量相对偏高，但其他非沉降区也存在土壤 Se 相对富集的地段，说明地面沉降与相关元素在沉降区范围内土壤中出现相对富集这一现象是存在的，但绝不能说地面沉降就一定能使相关元素在土壤中出现显著富集，而没有地面沉降的地方土壤中就不存在类似的元素富集现象。地面沉降是导致地表土壤出现部分微量元素相对富集的重要因素，但不是唯一因素，甚至可能不是主导因素，这点应该具有普遍性。

不同元素在地表物质循环与交换过程所表现出的特点不一样，也导致了同样是受地面沉降的影响，各元素在地表土壤的地球化学行为或分布特点不一样。地面沉降有可能使某些元素出现地表土壤的相对富集，也可能使另外一部分元素出现地表土壤的相对贫化。有富就有贫，这才符合辩证统一的自然法则。图 6-4 展示了上述加密调查区地表土壤的 Ca 含量分布状况，从图 6-4 可以看出，地面沉降中心区土壤的 Ca 含量总体偏低，这点与 Hg、Se 等正好相反。沉降中心的土壤 Ca 含量大多低于 0.7%，而这一带非沉降区土壤的 Ca 含量多大于 1%。与此沉降中心相邻的北部地段，其土壤的 Ca 含量也普遍高于 1.5%，这一带还处于地面沉降区边缘位置。在加密调查区东南角安镇-荡口一带，其土壤的 Ca 含量也是有贫有富。在同一沉降区范围内，因离沉降中心的距离远近不同，所以土壤中的 Ca 含量分布出现较大差异，这也再次证实地面沉降对地表土壤的元素行为影响或作用机制是相对复杂的，不同元素因为自身环境地球化学习性不一样，在地面沉降这一过程所表现出的再分配特征也可能存在较大差异。Ca 是碱土金属，在自然环境中相对容易溶解于水环境，随着水的流动和水环境酸碱性的改变而其分布形式与特点发生变化，土壤中相对贫 Ca 有可能是土壤中的 Ca 转移到水中，随地下水迁移到其他碱性地段重新沉淀，这样就出现了沉降区中心土壤相对贫 Ca，而紧邻沉降中心附近的土壤又相对富 Ca 的现象，也解释了为何同一地面沉降区所控制的范围，其土壤中的 Ca 出现了贫富相间的现象。从锡西洛社一带地面沉降中心区土壤总体偏酸性来看，也说明当地土壤环境有利于 Ca 从土壤转移到水中，结合地面沉降中心潜水面上升较大、地表水排泄不畅的一般规律来看，当地土壤相对贫 Ca 的确可能由地面沉降引起的水环境变化所致，土壤中的 Ca 转移到水中与 Ca 易溶于水、当地土壤偏酸性有关。

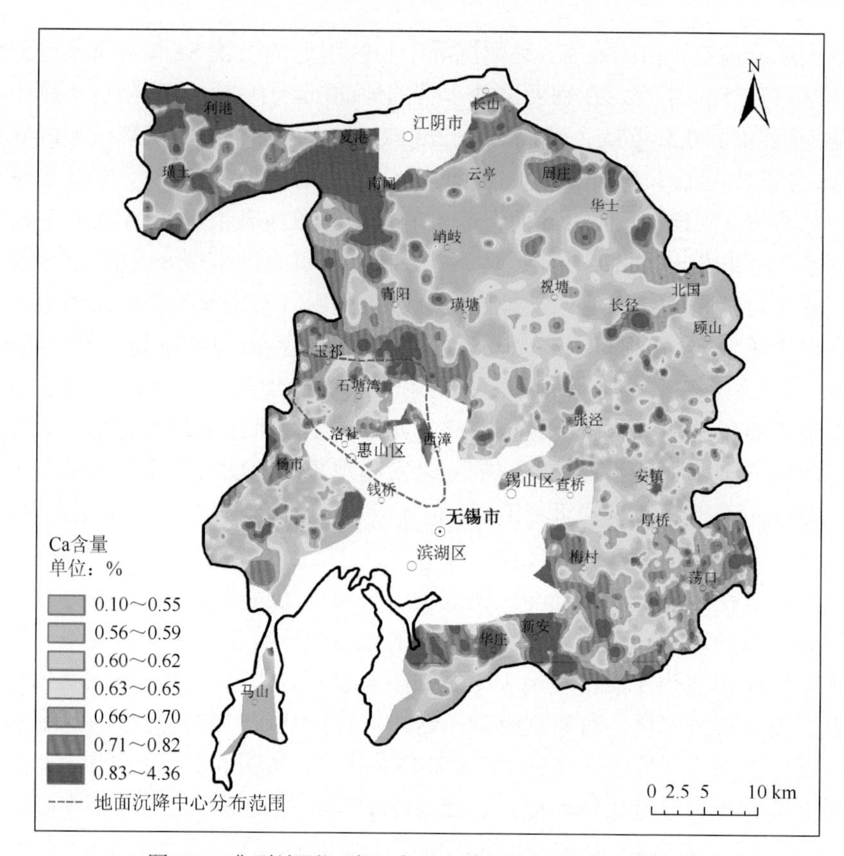

图 6-4　典型地面沉降区农田土壤 Ca 含量（%）分布图

图中空白处为城市建筑区，无土壤样点控制

与 Ca 地球化学性质相似的还有 Mg、Na 等元素。上述地面沉降区范围内土壤的 Mg、Na 分布也与 Ca 相似，其在地面沉降中心地段土壤中相对偏低，在地面沉降区边缘土壤中相对偏高，同一地面沉降区范围内的土壤 Mg、Na 含量也出现了贫富相间的现象。

对上述加密调查区地表土壤中 Fe 含量分布状况研究发现，在地面沉降中心区土壤中，其 Fe 含量总体偏低，地面沉降中心区土壤的 Fe 含量大部分低于 3.2%，而当地非沉降区土壤的 Fe 含量大多高于 3.2%，最高可达 5%以上。加密调查区内土壤的 Fe 含量分布与 Ca 有诸多相似之处，如在地面沉降中心区土壤 Fe 含量偏低，稍离中心的地面沉降区边缘土壤中 Fe 含量则明显增高，同一地面沉降区范围内的土壤 Fe 含量也出现了贫富相间的现象，这些都是上述 Ca 的分布特点。Fe 作为常见的变价元素，其在地表环境的分布迁移同氧化还原环境变化有关，苏锡常地区正常土壤中都含有 3%以上的 Fe，正常情况下土壤环境缺 Fe 的现象比较少见，但土壤中 Fe 的分布毕竟不是均衡的，导致土壤 Fe 含量分布出现差异的一个重要因素即各地土壤的氧化还原环境有差异。地面沉降可以改变地表局部的水循环与迁移路径，势必会导致部分地区土壤原有的氧化还原环境发生变化（土壤 Eh 变化），从而导致原来土壤中的 Fe 等变价元素分布出现局部细微变化。与 Fe 类似的可能还有 Mn。

通过以上分析介绍可以看出，地面沉降的形成与发展的确可对沉降区及其附近地表土壤环境的元素分布产生一定影响，这种影响的机理比较复杂、表现形式也相对多样化，大致可归纳为以下几个方面。

（1）地面沉降区范围内土壤的营养元素容易出现相对富集，总体趋势是地面沉降中心地段的营养元素相对富集要更为明显，这与地面沉降导致局地水土富营养化有较大关系。

（2）地面沉降区范围内土壤可出现 Hg、Cd、Zn 等重金属及微量元素 Se 的相对富集现象，但相对富集最强烈的地段不一定是沉降中心区。沉降区范围内土壤出现上述元素的相对富集，与地面沉降反映的人类活动有关，地面沉降区通常是历史上大量开采地下水的地区，大量开采地下水一般都是为了发展乡镇企业，乡镇企业的早期产品多涉及上述重金属及相关微量元素，加上当时缺少严格环境监管与科学保护措施，致使一些污染物转移到土壤。

（3）地面沉降区范围内土壤可出现 Ca、Fe 等常量元素局部贫化现象，但 Ca、Fe 等在整个沉降区范围内土壤中的分布特点是不一致的，沉降区中心土壤可能出现 Ca、Fe 等相对贫化，但沉降区边缘土壤的 Ca、Fe 则可能又表现为相对富集，同一沉降区范围土壤的 Ca、Fe 等分布可表现为贫富相间。地面沉降能影响地表土壤的 Ca、Fe 分布，推测其与地面沉降能改变局地水土环境的 pH、Eh 等有关。

（4）地面沉降影响地表土壤部分元素含量分布，不同元素空间分布的表现也各有差异，形成这种差异的机理相对复杂。有些现象背后所隐藏的本质问题可能需要长期观测研究才能解释清楚。地面沉降本身是一个动态的过程，地面沉降与土壤元素地球化学行为的研究所揭示的部分现象也可能是不断变化的。

6.2.2 地面沉降区潜水中元素含量等分布特征

在苏锡常地区地面沉降最严重的锡西地区，采集了少量土壤水（通过指在农田挖坑用专门设备采集的潜水面下渗出的清洁土壤溶液，又称土壤水，是潜水与土壤中重力水的混合水，余同）样品进行元素含量等分析测试，将沉降区同当地远离沉降区所采集的农田中的潜水样品环境地球化学指标进行对比，可以看出地面沉降区与非沉降区的潜水元素含量等分布还是存在一定差异的。

图 6-5 是地面沉降区与非沉降区潜水（或土壤水，余同）Mg^{2+}分布情况统计结果对比，所有沉降区潜水样全部采自上述锡西洛社一带的地面沉降中心区，非

沉降区潜水样全部采自该沉降中心所在的地面沉降区范围之外的相关地区内，采样时间全部为 2012 年枯水期（11 月）。从图 6-5 可以看出，地面沉降区范围内潜水样的 Mg^{2+}最低含量、平均含量均高于非沉降区潜水样的 Mg^{2+}含量同类值，沉降区潜水 Mg^{2+}最低含量比非沉降区潜水要高出近 1 倍，说明地面沉降区潜水的 Mg^{2+}含量总体相对偏高，与前面介绍的地面沉降区地表土壤 Mg 含量偏低有对应关系，也说明地面沉降的确可以引起地表水土环境易溶盐指标的再分配。

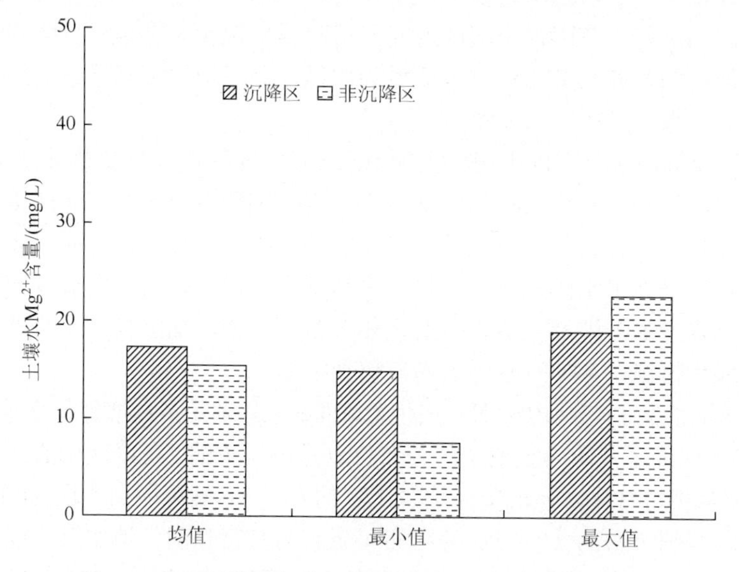

图 6-5　地面沉降区与非沉降区农田中潜水 Mg^{2+}分布对比

Ca^{2+}也是重要的易溶盐指标，其在地表水土的地球化学行为与镁离子有极大的相似性。地面沉降区范围内潜水样的 Ca^{2+}最低含量、平均含量均高于非沉降区潜水样的 Ca^{2+}含量，沉降区潜水 Ca^{2+}的最低含量超过 60mg/L，而非沉降区潜水样的 Ca^{2+}最低含量不足 40mg/L，同样说明了地面沉降区潜水样的 Ca^{2+}含量总体相对偏高。上述沉降中心区潜水样 Ca^{2+}与 Mg^{2+}分布特征的吻合，进一步证实了地面沉降可以引起当地地表水土环境中易溶盐的重新分配。

图 6-6 对比了本次收集到的地面沉降区与非沉降区潜水样品 Cl^-分布数据的统计结果，从图 6-6 可以看出，地面沉降区与非沉降区潜水样的 Cl^-分布特点与前述的阳离子 Ca^{2+}、Mg^{2+}十分相似，基本情况是地面沉降区范围内潜水样的 Cl^-最低含量、平均含量均高于非沉降区潜水样的 Cl^-含量同类值，说明地面沉降区潜水样的 Cl^-含量总体相对偏高。Cl^-是易溶盐指标中阴离子的代表，与上述地面沉降中心区潜水样的 Ca^{2+}与 Mg^{2+}分布特征完全吻合，是地面沉降可以引起当地地表水土环境中易溶盐指标重新分配的又一佐证。

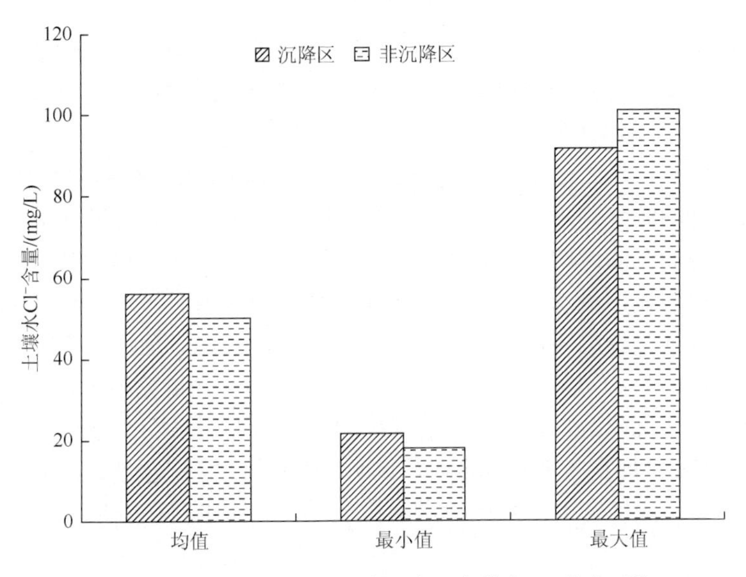

图 6-6　地面沉降区与非沉降区农田中潜水 Cl^- 分布对比

图6-7对比了本次收集到的地面沉降区与非沉降区潜水样品有关pH分布数据的统计结果，从图 6-7 可以看出，地面沉降区与非沉降区潜水样的 pH 分布同上述 3 个易溶盐指标有相似性，基本情况也是地面沉降区范围内潜水样的 pH 最小值、平均值均高于非沉降区潜水样的 pH 同类参数，地面沉降区范围内潜水样的 pH 最大值与非沉降区潜水的 pH 最大值相近（低 0.2 不到），总体说明地面沉降区潜水

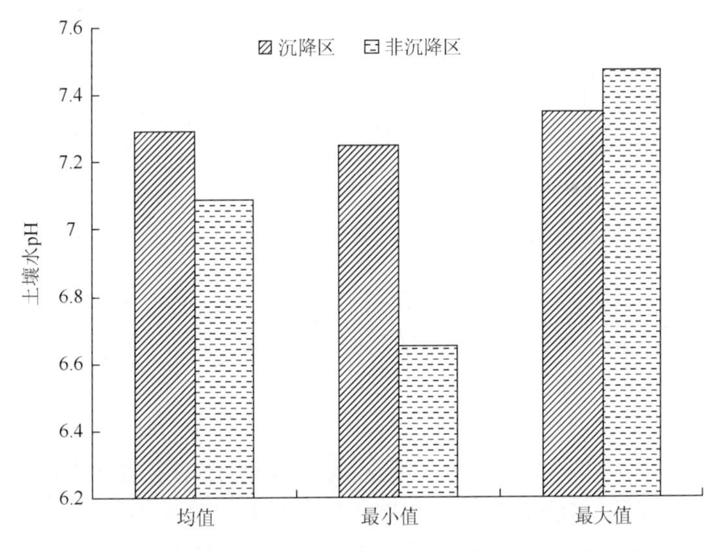

图 6-7　地面沉降区与非沉降区农田中潜水 pH 分布对比

样相对更偏碱性，pH 普遍比非沉降区要高，这可能与地面沉降导致了当地潜水循环变缓、水环境与外界的交流替换滞后有关，其也是地面沉降能改变当地水土环境相关地球化学要素分布特征的新证据。

图 6-8 对比了本次收集到的地面沉降区与非沉降区潜水样品中有关重金属 Cd 含量分布数据的统计结果，从图 6-8 可以看出，潜水中的 Cd 含量分布与 As 类似，也一直显示地面沉降区的潜水 Cd 含量普遍高于非沉降区，尽管含量相差不是很大，但趋势很明显，潜水样 Cd 含量的最小值、最大值、平均值都是沉降区要高一些，与沉降区土壤的 Cd 含量总体相对偏高是一致的。地面沉降区与非沉降区潜水样的 As 含量也有显著差异，沉降区潜水样的 As 含量最小值、平均值、最大值等全部高于非沉降区，如沉降区潜水样的 As 平均含量达到 7.8mg/L，而非沉降区潜水样的 As 平均含量不足 3mg/L，说明地面沉降区潜水样的 As 含量总体要高于非沉降区，沉降区与非沉降区的潜水微量元素分布也存在差异。

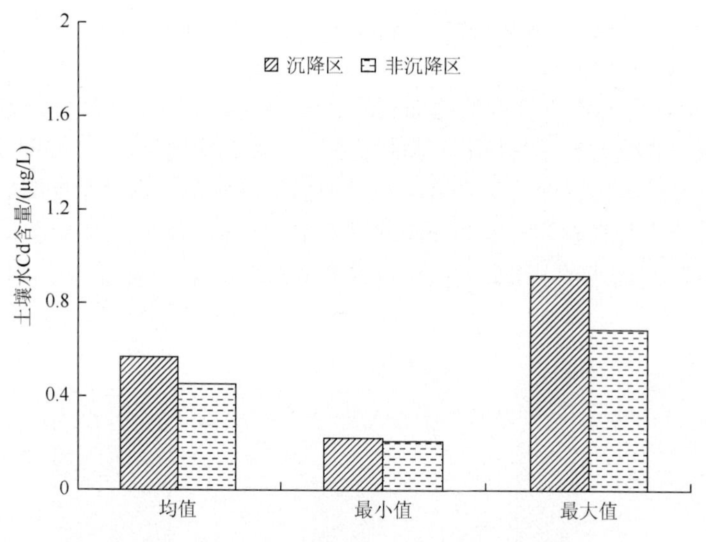

图 6-8　地面沉降区与非沉降区农田中潜水 Cd 分布对比

图 6-9 对比了本次收集到的地面沉降区与非沉降区潜水样品有关 Cu 含量数据的统计结果，从图 6-9 可以看出，地面沉降区与非沉降区潜水样的 Cu 含量也有一定差异，表现为地面沉降区潜水样的 Cu 含量平均值、最大值等全部低于非沉降区，但 Cu 含量最小值在地面沉降区与非沉降区之间十分接近，总体趋势是地面沉降区潜水中的 Cu 含量要相对低于非沉降区，与前述的易溶盐指标及 As、Cd 等相反，说明地面沉降对潜水中的元素含量分布影响也是因不同元素而异的，地面沉降不一定都导致潜水的元素含量增加，也可以是相对降低。这其中的原因不详，但这种现象是存在的，推测可能与地面沉降区土壤中的 Cu 含量本身偏低有关。

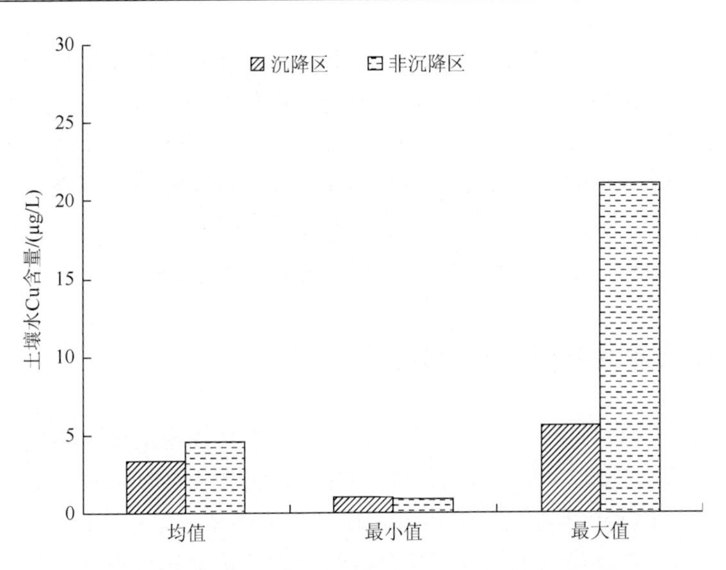

图6-9　地面沉降区与非沉降区农田中潜水Cu分布对比

图6-10对比了本次收集到的地面沉降区与非沉降区潜水样品有关Cr含量数据的统计结果，从图6-10可以看出，地面沉降区与非沉降区潜水样的Cr含量差异跟Cu类似，总体趋势是地面沉降区潜水中的Cr含量要相对低于非沉降区，沉降区潜水中的Cr含量平均值、最大值都低于非沉降区，说明沉降区潜水中出现重金属元素含量下降应不是偶然现象。

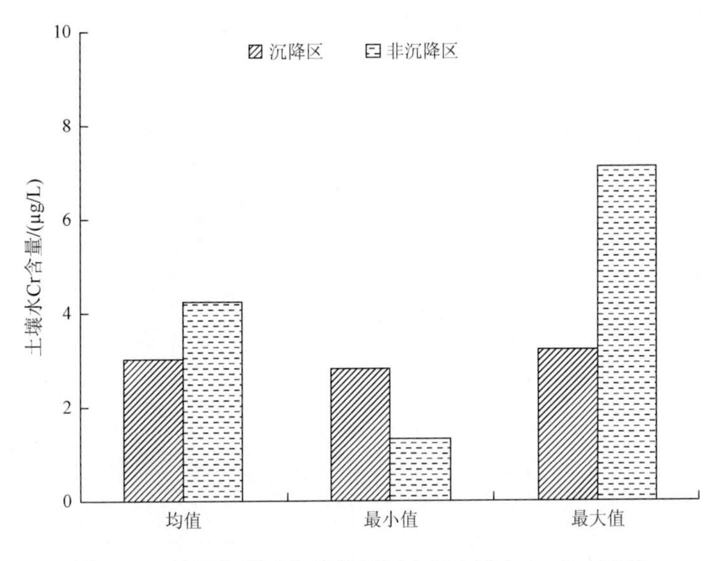

图6-10　地面沉降区与非沉降区农田中潜水Cr分布对比

通过上述有关地面沉降区与非沉降区潜水样品相关地球化学指标分布差异的讨论，可以初步得出地面沉降对当地潜水的元素分布有一定影响，基本趋势是沉降区内潜水的易溶盐指标（Ca^{2+}、Mg^{2+}、Cl^{-}等）呈现相对富集，As、Cd 等重金属呈现一定增长，酸碱度更偏碱性，Cu、Cr 等重金属呈现一定下降，表明地面沉降对地表水土环境变化有一定制约作用，但作用的过程也比较复杂。潜水的某些变化与地面沉降区土壤的元素含量变化有一定对应关系。

6.2.3　地面沉降区农田土壤的重金属形态分布

土壤重金属 BCR 形态分析是欧洲共同体标准司提出的土壤重金属含量三步提取法（雷鸣等，2007；Nemati et al.，2009），土壤重金属含量（总量）通常由 F1、F2、F3 加上除该 3 态之外的残余含量（F4）组成，其中 F1 为弱酸溶解态，F2 为可还原态（铁锰结合态），F3 为有机结合态，重金属总量减去前三种形态的和视为残渣态 F4。一般认为，残渣态重金属不能被生物利用，弱酸溶解态容易为生物利用，铁锰结合态次之，而有机结合态活性较差。土壤重金属的 F4 越高，即表明其能为生物所利用的有效态越低。本次共在苏锡常地区进行了有关污染区 42 个农田土壤样品的 Cd、Hg、Pb、Zn、Cu、Ni、Cr 等 BCR 形态分析，这 42 个样品有 6 个位于地面沉降区范围内，另有 36 个不在沉降区范围内。通过分析沉降区与非沉降区土壤的重金属形态数据，也可提供两者之间的相关差异性信息。

图 6-11 是地面沉降区与非沉降区土壤样品的 Cu 形态分析结果对比，从图 6-11 可以看出，沉降区土壤样品中 Cu 含量的 F4 态含量（取所有沉降区样品平均值，

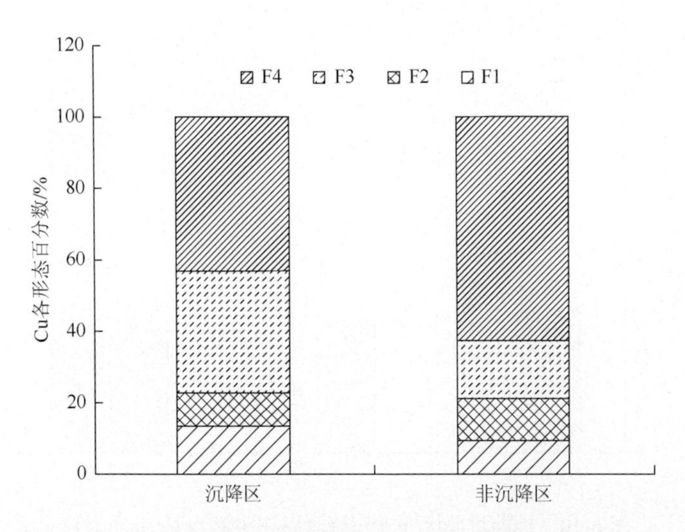

图 6-11　地面沉降区与非沉降区农田土壤 Cu 形态分析结果对比

余同），即残渣态的含量相对低于非沉降区土壤，而 F3 态含量即有机结合态的含量要明显高于非沉降区土壤，F1 态即弱酸溶解态的含量也明显偏高，总体趋势是地面沉降区土壤样品的 Cu 生物有效态含量要高于非沉降区土壤，说明地面沉降区污染土壤中的 Cu 相对非沉降区而言更容易被植物所吸收。

与 Cu 形态分析结果相似的另一个重金属是 Ni，图 6-12 展示了本次获得的地面沉降区与非沉降区土壤样品的 Ni 形态分析结果对比情况，从图 6-12 可以看出，沉降区土壤样品中 Ni 的 F4 态含量，即残渣态的含量要低于非沉降区土壤，而 F3 态含量，即有机结合态的含量要明显高于非沉降区土壤，F1 态含量即弱酸溶解态的含量也明显偏高，总体趋势是地面沉降区土壤样品的 Ni 生物有效态含量要高于非沉降区土壤，对这一现象的解释也有待深入解剖。

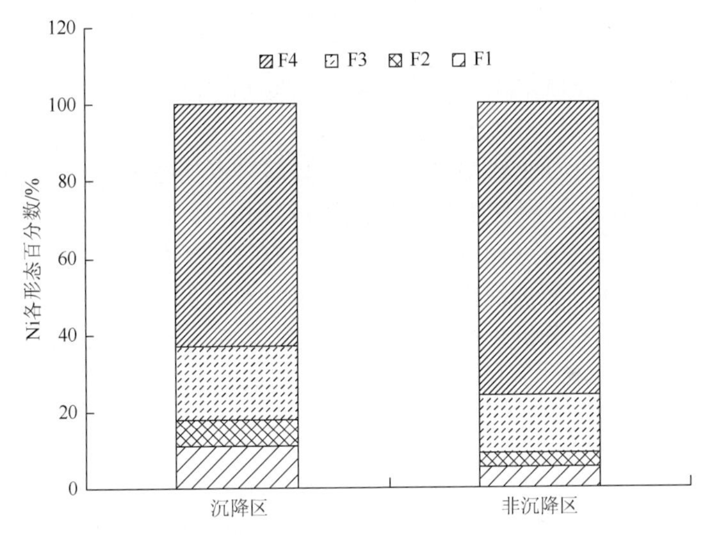

图 6-12　地面沉降区与非沉降区农田土壤 Ni 形态分析结果对比

不同重金属在地表土壤的生物有效态含量是有很大差别的，而且多数重金属在土壤中的生物有效态含量所占比例并不是很高，有些重金属的生物有效态含量占其土壤中总量的 10%都不到。但也有例外，Cd 就是其中一例，图 6-13 展示了本次获得的地面沉降区与非沉降区土壤样品的 Cd 形态分析结果对比情况，从图 6-13 可以看出，沉降区土壤样品中 Cd 的 F4 态含量，即残渣态的含量只占总量的极少一部分、一般不超过 10%，而其生物有效态含量占总量的 90%以上，仅 F1 态含量，即弱酸溶解态的含量就占 60%以上，但地面沉降区与非沉降区土壤 Cd 形态分析结果差异不显著，这点与 Cu、Ni 有所不同。

Pb 的生物有效态含量在土壤 Pb 总量中占比很低，其 F4 态含量，即残渣态的含量超过或接近土壤 Pb 总量的 60%，而最容易为植物所吸收的 F1 态含量，即弱

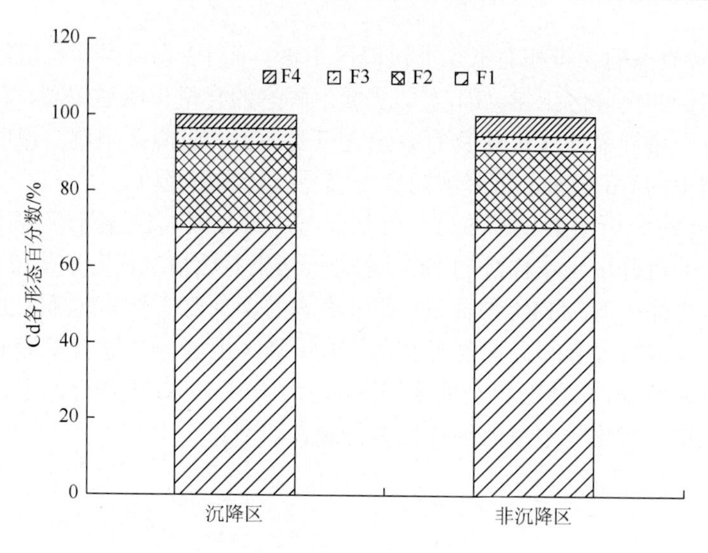

图 6-13　地面沉降区与非沉降区农田土壤 Cd 形态分析结果对比

酸溶解态的含量不及土壤 Pb 总量的 5%，总体趋势也是地面沉降区与非沉降区的土壤 Pb 形态分析结果差异不明显，这点又与 Cd 相似。

Zn 的表生地球化学行为与 Cd 有相似性，但它们在本次沉降区土壤形态分析的解剖中却表现出不一致的现象。图 6-14 展示了本次获得的地面沉降区与非沉降区土壤样品的 Zn 形态分析数据统计结果对比，从图 6-14 可以看出，土壤中 Zn 的生物有效态含量也不高，其最容易为植物所吸收的 F1 态含量也不超过土壤 Zn

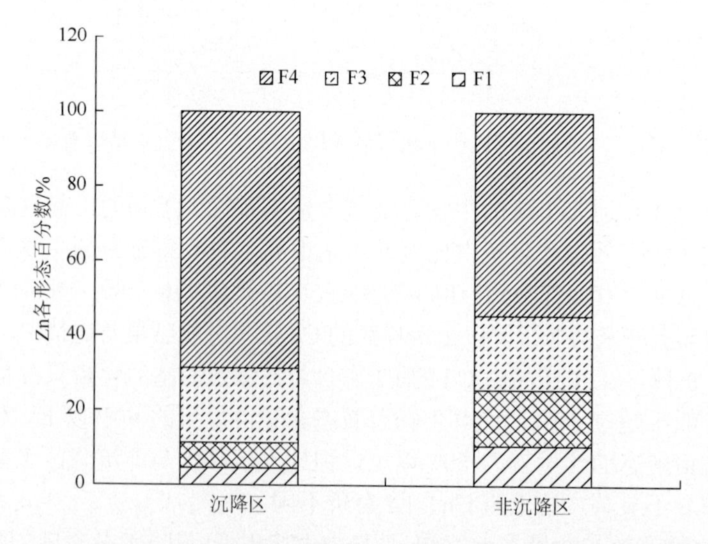

图 6-14　地面沉降区与非沉降区农田土壤 Zn 形态分析结果对比

总量的10%，F4态含量，即残渣态的含量超过了土壤Zn总量的50%，总体趋势是地面沉降区的土壤Zn生物有效态含量要低于非沉降区，这点与包括Cd在内的其他重金属均有所不同。

通过上述对比分析，可得出以下初步认识。

（1）地面沉降在发生、演化过程中，因为改变了原有的水流场及有关地表水土物质循环与迁移转送的路径，对地表水土环境的元素重新分布分配应有一定影响，在地面沉降区与非沉降区的同类水土元素分布特征上表现出一定的客观差异。

（2）相比非沉降区而言，沉降区内土壤的营养元素容易出现相对富集，这与地面沉降导致局地水土富营养化有直接联系；沉降区内土壤还可出现Hg、Cd、Zn等重金属及微量元素Se的相对富集现象，但相对富集最强烈的地段不一定是沉降中心区；地面沉降区范围内土壤可出现Ca、Fe等常量元素等局部贫化现象，地面沉降能影响地表土壤的Ca、Fe分布，推测其与地面沉降能改变局地水土环境的pH、Eh等有关。

（3）地面沉降对当地土壤水或潜水的元素分布有一定影响，研究结果显示，沉降区内潜水中易溶盐指标（Ca^{2+}、Mg^{2+}、Cl^{-}等）呈现相对富集，As、Cd等重金属呈增长趋势，pH更偏碱性，Cu、Cr等重金属有一定程度的下降。潜水中部分元素在沉降区和非沉降区之间的分布差异与地表土壤的元素含量分布差异有一定对应关系。

（4）沉降区与非沉降区地表土壤重金属元素形态也出现一定差异，就Cu、Ni、Cd、Pb、Zn 5种重金属而言，同为采自Cd等污染农田的土壤，沉降区土壤Cu、Ni生物有效态含量相对偏高，而非沉降区土壤Zn生物有效态含量相对偏高，土壤Cd生物有效态含量在沉降区与非沉降区都普遍偏高，但沉降区土壤的F1态含量即弱酸溶解态的含量要相对更高，Pb的生物有效态含量在沉降区与非沉降区土壤中都普遍偏低且总体分布趋势接近。

6.2.4　地面沉降区及其附近土壤沉积柱元素含量变化

本次还针对锡西洛社一带的地面沉降中心区及其附近开展了典型土壤沉积柱剖面调查，剖析了地面沉降不同沉降幅度范围内水土环境的元素等空间变化，为进一步认识地面沉降在局部小范围内对元素迁移富集的作用提供了新的素材。

1. 样品采集

针对目前苏锡常地区地面沉降发展中还能见到内涝且分布有大片农田的锡西洛社一带的地面沉降中心区及其周边地区，从沉降深度最大的中心地段开始，按照一定间隔与方向布设若干个剖析点，尽量保证不同沉降深度范围内都有适当的剖析点控制。每个剖析点同时采集潜水和土壤样品。最后共采集了 15 个短土壤沉积柱（每个沉积柱采样 3 个）、2 个长土壤沉积柱及 5 个潜水样品，1 个短土壤沉积柱代表 1 个剖析点，长土壤沉积柱及潜水样点与短沉积柱点重合。潜水样采集通过现场挖小井，5 个小井深度分别为 60cm、60cm、60cm、80cm、90cm；24h 后 5 个小井潜水面深度分别为 20cm、25cm、30cm、35cm、55cm，累积沉降量越大，潜水面深度越小，参照《地下水污染地质调查评价规范》（DD2008-01）中相关规定采集水样。每个短土壤沉积柱土壤样品分 A（表土层）、B（心土层）、C（底土层）3 层，分别采集 20cm 厚的土样，同时在 1000～1200mm（CJ02）、400～600mm（CJ05）处根据土壤分层采集垂向剖面土壤样品，土壤分层取样剖面如图 6-15 所示，CJ02 号柱、CJ05 号柱土壤类型为乌泥土，岩性为轻黏土，但土壤颜色存在明显差异，CJ02 号柱 0～40cm 土壤颜色为灰褐色，40～60cm 为灰黑色，60～80cm 逐渐过渡为灰黄色；而 CJ05 号柱 0～60cm 均为灰褐色，仅 60～70cm 为灰黑色，70cm 以下则为黄褐色。

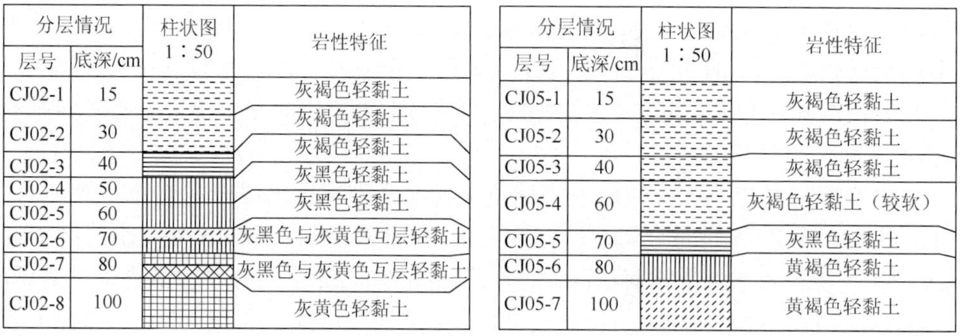

分层情况		柱状图 1∶50	岩性特征
层号	底深/cm		
CJ02-1	15		灰褐色轻黏土
CJ02-2	30		灰褐色轻黏土
CJ02-3	40		灰褐色轻黏土
CJ02-4	50		灰黑色轻黏土
CJ02-5	60		灰黑色轻黏土
CJ02-6	70		灰黑色与灰黄色互层轻黏土
CJ02-7	80		灰黑色与灰黄色互层轻黏土
CJ02-8	100		灰黄色轻黏土

分层情况		柱状图 1∶50	岩性特征
层号	底深/cm		
CJ05-1	15		灰褐色轻黏土
CJ05-2	30		灰褐色轻黏土
CJ05-3	40		灰褐色轻黏土
CJ05-4	60		灰褐色轻黏土（较软）
CJ05-5	70		灰黑色轻黏土
CJ05-6	80		黄褐色轻黏土
CJ05-7	100		黄褐色轻黏土

图 6-15 典型采样点土壤垂向分层剖面图

对所采集的土壤与潜水样品送实验室做元素含量等分析测试。土壤分析指标包括 N、P、K、Ca、Fe、S 等养分指标，Cd、As、Cr、Cu、Pb、Zn 等重金属污染指标，pH、TOC、含盐量等理化指标。潜水样品分析指标包括相关元素含量、阴离子及有关阳离子等。综合分析地面累积沉降量与土壤、潜水等相关地球化学指标之间的关系，探讨地面沉降对相关元素含量等环境地球化学指标空间分异所产生的作用或影响。

2. 土壤沉积柱元素含量等变化

1）主要养分元素

不同累积沉降区不同土层（表、心、底土层等）N、P、K、Ca、Fe、S 等元素含量变化横向对比如图 6-16 所示。不同土层 Ca、Fe、K 含量差异不明显，不同累积沉降区同一土层中 Ca、Fe、K 含量也无明显变化规律；而表层土中 N、P、S 含量明显高于心土层和底土层，表层土中 N、P、S 含量随地面累积沉降量的增

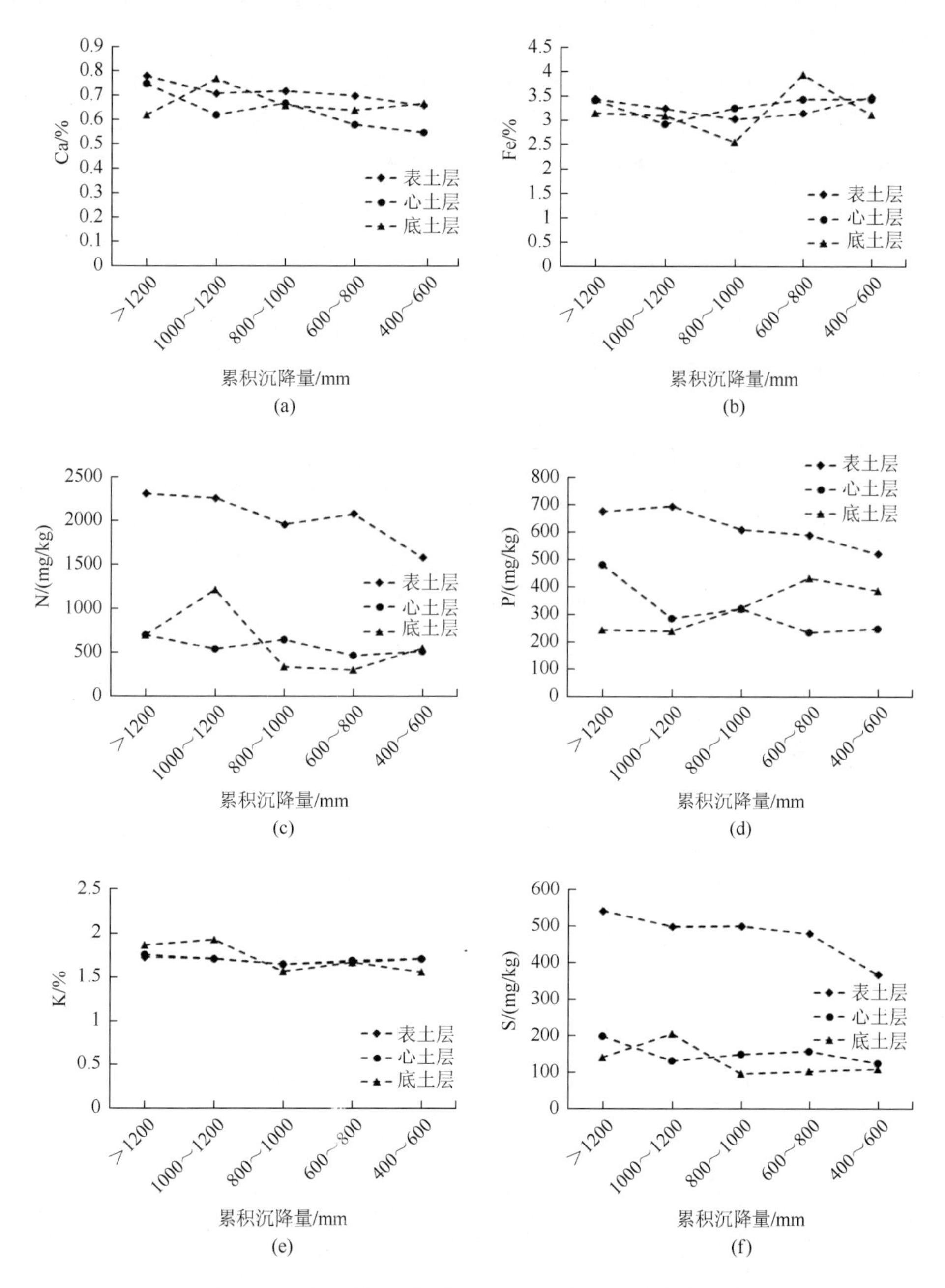

图 6-16　不同累积沉降区土壤养分元素含量变化剖析图

加而略有增加，累积沉降量大于 1200mm 的地段土壤中 N、P、S 含量明显高于累积沉降量为 400～600mm 的地段，心土层和底土层受地面沉降累积量影响不明显，但心土层与底土层 N、P、S 含量呈相反的变化趋势，心土层中 N、P、S 含量增加点对应底土层则降低。

CJ02、CJ05 号点土壤 Ca、N、P、S、Fe 含量垂向剖面如图 6-17 所示。从图 6-17 可以看出，不同累积沉降量 0～40cm 土壤中 Ca、N、P、S、Fe 含量垂向分布特征基本一致，40～60cm 土壤中 Ca、N、P、S、Fe 含量呈现明显的分异现象，CJ02 点潜水面深度已小于 40cm，而 CJ05 号点的潜水面为 60cm，可能是潜水深度差异导致了土壤垂向迁移发生了分异；60～100cm 土壤 Ca、N、S 含量趋于一致，而 P、Fe 含量分异则进一步加剧，CJ02 号点地面 0～40cm 土壤中 Ca、N、P、S 含量大于 CJ05 号点，CJ02 号点地面 0～40cm 土壤中 Fe 含量小于 CJ05 号点，与横向剖面结果相一致。

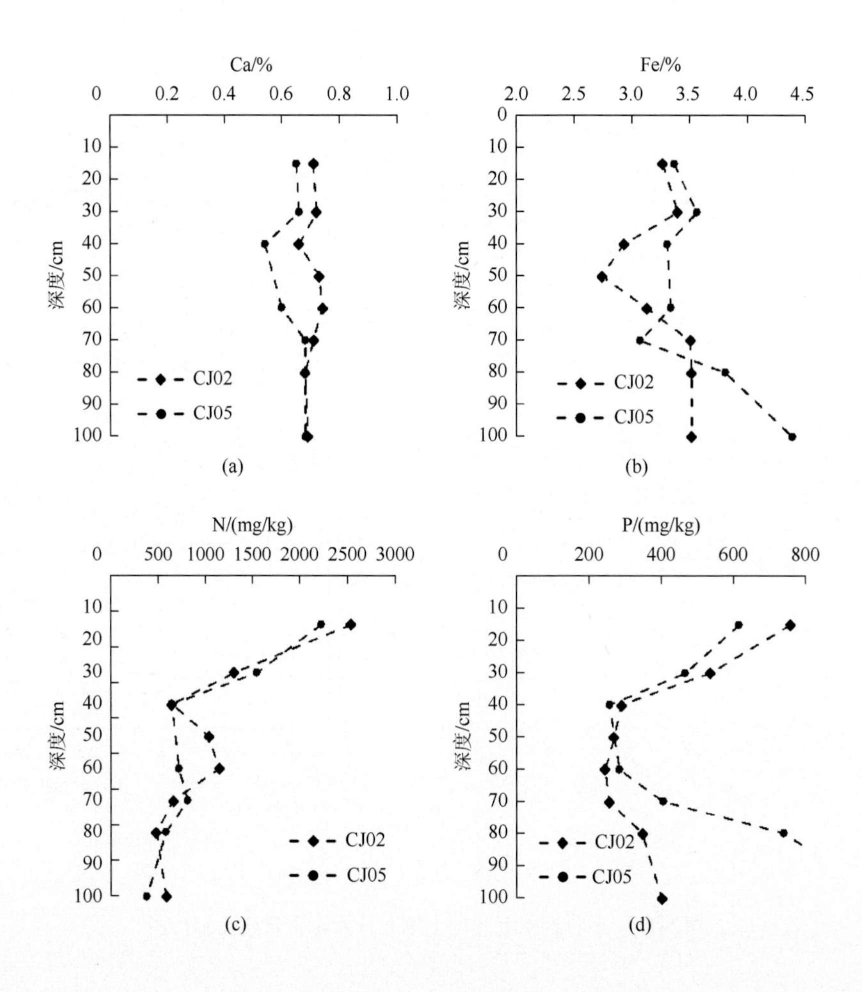

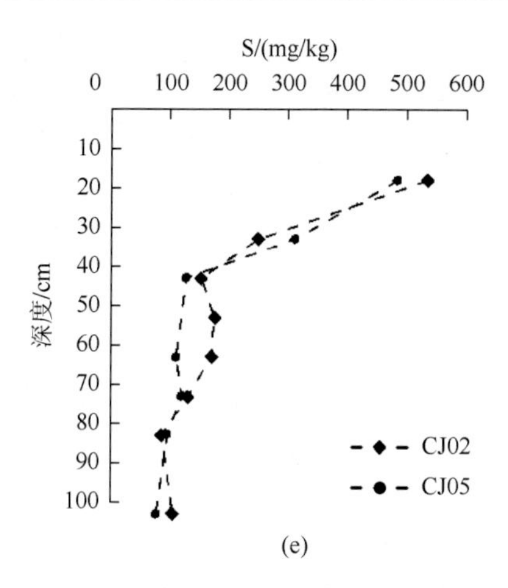

图 6-17　土壤养分元素含量垂向变化剖析图

图中 CJ02 累积沉降量＞1200mm，CJ05 累积沉降量 400～600mm

2）重金属

不同累积沉降区不同土层（表土层、心土层、底土层）Cd、As、Cr、Cu、Pb、Zn 等重金属元素含量变化横向对比如图 6-18 所示。不同累积沉降区、不同土层中重金属含量变化无明显规律，CJ02 号点处表层土壤 Cd、As、Cr、Cu、Pb、Zn 略偏高，表土层中 Cd、As、Pb、Zn 含量高于心土层和底土层。不同土层中 Cr、Pb、Zn 变化趋势基本一致。

CJ02、CJ05 号点土壤柱 As、Cr、Cu、Pb 垂向分布如图 6-19 所示。与养分元素含量变化类似，不同累积沉降区地表 0～40cm 土壤中 Cr、Cu、Pb 垂向变化基本一致，40～70cm 土壤中 Cr、Cu、Pb 含量呈现明显的分异现象，70～100cm 土壤 Cr、Cu、Pb 含量变化分别出现拐点，并趋于一致，而 As 含量分异则进一步加剧。不同类型元素在不同累积沉降区出现相似的垂向变化特征，并与不同累积沉

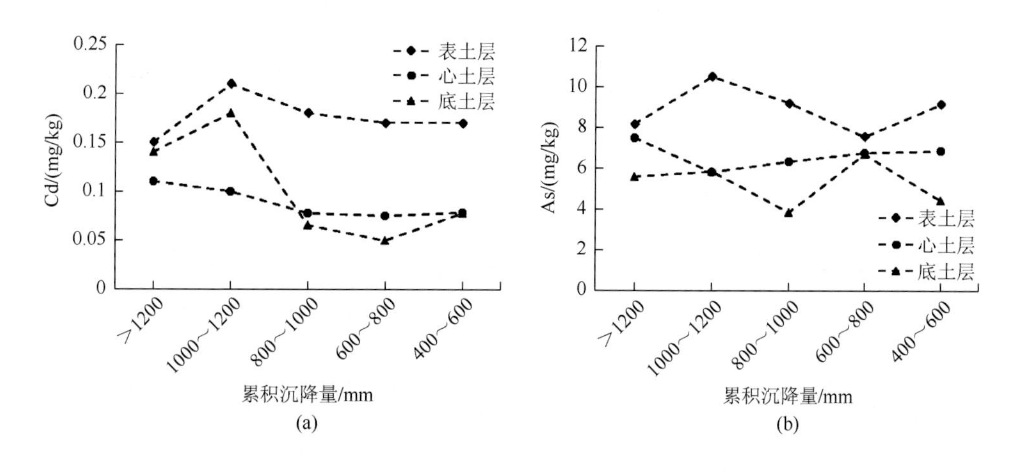

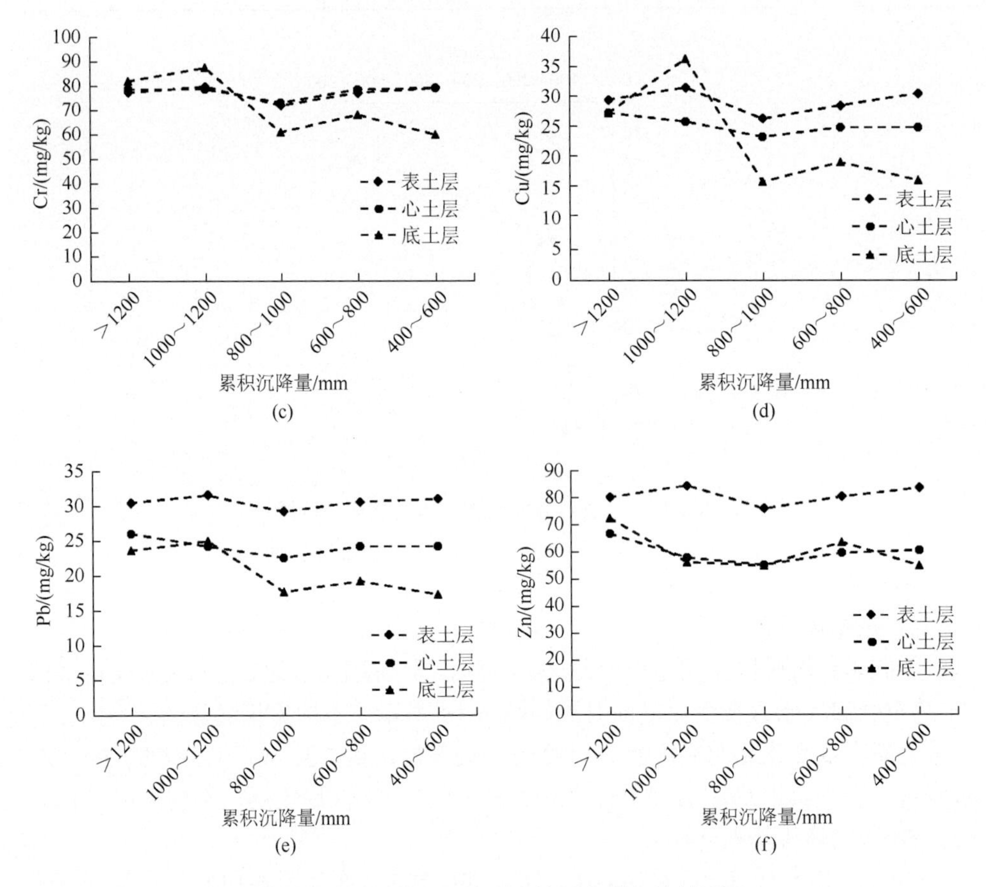

图 6-18　不同累积沉降区土壤重金属含量剖析图

降区潜水面的变化相一致，说明地面累积沉降，导致潜水面深度变化，从而影响了土壤中元素的垂向迁移规律。

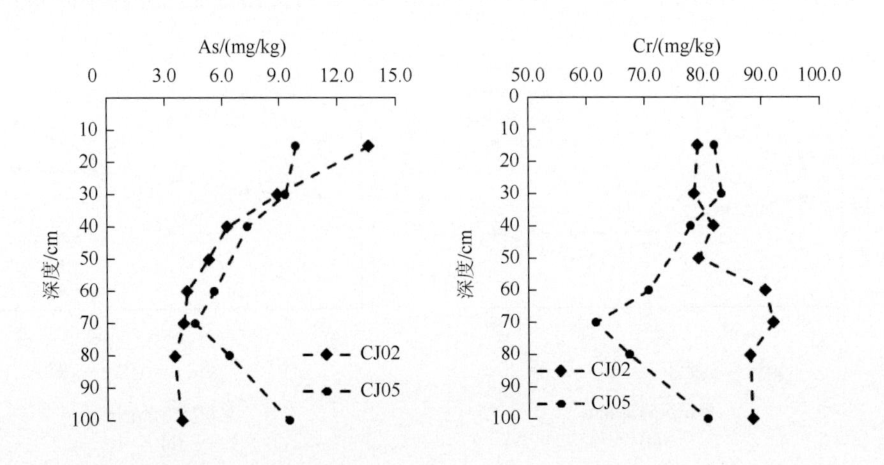

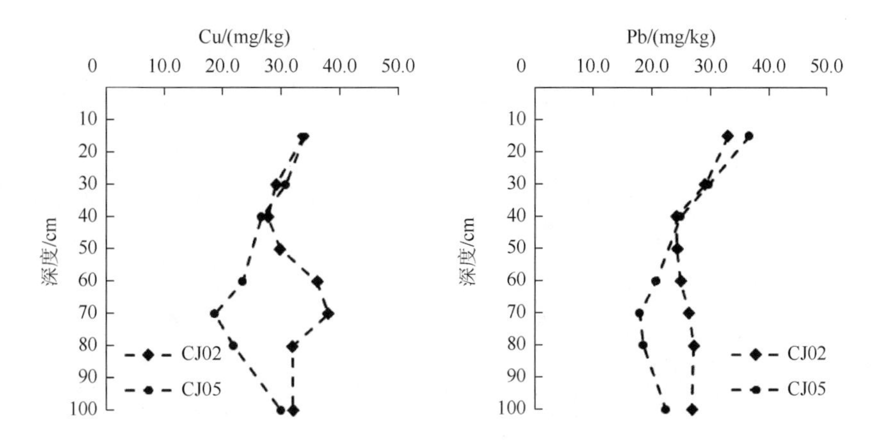

图 6-19　土壤重金属含量垂向变化剖析图

图中 CJ02 累积沉降量＞1200mm，CJ05 累积沉降量 400～600mm

3）含盐量等理化指标

不同累积沉降区不同土层（表土层、心土层、底土层等）盐分、有机碳、酸碱度等理化指标含量变化横向对比结果显示，表层土中含盐量及SO_4^{2-}、Ca^{2+}、Na^+、Cl^-等主要盐分含量均随累积沉降量的降低而减少，这与不同累积沉降区潜水中离子含量变化趋势相一致。心土层、底土层含盐量及SO_4^{2-}、Ca^{2+}、Na^+、Cl^-等主要盐分含量变化无明显规律。同样表层土中有机碳、酸碱度含量均随累积沉降量的降低而减少，心土层、底土层含量则有明显规律。

CJ02、CJ05 号点土壤柱含盐量、盐分等指标垂向分布如图 6-20 所示。不同累积沉降区土壤中含盐量及SO_4^{2-}、Ca^{2+}等盐分垂向变化一致，但HCO_3^-、Na^+随深度变化发生分异，而Cl^-在地表土壤发生分异。

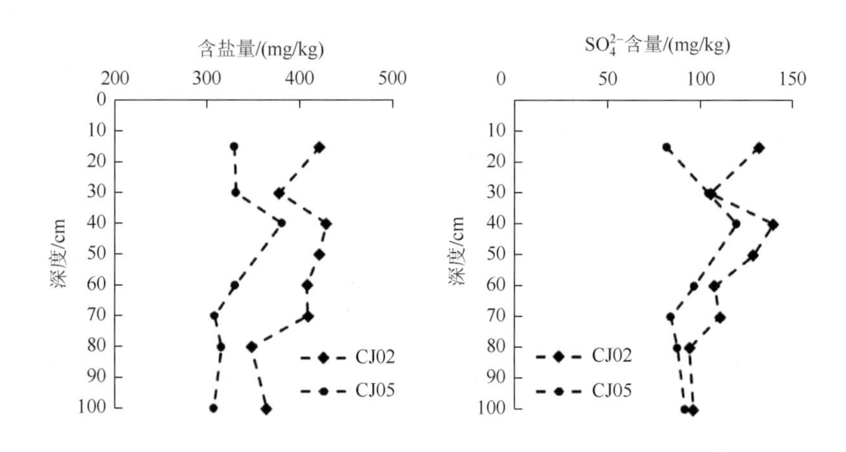

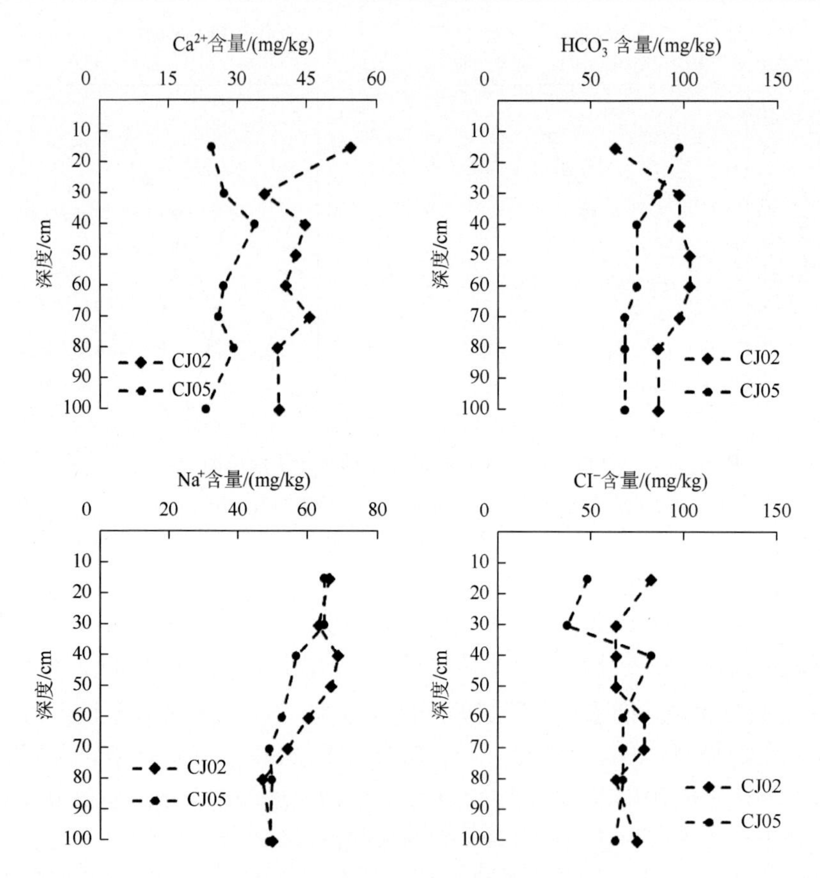

图 6-20　土壤盐分含量垂向变化剖析图

图中 CJ02 累积沉降量＞1200mm，CJ05 累积沉降量 400～600mm

上述不同土壤沉积柱在不同地段的相似沉积深度都出现了重金属、含盐量指标以至养分元素的一致空间变化（或垂向变化趋势），表明地面沉降改变了潜水面的变化，导致有关环境地球化学指标呈现了相似的空间分异，结合前面讨论的有关地面沉降区附近土壤相关元素的地表变化，以及下面要讨论的潜水指标的变化，说明地面沉降对地表环境元素等指标的分布有一定影响。

6.3　地面沉降对水土污染的影响

伴随地面沉降的发展与演化，地表水土环境中一些地球化学指标也会出现重新分布与分配的现象。对于污染因子而言，元素再分配的过程也可能形成一些局地污染。

6.3.1 重金属元素的地表迁移机理分析

化学元素的迁移是自然界中物质能量流动的基本形式，也是形成土壤污染的主要动力条件。根据作用机制不同，元素迁移一般可分为机械（物理）迁移、化学迁移、生物迁移等。机械（物理）迁移是污染质借助外动力，如水流、气流、人力或重力的机械搬运作用，这是最简单的一种迁移形式。化学迁移是元素以简单的离子、络离子及可溶性分子的形式，在地理环境中通过一系列的化学作用（如溶解-沉淀、氧化还原、水解、络合与螯合、吸附-解吸等）所实现的迁移。它是元素在地理环境中迁移的最重要的形式，这种迁移的结果决定着元素在地理环境中的存在形式和富集状况。生物迁移指元素通过生物体的吸收、代谢、生长、死亡，以及迁徙等过程所实现的迁移。重金属在水环境中的迁移包括以溶解态在水流中的扩散、以沉积态随底泥的推移、以溶解态重金属吸附于悬浮物向固相迁移、生物摄取转化，以及其他形式的水-气-固三相间浓度扩散。大量重金属污染物在天然水体中迁移转化的基本现象和实验室中的研究结果都表明重金属污染物绝大部分都富集在泥沙颗粒上（80%～90%），以泥沙颗粒为载体迁移转化。地表水土环境的重金属迁移，除了重金属自身的性质差异外，与重金属结合的阴离子、局部与重金属运移有关的化学反应条件（如酸碱性、氧化还原性等）的变化也是重要因素。这就是地面沉降能影响重金属迁移的重要理论基础。

重金属在土壤中的迁移不仅取决于污染元素的化学性质、迁移系数，更取决于土壤的环境因素及其理化特性，其迁移过程是复杂的物理和化学过程。从空间分布上可将土壤中重金属的迁移归结为在水平和垂直两个方向上的迁移。许多相关研究都表明，不同重金属元素在迁移能力上存在一定的差异，在水平方向随着与河流距离的增加和在垂直方向随着土层的加深，重金属含量均呈明显减少的趋势，土壤对重金属的吸附和过滤作用是阻滞其迁移的主要因素。依据重金属等污染物迁移扩散理论，结合苏锡常地区地面沉降的实际情况，推测当地土壤污染主要有污染物的地面扩散和污水灌溉两种形式。潜水的侧向径流以从农田区向河渠运动为主，仅凭自然的侧向渗流作用，河水中的污染物很难影响两侧的农田。我国东部的地面沉降主要发生在人口稠密的平原地区，诱因之一就是超量开采地下水。开采地下水涉及水土之间的元素循环与再分配。出现地面沉降后，禁止开采地下水又可能使原本沉淀在土壤中的污染物本来可以通过正常水土物质交换而稀释或缓解，却因为停止地下水开采而导致相关污染物得不到正常迁移、扩散而聚集，从而形成水土污染。从这个角度推测，地面沉降的发生与演化过程也可能是一个形成局部水土污染的过程。

地面沉降必然涉及水流场的改变、潜水面的变化、水体或径流在地表循环路径的改变，这自然会涉及一些物质循环与地表元素迁移路径的改变，导致一些元素或化合物在地表环境介质（如土壤、水系沉积物等）的重新分配或分异。目前报道地面沉降影响地表元素迁移分布的直接证据不多见，依据地面沉降所引发的相关地质环境变化及有关元素表生地球化学行为差异，结合本次掌握的有关证据来推断，地面沉降可能在以下方面影响地表水土环境中元素分布与迁移。

（1）地面沉降可能带来相关土壤环境中含盐量（特别是易溶盐）的变化；

（2）地面沉降可能带来相关水土环境的养分富集，富营养化的实质就是营养元素在短期内的供给远超过植物的正常生长需求；

（3）地面沉降可能带来随水流动而迁移的微量元素的变化，如卤族元素、碱金属等；

（4）地面沉降还可能带来因污水排放而形成局地污染的相关重金属的重新分配，排污路径改变势必影响污水中所挟带的重金属重新沉淀在新的场所。

6.3.2　地面沉降与水土污染的空间分布关系

通过前述理论分析及实际资料对比可知，地面沉降能在一定程度上影响地表水土的重金属等污染物迁移与再分配，自然也可能形成局部的水土污染。从苏锡常地区典型地面沉降区水土污染分布特征来看，地面沉降至少在空间上与部分水土污染存在一定的重叠性。对无锡市主要地面沉降区的分布与当地及其附近土壤营养元素富集程度对比的研究结果显示（图 6-21），地面沉降区中心部位的耕地土壤营养元素（N、P、TOC 等）相对富集程度普遍偏高，凡是地面沉降严重的地区，其农田土壤营养元素总体要相对高于一般地区，说明地面沉降区土壤有富营养化或营养元素污染加重的趋势，但土壤富营养化地段并不仅限于地面沉降区。

图 6-22 对比了 2010 年苏锡常地区严重水土污染与目前主要地面沉降的分布态势，可以看出，目前地面沉降明显的地段都是水土污染相对最严重的地区，这里的水土污染包括重金属等污染，但水土污染范围则又不仅仅局限于地面沉降区所控制的范围。实际上水土污染的范围要比地面沉降区的范围大许多，说明地面沉降是控制局地水土污染的重要因素，但不是全部因素。另外，从无锡市锡山区东南部的大量土壤调查数据分析也证实，当地土壤 Hg 相对富集很明显，历史上曾有过大量开采地下水的记录，也是地面沉降边缘地段，说明地面沉降形成的水土污染在一定时期内其空间分布可能会有一定的偏移，水土污染不一定出现在地面沉降最严重的部位。有些地段潜水与土壤中 Cd、Zn、Mn 等重金属含量偏高，也能从地面沉降的演化中找到一些缘由。从遥感资料解译中还发现，苏锡常一些局部地区出现了人工湿地，这些地段因为排水不畅而出现了水体富营养化。

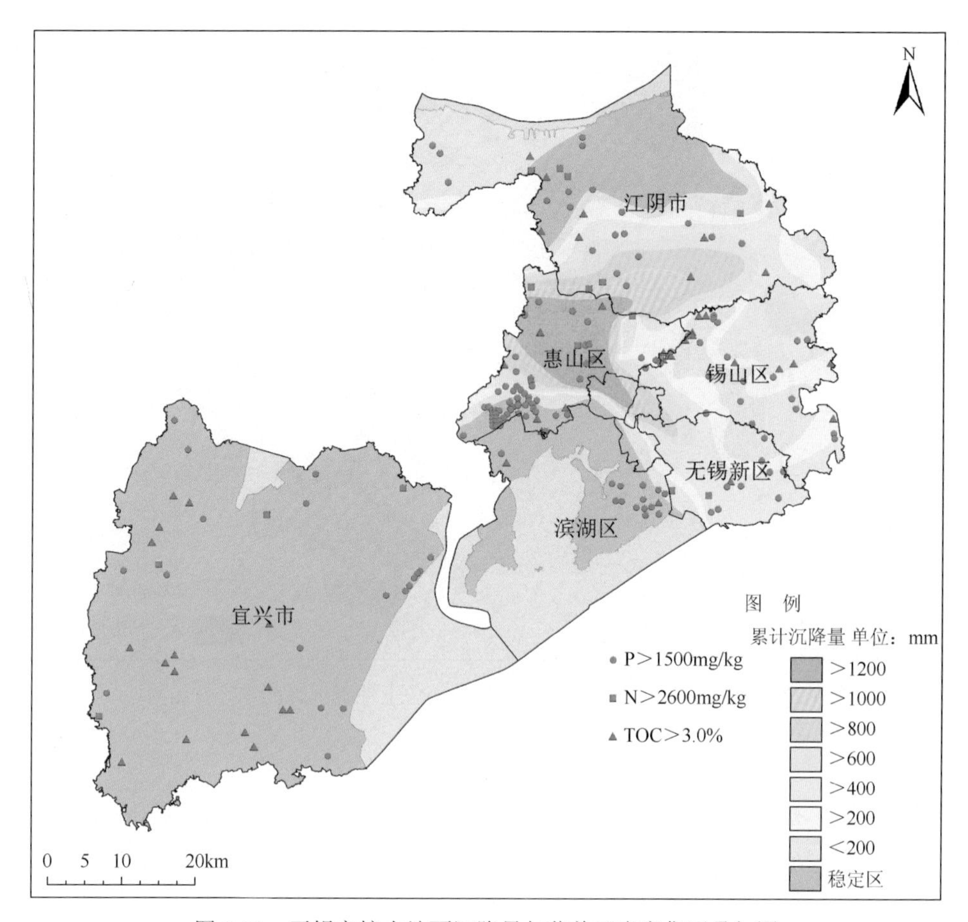

图 6-21　无锡市境内地面沉降量与营养元素富集区叠加图

总体看来，地面沉降对控制局部水、土污染有一定影响，但作用过程总体相对缓慢，而且地面沉降与富营养化的密切程度要强于重金属等水土污染。地面沉降能形成局地水土污染，但水土污染的形成不一定非得有地面沉降。

6.3.3　地面沉降控制水土污染的形式与特点

从本次在苏锡常地区剖析地面沉降与水土污染的形成、演化等资料分析来看，地面沉降是形成当地局部水土污染的重要因素，但地面沉降形成局部水土污染的机制相对比较复杂，地面沉降与水土污染的对应关系也不是简单的线性关系。大多数情况下，地面沉降与水土污染的关系通常有以下表现形式或特点。

(1)地面沉降因为在一定程度上改变了原来固有的水土物质循环与迁移路径，或者改变了原来水土环境的重金属等微量元素的化学反应条件，客观上在地面沉降区影响范围内形成了地表元素等化学组分的重新迁移与再分配，从而形成局部

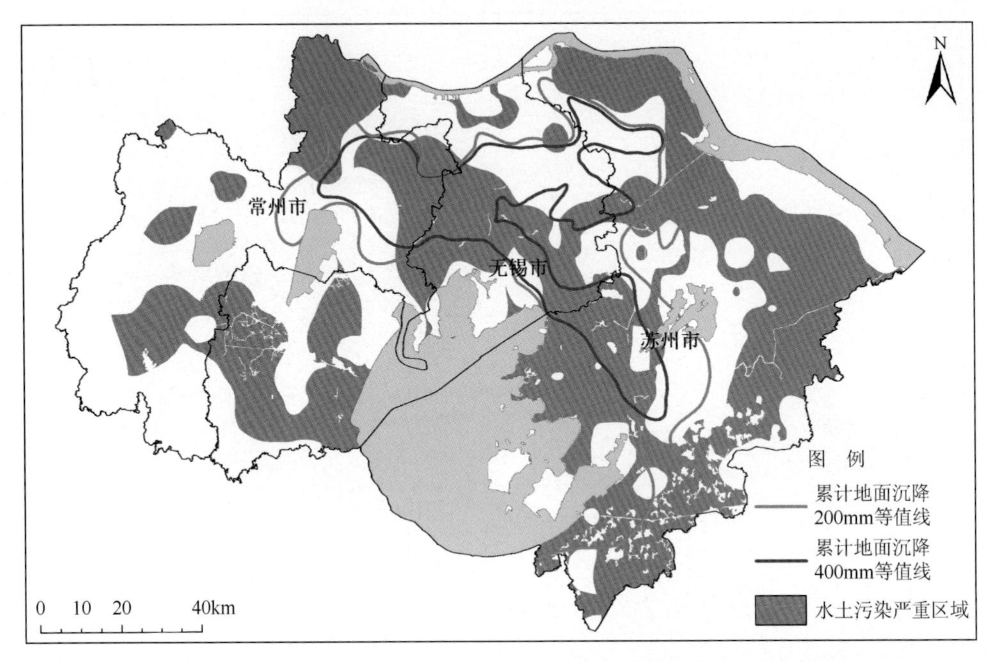

图 6-22　2010 年苏锡常地区水土污染与历史上地碳沉降严重区叠加图

图中空白处为非水土污染区

或新的水土污染。在苏锡常地区主要的地面沉降区域内，基本都能找到存在水土污染的证据。

（2）土壤含盐量、养分指标、Hg 等重金属及潜水中的相关阴阳离子含量是最容易受地面沉降作用所影响的环境地球化学指标，地面沉降区及其附近最常见的水土污染就是富营养化、盐渍化及有关重金属污染（或相对富集），重金属污染表现比较明显的是 Hg，次有 Cd、Zn 等，伴随相关微量元素富集的还有 Se 等。但土壤重金属污染强度与地面沉降强度不成正比。

（3）地面沉降能改变局地水土环境的 pH、Eh 等，从而使有关元素的表生地球化学行为发生改变，包括一些变价元素（如 Fe、Mn 等）和常量元素（如 Ca、Mg、K、Si）等都可能出现一些异常，有些地表土壤的重金属形态可能会发生一些变化等。水土环境 pH、Eh 等变化还可以加剧微生物的活动及有机质的分解，从而诱发新的富营养化。相比而言，地面沉降诱发富营养化的概率比形成新的重金属污染的概率要高。

（4）潜水面附近深度的土壤是最容易记录地面沉降演变的，一些水土污染指标在潜水面深度附近因为地面沉降的发生与演变，都在土壤与潜水中留下了相关的环境地球化学证据，表现为地表土壤与潜水中的若干个环境地球化学指标呈现一致的变化趋势或分异性等。

第7章　耕地污染防治与生态安全利用相关问题探讨

防治耕地污染的主要目的是保证珍贵耕地资源的合理安全利用，耕地资源的生态安全利用不仅仅局限于污染防治。污染防治技术是手段，解决不同耕地资源的环境质量提升、生态安全利用，特别是农产品的安全保障是根本目的。除了污染风险外，耕地资源因土壤质地差异、耕种历史差异、立地条件差异等，都为开发利用有限耕地资源满足人民群众追求更高生活品质的愿望提供了新的拓展空间，也为耕地资源科学保护利用提供了更多务实探索的契机。本章从耕地污染防治的延伸研究、如何为当前耕地环境质量提升及资源合理保护与利用提供行业技术支撑等角度，概略探讨一下天然富硒土地资源开发利用、土地整治可望在污染防治中发挥作用、污染防治技术筛选及其延伸研究、耕地污染生态安全风险评价及其准则等，权作本书的终章。

7.1　天然富硒土地资源开发利用

硒（Se）是人体生命必需的微量元素，是生物体多种酶和蛋白质的重要组成成分，具有很强的生物活性，参与多种生理生化作用，作为体内的抗氧化剂，Se可发挥与维生素E相似的作用，具有提高人体免疫能力、抗衰老、预防癌变、保护与修复营养细胞、解毒排毒、提高红细胞携氧能力等多种生理功能，被誉为“生命的火种”“抗癌之王”“心脏的守护神”，世界卫生组织确定Se为继I、Zn之后的第三大营养元素（胡秋辉等，2001；Tan and Huang，1991；Rotruck et al.，1993；Fordyce et al.，2000；Rayman，2000；Hartikainen，2005；Letavayová et al.，2006；Steinnes，2009）。天然富硒食品具有极高的保健功能，依托土壤富硒生产天然富硒食品，从而提高农产品的收益并促进有限土地资源的充分开发利用、推进绿色发展等，一直是农业地质环境调查研究服务现代农业发展或地方经济建设的主战场之一。而随着天然富硒稻米在当代社会中需求的渐长（侯现慧等，2015；姜超强等，2015；石爱华等，2015；岳士忠等，2015），农民对生产富硒稻米的热情越来越高，积极开发富硒土地，特别是富硒耕地资源自然也成为耕地环境质量及其生态安全利用极为关注的一大现实课题。江苏省土壤总体处于相对不富硒的地球化学背景，但在开发利用天然富硒耕地资源方面仍有较大的探索空间。

7.1.1　富硒土壤分布及其开发利用前景

进入21世纪以来，我国原勘查地球化学队伍完成了一项有影响的工作——多目标区域地球化学填图工程，通过对第四纪覆盖区等地的元素分布状况进行调查，获取了来自各地浅表土壤的大量元素等分布数据，其中的重要收获就是掌握了各地土壤中微量元素Se分布的区域地球化学背景资料。以大量的土壤Se调查数据为基础，圈定了诸多土壤富硒区。由此，中国地质调查局主导了多个省区的富硒土地资源开发利用研究。截至2015年，全国许多地区都利用多目标区域地球化学填图工程的成果进行了开发富硒土地资源的尝试，并产生了巨大的社会影响。据不完全报道，湖北省、湖南省、贵州省、江西省、福建省、广西壮族自治区、安徽省、陕西省等已经在运用多目标地球化学调查资料开发富硒产业方面取得一定成效。例如，在湖北省恩施土家族苗族自治州，2015年全州Se农业总产值为185.14亿元，占全州Se产业总产值的55.88%，Se农业总产值占全州农业总产值的74.84%。又如，湖南省已建富硒农产品种养示范基地66个，种养面积达58万亩，种养加工企业达102家。再如，安徽省、浙江省、福建省等东部省区也取得了显著的类似农业地质开发成果，2016年福建省连城县培育出20家以上富硒农业企业、合作社、家庭农场，目前全县富硒农业种植基地面积1.4万亩，发展富硒农业产业经营主体54家，开发富硒农产品63种，实现产值2.8亿元。此外，我国西部的陕西省、贵州省、青海省等省区也利用富硒土地资源做了不少提升资源利用效益的成功探索，打造了多家知名富硒产业，为当地经济社会发展发挥了极大的助力作用。

江苏省土壤环境总体属于不富硒的状态，尤其是天然富硒土壤相对有限。来自全省多目标区域地球化学调查的结果显示，江苏省地表土壤Se含量范围为0.048～6.18mg/kg，表层土壤平均Se含量仅0.2mg/kg，在24186个调查数据中，97%以上样点的Se含量都小于0.4mg/kg，未达到目前国内规定的富硒土壤要求。全省地表土壤中Se南高北低的分布趋势比较明显，太湖流域、长江沿岸、宁-镇丘岗局部地段、徐州市郊一带、里下河盆地局部地段、连云港市区附近小范围内是全省表层土壤Se含量相对高的主要分布区，其中宜溧山区南部靠浙江省一带、徐州市区附近、南京市区附近、镇江市区附近及其东南侧、苏州市区附近、无锡市区附近及常州市区附近等地的土壤是相对最富硒的地段，这些地段土壤中Se含量一般都超过0.5mg/kg，远高于全省表层土壤Se平均含量，具有潜在的利用价值。

我国所发现的主要的天然富硒土壤区有湖北省恩施土家族苗族自治州、陕西省紫阳县及贵州省等地，另外在福建省、青海省也有大片富硒土壤的报道，而黑龙江省克山地区是有名的贫硒地区，导致当地出现过“克山病”。天然富硒土壤多与当地产出富硒岩石（或矿物）有直接联系，富硒岩石（或地质体）是形成局部地区大片富硒土壤最主要的物质来源。从国内已发现的湖北省恩施土家族苗族自治州和陕西省紫阳县这两个最有名的富硒区来看，当地都产出极其富硒的岩石，其最富硒的岩石（又称为高硒岩石，余同）分别为二叠系和寒武系的含炭硅质岩和硅质炭质岩石，高硒岩石都富含炭质。这是由 Se 的亲有机性所决定的，Se 可与有机质形成络合物，原始沉积作用沉淀在不同时期的地层中，导致在特定的地质历史时期形成独有的富硒岩石。在泥炭化作用及成岩过程中，由水体带入的 Se 可部分与煤中有机质结合加入成岩过程中。因此，成煤的过程通常形成局部富硒。江苏省的天然富硒土壤十分有限，目前所发现的比较有限的天然富硒土壤就分布在煤系地层产区，相对比较集中的就是宜溧地区的低山丘陵带。从江苏省境内所发现的富硒土壤资源来看，其分布一般有以下特点。

（1）天然富硒土壤多受地质环境或背景控制，如特定的沉积相、地形地貌或构造单元、岩石或地层等，富硒岩石是形成天然富硒土壤的物质基础。

（2）先天富硒土壤资源与后天富硒土壤资源存在较大差异，后天富硒土壤资源多“无根”，富硒土壤的厚度十分有限，且常与 Cd、Pb、Zn、As 等污染因子同时出现；先天富硒土壤资源通常“有根”，富硒土壤厚度较大（通常从地表延到深部某一特定层位），伴生的元素由地质环境决定，不一定是重金属。先天富硒土壤资源的开发利用价值远高于后天富硒土壤资源。

（3）先天富硒土壤资源有一定的必然性，只要找到相应的富硒地质环境，必然存在类似的富硒土壤资源，且分布范围较大；后天富硒土壤资源分布不具有必然性，且分布范围相对较小。

（4）相比我国中西部地区土壤环境，江苏省等东部平原地区的富硒土壤十分有限。就江苏省土壤环境而言，一些煤系地层存在的少量局部富硒土壤仍有较大的利用价值。

宜溧地区拥有江苏省最优质的天然富硒土壤资源，连续有超过 $700km^2$ 的土壤 Se 均量达到 0.4mg/kg，最高可达 6.18mg/kg，当地富硒土壤分布区向南延伸到浙江省境内。初步评价证实，当地富硒土地总面积超过 $200km^2$，其土壤 Se 含量分布也不均匀，大致表现为土壤 Se 含量随地形高度的降低而减少（图 7-1），从山顶到山脚冲积平原，不同成土母质土壤 Se 含量大小顺序为，山顶残积母质土壤＞山腰坡积母质土壤＞山脚冲坡积、冲积母质土壤＞冲洪积、冲湖积母质土壤。山顶-山前冲积岗地土壤 Se 含量普遍高于 0.4mg/kg，山顶局部土壤 Se 含量高于 1.0mg/kg。当地土壤的平均 pH 约等于 6.0，以弱酸性偏酸性为主，反映了红壤的基本属性也比较适宜茶叶生长，但当地土壤 pH 最低为 3.6，呈极度酸性，越靠近山区，其土壤酸性相对越强，仅在山前低洼地存在小范围的弱碱性土壤，说明当地局部土壤强酸化的趋势非常严峻。富硒土地所在地区土壤中 CEC 储备总体都不是很丰富，与当地土壤有机质不是很丰富的现状一致，越往山区、地形越高的地段，其土壤样品的CEC含量越低，仅山前盆地有极少量土壤CEC可达到较丰富状态。

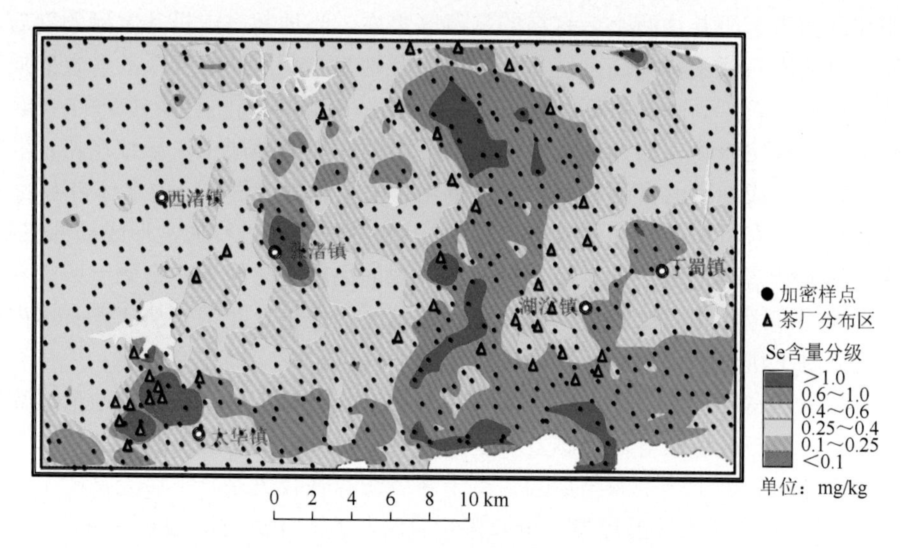

图7-1　宜溧地区表层土壤硒（Se）分布概况

除上述宜溧地区之外，江苏省境内其他偶尔发现的富硒土壤资源分布都极为零星，且不存在产生天然富硒土壤的地球化学背景。

7.1.2　江苏省境内富硒土壤的基本成因

通过对以往相关土壤、岩石地球化学调查数据进行整理分析，可将江苏省境内所发现或报道的富硒土壤归纳为原岩型富硒、燃煤型富硒、施肥型富硒及其他途径（或成因）富硒等基本类型，有关富硒土壤的成因对比见表7-1。

表7-1　江苏省境内所发现的有关富硒土壤成因类型

富硒土壤类型	代表性产地	主要富硒机制	标型特征	生态效应	利用前景
原岩型	宜溧地区晚古生代地层煤系岩石分布区及其附近	富硒岩石经过风化、剥蚀迁移沉积作为当地成土物源，形成先天富硒土壤	富硒土壤沉积厚度大、土壤富硒不受耕作层限制，分布受地质背景控制	可形成系列天然富硒农产品，如富硒稻米、茶叶、蔬菜等	利用前景很大，可作为促进矿地融合、提升耕地环境质量的抓手
燃煤型	镇江市丹阳市谏壁镇附近，靠近粉煤灰储藏地	煤炭中挟带的Se经燃烧后排放到周围土壤，如粉煤灰中富集的Se扩散到周边土壤等	富硒土壤深度主要集中在耕作层，土壤除富Se外，还相对可能富集Pb-Zn-Cd等重金属	可形成特富硒的稻米、小麦等，但农产品Se分布极不均衡	有开发成先天富硒大米的可能，但要排除相关重金属污染的干扰

续表

富硒土壤类型	代表性产地	主要富硒机制	标型特征	生态效应	利用前景
施肥型	宜兴市丁蜀镇双桥村部分稻田改种西瓜后的田块	增施有机肥等添加剂，导致新施肥的田块土壤 Se 显著增高	富硒土壤深度局限在耕作层，富硒范围仅局限在施肥的田块，伴随有有机质、重金属显著增加等	可产生富硒稻米、蔬菜等，但也可能伴随农产品中重金属超标	利用前景有限，且不能保证持久开发（在不继续施肥的前提下）
其他类型	徐州市产煤区附近及其他类似的煤矿产地附近	煤矸石风化及煤矿开采过程中，人为地质作用导致周边土壤富硒，与富硒岩石风化有类似之处	富硒土壤厚度主要局限在耕作层，但范围通常较大，伴随有少量 As-Cd 等富集，富硒范围不受地质环境制约	可形成富硒稻麦、蔬菜等，但周围生态环境也可能伴随其他污染或毁损等	利用前景较大，但要配套一定的土地整治工程

除了表 7-1 所列出的富硒土壤成因类型外，还有其他一些富硒食品或富硒土壤的报道。例如，有人报道在太湖地区存在湖沼相的富硒土壤，还有人报道在一些陆相火山地区存在与火山岩风化有关的富硒土壤，也有人在人工喷施富硒水肥的稻田中发现了富硒稻米及部分富硒土壤。但就本团队多年来从事江苏省土壤地球化学调查及有关岩石微量元素分布的研究来看，太湖地区是否存在湖沼相的富硒土壤还有待证实，局部陆相火山岩地区存在的富硒土壤也十分有限，至于通过喷施富硒药剂达到农产品富硒直至改变部分耕地土壤 Se 含量分布不属于地球化学环境富硒的范畴。江苏省境内真正称得上天然富硒土壤且能与富硒岩石建立成因关系的还是首推宜溧地区的岩石型（或原岩型，余同）富硒土壤。

宜溧地区的岩石型富硒土壤不仅分布范围最广，而且也是土壤富硒成因剖析相对最深入的地区。当地岩石种类繁多，主体为晚古生代沉积岩。当地常见岩石的 Se 丰度（平均含量）对比如图 7-2 所示。研读图 7-2 并结合之前调查结果可确定，产于煤系地层中的泥岩、粉砂岩、砂页岩、泥页岩等 Se 丰度明显偏高，这些岩石的 Se 丰度多在 1.0mg/kg 以上，是当地正常土壤 Se 平均含量的 2.5 倍以上。安山岩等火山岩、比较纯的石英砂岩、灰岩等碳酸盐岩基本不富硒，这些岩石的 Se 丰度多小于 0.5mg/kg 或更低。二叠系龙潭组是当地最主要的含煤地层，也是当地最主要的富硒原岩。

岩层或原岩富硒是形成富硒土壤的物质基础，从国内已经报道的相关资料来看，含煤等黑色沉积岩富硒都有多个先例。宜溧地区至少发育一套富硒原岩，就是二叠系龙潭组的含煤黑色（或杂色）岩系，以泥质砂、页岩（或粉砂质泥、页岩）为主，其岩石 Se 含量最高达到 30mg/kg 以上，平均为 5mg/kg 以上。这些富硒岩石的 pH 多小于 5.5 且普遍低于土壤 pH。岩石成分越复杂，其相对富硒程度越高。富硒岩石大多未聚集过量的重金属，其附近相关区域也少见富硒岩石富集

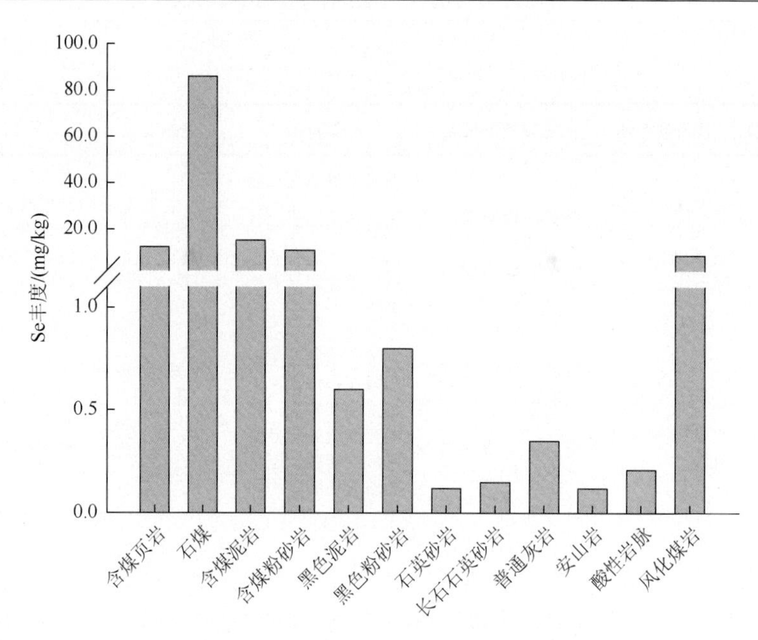

图 7-2　宜溧地区不同岩石 Se 丰度对比

重金属的报道。富硒岩石附近的土壤 Se 含量明显偏高。为了研究富硒原岩与富硒土壤之间的关系，对自然掌子面从底部的富硒原岩到顶部的表层土壤进行连续取样分析，其测试分析结果列于表 7-2。从表 7-2 中不难看出：

（1）从上到下、从土壤到岩石，该剖面中所有岩石、土壤样品都极富硒，上部厚约 120cm 的土层 Se 均量达到 3.03mg/kg，下部厚约 640cm 的岩层 Se 均量达到 17.72mg/kg，土壤越靠近岩石，其 Se 相对越富，岩石 Se 通常是土壤 Se 的 5 倍以上，岩石风化产物 Se 介于岩石与土壤之间，说明富硒土壤与富硒岩石之间有密切的成因联系。

（2）土壤 pH 介于 5.06～5.22，岩石 pH 介于 4.24～5.2，岩石比土壤酸性更强，这与前面的相关结果一致；土壤中 Si、Al、K、Na、Mg、Fe 等趋于稳定，岩石中的 Fe 总体要高于其上覆的土壤，而岩石中的 Ca、Mn 总体要低于其上覆的土壤，说明岩石风化成土过程中淋失了 Fe、聚集了 Ca 和 Mn，表明上部的富硒土壤的确由下部富硒岩石逐步风化堆积而成。土壤相对富 Ca，这与特定的微生物条件（煤层风化）或植物群落（竹林）等有关，具体原因有待深入研究去揭示。

（3）在 500～520cm 深处发育一层薄层状铁锰结核透镜体（或沉积物，简称铁锰结核，余同），其 Fe 高达 26.94%、Mn 高达 14560mg/kg，而其 Si、Al、K、Na、Ca、Mg、Se、As 等都明显偏低，该铁锰结核还相对富集 Cd、S、P 等，其 Cd 高达 2.22mg/kg，远高于其他富硒岩石，说明富硒岩层中可能夹杂不富 Se 而富 Cd 的夹层。在铁锰结核下部岩石中，S、As 呈明显增加趋势。除了该铁锰结核外，

表 7-2　宜溧富硒产地典型土壤-岩石地球化学剖面采样分析结果

样号	深度/cm	样品属性	Se/(mg/kg)	pH	Si/%	Al/%	Fe/%	Ca/%	Mg/%	K/%	Na/%	Mn/(mg/kg)	As/(mg/kg)	Cd/(mg/kg)	Hg/(mg/kg)	Cu/(mg/kg)	Pb/(mg/kg)	Zn/(mg/kg)	Cr/(mg/kg)	Ni/(mg/kg)	S/(mg/kg)	P/(mg/kg)
TPC101	0～5	黄褐色亚黏土，有腐叶等	2.87	5.12	28.98	9.91	3.88	0.22	0.63	2.35	0.28	452	14.7	0.49	0.08	33	64	125	106	41.8	448	439
TPC102	5～10	黄褐色亚黏土，有腐叶等	2.76	5.06	29.7	10.33	3.87	0.15	0.66	2.43	0.28	325	15.4	0.28	0.048	33.9	50.6	106	108	44.8	261	375
TPC103	10～15	黄褐色亚黏土，有腐叶等	2.7	5.09	30.16	10.47	3.8	0.14	0.66	2.47	0.27	286	15.2	0.22	0.041	33	41.3	97.6	108	41.4	217	361
TPC104	15～20	黄褐色亚黏土，有腐叶等	2.53	5.08	30.58	10.18	3.72	0.12	0.63	2.39	0.26	250	14	0.21	0.041	29.6	39.3	89.7	105	39.8	214	355
TPC105	20～30	黄褐色亚黏土（有砾石等杂质）	2.54	5.11	30.52	10.27	3.76	0.11	0.63	2.39	0.24	187	13.8	0.19	0.04	29.7	38.1	85.1	105	39.1	197	346
TPC106	30～40	黄褐色亚黏土（有砾石等杂质）	2.75	5.14	30.19	10.68	3.87	0.1	0.66	2.47	0.24	177	14.3	0.17	0.039	32.8	39.5	88.2	110	42	178	341
TPC107	40～50	黄褐色亚黏土（有砾石等杂质）	2.66	5.15	30.22	10.79	3.84	0.093	0.67	2.51	0.24	175	14	0.13	0.035	33.2	40.4	92.1	109	44.4	164	332
TPC108	50～60	黄褐色亚黏土（有砾石等杂质）	2.79	5.15	30.08	11	3.82	0.082	0.69	2.55	0.25	185	14.6	0.15	0.031	32.9	42	94.5	112	44.9	161	343

续表

样号	深度/cm	样品属性	Se/(mg/kg)	pH	Si/%	Al/%	Fe/%	Ca/%	Mg/%	K/%	Na/%	Mn/(mg/kg)	As/(mg/kg)	Cd/(mg/kg)	Hg/(mg/kg)	Cu/(mg/kg)	Pb/(mg/kg)	Zn/(mg/kg)	Cr/(mg/kg)	Ni/(mg/kg)	S/(mg/kg)	P/(mg/kg)
TPC109	60～80	黄褐色亚黏土，少量砾石	3.05	5.11	30.08	10.85	3.84	0.093	0.66	2.53	0.25	258	15.1	0.16	0.031	33.9	41.8	94	113	44.7	180	344
TPC110	80～100	黄褐色亚黏土，少量砾石	4.88	5.10	30.18	11.03	4.22	0.077	0.63	2.45	0.26	256	17.1	0.14	0.025	30.4	39.3	82.8	110	36.4	175	332
TPC111	100～120	黄褐色亚黏土，少量砾石	3.82	5.22	29.82	11.35	4.57	0.065	0.66	2.46	0.26	78.3	17.1	0.13	0.032	29.7	28.1	68.6	111	27.1	187	349
TPC112	120～175	灰黑色泥页岩	6.91	5.07	28.73	11.3	4.31	0.069	0.63	2.52	0.26	75.7	15.4	0.13	0.04	30.8	33.8	58.3	112	21.6	218	310
TPC113	175～230	灰黑色泥页岩	5.94	5.2	29.41	10.83	5.42	0.11	0.73	2.46	0.27	88.4	14.5	0.11	0.037	32.3	36.1	73.2	107	27.9	354	784
TPC113a	230～255	灰色黄褐色泥页岩	2.62	5.2	30.6	9.65	4.76	0.061	0.68	2.2	0.32	300	13.1	0.11	0.039	35	22.9	78.4	93.9	24.5	156	491
TPC113b	255～272	灰黑色泥页岩互层	8.61	5.17	30.12	11.26	4.15	0.055	0.65	2.64	0.3	106	14.5	0.13	0.034	26.1	40.2	56.4	116	20.7	167	324
TPC114	272～290	灰白-灰色泥质粉砂岩夹泥岩	10.9	4.9	29.74	10.43	5.25	0.061	0.61	2.34	0.34	144	17	0.13	0.041	28.5	39	69.2	109	18.3	228	350
TPC115	290～320	灰黑色夹少量黄褐色泥页岩	16.7	4.94	29.57	11.33	4.97	0.055	0.58	2.52	0.31	74.1	29.7	0.083	0.052	29.7	41.8	52.4	126	15.1	399	409

续表

样号	深度/cm	样品属性	Se /(mg/kg)	pH	Si/%	Al/%	Fe/%	Ca/%	Mg/%	K/%	Na/%	Mn /(mg/kg)	As /(mg/kg)	Cd /(mg/kg)	Hg /(mg/kg)	Cu /(mg/kg)	Pb /(mg/kg)	Zn /(mg/kg)	Cr /(mg/kg)	Ni /(mg/kg)	S /(mg/kg)	P /(mg/kg)
TPC116	320～350	灰黑色夹少量黄褐色泥页岩	17.7	4.94	31.63	8.97	4.65	0.063	0.4	1.8	0.33	121	24.6	0.11	0.09	31.5	41	58.9	112	12.2	507	411
TPC117	350～380	灰黑色夹少量黄褐色泥页岩	32.6	4.83	30.25	10.57	5.08	0.067	0.52	2.44	0.32	17	44	0.15	0.09	40.6	48.5	33.8	158	9.77	484	327
TPC118	380～410	灰黑色夹少量黄褐色泥页岩	27.6	4.78	31.15	10.58	3.63	0.056	0.5	2.49	0.33	4.2	31.3	0.13	0.054	34.6	43.8	25.7	140	12.5	440	290
TPC119	410～440	灰黑色夹少量黄褐色泥页岩	20.7	4.72	31.22	10.48	3.59	0.053	0.51	2.53	0.35	5.84	20.9	0.088	0.041	33.7	42.6	28.9	130	17.9	856	321
TPC120	440～470	灰黑色夹少量黄褐色泥页岩	18.9	4.76	31.35	10.47	3.67	0.054	0.51	2.55	0.33	7.88	19.1	0.087	0.036	31.2	50	26.6	125	20.4	600	284
TPC121	470～500	灰黑色夹少量黄褐色泥页岩	11.7	4.57	32.03	10.79	2.55	0.055	0.47	2.44	0.32	8.48	17.7	0.06	0.033	18.6	45	20.9	118	20.3	640	315
TPC122	500～520	灰黑色泥砂岩中的透镜体	4.39	4.47	10.39	5.09	26.94	0.08	0.3	0.82	0.16	14560	6.89	2.22	0.026	44.4	52.4	215	74.7	149	2508	511
TPC123	520～570	灰黑色泥砂岩中的透镜体	10.4	4.47	30.85	10.49	4.25	0.057	0.48	2.25	0.31	131	16.6	0.11	0.037	24	32.3	35.6	124	21.4	776	367

续表

样号	深度/cm	样品属性	Se/(mg/kg)	pH	Si/%	Al/%	Fe/%	Ca/%	Mg/%	K/%	Na/%	Mn/(mg/kg)	As/(mg/kg)	Cd/(mg/kg)	Hg/(mg/kg)	Cu/(mg/kg)	Pb/(mg/kg)	Zn/(mg/kg)	Cr/(mg/kg)	Ni/(mg/kg)	S/(mg/kg)	P/(mg/kg)
TPC124	570～615	灰黑色泥砂岩中的透镜体	27.6	4.48	30.87	10.47	4.16	0.056	0.46	2.32	0.27	6.61	25.1	0.08	0.057	21.4	58.2	22.7	154	13.1	1734	380
TPC125	615～650	灰黑色泥页岩、夹薄层泥砂岩	19.3	4.49	29.54	11.04	5.04	0.053	0.45	2.12	0.27	10.4	25.6	0.08	0.091	26.4	29.4	24.9	130	10.6	546	301
TPC126	650～665	灰黑色泥页岩、夹薄层泥砂岩	32	4.45	30.63	9.57	5.57	0.049	0.47	2.31	0.27	8.32	41.2	0.13	0.097	25.4	43.4	26.3	121	7.61	1779	275
TPC127	665～700	灰黑色泥页岩	30.4	4.25	30.16	10.34	5.67	0.057	0.47	2.32	0.3	1.57	40.7	0.13	0.089	22.4	45.2	21.8	128	9.28	2152	369
TPC128	700～760	灰黑色泥页岩	31.8	4.24	29.99	10.25	5.9	0.056	0.47	2.3	0.3	1.5	43.7	0.12	0.096	22	45.7	22.2	129	9.87	2272	385

其余富硒岩石的 Cd、Hg、Cu、Pb、Zn 等重金属含量均不高。这与未在该区发现富硒岩石中存在聚集过量重金属的结果一致，也与天然富硒产地大部分土壤的重金属超标率偏低（小于 10%）相吻合。

（4）富硒岩层的厚度与土壤 Se 浓度有联系，富硒岩层越厚的地段，其土壤中 Se 相对越高。例如，在另外一条土壤-岩石垂向剖面中，其富硒岩层厚度不超过 1.5m，在上覆土壤中的 Se 最高才 1.2mg/kg，平均只有 0.8mg/kg 左右，这与上述表 7-2 所列的典型剖面中数据有显著差别。

形成天然富硒土壤要受到一定地质条件的限制，主要是必须具备天然的富硒自然环境或成岩事件，通过对上述宜溧地区富硒土壤成因的分析也证实了这一点。当地发育的富硒土壤相对很丰富，但能被利用的富硒土地资源（特别是天然富硒耕地）却受到一些客观因素的限制。从实地调查研究结果来看，宜溧地区能形成富硒土地资源还要受以下因素的控制或影响。

（1）初始物质来源。有了丰富的自然来源的 Se 等物质供应，富硒土地的利用价值才可能得到最充分的保障，目前区内最稳定的富硒土地物质来源就是古生代地层中的含煤岩系（以二叠系龙潭组为代表），凡是出露有含煤岩系的地段，其富硒土地的利用价值都相对较高（不一定都是富硒耕地）。

（2）地形与微地貌。岩石多出露在丘岗或山前地段，富硒岩石风化侵蚀后需要有通道将富硒物质输送出去，还要有接纳富硒物质的场所。产有富硒岩石的山前平原及山间盆地（或山谷之间的低洼处），是形成可利用富硒土地的有利场所。通常山谷中的富硒耕地规模有限，远离富硒岩石的耕地可能局部富硒，但稳定的自然物质来源可能难以寻找，且其耕地规模通常比较大，在该区寻找到大片清洁富硒耕地是相对困难的。有些地区分布有富硒耕地，但有可能正位于当地战略水源地的上游，其大规模开发利用也会受到一定限制。还有一些平原区可能存在局部富硒耕地，但难以确定稳定的先天物质供应等；另外一些河沟（可能是断裂活动产物）可作为富硒土地的自然边界等。从富硒区土壤到形成天然富硒耕地有一个地表 Se 再迁移过程，地形与微地貌在其中发挥了重要作用。图 7-3 展示了宜溧地区典型富硒耕地形成过程中的土壤 Se 迁移过程，可见地貌因素在当地天然富硒耕地诞生中的确具有局部制约作用。

（3）沉积相。区内第四系地层发育，土壤沉积类型十分丰富，从低山丘陵区到平原区由残坡积渐变为洪积、冲洪积、冲坡积、冲积、冲湖积、湖沼积、湖积、沼积等各类沉积物分布，并组成相应的残丘边缘、洪积扇、冲湖积平原、湖积平原等沉积相。具体是什么沉积相的富硒土地利用价值最高，目前尚不好判断，但有标志可以作为参考：一是富硒土壤沉积厚度相对较厚，不仅仅局限于表层 20cm 深度以内；二是土壤有机质含量适中，不是最富的也不是最贫的。

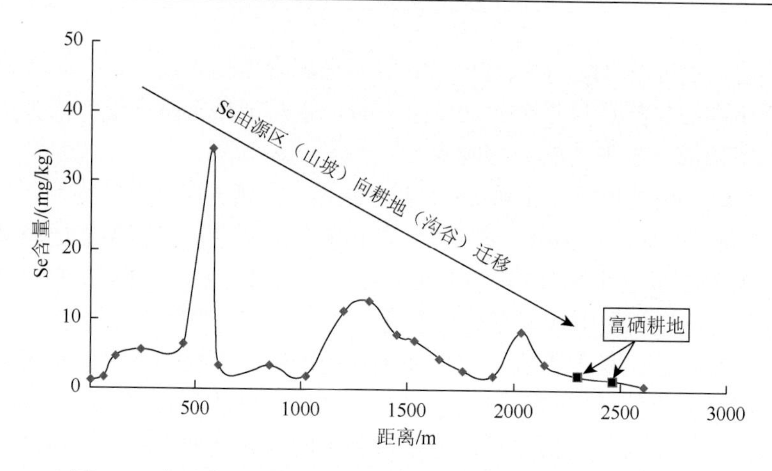

图 7-3　宜溧地区典型土壤剖面 Se 含量变化（横穿富硒耕地）

（4）土地利用类型。目前发现的富硒土地有相当部分是林地，还有的属于水域，只有富硒的耕地、茶园、蔬菜地（含少量的未利用地）等在现阶段才有利用价值，而大片富硒林地现阶段是难以直接利用的。在残丘边缘、洪积扇形成的山前岗地区多发育有富硒茶园，在山前冲积平原、冲湖积平原、湖积平原区、山间盆地（沟谷等）多发育有富硒耕地。

总之，江苏省局地富硒土壤的成因不尽一致，但形成先天富硒土壤离不开有利地质环境的支撑，具备富硒岩石或满足富硒土壤的充足物质来源是必不可少的前提。人为富硒土壤成因相对简单，其利用前景也相对有限。

7.1.3　开发天然富硒土地资源的实例

针对江苏省宜溧地区天然富硒土壤分布特点，探寻天然富硒耕地等优质富硒土地资源，并在富硒稻米、茶叶等农产品开发上取得成功，为充分利用天然富硒土地资源积累了实践经验。

1. 富硒稻米开发

富硒稻米具有极高的营养价值和多项保健功能，深受消费者欢迎，也为当今粮食企业所推崇。通过富硒土壤找到富硒耕地，再利用天然富硒耕地生产富硒米，是开发利用富硒土地资源最常用的方式。在评价富硒土地资源的基础上，建立天然农产品生产示范基地或示范工程是成功开发富硒土地资源的一个关键环节，其正在成为促进农业地质成果转化利用的可行路径。参照有关兄弟省（如江西省）利用富硒耕地生产天然富硒米的经验，本团队也依据宜溧地区存在天然富硒土壤的线索，在宜溧地区新发现了 7 处富硒米产地（表 7-3），并对其中富硒程度最高的产地——宜兴市太华镇天然富硒稻米产地进行了开发利用示范，新建了江苏省首例生产天然富硒稻米的示范基地，为应用天然富硒耕地生产富硒稻米积累了成功经验。

表 7-3　研究区典型稻米及其土壤样品 Se 等分布统计

产地	辖区	样品数/个	稻米 Se					根系土		
			均值/(mg/kg)	min/(mg/kg)	max/(mg/kg)	*Cv*	占比/%	Se/(mg/kg)	占比/%	pH
全部	宜溧	184	0.061	0.031	0.300	0.245	78.1	0.56	89.3	6.3
戴埠横涧	溧阳市	36	0.045	0.031	0.087	0.234	69.4	0.51	85.2	6.2
天目湖东南	溧阳市	21	0.047	0.034	0.068	0.235	70.3	0.48	82.6	6.1
太华镇太平庄	宜兴市	10	0.049	0.038	0.063	0.144	90.0	0.55	86.1	6.3
太华茂花村	宜兴市	10	0.168	0.085	0.300	0.438	100.0	1.03	100	6.4
张渚茗岭	宜兴市	34	0.048	0.033	0.077	0.233	73.5	0.50	92.1	6.1
湖滏东北	宜兴市	34	0.059	0.037	0.120	0.296	94.1	0.56	93.4	5.8
丁蜀大港村	宜兴市	6	0.054	0.042	0.063	0.139	100.0	0.51	88.0	5.7
新庄附近	宜兴市	23	0.046	0.036	0.070	0.204	56.5	0.45	80.5	7.0

注：表中稻米 Se 的 min 为最小值、max 为最大值、*Cv* 为变异系数、占比指富硒米样点占比（%）；根系土的 Se 指 Se 平均量（mg/kg）、占比指富硒土壤样品占比（%）、pH 指土壤平均酸碱度（无量纲）。

通过去粗存精、去伪存真、由表及里、由此及彼地反复追溯和多角度大范围跨专业地深入剖析，结合第四纪沉积环境差异、微地形地貌、小构造特点、流域与水系分布、土地利用现状等，综合比选出宜兴市太华镇茂花村砺山东坡脚下约 200 亩天然耕地为江苏省首例天然富硒米生产示范基地，证实该基地所产出的米富硒程度最高，而且抽查结果非常稳定。当地在 2010 年前就发现了产出富硒米的线索，2012 年系统抽检 10 个稻米样品，其稻米 Se 平均达到 0.18mg/kg。2013 年在该区重新选取田块随机抽样，分析样品 10 套，其稻米 Se 平均达到 0.17mg/kg，结果见表 7-4。从表 7-4 中可看出，其稻米 Se 明显高出国内富硒米标准的同时，稻米中的重金属全部在国标限定的安全范围内。与表 7-4 对应的 10 套稻米样品的土壤 Se 也全部达到富硒土壤标准，其分析结果见表 7-5。从表 7-5 还可以发现，所发现的太华镇茂花村富硒稻米产地土壤的有机质含量普遍较高，说明其耕地土壤先天肥力充足。

表 7-4　2013 年太华镇茂花村优质富硒稻米抽样分析结果　（单位：mg/kg）

样号	Se	Mn	Mo	Fe	As	Cd	Cr	Cu	Ni	Hg	Pb	Zn
TNR144	0.11	25	0.4	13.8	0.17	0.018	0.29	2.3	0.19	0.0034	0.11	34.3
TNR145	0.19	12.9	0.38	7.86	0.12	0.0094	0.26	1.64	0.12	0.0024	0.06	22.1

续表

样号	Se	Mn	Mo	Fe	As	Cd	Cr	Cu	Ni	Hg	Pb	Zn
TNR146	0.12	12.4	0.36	6.56	0.14	0.02	0.24	1.52	0.093	0.0026	0.047	19.4
TNR147	0.12	16.8	0.42	8.24	0.11	0.037	0.3	3.33	0.28	0.0022	0.056	22.6
TNR148	0.3	20.6	0.48	6.88	0.11	0.15	0.18	5.5	0.32	0.0028	0.062	26
TNR149	0.15	16.3	0.38	6.22	0.14	0.022	0.19	2.34	0.15	0.0028	0.05	23.5
TNR150	0.24	12.2	0.52	6.68	0.12	0.026	0.29	3.26	0.17	0.0024	0.044	22.1
TNR151	0.085	10.3	0.33	6.36	0.14	0.014	0.22	2.54	0.15	0.0028	0.051	22.2
TNR152	0.25	22.2	0.5	7.3	0.14	0.066	0.12	3.3	0.38	0.0024	0.056	30.8
TNR153	0.11	14	0.32	6.27	0.13	0.056	0.2	1.82	0.12	0.0028	0.051	19.5

表 7-5　2013 年太华镇茂花村优质富硒稻米产地土壤样抽查分析结果

样号	Se /(mg/kg)	Mn /(mg/kg)	Fe /(mg/kg)	As /(mg/kg)	Cd /(mg/kg)	Cr /(mg/kg)	Cu /(mg/kg)	Ni /(mg/kg)	Hg /(mg/kg)	Pb /(mg/kg)	Zn /(mg/kg)	pH	TOC/%
TNR144	1.68	288	3.32	8.7	0.29	74.1	23.5	26	0.13	33.7	76.2	5	3.05
TNR145	4.01	520	4.74	12.2	0.5	96.2	25.5	34.5	0.1	32.8	85.6	5.81	3.59
TNR146	2.05	302	3.82	12.2	0.29	81.7	21.8	27.9	0.14	36.3	70.2	5.37	4.61
TNR147	2.84	408	3.98	11	0.45	82.4	26.6	32.6	0.17	35.8	86.7	6.08	3.76
TNR148	2.11	154	2.94	9.2	0.28	80.9	26.4	28.8	0.16	40.8	81.6	5.48	3.18
TNR149	1.92	367	3.6	11.3	0.28	76.2	22.3	25.2	0.13	37.2	73.9	5.13	2.69
TNR150	2.37	207	3.4	9.68	0.32	81.6	25.8	27.8	0.11	38.7	84.2	5.24	2.92
TNR151	1.71	130	2.48	7.87	0.28	76.2	24	24.8	0.17	43.4	74.3	5.44	3.5
TNR152	2.65	182	3.21	9.99	0.56	84.2	28.4	31.2	0.14	40	86.2	5.3	3.34
TNR153	1.93	177	2.98	9.25	0.29	76.2	25.3	26.7	0.15	38.7	78	4.98	3.08

太华镇茂花村富硒稻米产地是目前宜溧地区乃至整个江苏省所确定的最优质的富硒米产地，丝毫没有人工补硒的因素。其他产于宜溧富硒区的富硒米产地也有较高的开发价值，分析对比相关富硒米及其对应根系土样品的元素含量分布等数据，发现天然富硒米具有以下特点。

（1）稻米中 Se 与土壤中（根系土）Se 呈显著正相关性，其相关系数 $R = 0.81$；稻米 Se 与土壤 Corg.（有机碳）也呈现正相关性，其相关系数 $R = 0.68$，如图 7-4 所示。除此之外，稻米 Se 与土壤 pH、CEC、Fe、Mn、Zn、速效 K 之间均不存在显著正相关性或负相关性。相比而言，稻米 Se 与土壤 Fe 的相关性要比稻米 Fe 与土壤 Fe 更密切，前者相关系数 $R = 0.42$，后者 $R = -0.19$，说明土壤 Fe 对稻米 Se 的影响要强于对稻米 Fe 分布的影响，这可能与稻米吸收土壤 Se 更容易受土壤的氧化还原条件控制有一定关系。

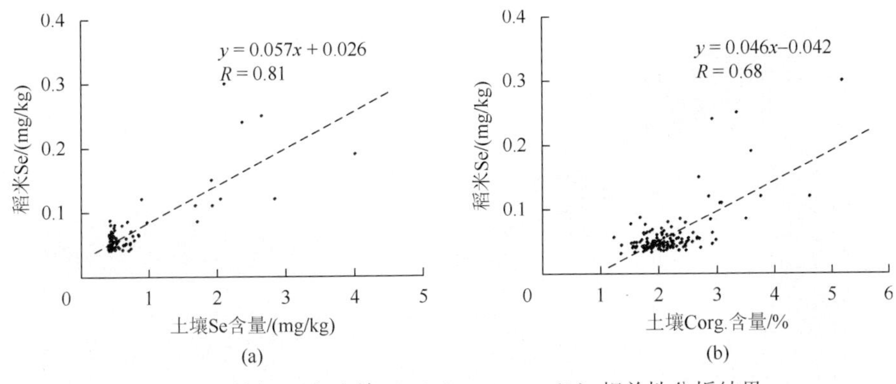

图 7-4　稻米 Se 与土壤 Se（a）、Corg.（b）相关性分析结果

（2）稻米中 As、Cd、Hg、Cu、Pb、Zn、Cr、Ni 等重金属与其根系土的元素含量之间也不存在显著相关性，其相关系数绝对值最大不超过 0.3，稻米 Se 与稻米中 As、Cd、Hg、Cu、Pb、Zn、Cr、Ni、Fe、Mn 等元素之间也不存在显著相关性，说明富硒米总体相对“干净”（除富硒外），表明稻米天然富硒，有可能抑制稻米从土壤中吸收 Cd、Zn 等重金属。

（3）不同产地的富硒米，其富硒程度有较大差别。在宜兴市太华镇砺山脚下的富硒稻米产地（即江苏省首例天然富硒米生产示范基地所在地），其精米 Se 为 0.085～0.3mg/kg，稻米 Se 平均含量达到 0.17mg/kg，其稻米 Se 含量是其他地区富硒米的 2.5 倍多，该富硒米产地距离富硒原岩也最近。

正是基于对上述宜溧地区天然富硒米及其相关土壤环境的综合分析，才在宜兴市太华镇新建了江苏省首例天然富硒米生产示范基地。建立该示范基地的基本流程包括：

（1）确定示范工程（或基地）的性质或名称，准备相关技术资料。

（2）确定示范基地的范围（中心点坐标等），注明示范的主要内容。

（3）选择树立示范工程标牌的地点，明确示范工程所属的行政区位置。

（4）对要进行公告在标牌上的资料内容进行准备与审核，尽量言简意赅。

（5）树立标牌，并征得当地政府的支持参与。标牌位置应不影响当地正常生产，且便于观摩。

（6）跟踪对示范工程进行的维护，让其发挥相关后续效益。

（7）对主要富硒农产品注册商标。

图 7-5 为新建的江苏省首家天然富硒稻米生产示范基地设计的标牌样式（标牌将展示的主要内容）及其水稻抽穗时的概况，该示范基地是当地政府得知该区产出天然富硒米后及时将这片土地流转为永久基本农田的。目前，当地政府已经为该产地的天然富硒米注册了正式商标，并通过开发这片天然富硒土地为农民带来了看得见的经济效益。

图 7-5　江苏省首家天然富硒稻米生产示范基地外景及新竖立的标牌

2. 富硒茶叶开发

通过对宜溧富硒区及江苏省相关地区茶叶产地进行对比研究，发现富硒土壤对茶叶硒分布有直接影响。在宜溧地区也发现富硒茶叶，本团队通过与茶叶生产厂商、当地政府合作，也进行了开发天然富硒茶叶的生产示范，积累了利用富硒土地生产天然富硒茶叶的经验，为更广泛地开发利用当地的天然富硒土地资源提供了新的借鉴。

在宜溧地区发现大片天然富硒土壤后，曾对宜溧地区及其相关产地的茶叶及其根系土进行过系统取样分析，结果见表 7-6。从表 7-6 可看出，宜溧春茶 Se 平均含量为南京市、苏州市等地春茶 Se 含量的 2～3 倍，对应根系土 Se 平均含量宜溧地区也为南京市、苏州市等地的 2～3 倍。宜溧春茶 Se 含量普遍高于 0.15mg/kg，对应根系土 Se 含量则普遍高于 0.4mg/kg，而南京市、苏州市等其他地区春茶 Se 含量普遍低于 0.15mg/kg，对应根系土 Se 含量也普遍低于 0.4mg/kg，尤其是南京市根系土 Se 含量普遍小于 0.3mg/kg。宜溧春茶 Se 含量与对应根系土 Se 含量（剔除 3 个根系土 Se 含量大于 1.5mg/kg 的样点）相关系数 $r = 0.5247$（$p<0.01$，$n = 30$），呈显著正相关关系，而南京市、苏州市等其他地区春茶 Se 含量与对应根系土 Se 含量无明显相关关系（$r = 0.0088$，$n = 21$）。上述统计结果证实了土壤富 Se 是形成宜溧地区富硒茶叶的基础，而宜溧地区能查出天然富硒茶叶也主要得益于当地产出相对丰富的富硒土壤资源，这正是开发天然富硒茶叶生产示范基地所必需的前提。

表 7-6　宜溧富硒土壤区与其他产地茶叶 Se 含量对比　（单位：mg/kg）

顺序	耕系土样品号	茶叶样品号	土壤类型	样品产地	土壤 Se 含量	茶叶 Se 含量
1	PJYX201S	PJYX201P	亚黏土	宜溧地区	12.1	0.27
2	PJYX202S	PJYX202P	亚黏土	宜溧地区	1.22	0.34
3	PJYX203S	PJYX203P	亚黏土	宜溧地区	1.81	0.31
4	PJYX204S	PJYX204P	亚黏土	宜溧地区	0.84	0.39
5	PJYX205S	PJYX205P	亚黏土	宜溧地区	0.50	0.18
6	PJYX207S	PJYX207P	亚黏土	宜溧地区	2.70	0.22
7	PJYX211S	PJYX211P	亚黏土	宜溧地区	0.48	0.20
8	PJYX212S	PJYX212P	亚黏土	宜溧地区	0.49	0.25
9	PJYX213S	PJYX213P	亚黏土	宜溧地区	0.61	0.22
10	PJYX214S	PJYX214P	亚黏土	宜溧地区	0.60	0.28
11	PJYX216S	PJYX216P	亚黏土	宜溧地区	0.63	0.25
12	PJYX217S	PJYX217P	亚黏土	宜溧地区	0.59	0.27
13	PJYX219S	PJYX219P	亚黏土	宜溧地区	0.55	0.36
14	PJYX222S	PJYX222P	亚黏土	宜溧地区	0.52	0.25
15	PJYX223S	PJYX223P	亚黏土	宜溧地区	0.63	0.27
16	PJYX228S	PJYX228P	亚黏土	宜溧地区	0.66	0.35
17	PJYX229S	PJYX229P	亚黏土	宜溧地区	0.66	0.26
18	PJYX235S	PJYX235P	亚黏土	宜溧地区	0.61	0.29
19	PJYX238S	PJYX238P	亚黏土	宜溧地区	0.50	0.17
20	PJYX239S	PJYX239P	亚黏土	宜溧地区	0.59	0.18
21	PJYX207S-2	PJYX207P-2	浅黄亚黏土	宜溧地区	0.59	0.23
22	PJYX243S	PJYX243P	浅黄亚黏土	宜溧地区	0.65	0.18
23	PJNJ001S	PJNJ001P	亚黏土	南京地区	0.24	0.11
24	PJNJ002S	PJNJ002P	亚黏土	南京地区	0.26	0.11
25	PJNJ004S	PJNJ004P	亚黏土	南京地区	0.22	0.085
26	PJNJ005S	PJNJ005P	亚黏土	南京地区	0.19	0.095
27	PJNJ006S	PJNJ006P	亚黏土	南京地区	0.24	0.11
28	PJNJ008S	PJNJ008P	亚黏土	南京地区	0.26	0.12
29	PJNJ009S	PJNJ009P	亚黏土	南京地区	0.30	0.093
30	PJNJ010S	PJNJ010P	亚黏土	南京地区	0.24	0.067
31	PJNJ011S	PJNJ011P	亚黏土	南京地区	0.20	0.11
32	PJSZ002S	PJSZ002P	亚黏土	苏州地区	0.46	0.1
33	PJSZ003S	PJSZ003P	亚黏土	苏州地区	0.32	0.069

续表

顺序	耕系土样品号	茶叶样品号	土壤类型	样品产地	土壤 Se 含量	茶叶 Se 含量
34	PJSZ004S	PJSZ004P	亚黏土	苏州地区	0.37	0.12
35	PJSZ005S	PJSZ005P	亚黏土	苏州地区	0.27	0.078
36	PJSZ006S	PJSZ006P	亚黏土	苏州地区	0.38	0.077
37	PJYZ001S	PJYZ001P	亚黏土	扬州地区	0.18	0.11
38	PJYZ002S	PJYZ002P	亚黏土	扬州地区	0.17	0.1
39	PJYZ004S	PJYZ004P	亚黏土	扬州地区	0.25	0.13
40	PJYZ005S	PJYZ005P	亚黏土	扬州地区	0.22	0.11

注：表中茶叶 Se 含量为样品干重含量，Se 含量大于 0.15mg/kg 即可认为是富硒茶叶。

为了进一步核实富硒区土壤对茶叶 Se 分布的影响，利用天然富硒土壤开发出最优质的富硒茶叶，2014 年在宜溧地区采集了 40 套茶叶-土壤样品，又同时在附近其他地区采集了 24 套茶叶-土壤样品。最新取样分析结果显示，宜溧地区茶叶和土壤 Se 平均含量都高于非宜溧地区，前者茶叶 Se 平均含量达到相对富硒水平（Se＞0.1mg/kg，余同），富硒茶叶样点占样点总数的 27.5%，后者的富硒茶叶比则只有 4.17%；两者土壤 Se 平均含量均达到富硒水平（0.4mg/kg），前者富硒土壤样点占比高达 92.5%，后者为 62.5%。本次新发现的茶叶 Se 等相对富的样品分析结果列于表 7-7，从表 7-7 中可看出，其茶叶 Se 最高可达 0.28mg/kg，达到目前国内行业标准规定的富硒茶叶限标下限（0.25mg/kg）。对比宜溧产地与非宜溧产地的茶园调查数据，发现它们的土壤理化性质 CEC、TOC 和 pH 都很接近，但宜溧地区土壤和茶叶样品中的大量元素，如 Fe、Mn、P 和 S 都较低；各重金属元素，如 Cd、Cr、As、Hg、Cu 等重金属元素含量总体也多处于 1～2 级环境水平，反映了当地土壤所处的重金属元素含量总体都比较“干净”，除了局部土壤过于偏酸性外，应该说在宜溧南部利用其富硒土壤资源发展规模性富硒茶叶生产的土壤环境相对有利（表 7-8）。另外，也可看出宜溧南部除了存在大片天然富硒土壤、其土壤有机质含量略低外，其他土壤环境地球化学参数与苏南其他茶叶产地具有可比性，说明在该区发现天然富硒茶叶不是偶然的。多次的对比调查分析不仅帮助确定了宜溧地区的确存在富硒茶叶，还帮助选定了具体的天然富硒产业产地（茶园）。

表 7-7　2013 年新采集的部分茶叶样品元素含量分析结果　　（单位：mg/kg）

样号	Se	As	Cr	Fe	Hg	Mn	Ni	Pb	S	Zn	产地
W6	0.28	0.13	1.36	150	0.0085	830	21.2	1.3	3096	51.9	宜溧
W4	0.22	0.24	1.18	189	0.0084	655	13.6	1.42	3250	54.6	宜溧

续表

样号	Se	As	Cr	Fe	Hg	Mn	Ni	Pb	S	Zn	产地
W32	0.16	0.1	1.72	172	0.008	1273	8.59	2.68	3520	50.7	宜溧
W61	0.15	0.055	1.36	104	0.012	378	5.49	0.48	3208	43.6	宜溧
W10	0.14	0.17	1.82	213	0.017	1506	11.6	1.94	3192	58.7	宜溧
W33	0.13	0.12	2.4	188	0.0066	373	3.48	1.14	2870	35.4	宜溧
W39	0.13	0.086	1.02	114	0.0078	178	7.57	0.78	3140	46.2	宜溧
W2	0.12	0.16	1.08	143	0.01	1438	11.2	1.54	3198	44.6	宜溧
W29	0.12	0.088	1.93	144	0.007	844	8.26	0.95	2866	39.2	宜溧
W1	0.11	0.12	1.06	154	0.011	499	11.7	1.26	2838	43.6	宜溧
W18	0.11	0.15	2.14	215	0.0082	859	12.1	1.26	2894	38	宜溧
W30	0.11	0.11	1.86	159	0.0072	1368	6.9	1.23	2863	34.6	宜溧
W11	0.1	0.16	1.56	177	0.0094	616	8.29	0.88	2446	50.8	宜溧
W34	0.1	0.068	2.02	132	0.0067	946	8.02	0.9	3164	45.6	宜溧

表7-8　宜溧和非宜溧地区富硒茶叶和土壤样品元素含量与理化性质

测试项目	宜溧地区（40）				非宜溧地区（24）			
	茶叶		土壤		茶叶		土壤	
	平均值	标准差	平均值	标准差	平均值	标准差	平均值	标准差
Se	0.10	0.04	0.90	1.53	0.07	0.02	0.54	0.32
As	0.12	0.04	11.78	2.88	0.09	0.04	10.29	2.44
Cd	0.04	0.02	0.18	0.18	0.03	0.01	0.16	0.06
Cr	1.57	0.37	70.61	16.91	2.42	1.01	60.79	10.92
Cu	12.78	1.41	26.53	17.56	14.65	1.79	23.83	5.42
Fe	158.73	29.80	3.21	0.69	207.59	72.63	2.64	0.46
Hg	0.01	0.00	0.08	0.05	0.01	0.00	0.27	0.32
Mn	975.60	404.92	505.24	240.62	1205.77	519.69	644.43	339.99
Mo	0.07	0.02	1.04	1.14	0.07	0.03	0.85	0.28
Ni	10.21	3.42	21.69	6.77	15.15	6.53	17.98	4.21
P	4592.90	514.25	671.30	416.06	5618.23	807.36	1159.86	512.74
Pb	1.19	0.37	36.67	21.38	0.93	0.34	36.22	8.98
S	2987.13	205.71	364.38	147.31	3606.55	351.70	414.00	281.06
Zn	43.48	6.73	59.76	18.27	49.66	7.01	63.35	22.30
CEC			140.41	38.36			136.87	28.01
TOC			2.06	0.98			1.98	0.80
pH			4.98	0.59			5.02	0.79

注：（）内为样品数；表中pH无量纲，TOC单位为%，CEC单位为mmol/kg，其余元素含量单位为mg/kg。

在通过评价证实存在天然富硒茶叶的基础上，参照上述建立天然富硒稻米生产示范基地的做法，于太华镇乾元村（茶园叫乾元茶场）新建了 1 处天然富硒茶叶生产示范基地，已经与当地政府合作为该天然富硒茶叶注册了商标，正式竖立了标牌，标牌名称为“太湖周边天然富硒土地资源开发利用示范基地（宜兴太华乾元茶场）”，如图 7-6 所示。该天然富硒茶园占地数百亩，地跨宜兴市、溧阳市两市，每年生产的富硒茶叶远销上海市、东北地区等，品牌茶叶供不应求。新建该天然富硒茶叶生产示范基地的基本依据或准则如下。

（1）乾元茶场土地普遍富硒，其土壤 Se 普遍大于 0.5mg/kg，附近出露了富硒岩层（二叠系龙潭组煤系地层），可以确定该茶园产地总体属于天然富硒土壤环境，富硒土壤分布范围覆盖了整个茶园。当地土壤环境呈强酸性，最适宜生产天然富硒茶叶。

（2）该茶园所出产的茶叶相对富硒，其茶叶 Se 明显高于苏南其他非富硒产地的茶叶，而且现场调查证实所产的茶叶都是纯天然富硒。

（3）该茶园在当地有一定的影响，所产茶叶已经销售到国内外多个地区。茶园所处位置有利，当地生态环境优美，具有发展旅游观光农业的潜力。

图 7-6　新建的天然富硒茶叶生产示范基地标牌

7.1.4　开发富硒土地资源应注意的有关问题

开发富硒土地资源已经成为新时期农业地质环境调查成果转化利用的有效形

式，依据富硒土地资源生产出的天然富硒农产品具有更高收益，是农民发展绿色高附加值产品的重要选项，深受社会及各级地方政府关注。但开发富硒土地资源不是无条件的，应注重以下现实问题。

（1）富硒土壤不等于富硒土地，并非所有富硒土地都有开发利用价值。开发富硒土地资源，应首选耕地，特别是天然富硒耕地，确定富硒耕地分布范围及其与富硒土壤的关系是第一步，能收集到最新土地利用现状图，再配合遥感资料校准则效果更佳。天然富硒耕地的一个显著标志就是土壤富硒分布不仅仅局限在耕作层，而且富硒土壤的深度或厚度通常大于 100cm 甚至更深。借助遥感等最新卫星数据有助于在分析土壤区筛选富硒耕地，依据土壤 Se 随深度的变化可帮助鉴定是否先天富硒。

（2）需事先评价富硒土地的生态效应。土壤富硒不代表农产品一定富硒，只有能生产天然富硒农产品的土壤才是具有开发前景的富硒土地。开展富硒土壤区农产品抽检、建立富硒农产品与富硒土壤之间的成因关系，是开发富硒土地资源必需的环节。通过富硒土壤而生产的富硒农产品才是真正的天然富硒食品，才能真正彰显其富硒食品的营养价值与保健功能，依赖人工补硒而生产的富硒农产品与天然富硒食品有本质差异，也难以保证相关富硒产品占领稳固的市场，开发富硒土地资源要把重点放在天然富硒农产品开发上。作为农业地质环境调查成果转化应用的示范工程一定不能掉入人工补硒的陷阱，可以将利用土壤 Se 高背景区、结合少许人工干预致使农产品天然富硒作为一个探索方向，但真正的天然富硒土壤资源未得到充分开发利用前不宜成为主流。

（3）评价土壤环境质量的程序不可或缺，尤其是要对富硒土壤的污染状况做出科学评价。土壤中 Se 与 Cd 等重金属有一定的共生性，一些局部富硒的土壤环境可能同时相对富集重金属，只有清洁的富硒土地才有持续利用价值，一些重金属等污染物超标的富硒土地不属于清洁富硒土地，在规划富硒土地资源时必须加以剔除。至于污染耕地富硒，可能会降低其污染风险，这需要区别对待，但尽量不要将污染土地划入富硒土地，这点应该作为一个准则。对于那些污染及富硒并存的土地，若能证实确实有开发富硒农产品的价值又不产生农产品污染者，也应谨慎开发利用。

（4）将天然富硒土地作为开发首选，凡是由富硒岩石诞生的富硒土壤才有持久开发的价值。运用岩石地球化学测量，可揭示土壤富硒的本质。从地质环境调查的角度而言，只有查明了土壤富硒的初始物质来源，才算找到了富硒土地资源形成的“根”。岩石地球化学测量是追寻富硒土地根源的有效方法，不同岩石的元素丰度有差异，存在高丰度的富硒岩石就是所发现的富硒原岩，若能在富硒土地附近能找到富硒原岩，则对于指导天然富硒土地开发将有极大影响。

（5）开发富硒土地资源应该适度，不宜炒作。富硒土地是一种不可再生的珍贵自然资源，伴随特定的地质环境而诞生，天然富硒食品与人工补硒产生的富硒产品有本质上的环境差异，之前国内人工补硒曾被炒作过，导致到处都能生产富硒产品，弄得真正的天然富硒产品也彰显不出其价值。一个地区能生产天然富硒食品均源于特定的土壤环境，是多种自然因素综合作用的结果，堪称大自然的赏赐，若凭空炒作，只会适得其反，让珍宝失色。

7.2　土地整治可望在污染防治中发挥的作用

国土资源管理负有土地整治的职权，在国土资源系统内部有相当一部分科技人员从事土地整治工作，包括废弃地复垦、耕地质量提升、农村生态环境改善等。土地整治既要确保后备耕地资源数量，还要提升耕地质量，追求土地资源管理的数量-质量-生态效益一体化是终极目标，如何在土地整治中提升耕地质量的难题一直未有效破解。土地整治急需在之前以提供后备耕地资源为主的基础上寻求新的突破口（或生态效益增长点），解决耕地数量有保障、质量有提升的核心问题。污染防治属于提升耕地质量的重要内容，借助土地整治这个平台可以促进耕地污染防治向深度发展。

土地整治作为政府实施耕地质量管护的一项常规动作，如同交管部门必须在道路使用中对其进行维护一样，是国土资源管理部门维持耕地资源安全利用的法定职能。将土地整治与耕地污染防治有机融合，既能拓展土地整治的新业务空间，又能解决耕地污染防治面临的现实问题，是一项双赢之举。随着绿色发展理念持续深入基层，城镇化需要为生态产业腾出更多场地，集体土地流转及其在绿色产业领域的更替使用很可能成为今后一定时期农村经济社会发展的主要引擎，大片耕地集中使用与新一轮的农田水利基本建设必然会乘势而上，这也就预示着未来一定时期土地整治的重要性及其投入只会增长而不会减少，对乡村土地生态环境的建设与改善只会增加而不会减少。以此为契机，在未来土地整治工作中统筹耕地污染防治事宜，必然会收到标本兼治、事半功倍的成效。从该研究团队十余年来的相关实践与探索经验来看，预计土地整治在耕地污染防治及提升质量方面将发挥如下作用。

（1）充分开发利用优质营养土。优质营养土是指耕地表层适宜植物生长的肥沃土壤（通称熟土），是评判耕地生产能力的主要标志。优质营养土的基本特征是有机质丰富、重金属等污染因子满足清洁土壤的要求、酸碱度适中、透气性好、质地优良，土壤颜色与下面的犁底层原土相比有明显区别，多为经过长期耕种、保护所积累下来的营养丰富的优质宜耕土壤，土层厚度一般不超过 30cm，土壤容重要低于下部的生土。现在土地整治内容中包含一项表土剥离工作，就是要解决耕地转化为建设用地过程中的优质营养土的合理利用问题。优质营养土的本质是代表了能生产粮食等农产品的那部分耕地资源的精华，充分利用优质营养土，也就意味着部分优质耕地即使被征用为建设用地等非农用土地，其生产粮食的耕地功能也可以保存下来或成功延续下去。表土剥离的核心任务是做好优质营养土的储备与持久规划利用，伴随表土剥离必然会配套相关土地环境整治等工程施工。

耕地污染防治的关键是解决土壤中污染物的危害问题，保证受污染耕地的农产品安全生产及土壤中污染物被有效控制或处置，客土交换转移耕地中的污染土壤是最有效的方法，但其成本太高而且也不可能针对成千上万亩污染耕地实施客土交换，就算能实施客土交换也存在如何清除被替换的耕地污染土壤中的污染物的问题。鉴于此，防治耕地污染的根本之道还是调控土壤污染物的危害、降低土壤污染物的浓度，通过有效修复及土壤生态环境改良等措施达到污染耕地安全利用的目的。从目前国内外治理耕地污染的实用经验来看，可行的钝化修复技术不失为调控耕地中污染物危害的适宜方法，植物修复不失为清除耕地污染物、降低土壤污染物浓度的有效手段，不论是调控还是植物修复，表土剥离过程中集聚的优质营养土都可以发挥最大作用。其一可以将优质营养土用作污染场地等整治复垦的覆土，直接将原先的污染场地变为优质耕地；其二可以将收集的优质营养土用于植物修复后的土壤改良，植物修复后可能使原来的耕地表层土壤出现一定程度的板结或养分缺失，掺和一定比例的优质营养土能很快恢复清除了污染物后的耕地土壤的生态功能；其三可以帮助消除钝化修复后的耕地土壤的不良后遗症，如施加相关钝化材料在抑制了土壤重金属向植物迁移的同时也可能改变土壤的透气性，使土壤过于黏结，通过掺和一定比例的优质营养土可以使被修复的耕地土壤尽快恢复正常的生产功能。

图 7-7 展示了本团队在江苏省无锡市境内开展耕地环境质量调查所获取的 8 个土壤沉积剖面 OM 分布情况，可以看出，正常耕地中营养土的厚度一般不超过 30cm，营养土层的 OM 含量通常是下部正常土壤的 5 倍以上。同时，通过综合对

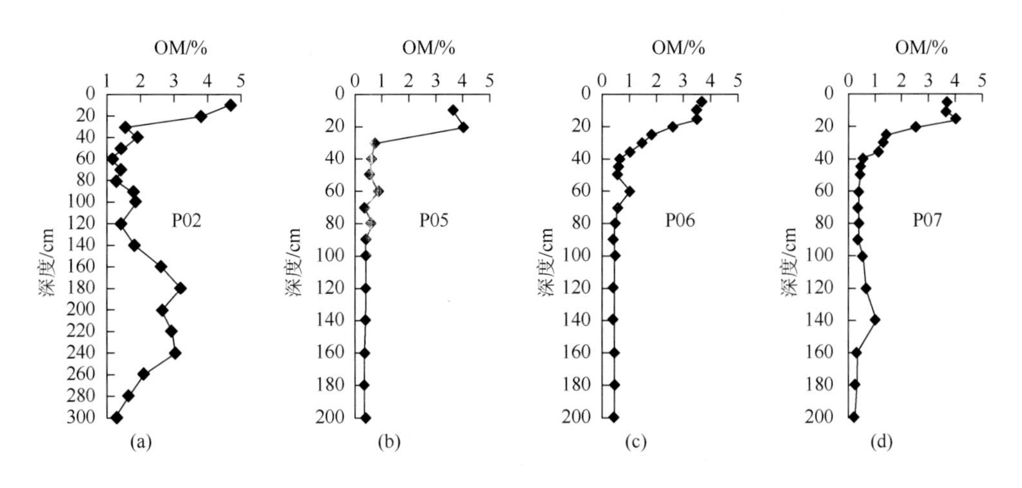

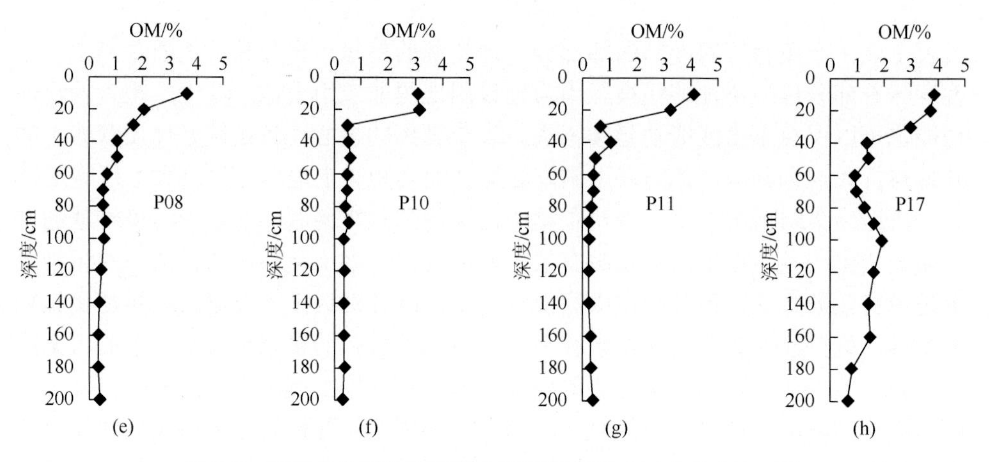

图 7-7　无锡市典型地区耕地土壤沉积剖面 OM 含量分布对比

上述 8 个土壤沉积剖面分别取自无锡市不同地段，P02、P05 等为剖面编号

比研究还发现，这些营养土中相对富含了 N、P、Se、B、Mo 等养分元素或有益微量元素，从土壤养分角度来看，这些营养土具有极高的开发利用与保护价值，而且也可以从中发现这些营养土的形成应是一个比较漫长的过程。

优质营养土可以被视为“能够移动或传递的耕地资源”，是长期耕种及人-地相互作用所积累的保障粮食生产的重要财富。随着我国城镇化的不断推进，对历史上的耕地资源进行重新规划与合理配置使用是必然趋势，土地整治既然有表土剥离与集约利用这一功能，通过在土地整治中合理用好用足优质营养土这一特殊资源，不仅可以使耕地污染治理收到意想不到的成效，还能为耕地污染治理提供特殊的原料。利用优质营养土资源配合做好耕地污染治理工作，关键是要事先掌握优质营养土的“家底”资料，如营养土的厚度、储量、质地、结构等，依据相关耕地污染治理的目标任务提前做好相关设计规划，就能将优质营养土的开发利用及污染治理有机融合，实现双赢。

（2）改善耕地生态环境。土地整治的内容将随着时代发展而不断丰富，但无论怎样变化，土地整治过程中必然涉及场地施工、基本农田配套设施建设及农村生态环境改良等。将若干小田块归并成一个大田块是土地整治，将不平的田块推平是土地整治，为农田疏通灌溉排涝沟渠也是土地整治，为乡村新修道路、池塘等还属于土地整治，在废弃地上种花种草仍然属于土地整治的范畴。土地整治的形式有很多种，围绕耕地生态环境改良，将土地整治与污染防治有机融合，通过土地整治的方式，消除耕地污染的危害、治愈污染耕地不失为今后国土资源管理行业开展农田土壤环境治理的有效途径。以污染耕地为治理对象，借助土地整治的相关手段与投资渠道，改良耕地生态环境、提升耕地质量、达到防治耕地污染的基本目的不仅十分必要，在当前也完全有可能。

借助土地整治实施耕地污染防治，可望在改良耕地生态环境方面产生以下实效：①切断污染物的传输渠道，如对于通过废水排放等污染耕地的，可以通过开挖疏通渠道、新筑隔离带等阻断污染物向耕地输送；②改善灌溉水质，在解决耕地灌溉、排涝问题的同时，顺带解决灌溉水净化问题，借助水质改善达到间接修复耕地污染的目的；③改善农村道路环境，通过治理污染，重新调整相关田块的边界，同时也可以新修部分乡村道路，为村民出行营造更好的交通环境；④改善乡村的绿化与卫生条件，在治理耕地污染、短期改变耕地利用方式的过程中，同时可以种植草坪、观赏植物、防护林等，还可以通过整治下水道、清理农村垃圾、建立土地生态保护示范工程等改良附近的卫生条件，尝试建设耕地清洁、环境优美、绿化完善的新乡村。

（3）清除污染物。客土交换虽然不适宜作为大量污染耕地修复治理的主要手段，但在土地整治过程中是不可避免地要发生部分土壤替换或移动等施工的。耕地污染防治的实质就是减免、控制土壤中污染物对粮食生产的危害，保证耕地能持续生产出清洁粮食。表现在实际效果上，耕地污染防治的最终目标就是降低土壤中污染物的浓度（使污染耕地变成清洁耕地）、改良耕地土壤环境，使得土壤中残留的污染物尽量少向农作物迁移。无论是降低土壤中污染物浓度，还是改良土壤环境以控制污染物向植物迁移，都会涉及对农田土壤中污染物的进一步处置，也必然会牵涉到土地整治的具体事宜（如对污染耕地边界的重新限定等）。与耕地污染防治所追求的目标相似的是，在土地整治过程中本身也涉及处置土壤中污染物的环节。例如，适度深翻耕、增加耕作层土壤的厚度，就可以在一定程度上降低部分污染物的浓度，这实际上就帮助耕地污染防治解决了耕作层土壤污染物部分转移或相对清除的问题。又如，土地整治可以帮助解决耕地排灌，间接改变土壤环境（酸碱度等），从而使土壤中原来残留的污染物危害程度降低，有助于提高农产品受土壤污染影响的安全系数。总之，土地整治本身对于清除耕地土壤中的污染物、控制土壤污染物对粮食等不利影响有诸多帮助作用，将土地整治与污染防治通盘考虑，可以使二者相得益彰，让耕地污染防治工作收到事半功倍的效果。

（4）改良土壤质地。污染防治本身就是一个提升耕地质量的过程，通过土地整治途径开展耕地污染防治工作，对于改善土壤环境质量，特别是改良耕地土壤质地确实有值得关注之处。土壤质地也称为土壤结构，包括土壤的透气性、团粒状组构、吸水性等，是衡量耕地质量及其是否适宜植物生长的重要因素。土地整治从规划到实施有一个过程，在整治过程中必然会对相关田块及其周边土壤属性做一些调整，结合耕地污染防治的需求可以顺带解决一部分土壤质地改良的问题。表 7-9 列出了目前农业生产对耕地土壤质地比较关注的一些基本要素，可为后人通过土地整治改良土壤质地、提升耕地质量、减除污染危害等提供参考。

表 7-9　耕地土壤质地所包含的基本要素

质地要素	与耕地质量的关系	对耕地利用的影响	土地整治等改良预期
团粒结构及颗粒组成特征	团粒结构与土壤吸附作用等有关，由细颗粒矿物所占比例、细颗粒矿物成分等限制，是衡量土壤吸附能力的重要指标，直接影响耕地生产能力	团粒结构越好，标志耕地土壤吸附能力越强，越有利于腐殖酸分解及微生物活动，标志耕地生产力越高、可利用性越好	增加营养土等覆土、完善灌溉条件及种植方式等，可促使耕层土有机质增加，增加土壤团聚性，改进土壤团粒结构
透气性及土壤疏松程度	土壤透气性取决于土质疏松程度，透气性好则有利于农作物生长，也是衡量成熟耕地的常用指标。土壤容重越小则越疏松，透气性也越好	透气性越好，表示植物生长环境相对更加优越，也标志着耕地被改良程度越高，可考虑作为优质耕地的首选对象	通过沟渠疏通与田块平整等，可使耕地土壤成分相对更均匀、与外界的水循环等更通畅，提升耕地透气性
黏结度及黏土矿物所占比例	土壤黏结度与其保水保肥等能力有关，黏土矿物所占比例越大，其黏性相对越好，但黏结度过高则影响土壤透气性	与保水储肥密切相关，是作物长成后根须固定的基础。适度增加黏土比例有利于土壤保水、保肥	通过河泥还田、增施有机肥及施加部分环境修复材料等，可使耕地土壤细颗粒矿物增加，提高黏土矿物占比
耕层土壤厚度	耕层土厚度代表可持续生产能力及耕种历史积淀，正常情况下耕层土越厚，表示耕地质量越好	耕层土厚度是评价耕地质量的重要指标，同等条件下耕层厚度越大，说明耕地利用潜力及保值性越高	在田块整治及沟渠开挖中必然要动土，可以通过适度深翻降低污染物浓度、增加耕层土厚度
特殊矿物组成及其含量	碳酸盐、富铁锰氧化物等矿物代表耕地土壤适应环境演变的能力	碳酸盐大量流失、铁锰等氧化物损耗标志耕地质量下降，更易受污染危害	改善耕地水循环环境、推行休耕等，可促使特殊矿物生成，增强土壤抗酸化、抗污染能力

改良土壤质地的途径不仅仅限于土地整治，土地整治过程有可能自然而然地对上述耕地土壤质地要素形成系列有益影响，若乘机对耕地污染防治与土地整治实行从组织规划到实际操作的高度对接或融合，则完全可能在国土资源领域形成一番耕地污染防治与质量提升的新气象。

7.3　污染防治技术筛选及其延伸研究

7.3.1　污染防治技术选择

耕地污染防治是一个具有悠久历史的新课题，选准并用好适宜的污染防治技术（或方法手段）十分关键。从前人已经公布或报道的有关农田土壤污染修复技术来看，还很难找到一种或一类“包治百病”的通用技术。农田土壤重金属污染防治作为我国当前耕地污染防治最主要的领域或任务，其防治技术研发一直是土壤污染防治领域的研究重点和热点，前人在探求农田土壤重金属污染实用修复技术方面也付出了巨大努力，积累了丰富的研究经验或资料。依据前人已经开展的相关研究，可将农田土壤重金属污染治理途径归结为以下两种基本形式。

（1）降低土壤重金属总量。通过合适的手段（如客土交换、植物吸收等），将土壤中重金属含量或浓度降低，将污染土壤中的残留重金属转移出去，使耕地土壤中重金属浓度（或含量）接近或达到正常土壤所允许的背景或正常水平。这种方式属于治本，可以从根本上消除重金属污染的危害。

（2）调控土壤重金属活性、阻断土壤中重金属向植物迁移。通过合适的手段（如钝化等）改变重金属在土壤中的存在形态，降低其在环境中的迁移能力和生物可利用性，致使土壤中的重金属固定在土壤中，减少土壤重金属进入植物（特别是粮食籽粒）的量，以确保农产品重金属含量达标。这种方式属于治标，并未从根本上消除重金属污染的全部潜伏危害，但可以解决近期农田土壤重金属污染防治最关切的问题及保障农产品的安全（如从源头杜绝镉米）。

耕地是在自然土壤环境的基础上，通过耕作、施肥、灌溉、改良等，以及在自然因素的综合作用下形成的不可再生的农用土壤资源。由于农用土壤的特殊用途，其污染修复治理时应选择对土壤环境干扰小的方法。针对农田土壤重金属等污染修复，目前国内通常提倡选用农业生态修复技术。农业生态修复技术是针对农业污染土壤采取的修复技术，通常指在农业生产过程中，采用一些因地制宜的耕作管理制度，调节农田生态环境状况，减轻重金属危害。其主要包括两方面：一是农艺修复措施，主要改变耕作制度，通过选择重金属含量少的化肥，增施能够固定重金属的有机肥，调整作物品种，减少农作物的吸收。对于污染严重不适宜种植粮食作物的地区，可以开展苗木花卉的生产，对于污染较轻的区域，可以种植抗污染品种（不轻易吸收重金属的品种），减少农作物对重金属的吸收，通过田间或盆栽试验事先筛选相关品种及其培育方式等供备用。二是生态修复措施，通过调节土壤水分、pH 和 Eh 等生态因子，改变土壤中重金属的化合态和结合态，降低生物活性和有效性，减少污水灌溉量，保证灌溉水的质量，从源头控制，减少进入农田土壤中重金属的总量。农业生态修复技术耗时较长，一般适用于中、轻度污染耕地土壤的修复。

在目前比较流行的农业生态修复技术中，利用化学、生物等措施改变重金属污染物在土壤中的化学形态与赋存状态，降低重金属生物有效性的原位钝化修复技术也是目前中轻度污染土壤修复的较好选择，是一种经济相对高效的面源污染治理技术或方法手段，非常符合我国可持续农业发展的需要。从我国耕地重金属污染防治的现实需求来看，原位钝化修复技术有可能成为解决农产品重金属超标的主要手段。选用原位钝化修复技术，首先要解决合适的钝化材料及钝化剂问题。目前多采用化学钝化剂，常用的化学钝化剂包括无机、有机、微生物等钝化修复剂。本次研究曾进行了施用不同钝化剂的修复成效对比，通过施用凹凸棒石、石灰、重钙、普钙、钙镁磷肥、磷矿石、蒙脱土等各种不同的化学钝化剂，考察了其对土壤理化性质、水稻和小麦等农作物中 Cd 含量的影响，对比不同化学钝化剂的调控作用效果发现，施用改性凹凸棒石环境修复材料相对具有最高性价比。施用钝化剂后，土壤 pH 均有不同程度的提高，促使土壤中 Cd 从溶解态向不溶解态转化，降低重金属活性和迁移性，进而降低其在小麦和水稻籽粒中的富集。施加钝化剂除了降低农作物重金属富集量外，还对作物有一定的增产作用，达到双赢效果。另外，像凹凸棒石、石灰、磷矿石等化学钝化剂成本低廉、易于获取，适合在农田大面积施用，也便于推广。

归纳前人已经采用的相关农田土壤修复技术（以防治重金属污染为主），可概括为物理修复、化学修复、生物修复、联合修复四大类，每一类修复方法中又可分为若干亚类，如生物修复技术亚类中就可以分为超累积植物修复、大生物无量植物修复、低积累植物修复等。每一种具体的修复技术又可以因为修复材质的差异分成若干具体的修复方法手段。例如，超累积植物修复技术就可以因选用的植物品种不同而分出若干具体的方法，像国内报道比较多的景天类植物修复、蜈蚣草植物修复等都是治理耕地重金属污染的具体修复技术或方法。又如，针对耕地 Cd 污染防治的原位钝化修复技术，因为施用的修复材料不同，已经分出诸多具体的钝化修复技术，从施用钝化剂的差异来细分，目前国内至少已经形成非金属矿物系列、有机菌肥系列、复合肥系列、生物碳系列等相关钝化技术。表 7-10 列出了目前常用的一些农田土壤污染修复技术的大致情况，可为因地制宜地选择合适的修复技术提供借鉴。

表 7-10　针对耕地重金属等污染所采用的相关修复技术对比

大类	亚类	修复技术名称	基本原理	相对复杂程度	对临区土壤影响	成本预测
物理修复方法	机械手段	客土交换	将污染土置换成干净土	简单、易操作	控制得好则基本无影响	工程量越大则成本越高
		田块整治	高浓度重金属土壤与低浓度者混匀	较简单	影响较小	相对较低
		固化/稳定化	将污染物固定在土壤中，限制其扩散	较简单	影响较小	视工程规模确定
	电力手段	电动修复	人工电场干扰，将土壤重金属集中回收	较复杂	影响较小	很高
	热力手段	高温加热修复	加热提高温度促使土壤相关重金属挥发	较复杂	比较难控制	较高
化学修复方法	钝化手段	原位钝化	施加钝化剂限定土壤重金属向植物转移	相对较简单	基本无不利影响	由材料价格定，总体偏低
		异位钝化	将污染土壤搬运到异地进行钝化处理	方法不复杂、但过程较麻烦	基本无影响	相对较高

续表

大类	亚类	修复技术名称	基本原理	相对复杂程度	对临区土壤影响	成本预测
化学修复方法	淋洗手段	化学淋洗法	用化学试剂将土壤重金属等淋滤掉	复杂	影响大	高
	萃取手段	化学萃取法	用化学手段将土壤重金属等富集回收	复杂	难控制	高
	络合物	配位化学修复	施加化学试剂在土壤中形成大分子化合物，控制土壤活性	一般	试剂无副作用，则无影响	较高
生物修复方法	植物修复	超累积植物	栽种超累积植物吸收土壤重金属，达到降低其浓度的目的	较复杂	影响较小	高
		大生物量植物	栽种大生物量累积植物，吸收土壤重金属等	较复杂	有一定影响	高
		低积累植物	种植难吸收重金属的植物，控制农产品安全	简单	基本无影响	较低但适用范围有限
	动物修复	蚯蚓等修复技术	用蚯蚓吸走污染物	复杂	难控制	高
	微生物修复	微生物修复技术	繁殖微生物，清除或限制土壤污染危害	很复杂	极难控制	高且风险大
		微生物-植物修复	栽种植物并辅以微生物，加强对污染的清除	复杂	难控制	高
联合修复方法	物理-化学联用	深耕＋钝化技术	深翻耕地，降低重金属浓度后再辅以钝化	容易操作	较小	一般
		淋洗＋加热技术	淋洗后再加热，清除污染物并干燥土壤	复杂、适宜旱地	较大	高
	物理-生物联用	客土＋绿化技术	在污染物低浓度土壤中开展生态改良	复杂、适宜新复垦土地	较小	高
		植物修复＋深耕	在深翻耕地上栽种适宜植物，持续除污	较复杂	较小	高
	化学-生物联用	钝化＋低积累	在钝化耕地栽种低积累水稻等，确保粮食等安全生产	比较简单、关键是选取合适的植物品种	较小	一般偏低
		萃取＋植物修复	在进行植物吸收的同时辅以萃取技术，加快植物除污速度	复杂	有一定影响、控制好则无副作用	高
	3 种以上多技术手段联用		选择 3 种以上合适的技术进行联动除污	复杂	控制好则无副作用	相对较高

任何单一的修复技术都不是绝对完美的（龙新宪等，2002；杨勇等，2009；廖启林等，2015；王美娥等，2015），必有其局限性。原位钝化修复技术也不例外，由于钝化过程未改变土壤中重金属总量，只是通过各种作用暂时性地降低了重金属的有效态含量，修复效果评价也只是依赖重金属在土壤中的形态和植物吸收的短期效应指标，缺乏长期风险评价与可行性评估，治标不治本。物理修复有成本高、涉及面广等局限性，也不可能做到大范围推广。生物修复可以治本，但周期长，操作起来也比较麻烦。联合修复虽然优势明显，但成本高及不容易推广是其最大的弊端。

相对而言，当前耕地重金属污染防治多采用钝化修复及植物修复技术。钝化修复技术（主要指原位钝化，除特别注明者之外，本书中提及的钝化修复都为原位钝化）具有不改变耕地用途、操作简单、见效快、成本相对低等优点，另外推广应用钝化修复技术还可以催生其他相关产业的发展，对于拉动地方经济增长有帮助，容易为地方政府所接受。例如，推广应用非金属矿物环境修复材料进行钝化修复，可以刺激相关非金属材料的新产品研发及其产业化，像改性凹凸棒石环境修复材料的研发与投产就是生动的案例。又如，施用生物碳进行农田污染修复，既帮助解决了秸秆还田的问题，还刺激了相关清洁能源替代产品的研发。再如，施用有机肥开展农田重金属污染钝化修复，不仅解决了稻米等重金属不超标、提高土壤肥力的问题，还解决了家禽等动物粪便的升值利用及农村人口就业等问题。钝化修复技术能最先被业内认可，这与其自身的技术优势及社会发展大背景密不可分。

植物修复技术也有广阔的应用前景，缘于其能从根本上清除土壤中残留的重金属，且对耕地可持续利用的影响利远大于弊。植物修复技术适用于中-重度污染的大范围治理，能在不破坏土壤生态环境并保持土壤生产功能的情况下，通过植物根系，直接将大量重金属元素吸收，再通过集中处置这些吸收了重金属的植物，以达到降低土壤重金属浓度的目的，既绿色又环保，对重金属污染土壤的治理具有永久性。同时植物修复主要以太阳能为驱动力，属于原位修复，栽培修复植物与种植农作物的过程具有相似性，相对容易操作，可在一定程度上克服其他修复方法的不足，符合绿色生态农业发展的主流，其综合生态效益具有极高的潜在远景，也日益受到社会各界的重视并成为污染土壤修复研究的热点。Marchiol 等于 2004 年提出了用于植物萃取的理想植物的要求：一是能够吸收土壤中的重金属，并且能将其迁移至植物地上部分；二是对土壤中重金属污染具有较强的耐性；三是生长速度快且生物量大；四是适应性强和易于收割。其中，木本植物生物量大，对重金属耐性好，可以产生较高的萃取总量。草本植物种类繁多，抗逆性强，具有广泛的适应性和顽强的生命力，对重金属的耐性强，是一类理想的用于修复的植物资源。目前发现的多种重金属超积累植物都属于草本植物，如 As 超累积植物蜈蚣草、Zn-Cd 超累积植物东南景天、Cu 超累积植物海州香薷等。但是草本植物的生物量较小，萃取的重金属总量偏低。因此，可以充分利用草本植物与木本植物各自的优势，采用植物联合修复技术。草本植物中的超富集植物对高浓度重金属仍然有较强的适应能力，可以有效地保护地表土壤，富集高浓度金属。木本植物根系发达，可以吸收深层土壤中重金属元素，而且草本与木本植物占有不同生态位，避免二者间的竞争，提高修复效率，缩短修复周期。推广应用植物修复技术，关键要找到合适的植物品种，同时还要妥善解决植物长大后的收割与处置等问题。

虽然植物修复技术应用潜力很大，也被业内相关人士所看好，但需要正视目前我国的植物修复技术大多还处于研发阶段，尚有不少技术环节存在制约瓶颈，如栽种柳树吸收土壤重金属 Cd，柳树长大后如何处置就是一道现实难题。从长远来看，将植物修复技术与传统的化学方法相结合，不失为土壤重金属污染修复治理的可持续发展方向。不能把重金属污染土壤的修复寄托在单一的方法上，必须把各种方法充分组配或结合起来，取长补短。在选择修复技术时，应对污染物性质、土壤条件、污染程度、预期目标等多种因素综合考虑，选择最适合的修复技术或联合技术，达到高效、低耗节能的目的，使修复工作不断迈向新台阶。

不同的修复技术有不同的适用范畴及相关的应用前提。纵观最近十多年的农田土壤污染修复技术研发及其应用发展态势，以下共性问题尚值得深究，可为选择耕地污染防治与修复实用技术（或方法手段）提供参考。

（1）运用钝化技术选择合适的修复材料（钝化剂）至关重要。作为化学修复手段的主打产品，钝化修复的优势已经得到充分肯定与显现。钝化修复属于一种调控手段，并没有从根本上去除农田土壤中残留的重金属等污染物。以 Cd 为例，钝化不能清除土壤中的 Cd，但可以快速降低稻米等大宗农产品中的 Cd，从降低稻米 Cd 这一现实需求出发，运用钝化技术治理耕地 Cd 污染是可行的。通常只有选准合适的修复材料，针对急需解决的粮食重金属超标等关键问题进行钝化修复，才能发挥钝化修复的实用性与应急功效。因耕地 Cd 污染等形成的“镉米”事件是当前耕地重金属污染防治最急需解决的问题，也是钝化修复相对最容易做出成绩的地方，钝化修复有望在较短时间内解决因土壤污染引起的稻米 Cd 超标问题，可先从水稻生长这一关键环节杜绝污染耕地上产出镉米。国内外为解决因土壤污染产出镉米的问题，已经研发生产了系列环境修复材料，包括非金属矿物系列、复合肥系列、有机菌肥系列、生物炭系列等，而不同环境修复材料的性价比是不一样的，总体而言，进口材料的售价一般要明显高于国内同类产品。在不同系列的钝化修复材料中，笔者更看好自身重金属含量极低的以非金属矿物为基本原料的改性环境修复材料，如改性凹凸棒石、改性沸石等环境修复材料。

（2）运用植物修复技术必须妥善处置植物产品。植物修复的前景被看好，缘于植物修复是一种治本的方法，它不仅能从根本上清除土壤中残留的重金属等污染物，还能在基本不改变耕地生产潜力与利用途径的前提下完成对污染耕地的修复治理。但目前国内大规模推广应用植物修复技术治理耕地污染的最大瓶颈就是急缺妥善处置修复植物产品的方法，如何将从耕地中富集了重金属等污染物的植物进行移除与处置的可行措施尚不明确。不论是超累积植物（如东南景天、蜈蚣草、遏蓝菜、海州香薷等），还是大生物量植物（如柳树、籽粒苋、巨菌草、黑麦草等），吸收耕地土壤中的重金属等污染物后如何处置都没找到可行之道。植物幼苗或种子播种到污染耕地后，在生长过程中吸收一定数量的重金属等污染物不成问题，然而怎样消除这些长大了的吸收污染物饱和了的植物产品却没有妥善办法，焚烧不行、深埋也不行、作生物炭原料也不妥，即使柳树长大后作木材使用也没有得到证实，此路是否行得通尚不可知。相对比较可行的方法是作为生物发电的燃料，但目前国内还没有这方面的配套产业，更不用说完整产业链了。不解决上述修复植物的处置问题，就难以有效推广相应的植物修复技术。

（3）基于土地整治的物理修复有市场，但缺少专门规划。通过土地整治途径进行污染修复，实质上多属于物理修复的范畴。土地整治本身就是耕地资源保护的基本内容和正常工作，其参与到农田污染土壤修复具有诸多优势，包括可以提供部分资金、促进土壤污染修复治理产业化、丰富耕地质量保护的内涵等，前景十分广阔，市场潜力也非常巨大。目前还没有解决的一个关键环节就是缺少相关的科学规划，土地整治市场及运行都有经验可循，土地整治过程中牵涉到系列污染修复治理工作也是可以预期的，只要将相关污染防治需求与土地整治项目衔接好，一定可以催生出新的效益。例如，将优质营养土资源合理利用、将非农用地复垦与土壤污染治理需求充分整合，事先做好规划，必然可以极大地提高耕地污染防治及其质量提升的效率，还能在组合应用相关修复技术方面实现新的突破。

（4）联合修复应用前景被看好，但还难以真正做到产业化。联合修复代表了耕地污染防治及相关土壤污染修复技术研发的终极方向，是常规条件下选择合适的土壤污染修复技术的终端，也是最后解决土壤污染问题的必然选择，随着时代进步及生态文明在人类社会发展中的地位日益凸显，其应用前景势必会越来越好。就理论分析或逻辑推断而言，联合修复完全可以解决土壤污染治理的所有问题，是污染修复技术研发与应用的最高发展阶段。目前推广应用联合修复技术，除了成本高及操作程序复杂外，还有一个最突出的受限因素就是难以做到产业化。包括耕地在内的土壤污染修复技术研发，只有上升到产业化才有可能发挥出其效力，才有可能成为成熟的修复技术被推广应用。目前联合修复难以产业化，与主客观的相关条件都有关，主观上因为联合修复技术研发大多还停留在中试或实验模拟阶段，能支撑一个方面的污染土壤修复的廉价技术不多；客观上现在的耕地污染修复需要动用联合修复技术的“家底”不是太清楚，投入联合修复技术的针对性也不太好确定。

（5）与污染修复治理匹配的相关技术未完全跟上。治理耕地等土壤污染，除了要选准合适的修复治理技术或手段外，还需要有其他的相关技术相匹配。例如，现场监测污染的技术、准确诊断污染风险的方法技术、播撒环境修复材料的技术工艺等，都是在耕地污染治理中需要解决但并没有解决的技术问题。就拿耕地重金属污染监测来说，目前采用的方法技术还是通过现场采集土壤样品，将其送回实验室化验得到土壤的重金属含量这一传统做法，但对于污染土壤修复治理的时效性及修复效果评判的实际需求而言，这一传统做法显然有其局限性，必须有修复验收时的相关现场土壤重金属检测方法手段与之适配，才能解决修复工程验收等的实地取证等问题。所幸的是，目前国内外已经开始流行土壤重金属现场检测仪器及相关方法的研制与应用，如 X 射线荧光（XRF）土壤重金属快速分析仪器等，已经能基本满足农田土壤 Cu、Pb、Zn、Cr、Ni 等重金属的实地检测需求，有望为污染土壤修复效果评判验收等提供即时性的检测数据。

7.3.2　与污染防治技术选择有关的延伸研究

选准合适的修复技术对于耕地污染防治十分关键，但仅仅具有了合适的修复技术还不足以解决耕地污染防治的所有问题。除修复技术外，在当前耕地污染防治中还应当关注以下技术研发或相关研究，这些研究有助于更好地开展耕地污染治理工作。

（1）土壤污染实地检测技术。土壤重金属污染修复是当前治理耕地污染的重点，而进行土壤重金属污染现场检测又是防治耕地污染的重要环节，而且是不可缺少的一个环节。不论是从耕地污染修复治理工程验收的实际需求考虑，还是从动态收集耕地污染物变化数据的长远性考虑，配备实用的农田土壤重金属等现场分析手段都是势在必行的事情。目前，国内外都开展了土壤元素（重金属等）含量现场分析方法技术的研制与推广应用，报道比较多的有高光谱分析、微型实验室工作站、XRF 等方法。其中，XRF 即 X 射线荧光分析，是在地质勘探野外圈定重金属矿化的传统检测技术的基础上完善起来的一种现场测定土壤重金属的方法，目前已经得到了许多土壤污染防治与修复公司的青睐。本团队也曾以 XRF 为基础，开展了污染耕地土壤重金属现场检测试验研究，运用便携式 XRF 分析仪（美国尼通公司生产），在江苏省境内典型污染耕地中实地检测了上千个土壤样本，覆盖了全省最具代表性的 Cd 等污染耕地，测试了土壤 Pb、Zn、Cr、Ni、Cu 等重金属含量。对比发现，XRF 实地检测污染耕地中的 Pb、Zn、Cr、Ni、Cu 等基本能满足实际工作需求，用 XRF 现场检测的耕地土壤样品 Pb 等重金属含量与通过正规实验室检测得到的数据高度吻合，其中以 Pb、Zn、Cr 等吻合度相对最高，图 7-8 展示了两种分析方法（实验室分析与 XRF 现场分析）的 Pb、Zn 数据复核情况，可见其两种方法所检测的 Pb、Zn 总体十分吻合。

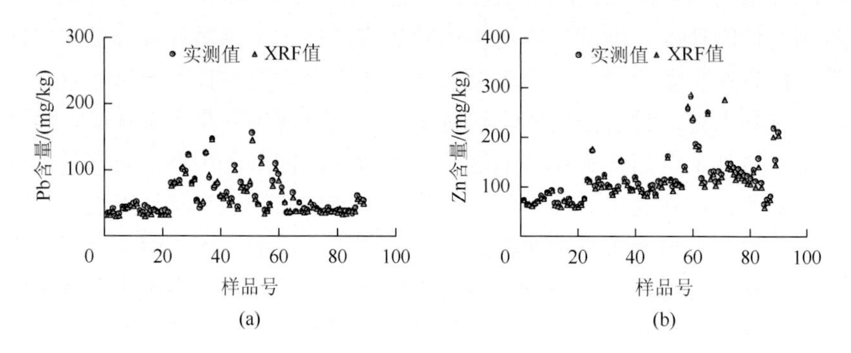

图 7-8　XRF 现场分析与实验室分析所得土壤 Pb、Zn 含量对比情况

图中实测值代表正规实验室分析数据，XRF 值代表现场分析数据

XRF 分析技术本身也在不断完善与改进中，该技术目前已经能满足农田土壤 Pb、Zn、Cr、Ni、Cu 等重金属及相关常量元素的现场检测需求。对于 Cd、Hg 等重金属的检测，因为其正常土壤浓度太低，一般的分析方法检出限很难满足其现场检测要求，已有仪器研发公司专门针对这些重金属的污染土壤检测开展了专门攻关，并提供了可行的检测手段。例如，有的厂家针对重度 Cd 污染土壤，研制了改进的 XRF 检测技术，基本能满足重度 Cd 污染土壤的实地检测需求。除了 XRF 外，还有其他一些能现场测定土壤重金属等的方法也在不断问世，将 XRF 分析方法与其他相关手段进行有效组合，可望解决当前耕地重金属污染治理的相关工程验收等实地除检测数据的问题，这将在一定程度上提升土壤污染修复治理的效率。

（2）同位素示踪。追溯并锁定重金属污染源头是防治耕地污染的又一重要内容，准确查清土壤重金属污染来源的技术对于当前耕地污染防治具有不可忽视的影响。针对农田土壤重金属污染的溯源方法，之前的探索与积累不能说不丰富。相较于传统的土壤重金属污染溯源方法而言，同位素示踪技术在土壤等重金属污染防治中的应用前景已经为有识之士所看好，借助同位素示踪方法做好农田土壤重金属等污染溯源代表了现代环境地球化学的一个重要发展方向。同位素在其演化过程中的分馏效应呈单向性，具有表征特定环境和过程的“指纹”属性，已成为示踪环境中重金属污染来源的有效手段（彭渤等，2011；Lambelet et al.，2013）。目前报道过的同位素示踪方法中，能用于土壤重金属污染溯源的包括 Pb 同位素、S 同位素、Cd 同位素、Hg 同位素等，其中 Cd 同位素作为一种新的地球化学示踪手段，已经在指示海洋不同水体混合、营养元素循环、全球碳循环及各种工业活动（燃煤、冶炼、镀膜等）的重金属污染来源等方面发挥了重要重用，用 Cd 同位素组成来揭示 Cd 在表生活化迁移过程中的规律与富集机制具有广阔前景（Nolan et al.，2005；刘意章等，2015；Martinková et al.，2016）。就 Cd 污染农田土壤而言，运用 Cd 同位素研究其污染来源，可为一些隐蔽式耕地 Cd 污染的来源确定提供更准确的判据。此外，Hg 同位素示踪可望为土壤 Hg 污染来源确定提供更加准确的依据，目前在苏南地区曾发现大片农田土壤 Hg 污染比较严重，但无法确定其污染源，借助 Hg 等同位素示踪新手段或许能破解当前的困惑，这方面的探索会随着当地耕地 Hg 污染防治的持续开展而不断深入。

Pb 同位素是一个相对更成熟的污染来源示踪方法，现代环境地球化学在运用 Pb 同位素手段鉴别地表沉积物重金属来源方面取得了许多成功经验，最成功的先例就是区分沉积物中的 Pb 是否来自汽油 Pb。Pb 同位素除了能帮助确定沉积物中的 Pb 来源外，还能帮助识别其他相关重金属的来源。第四纪年代学研究中经常采用的 ^{210}Pb-^{137}Cs 同位素定年方法，不仅可以直接确定土壤等沉积物的形成年代，也能帮助锁定土壤重金属污染来源提供权威证据。本团队曾在长江下游如皋市长青沙洲针对轻度 Cd 污染土壤开展过 ^{210}Pb-^{137}Cs 同位素研究，实测了一个土壤沉积剖面，该沉积剖面的同位素定年结果见表 3-26，从表 3-26 中可发现，其最深处 240cm 深度土壤所对应的同位素年龄为 1845 年前，整个沉积剖面所对应的同位素年龄从 1845 年以前一直持续到 2010 年左右，形成这个 240cm 厚的土壤剖面用时为 150～200 年，这与长青沙洲的实际淤长时代记录是吻合的，当地记载这个冲积沙洲的形成时间也就是 150 年前。该沉积柱的 Cd 含量总体比较稳定，从 150 年前的 0.47mg/kg 到目前的 0.65mg/kg，总体呈现缓慢增长趋势，但中间有一些波动，1930～1940 年有一个较高含量高峰，达到 0.7～0.8mg/kg。据此可判定，长江下游近代 150～200 年来的冲积土中的 Cd 主要为自然沉积所形成，大多在 0.4～0.7mg/kg，不同沉积阶段的冲积土 Cd 含量有一定波动，总体呈缓慢增加趋势。

同位素示踪作为现代环境地球化学发展的一个重要风向标，对耕地等土壤污染防治研究的作用肯定不仅仅局限于重金属等污染溯源这一个方面，当一些重金属污染来源难以判断时，选择合适的同位素手段帮助解决溯源问题不失为明智之举。

（3）环境修复材料播撒。当业内大多意识到选用合适的钝化修复技术是解决镉米产出等国人所关注的问题的可行办法时，推广应用钝化修复技术治理耕地 Cd 等重金属污染正逐渐成为许多地区的首选。对于当前如何有效运用钝化技术修复治理耕地 Cd 等污染，还有一些关键技术细节问题并未得到充分解决。播撒钝化剂或环境修复资料看起来是一个简单的问题，实际上类似的这些简单问题并没有科学答案。播撒钝化剂除了要考虑尽量将修复材料均匀播撒到田块中、使材料与土壤充分混匀外，还要考虑播撒效率（暨施工成本）、材料剂型、播撒方式、与农时对接等具体问题。就目前在播撒钝化剂过程中所遇到的一些具体问题来看，用人工播撒则效率低，也难以做到均匀播撒；机械播撒需要对材料剂型有严格限制，否则容易形成遮天蔽日的粉尘，产生大气污染；播撒时机必须赶在耕地翻耕前后的几天，不然容易影响耕地播种；播撒过程要考虑劳动力成本正在逐步升高这个趋势，不然会影响播撒质量。综合考察认为，播撒环境修复材料应该事先充分考虑以下几个方面的因素。

第一，尽可能采用机械播撒。对现在种田大户广泛使用的撒肥机做必要改进，采用农用拖拉机牵引，借鉴机械撒肥的形式播撒钝化剂，辅以极少量的人工配合，是解决大规模播撒环境修复材料，并确保播撒尽可能相对均匀的务实方式。

第二，选择合适的材料剂型。以机械播撒时不产生大的扬尘为前提，尽可能选择稍微粗一点的粒径，细粒粉末状材料尽量避免，同时要确保材料干燥、不黏结，否则影响播撒效率。

第三，充分与农时对接。一般在土地翻耕后、田块平整碎土前播撒，借助碎土的过程使得修复材料尽量与土壤混匀。

第四，下雨前播撒。借助天气预报，尽量在下雨前播撒，如上午播撒、下午下雨，或白天播撒、夜晚下雨等。及时下雨也是一个让材料渗透进土壤的过程。

（4）地球关键带等新理论的运用。包括耕地污染防治在内的土壤修复是一个复杂的系统工程，其离不开治污新技术的研发与应用，也离不开新的地球科学发展的相关新理论的指导。土壤圈被比喻为地球的“皮肤”，是人与地球相互作用最集中、最敏感的地带，也是地球表层物质循环与能量交换最活跃的部位。开展对耕地等土壤污染防治，必须遵从地表生态系统化学反应、化学作用、化学演化等基本原理，必须兼顾人与自然和谐发展等准则。地球关键带等新理论的提出与运用，既是对人-地相互作用的重新思考与定位，也是对地球表层相关物理、化学、生物运动规律的再认识与系统提升，对国土资源生态安全、地球生态圈的安全保护等都有重要影响。地球关键带是指陆地生态系统中土壤圈及其与大气圈、生物圈、水圈和岩石圈物质迁移和能量交换的交汇区域，也是维系地球生态系统功能和人类生存的关键区域。对地球关键带认识的突破，必将为大气治理、生态管护、自然灾害防治、国土生态安全保障等重大问题的解决提供新的科学支撑。自美国人 2001 年提出地球关键带概念以来，地球关键带为地学前缘研究，特别是国土生态安全调查等提供了新的重要启示，也为土壤污染修复防治等提供了新的理论指导。在国内，目前已有部分省区（如湖北省）开展了地球关键带方面的综合地质调查，取得了重新观测与了解地球表层生态系统相互制约和影响的重要基础数据。江苏省作为我国独有的南北过渡带、江海共存带、三大构造汇聚带和城乡发展迅猛、人-地相互作用强烈的区域，正处于快速城镇化、新一轮人口大迁徙和新型工业化等变革时期，这些特殊的人为活动对这片地球表层区域的物质循环和能量交换造成什么样的影响尚不得而知，若能在其地球关键带开展综合调查将更具有现实意义。

运用地球关键带等新理论，不仅可以为土壤污染监测、掌握土壤污染变化的内在规律等提供最新的指导与帮助，还可以为耕地污染防治等提供新的思维理念。人类只有一个地球，意味着每个地球子民都有保护地球生态安全的责任与义务。认识到地球上存在一个影响人类命运的关键带，就为人类保护地球生态安全指明了努力方向及关注重点。落实到耕地污染防治上，就是要充分运用地球化学等系统工程手段，本着天人合一等理念，把握好污染修复治理的终极目标，从相生相克及生态循环等层面去谋划耕地等土壤污染修复治理的布局，变粗放式经营为精细化管理，妥善处理好耕地资源保护与利用、污染修复治理与耕地质量提升、治标与治本等相互之间的关系。从传统的关注土壤环境本身上升到关注污染土壤所处的某个地球关键带的特定的生态系统，以及该生态系统内的各种生物作用的内在联系与相互制约，直至为人类的可持续发展营造合适的地表物质循环与能量交换场所，确保治理污染的成效经得起时间的检验，符合人与地球和谐共处这一生态文明法则。

7.4　耕地污染生态安全风险评价及其准则

选择耕地污染防治的正确方法只能建立在对污染土壤的生态安全风险做出科学评价的基础上，科学评价与诊断耕地污染风险是防治耕地污染的前提，也是颇具有挑战性的工作。

7.4.1　耕地污染生态安全风险评价基本方法

耕地污染生态安全风险评价（或诊断）是一个老生常谈的话题，前人在这方面已经付出大量探索研究，但就现实需求来看，仍有一系列问题值得进一步探讨。就耕地污染所造成的影响及其受体而论，耕地污染风险（或生态安全风险，余同）评价通常涉及 3 个层面：污染土壤、农产品、污染产物对人体健康（包含整个食物链所影响的活体生物）影响等。其中，污染土壤的生态风险评价是基础，农产品的污染风险评价最为关键，最终评价的目的都是服务于确保人体健康。对人体健康的风险评价牵涉到污染毒理学、病理学等复杂多变的生物机制，还需要临床观察检验或验证，目前大多只是以案例剖析为主，尚难以形成行业通用的评价方法。相比而言，目前对污染土壤的风险评价及农产品的风险评价都有比较通用的方法，但现有的评价方法中也不是尽善尽美的，需要在具体应用中结合实际情况做出合理选择或取舍。

对前人的有关评价方法进行初步归纳总结，大致分为以下 3 类。

1）污染物浓度分级法

污染物浓度分级法又称为标准法。依据土壤中污染物的浓度，按照土壤污染物浓度越高则危害越大这样一种逻辑判断，设置一定的污染物浓度限定标准，一旦污染物浓度超过该标准，即判定土壤污染已经存在一定风险，污染物浓度超越限定标准越多，表示污染风险越高。依据污染物浓度超标程度，再按照一定的程序划定不同的污染风险等级。划定风险等级的标准通常选用污染指数法（将污染物浓度转化成行业内认同的风险等级对应数值的方法），包括单因子污染指数法、内梅罗综合污染指数法、地质累积指数法、Hakanson 潜在生态风险指数法等。例如，常用的内梅罗综合污染指数法可依据污染指数的差异，将土壤污染风险划分为无污染、轻微污染、轻度污染、中度污染、重度污染等，内梅罗综合污染指数大于 5 的土壤都属于重度污染土壤。耕地土壤污染程度不同及环境风险有差异意味着防治耕地污染的措施与目标也不尽相同。依据土壤中污染物的浓度划分评价其污染风险，评价结果相对客观也具有可操作性，难点是确定土壤中污染物浓度的限定标准避免不了人为因素的干扰，不同国家、不同地区采用不同的土壤环境限定标准，导致土壤环境保护政策制定打上了更多非客观的因素，对于耕地污染防治方案或对策的拟定会产生更多的不确定性。此外，就耕地土壤重金属污染而言，土壤重金属全量及其生物有效量之间还存在不确定性，出现了用重金属有效态含量代替重金属全量评价耕地污染风险的趋势。但目前土壤重金属含量（或浓度，余同）测定有可遵循的行业标准，重金属有效态含量测定在国内还未形成权威的行业标准。

由于重金属存在形态不同可能会产生不同的环境效应，并直接影响到重金属的生物有效性、毒性、迁移，以及在自然界的循环，研究重金属的形态分布可以提供更为详细的重金属元素生物可利用性和潜在生态风险信息。目前，基于重金属有效态的生态风险评价，如采用风险评价代码（RAC）评价重金属生态风险等正在开展中。重金属风险评价代码法主要关注重金属有效态，特别是水溶态和可提取态的生态风险，其为开展重金属生态风险评价提供了另一种新的思路。农田土壤有效 Cd 的测定具有相对更成熟的方法，在测定土壤有效 Cd 的诸多方法中，用 $CaCl_2$ 标准溶液（0.01mol）浸提得到土壤有效 Cd 含量被应用得较普遍，该方法相对比较经济可行。表 7-11 列出了江苏省部分地区 Cd 污染耕地中土壤 Cd、土壤有效 Cd 及稻米 Cd 等指标的检测结果，其中土壤有效 Cd 即由 $CaCl_2$ 标准溶液所得。从表 7-11 可以看出，农田土壤有效 Cd 占其土壤 Cd（总量）的比例并不是很高，土壤有效 Cd/土壤 Cd 甚少超过 20%，但稻米 Cd/土壤有效 Cd 最高可以大于 500%，稻米 Cd/土壤 Cd 一般不超过 40%，说明土壤 Cd、土壤有效 Cd 对稻米 Cd 的影响的确存在差异。$CaCl_2$ 标准溶液浸提获取土壤有效 Cd 的方法更适合中酸性土壤环境，但对于碱性土壤环境（pH>7.5）则不一定合适。

表 7-11　江苏省典型耕地污染区土壤有效 Cd-稻米 Cd 等含量分析数据

样品号	产地	pH	TOC /%	CEC /(mmol/kg)	土壤 Cd /(mg/kg)	土壤有效 Cd/(mg/kg)	稻米 Cd/(mg/kg)	R1	R2	R3
ARHD16	苏州市相城区	5.99	3.19	264	0.41	0.038	0.13	31.7	342.1	9.3
ARHD36	无锡市锡山区	6.15	2.72	237	0.51	0.028	0.14	27.5	500.0	5.5
ARSD01	无锡市宜兴市	6.74	1.22	171	1.45	0.04	0.2	13.8	500.0	2.8
ARSD08	无锡市宜兴市	6.77	2.36	186	16.1	0.662	1.14	7.1	172.2	4.1
ARSD09	无锡市宜兴市	6.37	2.5	194	4.88	0.295	0.9	18.4	305.1	6.0
ARSD11	无锡市宜兴市	6.7	2.34	194	5.93	0.214	0.42	7.1	196.3	3.6
ARSY04	无锡市宜兴市	5.58	2.61	194	6.33	0.94	1.77	28.0	188.3	14.8
ARXW31	无锡市宜兴市	5.63	1.96	144	1.39	0.22	0.23	16.5	104.5	15.8
ARXW33	无锡市宜兴市	5.46	1.64	145	2.92	0.46	0.14	4.8	30.4	15.8
ARXW37	无锡市宜兴市	5.21	2.15	134	1.76	0.34	0.18	10.2	52.9	19.3
ARXW39	无锡市宜兴市	5.9	1.9	146	3.81	0.41	0.15	3.9	36.6	10.8
ARXW41	无锡市宜兴市	5.43	2.03	139	2.5	0.45	0.17	6.8	37.8	18.0
ARXW44	无锡市宜兴市	5.81	1.98	147	3.01	0.3	0.14	4.7	46.7	10.0
ARXW46	无锡市宜兴市	5.75	2.07	148	3.7	0.44	0.63	17.0	143.2	11.9
ARXW48	无锡市宜兴市	5.62	2.03	145	1.64	0.25	0.45	27.4	180.0	15.2
ARXW62	无锡市宜兴市	5.73	1.71	140	0.5	0.066	0.16	32.0	242.4	13.2
ARXW66	无锡市宜兴市	6.57	2.21	167	4.41	0.13	0.39	8.8	300.0	2.9
ARXW71	无锡市宜兴市	6.15	1.91	152	1.86	0.12	0.36	19.4	300.0	6.5

续表

样品号	产地	pH	TOC /%	CEC /(mmol/kg)	土壤 Cd /(mg/kg)	土壤有效 Cd/(mg/kg)	稻米 Cd/(mg/kg)	R1	R2	R3
ARXW73	无锡市宜兴市	5.8	1.74	146	3.13	0.39	0.76	24.3	194.9	12.5
ARXW75	无锡市宜兴市	5.39	1.82	137	1.54	0.24	0.18	11.7	75.0	15.6
ARXW77	无锡市宜兴市	5.72	1.8	154	2.74	0.32	0.35	12.8	109.4	11.7
ARXW82	无锡市宜兴市	6.03	2.05	141	2.17	0.15	0.44	20.3	293.3	6.9
ARXW86	无锡市宜兴市	6.46	1.92	148	3.67	0.16	0.62	16.9	387.5	4.4
ARXW90	无锡市宜兴市	6.07	1.81	149	3.64	0.3	0.83	22.8	276.7	8.2
ARXW91	无锡市宜兴市	5.73	1.64	144	1.52	0.13	0.62	40.8	476.9	8.6
ARXW93	无锡市宜兴市	5.94	1.76	143	3.39	0.26	1.06	31.3	407.7	7.7
ARXW97	无锡市宜兴市	5.45	2.01	145	1.8	0.28	0.45	25.0	160.7	15.6
ARYF74	无锡市宜兴市	5.61	2.65	227	1.01	0.11	0.29	28.7	263.6	10.9
ARYF76	无锡市宜兴市	5.53	2.73	221	2.06	0.28	0.44	21.4	157.1	13.6
ARYF80	无锡市宜兴市	5.79	3.32	256	2.21	0.12	0.2	9.0	166.7	5.4
ARYF82	无锡市宜兴市	5.84	2.48	215	2.12	0.17	0.61	28.8	358.8	8.0
ARYF83	无锡市宜兴市	5.6	2.9	218	2.23	0.25	0.83	37.2	332.0	11.2
ARYF86	无锡市宜兴市	5.38	3.12	218	1.52	0.13	0.18	11.8	138.5	8.6
ARZQ01	常州市金坛区	6.37	3.1	238	10.6	0.43	0.6	5.7	139.5	4.1
ARZQ02	常州市金坛区	6.82	2.4	226	7.27	0.16	0.43	5.9	268.8	2.2
ARZQ03	常州市金坛区	6.56	2.48	220	5.52	0.18	0.51	9.2	283.3	3.3
ARZQ04	常州市金坛区	6.09	2.47	209	4.56	0.33	0.62	13.6	187.9	7.2
ARZQ05	常州市金坛区	6.19	2.42	213	3.9	0.27	0.29	7.4	107.4	6.9

续表

样品号	产地	pH	TOC /%	CEC /(mmol/kg)	土壤 Cd /(mg/kg)	土壤有效 Cd/(mg/kg)	稻米 Cd/(mg/kg)	R1	R2	R3
ARZQ06	常州市金坛区	6.13	2.64	215	2.76	0.21	0.18	6.5	85.7	7.6
ARZQ07	常州市金坛区	6.13	2.62	218	7.98	0.53	0.13	1.6	24.5	6.6
ARZQ08	常州市金坛区	7.0	1.89	202	10.8	0.18	0.34	3.1	188.9	1.7
ARTG01	泰州市高港区	8.02	2.69	145	29.2	0.121	0.49	1.7	405.0	0.4
ARTG02	泰州市高港区	8.01	3.16	128	11.4	0.0558	0.22	1.9	394.3	0.5
ARTG06	泰州市高港区	7.86	2.61	160	9.29	0.0349	0.13	1.4	372.5	0.4
ARFC17	扬州市江都区	5.57	2.65	163	0.31	0.033	0.12	38.7	363.6	10.6

注：R1 为稻米 Cd/土壤 Cd 的百分比，R2 为稻米 Cd/土壤有效 Cd 的百分比，R3 为土壤有效 Cd/土壤 Cd 的百分比；样品测试时间为 2016 年。

利用上述批量抽查的土壤 Cd、土壤有效 Cd 及稻米 Cd 等数据进行相关统计分析还发现，在参与统计的 336 个样本中，稻米 Cd 与土壤 Cd 之间的相关系数只有 0.31（显示正相关性但不十分显著），而稻米 Cd 与土壤有效 Cd 之间的相关系数达到 0.61（呈现显著正相关性）。这也证实了利用土壤有效 Cd 浓度评价其污染风险要比依据土壤 Cd 浓度更具有针对性、科学性。

依据土壤重金属等污染物浓度、土壤 pH 等环境因子评价耕地污染风险，划分出不同的污染风险等级，针对不同的污染风险，拟定与之对应的耕地污染治理对策，是我国目前进行耕地环境保护及其污染修复治理的主要方向。其主要依据土壤污染物的浓度评价其生态安全风险解决了耕地土壤质量保护的核心问题，但必须承认这种做法有其不确定性，因为耕地土壤环境安全了，并不代表农产品的质量就一定合格。

2）毒性诊断法

毒性诊断法主要依据污染土壤中生物受危害的程度来确定其污染风险，这无疑比仅仅依据土壤污染物浓度等评价其生态安全风险要更进一步。因为土壤中的污染物主要通过食物链（粮食、蔬菜、果茶、饮用水等）危及人体健康，若土壤中污染物不进入食物链，能本分地固定在土壤中则是相对比较安全的。但依据土壤中生物受危害的程度来评价土壤污染风险很难做到定量化，对选择合适的参比物种也很难把握。之前的做法包括参照农产品、植物生长、蚯蚓等动物受损状况等来评价土壤污染所存在的安全风险，具体分为以下几种。

（1）农产品限标。事先对农田土壤中产出的稻米、小麦、蔬菜等设定准许含量标准（通常采用国标），只要相应田块中产出的稻米、小麦、蔬菜等农产品的Cd、Hg、Pb、As、Cr 等污染物浓度超过了限标，就可以确定此类农田污染已经造成显著危害，需要进行治理。例如，我国稻米的 Cd 含量限标是 0.2mg/kg，凡是产出的稻米 Cd 超过 0.2mg/kg 的耕地都被评价为严重污染耕地，类似耕地必须进行土壤 Cd 清除或钝化。

（2）植物指示。因为土壤中某些污染物浓度增高到一定程度导致了农作物减产、病变或死亡等，就确定类似农田土壤污染已经造成显著危害、存在高风险，必须进行修复治理。例如，20 世纪末至 21 世纪初有土壤学界同行报道过南京市梅山地区出现了丝瓜绝种现象，其根源就是当地土壤快速聚集了大量的 Cd、Hg、Pb、Zn 等重金属，这是蔬菜地土壤重金属污染的结果，当地的部分农田因此也被划为严重污染土地，纳入需要修复治理的范畴。

（3）动物指示。比较常用的有蚯蚓指示剂等。国外曾培育过一种专门的蚯蚓（红蚯蚓），该品种蚯蚓对土壤 Cd 等重金属污染特别敏感，当土壤中 Cd 等污染物积累到一定程度时，蚯蚓就自然死亡。让该品种蚯蚓生活在类似农田土壤中，蚯蚓成活证实土壤污染风险尚属于可承受范围，否则就评定其土壤污染具有极高风险，有必要对其进行修复治理。

通过土壤中相关生物受到污染物影响的状况来评价污染土壤的生态安全风险，尽管难以建立定量评价指标，但因为与人类健康更加贴近，所以也经常被采用。对于耕地污染防治而言，依据污染土壤中生物受危害的程度来确定耕地污染风险并非不可行，若能被推广应用还有可能增加耕地污染防治的实效性，减少一些不必要的干扰，让耕地污染修复治理直接面对终极目标。不过也必须意识到，毒性诊断的结果虽然更接近耕地污染防治的终极目标，但也可能给耕地污染防治增添更大的工作量，导致耕地污染修复治理的空间范围更加分散，因为导致土壤中生物中毒的要素并不仅仅局限于土壤污染物本身，还有可能来自大气污染、灌溉水污染、施肥污染等。

3）健康风险评价法

健康风险评价法又称为熵值法或风险评估模型方法。风险评估模型是对现实的抽象和简化，是识别污染物传输行为与风险的关键过程，表示污染水土（主要是土壤，余同）与人体暴露之间实际与潜在、直接与间接的相互关系，其实质是在土壤中的污染物与人体健康之间建立一种风险预判机制，牵涉到水土环境、人体吸收及健康风险评估 3 个层面，是一种定量化的计算方法。这种评价方法的假设前提依然是当水土环境中的某类污染物浓度上升到一定水平时，通过正常暴露途径（食品消耗、饮水等），人体将吸收一部分污染物，而正常的新陈代谢过程中人体对这种污染物的摄入量是有较严格限制的，一旦经常性地从水土环境中摄入过量的污染物，又不能及时将其排泄掉，污染物蓄积在体内就会导致人体生病等危害人体健康，这种从水土环境中摄入过量的污染物是有风险的，将这种风险定量化地转换成风险熵值，就形成了评判水土污染风险的定量化依据，熵值越大表示水土污染风险越大。上述健康风险评估模型计算过程中，需要系统收集当地土壤、饮用水等污染物浓度的资料、人均体重、人均寿命、暴露频率（正常人每年摄入污染物的天数）、土壤中污染物转移到主要食物的转移系数等，最后通过系列程序化运算得到一个表征环境健康风险的熵值，即 HQ，HQ＞1 则表示存在一定的污染风险，HQ＞1.5 则表示存在较高的污染风险，HQ＞2 则表示存在极高的污染风险。依据 HQ 空间分布差异性，可为一个地区水土环境保护及其生态安全管控等提供依据，其是水土污染生态安全预警的重要基础。

健康风险评价法考虑了土壤中污染物的浓度、土壤中污染物进入农作物的情况、人体从环境中摄入污染物的状况，以及正常人对来自水土中的污染物的耐受情况，将水土污染与人体健康直接关联起来，代表了土壤环境等污染风险评价的最理想化需求，比前面两种方法只考虑土壤污染物浓度本身和土壤中生物受污染物危害状况又近了一步，其污染风险熵值 HQ 的计算也是程序化的结果，保证了评价结果的客观性与可比性。但 HQ 值的计算需要收集的参数很多，加上 HQ 值所表征的污染风险与当前的耕地污染修复治理又没有建立直接联系，所以运用健康风险评价法所得到的结果对于当前所开展的耕地污染修复治理工作的直接指导意义反而不及污染物浓度分级及毒性诊断这两种方法。可以预计，今后随着大数据进入人们的正常生活及耕地污染防治工作的常态化，收集数据的渠道越来越顺畅，用定量化分析数据指导决策的程序更加完善，类似于健康风险评价的这种完全定量化的方法在耕地污染防治中的作用与指导意义也会越发显著。

7.4.2　耕地污染风险评价要解决的主要问题

耕地不同于一般的土地。耕地污染风险评价急需与行业管理的要求对接，当前必须充分考虑我国土地资源利用的具体特征。耕地质量保护已经通过立法的形式明确为自然资源管理的职责，土地整治及耕地污染防治必将成为生态文明建设的基本内容，耕地污染修复治理还将是国家正在组织实施的《土壤污染防治行动计划》的重要内涵。从我国当前耕地污染防治及有关土地资源的生态安全利用现实需求来看，开展耕地污染生态安全风险评价尚需解决以下具体问题。

1）与土地利用需求有效对接

土壤只有作为具体的利用对象才能成为土地资源，保护土壤环境才有了具体的落脚点与受益客体。土壤环境质量保护只有与具体的土地利用属性相结合才能彰显出具体价值。土地利用方式不同，也意味着其价值取向不同，对土壤环境保护的侧重点与要求也必然不尽相同，落实到土壤污染风险评价的着眼点或侧重点也会有一定差异。用于生产粮食的耕地，对污染控制等土壤环境质量的要求相对是最高的，开展耕地污染生态安全风险评价的现实意义也是最大的。只有遵循不同土地资源利用的特性与形式，分清耕地与其他相关土地资源的关系，才能做到耕地污染生态安全风险评价真正的有的放矢。

按照我国公布的土地利用分类资料《土地利用现状分类》（GB/T 21010—2017），全国的土地资源利用类型（或形式）共分为三大类、12 个一级类及 73 个二级类，三大类土地资源分别是农用地、建设用地、未利用地，这也是《中华人民共和国土地管理法》确定的三大类土地资源利用类型；12 个一级类土地利用类型分别是耕地、园地、林地、草地、商服用地、工矿仓储用地、住宅用地、公共管理与公共服务用地、特殊用地、交通运输用地、水域及水利设施用地、其他土地，耕地不仅排在 12 个一级类土地利用类型的第一位，也是所用土地资源利用类型中与人体健康联系最紧密的。农用地与建设用地、未利用土地之间的关系是可以相互转化的，在土地资源总量固定的情况下，农用地、建设用地、未利用土地三者之间的数量关系又是相互制约的，如建设用地增加就意味着耕地可能减少。

农用地作为专门用于农业生产的土地资源，其主要功能是生产食品，耕地作为农用地最重要的组成部分，其基本功能是生产粮食。耕地属于农用地利用大类，农用地由 23 个二级类土地资源利用类型构成，包括水田、果园、茶园、天然牧草地等，见表 7-12。作为一级类利用类型中的耕地资源，具体包含水田、水浇地、旱地 3 个二级类土地资源利用类型。不仅耕地与食物链直接关联，农用地中的大部分土地资源利用类型都与食物链有关，食物链又直接关联人体健康，这就是评价农用地的污染风险必须有别于非农用地的原因所在。但农用地也不是全部用于生产食品，像其中的农村道路、田坎、灌木林地等二级类土地资源利用类型都不生产食品，类似的农用地资源对土壤污染风险评价的要求自然应该与耕地等生产食品的土地资源有所区别。污染风险评价只有建立在土地利用类型的具体需求的基础上，将土壤污染风险评价的结果落实到具体的土地利用对象上，才有助于对污染风险及其管控有更准确的认识，使耕地污染防治工作落到实处，收到事半功倍之效。

表 7-12　我国农用地分类代码及其利用属性

顺序	分类代码	类型名称	基本用途	与耕地的关系
1	0101	水田	生产水稻、莲藕等主要场地	多为耕地中的基本农田
2	0102	水浇地	浇水旱作物、大棚蔬菜地等	划为耕地

续表

顺序	分类代码	类型名称	基本用途	与耕地的关系
3	0103	旱地	靠天然降水生产旱作物的场地	山区耕地基本形式之一
4	0201	果园	种植果树的园地	与耕地同等重要，可划为基本农田
5	0202	茶园	种植茶树的园地	与耕地同等重要的农用地
6	0203	橡胶园	种橡胶树的园地	重要性不亚于耕地，但不产食品
7	0204	其他园地	生产桑、可可、药材等的园地	可平行于耕地，也可作为后备耕地
8	0301	乔木林地	生产乔木（森林）的主要场地	对保护耕地环境质量有重要影响
9	0302	竹林地	生长蕨类植物的场地	对保护耕地环境质量有重要影响
10	0303	红树林地	沿海生长红树植物的场地	不详，当前难以转化为耕地
11	0304	森林沼泽	生长乔木类森林植物的场地	沼泽的一种，今后可能成为耕地
12	0305	灌木林地	生长灌木类植物的主要场地	保护水土，补充部分耕地
13	0306	灌丛沼泽	生长淡水类灌丛植物的主要场地	沼泽的一种，今后或转化为耕地
14	0307	其他林地	用作苗圃、幼林培育等	暂不作为耕地，与耕地关系不详
15	0401	天然牧草地	生长天然草本植物的主要场地	在牧区与耕地同等重要
16	0402	沼泽草地	生长天然草本植物的重要场地	有部分耕地属性，或可变为耕地
17	0403	人工牧草地	人工种植牧草的主要场地	具有部分耕地属性，土壤环境重要
18	1006	农村道路	连接乡村、田间的场地	耕地附属产物，但已脱离耕地
19	1103	水库水面	储积淡水的主要场地	对耕种有重要影响，已脱离耕地
20	1104	塘坑水面	储积季节性淡水的场地	对耕种有重要影响，或可变为耕地
21	1107	沟渠	用于排灌的主要场地	耕地附属产物，对耕种有重要影响
22	1202	设施农用地	畜禽、水产等养殖、晾晒等专用场地	已脱离耕地，但其环境质量可参比耕地
23	1203	田坎	耕地周边拦水、护坡的场地	耕地主要附属产物，对耕种有重要影响

注：表中“分类代码”“类型名称”等引自中华人民共和国国家标准《土地利用现状分类》（GB/T 21010—2017）。

2）完善相关技术标准

耕地污染防治及有关污染生态风险评价都需要合适的技术标准，只有建立了完备的技术标准，才有可能持续推进耕地污染防治及其相关的农田土壤修复工作。就土地整治而言，自有耕地保护及国土资源管理职能以来，就有了大量的土地整治业务，而且随着耕地资源保护要逐步实现从数量保障向质量监管转变，最终对珍贵的耕地资源实行生态效益型管理，都不可避免地要从行业需求的角度承担耕地污染治理任务。土地整治与耕地污染修复治理有机融合，不仅是提升耕地质量、保障土地资源供给的现实需求，也是生态文明建设大背景下，土壤环境保护新形势对耕地资源保护利用的更高要求。目前在发达地区已经开展了耕地污染防治与修复治理的试点研究，国家还针对农用地土壤污染修复治理实施了多个重大科技专项。但不容忽视的现实是，我国至今开展的包括耕地在内的农田土壤污染修复治理的相关技术标准是不完备的，尤其是如何从土地整治角度开展耕地污染修复治理的相关技术标准尚欠缺，大致表现在以下几个层面。

（1）如何确定考核指标。例如，钝化修复，有一项重要指标就是降低土壤重金属有效态含量，但目前没有考核重金属有效态含量下降幅度的标准。与此类似，开展耕地污染修复，尚有一些具体的污染修复指标不明确，缺少相关的具有操作性的行业技术标准。以前进行土地整治、复垦等工程验收，甚少考虑到土地环境质量，甚少考虑重金属等微量元素对耕地利用的生态安全的影响。验收时不考虑土地的环境质量是因为以前土地资源调查绝大多数没有积累这方面的资料，也就不可能事先将污染防治与土地整治结合起来进行统筹规划考虑了，究其原因，与耕地等土壤污染风险评价及其治理的考核指标不明确不无关系。重金属等微量元素对耕地的作用可能比维生素对人的作用还要大，将微量元素及相关环境指标纳入土地整治等验收考核是实行耕地资源生态管护的必然趋势。

（2）如何验收修复工程。耕地污染修复治理需要一定的时间，成功修复一片污染耕地必须有一个过程，从修复工程的设计、实施、监管到验收需要有一套严格的程序。目前，土地整治项目的验收有比较完善的程序，但对于通过土地整治形式部署的耕地污染修复治理工程，则缺少相关的行业标准。

（3）如何运用修复技术。实用的土壤污染修复技术经研发后，只有通过推广应用才能产生应有的效益。目前，国内就耕地污染修复治理而言，既需要研制一批合适的新技术，也需要推广应用相关修复技术的标准。例如，施加环境修复材料（如改性凹凸棒石等），仅有施加材料的配方还不够，还需要拟定运用其钝化修复技术的标准或指南，凭此才能确保相应的修复技术被充分推广应用。

3）验证有关评价模型

其包括农田土壤重金属污染在内的耕地污染生态安全风险评价，前人所总结出的有关评价模型中，经过长期污染治理与修复实践检验的不多。建立合适的耕地污染生态风险评价模型，在一定程度上代表了耕地污染生态风险评价的发展方向。建立的评价模型是否适合推广应用，是否能满足耕地污染防治前的风险诊断需求，只有不断通过实践检验，才能确定所建立的风险评价模型的应用价值。检验模型的过程，也是对模型不断修正与完善的过程。任何一个土地污染生态安全风险评价模型的建立，离不开对典型案例的剖析，离不开必要的条件限制。有关模型成立的条件发生改变，所建立的评价模型的应用范畴必然随之改变。验证模型的同时，也可以使模型成立的应用条件变得更加清晰，为后人准确诊断相关耕地污染风险提供更多的便利。模型多是理想化及高度抽象的结果，验证模型的过程还可以使得一些新的评价理念与设想变成现实，变成防治耕地污染的具体举措。

不论是建立耕地污染生态安全风险评价模型，还是验证有关模型，都是以耕地污染实地调查监测等为基础的，其目的都是为了更好地防治耕地污染。随着耕地污染防治及有关土地资源生态安全利用研究越来越深入，有关耕地污染风险评价模型的建立及其验证工作必然会上升到一个全新的层次。

参考文献

毕晓丽，洪伟. 2001. 生态环境综合评价方法的研究进展[J]. 农业系统科学与综合研究，17（2）：122-124.

曹光杰，王建. 2005. 长江三角洲全新世环境演变与人地关系研究综述[J]. 地球科学进展，20（7）：757-764.

曹心德，魏晓欣，代革联，等. 2011. 土壤重金属复合污染及其化学钝化修复技术研究进展[J]. 环境工程学报，5（7）：1441-1453.

陈爱葵，王茂意，刘晓海，等. 2013. 水稻对重金属镉的吸收及耐性机理研究进展[J]. 生态科学，32（4）：514-522.

陈怀满. 2002. 土壤中化学物质的行为与环境质量[M]. 北京：科学出版社：23-45.

陈同斌，李艳霞，金艳，等. 2002. 城市污泥复合肥的肥效及其对小麦重金属吸收的影响[J]. 生态学报，22（5）：643-648.

陈谊，吴春发，汪俊峰. 2016. 江苏省典型农田耕作层土壤-谷物籽粒中镉的迁移转化特征[J]. 环境监控与预警，8（6）：46-51.

陈喆，张淼，叶长城，等. 2015. 富硅肥料和水分管理对稻米镉污染阻控效果研究[J]. 环境科学学报，35（12）：4003-4011.

初娜，赵元艺，张光弟，等. 2008. 江西省德兴铜矿区重金属元素的环境效应[J]. 地质学报，82（4）：562-576.

杜彩艳，祖艳群，李元. 2007. 施用石灰对Pb、Cd、Zn在土壤中的形态及大白菜中累积的影响[J]. 生态环境，16（6）：1710-1713.

杜志敏，郝建设，周静，等. 2012. 四种改良剂对铜和镉复合污染土壤的田间原位修复研究[J]. 土壤学报，49（3）：508-517.

范迪富，黄顺生，廖启林，等. 2007. 不同量剂凹凸棒石粘土对镉污染菜地的修复实验[J]. 江苏地质，31(4)：323-328.

方如康. 2003. 环境学词典[M]. 北京：科学出版社：70.

付亚宁，范秀华，邹璐，等. 2011. 电厂周围土壤重金属空间分布与风险评价研究[J]. 中国环境监测，27（6）：5-8.

高山，陈建斌，王果. 2004. 有机物料对稻作与非稻作土壤外源镉形态的影响研究[J]. 中国农业生态学报，12（1）：95-98.

高尚武，王葆芳，朱灵益，等. 1998. 中国沙质荒漠化土地监测评价指标体系[J]. 林业科学，34（2）：1-10.

顾继光，林秋奇，诸葛玉平，等. 2005. 土壤-植物系统中重金属污染的治理途径及其研究展望[J]. 土壤通报，36（1）：128-133.

关共凑，徐颂，黄金国. 2006. 重金属在土壤-水稻体系中的分布、变化及迁移规律分析[J]. 生态环境，15(2)：315-318.

国家环境保护局，中国环境监测总站. 1990. 中国土壤元素背景值[M]. 北京：中国环境科学出版社：93-493.

贺前锋，桂娟，刘代欢，等. 2016. 淹水稻田中土壤性质的变化及其对土壤镉活性影响的研究进展[J]. 农业环境科学学报，35（12）：2260-2268.

侯现慧，王占岐，杨俊. 2015. 富硒区耕地质量评价及利用分区研究——以福建省三元区为例[J]. 资源科学，37(7)：

1367-1375.
胡宁静，骆永明，宋静. 2007. 长江三角洲地区典型土壤对镉的吸收及其有机质、pH 和温度的关系[J]. 土壤学报，44（3）：437-443.
胡秋辉，潘根兴，安辛欣，等. 2001. 天然和人工富硒茶叶的抗氧化功能比较[J]. 营养学报，23（3）：242-245.
黄德潜，王玉军，汪鹏，等. 2008. 三种不同类型土壤上水稻对 Cu、Pb 和 Cd 单一及复合污染的响应[J]. 农业环境科学学报，27（1）：46-49.
江巧君，周琴，韩亮亮，等. 2013. 有机肥对镉胁迫下不同基因型水稻镉吸收和分配的影响[J]. 农业环境科学学报，32（1）：9-14.
姜超强，沈嘉，祖朝龙. 2015. 水稻对天然富硒土壤硒的吸收及转运[J]. 应用生态学报，26（3）：809-816.
焦文涛，蒋新，余贵芬，等. 2005. 土壤有机质对镉在土壤中吸附-解吸行为的影响[J]. 环境化学，24（5）：545-549.
雷鸣，廖柏寒，秦普丰. 2007. 土壤重金属化学形态的生物可利用性评价[J]. 生态环境，16（5）：1551-1556.
黎彤. 1994. 中国陆壳及其沉积层和上地壳的化学元素丰度[J]. 地球化学，23（2）：140-145.
黎彤，袁怀雨，吴胜昔，等. 1999. 中国大陆壳体的区域元素丰度[J]. 大地构造与成矿学，23（2）：101-107.
李凝玉，李志安，庄萍，等. 2012. 施肥对两种苋菜吸收积累镉的影响[J]. 生态学报，32（18）：5937-5942.
李凝玉，卢焕萍，李志安，等. 2010. 籽粒苋对土壤中镉的耐性和积累特征[J]. 应用与环境生物学报，16（1）：28-32.
李培军，刘宛，孙铁珩，等. 2006. 我国污染土壤修复研究现状与展望[J]. 生态学杂志，25（1）：1544-1548.
李鹏，葛滢，吴龙华，等. 2011. 两种籽粒镉含量不同水稻的镉吸收转运及其生理效应差异初探[J]. 中国水稻科学，25（3）：291-296.
李瑞敏，鞠建华，等. 2009. 生态环境地质指标研究[M]. 北京：中国大地出版社：201-240.
梁金利，蔡焕兴，段雪梅，等. 2012. 有机酸土柱淋洗法修复重金属污染土壤[J]. 环境工程学报，6（9）：3340-3344.
梁学峰，徐应明，王林，等. 2011. 天然黏土联合磷肥对农田土壤镉铅污染原位钝化修复效应研究[J]. 环境科学学报，31（5）：1011-1018.
梁媛，王晓春，曹心德. 2012. 基于磷酸盐、碳酸盐和硅酸盐材料化学钝化修复重金属污染土壤的研究进展[J]. 环境化学，31（1）：16-25.
廖启林，华明，金洋，等. 2009. 江苏省土壤重金属分布特征与污染源初步研究[J]. 中国地质，36（5）：1163-1174.
廖启林，刘聪，王轶，等. 2015. 水稻吸收 Cd 的地球化学控制因素研究——以苏锡常典型区为例[J]. 中国地质，42（5）：1212-1223.
林爱军，张旭红，苏玉红，等. 2007. 骨炭修复重金属污染土壤和降低基因毒性的研究[J]. 环境科学，28（2）：232-237.
刘立才，陈鸿汉，倪绍祥，等. 2002. 江苏省耕地安全问题探讨[J]. 自然资源学报，17（3）：307-312.
刘立才，陈鸿汉，杨仪，等. 2009. 沉积环境和人类活动对苏锡常地区浅层地下水的水质效应[J]. 中国地质，36（4）：917-918.
刘意章，肖唐付，朱建明. 2015. 镉同位素及其环境示踪[J]. 地球与环境，43（6）：687-696.
龙新宪，杨肖娥，倪吾钟. 2002. 重金属污染土壤修复技术研究的现状与展望[J]. 应用生态学报，13（6）：757-762.
倪守斌，满发胜，黎彤，等. 1999. 新疆北部地区的大地化学背景[J]. 地质科学，34（2）：177-185.
庞荣丽，王瑞萍，谢汉忠，等. 2016. 农业土壤中镉污染现状及污染途径分析[J]. 天津农业科学，22（12）：87-91.
彭渤，唐晓燕，余昌训，等. 2011. 湘江入湖河段沉积物重金属污染及其 Pb 同位素地球化学示踪[J]. 地质学报，

85（2）：282-299.
钱建平，张力，刘辉利，等. 2000. 桂林市及近郊土壤汞的分布和污染研究[J]. 地球化学，29（1）：94-99.
邱静，李凝玉，胡群群，等. 2009. 石灰与磷肥对籽粒苋吸收镉的影响[J]. 生态环境学报，18（1）：187-192.
邵学新，黄标，孙维侠，等. 2006. 长江三角洲典型地区工业企业的分布对土壤重金属污染的影响[J]. 土壤学报，43（3）：397-404.
石爱华，彭祚全，张妍艳，等. 2015. 我国富硒大米的研究与开发[J]. 微量元素与健康研究，32（1）：31-32.
宋文恩，陈世宝，唐杰伟. 2014. 稻田生态系统中镉污染及环境风险管理[J]. 农业环境科学学报，33（9）：1669-1678.
孙波，周生路，赵其国. 2003. 基于空间变异分析的土壤重金属复合污染研究[J]. 农业环境科学学报，22（2）：248-251.
孙约兵，徐应明，史新，等. 2012. 海泡石对镉污染红壤的钝化修复效应研究[J]. 环境科学学报. 32（6）：1465-1472.
滕彦国，庹先国，倪师军，等. 2002. 攀枝花工矿区土壤重金属人为污染的富集因子分析[J]. 土壤与环境，11（1）：13-16.
万红友，周生路，赵其国. 2005. 苏南经济快速发展区土壤重金属含量的空间变化研究[J]. 地理科学，25（3）：3329-3334.
汪庆华，董岩翔，郑文，等. 2007. 浙江土壤地球化学基准值与环境背景值[J]. 地质通报，26（5）：590-597.
王光亚，于军，吴曙亮，等. 2009. 常州地区地面沉降及地层压缩性研究[J]. 地质与勘探，45（5）：612-620.
王纪华，沈涛，陆安祥，等. 2008. 田块尺度上土壤重金属污染地统计分析及评价[J]. 农业工程学报，24（11）：226-229.
王美娥，彭驰，陈卫平. 2015. 水稻品种及典型土壤改良措施对稻米吸收镉的影响[J]. 环境科学，36（11）：4283-4290.
王朋超，孙约兵，徐应明，等. 2016. 施用磷肥对南方酸性红壤镉生物有效性及土壤酶活性影响[J]. 环境化学，35（1）：150-158.
王晓娟，王文斌，杨龙，等. 2015. 重金属镉（Cd）在植物体内的转运途径及其调控机制[J]. 生态学报，35（23）：7921-7929.
王晓蓉，郭红岩，林仁漳，等. 2006. 污染土壤修复中应关注的几个问题[J]. 农业环境科学学报，25（2）：277-280.
王晓瑞，周生路，吴绍华，等. 2011. 长江三角洲地区小麦植株的重金属分布及其相关性——以昆山市为例[J]. 地理科学，31（2）：226-231.
王学松，秦勇. 2006. 徐州城市表层土壤中重金属环境风险测度与源解析[J]. 地球化学，35（1）：88-94.
王志刚，赵永存，廖启林，等. 2008. 近20年来江苏省土壤pH值时空变化及其驱动力[J]. 生态学报，28（2）：720-727.
吴烈善，曾东梅，莫小荣，等. 2015. 不同钝化剂对重金属污染土壤稳定化效应的研究[J]. 环境科学，36（1）：309-313.
奚小环. 2008. 生态地球化学：从调查实践到应用理论的系统工程[J]. 地学前缘，15（5）：1-8.
徐爱春，陈益泰，王树凤，等. 2007. 镉胁迫下柳树5个无性系生理特性的变化[J]. 生态环境，16（2）：410-415.
薛禹群，张云，叶淑君. 2003. 中国地面沉降及其需要解决的几个问题[J]. 第四纪研究，23（6）：585-593.
鄢明才，迟清华，顾铁新，等. 1996. 中国火成岩化学元素的丰度与分布[J]. 地球化学，25（5）：409-424.
严连香，黄标，邵学新，等. 2009. 不同工业企业周围土壤-作物系统重金属Pb、Cd的空间变异及其迁移规律[J]. 土壤学报，46（1）：52-61.

杨秀红，胡振琪，高爱林，等. 2006. 凹凸棒石修复铜污染土壤[J]. 辽宁工程技术大学学报，25（4）：629-631.
杨秀敏，胡桂娟. 2004. 凹凸棒石修复镉污染的土壤[J]. 黑龙江科技学院学报，14（2）：80-82.
杨学义. 1982. 南京地区土壤背景值与母质的关系[A]//刘卓澄. 环境中若干元素的自然背景值及其研究方法[C]. 北京：科学出版社：16-20.
杨勇，王巍，江荣风，等. 2009. 超累积植物与高生物量植物提取镉效率的比较[J]. 生态学报，29（5）：2732-2737.
杨忠芳，奚小环，成杭新，等. 2005. 区域生态地球化学评价核心与对策[J]. 第四纪研究，25（3）：275-284.
于军，王晓悔，武健强，等. 2006. 苏锡常地区地面沉降特征及其防治建议[J]. 高校地质学报，12（2）：179-184.
岳士忠，李圣男，乔玉辉，等. 2015. 中国富硒大米的生产与富硒效应[J]. 中国农业通报，31（10）：10-15.
张甘霖，朱永官，傅伯杰. 2003. 城市土壤环境质量演变及其生态环境效应[J]. 生态学报，23（3）：539-546.
张茜，徐明岗，张文菊，等. 2008. 磷酸盐和石灰对污染红壤与黄泥土中重金属铜锌的钝化作用[J]. 生态环境，17（3）：1037-1041.
赵科理，傅伟军，戴巍，等. 2016. 浙江省典型水稻产区土壤-水稻系统重金属迁移特征及定量模型[J]. 中国农业生态学报，24（2）：226-234.
赵青青，王海波，夏运生，等. 2016. 生物质炭对根际土壤中镉形态转化及水稻镉累积的影响[J]. 生态环境学报，25（9）：1534-1539.
赵振华. 1997. 微量元素地球化学原理[M]. 北京：科学出版社：178-193.
郑茂坤，骆永明，赵其国，等. 2010. 废旧电子产品拆解区农田土壤 Cu、Zn、Pb、Cd 污染特征及空间分布规律[J]. 土壤学报，47（3）：584-588.
郑袁明，陈煌，陈同斌，等. 2003. 北京市土壤中 Cr，Ni 含量的空间结构与分布特征[J]. 第四纪研究，23（4）：436-445.
周爱国，孙自永，徐恒利，等. 2001. 地质环境生态适宜性评价指标体系研究[J]. 地质科技情报，20（2）：71-74.
周启星. 2006. 土壤环境污染化学与化学修复研究最新进展[J]. 环境化学，25（3）：257-265.
周启星，高拯民. 1995. 沈阳张士污灌区镉循环的分室模型与污染防治对策研究[J]. 环境科学学报，15(3)：273-280.
周生路，李如海，王黎明，等. 2004. 江苏省农用地资源分等研究[M]. 南京：东南大学出版社：3-38.
周卫，汪洪，李春花，等. 2001. 添加碳酸钙对土壤中镉形态转化与玉米叶片镉组分的影响[J]. 土壤学报，38（2）：219-226.
宗良纲，张丽娜，孙静克，等. 2006. 3 种改良剂对不同土壤-水稻系统中 Cd 行为的影响[J]. 农业环境科学学报，25（4）：834-840.
Arao T，Ae N. 2003. Genotypic variations in cadmium levels of rice grain[J]. Soil Sci. Plant Nutr.，49（4）：473-479.
Calace N，Campisi T，Iacondini A，et al. 2005. Metal-contaminated soil remediation by means of paper mill sludges addition：chemical and ecotoxicological evaluation[J]. Environmental Pollution，136（3）：485-492.
Cui Y S，Du X，Weng L P，et al. 2008. Effects of rice straw on the speciation of cadmium（Cd）and copper（Cu）in soils[J]. Geoderm，146（1-2）：370-377.
Fakayode S O，Olu-Owolabi B I. 2003. Heavy metal contamination of roadside topsoil in Osogbo，Nigeria：its relationship to traffic density and proximity of highways[J]. Environmental Geolog.，44（2）：150-157.
Fontanili L，Lancillil C，Suzui N，et al. 2016. Kinetic analysis of zinc/cadmium reciprocal competitions suggests a possible Zn-insensitive pathway for root-to-shoot cadmium translocation in rice[J]. Rice，9：16.
Fordyce F M，Johnson C C，Navaratne U R B，et al. 2000. Selenium and iodine in soil，rice and drinking water in relation to endemic goitre in Sri Lanka[J]. Science of the Total Environment，263（1-3）：127-142.
Gray C W，Dunham S J，Dennis P G，et al. 2006. Field evaluation of in situ remediation of a heavy metal contaminated

soil using lime and red-mud[J]. Environmental Pollution，142（3）：530-539.

Hartikainen H. 2005. Biogeochemistry of selenium and its impact on food chain quality and human health[J]. J. Trace. Elem. Med. Biol.，18（4）：309-318.

Hu Y，Cheng H，Tao S，et al. 2016. The challenges and solutions for cadmium-contaminated rice in China：a critical review[J]. Environment International，92-93：515-532.

Huang J H，Wang S L，Lin J H，et al. 2013. Dynamics of cadmium concentration in contaminated rice paddy soils with submerging time[J]. Paddy and Water Environ.，11（1-4）：483-491.

Kraus U，Wiegand J. 2006. Long-term effects of the Aznalcóllar mine spill-heavy metal content and mobility in soils and sediments of Guadiamar River Valley（SW Spain）[J]. Science of the Total Environment，367（2-3）：855-871.

Lambelet M，Rehkämper M，van de Flierdt，et al. 2013. Isotopic analysis of Cd in the mixing zone of Siberian rivers with the Arctic Ocean-New constraints on marine Cd cycling and the isotope composition of riverine Cd[J]. Earth and Planetary Science Letters，361：64-73.

Lee S. 2006. Geochemistry and partitioning of trace metals in paddy soils affected by metal mine tailings in Korea[J]. Geoderma，135：26-37.

Lee T，Yao C L. 1970. Abundance of chemical elements in the earth's crust and its major tectonic units[J]. International Geology Review，12（7）：778-786.

Letavayová L，Vlčková V，Brozmanová J. 2006. Selenium：from cancer prevention to DNA damage[J]. Toxicology，227（1-2）：1-14.

Li W，Xu B，Song Q，et al. 2014. The identification of 'hotspots' of heavy metal pollution in soil-rice systems at a regional scale in eastern China[J]. Science of the Total Environment，472：407-420.

Li Y H. 1981. Geochemical cycles of elements and human perturbation[J]. Geochimica et Cosmochimica Acta，45（11）：2073-2084.

Li Z W，Li L Q，Pan G X，et al. 2005. Bioavailability of Cd in a soil-rice system in China：soil type versus genotype effects[J]. Plant and Soil，271（1-2）：165-173.

Marchiol L，Assolari S，Sacco P，et al. 2004. Phytoextraction of heavy metals by canola（*Brassica napus*）and radish（*Raphanus sativus*）grown on multicontaminated soil[J]. Environmental Pollution，132（1）：21-27.

Martinková E，Chrastný V，Francová M，et al. 2016. Cadmium isotope fractionation of materials derived from various industrial processes[J]. Journal of Hazardous Materials，302：114-119.

Murakami M，Nakagawa F，Ae N，et al. 2009. Phytoextraction by rice capable of accumulating Cd at high levels：reducetion of Cd content of rice grain[J]. Environ. Sci. Technol.，43：5878-5883.

Nemati K，Abu Bakar N K，Sobhanzadeh E，et al. 2009. A modification of the BCR sequential extraction procedure to investigate the potential mobility of copper and zinc in shrimp aquaculture sludge[J]. Microchem. J.，92（2）：165-169.

Nolan A L，Zhang H，McLaughlin M J，et al. 2005. Prediction of zinc，cadmium，lead，and copper availability to wheat in contaminated soils using chemical speciation，diffusive gradients in thin films，extraction，and isotopic dilution techniques[J]. Journal of Environmental Quality，34（2）：496-507.

Rayman M. 2000. The importance of selenium to human health[J]. The Lancet，356（9225）：233-241.

Rotruck J T，Pope A L，Ganther H E，et al. 1993. Selenium biochemical role as a component of glutathione peroxidase[J]. Science，179：588-596.

Sparling G，Schipper L. 2004. Soil quality monitoring in New Zealand：trends and issues arising from a broad-scale survey[J]. Agriculture，Ecosystems Environment，104（3）：545-552.

Steinnes E. 2009. Soils and geomedicine[J]. Environ. Geochem. Health.，31（5）：523-535.

Tan J A，Huang Y J. 1991. Selenium in geo-ecosystem and its relations to endemic diseases in China[J]. Water，Air，Soil Pollut.，57（1）：59-68.

Taylor S R. 1964. Abundance of chemical elements in the continental crust：a new table[J]. Geochim. Cosmochim. Acta，28（8）：1273-1285.

Wahsha M，Bini C，Argese E，et al. 2012. Heavy metals accumulation in willows growing on Spolic Technosols from the abandoned Imperina Valley mine in Italy[J]. Journal of Geochemical Exploration，123：19-24.

Wan Y N，Yu Y，Wang Q，et al. 2016. Cadmium uptake dynamics and translocation in rice seedling：influence of different forms of selenium[J]. Ecotoxicology and Environmental Safety，133：127-134.

Williams P N，Lei M，Sun G X，et al. 2009. Occurrence and partitioning of cadmium，arsenic and lead in mine impacted paddy rice：Hunan，China[J]. Environ. Sci. Technol.，43：637-642.

Wong S C，Li X D，Zhang G，et al. 2002. Heavy metals in agricultural soils of the Pearl River Delta，South China[J]. Environmental Pollution，119（1）：33-44.

Yang S L，Zhao Q Y，Belkin I M. 2002. Temporal variation in the sediment load of the Yangtze river and the influences of human activities[J]. Journal of Hydrology，263（1-4）：56-71.

Zhang C C，Wang L J，Nie Q，et al. 2008. Long-term effects of exogenous silicon on cadmium translocation and toxicity in rice（*Oryza sativa* L.）[J]. Environmental and Experimental Botany，62（3）：300-307.

Zhang Y，Sun W，Chen Q，et al. 2007. Synthesis and heavy metal immobilization behaviors of slag based geopolymer[J]. Journal of Hazardous Materials，143（1-2）：206-213.